알기 쉬운
핵심기초 유체역학

알기 쉬운

핵심기초 유체역학

유주식 지음

KM 경문사

알기 쉬운 유체역학

Preface 머리말

유체역학은 여러 공학 분야에서 배우는 과목이므로 관련된 책이 많으며 세계적으로 널리 알려진 교재들도 많다. 그런데 유명한 책들은 대부분 그 양이 너무 방대하여 기본적인 핵심 내용을 간추려서 쉽게 설명한 책이 필요하다.

이 책은 유체역학의 주요 핵심 내용을 간결하게 정리하여 설명하였다. 충분한 양의 예제와 연습 문제를 수록하고, 학생들이 스스로 공부할 수 있도록 공식 유도와 문제 풀이 과정을 상세히 기술하였다. 연습문제에는 공무원과 중등교사 임용시험 문제를 많이 수록하여 각종 시험 준비에도 도움이 되게 하였다. 특히 학생들이 편리하게 관련 내용을 알고 이해하는 것을 목적으로 모든 문제의 정답을 수록하고 풀이 과정을 기술하였다.

아무쪼록 이 책을 통하여 유체역학의 핵심 내용을 파악하고 자신감을 가질 수 있게 되기를 바라는 바이다. 끝으로 책의 출판에 도움을 주신 경문사 관계자분들께 감사드린다.

2023년 9월
유 주 식

Contents 목차

제 1 장 서론

제 2 장 유체의 기본성질

제 3 장 유체 정역학

제 4 장 유체 운동학

제 5 장 에너지 방정식

제 6 장 운동량 방정식

제 7 장 내부 층류유동

제 8 장 관로의 손실

연습문제 풀이 및 정답

제1장 서론

1.1 유체역학 소개

유체역학(fluid mechanics)은 정지해 있거나 운동하고 있는 유체를 다루는 학문이다. 원시 시대부터 인류는 물을 사용하여 일상생활을 하였고 수차와 양수 장치 및 배 등을 만들어 이용하였으며, 고대 도시에서도 상하수도 시설과 수문을 설계하고 제작하였다. 근대에 들어 펌프, 압축기, 가정이나 빌딩의 물 배관, 공기 배관망, 화학 공장의 배관 시스템 등을 설계할 때 유체역학을 응용하였다. 또한 자동차와 아음속 및 초음속 비행기의 공기역학적 설계를 할 때나 주유소의 미터기와 같은 많은 종류의 유동 측정 장치를 개발할 때도 유체의 거동을 연구하여 응용하고 있다.

이와 같이 유체역학의 응용 범위는 아주 광범위한데 비교적 근래에 연구되고 있는 분야는 다음과 같다

(1) 환경, 에너지 분야: 바다에서 기름띠 제거, 풍차, 조력 발전 시설, 빌딩 주위의 공기 역학, 대기와 대양의 유체역학, 토네이도, 허리케인, 쓰나미(seismic sea wave, 지진으로 인한 해일) 현상, 기상학(태풍 경로), 지질학(맨틀 대류).

(2) 생체역학(biomechanics) 분야: 인공 심장, 혈액의 흐름, 인공심장 밸브, 인공 장기, 관절 액의 유체역학적 거동, 호흡기 계통, 순환기 계통, 비뇨기 계통에 대한 유체역학적 이해.

(3) 스포츠 분야: 마라톤용 신발, 자전거, 헬멧 설계, 스키, 단거리 경주 복, 수영복, 골프공, 테니스공, 축구공에 대한 공기역학.

(4) 지능유체(smart fluid) 분야: 모든 노면 조건에서 최적으로 작동하는 자동차의 현가장치, 전투 중에는 얇아지고 보호가 필요할 때는 굳어지는 유체 층이 있는 군복, 인체의 것과 비슷한 성질을 가지며 카메라나 휴대 전화에 사용할 수 있는 유체 렌즈.

(5) 미세유체(micro-fluid) 분야: 극소량의 약물을 정밀하게 투여하는 분야, 전기 집진기를 이용한 미세 먼지 제거 .

이상에서 언급한 예들은 유체역학의 새로운 분야에만 국한시킨 몇 가지의 예에 불과하다. 유체역학은 아주 오랜 역사를 지닌 분야이지만 앞으로도 많이 연구되어야 할 중요한 학문 분야이다.

유체 역학은 크게 정지 상태의 유체를 연구하는 유체 정역학(hydro-statics)과 운동하고 있는 유체에 대해 연구하는 유체 동역학(hydro-dynamics)으로 나눌 수 있다. 또는 유체의 종류에 따라 액체를 다루는 수력학과 기체를 다루는 기체역학으로 나누기도 한다. 그런데 실제

유체의 거동은 매우 복잡하며 그 현상을 정확하게 조사하는 것은 아주 어렵다. 이 책은 유체역학 입문서로서 유체역학의 아주 기초적인 사항만 다룰 것이다. 먼저 이 장에서는 역학에서 가장 기본적인 차원과 단위 및 단위 연산에 대해 공부한다.

1.2 차원과 단위

물리량의 성질을 표현하기 위해 사용되는 변수를 차원(dimension)이라 한다. 단위(unit)는 인위적으로 정한 크기를 기준으로 차원을 표현하기 위해 사용되는 것을 말하며, 여러 가지로 표현될 수 있다. 예를 들어 길이의 차원은 하나이지만, 길이의 단위에는 mm, cm, m, 자, 척, inch, feet 등 여러 가지가 있다. 따라서 인위적으로 정한 크기는 기준에 따라 다를 수가 있으므로 각 나라마다 사용하는 단위가 다양하게 나타나는데 최근에는 국제적으로 공인된 SI 단위(International System of Unit)를 많이 사용하는 추세에 있다.

1 SI 단위

SI 단위는 국제표준화기구(국제 도량형 총회)에서 단위를 통일하여 국제적으로 통용되도록 채택한 단위를 말한다. SI 단위에는 7개의 기본 단위 [표 1.1]과 2개의 보조 단위 [표 1.2]가 있다.

[표 1.1] SI 기본단위

기본량(차원)	기호	명칭	기본량(차원)	기호	명칭
질량	kg	킬로그램	물질량	mol	몰
길이	m	미터	전류	A	암페어
시간	s	초	광도	cd	칸델라
온도	K	켈빈			

[표 1.2] SI 보조단위

기본량	기호	명칭
평면각	rad	라디안(radian)
입체각	sr	스테라디안(steradian)

† 각(평면각과 입체각)은 차원이 없는 무차원량이다.

[참고] 평면각과 입체각

반지름 r인 원호의 길이가 l일 때 평면각은 $\theta = l/r$로 정의된다. [그림 1.1]의 (a)에서 반지름의 길이와 호($\widehat{AB}$)의 길이가 같을 때 중심각의 크기($\angle AOB$)를 1 rad(라디안)이라 한다. 반지름의 길이가 1인 부채꼴에서 호의 길이가 a 이면 중심각의 크기는 a rad이다.

반지름 r인 구면을 원뿔이 잘라낸 면적을 S라 할 때 입체각은 $\phi = S/r^2$로 정의된다. 입체각의 단위는 sr(스테라디안)이다. [그림 1.1]의 (b)와 같이 원뿔이 잘라낸 구의 표면적이 r^2이 될 때 입체각은 1 sr이다. 따라서 구 전체의 표면적은 $4\pi r^2$이므로 폐구면의 입체각은 4π [sr]이 된다.

평면각과 입체각은 각각 길이 비와 면적비이므로 모두 차원이 없는 무차원량이다. 따라서 각속도(ω)의 차원은 $1/T$이고 SI 단위는 [1/s]가 된다.

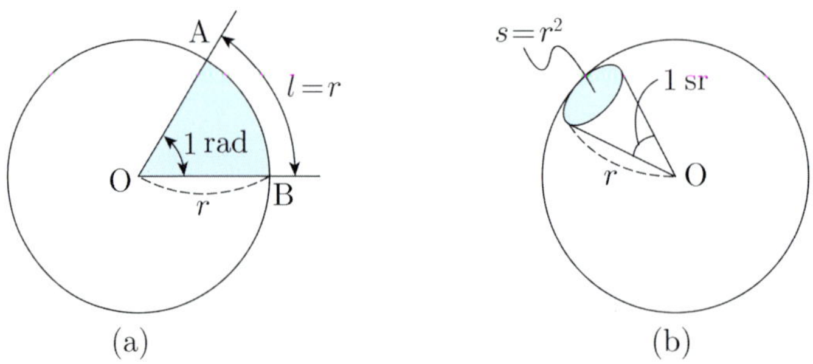

[그림 1.1] (a) 평면각(rad) (b) 입체각(sr)

2 절대단위계와 중력단위계

[1] 절대단위계

기준량으로 질량(M), 길이(L), 시간(T)을 잡고 이들을 조합하여 다른 단위를 나타내는 것을 절대단위계(MLT 계)라 한다.

예를 들어 속도(v), 가속도(a), 밀도(ρ)의 차원을 절대단위계로 나타내면 다음과 같다.

$$[v] = \left[\frac{\text{거리}}{\text{시간}}\right] = \frac{L}{T} = LT^{-1}$$

$$[a] = \left[\frac{\text{속도 변화}}{\text{시간}}\right] = \left[\frac{\text{속도}}{\text{시간}}\right] = \frac{L/T}{T} = LT^{-2}$$

$$[\rho] = \left[\frac{\text{질량}}{\text{부피}}\right] = \frac{M}{L^3} = ML^{-3}$$

[2] 중력단위계

기준량으로 힘(F), 길이(L), 시간(T)을 잡고 이들을 조합하여 다른 단위를 나타내는 것을 중력단위계(FLT 계)라 한다.

[3] 단위계 변환

뉴턴 운동법칙으로부터 질량(m)과 힘(F)의 관계를 구하여 단위계를 서로 변환할 수 있다. 질량이 일정한 경우에 대해 뉴턴 운동법칙을 간단하게 쓰면

$$F = ma$$

이다. 여기에서 힘의 차원 $[F]$는 다음과 같다.

$$[F] = [ma] = [m][a] = M \times (L/T^2) = MLT^{-2}$$

$$[F] = MLT^{-2} \qquad \cdots(1.1)$$

그리고 질량(m) 대신에 힘 F를 기본량으로 취하면 질량의 차원 $[m]$은

$$[m] = \frac{[F]}{[a]} = \frac{F}{L/T^2} = FL^{-1}T^2$$

$$[m] = FL^{-1}T^2 \qquad \cdots(1.2)$$

이 된다. 식 (1.1)과 (1.2)를 이용하면 중력단위계를 절대단위계로, 절대단위계를 중력단위계로 바꿀 수 있다.

예제 1.1 압력(P)은 단위면적(A)에 수직으로 작용하는 힘(F)으로 정의된다. 압력의 차원을 FLT 계와 MLT 계로 나타내라.

풀이 압력 $P = \dfrac{F}{A}$이므로 FLT 계에서 압력의 차원은

$$[P] = \left[\frac{F}{A}\right] = \frac{[F]}{[A]} = \frac{F}{L^2} = FL^{-2}$$

이고, 힘의 차원은

$$[F] = [ma] = [m][a] = M \times (L/T^2) = ML/T^2$$

이므로 MLT 계에서 압력의 차원은 다음과 같다.

$$[P] = \frac{F}{L^2} = \frac{ML/T^2}{L^2} = ML^{-1}T^{-2}$$

[표 1.3]에 기계공학에서 주로 사용되는 기본차원을 나타내었다. 특히 유체역학에 나타나는 거의 모든 물리량들의 차원은 질량(M), 길이(L), 시간(T)의 조합으로 표현된다.

[표 1.3] 기본차원과 SI 단위

물리량	차원	SI 단위	물리량	차원	SI 단위
질량	M	kg	온도	Θ	K
길이	L	m	평면각	(무차원)	rad
시간	T	s			

3 동차성의 원리

이론적으로 어떤 물리량 y와 변수 x_1, x_2, $\cdots$, x_n의 관계가 다음과 같을 때

$$y = f(x_1,\ x_2,\ \cdots,\ x_n)$$

좌변과 우변의 각 항은 같은 차원을 가진다.

설명 물리적인 현상을 기술하는 방정식의 각 항들은 차원의 동일성을 만족해야 한다는 것이 기본 전제가 된다. 예를 들어 초기 속도 V_0, 가속도 a인 물체의 t 시간 후의 속도는

$$V = V_0 + at \qquad \cdots ①$$

이다. 이 식을 차원 관점에서 쓰면 속도의 차원은 LT^{-1}이고 가속도의 차원은 LT^{-2}이므로

$$LT^{-1} = LT^{-1} + (LT^{-2})(T)$$

$$\therefore\ LT^{-1} = LT^{-1} + LT^{-1} \qquad \cdots ②$$

이다. 따라서 식 ①은 동차성의 원리를 만족한다. 이와 같은 차원 해석(dimensional analysis)은 물리적인 문제의 답에 대한 중요한 검산 역할을 하며, 과학자나 공학자

에게 식이 취해야 할 형태에 대한 힌트를 제공한다. 예를 들면, 에너지 E, 질량 m, 빛의 속도 c를 관련 짓는 아인슈타인의 식 $E=mc^2$은 왜 $E=m^2c$ 또는 $E=mc^3$이 아닐까? 에너지 E의 차원은 ML^2/T^2이다. 그러나 m^2c와 mc^3의 차원은 각각 $M^2(L/T)$, $M(L/T)^3$이므로 E의 차원과 다르다. 따라서 $E=m^2c$ 또는 $E=mc^3$이 될 수 없다. 반면 mc^2의 차원은 $M(L/T)^2$이므로 E의 차원과 일치한다. 따라서 $E=mc^2$은 차원의 관점에서 옳은 식임을 알 수 있다.

예제 1.2 지름 D, 길이 l인 관 속을 평균속도 V로 점성유체가 흐를 때 마찰손실수두 h_L은 다음과 같이 주어진다.

$$h_L = \lambda \frac{l}{D}\frac{V^2}{2g}$$

여기에서 λ는 손실계수이며 차원이 없는 상수이고 g는 중력가속도이다. 마찰손실수두 h_L의 차원을 구하라.

풀이 주어진 식에 각 변수의 차원을 대입하면 다음과 같다.

$$[h_L] = [\lambda]\frac{[l]}{[D]}\frac{[V^2]}{[2g]} = 1\times\frac{L}{L}\times\frac{(L/T)^2}{L/T^2} = L$$

즉, 마찰손실수두 h_L은 길이의 차원을 갖는다.

† [예제 1.2]의 식은 Darcy-Weisbach 방정식이라 하며 관에서 마찰 손실을 구할 때 사용하는 식이다. 여기에서 h_L은 길이의 차원을 가지며 손실수두(마찰손실수두)라 한다.

1.3 역학에 관한 단위

1 MKS 단위계 (SI 단위계)

길이 [m], 질량 [kg], 시간 [s]를 기본단위로 하는 단위계를 MKS 단위계라 한다. MKS 단위계에서 힘의 단위는 N (Newton), 압력은 Pa (Pascal), 일과 에너지는 J (Joule), 일률(동력)은 W (Watt)이다.[1)]

1) 단위의 정의를 잘 알아두도록 한다.

① 1N : 1kg 의 물체에 $1m/s^2$의 가속도를 내게 하는 힘

$$1N = 1kg \cdot m/s^2 \qquad \cdots(1.3)$$

② 1J : 1N의 힘을 작용하여 1m 이동했을 때 한 일

$$1J = 1N \cdot m \qquad \cdots(1.4)$$

③ 1Pa : 1N의 힘이 $1m^2$에 수직으로 작용할 때의 압력

$$1Pa = 1N/m^2 \quad (1bar = 10^5 Pa) \qquad \cdots(1.5)$$

④ 1W: 1초에 1J의 일을 할 때의 일률

$$1W = 1J/s = 1N \cdot m/s \qquad \cdots(1.6)$$

2 CGS 단위계

길이 [cm], 질량 [g], 시간 [s]를 기본단위로 하는 단위계를 CGS 단위계라 한다.

① 1dyne: 1g 의 물체에 $1cm/s^2$의 가속도를 일으키는 힘

$$1dyne = 1g \cdot cm/s^2 \quad (1N = 10^5 dyne) \qquad \cdots(1.7)$$

② 1erg: 1dyne의 힘을 작용하여 1cm 이동했을 때 한 일

$$1erg = 1dyne \cdot cm \quad (1J = 10^7 erg) \qquad \cdots(1.8)$$

3 중력단위계

길이 [m], 시간 [s]와 힘의 단위 [kgf]를 사용하는 단위계를 중력단위계라 한다.

○ 1kgf: 질량 1kg의 물체에 작용하는 중력(1kg의 무게)

$$1kgf = 9.80665N \approx 9.8N \qquad \cdots(1.9)$$

질량 1kg의 무게(W)는 다음과 같다.

$$W = mg = 1\text{kg} \times 9.80665\text{m/s}^2 = 9.80665\,\text{kg} \cdot \text{m/s}^2 = 9.80665\,\text{N}$$

일반적으로 중력가속도 값을 $g = 9.8\text{m/s}^2$으로 하고 $1\text{kgf} = 9.8\,\text{N}$으로 하지만 조금 더 정확한 값을 구하기 위해 $g = 9.81\text{m/s}^2$을 사용하기도 한다. 한편 1gf는 1g(그램)의 무게를 나타낸다.

$$1\text{gf} = 1\text{g} \times 980\text{cm/s}^2 = 980\text{dyne} \qquad \cdots(1.10)$$

Note 각종 시험문제에서는 계산상 편의를 위해 $g = 10\text{m/s}^2$으로 주기도 한다. 이때는 $1\text{kgf} = 10\,\text{N}$, $1\text{gf} = 1000\text{dyne}$이 된다.

한편 토목, 건축 분야에서는 취급하는 무게가 크므로 다음과 같이 정의되는 tonf 또는 tf를 많이 사용한다.

$$1\text{tonf} = 1\text{tf} = 1000\text{kgf}$$

질량 1ton=1t=1000kg이다. 무게를 나타낼 때 f를 생략하고 1000kgf를 1ton 또는 1t로 나타내기도 하지만 혼란을 일으킬 수 있으므로 피하는 게 좋다.

$$1\text{tonf} = 1\text{ton} = 1\text{tf} = 1\text{t} = 1000\text{kgf}$$

질량과 무게는 분명하게 다른 물리량이다.

† SI 단위계에서 길이 [m], 질량 [kg], 시간 [s]를 기본단위라 하고, 이들의 조합으로 표현되는 N(Newton), Pa(Pascal), J(Joule), W(Watt) 등을 유도단위 또는 조립단위라고 한다. SI 단위계(Standard International unit)는 각국에서 사용하던 단위계를 표준화시키기 위하여 만든 것이다.

예제 1.3 중력단위계에서 1kgf/cm^2의 압력을 SI 단위계에서 Pa과 kPa로 환산하라.

풀이 SI 단위계에서 압력과 중력단위계의 kgf/cm^2의 관계는 다음과 같다.

$$\begin{aligned} 1\text{kgf/cm}^2 &= 9.80665\,\text{N/cm}^2 \\ &= 9.80665\,\text{N}/(10^{-2}\text{m})^2 = 98066.5\,\text{N/m}^2 \\ &= 98066.5\,[\text{Pa}] = 98.0665\,[\text{kPa}] \end{aligned}$$

4 기타 환산단위

기계공학에서 자주 사용하는 일률(동력, power)의 단위에는 마력(馬力, horse power)이 있다. SI 단위계에서는 1마력을 1PS로 나타내며 다음과 같이 정의한다.

$$1\,\mathrm{PS} = \frac{75\,\mathrm{kgf} \cdot \mathrm{m}}{\mathrm{s}} = 75 \times 9.80665\,\frac{\mathrm{J}}{\mathrm{s}} \approx 735.5\,\mathrm{W} \quad \cdots (1.11)$$

한편 영국 단위계에서는 1마력을 1HP(hp)로 표시하며 다음과 같다.

$$\begin{aligned} 1\,\mathrm{kW} &= 1.341\,\mathrm{HP} \\ 1\,\mathrm{HP} &= 745.7\mathrm{W} \approx 746\,\mathrm{W} \end{aligned} \quad \cdots (1.12)$$

영국 단위계는 미국을 비롯한 몇몇 나라에서 사용하고 있는데 오늘날에는 대부분 SI 단위로 대체되고 있다. 영국 단위계의 길이와 힘은 SI 단위로 다음과 같이 환산된다.

$$\begin{aligned} \text{길이:} \quad & 1\,\mathrm{inch[in]} = 2.54\,\mathrm{cm} \\ & 1\,\mathrm{foot[ft]} = 12\,\mathrm{inch} = 0.3048\,\mathrm{m} \\ \text{힘:} \quad & 1\,\mathrm{pound[lb]} = 4.448221615260\,\mathrm{N} \end{aligned} \quad \cdots (1.13)$$

5 SI 단위의 접두사

매우 크거나 작은 물리량을 편리하게 다루기 위하여 [표 1.4]와 같은 SI 단위의 접두사를 사용한다. 예를 들어

$$4\,\mathrm{km} = 4 \times 10^{3}\,\mathrm{m},\ 5\,\mathrm{mm} = 5 \times 10^{-3}\,\mathrm{m},\ 7\,\mathrm{MPa} = 7 \times 10^{6}\,\mathrm{Pa}$$

이다. 유체역학에서는 m(milli), c(centi), k(kilo), M(mega), G(giga) 등의 접두사가 많이 사용된다.

[표 1.4] SI 단위의 접두사

곱해지는 수	명칭	기호	곱해지는 수	명칭	기호
10^{24}	yotta	Y	10^{-1}	deci	d
10^{21}	zetta	Z	10^{-2}	centi	c
10^{18}	exa	E	10^{-3}	milli	m
10^{15}	peta	P	10^{-6}	micro	μ
10^{12}	tera	T	10^{-9}	nano	n
10^{9}	giga	G	10^{-12}	pico	p
10^{6}	mega	M	10^{-15}	femto	f
10^{3}	kilo	k	10^{-18}	atto	a
10^{2}	hecto	h	10^{-21}	zepto	z
10^{1}	deka	da	10^{-24}	yocto	y

[표 1.5]에 기계공학에서 많이 나타나는 물리량들의 절대단위계 차원과 SI 단위를 종합적으로 나타내었다.

[표 1.5] 절대단위계 차원과 SI 단위

물리량	차원	SI 단위
면적 A	L^2	m^2
부피 V	L^3	m^3
속도 v	L/T	$\mathrm{m/s}$
가속도 a	L/T^2	$\mathrm{m/s^2}$
각속도 ω	$1/T$	$1/\mathrm{s}$
힘 F	ML/T^2	$\mathrm{kg \cdot m/s^2}$ 또는 N(Newton)
밀도 ρ	M/L^3	$\mathrm{kg/m^3}$
비중량 γ	M/L^2T^2	$\mathrm{N/m^3}$
진동수, 주파수 f	$1/T$	$1/\mathrm{s}$ 또는 Hz
압력(p), 응력(σ, τ)	M/LT^2	$\mathrm{N/m^2}$ 또는 Pa(Pascal)
표면장력 σ	M/T^2	$\mathrm{N/m}$, $\mathrm{kg/s^2}$
운동량 p	ML/T	$\mathrm{kg \cdot m/s}$
각운동량 H	ML^2/T	$\mathrm{kg \cdot m^2/s}$
질량관성모멘트 J	ML^2	$\mathrm{kg \cdot m^2}$
단면2차모멘트 I	L^4	m^4
일(W), 에너지(E)	ML^2/T^2	$\mathrm{N \cdot m}$ 또는 J(Joule)
열전달률 $\dot{Q}$	ML^2/T^3	$\mathrm{J/s}$
토크(모멘트) T	ML^2/T^2	$\mathrm{N \cdot m}$
동력(일률) H	ML^2/T^3	$\mathrm{J/s}$ 또는 W(Watt)
체적유량 Q	L^3/T	$\mathrm{m^3/s}$
질량유량 $\dot{m}$	M/T	$\mathrm{kg/s}$
중량유량 G	ML/T^3	$\mathrm{N/s}$
비열(c), 기체상수(R)	$L^2/T^2\Theta$	$\mathrm{J/kg \cdot K}$
점성계수 μ	M/LT	$\mathrm{N \cdot s/m^2}$, $\mathrm{Pa \cdot s}$
동점성계수 ν	L^2/T	$\mathrm{m^2/s}$

† 차원에서 M, L, T, Θ는 각각 질량, 길이, 시간, 절대온도를 나타낸다.

1.4 단위 연산

차원이 있는 물리량을 계산할 때 단위 연산을 하는 경우, 단위를 문자와 같이 취급하여 연산한다. 즉, 단위 기호들은 보통의 대수기호(문자변수)처럼 곱하여지고 나누어진다. 일반적으로 기본단위는 SI 접두어와 같이 사용하는 경우가 많은데, 이때는 여러 형태의 단위를 어느 한 단위로 통일한 후 연산한다. 예를 들어 km, cm, mm는 모두 m로 환산한다.

예제 1.4 무한히 큰 수조의 수면으로부터 깊이 h에 설치한 오리피스로부터 분출되는 유체의 속도 $v = \sqrt{2gh}$ 이다. $h = 490\text{cm}$ 일 때 유속 $v[\text{m/s}]$를 구하라. 중력가속도 $g = 9.8\text{m/s}^2$ 이다.

풀이 단위를 직접 대입하고 단위를 문자와 같이 취급하여 연산한다.

$$v = \sqrt{2gh} = \sqrt{2 \times \left(9.8\frac{\text{m}}{\text{s}^2}\right) \times (490\text{cm})} = \sqrt{2 \times \left(9.8\frac{\text{m}}{\text{s}^2}\right) \times 4.9\text{m}}$$
$$= \sqrt{(9.8)^2 \times \frac{\text{m}^2}{\text{s}^2}} = 9.8\sqrt{\left(\frac{\text{m}}{\text{s}}\right)^2} = 9.8\,[\text{m/s}]$$

예제 1.5 밀도 ρ인 유체가 속도 V로 흘러갈 때 유체 흐름에 의해 발생하는 유체의 동압 $p_v = \frac{1}{2}\rho V^2$이다. $\rho = 1000\text{kg/m}^3$, $V = 2\text{m/s}$일 때 동압은 몇 Pa인가?

풀이 단위를 직접 대입하고 단위를 문자와 같이 취급하여 연산한다.

$$p_v = \frac{\rho V^2}{2} = \frac{\left(1000\frac{\text{kg}}{\text{m}^3}\right) \times \left(2\frac{\text{m}}{\text{s}}\right)^2}{2} = 2000\frac{\text{kg}}{\text{m}^3} \times \frac{\text{m}^2}{\text{s}^2}$$
$$= 2000\left(\text{kg}\cdot\frac{\text{m}}{\text{s}^2}\right) \times \frac{1}{\text{m}^2} = 2000\frac{\text{N}}{\text{m}^2} \quad \left(\leftarrow 1\text{N} = 1\text{kg}\cdot\frac{\text{m}}{\text{s}^2}\right)$$
$$= 2000\,[\text{Pa}] \quad (\leftarrow 1\text{Pa} = 1\text{N/m}^2)$$

[단위를 하나의 단위계로 통일하여 계산하는 방법]

위 예제들에서는 모두 단위를 직접 대입하고 단위연산과 단위 변환을 하여 원하는 단위로 환산된 값을 구하였다. 그런데 차원이 있는 물리량의 계산에서 나타나는 모든 단위를 어느 한 단위계, 예를 들어 MKS 단위계 [kg, m, s, N, Pa, J, W]로 통일해 주면 복잡한 단위 연산을 하지 않아도 구하고자 하는 값을 얻을 수 있다.[2)]

예제 1.6 비중량 γ인 유체 내의 깊이 h에서 유체에 의한 압력 $p=\gamma h$이다. 물의 비중량 $\gamma=9.8\text{kN/m}^3$ 일 때 $h=1\text{m}$에서 압력은 몇 Pa인가?

풀이 (1) 단위를 모두 대입하여 계산한다.

$$p=\gamma h=\left(9.8\frac{\text{kN}}{\text{m}^3}\right)\times 1\text{m}=\left(9.8\times\frac{1000\text{N}}{\text{m}^3}\right)\times 1\text{m}=9800\frac{\text{N}}{\text{m}^2}$$
$$=9800[\text{Pa}]\ \ (\leftarrow \text{N/m}^2=\text{Pa})$$

(2) 주어진 단위를 MKS 단위 [m, N]으로 통일하여 계산한다.

$$\gamma=9.8\text{kN/m}^3=9800\text{N/m}^3,\ h=1\text{m}$$
$$p=\gamma h=9800\times 1=9800[\text{Pa}]$$

길이와 힘의 단위를 각각 [m], [N]으로 하면 계산 결과로 나오는 압력의 단위는 MKS 단위계의 [Pa]이다.

예제 1.7 피토관으로 측정한 동압이 ΔP일 때 유속 $V=\sqrt{\dfrac{2\Delta P}{\rho}}$ 이다. 유체의 밀도 $\rho=1000\text{kg/m}^3$, $\Delta P=200\text{kPa}$일 때 $V[\text{m/s}]$는?

풀이 MKS 단위 [kg, m, Pa]로 통일하여 계산한다.

$$\Delta P=200\text{kPa}=200\times 10^3\text{Pa}$$
$$V=\sqrt{\frac{2\Delta P}{\rho}}=\sqrt{\frac{2\times(200\times 10^3)}{1000}}=20[\text{m/s}]$$

ΔP, ρ를 모두 MKS 단위로 통일하여 나타내면 단위 연산을 하지 않아도 나오는 속도 V의 단위는 [m/s]이다.

† 단위를 직접 환산하면

$$\sqrt{\frac{\text{Pa}}{\text{kg/m}^3}}=\sqrt{\frac{\text{N/m}^2}{\text{kg/m}^3}}=\sqrt{\frac{(\text{kg}\cdot\text{m/s}^2)/\text{m}^2}{\text{kg/m}^3}}=\sqrt{\frac{\text{m}^2}{\text{s}^2}}=\frac{\text{m}}{\text{s}}$$

예제 1.8 이상기체의 상태방정식은 $PV=mRT$이다. 압력 $P=0.9\text{MPa}$, 부피 $V=4\times 10^4\text{cm}^3$, 기체상수 $R=0.3\text{kJ/kg}\cdot\text{K}$, 절대온도 $T=300\text{K}$일 때 기체의 질량[kg]을 구하라.

풀이 압력(P), 부피(V), 기체상수(R), 온도(T)를 모두 MKS 단위 [m, kg, Pa, J, K]로

2) 이 책에서는 주로 이 방법으로 문제를 풀 것이다.

나타내면

$$P = 0.9\,\mathrm{MPa} = 0.9 \times 10^6\,\mathrm{Pa} = 9 \times 10^5\,\mathrm{Pa}$$
$$V = 4 \times 10^4\,\mathrm{cm}^3 = 4 \times 10^4 \times (10^{-2}\mathrm{m})^3 = 0.04\mathrm{m}^2$$
$$R = 0.3\,\mathrm{kJ/kg \cdot K} = 300\mathrm{J/kg \cdot K}$$
$$T = 300\,\mathrm{K}$$

이므로 질량[kg]은 다음과 같다.

$$m = \frac{PV}{RT} = \frac{(9 \times 10^5) \times 0.04}{300 \times 300} = 0.4\,[\mathrm{kg}]$$

이상에서 P, V, R, T를 모두 MKS 단위로 나타내면 단위 연산을 하지 않아도 나오는 질량의 단위는 MKS 단위의 [kg]이다.

예제 1.9 체적유량 $Q = AV$이다. $Q = 40\ell/\mathrm{s}$, 면적 $A = 0.02\,\mathrm{m}^2$일 때 유속 $V[\mathrm{m/s}]$를 구하라. $1\ell = 1000\,\mathrm{cc}$, $1\mathrm{cc} = 1\mathrm{cm}^3$이다.

풀이 체적유량 $Q = AV$에서 $V = Q/A$이므로

$$V = \frac{Q}{A} = \frac{40\,\ell/\mathrm{s}}{0.02\mathrm{m}^2} = \frac{(40 \times 1000)cm^3/s}{0.02m^2}$$
$$= \frac{(40 \times 1000) \times (10^{-2}\mathrm{m})^3/\mathrm{s}}{0.02\mathrm{m}^2}$$
$$= 2\frac{\mathrm{m}^3/\mathrm{s}}{\mathrm{m}^2} = 2\,[\mathrm{m/s}]$$

[보충 예제] 단위 연산

예제 1.10 원형관의 안지름 $D = 20\,\mathrm{cm}$, 동점성계수 $\nu = 1.5 \times 10^{-6}\,\mathrm{m}^2/\mathrm{s}$, 평균유속 $V = 30\,\mathrm{m/s}$일 때 레이놀즈수 $Re = \frac{VD}{\nu}$를 구하라.

풀이 SI 단위 [m, s]로 통일하여 계산한다. 안지름 $D = 20\mathrm{cm} = 0.2\mathrm{m}$이므로

$$Re = \frac{VD}{\nu} = \frac{30(0.2)}{(1.5 \times 10^{-6})} = 4 \times 10^6$$

† 레이놀즈수(Re)는 차원이 없는 무차원수(dimensionless number)이다.

$$[Re] = \frac{[V][D]}{[\nu]} = \frac{(L/T)(L)}{L^2/T} = 1$$

예제 1.11 안지름 $D = 40\text{cm}$인 관에 평균속도 $V = 20\text{m/s}$로 물이 흐를 때 질량유량 $\dot{m}[\text{kg/s}]$를 구하라. 물의 밀도 $\rho = 1\text{g/cm}^3$이고, 질량유량 $\dot{m}$은 다음과 같이 정의된다. 여기에서 Q는 체적유량, A는 관의 단면적이다.

$$\dot{m} = \rho Q, \quad Q = AV, \quad A = \frac{\pi D^2}{4}$$

풀이 SI 단위 [kg, m, s]로 통일하여 계산한다.

$$\rho = 1\text{g/cm}^3 = 10^{-3}\text{kg}/(10^{-2}\text{m})^3 = 10^3\text{kg/m}^3$$

이다. 주어진 관계식으로부터

$$\begin{aligned} \dot{m} = \rho Q = \rho A V = \rho\left(\frac{\pi D^2}{4}\right)V \\ = 1000\left(\frac{\pi \times 0.4^2}{4}\right)(20)[\text{kg/s}] \\ = 800\pi[\text{kg/s}] = 2513[\text{kg/s}] \end{aligned}$$

† 물의 밀도 $\rho_w = 1\text{g/cm}^3 = 1000\text{kg/m}^3$은 기억하도록 한다.

예제 1.12 원관 내 층류유동에서 체적유량(Q)과 압력강하(ΔP)의 관계를 나타내는 다음 식을 Hagen-Poiseuille 방정식이라고 부르며, 유체역학이 관련된 여러 분야에서 많이 이용되고 있다. 관의 길이 $L = 50\text{m}$, 지름 $D = 2\text{cm}$이며, 물의 점성계수 $\mu = 1.52 \times 10^{-3} Pa \cdot s$이고 관을 흐르는 물의 체적유량 $Q = 0.04[\text{L/s}]$일 때 압력강하 $\Delta P[\text{Pa}]$를 구하라.

$$Q = \frac{\pi D^4 \Delta P}{128\mu L}$$

풀이 SI 단위 [m, Pa, s]로 통일하여 계산한다. $1\text{L} = 10^{-3}\text{m}^3$이다. 주어진 관계식으로부터

$$\Delta P = \frac{128\mu L Q}{\pi D^4} = \frac{128(1.52 \times 10^{-3})(50)(0.04 \times 10^{-3})}{\pi(0.02)^4}[\text{Pa}] = 774[\text{Pa}]$$

예제 1.13 펌프의 수동력(L_w)과 축동력(L_s) 및 펌프 효율(η_p)의 관계식은 다음과 같다. 펌프의 전양정 $H = 10\text{m}$, 양수량 $Q = 90\text{m}^3/\text{min}$, 펌프 효율 $\eta_p = 80\%$일 때 수동력 L_w[PS]과 축동력 L_s[PS]를 구하라. 물의 비중량 $\gamma = 1000\text{kgf/m}^3$이다.

$$L_w = \gamma Q H \ , \qquad \eta_p = \frac{L_w}{L_s}$$

풀이 단위를 [m, s, kgf]로 통일하여 계산한다. $1\text{min} = 60\text{s}$이다.

(1) 수동력: $L_w = \gamma Q H = 1000\left(\frac{90}{60}\right)(10)\left[\frac{\text{kgf}\cdot\text{m}}{\text{s}}\right] = 15{,}000\left[\frac{\text{kgf}\cdot\text{m}}{\text{s}}\right]$

$$= 15{,}000 \times \frac{1}{75}\,[\text{PS}] = 200\,[\text{PS}]$$

(2) 축동력: $L_s = \frac{L_w}{\eta_p} = \frac{200}{0.8} = 250\,[\text{PS}]$

이상에서 $\gamma Q H$의 단위는 $[\gamma Q H] = \frac{\text{kgf}}{\text{m}^3} \times \frac{\text{m}^3}{\text{s}} \times \text{m} = \frac{\text{kgf}\cdot\text{m}}{\text{s}}$

이고, $1\text{PS} = \frac{75\text{kgf}\cdot\text{m}}{\text{s}}$이다.

공학에서는 대부분 문자를 사용하여 현상을 해석하지만 실제 물리량은 모두 단위를 가지고 있다. 문자변수로 표현된 결과 식을 알아도(예를 들어 $v = \sqrt{2gh}$, $\rho = \frac{P}{RT}$, $Re = \frac{VD}{\nu}$, $L_w = \gamma Q H$ ... 등) 단위 환산을 잘못하여 틀리는 경우가 많으므로 단위에 대한 개념을 확실하게 파악해 두도록 한다.

연습문제 1

01 일률(power, 동력)은 단위 시간에 한 일($P = W/t$)을 나타낸다. 일률(P)의 차원을 MLT계로 나타내라. W는 일이고 t는 시간이다.

02 단위 무게당 에너지(E/W)의 차원을 MLT계로 나타내라. 에너지의 차원은 일의 차원과 같다. E는 에너지이고 W는 무게이다.

03 밀도는 단위 부피당 질량($\rho = m/V$)을 나타낸다. 밀도(ρ)의 차원을 FLT계로 나타내라. m은 질량이고 V는 부피이다.

04 어떤 공학도가 $\dfrac{P}{\rho g} + \dfrac{V^2}{2g} + h = C$ 라는 관계식을 유도하였다. 여기에서 P는 압력, V는 속도, ρ는 밀도, g는 중력가속도, h는 기준선으로부터 주어진 지점까지 높이를 나타낸다. 차원 해석의 관점에서 이 식의 옳고 그름을 판정하라. C는 상수이고 길이의 차원을 갖는다.

05 얕은 물에서 파의 진행 속도 v는 중력가속도 g와 물의 깊이 h에 의존한다. 어떤 학생이 $v = \dfrac{1}{gh^2}$이란 관계식을 구하였다. 차원을 검토하여 이 식의 옳고 그름을 판정하라.

06 $Fr = \dfrac{V}{\sqrt{gL}}$ 의 차원을 구하라. V, g, L은 각각 속도, 중력가속도, 길이를 나타낸다.

† Fr은 Froude number라 하며 자유표면을 갖는 유동을 해석할 때 유용한 변수이다.

07 $1\,\mathrm{J} = 1\,\mathrm{N} \cdot \mathrm{m}$는 몇 $[\mathrm{erg}] = [\mathrm{dyne} \cdot \mathrm{cm}]$인가?

08 $1\,\mathrm{g/cm^3}$은 몇 $[\mathrm{kg/m^3}]$인가?

09 $1\,\mathrm{m^3}$은 몇 입방센티미터$[\mathrm{cm^3}]$인가?

10 $10\,\mathrm{kgf/cm^2}$은 몇 $[\mathrm{kPa}]$인가?

11 고속도로의 제한속력 $100\,\mathrm{km/h}$는 몇 $[\mathrm{m/s}]$인가?

12 체적유량 $Q = AV$이다. $Q = 40\,\ell/\mathrm{s}$, 면적 $A = 0.02\,\mathrm{m^2}$일 때 유속 $V[\mathrm{m/s}]$를 구하라. $1\ell = 1000\,\mathrm{cc}$, $1\,\mathrm{cc} = 1\,\mathrm{cm^3}$이다.

13 음속 $a = \sqrt{kRT}$이다. 비열비 $k = 1.4$, 기체상수 $R = 0.287\,\mathrm{kJ/kg \cdot K}$, 절대온도 $T = 250\,\mathrm{K}$일 때 음속$[\mathrm{m/s}]$을 구하라.

14 이상기체의 상태방정식은 $PV = mRT$ 이다. 기체상수 $R = 0.287\,\text{kJ/kg} \cdot \text{K}$, 압력 $P = 500\,\text{kPa}$, 부피 $V = 4 \times 10^4\,\text{cm}^3$, 질량 $m = 0.2\,\text{kg}$일 때 기체의 온도는 몇 ℃ 인가? 절대온도 K = 273.2 + ℃ 이다.

15 이상기체의 상태방정식은 $P = \rho RT$이다. 기체상수 $R = 0.287\,\text{kJ/kg} \cdot \text{K}$, 절대온도 $T = 290\,\text{K}$, 압력 $P = 300\,\text{kPa}$일 때 기체의 밀도(ρ)를 구하라.

16 안지름 $D = 20\,\text{cm}$, 동점성계수 $\nu = 1.01 \times 10^{-6}\,\text{m}^2/\text{s}$, 평균유속 $V = 30\,\text{m/s}$일 때 레이놀즈수 $Re = \dfrac{VD}{\nu}$를 구하라.

17 유속 $V = 1.2\,\text{km/min}$로 부는 바람에 의한 압력($\rho V^2/2$)은 몇 [Pa]인가? 공기의 밀도 $\rho = 1.23\text{kg/m}^3$이다.

18 수소 원자의 지름은 약 0.1nm 이다. 몇 개의 수소 원자가 나란히 줄을 서면 길이 10cm의 직선이 되는가?

19 일 $W = 5\text{kN} \times 0.4\text{mm}$를 SI 단위[J]로 나타내라.

20 두께가 3000m 이고 반지름이 2000km 인 원판의 부피는 몇 [cm^3]인가?

21 다음 값과 식으로부터 질량유량 $\dot{m} = \rho A V$[g/s]를 구하라. 단, $\pi = 3$이다.

$$g = 10\text{m/s}^2,\ \rho = 1.0\text{g/cm}^3,\ h = 32\text{mm},\ D = 20\text{mm},\ V = \sqrt{2gh},\ A = \frac{\pi}{4}D^2$$

22 수평 방향으로 V의 속도로 분사되는 유량 Q의 제트(jet)가 있다. 제트가 수평선에 대해 θ의 각도로 기울어진 평판에 충돌할 때 제트에 의해 판이 받는 충격력의 크기는 $F = \rho QV\sin\theta$이다. 유체의 밀도 $\rho = 900\text{kg/m}^3$, 분사 속도 $V = 20\text{m/s}$, 제트의 단면적 $A = 40\text{cm}^2$, $\theta = 30°$일 때 충격력의 크기 F[N]을 구하라. Q는 체적유량이다.

$$F = \rho QV\sin\theta, \quad Q = AV$$

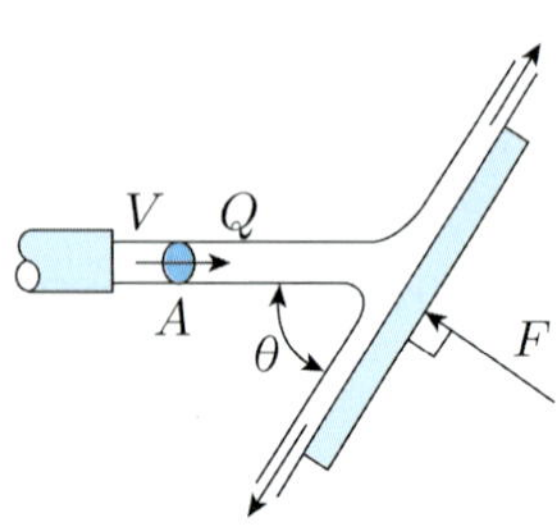

[문제 1.22]

23 $\rho = 1000\text{kg/m}^3$, $Q = 8\text{m}^3/\text{s}$, $V_1 = 2\text{m/s}$, $V_2 = 8\text{m/s}$일 때 $F = \rho Q(V_2 - V_1)$은 몇 tf인가? 중력가속도 $g = 10\text{m/s}^2$이다.

† 중력가속도 $g = 10\text{m/s}^2$일 때 $1\text{tf} = 1000\text{kgf} = 10{,}000\text{N}$이다.

24 펌프효율은 $\eta = \dfrac{\Delta PQ}{(\text{공급 동력})}$로 정의된다. 여기에서 ΔP는 펌프에 의해 상승한 압력이고 Q는 체적유량이다. 어떤 펌프에 11.93kW의 동력을 공급하였을 때 상승한 압력이 $\Delta P = 241.3\text{kPa}$이고 체적유량이 $Q = 40\text{L/s}$일 때 펌프효율을 구하라.

† ΔPQ는 펌프로부터 유체가 받은 동력이 된다.

25 프랑스 공학자 Darcy는 밀도가 ρ인 유체가 V의 속도로 길이가 L인 관을 흐를 때 일어나는 압력강하 ΔP는 $\dfrac{\Delta P}{\rho} = \alpha L V^2$의 관계식을 따른다고 제안하였다. 계수 α의 차원을 구하라.

26 반지름 R인 원형 관을 흐르는 정상상태 층류유동 속도분포 $u(r)$은 다음과 같이 표현된다. 여기에서 ΔP는 관 길이 L에서 일어나는 압력강하이고, r은 관의 중심축으로부터 반경방향 거리이다. 점성계수 μ의 차원을 구하라.

$$u(r) = \frac{\Delta P}{4\mu L}(R^2 - r^2)$$

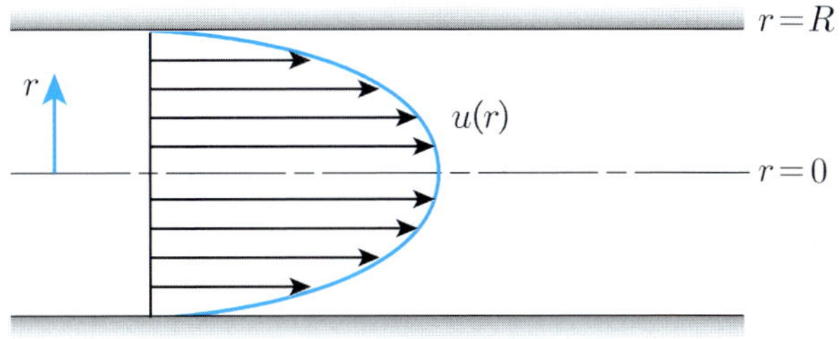

[문제 1.26]

27 다음 단위 중 옳은 것은? [중등교사 임용시험-기계][3)]

① $1\text{Pa} = 1\text{N/m}$ ② $1\text{J} = 1\text{N} \cdot \text{m/s}$

③ $1\text{kW} = 75\text{kgf} \cdot \text{m/s}$ ④ $1\text{N} = 10^5\text{dyne}$

28 다음 단위 중 어느 것이 옳은가? [중등교사 임용시험-기계]

① $1\text{N} = 1\text{kg} \cdot \text{m/s}$ ② $1\text{J} = 1\text{N} \cdot \text{m/s}$

③ $1\text{W} = 1\text{J/s}$ ④ $1\text{bar} = 10^6\text{N/m}^2$

3) 중등교사 임용시험에 출제된 문제를 나타낸다.

29 물리량과 그 단위를 나타낸 것으로 옳지 않은 것은? [공무원 임용시험][4)]

① 에너지: $kg \cdot m^2 \cdot s^{-2}$　② 길이: Å

③ 압력: $kg \cdot m^{-1} \cdot s^{-1}$　④ 동력(power): $J \cdot s^{-1}$

30 물체를 100N의 힘으로 2초 동안 힘과 동일한 방향으로 10m 이동하기 위해 필요한 동력(일률)[W]은? [공무원 임용시험]

① 2,000　② 500　③ 50　④ 20

31 중력가속도가 $4m/s^2$인 어느 별에서 질량 3kg의 무게는? [공무원 임용시험]

① 12kgf　② 12tf　③ 12N　④ 12lbf

32 M은 질량, L은 길이, T는 시간이라고 할 때, 점성계수의 차원은? [공무원 임용시험]

① $ML^{-1}T^{-2}$　② $ML^{-1}T^{-1}$

③ MLT^{-1}　④ $M^{-1}L^{-1}T^{-2}$

33 다음 중 옳지 않은 것은?

① $1bar = 10^5 Pa$　② $1MPa = 10^6 Pa$

③ $1N = 10^5 dyne$　④ $1J = 10^6 erg$

34 국제적으로 통용되는 SI 단위계(international unit system)에서 정하는 기본단위가 아닌 것은? [공무원 임용시험]

① 미터(meter)　② 킬로그램(kilogram)

③ 켈빈(Kelvin)　④ 뉴턴(Newton)

35 SI 기본단위가 아닌 것은? [공무원 임용시험]

① rad　② s　③ m　④ kg

36 다음 물리량 중 차원이 같지 않은 것은? [공무원 임용시험]

① 일　② 각운동량

③ 모멘트(토크)　④ 운동에너지

37 다음 중 모두 SI 기본 물리량인 것은?

① 시간, 길이, 온도　② 시간, 온도, 에너지

③ 길이, 속도, 가속도　④ 힘, 가속도, 무게

---

4) 9급, 7급 및 지역 공무원 공개경쟁채용시험에 출제되었던 문제를 표시한다.

38 다음 중 동력의 단위가 아닌 것은? [공무원 임용시험]

① kN • m/s ② kJ/min

③ PS ④ kg • m/s

39 물리량과 단위의 연결로 옳지 않은 것은? [공무원 임용시험]

① 일률 - [N • m/s] ② 압력 - [N/m^2]

③ 힘 - [$kg \cdot m/s^2$] ④ 관성모멘트 - [kg • m/s]

40 물리량의 차원으로 옳지 않은 것은? (단, M은 질량, T는 시간, L은 길이이다.) [공무원 임용시험]

① 응력의 차원은 $MT^{-2}L^{-1}$ 이다.

② 에너지의 차원은 $MT^{-1}L^{-2}$이다.

③ 전단력의 차원은 $MT^{-2}L$이다.

④ 휨모멘트의 차원은 $MT^{-2}L^2$이다.

41 짝지어진 두 개의 물리량을 SI 기본단위[m, kg, s]로 환산할 경우, 동일한 단위로 연결되지 않은 것은? [공무원 임용시험]

① PS, J ② mmHg, Pa

③ kgf/m^2, N/m^2 ④ kgf • m/s, W

42 단면적 A의 면에 F의 힘이 수직으로 작용할 때 면이 받는 압력은 $P = F/A$로 정의된다. 가로가 4cm이고 세로가 5cm인 직사각형 단면에 $F = 150$kN의 힘이 수직으로 작용할 때 면이 받는 압력 P[MPa]를 구하라.

43 높이 차이가 Δh일 때 압력 차이 $\Delta P = \gamma \Delta h$이다. 여기에서 γ는 유체의 비중량이고, 유체의 비중 $S = \gamma/\gamma_w$로 정의된다. $\Delta h = 85$cm, $S = 13.6$, 물의 비중량 $\gamma_w = 9.8kN/m^3$일 때 압력 차이 ΔP[MPa]를 구하라.

제2장 유체의 기본성질

2.1 유체의 특성

1 유체의 정의

'유체(fluid)는 아무리 작은 전단응력(shear stress, 접선응력)을 받아도 연속적으로 변형되는 물질'로 정의한다. 전단응력이 작용하는 한 유체의 운동이 지속되기 때문에 '정지 상태에서 전단응력을 지탱할 수 없는 물질'을 유체라고 정의할 수도 있다.

설명 물질을 이루는 분자 사이의 거리와 인력의 크기에 따라 물질을 크게 고체와 유체로 나눈다. 유체는 액체와 기체를 포함한다. 분자 간 응집력은 고체에서 가장 크고 다음에 액체에서 크며, 기체에서는 아주 작다. 고체 분자들이 단단히 결합되어 있는 반면, 유체에서는 분자간의 응집력이 약하기 때문에 비교적 자유롭게 움직일 수 있다. 따라서 유체는 일정한 형태를 지니지 못하고 자유롭게 변형하는 특성이 있다. 즉 임의 형상의 그릇에 채울 수 있으며 아주 작은 전단응력도 지탱하지 못하고 변형된다.

전단응력은 물체의 표면에 접선 방향의 힘이 작용할 때 발생한다. 강철과 같은 고체에 전단응력이 작용하면 처음에는 아주 작은 변형이 생기지만 전단응력을 제거하면 그 변형이 지속되지 않는다. 그러나 물, 기름, 공기와 같은 물질은 전단응력을 받으면 변형이 유지된다. 따라서 이들을 유체라 한다. 유체가 취할 수 있는 형태(phase, 상)는 액체와 기체이다. 그런데 슬러리(slurry), 타르(tar), 치약과 같은 물질은 전단응력이 작으면 고체의 성질을 나타내지만 어떤 임계값 이상의 응력에서는 유동이 일어나므로 유체와 고체의 구분이 쉽지 않다. 이러한 물질에 대한 학문을 유변학(rheology)이라 한다. 이 책에서는 고전적인 유체역학의 범위에서 가장 기본적인 유체에 대해 공부한다.

유체 입자는 많은 분자들로 구성되어 있고 각 분자들은 서로 떨어져 있다. 그런데 유체의 분자구조는 미시적인 관점에서 유체의 종류를 구분하는데 중요하지만 각 분자의 거동을 모두 기술하는 것은 불가능하다. 그 대신 거시적인 관점에서 많은 수의 분자로 구성된 일정 부피 유체의 평균값으로 유체의 거동을 기술한다. 또한 압력과 속도 등 유체의 주요 성질이 유체 내부에서 연속적으로 변한다고 가정한다. 즉, 유체를 연속체(continuum)로 취급한다. 연속체로 유체를 다루기 위해서는 고려하는 유체의 영역이 분자의 크기 또는 분자의 평균 자유행로보다 커야 한다. 그런데 분자는 아주 작으므로 일반적으로 우리가 다루는 유체는 모두 연속체라 할 수 있다.

2 유체의 분류

점성이 있는 유체를 점성유체(viscous fluid), 점성이 없는 유체를 비점성유체(inviscid fluid)라 하고, 압축이 되는 유체를 압축성 유체(compressible fluid), 압축되지 않는 유체를 비압축성 유체(incompressible fluid)라 한다. 그리고 비점성·비압축성 유체를 이상유체(ideal fluid)라 한다.

설명 실제유체는 모두 점성을 가지고 있으며 압축이 된다. 그런데 실제로는 점성·압축성유체이지만 그 영향이 매우 작게 나타나는 경우에는 일반적으로 비점성·비압축성유체로 가정하여 해석한다. 점성과 압축성이 모두 고려되는 실제유체의 이론적 해석은 매우 어렵다. 학부 과정의 기초적인 유체역학에서 취급하는 유체는 대부분 이상유체이다.

2.2 밀도, 비중량, 비중

1 밀도

물질의 단위 부피($V\,[\mathrm{m}^3]$)당 질량($m\,[\mathrm{kg}]$)을 밀도(density)라 하고 일반적으로 기호 ρ로 나타내며 다음과 같이 정의한다.

$$\rho = \frac{m}{V} \quad [\mathrm{kg/m^3}] \qquad \cdots (2.1)$$

2 비중량

물질의 단위 부피($V\,[\mathrm{m}^3]$)당 무게($W\,[\mathrm{N}]$)를 비중량(specific weight, 단위중량)이라 한다. 밀도가 $\rho\,[\mathrm{kg/m^3}]$인 물질의 비중량 γ는 다음과 같다. $g\,[\mathrm{m/s^2}]$는 중력가속도이다.

$$\gamma = \frac{W}{V} = \frac{mg}{V} = \frac{m}{V} \times g = \rho g \ \ [\mathrm{N/m^3}] \qquad \cdots (2.2)$$

비중량 $\gamma = \rho g$이므로 예를 들어 비중량 $70\mathrm{kgf/m^3}$, $90\mathrm{kgf/m^3}$인 유체의 밀도는 각각 $70\mathrm{kg/m^3}$, $90\mathrm{kg/m^3}$이 된다. 특히 물의 비중량은 $1000\mathrm{kgf/m^3} = 1\mathrm{tonf/m^3}$이고 밀도는 $1000\mathrm{kg/m^3} = 1\mathrm{ton/m^3}$이 된다. 무게 tonf는 tf로도 표기한다.

3 비중

순수한 물의 밀도를 기준으로 한 유체의 상대적 밀도를 비중이라 한다. 물의 밀도를 ρ_w라 하면 밀도 ρ인 물질의 비중 S는 다음과 같이 정의된다. 여기에서 γ와 γ_w는 각각 물질과 물의 비중량을 나타낸다.

$$S = \frac{\rho}{\rho_w} = \frac{\rho g}{\rho_w g} = \frac{\gamma}{\gamma_w} \qquad \cdots (2.3)$$

설명 열역학에서는 밀도의 역수인 비체적($v = V/m$)을 많이 사용하지만 유체역학에서는 밀도와 비중량을 주로 사용한다. 고체 내부의 압력은 거의 일정하다. 그러나 유체에서는 온도가 상승하면 분자 운동이 활발해지고, 이에 따라 분자 사이의 거리가 멀어짐으로 인해 밀도가 작아지고 압력은 상승한다.

비중은 어떤 물질의 무게가 물보다 얼마나 더 가벼운지 또는 무거운가를 나타내는 척도가 된다. 비중이 큰 물질로는 수은($S \approx 13.6$)이 있으며 공기의 비중은 약 1/800이다. 보통 기름의 비중은 1보다 작으므로 물에 기름을 부으면 기름은 모두 물 위에 뜬다. 비중이 1보다 작다는 것은 물보다 더 가볍다는 것을 뜻한다.

비중량(γ)은 단위 부피당 무게를 나타내며 SI 단위는 $[\gamma] = \mathrm{N/m^3}$이다. 그러나 비중은 물의 밀도에 대한 물질의 밀도 비를 나타내므로 차원이 없는 무차원수 (dimensionless number)이다.

4℃ 에서 순수한 물의 밀도는 $1000\,\mathrm{kg/m^3}$이고, 비중량은 $9800\,\mathrm{N/m^3}$이므로 비중 S인 물질의 밀도 ρ와 비중량 γ는 다음과 같다. 중력가속도 $g = 9.8\,\mathrm{m/s^2}$이다.

$$\rho = 1000\,S \ \ [\mathrm{kg/m^3}]$$

$$\gamma = 9800\,S\ [\mathrm{N/m^3}] = 9.8\,S\,[\mathrm{kN/m^3}]$$

† 각종 시험에서는 계산상 편의를 위해 중력가속도 값을 $g = 10\,\mathrm{m/s^2}$으로 주기도 한다. 이때는 $1\,\mathrm{kgf} = 10\,\mathrm{N}$이므로 물의 비중량은 $10{,}000\,\mathrm{N/m^3} = 10\,\mathrm{kN/m^3}$이고, 비중 S인 물질의 비중량은 $\gamma = 10{,}000\,S\ [\mathrm{N/m^3}] = 10\,S\ [\mathrm{kN/m^3}]$이 된다.

[표 2.1] 표준대기압과 25℃에서 유체의 밀도

유체	밀도[kg/m³]	유체	밀도[kg/m³]
벤젠	879	등유	815
사염화탄소	1584	메탄올	787
에틸알코올	783	엔진오일	885
가솔린	750	물	997
글리세린	1260	수은	13580

예제 2.1 부피가 $4\,\mathrm{m}^3$인 유체의 무게가 $30\,\mathrm{kN}$일 때 유체의 비중량, 밀도, 비중을 구하라.

풀이 ○ 비중량 $\gamma = \dfrac{W}{V} = \dfrac{30\,\mathrm{kN}}{4\,\mathrm{m}^3} = 7.5\,\mathrm{kN/m^3} = 7500\,\mathrm{N/m^3}$

○ 밀도 $\rho = \dfrac{\gamma}{g} = \dfrac{7500\mathrm{N/m^3}}{9.8\mathrm{m/s^2}} = 765.3\,\mathrm{kg/m^3}$ $\left(\because\ \mathrm{N} = \mathrm{kg} \cdot \dfrac{\mathrm{m}}{\mathrm{s}^2}\right)$

○ 비중 $S = \dfrac{\gamma}{\gamma_w} = \dfrac{7.5\,\mathrm{kN/m^3}}{9.8\,\mathrm{kN/m^3}} = 0.7653$

예제 2.2 밑면 지름 $50\,\mathrm{cm}$, 높이 $100\,\mathrm{cm}$인 실린더(cylinder) 형 용기에 밀도가 $885\,\mathrm{kg/m^3}$인 기름이 가득 채워져 있다. 기름의 질량과 무게를 구하라.

풀이 밀도 $\rho = \dfrac{m}{V}$이므로 질량(m)과 무게(W)는 다음과 같다.

$$m = \rho V = \rho \times \left(\frac{\pi D^2 H}{4}\right) = 885 \times \left(\frac{\pi \times 0.5^2 \times 1}{4}\right) = 173.8\,[\mathrm{kg}]$$
$$W = mg = 173.8 \times 9.8 = 1703\,[\mathrm{N}]$$

2.3 점성

1 점성계수

[그림 2.1]과 같이 유체 유동이 속도분포 $u(y)$를 가질 때 유체 내부에서 발생하는 전단응력

τ가 속도기울기 $\dfrac{du}{dy}$에 비례하는 유체를 뉴턴유체라 하고, 다음과 같이 정의되는 비례상수(μ)를 절대점성계수(absolute viscosity), 역학적 점성계수(dynamic viscosity) 또는 간단하게 점성계수(viscosity)라 한다.

$$\tau = \mu \frac{du}{dy} \qquad \cdots (2.4)$$

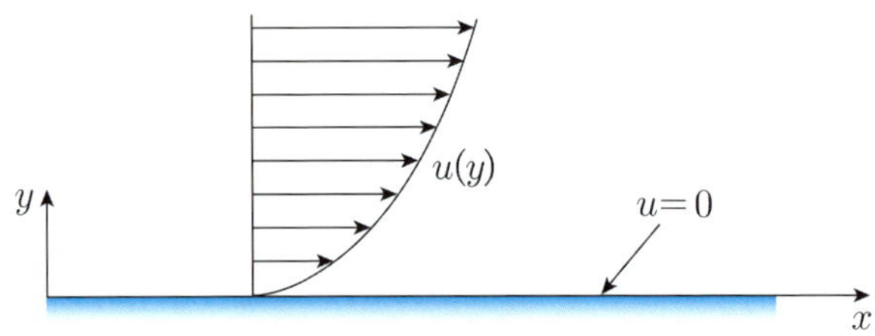

[그림 2.1]

설명 [그림 2.2]와 같이 접촉된 두 판 사이에 속도 차이가 있으면 두 판 사이에 마찰력이 발생한다. 고체와 마찬가지로 유체 층 내에서도 속도 차이가 존재하면 마찰력(전단응력)이 발생하며 이러한 성질을 나타내는 물리량을 점성계수(점도)라 한다. 즉, 점성은 유체 층 사이에 상대 운동이 일어날 때 이 상대 운동을 방해하는 성질을 말한다. 이것을 유체마찰(fluid friction)이라 하며 이러한 유체의 성질을 점성이라 하는 것이다. 예를 들어 기름은 물에 비하여 흐르기가 어렵다. 이것은 기름이 형태를 바꿀 때(흘러 갈 때) 큰 저항력(마찰력)을 받기 때문이다. 이때 기름은 물보다 큰 점성계수를 갖는다.

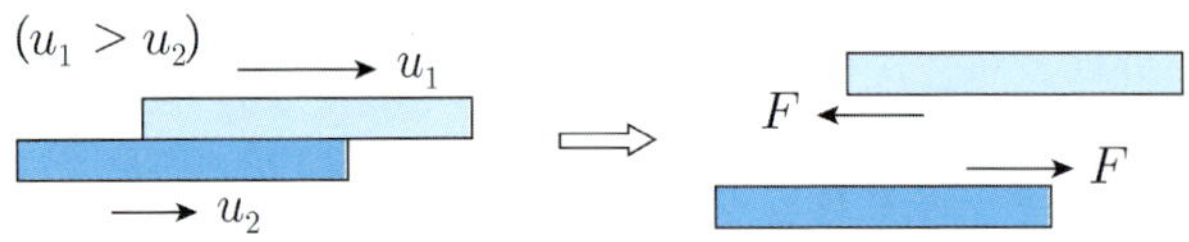

[그림 2.2]

2 벽 점착조건

유체가 고체 표면 위를 흐를 때 고체 표면에서 유체입자의 미끄러짐이 없다는 조건, 즉 '벽에서 유체의 속도 $u = 0$'이라는 조건을 벽 점착조건(no slip condition)이라 한다.

설명 대기권 밖에서와 같이 아주 희박한 기체 중에서 유동은 벽면에서 속도가 0이 아닐 수도 있다. 그러나 일반적으로 우리가 살고 있는 지구에서 물, 공기, 기름 등이 흐를 때 '벽에서 유체의 속도 $u=0$'이라고 한다. 이에 따라 점성 유체가 흘러가면 벽에서 유체 속도가 0이므로 벽 부근에서는 반드시 속도 기울기가 존재한다. 따라서 점성유동에서 고체 면은 언제나 흐르는 유체에 의한 전단력(마찰력)을 받게 된다.

[참고] 유체역학을 아는 물고기

여름에 비가 많이 와서 시냇물이 넘치고 급류가 흐르면 평소에는 시냇물 가운데 있는 물고기들이 냇가로 헤엄쳐 나온다. 이는 벽 점착 조건에 의해 냇가 벽면에서 유속은 0이므로 그 부근은 유속이 느리게 되기 때문에 급류로부터 안전한 지역이 되기 때문이다. 수업시간에 유체역학을 잘 들은 물고기들은 "비가 많이 오네. 아, 물살이 너무 세다. 그래도 괜찮아. 유체역학에서 벽 점착 조건에 의해 냇가에서 유속은 0이라고 했어. 빨리 밖으로 나가자" 하면서 일단 밖으로 피신한 후에 물살이 잔잔해지면 다시 집으로 돌아간다. 그러나 수업시간에 유체역학을 제대로 듣지 않은 물고기들은 그냥 그대로 있다가 급류에 휩쓸려 다시는 고향으로 돌아가지 못할 것이다.

이 얘기를 듣는 어떤 학생은 이런 말을 할 것이다. "아니요, 비 올 때 밖으로 나온 물고기들은 사람들한테 다 잡혀요" … 어디 가나 꼭 이런 학생이 있는 법이다.

3 뉴턴의 점성법칙

점성계수의 정의 식 $\tau = \mu \dfrac{du}{dy}$ 를 뉴턴의 점성법칙이라 한다. 이 법칙을 따르는 유체를 뉴턴유체(Newtonian fluid)라 하고, 따르지 않는 유체를 비뉴턴유체(non-Newtonian fluid)라 한다.

액체와 기체를 포함하여 물, 공기, 기름과 가솔린 등의 일반적인 유체들은 뉴턴유체이다. 비뉴턴유체에는 혈액, 액체 플라스틱, 치약, 마요네즈, 고분자 용액, 물과 녹말가루의 혼합물, 물과 모래의 혼합물 등이 있다.

[표 2.2] 표준대기압, 20℃에서 유체의 점성계수와 동점성계수

유체	점성계수[Pa • s]	동점성계수[m^2/s]
수소	8.8×10^{-6}	1.05×10^{-4}
공기	1.81×10^{-5}	1.51×10^{-5}
가솔린	2.9×10^{-4}	4.26×10^{-7}
물	1.01×10^{-3}	1.01×10^{-6}
에틸알코올	1.2×10^{-3}	1.52×10^{-6}
수은	1.5×10^{-3}	1.1×10^{-7}
SAE 30 오일	0.29	3.25×10^{-4}
원유	7.18×10^{-3}	8.39×10^{-6}
글리세린	1.494	1.18×10^{-3}

4 동점성계수

다음과 같은 점성계수(μ)와 밀도(ρ)의 비를 동점성계수(ν)라 한다. 동점성계수(kinematic viscosity)의 SI 단위는 m^2/s이다.

$$\nu = \frac{\mu}{\rho} \qquad \cdots (2.5)$$

설명 유체 유동의 운동방정식에서 점성계수와 밀도의 비가 많이 나타나므로 이와 같은 동점성계수를 정의하여 사용한다. 동점성계수의 차원은 열확산계수(κ, thermal diffusivity)의 차원과 같으므로 ν/κ는 차원이 없다. 유체역학에서는 무차원수 $Pr = \nu/\kappa$를 프란틀 수(Prandtl number)로 정의하며, 이 변수는 유체의 온도가 유동에 영향을 미치는 자연대류(natural convection)나 혼합 대류(mixed convection)에서 유체의 특성을 나타내는 주요 변수가 된다.

5 점성계수의 차원 및 단위

점성계수 μ의 차원은 $[\mu] = M/LT$, FT/L^2이고, 점성계수의 SI 단위는 kg/m • s, Pa • s, N • s/m^2 이다.

설명 점성계수의 정의 $\tau=\mu\dfrac{du}{dy}$ 로부터 μ의 차원을 FLT계로 나타내면

$$[\mu]=[\tau]\left[\frac{dy}{du}\right]=[\tau]\frac{[y]}{[u]}=\frac{F}{L^2}\times\frac{L}{L/T}=FT/L^2$$

이고, 주요 단위에는 Pa • s, N • s/m^2, dyne • s/cm^2 등이 있다.

MLT계에서 μ의 차원은 다음과 같다.

$$[\mu]=\frac{FT}{L^2}=\frac{(ML/T^2)T}{L^2}=M/LT$$

점성계수의 SI 단위는 kg/m • s, N • s/m^{2}이지만 실용단위로는 포아즈(poise, P)와 센티포아즈 cP = 1 centipoise = 10^{-2}poise가 있다. CGS 단위계의 g/cm • s를 포아즈(poise)라 정의하고 약자 P로 표기한다.

$$\begin{aligned}1\,\text{poise}&=1\text{P}\\&=1\text{g/cm}\cdot\text{s}=0.1\text{kg/m}\cdot\text{s}\\&=1\text{dyne}\cdot\text{s/cm}^2=0.1\text{N}\cdot\text{s/m}^2\\&=100\,\text{cP}\end{aligned}$$

20℃ 순수한 물의 점성계수는 약 1cP이다.

6 동점성계수의 차원 및 단위

동점성계수의 차원은 $[\nu]=L^2/T$이고, SI 단위는 m^2/s이다.

설명 동점성계수의 차원은

$$[\nu]=\frac{[\mu]}{[\rho]}=\frac{M/LT}{M/L^3}=L^2/T$$

이다. 동점성계수의 단위는 m^2/s, cm^2/s 등을 사용하며 실용단위로는 스토크(stoke, St)와 센티스토크 cSt = 1 centistoke = 10^{-2}stoke가 있다. CGS 단위계의 cm^2/s를 스토크(stoke)라 정의하고 약자 St로 표기한다.

$$\begin{aligned}1\,\text{stoke}&=1\text{St}=1\text{cm}^2/\text{s}=10^{-4}\text{m}^2/\text{s}\\&=100\,\text{cSt}\end{aligned}$$

20℃ 순수한 물의 동점성계수는 약 1cSt이다.

7 점성계수와 온도의 관계

온도가 상승하면 액체의 점성계수는 감소한다. 그러나 기체의 점성계수는 온도가 증가함에 따라 함께 증가한다.

설명 [그림 2.3]과 [그림 2.4]에 온도변화에 따른 유체의 점성계수와 동점성계수의 변화를 나타내었다. 그림과 같이 점성계수는 온도에 따라 다양하게 변화한다. 특히 액체와 기체는 분자 간 특성이 서로 다르기 때문에 점성계수에 미치는 온도의 영향이 서로 다르다. 이와 같은 것은 주로 분자 간 응집력의 차이 때문에 발생한다. 즉, 기체에서 분자 간 응집력은 무시할 수 있을 정도로 작고, 이와 반대로 액체 분자의 응집력은 기체에 비하여 아주 크다.

유체의 점성은 유체 분자 사이의 응집력이나 운동량의 전달 현상으로 나타나는 것이다. 유체 분자끼리 서로 응집력(인력)이 작용하면 인접한 유체층 사이에서 마찰저항이 발생한다. 액체의 경우 분자 운동에 의한 운동량 교환이 분자 사이의 응집력에 비하여 작으므로 전단응력과 점성계수는 주로 이 응집력의 크기에 달려 있다. 온도가 상승하면 액체 분자 간 응집력이 감소한다. 따라서 온도가 올라가면 액체의 점성은 감소하게 된다. 그림에서 온도가 증가함에 따라 모든 액체의 점성계수가 감소한다는 것을 알 수 있다.

기체의 경우 액체에 비하여 활발한 분자 운동으로 인하여 빨리 움직이는 분자와 느리게 움직이는 분자 간에 어떤 층이 존재하여 서로를 가속시키거나 감속시킨다. 기체의 응집력은 분자 운동에 의한 운동량 교환에서 발생하는 마찰력보다 아주 작으므로 기체의 전단응력과 점성계수는 주로 이 분자 운동에 달려 있다. 따라서 온도가 증가하면 기체 분자의 운동이 더욱 더 활발하게 되어 분자 간의 마찰력(전단응력)이 증가하게 되므로 점성이 증가하게 된다. 즉, 기체의 점성계수는 온도가 상승함에 따라 증가한다.

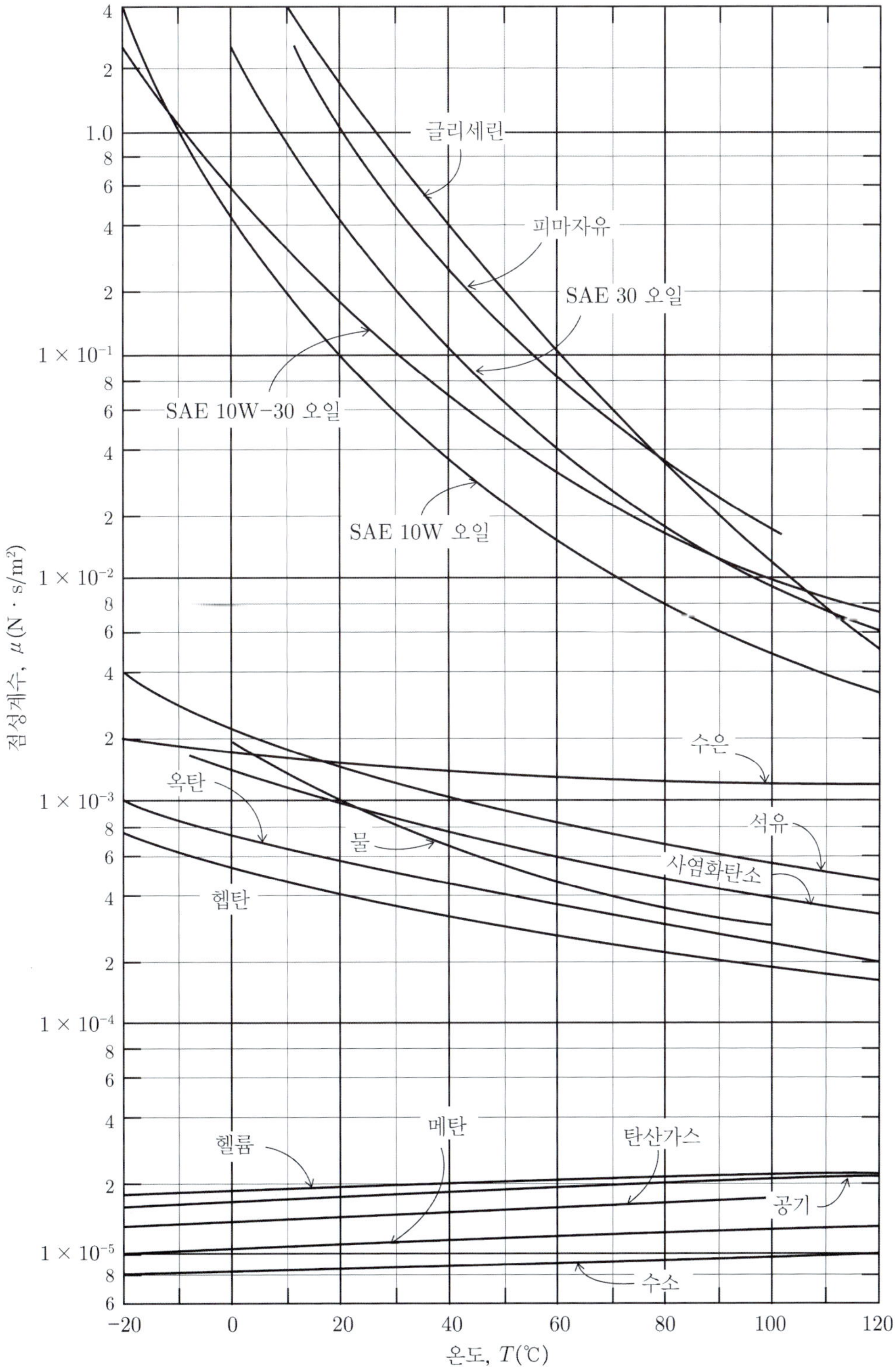

[그림 2.3] 온도에 따른 유체의 점성계수

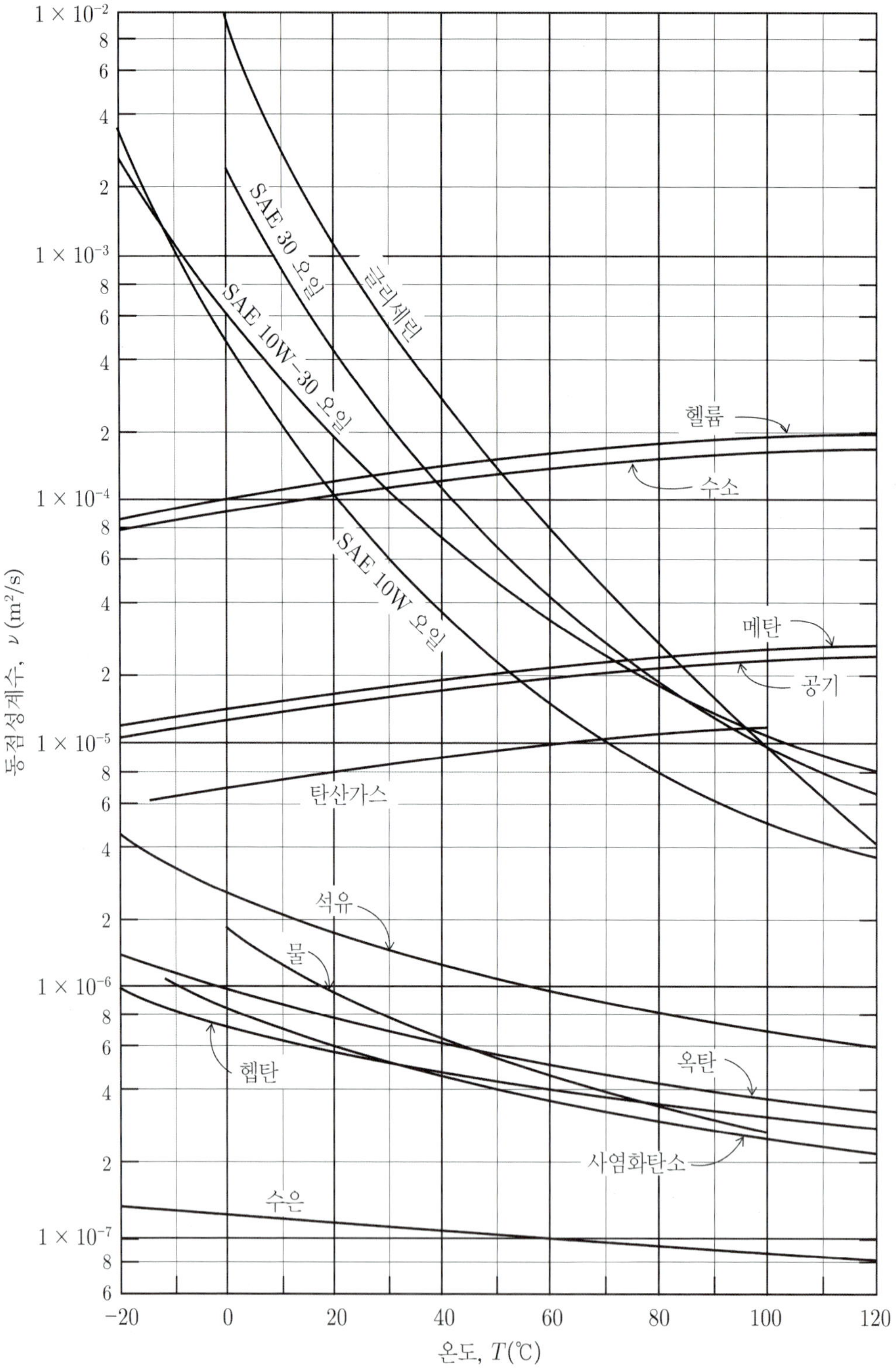

[그림 2.4] 온도에 따른 유체의 동점성계수

예제 2.3 20 ℃ 에서 물의 점성계수는 약 10^{-3}Pa • s, 밀도는 998kg/m^3이고, 공기의 점성계수는 약 1.8×10^{-5}N • s/m^2, 밀도는 1.2kg/m^3이다. 물과 공기의 동점성계수를 각각 구하여 비교하라.

풀이 SI 단위 [kg, m, s, N, Pa]로 계산한다.

동점성계수의 정의 $\nu = \dfrac{\mu}{\rho}[m^2/s]$로부터

○ 물의 동점성계수 $\nu_w = \dfrac{\mu_w}{\rho_w} = \dfrac{10^{-3}}{998} = 1.002 \times 10^{-6}\ [m^2/s]$

○ 공기의 동점성계수 $\nu_a = \dfrac{\mu_a}{\rho_a} = \dfrac{1.8 \times 10^{-5}}{1.2} = 1.5 \times 10^{-5}\ [m^2/s]$

점성계수는 물이 공기보다 크지만 공기의 밀도가 작기 때문에 동점성계수는 오히려 공기가 물보다 크다.

예제 2.4 [그림 2.5]와 같이 고정된 두 수평 무한 평판 사이에서 Poiseuille 유동의 속도분포는 $u(y) = U\left[1 - \left(\dfrac{2y}{H}\right)^2\right]$이다. 여기에서 H는 평판 사이 간격, U는 중심에서 속도이고, 원점은 두 판 사이의 중앙에 위치하고 있다. 유체의 점성계수가 μ일 때 평판 $(y = -H/2)$에 작용하는 전단응력을 구하라.

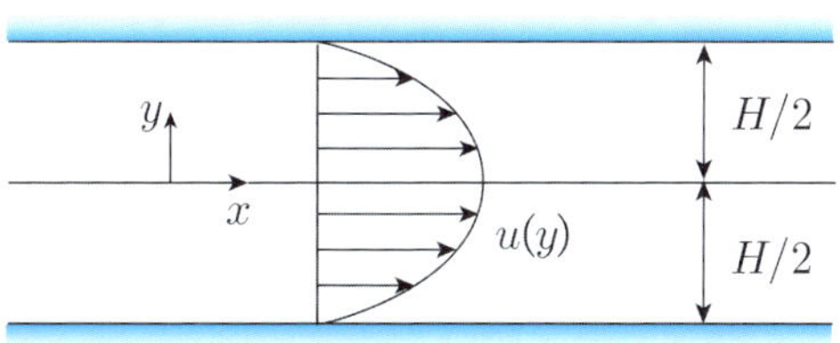

[그림 2.5]

풀이 점성계수의 정의로부터 유체에서 전단응력은

$$\tau = \mu\frac{du}{dy} = \mu\frac{d}{dy}\left[U\left(1 - \frac{4y^2}{H^2}\right)\right] = \mu U\left[-\frac{8y}{H^2}\right]$$

이므로, $y = -H/2$에서 전단응력은

$$\tau(-H/2) = \mu U\left[-\frac{8(-H/2)}{H^2}\right] = \frac{4\mu U}{H}$$

이다. 따라서 유체에 의해 평판에 작용하는 전단응력 $\tau_w = \dfrac{4\mu U}{H}$이다.

2.4 쿠에트 유동

1 평판 사이의 쿠에트 유동

거리가 H인 두 무한평판 사이의 유체에서, 아래 평판을 고정하고 위 평판을 V의 속도로 이동할 때[그림 2.6] 유체의 속도분포가 다음과 같이 선형적인 분포를 갖는 유동을 쿠에트(Couette) 유동이라 한다.

$$u(y) = \frac{Vy}{H} \qquad \cdots(2.6)$$

이때 유체의 점성계수가 μ이면 유체의 속도분포와 점성에 의해 면적 A의 평판이 받는 힘 F는 다음과 같다.

$$F = \mu\frac{VA}{H} \qquad \cdots(2.7)$$

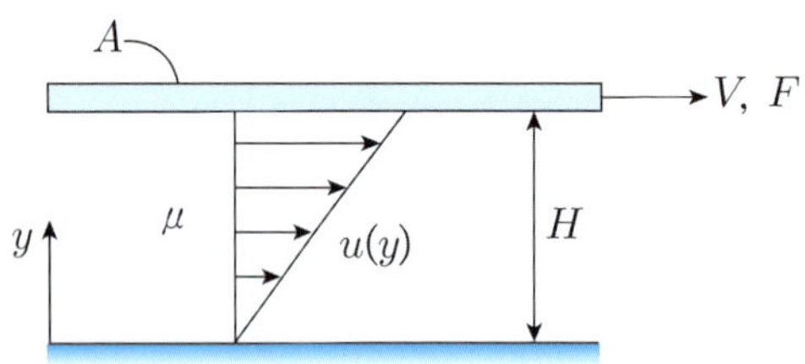

[그림 2.6] 쿠에트 유동

증명 선형적인 유체의 속도분포를

$$u(y) = ay + b$$

로 놓으면, 벽 점착조건에 의해 아래 평판의 속도는 0이므로

$$y = 0\text{일 때 } u = 0 \quad \therefore \quad b = 0$$

이고, 위 평판의 속도는 V이므로

$$y = H\text{일 때 } u = V\text{에서}$$

$$V = aH \quad \therefore \quad a = \frac{V}{H}$$

이다. 따라서 속도분포는 $u(y)=\dfrac{Vy}{H}$ 이다.

점성계수 μ인 유체에서의 전단응력은

$$\tau=\mu\frac{du}{dy}=\mu\frac{d}{dy}\left(\frac{Vy}{H}\right)=\frac{\mu V}{H}$$

이므로 평판이 받는 힘은

$$F=\tau A=\frac{\mu VA}{H}$$

가 된다.

† 평판이 마찰력에 의해 소비하는 동력(Power) $P=FV$ 이다.

예제 2.5 간격이 0.4cm인 평형 평판 사이에 점성계수 $5\text{N}\cdot\text{s/m}^2$의 유체가 채워져 있다. 아래 평판을 고정하고 위 평판을 8m/s의 속도로 당길 때 유체에서 발생하는 전단응력은 몇 kPa인가?

풀이 판 사이의 간격이 좁으므로 속도분포는 선형이라고 가정한다. 이때 전단응력은 다음과 같다.

$$\tau=\mu\frac{du}{dy}=\mu\frac{\Delta u}{\Delta y}=(5\text{N}\cdot\text{s/m}^2)\times\frac{8\text{m/s}}{0.004\text{m}}$$

$$=10{,}000\text{N/m}^2=10{,}000[\text{Pa}]=10[\text{kPa}]$$

예제 2.6 두께가 2mm인 얇은 기름막 위에서 면적 0.1m^2의 평판을 5m/s의 일정속도로 이동하였을 때 평판에 걸리는 힘이 150N이라면 기름의 점성계수는 얼마인가?

풀이 판 사이 간격이 좁으므로 유체의 속도분포는 선형이라고 가정한다. 이때 평판이 받는 힘 $F=\tau A=\dfrac{\mu VA}{H}$ 이므로 점성계수는 다음과 같다.

$$\mu=\frac{FH}{VA}=\frac{150\text{N}\times0.002\text{m}}{(5\text{m/s})\times0.1\text{m}^2}=0.6\text{N}\cdot\text{s/m}^2$$

예제 2.7 그림과 같이 무게 120N인 정사각형 평판이 2mm 두께의 얇은 기름막 위에서 일정한 속도로 미끄러져 내려오고 있다. 평판의 면적이 0.4m^2이고 기름의 점성계수가 $2\text{Pa}\cdot\text{s}$일 때 평판의 속도(V)를 구하라.

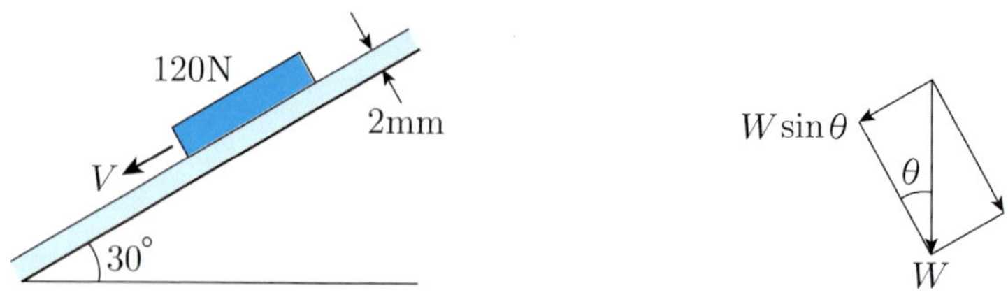

[그림 2.7]

풀이 뉴턴 운동법칙($\sum F = ma$)에 의해 등속운동($a = 0$)에서 물체에 작용하는 경사면 방향의 힘의 합은 0($\sum F = 0$)이다. 따라서 평판 무게의 경사면 방향 성분은 $W\sin\theta$이고, 평판과 기름막 사이의 마찰력은 $f = \tau A$이므로

$$W\sin\theta - \tau A = 0 \qquad \cdots ①$$

이 된다. 기름막에서 유체의 속도분포가 선형이라 가정하면 전단력은

$$\tau = \mu\frac{V}{h} \qquad \cdots ②$$

이고, 식 ②를 식 ①에 대입하면 평판의 속도(V)가 구해진다.

$$W\sin\theta - \left(\mu\frac{V}{h}\right)A = 0$$

$$\therefore \quad V = \frac{hW\sin\theta}{\mu A} = \frac{(2\times10^{-3})(120)\sin 30°}{2(0.4)} = 0.15\,[\mathrm{m/s}]$$

예제 2.8 그림과 같이 고정된 두 벽면 사이에 있는 얇은 평판을 일정속도 V로 당기고 있다. 평판의 아래와 위쪽에는 각각 점성계수 μ와 2μ의 유체가 채워져 있을 때 판에 걸리는 마찰력을 구하라. 평판으로부터 아래와 위 벽면까지의 거리는 각각 H_1과 H_2이고, 판의 면적은 A이며 판의 두께는 무시한다.

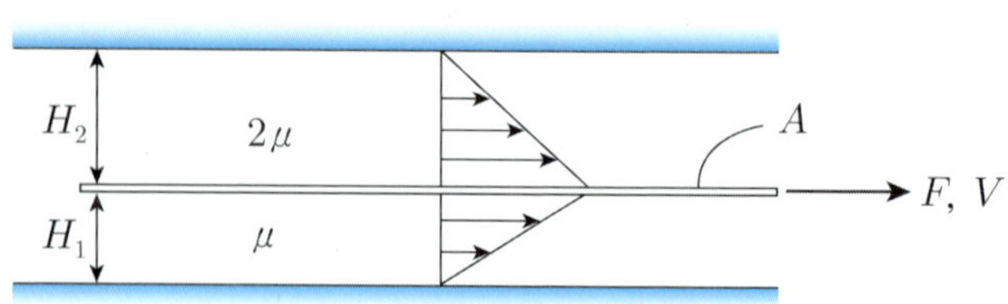

[그림 2.8]

풀이 벽 점착 조건에 의해 그림과 같이 평판의 위와 아래에 각각 쿠에트 유동이 일어난다. 평판의 아랫면과 윗면에 발생하는 전단력을 각각 τ_1, τ_2라 하면

$$\tau_1 = \mu \frac{V}{H_1} \quad , \quad \tau_2 = 2\mu \frac{V}{H_2}$$

이다. 따라서 판에 작용하는 마찰력 F는 다음과 같다.

$$F = \tau_1 A + \tau_2 A = \left(\mu \frac{V}{H_1}\right)A + \left(2\mu \frac{V}{H_2}\right)A = \mu VA\left(\frac{1}{H_1} + \frac{2}{H_2}\right)$$

예제 2.9 그림과 같이 바깥지름 d의 축이 일정속도 V로 축방향으로 운동하고 있다. 축과 안지름 D의 고정된 베어링 사이에 점성계수 μ의 유체가 채워져 있을 때 축을 당기는데 걸리는 힘을 구하라. $d/D \approx 1$이며 유막에서의 유동은 쿠에트 유동이라 가정한다.

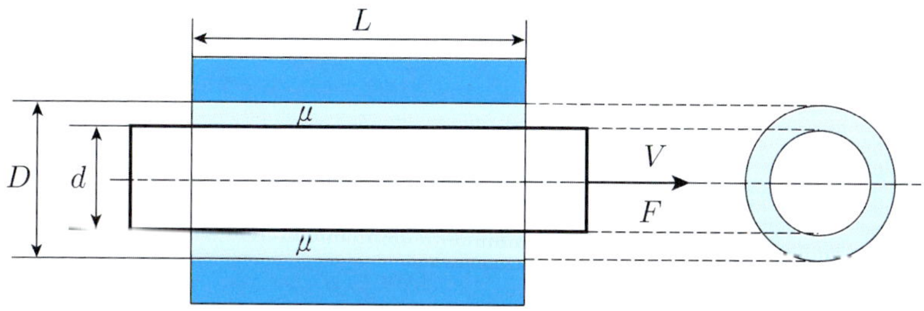

[그림 2.9]

풀이 유막에서 유동이 쿠에트 유동이므로 유막 두께 $h = \dfrac{D-d}{2}$에서 발생하는 전단응력 τ_w는 다음과 같다.

$$\tau_w = \mu \frac{V}{h} = \frac{2\mu V}{D-d}$$

따라서 전단력 τ_w가 작용하는 축 둘레의 면적 $A = \pi d \times L$이므로 축을 당기는데 걸리는 힘 F는 다음과 같다.

$$F = \tau_w A = \frac{2\mu V}{D-d} \times \pi dL = \frac{2\pi\mu dLV}{D-d}$$

2 동심 실린더 사이의 쿠에트 유동

[그림 2.10]과 같이 길이가 L인 두 동심 실린더 사이에 유체가 채워져 있다. 안쪽 실린더의 반지름 R, 유체의 점성계수 μ, 두 실린더 사이의 간격이 h일 때, 바깥쪽 실린더를 고정하고 안쪽 실린더를 각속도 ω로 회전시키기기 위한 토크 T는 다음과 같다.

$$T = \frac{2\pi\mu R^3 \omega L}{h} \qquad \cdots (2.8)$$

여기에서 안쪽 실린더 반지름 R은 실린더 사이의 간격 h에 비하여 매우 크다고 가정한다.

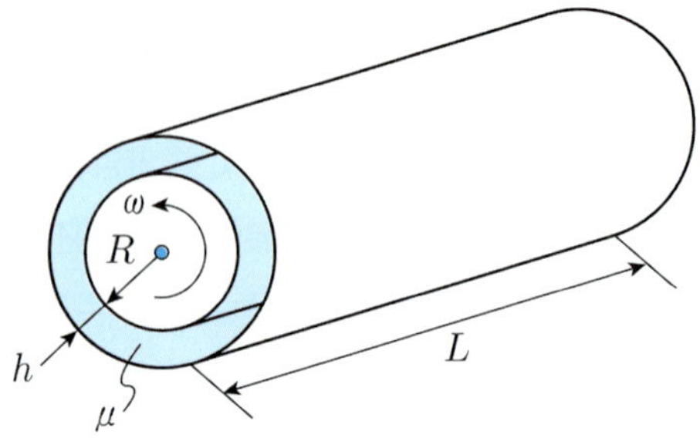

[그림 2.10]

증명 원주 방향의 속도를 $u(r)$로 하면 유체에서 전단응력은 다음과 같다.

$$\tau = \mu \frac{du}{dr}$$

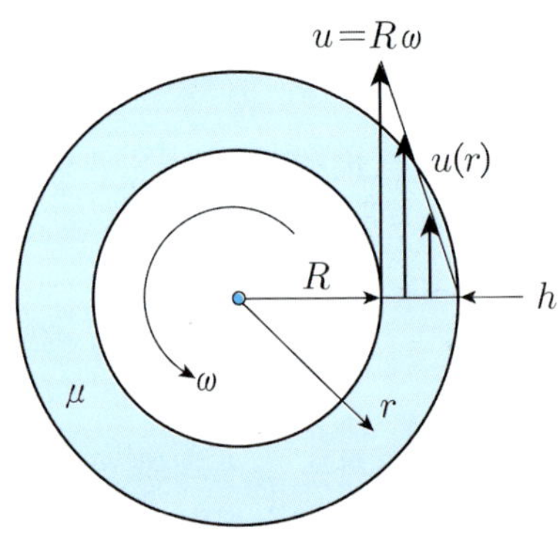

[그림 2.11]

여기에서 실린더 반지름에 비하여 간격이 아주 작으면 유체의 속도분포는 [그림 2.11]과 같이 선형으로 가정할 수 있다. 따라서 ω의 각속도로 회전하는 반지름 R인 안쪽 실린더의 원주 속도는 $R\omega$이고, 고정된 바깥 실린더의 속도는 0이므로

$$\frac{du}{dr} = \frac{R\omega}{h}$$

이다. 이때 안쪽 실린더에 걸리는 전단응력은

$$\tau = \mu \frac{R\omega}{h}$$

이고, 유체에 접하고 있는 길이 L인 안쪽 실린더의 면적은 $2\pi RL$이므로 실린더에 가해야 할 힘은

$$F = \tau A = \left(\mu \frac{R\omega}{h}\right)(2\pi RL) = \frac{2\pi\mu R^2\omega L}{h}$$

이다. 따라서 실린더를 회전시키기 위한 토크는 다음과 같다.

$$T = F \times R = \frac{2\pi\mu R^2\omega L}{h} \times R = \frac{2\pi\mu R^3\omega L}{h}$$

† 실린더가 마찰력에 의해 소비하는 동력(Power) $P = T\omega$ 이다.

이상에서 설명한 동심 실린더 사이의 쿠에트 유동을 응용하여 [그림 2.12]와 같은 회전원통 점도계(rotating cylinder viscometer)를 만들어서 액체의 점성계수를 측정할 수 있다. 식 (2.8)로부터 액체의 점성계수(μ)는 다음 식으로 구한다.

$$\mu = \frac{Th}{2\pi R^3\omega L} \quad (h = R_o - R_i,\ \ R = R_i)$$

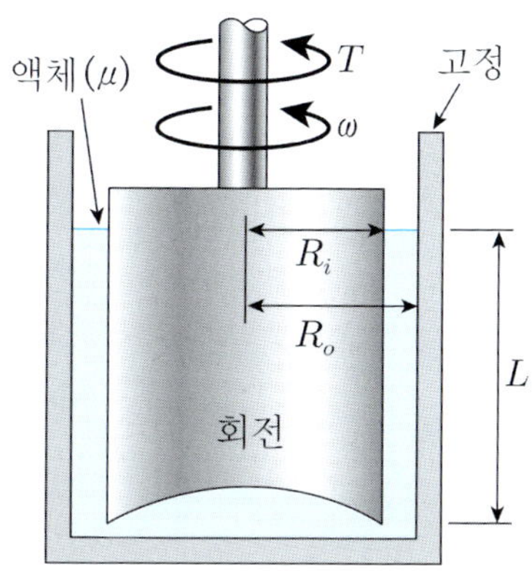

[그림 2.12] 회전원통점도계

예제 2.10 길이가 $L = 15\,\text{cm}$ 인 두 개의 동심 실린더 사이에 점성계수가 $\mu = 0.407\text{N} \cdot \text{s/m}^2$인 윤활유가 채워져 있다. 안쪽 실린더의 반지름 $R = 7.6\text{cm}$ 이고, 두 실린더 사이의 간격 $h = 0.25\text{cm}$ 이다. 안쪽 실린더를 $N = 180\text{rpm}$ 으로 회전시키는데 필요한 토크와 동력을 구하라. 바깥쪽 실린더는 고정되어 있고 틈새 유체의 속도분포는 선형이라고 가정한다.

풀이 $N = 180\text{rpm}$으로 회전하는 안쪽 실린더의 각속도는

$$\omega = \frac{2\pi N}{60} = \frac{2\pi(180)}{60} = 18.85[\text{rad/s}]$$

이다. SI단위 [N, m, s]로 계산한다. $1\text{cm} = 10^{-2}\text{m}$.

○토크: $T = \dfrac{2\pi\mu R^3 \omega L}{h}$

$$= \frac{2\pi(0.407)(7.6\times10^{-2})^3(18.85)(15\times10^{-2})}{(0.25\times10^{-2})}[\text{N}\cdot\text{m}]$$

$$= 1.27[\text{N}\cdot\text{m}]$$

○동력: $P = T\omega$

$$= 1.27(18.85)[\text{N}\cdot\text{m/s}]$$

$$= 23.9[\text{W}]$$

예제 2.11 길이가 40cm이고 안지름과 바깥지름이 각각 20cm와 22cm인 동심 실린더의 틈 사이에 유체가 채워져 있다. 바깥 실린더를 고정하고 안쪽 실린더를 30rpm으로 회전시켰을 때 1.2N • m의 토크가 걸렸다고 하면 유체의 점성계수(μ)는 몇 $\text{N}\cdot\text{s/m}^2$인가?

풀이 주어진 단위를 SI 단위 [m, s, N]으로 환산하여 계산한다.

$$R = \frac{D_i}{2} = \frac{20\text{cm}}{2} = 0.1\text{m}$$

$$L = 40\text{cm} = 0.4\text{m}$$

$$h = \frac{D_o - D_i}{2} = \frac{22\text{cm} - 20\text{cm}}{2} = 0.01\text{m}$$

$$\omega = \frac{2\pi N}{60} = \frac{2\pi\times30}{60} = 3.14[\text{rad/s}]$$

$$T = 1.2[\text{N}\cdot\text{m}]$$

유체의 점성계수는 다음과 같다.

$$\mu = \frac{Th}{2\pi R^3\omega L} = \frac{(1.2)(0.01)}{2\pi(0.1^3)(3.14)(0.4)} = 1.52[\text{N}\cdot\text{s/m}^2]$$

2.5 압력

1 압력의 정의

단위 면적에 수직으로 작용하는 힘을 압력이라 한다. 면적 A에 힘 F가 수직으로 작용할 때 압력 P는 다음과 같다.

$$P = \frac{F}{A} \qquad \cdots (2.9)$$

국제단위계에서는 1N의 힘이 1m^2에 작용할 때의 압력을 1Pascal이라 하고, 기호 Pa로 나타낸다.

$$1\text{Pa} = 1\text{N/m}^2$$

편의상 많이 사용하는 압력의 단위에는 다음과 같이 정의되는 bar, 표준기압[atm] 등이 있다. 공학에서는 1kgf/cm^2을 1공학기압[at]이라 한다.

$$1\text{bar} = 10^5\text{Pa} = 100\text{kPa}$$

$$1\text{ 표준기압} = 1\text{atm} = 1.01325\text{bar} = 101.325\text{kPa}$$

$$1\text{ 공학기압} = 1\text{at} = 1.0\text{kgf/cm}^2$$

atm은 국제단위계 이전에 압력의 단위로 많이 사용된 단위이다. SI 단위계에서 표준 상태의 대기압은 약 1bar이다.

2 절대압력

완전 진공(vacuum) 상태의 절대 0기압을 기준으로 측정한 압력을 절대압력(absolute pressure)이라 한다.

설명 대기압은 여러 가지 조건에 따라 변하기 쉬우므로 압력을 나타낼 때는 이론적으로 완전한 진공 상태의 절대 0기압을 기준으로 나타내는 것을 원칙으로 하는데 이와 같은 압력을 절대압력이라 한다. 특히 $PV = mRT$와 같은 열역학 관계식에서 사용하는 압력은 특별한 언급이 없으면 모두 절대압력이다.

3 계기압력

절대압력(P_{abs})이 대기압(P_{atm})보다 높을 때 절대압력과 대기압의 차이를 계기압력(gage pressure, P_{gage})이라 한다.

$$P_{gage} = P_{abs} - P_{atm} \qquad \cdots (2.10)$$

4 진공

절대압력이 대기압보다 낮을 때 대기압 이하의 압력을 진공(vacuum) 또는 진공압(vacuum pressure, P_{vac})이라 한다.

$$P_{vac} = P_{atm} - P_{abs} \qquad \cdots (2.11)$$

설명 일반적으로 압력계는 실제압력인 절대압력과 대기압과의 차이를 측정하며 이때의 압력을 계기압력(게이지압력)이라 한다.

완전진공을 절대압력으로 나타내면 0 Pa이고, 진공도 100%가 된다. 표준대기압력은 절대압력으로 101.325 kPa이고, 진공도 0%가 된다.

절대압력은 대기압보다 높을 수도 있고 낮을 수도 있는데 그 차이를 각각 계기압력(게이지 압력)과 진공이라 한다. 대기압보다 높은 압력을 정압, 낮은 압력을 부압이라고도 한다. 압력의 관계는 [그림 2.13]과 같다.

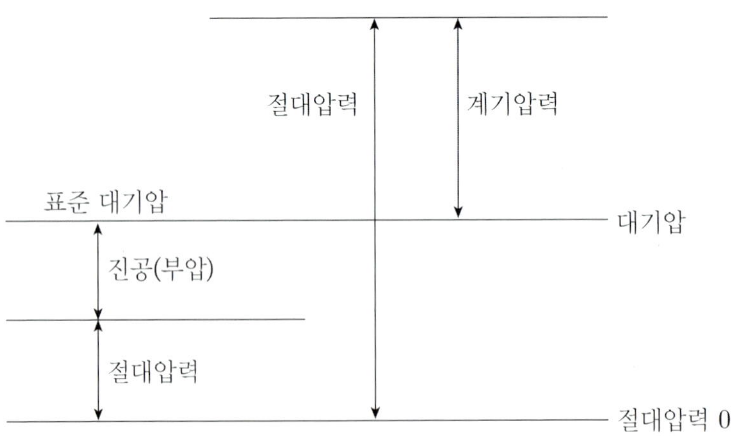

[그림 2.13] 압력의 상호 관계

예제 2.12 외부 대기 압력이 100 kPa일 때 용기의 계기압력이 20kPa이면 용기의 절대압력은 몇 kPa인가?

풀이 절대압력 $P_{abs} = P_{atm} + P_{gage} = 100 + 20 = 120\,[\mathrm{kPa}]$

예제 2.13 외부 대기 압력이 100 kPa일 때 관로의 한 부분에서 진공압이 0.1bar이면 이 부분의 절대압력은 몇 kPa인가?

풀이 진공압 $P_{vac} = 0.1\,\mathrm{bar} = 0.1 \times 100\,\mathrm{kPa} = 10\,\mathrm{kPa}$이다. 절대압력은 다음과 같다.

$$P_{abs} = P_{atm} - P_{vac} = 100 - 10 = 90\,[\mathrm{kPa}]$$

2.6 온도

1 섭씨온도, 화씨온도

표준 대기압 1 atm에서 순수한 물의 어는점을 0 ℃, 끓는점을 100 ℃로 한 온도를 섭씨(Celsius)온도라 하고, 어는점을 32 °F, 끓는점을 212 °F로 한 온도를 화씨(Fahrenheit)온도라 한다.

2 섭씨온도와 화씨온도의 관계

섭씨온도 $T(℃)$와 화씨온도 $T(°\mathrm{F})$의 관계는 다음과 같다.

$$T(℃) = \frac{5}{9}\,[T(°\mathrm{F}) - 32]\ [℃] \qquad \cdots (2.12)$$

$$T(°\mathrm{F}) = \frac{9}{5}\,T(℃) + 32\ [°\mathrm{F}] \qquad \cdots (2.13)$$

설명 국제단위계(SI)에서 사용되는 온도 눈금은 섭씨온도이고, 영국단위계에서 온도 눈금은 화씨온도이다. 섭씨온도는 어는점과 끓는점 사이를 100등분하고, 화씨온도는 두 점 사이를 180등분하였으므로 다음과 같이 비례식으로부터 두 온도 사이의 관계식이 얻어진다.

$$[T(°F) - 32] : 180 = [T(℃) - 0] : 100$$
$$180\,T(℃) = 100[T(°F) - 32]$$
$$\therefore\ T(℃) = \frac{5}{9}[T(°F) - 32]\ [℃]$$

3 절대온도

1954년 제 10차 국제도량형회의에서 물의 고체, 액체, 증기 상이 평형 상태로 존재하는 삼중점(triple point)의 온도를 273.16K, 0.01℃로 정하였다. 섭씨온도와 관련된 절대온도 척도(absolute scale of temperature)는 Kelvin 척도이며 도의 기호를 생략한 기호 K로 나타낸다. 영국 단위계에서 열역학적 온도 척도는 Rankine 척도이며 기호 R로 나타낸다.

섭씨온도 T[℃]와 kelvin 온도 T[K]의 관계식은 다음과 같다.

$$T\,[\mathrm{K}] = T\,[℃] + 273.15 \qquad \cdots(2.14)$$

화씨온도 T[°F]와 Rankine 온도 T[R]의 관계식은 다음과 같다.

$$T\,[\mathrm{R}] = T\,[°\mathrm{F}] + 459.67 \qquad \cdots(2.15)$$

그리고 두 단위계의 절대온도는 다음 관계를 갖는다.

$$T\,[\mathrm{R}] = \frac{9}{5}\,T\,[\mathrm{K}] = 1.8\,T\,[\mathrm{K}] \qquad \cdots(2.16)$$

설명 절대온도는 열역학적 온도(thermodynamic temperature)라고도 한다. 열역학에서는 물질 자체 또는 물질의 상태량에 독립적인 온도 눈금을 가지는 것이 바람직한데 이러한 눈금을 열역학적 온도라 한다. 273.15는 정확한 값이다. 섭씨온도 −273.15℃는 기체의 분자운동이 정지하는 열역학적 최저온도이며, 이것을 0K로 하는 온도를 국제단위계(SI)에서의 절대온도라 한다.

온도차이 1℃는 정확히 1K이다. 따라서 두 점에 대한 섭씨 눈금과 Kelvin 눈금의 온도 차이는 같다. 영국 단위계의 1R과 1°F의 눈금의 크기도 같다. 예를 들어 물질의 온도를 20℃ 올리는 것은 20K 올리는 것과 같다. 온도 차이에 대하여 다음 관계식이 성립한다.

$$\Delta T[\mathrm{K}] = \Delta T[℃], \quad \Delta T[\mathrm{R}] = \Delta T[°\mathrm{F}] \qquad \cdots(2.17)$$

2.7 이상기체

다음 상태방정식을 만족하는 기체를 이상기체(ideal gas)라 한다.

$$P\overline{v} = \overline{R}\,T \quad \cdots(2.18)$$

여기에서 P는 절대압력, $\overline{v}$는 몰 비체적(molar specific volume, 단위몰당 체적), T는 절대온도이다. $\overline{R}$는 일반기체상수(universal gas constant)라 하며 모든 이상기체에 대하여 동일한 값을 갖는다.[5)]

$$\overline{R} = 8.31441\,[\mathrm{J/mol \cdot K}] = 8.31441\,[\mathrm{kJ/kmol \cdot K}] \quad \cdots(2.19)$$

n몰의 부피를 V라 하면 $\overline{v} = \dfrac{V}{n}$이므로 상태방정식은 다음과 같이 표현된다.

$$PV = n\overline{R}\,T \quad \cdots(2.20)$$

질량 m으로 상태방정식을 나타내면 $n = \dfrac{m}{M}$ (M은 분자량)이므로

$$PV = mRT, \quad R = \frac{\overline{R}}{M} = \frac{8.314}{M}[\mathrm{kJ/kg \cdot K}] \quad \cdots(2.21)$$

가 되고, 비체적 $v = \dfrac{V}{m}$와 밀도 $\rho = \dfrac{m}{V}$으로 나타내면

$$Pv = RT, \quad P = \rho RT \quad \cdots(2.22)$$

가 된다. 여기에서 R은 기체상수(gas constant) 또는 특정기체상수라 한다. 이 값은 기체의 종류마다 다르다. [표 2.3]에 몇 가지 이상기체의 기체상수 값을 나타내었다.

온도가 일정하게 유지되면서 이상기체의 상태가 변할 때

$$Pv = C \ (C\text{는 상수}) \quad \cdots(2.23)$$

의 관계식이 성립하고 이것을 등온과정(isothermal process)의 상태방정식이라 한다. 한편 기체가 외부와 단열되어 열의 출입이 없이 변화하는 과정을 단열과정이라 하며, 가역단열 과정

5) 일반기체상수 값은 기억하도록 한다.

(reversible adiabatic process, 등엔트로피 과정, isentropic process)에서는 다음 관계식이 성립한다.

$$Pv^k = C \ (C\text{는 상수}) \qquad \cdots(2.24)$$

이 식에서 k는 다음과 같은 정압비열(C_p)과 정적비열(C_v)의 비이다.

$$k = \frac{C_p}{C_v} \qquad \cdots(2.25)$$

공기의 비열비 $k = 1.4$이다. 모든 기체에 있어서 $C_p > C_v$이므로 기체의 비열비는 1보다 크다($k > 1$).

설명 이상기체는 완전기체(perfect gas)라고 부르기도 한다. 실제로 존재하지 않는 기체이지만 밀도가 낮은 실제기체의 $P-V-T$ 거동은 이상기체의 상태방정식과 비슷한 거동을 보인다는 것을 실험적으로 관찰하였다. 압력이 낮거나 온도가 높아지면 기체의 밀도가 감소하며 이상기체와 유사한 거동을 나타낸다. 대개의 경우 공기, 산소, 수소, 질소, 헬륨, 이산화탄소 등을 이상기체로 취급할 수 있다.

[표 2.3] 이상기체의 기체상수와 25℃에서 비열 및 비열비

기체	분자식	R [kJ/kg • K]	C_p [kJ/kg • K]	C_v [kJ/kg • K]	k
공기		0.2870	1.004	0.7165	1.400
헬륨	He	2.0773	5.1931	3.1159	1.667
네온	Ne	0.4120	1.0301	0.6180	1.667
아르곤	Ar	0.2081	0.5203	0.3122	1.667
수소	H_2	4.1245	14.304	10.180	1.405
질소	N_2	0.2968	1.0396	0.7428	1.400
산소	O_2	0.2598	0.9180	0.6582	1.395
일산화탄소	CO	0.2968	1.0404	0.7436	1.399
이산화탄소	CO_2	0.1889	0.8437	0.6547	1.289
산화질소	NO	0.2771	0.9946	0.7175	1.386
메탄	CH_4	0.5183	2.2215	1.7032	1.304
아세틸렌	C_2H_2	0.3193	1.6935	1.3742	1.232
에탄	C_2H_6	0.2765	1.7449	1.4684	1.188
프로판	C_3H_8	0.1886	1.6692	1.4806	1.127
부탄	C_4H_{10}	0.1431	1.6945	1.5514	1.092

예제 2.14 기체상수 $R = 0.1889\,\text{kJ/kg} \cdot \text{K}$인 이산화탄소의 $25\,℃$, $100\,\text{kPa}$에서의 밀도, 비중량, 비중을 구하라. 이산화탄소는 이상기체이고, 중력가속도 $g = 9.8\,\text{m/s}^2$, 물의 비중량은 $9.8\,\text{kN/m}^3$이다.

풀이 이상기체의 상태방정식 $Pv = RT$로부터 밀도를 구한 후 비중량과 비중을 구하면 다음과 같다.

$$\rho = \frac{1}{v} = \frac{P}{RT} = \frac{100\text{kPa}}{(0.1889\,\text{kJ/kg} \cdot \text{K}) \times (273.2 + 25)\text{K}} = 1.775\,\text{kg/m}^3$$

$$\gamma = \rho g = (1.775\,\text{kg/m}^3) \times (9.8\,\text{m/s}^2) = 17.4\,\text{N/m}^3$$

$$S = \frac{\gamma}{\gamma_w} = \frac{17.4\text{N/m}^3}{9800\,\text{N/m}^3} = 1.776 \times 10^{-3}$$

예제 2.15 $25\,℃$, $100\,\text{kPa}$에서 $10\text{m} \times 10\text{m} \times 10\text{m}$의 직육면체 방에 가득 차 있는 어떤 기체의 질량이 $1170\,\text{kg}$일 때 기체상수와 밀도를 구하라. 이상기체라고 가정한다.

풀이 이상기체의 상태방정식 $PV = mRT$로부터 기체상수는

$$R = \frac{PV}{mT} = \frac{(100 \times 10^3\text{N/m}^2) \times (10 \times 10 \times 10\text{m}^3)}{1170\text{kg} \times (273.2 + 25)\text{K}} = 286.6\,\text{J/kg} \cdot \text{K}$$

이고, 밀도는 다음과 같다.

$$\rho = \frac{m}{V} = \frac{1170\text{kg}}{(10 \times 10 \times 10)\text{m}^3} = 1.17\,\text{kg/m}^3$$

2.8 압축성과 체적탄성계수

1 체적탄성계수, 압축률

유체의 체적탄성계수(bulk modulus of elasticity, E)는 다음과 같이 정의된다. 체적탄성계수의 SI 단위는 Pa 또는 N/m^2이다.

$$E = -\frac{dP}{dv/v} = -v\frac{dP}{dv} = \rho\frac{dP}{d\rho} \qquad \cdots(2.26)$$

압축률(β)은 다음과 같이 정의되며 체적탄성계수의 역수이다.

$$\beta = \frac{1}{E} = -\frac{1}{v}\frac{dv}{dP} = \frac{1}{\rho}\frac{d\rho}{dP} \qquad \cdots (2.27)$$

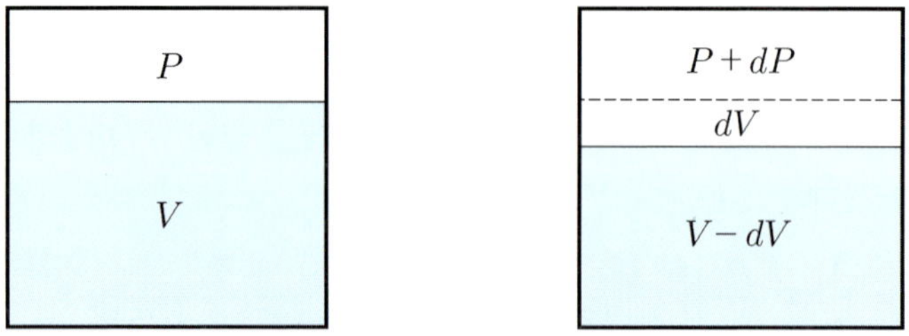

[그림 2.14]

설명 고체에 비하여 유체 분자들은 멀리 떨어져 있으므로 유체는 압력에 따라서 부피가 감소하거나 증가한다. 유체가 압축될 때는 $\Delta P > 0$, $\Delta V < 0$이고, 팽창할 때는 $\Delta P < 0$, $\Delta V > 0$이다. 이와 같이 유체에 압력을 가하면 유체가 수축하는 성질을 유체의 압축성이라 한다. 유체에 가해진 압력 ΔP와 유체의 압축비율 $\frac{\Delta V}{V}$는 거의 비례하는데 다음과 같이 정의되는

$$E = \lim_{\Delta V \to 0}\left[-\frac{\Delta P}{\Delta V/V}\right] = -\frac{dP}{dv/v} = -v\frac{dP}{dv} = \rho\frac{dP}{d\rho}$$

를 유체의 체적탄성계수(bulk modulus of elasticity)라 한다. 체적탄성계수 E의 단위는 압력의 단위와 같다. 음(−)의 부호는 E의 값을 양으로 만들기 위한 것이다.

한편 체적탄성계수의 역수 $\beta = 1/E$를 압축률(compressibility) 또는 체적압축계수라 한다. 압축률은 압력 증가에 따른 압축비를 나타낸다. 일반적으로 액체는 압축되지 않는 비압축성유체로 취급한다. 표준상태에서 물의 압축률은 약 $4.8 \times 10^{-10}\ \mathrm{m^2/N}$이므로 거의 압축되지 않는다고 하여도 무방하다. 압축률의 값이 작을수록 (또는 체적탄성계수 값이 클수록) 압축하기 어려운 유체를 나타낸다.

표 [2.4]에 몇 가지 액체의 체적탄성계수를 나타내었다.

[표 2.4] 표준대기압과 $16 \sim 21\ ℃$에서 체적탄성계수($10^9\ \mathrm{N/m^2} = 1\ \mathrm{GPa}$)

액체	체적탄성계수 $[\mathrm{N/m^2}]$
에틸알코올	1.206625×10^9
벤젠	1.03425×10^9
사염화탄소	1.103200×10^9
글리세린	4.343850×10^9
수은	2.6201×10^{10}
물	2.0685×10^9

2 기체의 체적탄성계수

상태 변화 과정에 따라 체적탄성계수가 달라진다. 먼저 다음과 같은 폴리트로픽(polytropic) 과정에 대해 살펴본다.

$$Pv^n = C \quad (n\text{은 폴리트로픽 지수}) \qquad \cdots(2.28)$$

여기에서 $P = Cv^{-n}$ 이므로

$$\frac{dP}{dv} = -nCv^{-n-1}$$

이다. 따라서 체적탄성계수는 다음과 같이 구해진다.

$$E = -v\frac{dP}{dv} = -v(-nCv^{-n-1}) = nCv^{-n} = nP$$

$$E = nP \qquad \cdots(2.29)$$

여기에서 등온과정인 경우 $Pv = C$이고 $n = 1$이므로 체적탄성계수는

$$E = P \qquad \cdots(2.30)$$

가 되고, 등엔트로피 과정(isentropic process)인 경우 $Pv^k = C$에서 $n = k$이므로 체적탄성계수는 다음과 같다.

$$E = kP \quad (k\text{는 비열비}) \qquad \cdots(2.31)$$

3 음파의 속도

유체의 압축성으로 인한 또 하나의 중요한 영향은 유체 내의 어떤 점에서 발생한 교란이 유한한 속도로 전파되는 것이다. 예를 들어 스피커의 박막이 진동하면 국부적인 교란이 생기고, 박막의 운동에 의해 발생한 압력의 미소변화는 유한한 속도로 공기 중에 퍼져 나간다. 이러한 작은 교란이 전파되는 속도를 음파속도(acoustic velocity) 또는 음속(speed of sound)이라 한다. 음속(a)은 유체의 압력(P)과 밀도(ρ) 변화로써 다음과 같이 표현된다.[6]

6) 이 식은 압축성 유동 해석에서 유도된다. 여기에서는 결과 식만 알아두면 된다.

$$a=\sqrt{\frac{dP}{d\rho}}=\sqrt{\frac{E}{\rho}} \quad \cdots(2.32)$$

$$\text{○등엔트로피 과정:} \quad a=\sqrt{kRT} \quad \cdots(2.33)$$

설명 체적탄성계수의 정의 $E=\rho\frac{dP}{d\rho}$에서 $\frac{dP}{d\rho}=\frac{E}{\rho}$이므로 $a=\sqrt{\frac{E}{\rho}}$이다. 대기의 변화가 등엔트로피 과정이라 하면 $E=kP$이고 상태방정식에서 $\frac{P}{\rho}=RT$이므로 공기 중에서의 음파의 속도(a)는

$$a=\sqrt{\frac{kP}{\rho}}=\sqrt{kRT}$$

가 된다.

† 공기의 비열비 $k=1.4$, 기체상수 $R=287\,\mathrm{J/kg\cdot K}$이므로 15℃에서 소리의 속도는 $a=\sqrt{1.4(287)(273.2+15)}=340\,[\mathrm{m/s}]$이다.

예제 2.16 피스톤-실린더 장치에 들어있는 $0.01\,\mathrm{m^3}$의 액체에 120MPa의 압력을 가했을 때 액체의 부피가 $0.009\,\mathrm{m^3}$이 되었다. 액체의 체적탄성계수는 몇 GPa인가?

풀이 체적탄성계수의 정의로부터

$$E=-\frac{\Delta P}{\Delta V/V}=-\frac{120\,\mathrm{MPa}}{(0.009-0.01)/0.01}=1200\,\mathrm{MPa}=1.2\,\mathrm{GPa}$$

예제 2.17 어떤 액체에 2MPa의 압력을 가했을 때 액체의 부피가 0.17% 감소하였다면 액체의 체적탄성계수는 얼마인가?

풀이 부피가 0.17% 감소하였으므로

$$\frac{\Delta V}{V}=-0.17\%=-0.0017$$

$$\therefore \; E=-\frac{\Delta P}{\Delta V/V}=-\frac{2\,\mathrm{MPa}}{-0.0017}=1176\,\mathrm{MPa}$$

예제 2.18 0℃ 물을 압축하여 부피를 5% 줄이는데 필요한 압력을 구하라. 단, 0℃ 물의 체적탄성계수는 2040MPa이다.

풀이 부피를 5% 줄이므로 $\frac{\Delta V}{V} = -5\% = -0.05$이다. 체적탄성계수

$$E = -\frac{\Delta P}{\Delta V/V}$$

로부터

$$\Delta P = -E \times \frac{\Delta V}{V} = -2040\,\mathrm{MPa} \times (-0.05) = 102\,\mathrm{MPa}$$

의 압력을 가해야 한다.

예제 2.19 물의 체적탄성계수가 2200MPa일 때 물속에서 음속[m/s]은?

풀이 물속에서 전파되는 소리의 속도는 다음과 같다.

$$a = \sqrt{\frac{E}{\rho}} = \sqrt{\frac{2200 \times 10^6\, Pa}{1000 kg/m^3}} = \sqrt{2.2 \times 10^6 \frac{m^2}{s^2}} = 1483\ [m/s]$$

$$\left[\leftarrow \frac{\mathrm{Pa}}{\mathrm{kg/m^3}} = \frac{\mathrm{N}}{\mathrm{m^2}} \times \frac{\mathrm{m^3}}{\mathrm{kg}} = (\mathrm{kg} \cdot \frac{\mathrm{m}}{\mathrm{s^2}}) \frac{1}{\mathrm{m^2}} \times \frac{\mathrm{m^3}}{\mathrm{kg}} = \frac{\mathrm{m^2}}{\mathrm{s^2}} \right]$$

† 단위를 MKS로 통일하면 결과로 나오는 속도의 단위는 [m/s]이다.

2.9 표면장력과 모세관현상

1 표면장력

액체는 액체분자의 응집력에 의해 표면을 작게 하려는 성질이 있다. 이와 같은 성질로 인해 액체의 표면을 따라 발생하는 장력을 표면장력(surface tension)이라 한다. 정량적으로 표면장력은 자유표면의 단위 길이당 분자 사이의 인력으로 정의되며, 표면장력에 의한 힘의 방향은 항상 접해 있는 표면의 접선방향이다. 표면장력의 SI 단위는 [N/m]이다.

설명 액체 내부의 분자는 모든 방향으로 분자간의 상호 인력이 평형을 이루고 있지만 자유표면(free surface)에 있는 분자에는 액체 내부로의 인력만이 작용하게 된다. 이와 같은 자유표면에 있는 분자에 작용하는 인력의 총 합력을 표면장력이라 한다. 분자 사이의 인력은 온도의 높을수록 약해지므로 표면장력도 온도에 따라 변화하

며, 온도가 상승하면 감소하게 된다. 표면장력의 크기는 얇은 막을 잡아당길 때 걸리는 힘을 측정하여 구할 수 있다.

표 [2.5]에 몇 가지 액체의 표면장력을 나타내었다.

[표 2.5] 표준대기압과 16 ~ 21 ℃에서 액체의 성질

액체	밀도 [kg/m³]	표면장력 [N/m]
에틸알코올	789	0.022
벤젠	876	0.029
사염화탄소	1593	0.027
글리세린	1258	0.063
Kerosene	809	0.025
수은	13550	0.487
SAE 10 오일	917	0.036
SAE 30 오일	917	0.035
물	998	0.073

† [표 2.5]의 표면장력은 공기와 접촉할 때의 값이다.[7)]

2 모세관현상

작은 지름의 관(모세관, capillary tube)을 액체 속에 세웠을 때, 액체의 부착력이 응집력보다 큰 경우에는 관내의 액면이 올라가고, 그렇지 않은 경우에는 내려가는 현상을 모세관현상(capillarity)이라 한다.

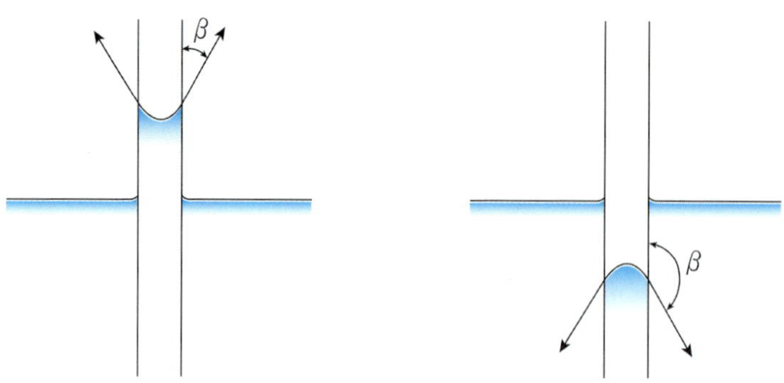

(a) 물 (b) 수은

[그림 2.15] 모세관 현상

7) 밀도와 표면장력은 온도에 따라 변하므로 책마다 조금씩 값이 다를 수 있다.

설명 액체의 부착력이 응집력보다 크면 고체 면에 접촉한 액체 면이 올라가게 되고, 작을 때에는 내려가게 된다[그림 2.15]. 따라서 물과 같이 부착력이 큰 경우에는 그림의 (a)와 같은 모양을 보이고, 수은과 같이 응집력이 큰 액체에서는 그림의 (b)와 같은 모양을 나타낸다. 이때 표면장력에 의한 힘의 방향과 고체 면이 이루는 각을 접촉각(wetting angle, contact angle)이라 한다. 그림에서 β는 접촉각을 나타낸다. 공기 중에서 물과 깨끗한 유리의 접촉각은 거의 $0°(0° \sim 9°)$이고, 수은과 유리의 접촉각은 약 $130° \sim 150°$이다. 접촉각 $\beta < 90°$이면 액체가 고체에 달라붙음으로써 고체를 적신다, 이에 반해 $\beta > 90°$이면 액체가 고체를 적시지 않는다고 한다[그림 2.16]. 수은이 바닥에 떨어지면 마치 쇠구슬과 같은 모양을 하고 구르는데, 이것은 $\beta \approx 140°$인 액체 수은이 고체를 적시지 않고 응집되어 있기 때문이다.

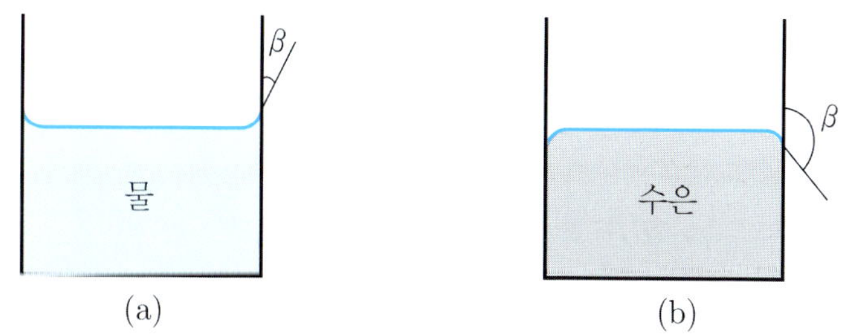

[그림 2.16] (a) 젖는 유체 (b) 젖지 않는 유체

3 물방울과 비눗방울의 표면장력

일반적으로 물방울(droplet)은 전체가 모두 물로 구성되어 있고 비눗방울(soap bubble)은 얇은 막으로 되어 있으며 내부가 비어 있다. 따라서 물방울과 비눗방울을 반으로 잘라 보면 표면장력이 나타나는 테두리 선이 물방울은 하나이지만 비눗방울은 막 두께의 양쪽으로 두 개가 된다. 이로 인하여 표면장력 특성이 서로 다르게 나타난다.

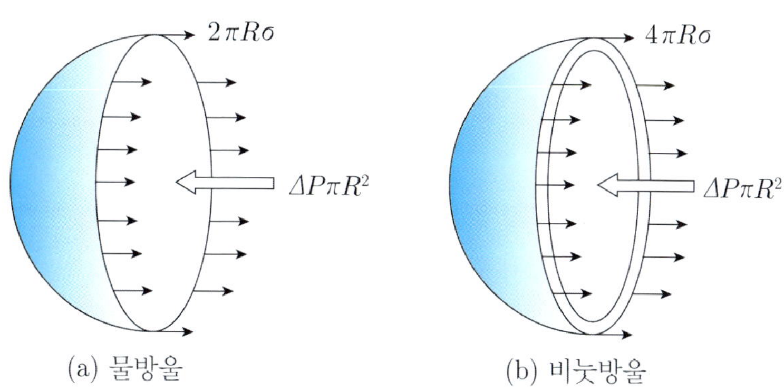

[그림 2.17] 물방울과 비눗방울의 표면장력

[1] 물방울의 표면장력

[그림 2.17(a)]와 같이 물방울을 반으로 나누어 보면, 물방울 내부와 외부에 작용하는 압력에 의한 힘과 표면장력에 의해 물방울 막을 지탱하고 있는 힘이 평형을 이루고 있다는 것을 알 수 있다. 물방울의 안과 밖의 압력 차이를 ΔP라 하면 압력에 의한 힘은

$$F_P = PA = \Delta P(\pi R^2)$$

이고, 물방울 테두리의 길이는 $L = 2\pi R$ 이므로 표면장력에 의한 힘은

$$F_S = \sigma L = \sigma(2\pi R)$$

이다. 따라서 $F_P = F_S$에서 압력 차이 ΔP는 다음과 같이 구해진다.

$$\Delta P(\pi R^2) = \sigma(2\pi R)$$

$$\bigcirc\text{물방울:}\quad \Delta P = \frac{2\sigma}{R} \qquad \cdots(2.34)$$

[2] 비눗방울의 표면장력

일반적으로 비눗방울 막의 두께는 아주 얇으므로 비눗방울 내부와 외부 반지름이 같다고 가정한다. 이때 표면장력이 작용하는 테두리의 길이는 $L = 2\times(2\pi R)$ 이 되므로 표면장력에 의한 힘은

$$F_S = \sigma L = \sigma(4\pi R)$$

이다[그림 2.17(b)]. 따라서 $F_P = F_S$에서 압력 차이 ΔP는 다음과 같다.

$$\Delta P(\pi R^2) = \sigma(4\pi R)$$

$$\bigcirc\text{비눗방울:}\quad \Delta P = \frac{4\sigma}{R} \qquad \cdots(2.35)$$

물방울이나 비눗방울 같은 구의 표면에 작용하는 표면장력은 구의 안과 밖의 압력 차이를 지탱할 수 있다. 표면장력은 분자 간의 인력에 의한 응집력 때문에 발생하는 힘이므로 구 내부의 압력은 항상 외부 압력보다 높다. 따라서 ΔP를 내부 초과 압력이라고도 한다. 공기 중에서 물방울 내부 압력을 P_i라 하면 외부 압력이 대기압 P_{atm} 이므로 압력 차이 $\Delta P = P_i - P_{atm}$은 물방울 내부의 계기압력이 된다.

예제 2.20 물방울 내부 압력이 외부 압력보다 20 Pa 만큼 높을 때 물방울의 반지름을 구하라. 물의 표면장력은 0.073 N/m 이다.

풀이 SI 단위 [Pa, N, m]로 통일하여 계산한다. 물방울의 반지름은 다음과 같다.

$$\Delta P = \frac{2\sigma}{R}$$

$$\therefore \ R = \frac{2\sigma}{\Delta P} = \frac{2 \times 0.073}{20} = 0.0073[\mathrm{m}] = 7.3[\mathrm{mm}]$$

예제 2.21 지름이 40 mm 인 속이 빈 비눗방울의 내부 압력이 외부 압력보다 30 Pa 만큼 높을 때 비눗방울 막의 표면장력[N/m]을 구하라.

풀이 SI 단위 [Pa, N, m]로 통일하여 계산한다. 비눗방울 막의 표면장력은 다음과 같다.

$$\Delta P = \frac{4\sigma}{R} = \frac{4\sigma}{(D/2)} = \frac{8\sigma}{D}$$

$$\therefore \ \sigma = \frac{D\Delta P}{8} = \frac{(0.04) \times 30}{8} = 0.15[\mathrm{N/m}]$$

예제 2.22 [유리관에서 상승 높이] [그림 2.18]과 같이 지름 D 의 유리관을 액체 속에 세울 때 액체의 표면장력 σ 에 의해 관 벽을 따라 상승하는 액체의 높이 H 를 구하라. 접촉각은 β 이다.

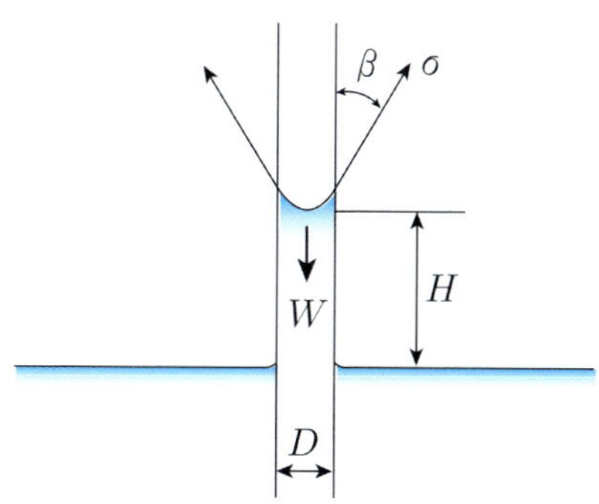

[그림 2.18] 모세관현상에 의한 액체 기둥의 상승 높이

풀이 유리관 속에서 올라간 높이 H 의 액체 기둥의 무게는

$$W = mg = (\rho V)g = \rho\left(\frac{\pi D^2 H}{4}\right)g$$

이고, 이것은 표면장력에 의해 발생하는 힘의 수직 성분

$$F_v = \sigma(\pi D)\cos\beta$$

와 평형을 이룬다($W = F_v$). 따라서

$$\rho\left(\frac{\pi D^2 H}{4}\right)g = \sigma(\pi D)\cos\beta$$

로부터 유리관 내부에서 액체의 상승 높이 H는 다음과 같다.

$$H = \frac{4\sigma\cos\beta}{\rho g D} = \frac{4\sigma\cos\beta}{\gamma D} \quad \cdots (2.36)$$

이 식에서 접촉각 $\beta > 90°$이면 $H < 0$이 된다. 이것은 액체의 응집력이 부착력보다 강하여 관에서 액면이 수평면 아래로 내려가는 것을 의미한다. [그림 2.17]을 보면 접촉각 $\beta > 90°$인 경우 표면장력에 의한 힘의 방향이 아래 방향임을 알 수 있다. 즉, 표면장력이 유체를 아래로 끌어내리므로 관 속에서 액면이 아래로 내려가게 된다.

2.10 증기압과 공동현상

1 증기압

물이나 휘발유와 같은 액체를 용기에 담아 대기 중에 노출시키면 액체가 증발하는 것을 관찰할 수 있다. 증발이란 표면 액체 분자들의 운동량이 분자 간 결합력을 극복할 수 있을 정도로 커서 액체 분자들이 대기 중으로 탈출하는 현상이다. 밀폐된 용기 속에 부분적으로 액체가 채워져 있을 때 용기 속의 나머지 공간에서 공기를 제거하면 그 공간에는 액체 표면으로부터 탈출한 증기에 의해 압력이 형성된다. 액체 표면에서 탈출하는 분자 수와 액체 표면에 부딪쳐 달라붙는 분자 수가 같아지는 평형상태에 도달했을 때 증기가 포화되었다고 하고 그 증기에 의해 액체 표면에 작용하는 압력을 증기압(vapor pressure, P_v)이라 한다. 즉, 순수 물질의 증기압은 주어진 온도에서 액체와 상평형에 있는 증기가 가한 압력으로 정의된다. 액체로 완전히 채워진 용기의 한쪽 면을 [그림 2.19]와 같이 용기에 공기를 넣지 않고 당기면 액체와 당기는 면 사이에는 증기압과 같은 압력의 증기로 채워진다.

[그림 2.19]

증기압 발생은 분자운동과 밀접한 관계가 있으므로 온도가 올라가면 액체의 증기압도 증가한다. 한편 비등(boiling)은 액체 내부에서 증기기포가 형성되는 것으로 액체의 절대압력이 증기압에 도달했을 때 일어난다. 즉, 증발은 액체 표면에서 일어나는 현상이고 비등은 액체 내부에서 일어나는 현상이다. 표준대기압에서 물의 온도가 100℃ 일 때 비등이 일어난다(물이 끓는다). 따라서 온도가 100℃ 인 물의 증기압은 101.3kPa(절대압력)이다.

2 공동현상

유체가 관에서 흘러가고 있을 때 유체 속에서 어느 부분의 압력이 국부적으로 낮아져서 그때의 유체 온도에 해당하는 증기압(포화증기압) 이하로 떨어지면 유체 중에 용해되어 있던 기체가 기화되어 기포가 발생한다. 이와 같은 현상을 공동현상(cavitation)이라 한다. 일반적으로 유체는 액체와 기체를 모두 포함한다. 그러나 공동현상에서 설명하고 있는 유체는 액체를 의미한다.

펌프에서 날개차 속을 유체가 흐를 때 날개차 입구에서 흡입으로 인한 압력저하가 그때의 유체 온도에 해당하는 포화증기압 이하로 떨어지면 자연적으로 유체 중에 용해되어 있는 기체가 기화하여 기포가 발생한다. 압력이 떨어지면 기포가 급격히 성장하게 되고, 하류부분에서 압력이 상승된 고압 영역에 이르면 기포는 파괴된다. 이와 같은 압력의 급격한 변화에 의해 소음과 진동이 발생한다.

공동현상이 일어나면 금속 표면에 기계적인 손상이 발생하게 되는데 이것을 침식이라 한다. 또한 기포 내에 포함된 산성 물질에 의해 화학적인 손상, 즉 부식이 발생한다. 공동현상으로 인한 대부분의 침식은 예리한 깔 끝으로 쪼은 것과 같은 작은 구멍이 모인 형태로 되는데 이것을 점침식(pitting)이라 한다.

[보충 예제] 쿠에트 유동

예제 2.23 그림과 같이 두 개의 평형 평판이 아래의 고정평판과 평행하게 놓여있다. 고정평판으로부터 거리 H만큼 떨어진 위 평판은 V의 일정 속도로 당겨진다. 두 평판 사이의 얇은 평판은 고정평판으로부터 $kH(0<k<1)$만큼 떨어져 있으며, 이 평판은 위와 아래에 있는 유체의 전단력으로 인해 V_1의 일정한 속도로 움직인다. 위층 유체와 아래층 유체의 점성계수가 각각 2μ와 μ일 때 속도비 V_1/V을 k의 함수로 나타내라. 움직이는 평판의 면적은 모두 A로 동일하다.

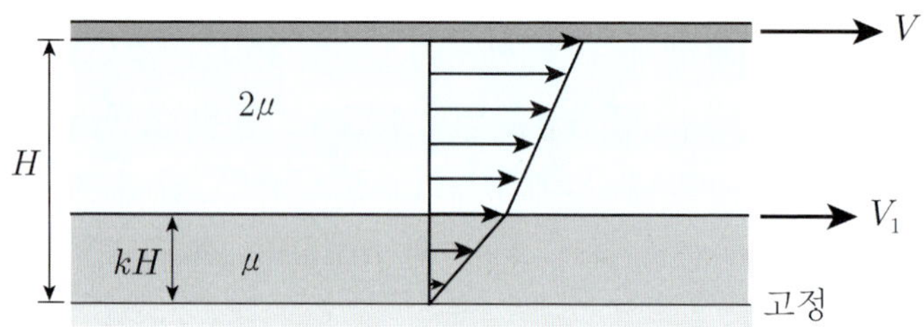

[그림 2.20]

풀이 위 평판이 V의 속도로 움직이므로 2μ의 유체에서 전단력이 발생하고 이 전단력으로 인해 가운데 평판이 당겨지게 된다. 가운데 평판이 V_1의 일정 속도로 움직이므로 이 평판의 위와 아래 면에 작용하는 전단력이 같다($F_{위면}=F_{아래면}$). 따라서 전단력 $F=\tau A$이므로 평판의 위와 아래 면의 전단응력이 같아야 한다.

아래층 유체에서

$$\tau_{아래면}=\mu\frac{du}{dy}=\mu\left(\frac{V_1}{kH}\right)=\frac{\mu}{H}\left(\frac{V_1}{k}\right) \qquad \cdots ①$$

이고, 위층 유체에서

$$\tau_{위면}=2\mu\frac{du}{dy}=2\mu\left(\frac{V-V_1}{H-kH}\right)=\frac{2\mu}{H}\left(\frac{V-V_1}{1-k}\right) \qquad \cdots ②$$

이다. 식 ①, ②에서 $\tau_{아래면}=\tau_{위면}$을 적용하면

$$\frac{\mu}{H}\left(\frac{V_1}{k}\right)=\frac{2\mu}{H}\left(\frac{V-V_1}{1-k}\right)$$

$$\therefore \quad \frac{V_1}{k}=2\left(\frac{V-V_1}{1-k}\right) \qquad \cdots ③$$

이고, 식 ③으로부터 다음과 같이 V_1/V이 구해진다.

$$(1-k)V_1 = 2k(V-V_1)$$
$$(1+k)V_1 = 2kV$$
$$\therefore \frac{V_1}{V} = \frac{2k}{1+k}$$

† 위층 유체가 오른쪽으로 움직이므로 가운데 판을 오른쪽으로 당긴다($F_{위\ 면}\rightarrow$). 가운데 판이 오른쪽으로 움직이므로 판의 아래 면에는 이 판의 운동을 방해하는 방향으로 마찰력이 작용한다($F_{아래\ 면}\leftarrow$). 벽면에서 전단력은 유체의 마찰력이다.

예제 2.24 원형 베어링 안에 설치된 지름 25mm의 축이 그림과 같이 오른쪽으로 당겨진다. 축과 베어링 사이의 틈새 간격 0.3mm에는 동점성계수가 $8\times10^{-4}\mathrm{m^2/s}$이고 비중이 0.9인 윤활유가 채워져 있다. 축을 3m/s의 일정 속도로 당기기 위해 필요한 힘 F를 구하라. 틈새 유체에서 속도분포는 선형이라고 가정한다.

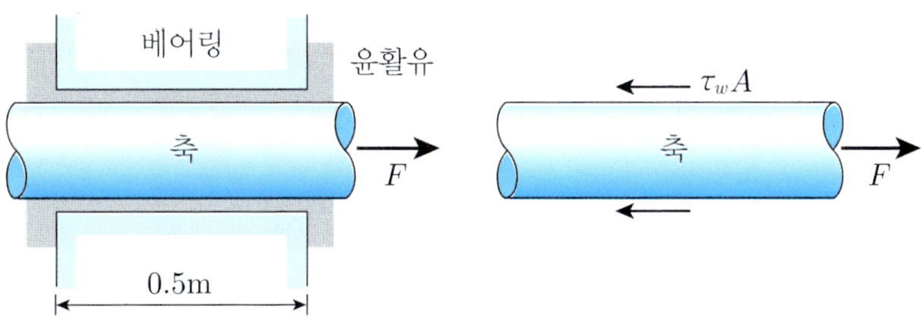

[그림 2.21]

풀이 마찰력이 작용하는 축의 표면적은 $A=\pi DL$이고 전단응력은

$$\tau_w = \mu\frac{V}{h} = (\rho\nu)\frac{V}{h}$$

이므로 힘 F는 다음과 같다. SI 단위 [kg, m, s]로 계산한다.

$$F = \tau_w A = \rho\nu\frac{V}{h}\times\pi DL$$
$$= [(0.9\times10^3)(8\times10^{-4})]\left(\frac{3}{0.3\times10^{-3}}\right)\pi(25\times10^{-3})(0.5)[\mathrm{N}]$$
$$= 283[\mathrm{N}]$$

예제 2.25 점성계수가 $1.12\times10^{-3}\mathrm{Pa\cdot s}$인 물이 그림과 같이 경사면을 따라 흘러가고 있다. 물의 속도분포(u)가 다음과 같을 때 물이 경사면에 작용하는 전단응력을 구하라.

$$\frac{u}{U}=2\frac{y}{h}-\frac{y^2}{h^2}\ (U=2\mathrm{m/s},\ h=0.1\mathrm{m})$$

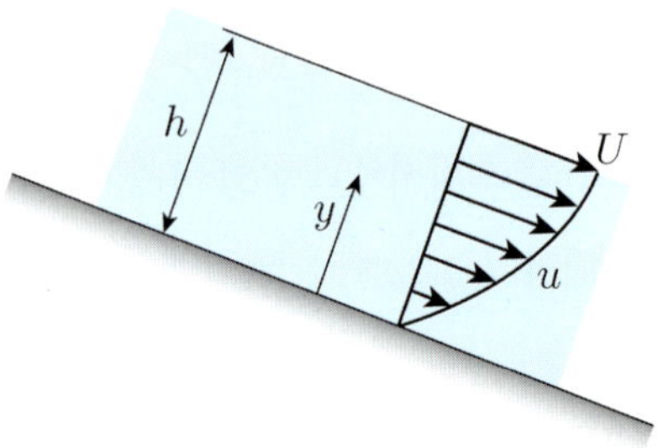

[그림 2.22]

풀이 주어진 식에서 물의 속도분포는

$$u(y)=U\left(2\frac{y}{h}-\frac{y^2}{h^2}\right)$$

이고 전단응력 분포는

$$\tau(y)=\mu\frac{du}{dy}=\mu U\left(2\frac{1}{h}-\frac{2y}{h^2}\right)$$

이다. 따라서 경사면($y=0$)에 작용하는 전단응력(τ_w)은 다음과 같다.

$$\tau_w=\tau(0)=\mu U\left(2\frac{1}{h}-0\right)=\frac{2\mu U}{h}$$

$$=\frac{2(1.12\times10^{-3})(2)}{0.1}[\mathrm{N/m^2}]=0.0448[\mathrm{N/m^2}]$$

예제 2.26 반지름 R인 원판이 고정된 바닥 위에 h의 간격으로 위치해 있고, 그 사이에는 점성계수 μ인 유체가 채워져 있다. 원판을 일정한 각속도 ω로 회전시키는 데 필요한 토크(T)를 구하라. 원판과 바닥 사이 유체의 속도분포는 선형이고, 회전하는 원판 끝부분의 원판 두께에서 전단응력은 무시한다.

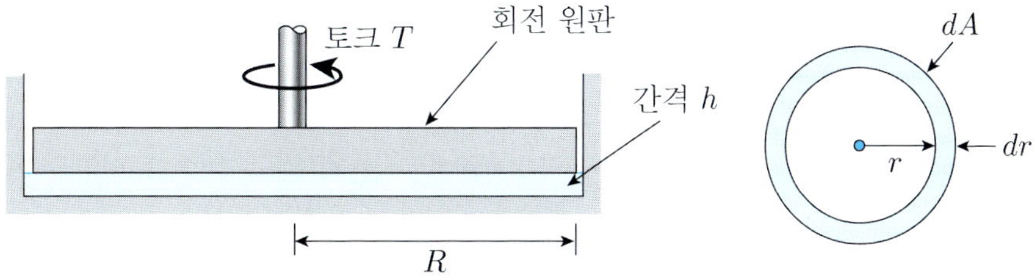

[그림 2.23]

풀이 반지름 r에서 원판의 회전속도는 $U = r\omega$이므로 이 위치에서 원판에 작용하는 전단응력은 다음과 같다.

$$\tau = \mu \frac{U}{h} = \mu \frac{r\omega}{h} \quad \cdots ①$$

[그림 2.23]과 같이 반지름 r에서 두께가 dr인 미소요소를 잡으면 이 요소의 면적은 $dA = 2\pi r\,dr$이므로 작용하는 힘은

$$dF = \tau dA = \mu \frac{r\omega}{h} \times 2\pi r dr = \left(\frac{2\pi\mu\omega}{h}\right) r^2 dr \quad \cdots ②$$

이고, 작용하는 토크는

$$dT = rdF = r = r\left[\left(\frac{2\pi\mu\omega}{h}\right) r^2 dr\right] = \left(\frac{2\pi\mu\omega}{h}\right) r^3 dr \quad \cdots ③$$

이다. 따라서 원판에 작용하는 토크는 다음과 같다.

$$T = \int_A dT = \int_0^R \left(\frac{2\pi\mu\omega}{h}\right) r^3 dr = \frac{2\pi\mu\omega}{h} \int_0^R r^3 dr$$

$$= \frac{2\pi\mu\omega}{h}\left[\frac{r^4}{4}\right]_0^R = \frac{\pi\mu\omega R^4}{2h}$$

연습문제 2

01 부피가 $0.1\,m^3$인 기름의 질량이 $90\,kg$일 때 기름의 밀도, 비중량, 비중을 구하라.

02 휘발유 50ℓ의 질량과 무게를 구하라. 휘발유의 밀도는 $750\,kg/m^3$이다.

03 지름 $50\,cm$, 높이 $90\,cm$의 원통에 가득 채워진 유체의 질량을 구하라. 유체의 밀도는 $700\,kg/m^3$이다.

04 그림과 같은 쿠에트 유동에서 $H = 3\,mm$, $V = 4\,m/s$일 때, 유체에 의해 면적 $A = 2\,m^2$의 판에 걸리는 수평 방향의 힘이 $F = 800\,N$이면 유체의 점성계수는 몇 $Pa \cdot s$인가?

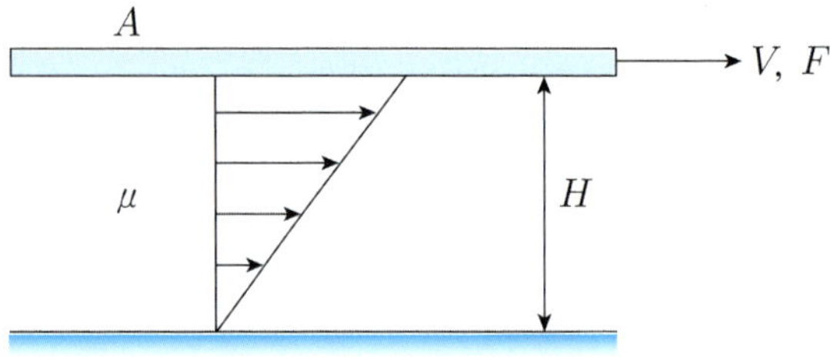

[문제 2.4]

05 비중 0.86, 점성계수 $0.05\,Pa \cdot s$인 원유의 동점성계수[m^2/s]를 구하라.

06 동점성계수가 $5 \times 10^{-4}\,m^2/s$이고 비중 2.0인 유체의 점성계수[$N \cdot s/m^2$]를 구하라.

07 동점성계수가 $1.8\,St$이고 비중이 0.9인 유체의 점성계수는 몇 $Pa \cdot s$인가?

08 그림과 같이 두께 $t = 2\,mm$의 얇은 기름막 위에서 $40\,cm \times 40\,cm$ 평판을 일정속도 $V = 30\,cm/s$의 속도로 끌어당기는데 걸리는 힘 F를 구하라. 기름의 점성계수는 $1.5\,[Pa \cdot s]$이다.

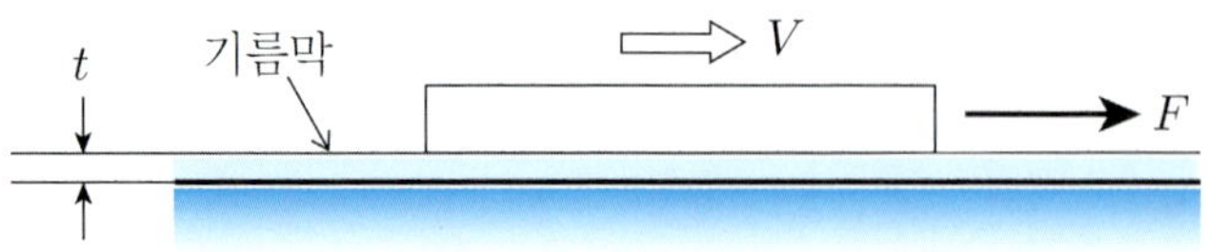

[문제 2.8]

09 두 개의 큰 평판 사이에 두께 $4\,mm$의 액체가 채워져 있고, 어떠한 힘이 위 평판에 가해져 평판이 일정한 속도로 이동할 때 액체에서 $30\,Pa$의 전단응력이 발생하였다. 평판의 이동 속도를 구하라. 액체의 점성계수는 $0.02\,[Pa \cdot s]$이고 아래 평판은 고정되어 있다.

10 그림과 같이 평판 위를 흐르는 유체의 속도분포가 다음과 같이 주어질 때 벽면($y=0$)에서의 전단응력을 구하라. 유체의 점성계수는 μ이다.

$$u(y)=U\left[2\left(\frac{y}{\delta}\right)-\left(\frac{y}{\delta}\right)^2\right]\ \ (0\le y\le\delta);\quad u(y)=U\ \ (y\ge\delta)$$

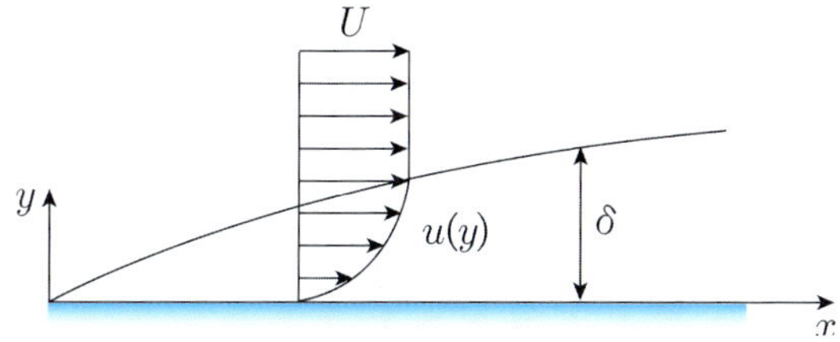

[문제 2.10]

11 그림과 같이 고정된 두 벽면 사이에 유체가 있고 중심부에 있는 얇은 평판이 일정속도 $50\,[\mathrm{cm/s}]$로 운동하고 있다. 평판에 작용하는 단위면적당 마찰력(F/A)이 $30\,[\mathrm{N/m^2}]$일 때 유체의 점성계수를 구하라. A, F는 각각 판의 면적과 마찰력을 나타내며 판의 두께는 무시한다.

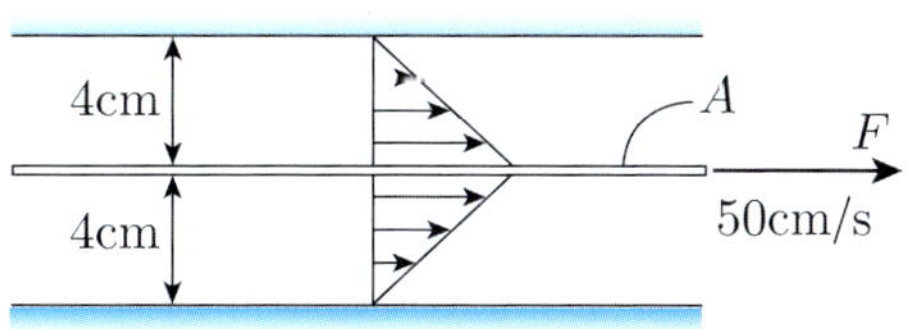

[문제 2.11]

12 무게 W, 지름 D, 길이 L의 추가 기름막이 형성된 실린더 안쪽 벽을 따라서 일정속도 V로 미끄러져 내려오고 있다. $W=20\,\mathrm{N}$, $D=100\,\mathrm{mm}$, $L=80\,\mathrm{mm}$, $V=150\,[\mathrm{mm/s}]$, 기름막 두께는 $0.1\,\mathrm{mm}$이면 기름의 점성계수는 몇 $[\mathrm{Pa\cdot s}]$인가?

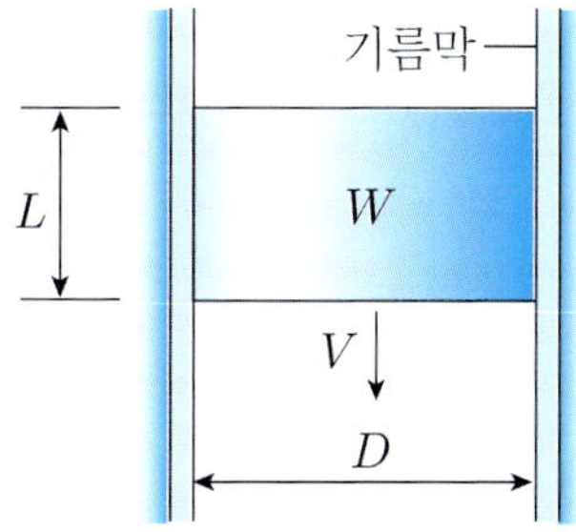

[문제 2.12]

13 그림과 같이 면적 A, 무게 W인 평판이 두께 h의 얇은 기름막 위에서 V의 일정 속도로 미끄러져 내려오고 있다. $A=0.4\,\mathrm{m^2}$, $W=100\mathrm{N}$, $h=0.1\mathrm{cm}$, $V=20\,[\mathrm{cm/s}]$일 때 기름의 점성계수$[\mathrm{Pa\cdot s}]$를 구하라.

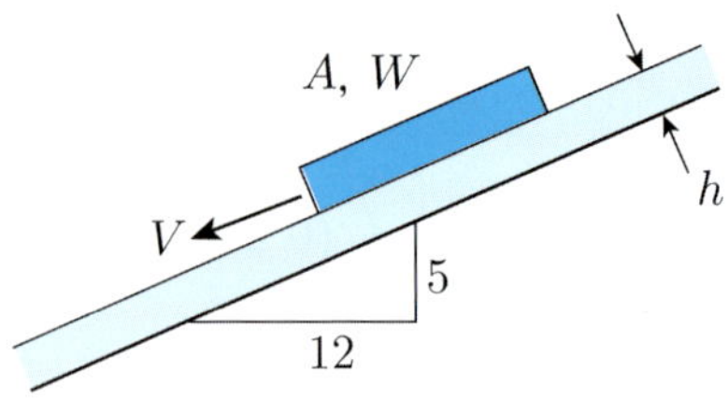

[문제 2.13]

14 그림과 같이 안지름 D_1인 실린더 속에서 바깥지름 D_2, 길이 L인 피스톤이 V의 일정 속력으로 운동하고 있다. $D_1 = 100.2\,\text{mm}$, $D_2 = 100\,\text{mm}$, $L = 200\text{mm}$, $V = 4[\text{m/s}]$, 윤활유의 점성계수가 0.02 [Pa • s]이면 피스톤의 마찰 손실 동력은 몇 [W]인가?

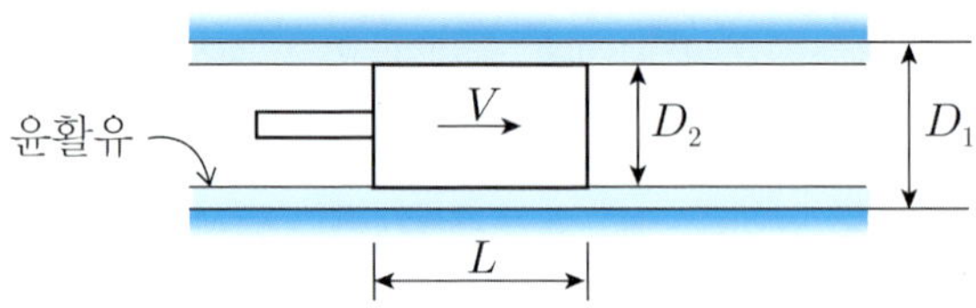

[문제 2.14]

15 그림과 같이 반지름 R_1, R_2인 두 동심 실린더 사이에 점성계수 μ의 유체가 채워져 있고, 안쪽 실린더가 N[rpm]으로 회전하고 있다. $R_1 = 15\,\text{cm}$, $R_2 = 15.4\,\text{cm}$, $N = 30\,\text{rpm}$일 때 안쪽 실린더에 걸리는 토크가 4N • m이면 점성계수는 몇 [Pa • s]인가? 바깥 실린더는 고정되어 있고, 실린더의 길이는 50cm이며 원통 끝의 단면 효과는 무시한다.

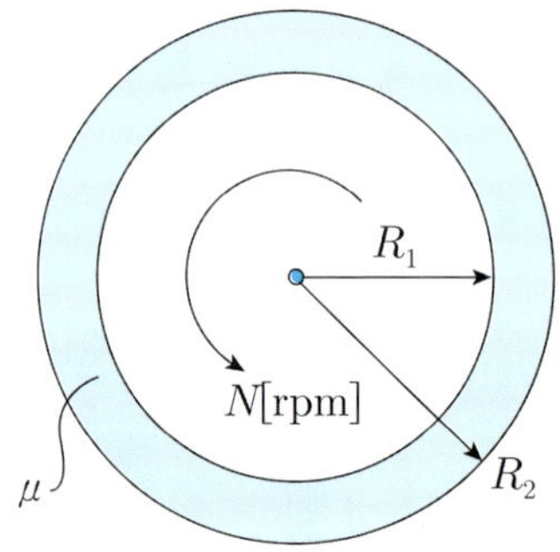

[문제 2.15]

16 그림과 같이 반지름 R_1, R_2인 고정된 두 동심 실린더 사이에 동일한 유체가 채워져 있고, 반지름 R의 중간 실린더가 N[rpm]으로 회전하고 있다. $R = 15\text{cm}$, $R_1 = 14.8\,\text{cm}$, $R_2 = 15.2\,\text{cm}$이고 실린더의 길이는 50cm이다. 원통 끝의 단면 효과는 무시한다.

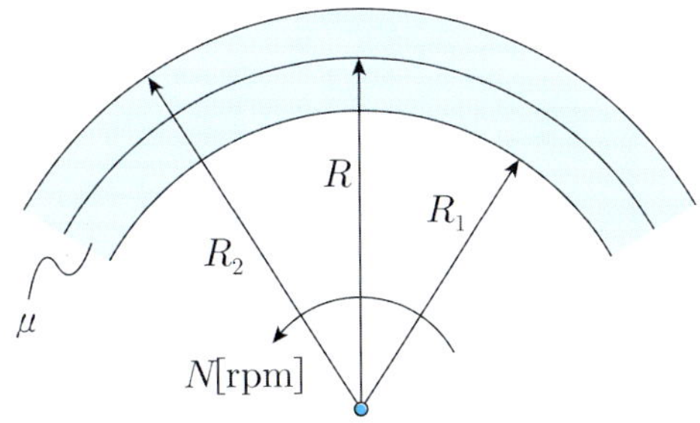

[문제 2.16]

(1) 점성계수가 0.2 [Pa • s]이면 중간 실린더를 $N = 30$ rpm으로 회전시키는데 필요한 토크는 몇 [N • m]인가?

(2) $N = 20$ rpm일 때 안쪽 실린더에 걸리는 토크가 3 [N • m]이면 점성계수는 몇 [Pa • s]인가?

17 대기압이 1.01bar일 때, 압력계의 눈금이 1300kPa을 가리키고 있다면 절대압력은 몇 [kPa]인가?

18 대기압이 102kPa일 때, 진공계의 눈금이 진공 30kPa을 가리키고 있다면 절대압력은 몇 [kPa]인가?

19 진공도가 40%인 용기 안의 절대압력은 몇 [kPa]인가? 대기압은 100kPa이다.

20 다음 섭씨온도를 화씨온도로 환산하여라.

(1) 70℃　　　(2) −80℃

21 25℃를 Kelvin 온도[K]와 Rankine 온도[R]로 나타내라.

22 온도 차이 72°F를 K, R, ℃의 온도 차이로 나타내라.

23 2m × 3m × 5m의 컨테이너에 있는 100kPa, 20℃ 공기의 질량을 구하라. 공기의 기체상수 $R = 0.287$ kJ/kg • K이다.

24 부피 5m^3, 온도 25℃의 용기 내에 분자량 32의 이상기체 10kg이 들어있다. 기체의 압력을 구하라.

25 변형되지 않는 견고한 용기 내에 150kPa, 20℃의 공기 10kg이 들어있다. 압력과 온도가 각각 200kPa, 30℃가 될 때까지 공기를 주입한다면 공급한 공기량은 얼마인가?

26 피스톤-실린더 장치에 들어있는 0.01m^3의 액체에 52MPa의 압력을 가했을 때 액체의 부피가 0.0095m^3이 되었다면 액체의 체적탄성계수는 얼마인가?

27 체적탄성계수가 1.2 GPa인 에틸알코올을 5% 압축하기 위해 필요한 압력을 구하라.

28 체적탄성계수 210 GPa, 밀도 7800 kg/m^3의 금속 봉에서 전파되는 소리의 속도를 구하라.

29 압력 100 kPa, 온도 20℃인 헬륨 기체에서의 음속을 구하라. 헬륨의 기체상수는 2.08 kJ/kg • K, 비열비는 1.667이다.

30 일산화탄소와 공기의 기체상수는 각각 0.297 kJ/kg • K, 0.287 kJ/kg • K이고, 두 기체의 비열비는 같다. 15.5℃, 1기압에서 공기 속에서의 음속이 340 m/s이면, 같은 조건에서 일산화탄소 속에서 음속은 얼마인가?

31 표면장력의 크기는 얇은 유체 막을 잡아당기는 힘을 측정하여 구할 수 있다. 그림과 같이 길이 L의 철사를 사용하여 표면장력(σ)에 의해 형성된 얇은 유체 막을 잡아당기는데 걸리는 힘이 0.007 N일 때 표면장력을 구하라. $L = 10$cm이다.

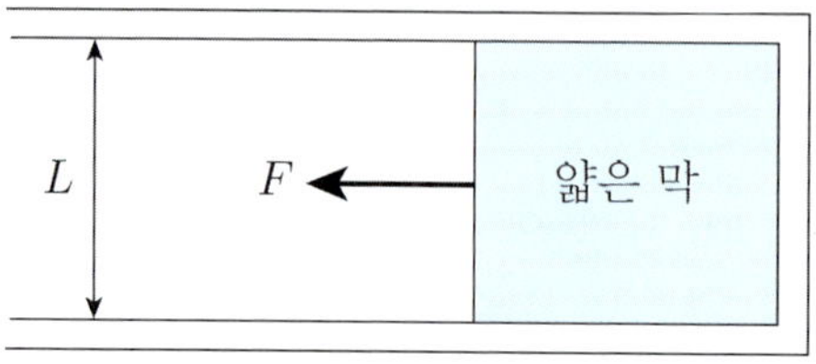

[문제 2.31]

32 지름 0.02 mm인 물방울의 내부 초과 압력은 얼마인가? 물의 표면장력은 0.07 [N/m]이고, 내부 초과 압력은 물방울 내부 압력(P_i)과 바깥 압력(P_o)의 차이 ($P_i - P_o$)이다.

33 공기 중에 형성된 지름이 200 μm인 물방울(droplet)과 물 기포(bubble)의 내부압력(절대압력)을 구하라. 대기압은 100 kPa이고 물의 표면장력은 0.07 [N/m]이다.

34 물방울 내부의 압력이 바깥 압력보다 140 Pa 높을 때 물방울의 지름을 구하라. 물의 표면장력은 0.07 [N/m]이다.

35 지름 0.2 mm의 깨끗한 관에서 표면장력에 의해 상승한 물기둥의 높이가 15 cm이면 물의 표면장력은 얼마인가? 물의 밀도는 996 kg/m^3, 중력가속도는 9.81 m/s^2이고, 접촉각은 $0°$이다.

36 안지름 100 μm의 유리관을 수은 속에 수직으로 세웠을 때 수은이 밀려 내려가는 높이를 구하라. 수은과 유리관의 접촉각은 $140°$이고 수은의 표면장력은 0.47 N/m, 비중은 13.6이다.

37 [평판] 그림과 같이 두 평판을 액체 속에 세웠을 때 모세관현상에 의해 평판의 틈새로 끌어올려진 액체의 높이 h를 구하라. 액체의 표면장력은 σ, 비중량은 γ, 접촉각은 β, 틈새 간격은 w이다.

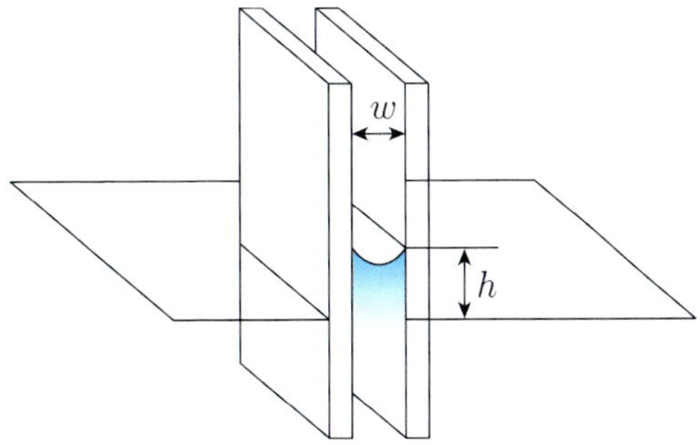

[문제 2.37]

38 수면 위에 수평으로 놓인 지름 2cm의 고리(wire ring)를 수면에서 들어 올리려면 최소한 몇 dyne의 힘이 필요한가? 물의 표면장력은 0.07N/m이고, 고리의 무게는 무시한다.

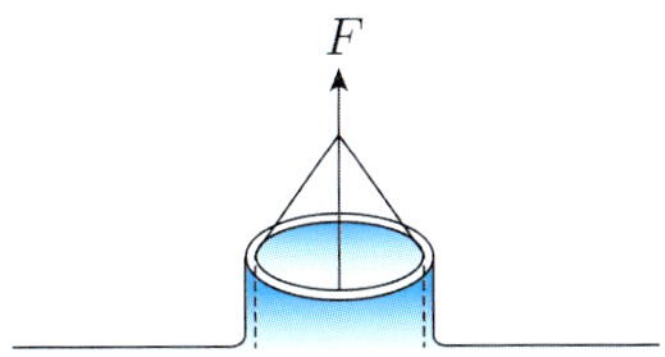

[문제 2.38]

39 안지름 2mm의 유리관을 표면장력이 30dyne/cm인 액체 속에 세웠을 때 모세관현상에 의해 올라간 액체의 높이를 구하라. 접촉각은 10°, 액체의 비중은 0.8이다.

40 [유리관] 안지름 $d = 2\text{mm}$의 유리관을 액체 속에 세웠을 모세관현상에 의해 올라간 액주의 높이 $h = 5\text{mm}$이면 액체의 표면장력(σ)은 몇 [N/m]인가? 접촉각 $\beta = 20°$, 액체의 비중량은 8.5 [kN/m^3]이다.

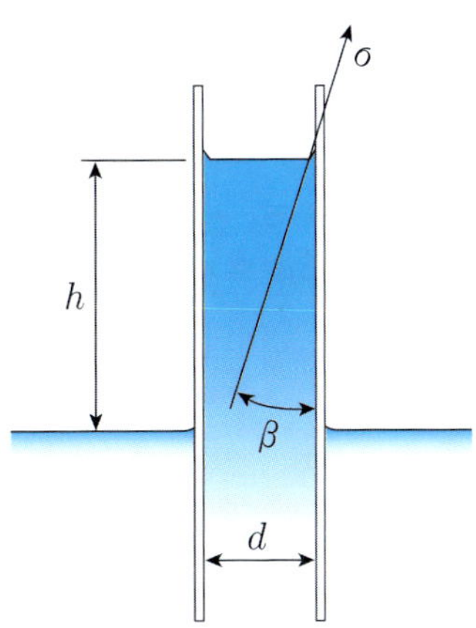

[문제 2.40]

41 두 개의 무한 평판 사이에 비압축성 유체가 있고, 위쪽의 무한 평판 A가 0.4m/s로 그림과 같이 이동하고, 아래쪽 무한 평판은 정지되어 있다. 이들 평판 사이의 거리는 0.25mm로 작기 때문에 액체 간의 점성 마찰로 인한 속도분포가 선형적이라고 가정된다. 액체의 점도는 0.6×10^{-3}kg/(m • s)이고, 액체의 밀도는 800kg/m^3이며, 점성계수 μ가 일정하다고 가정할 경우 다음 질문에 답하시오. [중등교사임용시험-기계]

(1) 무한 평판 사이의 동점성계수를 [m^2/s]의 단위로 계산하시오.

(2) 아래의 정지된 무한 평판에 작용하는 전단응력을 [Pa] 단위로 계산하시오.

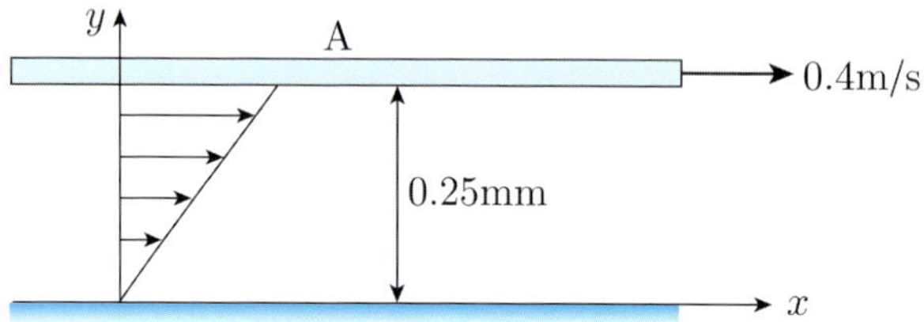

[문제 2.41]

42 질량 10kg의 블록이 경사면을 따라 일정한 속도 V로 미끄러져 내려간다. 점성계수가 0.38Pa • s인 오일이 들어있는 경사면과 블록 사이의 간격이 0.1mm일 때 속도 V를 구하라. 오일의 속도분포는 선형이며, 오일에 접촉하고 있는 블록의 표면적은 0.1m^2이다.

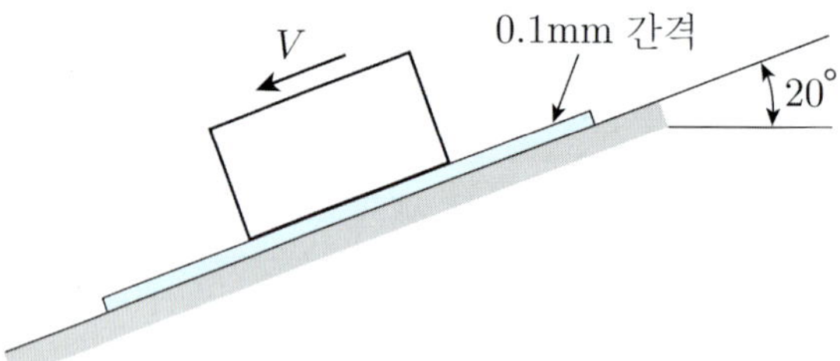

[문제 2.42]

43 유체의 성질에 대한 설명으로 옳지 않은 것은? [공무원 임용시험]

① 어떤 물체의 비중은 물체의 단위중량과 4℃의 순수한 물의 단위중량과의 비이다.

② 점성계수의 차원은 $[L^2T^{-1}]$이며 동점성계수의 차원은 $[ML^{-1}T^{-1}]$이다.

③ 모세관현상에서 액체와 고체 벽 사이의 부착력이 액체 분자 간의 응집력보다 작으면 액체는 하강한다.

④ 물의 표면장력은 온도가 상승하면 감소한다.

44 비중이 0.9인 액체의 밀도는? (단, 물의 밀도는 1000kg/m^3으로 간주한다.) [공무원 임용시험]

① 0.0009kg/m^3 ② 900kg/m^3 ③ 1000kg/m^3 ④ 1111kg/m^3

45 수평으로 놓인 2mm 간격의 평행한 두 평판 사이에 유체가 채워져 있다. 아래쪽 평판이 고정되어 있을 때, 위쪽 평판을 오른쪽으로 10m/s의 속도로 움직이기 위해서 5N의 힘이 필요하다. 두 평판 사이 유속 분포를 선형으로 가정하면, 이 유체의 점성계수[kg/m • s]는? (단, 평판의 면적은 $0.1m^2$이다.) [공무원 임용시험]

① 0.001 ② 0.005 ③ 0.01 ④ 0.05

46 10mm 간격으로 평행하게 놓여진 2장의 평판 사이에 점성계수가 20.0g/cm • s인 액체가 들어있다. 하부판을 고정시키고 상부판을 3.0m/s의 속도로 움직일 때 발생하는 최대 전단응력[gf/cm^2]은? (단, 중력가속도 $g = 9.8m/s^2$이다.) [공무원 임용시험]

① 6,120 ② 612 ③ 61.2 ④ 6.12

47 상온, 상압 상태에서 물의 체적을 1% 압축하는데 얼마의 압력을 가하여야 하는가? (단, 물의 체적탄성계수 $E = 0.2105 \times 10^5 kgf/cm^2$이다.) [공무원 임용시험]

① $0.2105 \times 10^5 kgf/cm^2$ ② $0.2105 \times 10^3 kgf/cm^2$

③ $1.415 \times 10^{-5} kgf/cm^2$ ④ $1.415 \times 10^{-3} kgf/cm^2$

48 다음 물리량들을 $[MLT]$계의 차원으로 나타낸 것 중 옳지 않은 것은? [공무원 임용시험]

① 표면장력: $[MT^{-2}]$ ② 동점성계수: $[L^2T^{-1}]$

③ 운동량: $[MLT^{-2}]$ ④ 동력: $[ML^2T^{-3}]$

49 물리량을 MLT계 및 FLT계로 나타낸 차원으로 옳지 않은 것은? [공무원 임용시험]

① 동력: $[ML^2T^{-3}]$, $[FLT^{-1}]$ ② 점성계수: $[ML^{-2}T^{-1}]$, $[FL^{-3}T]$

③ 체적탄성계수: $[ML^{-1}T^{-2}]$, $[FL^{-2}]$ ④ 에너지: $[ML^2T^{-2}]$, $[FL]$

50 뉴턴(Newton)의 점성법칙과 관계있는 것은? [공무원 임용시험]

① 전단응력, 속도구배, 점성계수 ② 동점성계수, 전단응력, 속도

③ 압력, 동점성계수, 전단응력 ④ 속도구배, 절대온도, 점성계수

51 이상유체를 설명하기 위한 개념과 가장 관련이 있는 것은? [공무원 임용시험]

① 등류, 부등류 ② Reynolds 수, Froude 수

③ 체적탄성계수, 점성계수 ④ 정상류, 부정류

52 물의 기본성질에 관한 설명으로 옳지 않은 것은? [공무원 임용시험]

① 물체의 단위체적당 질량의 비를 밀도라고 하며, 표준대기압 하의 물의 밀도는 약 4℃에서 $1g/cm^3$ 최댓값을 가진다.

② 물체의 단위체적당 중량의 비를 단위중량이라고 하며, 표준 대기압 하에서 담수의 단위중량은 약 4℃에서 $9.8N/m^3$이다.

③ 물 분자가 상대적인 운동을 할 때 물 분자 사이에 마찰을 유발시키는 성질을 점성이라고 하며, 점성은 수온이 높을수록 작아진다.

④ 물속에 가는 관을 세우면 표면장력과 부착력 때문에 관 속의 물이 상승 혹은 하강하는 현상을 모세관현상이라고 하며, 액체의 응집력이 부착력보다 작을 때 수면이 상승한다.

53 물의 점성과 표면장력에 대한 설명으로 옳은 것은? [공무원 임용시험]

① 물에 전단응력이 작용할 때 분자의 확산속도가 점성을 유발한다.

② 물 분자 사이의 응집력이 감소하면 점성계수는 커진다.

③ 표면장력은 물 분자 간의 부착력 때문에 발생한다.

④ 표면장력은 물보다 밀도가 큰 물질을 뜨게 할 수 있다.

54 다음 중 모세관현상에서 액면 상승 높이에 대하여 바르게 표현한 것은? (β: 액면접촉각, σ: 표면장력, D: 관의 직경, γ: 액체의 비중량, h: 액면 상승높이) [공무원 임용시험]

① $h = \dfrac{4\sigma\cos\beta}{\gamma D}$ ② $h = \dfrac{4\sigma\sin\beta}{\gamma D}$ ③ $h = \dfrac{8\sigma\cos\beta}{\gamma D}$ ④ $h = \dfrac{8\sigma\sin\beta}{\gamma D}$

55 물로 동질의 연직 평판과 유리관을 동시에 세우고, 평판의 간격을 유리관 직경과 동일하게 한다면, 평판의 모관 상승 높이는 유리관의 모관 상승 높이의 몇 배인가? [공무원 임용시험]

① $\dfrac{1}{4}$ ② $\dfrac{1}{2}$ ③ 2 ④ 4

56 직경이 0.4mm인 물방울의 표면장력이 70.0dyne/cm일 때 물방울 내부와 외부의 압력차 [N/m^2]는? [공무원 임용시험]

① 35 ② 70 ③ 350 ④ 700

57 유체의 성질에 대한 설명으로 옳지 않은 것은? [공무원 임용시험]

① 모세관현상에서 부착력이 응집력보다 큰 경우에는 세관 내의 액체는 아래로 내려간다.

② 압력변화에 따른 체적의 변화를 체적탄성계수라 하고, 체적탄성계수의 역수를 압축계수라 한다.

③ 점성은 유체에 전단응력이 작용할 때 변형에 저항하는 정도를 나타낸다.

④ 액체의 비중은 4°C에서의 물의 체적과 동일한 체적의 무게비를 말한다.

58 유체의 점성에 대한 설명으로 옳지 않은 것은? [공무원 임용시험]

① 기체는 온도가 내려가면 점도가 올라간다.

② 유체에 작용하는 전단응력은 점도에 비례한다.

③ 원유, 글리세린, 물 종류는 온도가 오르면 점도가 떨어진다.

④ 뉴턴유체란 전단응력과 속도구배를 도시하면 원점을 지나는 직선인 유체이다.

59 질량$[M]$, 길이$[L]$, 시간$[T]$ 및 힘$[F]$이라 할 때 차원이나 단위에 대한 설명으로 가장 옳지 않은 것은? [공무원 임용시험]

① 힘$[F]$의 차원은 $[MLT^{-2}]$이다.

② 점성계수의 단위는 $kg/m \cdot s^2$이다.

③ 비중(specific gravity)은 무차원이다.

④ 밀도(density)의 단위는 $kg \cdot s^2/m^4$이다.

60 유체의 성질 중 체적탄성계수에 대한 설명으로 옳은 것은? [공무원 임용시험]

① 압력의 증가에 따라 증가한다.

② 온도와 무관하다.

③ 압력 차원의 역수이다.

④ 비압축성 유체보다 압축성 유체가 더 크다.

61 경사가 30°인 평판 위에 무게가 5N이고 바닥 면적이 $0.5m^2$인 벽돌이 미끄러져 내려오고 있다. 벽돌과 평판 사이에는 점성계수가 $0.2N \cdot s/m^2$인 기름으로 채워져 있고 그 사이의 거리는 0.2cm이다. 이 벽돌의 이동 속도[m/s]는? [공무원 임용시험]

① 0.1 ② 0.5 ③ 0.01 ④ 0.05

62 간격 20mm로 평행하게 놓여진 2장의 평판 사이에 점성을 알 수 없는 뉴턴유체(Newtonian fluid)가 채워져 있다. 아래 판을 고정시키고 면적이 $1,000cm^2$인 위 판을 5m/s의 속도로 움직일 때, 1N의 힘이 필요하였다. 이 경우 유체의 점성계수$[N \cdot s/m^2]$는? [공무원 임용시험]

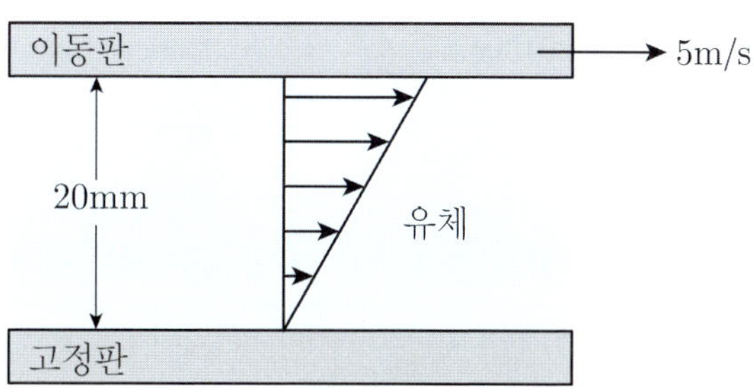

[문제 2.62]

① 0.025 ② 0.040 ③ 0.100 ④ 0.500

63 체적이 $0.2m^3$, 중량이 2.72ton인 액체의 비중은? [공무원 임용시험]

① 0.20 ② 0.55 ③ 2.72 ④ 13.60

64 부피가 $7m^3$이고, 중량이 8tonf인 어떤 액체의 밀도$[kgf \cdot s^2/m^4]$에 가장 가까운 것은? (단, 중력가속도는 $10m/s^2$이다.) [공무원 임용시험]

① 95.6 ② 114.3 ③ 150.6 ④ 170.6

65 체적탄성계수가 2,000kgf/cm^{2}인 실린더 속의 액체가 100kgf/cm^{2}의 압력을 받을 때 부피가 5cm^{3}이다. 실린더의 압력을 200kgf/cm^{2}으로 증가시켰을 때 액체의 부피는? [공무원 임용시험]

① 4.50cm^3 ② 4.75cm^3 ③ 5.25cm^3 ④ 5.50cm^3

66 간격 1mm인 고정평판과 이동평판 사이에 윤활유를 채우고 넓이 2m^{2}인 이동평판의 속도를 0.3m/s로 유지하는데 18N의 힘이 필요하였다. 이동평판 주변의 공기마찰은 무시할 때, 윤활유의 점성계수는? [공무원 임용시험]

① 0.02Pa • s ② 0.03Pa • s ③ 0.06Pa • s ④ 0.09Pa • s

67 비점성 비압축성 유체를 이상유체라 한다. 그러나 실제 존재하는 유체는 점성이 있어 내부 마찰력이 작용하며 이를 뉴턴의 전단응력식으로 표시할 수 있다. 이에 대한 설명으로 옳지 않은 것은? [공무원 임용시험]

① 단위면적당 마찰력의 크기이다.

② 전단응력은 점성계수 곱하기 속도경사이다. ($\tau = \mu \dfrac{\Delta u}{\Delta y}$)

③ 수온이 높을수록 점성계수는 작다.

④ 유체와 기체와의 경계면에 작용하는 분자 간의 인력에 의한 힘이다.

⑤ 마찰의 원인이 되는 유체의 성질을 점성이라 한다.

68 직경이 20cm이고 속이 비어있는 유리관 안에 속이 꽉 찬 직경 15cm의 유리봉을 끼워 물속에 세웠다. 물의 표면장력을 0.075gf/cm라 할 때 물이 상승한 모세관 높이는 얼마인가? (단, 물과 유리의 접촉각은 0°이고 물의 단위중량은 1gf/cm^{3}으로 가정한다.) [공무원 임용시험]

① 0.0075cm ② 0.0150cm ③ 0.0300cm ④ 0.0600cm

69 질량 10.0kg의 벽돌이 그림과 같이 경사면을 따라 미끄러지고 있다. 벽돌과 경계면 사이에 얇은 틈(0.2mm)은 기름으로 채워져 있다. 벽돌이 기름에 접하고 있는 면적은 0.10m^{2}이다. 틈 사이에서 속도변화가 선형이라고 가정할 때 벽돌의 최종 속도는? (단, 기름의 온도는 15℃이고 점성계수는 0.4N • s/m^2, $\sqrt{3} = 1.7$, 중력가속도(g)는 10.0m/s^2, 물의 단위중량은 1tonf/m^{3}이라 가정한다.) [공무원 임용시험]

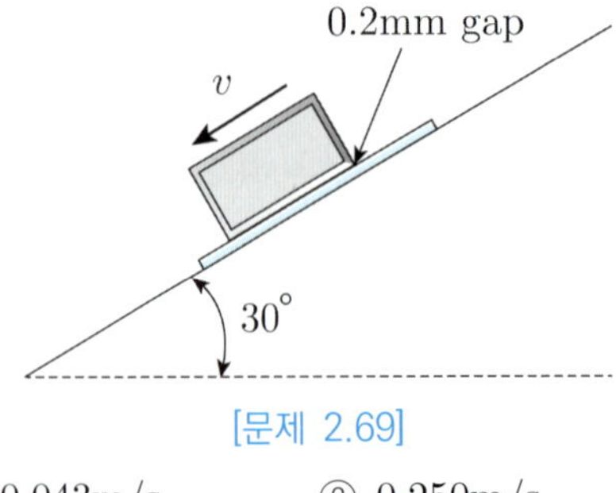

[문제 2.69]

① 0.025m/s ② 0.043m/s ③ 0.250m/s ④ 0.425m/s

70 그림과 같이 변의 길이가 각각 10cm×10cm인 금속판 A가 점성계수 $0.2\text{N} \cdot \text{s/m}^2$인 기름 속에서 오른쪽으로 0.4m/s의 속도로 잡아 당겨지고 있다. 한편 위와 아래의 매우 넓은 금속판 B와 C도 왼쪽으로 0.2m/s의 속도로 움직인다면 힘 F는 얼마인가? [공무원 임용시험]

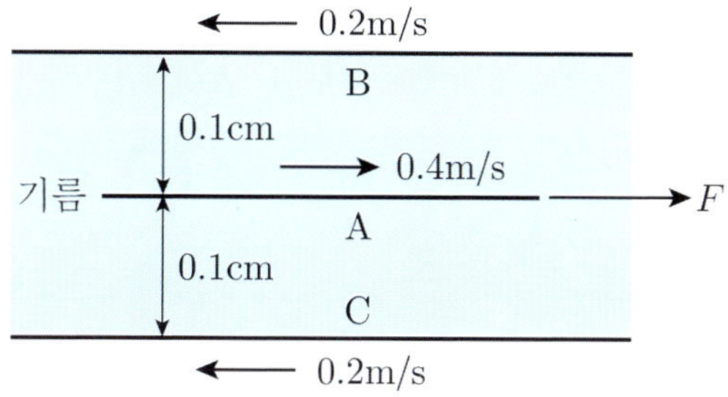

[문제 2.70]

① 0.8N ② 1.2N ③ 1.6N ④ 2.4N

71 물속에 직경이 1mm인 유리관을 연직으로 세웠을 때 모세관 상승고를 h_1이라 하고, 2개의 유리판을 0.5mm 간격으로 나란하게 연직으로 세웠을 때 두 유리판 사이 수면의 상승고를 h_2라 할 경우, 유리관에 대한 유리판 상승고의 비(h_2/h_1)는? (단, 물의 표면장력은 0.1N/cm이고, 접촉각은 0°, 물의 단위중량은 0.01N/cm^3이다) [지방공무원 7급(2022)]

① 0.25 ② 0.5 ③ 1.0 ④ 2.0

72 점성계수의 차원은 $[M^a L^b T^c]$ 또는 $[F^d L^e T^f]$로 나타낼 수 있다. 여기서 $a+b+c+d+e+f$의 값은? (단, M은 질량, L은 길이, T는 시간, F는 힘을 나타낸다) [국가공무원 7급(2022)]

① −1 ② 0 ③ 1 ④ 2

73 다음은 어떤 유체의 특징에 관한 교사와 학생 간의 대화 내용이다. 괄호 안의 ㉠, ㉡에 해당하는 명칭을 순서대로 쓰시오. [중등교사 임용시험-기계]

- 김 교사: 유체층의 전단응력이 전단변형률의 시간당 변화(rate of shearing strain)에 선형적으로 비례하는 특징을 가진 유체들을 무엇이라고 부릅니까?
- 학 생: (㉠)(이)라고 합니다. 전단변형률의 시간당 변화는 유체의 속도구배(velocity gradient)와도 같습니다.
- 김 교사: 그러면 선형적으로 비례하는 관계를 나타내는 계수를 무엇이라고 부릅니까?
- 학 생: (㉡)(이)라고 합니다.
- 김 교사: 내용을 잘 알고 있군요. 이러한 (㉠)의 예로는 물, 공기, 휘발유 등이 있습니다.

제3장 유체 정역학

3.1 개요

유체 정역학(Fluid statics, Hydrostatics)은 유체 요소들 사이에 상대운동이 없는 유체를 다루는 분야이다. 유체 내의 각 요소 사이에 상대운동이 없으므로 모든 점에서 속도구배가 0이 된다. 따라서 유체의 점성계수와 무관하게 유체 내의 모든 점에서 전단응력이 존재하지 않는다. 즉, 유체가 정지해 있거나 용기에 들어있는 유체 전체가 같은 속도로 이동할 때는 유체 입자들 사이에 상대운동이 없으므로 전단력이 발생하지 않는다. 이때 고려해야 할 힘은 압력과 체적력(body force)인데 전기장이나 자기장 등이 존재하지 않으면 고려해야 할 힘은 압력과 중력뿐이다. 따라서 유체의 점성에 의한 힘을 고려해야 하는 유체 동역학(hydrodynamics)에 비하여 이론적 해석이 용이하다.

유체 정역학은 수학적으로 쉽게 접근할 수 있다. 유체 정역학 문제를 해석하기 위해서는 다음과 같은 역학에서 힘의 평형 원리(principle of equilibrium)만 적용하면 된다.

$$\sum \overrightarrow{F} = 0, \quad \sum \overrightarrow{M} = 0$$

즉, 평형 상태에 있는 물체 또는 질량요소에 작용하는 모든 외력($\overrightarrow{F}$)의 합과 모멘트($\overrightarrow{M}$) 합은 모두 0이 된다. 이 원리에 유체의 밀도(ρ) 또는 비중량(γ)에 대한 지식을 결합하면 유체 정역학 문제를 해석할 수 있다.

이와 같은 유체 정역학의 수학적 해석 결과는 그대로 공학 문제에 적용할 수 있다. 유체 속에 잠겨있는 물체가 받는 힘, 댐이나 수문이 받는 힘, 유압 프레스, 자동차의 유압 브레이크 등을 해석할 때 유체 정역학적 지식을 사용하여 필요한 물리량을 구할 수 있다.

3.2 압력의 성질

1 압력의 방향성

유체의 압력은 임의의 면에 수직으로 작용한다.

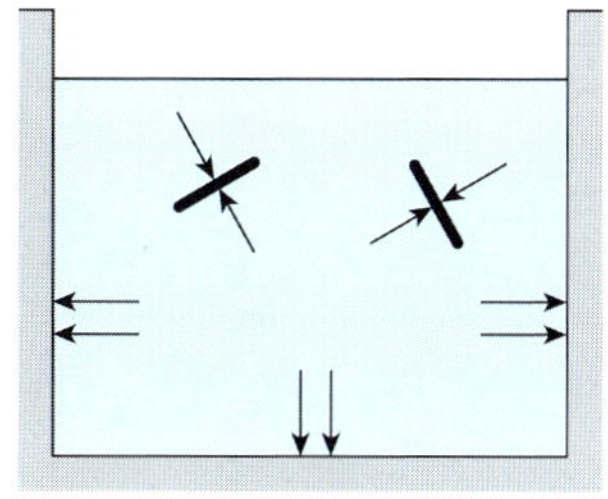

[그림 3.1]

설명 압력은 단위 면적에 수직으로 작용하는 힘($P = F/A$)으로 정의한다. 유체 내에서 압력의 방향은 [그림 3.1]과 같다. 어떤 점에 놓인 면적 A가 압력 P에 의해 받는 힘 $F = PA$이다.

2 압력의 등방성

정지 유체 내부의 임의의 한 점에 작용하는 압력은 모든 방향으로 같은 크기를 갖는다.

증명 [그림 3.2]와 같은 쐐기 모양의 유체 요소에 작용하는 압력에 의한 힘의 평형을 고려해 보자. 유체 요소의 폭을 1로 하면 압력이 작용하는 각 단면의 면적은 $dx \times 1$, $dy \times 1$, $ds \times 1$이고, 빗면과 수평면이 이루는 각을 θ라 하면 삼각함수의 정의에 의해 다음 관계식이 성립한다.[8)]

$$dx = ds\cos\theta\,,\ \ dy = ds\sin\theta$$

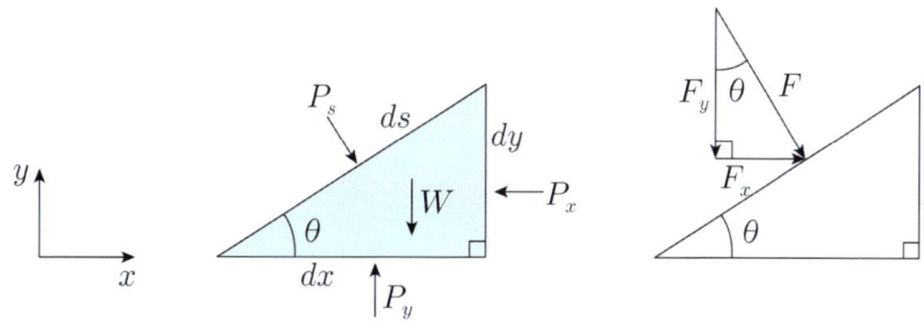

[그림 3.2]

단면 dx, dy, ds에 작용하는 압력을 각각 P_x, P_y, P_s라 할 때, 유체가 정지해 있으므로 물체에 작용하는 힘의 합력은 0이다. 그림에서 빗면에 작용하는 압력 힘 $P_s ds$의 x, y성분은 각각 $P_s dx\sin\theta$, $-P_s ds\cos\theta$라는 것을 알 수 있다. 따라서

8) 증명 과정은 참고로 하고 압력의 성질을 이해하도록 한다.

x 방향 힘의 합력이 0이라는 조건을 적용하면

$$-P_x dy + P_s ds \sin\theta = 0$$

$$\therefore\ P_x = P_s \quad (\because\ dy = ds \sin\theta\ ) \qquad \cdots ①$$

가 된다. 그리고 유체의 비중량을 γ라 하면 유체의 무게는

$$W = \gamma V = \gamma \frac{1}{2}(dx \times dy \times 1) = \frac{\gamma dx dy}{2}$$

이고, y 방향 힘의 합력이 0이라는 조건을 적용하면

$$P_y dx - P_s ds \cos\theta - \frac{\gamma dx dy}{2} = 0$$

$$\therefore\ P_y - P_s - \frac{\gamma dy}{2} = 0 \quad (\because\ dx = ds \cos\theta\ ) \qquad \cdots ②$$

이다. 식 ②에서 크기가 0인 한 점에서 압력을 고려하여 $dy \to 0$로 하면

$$P_y = P_s \qquad \cdots ③$$

가 된다. 식 ①과 ③으로부터 $P_x = P_y = P_s$가 성립한다는 것을 알 수 있다. 즉, 정지 유체 내의 한 점에 작용하는 압력은 모든 방향으로 같은 크기를 갖는다.

3 파스칼의 원리

'밀폐된 용기 속에 갇혀 있는 유체에 압력을 가하면 가한 압력은 유체의 모든 부분에 동일한 세기로 전달된다.'라는 것을 파스칼(Pascal)의 원리라 한다.

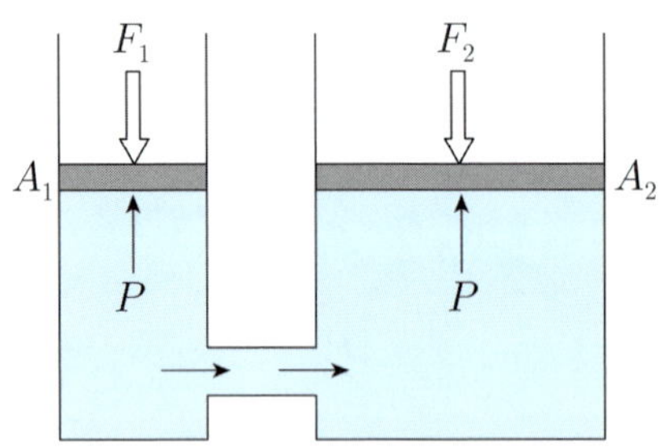

[그림 3.3]

설명 작은 힘으로 큰 힘을 얻는 수압기는 파스칼의 원리를 응용한 것이다. [그림 3.3]에서 면적 A_1의 피스톤에 F_1의 힘을 가하는 경우를 살펴보자. 중력의 영향을 무시하면 모든 점에서 압력이 같으므로 압력의 정의 $P = F/A$에 의해 유체에서 압력은

$$P = \frac{F_1}{A_1} = \frac{F_2}{A_2}$$

이다. 따라서

$$F_2 = \frac{A_2}{A_1} \times F_1$$

이므로 면적비 A_2/A_1을 크게 하면 작은 힘 F_1을 증폭시켜 큰 힘 F_2를 얻을 수 있다.

† 자동차의 유압브레이커와 기계적인 유압작동장치 등은 10 MPa 이상의 고압을 사용한다. 이와 같이 대기압 100 kPa = 0.1MPa보다 아주 높은 고압에서는 중력에 의한 영향을 무시할 수 있으므로 파스칼의 원리를 그대로 적용할 수 있다.

예제 3.1 [그림 3.4]와 같이 지름 D_1, D_2의 두 피스톤으로 구성된 유압프레스가 있다. $D_1 = 200\text{mm}$, $D_2 = 50\text{mm}$일 때 다음 물음에 답하라. 실린더 내의 유체는 비압축성 유체이며, 실린더와 피스톤 사이의 마찰과 피스톤의 무게는 무시한다.

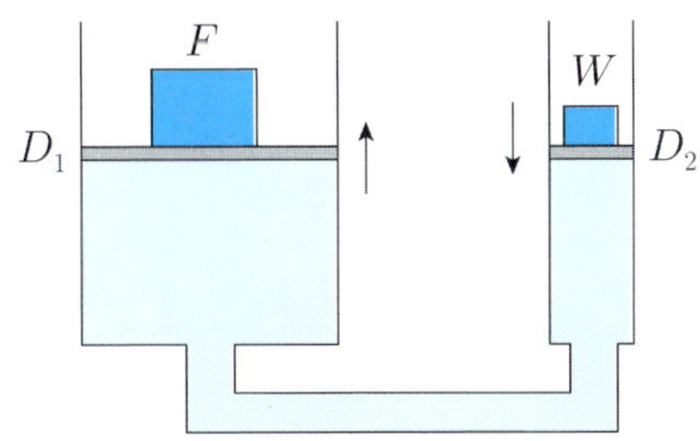

[그림 3.4]

(1) 지름 D_2의 작은 피스톤에 $W = 100\text{ N}$의 물체를 올려놓을 때 큰 피스톤에 전달되는 힘 F

(2) 작은 피스톤이 8cm 내려갔을 때 큰 피스톤이 이동한 거리

풀이 (1) 큰 피스톤과 작은 피스톤의 단면적을 각각 A_1, A_2라 하면

$$A_1 = \frac{\pi D_1^2}{4}, \quad A_2 = \frac{\pi D_2^2}{4}$$

이고, 실린더 내부의 압력을 P라 하면

$$P = \frac{F}{A_1} = \frac{W}{A_2}$$

이다. 따라서 큰 피스톤에 전달되는 힘은

$$F = \frac{A_1}{A_2} W = \frac{\pi D_1^2/4}{\pi D_2^2/4} \times W = \left(\frac{D_1}{D_2}\right)^2 W$$

$$= \left(\frac{200}{50}\right)^2 \times 100 = 1600\ [\mathrm{N}]$$

이다. 즉, 작은 피스톤에 가해준 힘 100 N이 1600 N으로 증폭되어 큰 피스톤으로 전달된다.

(2) 큰 피스톤과 작은 피스톤이 이동한 거리를 각각 S_1, S_2라 하면 작은 피스톤이 밀어낸 유체의 양과 큰 피스톤 쪽으로 들어오는 유체의 양($V\,[\mathrm{cm}^3]$)이 같으므로

$$V = A_1 S_1 = A_2 S_2$$

이다. 따라서 큰 피스톤이 이동한 거리 S_1은 다음과 같다.

$$S_1 = \frac{A_2}{A_1} S_2 = \left(\frac{D_2}{D_1}\right)^2 S_2$$

$$= \left(\frac{50}{200}\right)^2 \times 8 = 0.5\ [\mathrm{cm}]$$

예제 3.2 [그림 3.5]에서 왼쪽 실린더에 힘 F를 가하여 추의 무게(W)에 의한 압력과 평형을 이루고 있다. 무게 $W = 900\,\mathrm{N}$, 지름 $D_2 = 3D_1$일 때 힘 F를 구하라. 추와 벽 사이의 마찰과 유체 무게에 의한 압력은 무시한다.

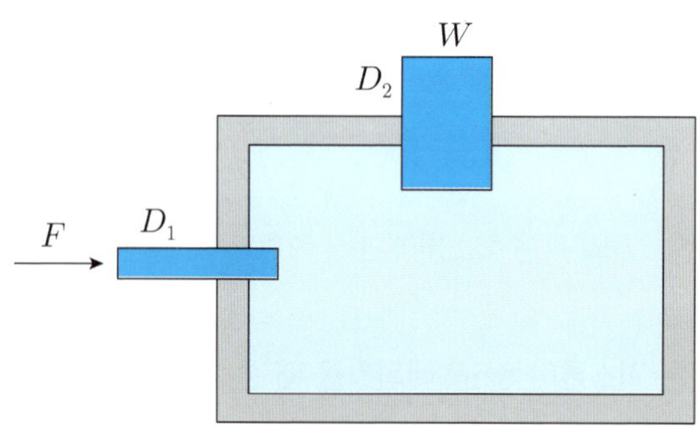

[그림 3.5]

풀이 파스칼의 원리에 의해 실린더와 추에 작용하는 압력이 같다.

$$P = \frac{F}{A_1} = \frac{W}{A_2}$$

$$\therefore\ F = \frac{A_1}{A_2} W = \left(\frac{D_1}{D_2}\right)^2 W = \left(\frac{D_1}{3D_1}\right)^2 W$$

$$= \left(\frac{1}{3}\right)^2 \times 900\ (\mathrm{N}) = 100\ (\mathrm{N})$$

3.3 정지 유체에서 압력 변화

1 수평 방향 압력 변화

유체가 정지해 있을 때 기준면으로부터 같은 깊이(또는 같은 높이)에 있는 점에서의 압력은 모든 점에서 같다. 즉, 정적인 유체에서 압력은 수평면에서 일정하다.

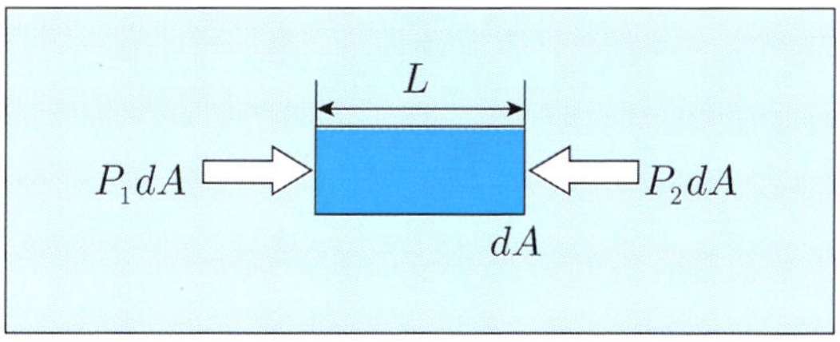

[그림 3.6]

증명 [그림 3.6]과 같이 임의의 깊이에 있는 단면적 dA, 길이 L의 유체요소를 고려해 보자. 이 요소의 왼쪽과 오른쪽에 작용하는 압력을 각각 P_1, P_2라 하면 수평방향으로 작용하는 힘은 오른 쪽으로 $P_1dA(\rightarrow)$, 왼쪽으로 $P_2dA(\leftarrow)$가 된다. 따라서 유체는 정지 상태에 있으므로 수평 방향 힘의 평형($\sum F_x = 0$)을 고려하면 다음과 같은 관계식이 얻어진다.

$$\sum F_x = P_1dA - P_2dA = 0$$

$$\therefore \ P_1 = P_2$$

따라서 정지 유체에서 같은 깊이(또는 같은 높이)에서의 압력은 같다. 즉, 정지 유체에서 수평 방향으로는 압력 변화가 없다.

2 연직 방향 압력 변화

[1] 고도에 따른 압력 변화 미분식

정지 유체에서 압력은 높이에 따라 변화한다. 기준면으로부터의 고도를 z, 유체의 비중량을 γ라 하면 압력 분포 $P(z)$는 다음 관계식을 따른다.[9)]

9) 증명 과정은 참고로 하고 식 (3,1)의 의미를 잘 이해하도록 한다.

$$\frac{dP}{dz} = -\gamma \quad (\gamma = \rho g) \qquad \cdots(3.1)$$

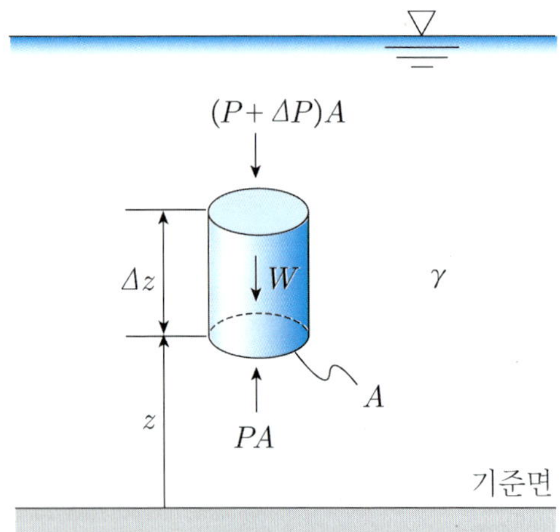

[그림 3.7]

증명 [그림 3.7]과 같이 기준면으로부터 z의 높이에 있는 단면적 A, 높이 Δz인 미소 원기둥에서 힘의 평형을 고려한다. 원기둥의 아래 면에 작용하는 압력을 P라 하면 위 면에 작용하는 압력은 $P+\Delta P$이므로 원기둥에 작용하는 수직 방향의 압력 힘은 위 방향으로 PA, 아래 방향으로 $(P+\Delta P)A$이다. 그리고 유체의 비중량을 γ라 하면 중력에 의한 원기둥의 무게 $W = \gamma V = \gamma A \Delta z$는 아래 방향으로 작용한다. 따라서 유체는 정지 상태에 있으므로 수직 방향 힘의 평형을 고려하면 다음과 같은 관계식이 얻어진다.

$$\sum F_z = PA - (P+\Delta P)A - W = 0$$

$$-\Delta PA - \gamma A \Delta z = 0 \;\; (\because \;\; W = \gamma A \Delta z)$$

$$\therefore \;\; \frac{\Delta P}{\Delta z} = -\gamma \qquad \cdots ①$$

식 ①의 극한을 취하면 압력에 대한 다음 미분 식을 얻는다.

$$\frac{dP}{dz} = -\gamma \qquad \cdots ②$$

일반적으로 비중량 γ는 온도의 함수이며 그 관계식을 알면 압력을 구할 수 있다.

† $\frac{dP}{dz} = -\gamma \; (\gamma > 0)$이므로 기준면으로부터 위로 올라갈수록 압력은 낮아진다. 따라서 등산을 하면 산 정상으로 올라갈수록 압력이 낮아진다.

[2] 일정한 밀도의 유체에서 압력

밀도(ρ)가 일정한 유체 속에서 높이 차이가 h인 두 지점이 있을 때 아래 지점의 압력을 P_L, 위 지점의 압력을 P_U이라 하면 두 지점의 압력 사이에는 다음과 같은 관계식이 성립한다.10)

$$P_L = P_U + \gamma h \quad (\gamma = \rho g) \qquad \cdots (3.2)$$

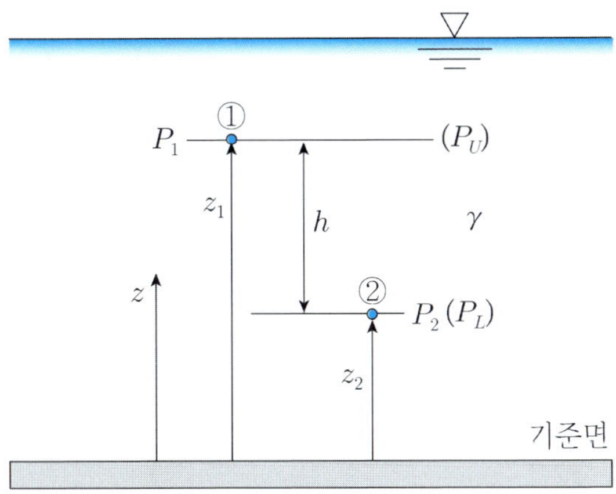

[그림 3.8]

증명 밀도(ρ)가 일정한 경우에는 $\gamma = \rho g$는 상수가 된다. γ가 일정한 값을 가지면 식 (3.1)은 바로 적분이 되므로 압력을 쉽게 구할 수 있다. [그림 3.8]과 같이 높이 $z = z_1$, $z = z_2$인 곳에서의 압력을 각각 P_1, P_2라 하면

$$\frac{dP}{dz} = -\gamma$$

로부터 $dP = -\gamma dz$이므로 이 식을 적분하면

$$\int_1^2 dP = -\int_1^2 \gamma \, dz$$

$$[P]_1^2 = -\gamma [z]_1^2$$

$$\therefore \; P_2 - P_1 = -\gamma(z_2 - z_1) \qquad \cdots ①$$

이다. 여기에서 두 지점의 높이 차이를 $z_1 - z_2 = h$라 하면

$$P_2 - P_1 = \gamma(z_1 - z_2) = \gamma h$$

$$\therefore \; P_2 = P_1 + \gamma h \qquad \cdots ②$$

10) 증명 과정은 참고로 하고 특히 식 (3.2)의 의미를 잘 이해하도록 한다.

가 된다. 즉, 두 지점의 높이 차이가 h이면 아래 지점(P_L)은 위 지점(P_U)보다 γh의 압력을 더 받고, 역으로 위 지점은 아래 지점보다 γh의 압력을 덜 받는다. 액체는 대부분 밀도가 일정한 비압축성 유체에 가까우므로 액체 속에서 압력은 식 ②의 관계식을 적용하여 구할 수 있다.

예제 3.3 해수면에서 100 m 아래에 있는 잠수함에 작용하는 절대압력은 몇 kPa인가? 대기압은 101kPa이고, 바다 물의 밀도는 $1024\,kg/m^3$이다.

풀이 잠수함은 대기압(P_a)과 물에 의한 압력(γh)을 모두 받으므로 절대압력은 다음과 같다.

$$P = P_a + \gamma h = P_a + \rho g h$$

$$= 101 + (1024 \times 9.8 \times 100) \times \frac{1}{1000}\ [kPa] = 1104.52\ [kPa]$$

예제 3.4 [그림 3.9]와 같이 수면으로부터 $h = 10m$ 아래에 $4m \times 5m$의 평판이 수평으로 놓여있다. 물의 무게에 의해 평판이 받는 압력 힘을 구하라.

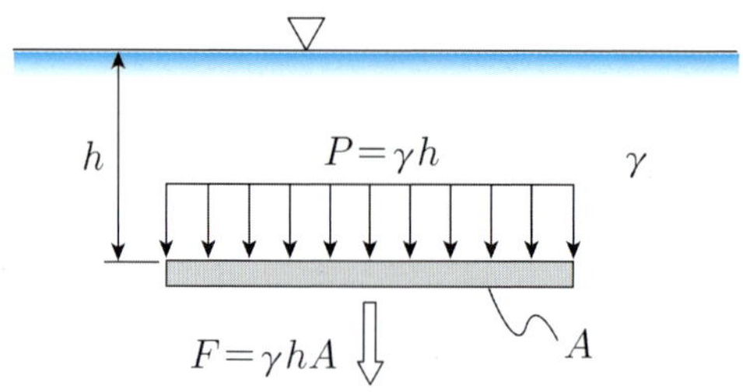

[그림 3.9]

풀이 깊이가 같은 지점에서 압력이 같으므로 수평으로 놓여 있는 평판에는 물의 무게에 의해 균일한 압력

$$P = \gamma h$$

가 작용한다. 따라서 평판이 받는 물에 의한 압력 힘은 다음과 같다.

$$F = PA = \gamma h A = 9.8(10)(4 \times 5) = 1960\ [kN]$$

여기에서 물의 비중량 $\gamma = 9.8kN/m^3$이다.

† [예제 3.4]에서 평판에 작용하는 절대압력은 $P_a + \gamma h$이고 판이 받는 전체 압력 힘은 $(P_a + \gamma h)A$이다. 그런데 대기압에 의한 압력 힘 $P_a A$는 지구상의 어느 위치에서도 받는 힘이다. 일반적으로 수압이라고 하면 대기압을 제외하고 물의 무게에 의한 압력 γh를 의미한다.

예제 3.5 [그림 3.10]과 같이 밀폐된 용기와 상부가 개방된 용기에 엔진 오일이 저장되어 있다. 오일의 밀도가 $885\,\text{kg/m}^3$일 때 용기 바닥의 절대압력을 각각 구하라. 대기압은 $P_{atm} = 1.013\,\text{bar}$이다.

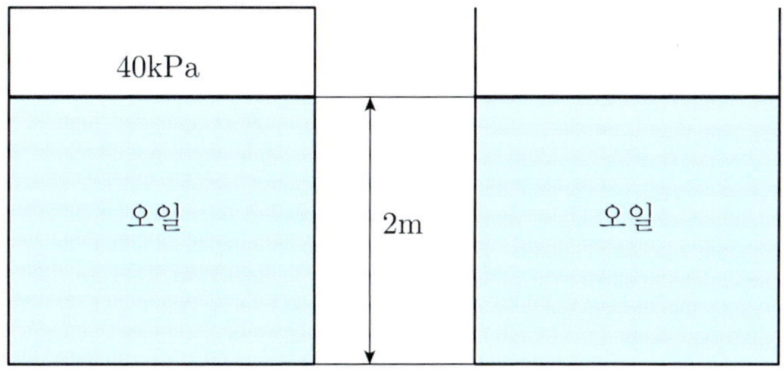

[그림 3.10]

풀이 ○ 밀폐된 용기의 바닥 압력

$$P_1 = 40\text{kPa} + \gamma h = 40{,}000 + (885 \times 9.8) \times 2\ [\text{Pa}]$$
$$= 57{,}346\,[\text{Pa}] = 57.346\,[\text{kPa}]$$

○ 개방된 용기의 바닥 압력

$$P_2 = P_{atm} + \gamma h = 1.013 \times 10^5 + (885 \times 9.8) \times 2\ [\text{Pa}]$$
$$= 118{,}646\,[\text{Pa}) = 118.646\,[\text{kPa}]$$

[3] 기체에서 압력

기체는 액체와 달리 압력을 받으면 압축되고 압력이 감소하면 팽창한다. 즉, 압력에 따라 밀도가 변하므로 식 $\dfrac{dP}{dz} = -\rho g$에서 압력과 밀도의 관계식을 알아야 압력 분포를 구할 수 있다는 것을 알 수 있다. 기체의 압력과 밀도는 여러 가지 관계식을 가질 수 있는데, 하나의 예로써 등온과정인 경우를 살펴본다.

이상기체 상태방정식 $Pv = P/\rho = RT$ 로부터

$$\rho = \frac{P}{RT} \qquad \cdots ①$$

이므로 압력에 대한 미분 식은 다음과 같이 표현된다.

$$\frac{dP}{dz} = -\rho g = -\frac{Pg}{RT} \qquad \cdots ②$$

온도가 일정한 경우 $g/RT = C$(상수)가 된다. 식 ②의 변수를 분리하고 적분하여 압력 분포를 구한다. 기준면 $z=0$와 임의 위치 z에서의 압력을 각각 P_0, $P(z)$라 하면 다음과 같이 압력 분포 $P(z)$가 구해진다.

$$\int_{P_0}^{P(z)} \frac{dP}{P} = -\frac{g}{RT}\int_0^z dz$$

$$[\ln P]_{P_0}^{P(z)} = -\frac{g}{RT}[z]_0^z$$

$$\ln\left[\frac{P(z)}{P_0}\right] = -\frac{gz}{RT}$$

$$\frac{P(z)}{P_0} = \exp\left(-\frac{gz}{RT}\right)$$

$$P(z) = P_0 \exp\left(-\frac{gz}{RT}\right) \qquad \cdots(3.3)$$

† $\int \frac{1}{x}dx = \ln(x) + C$ (C는 적분상수)

예제 3.6 대기의 온도가 일정하다고 할 때 1km 상공에서의 압력을 구하라. 단, 해상($z=0$)에서의 대기압은 101kPa이고, 온도는 0℃ 이며 공기의 기체상수 $R = 0.287\,\mathrm{kJ/kg\cdot K}$이다.

풀이 식 (3.3)으로부터 온도가 일정할 때 압력은 다음과 같다.

$$P = P_0 \exp\left(-\frac{gz}{RT}\right) = 101 \times \exp\left(-\frac{9.8\times 1000}{287\times 273.2}\right)[\mathrm{kPa}]$$
$$= 89.13\,[\mathrm{kPa}]$$

예제 3.7 대기에서 온도가 고도(z)에 따라 다음과 같이 선형적으로 변화할 때 공기를 이상기체로 간주하여 압력 분포 $P(z)$를 구하라. $z=0$에서 온도와 압력은 각각 T_0, P_0이다.

$$T = T_0 - \alpha z \quad (\alpha\text{는 상수})$$

풀이 이상기체 상태방정식 $P/\rho = RT$ 로부터

$$\rho = \frac{P}{RT} = \frac{P}{R(T_0 - \alpha z)} \qquad \cdots①$$

이므로 압력에 대한 미분 식은 다음과 같이 표현된다.

$$\frac{dP}{dz} = -\rho g = -\frac{Pg}{R(T_0 - \alpha z)} \qquad \cdots ②$$

식 ②의 변수를 분리하고 적분한다.

$$\int_{P_0}^{P(z)} \frac{dP}{P} = -\frac{g}{R}\int_0^z \frac{1}{T_0 - \alpha z}dz$$

$$[\ln P]_{P_0}^{P(z)} = \frac{g}{\alpha R}[\ln(T_0 - \alpha z)]_0^z$$

$$\ln\left[\frac{P(z)}{P_0}\right] = \frac{g}{\alpha R}\ln\left(\frac{T_0 - \alpha z}{T_0}\right) \qquad \cdots ③$$

식 ③에서 우변은

$$\frac{g}{\alpha R}\ln\left(\frac{T_0 - \alpha z}{T_0}\right) = \ln\left(1 - \frac{\alpha z}{T_0}\right)^{\frac{g}{\alpha R}}$$

이므로 이 식을 식 ③에 대입하면 다음과 같이 압력 분포 $P(z)$가 구해진다.

$$\ln\left[\frac{P(z)}{P_0}\right] = \ln\left(1 - \frac{\alpha z}{T_0}\right)^{\frac{g}{\alpha R}}$$

$$\frac{P(z)}{P_0} = \left(1 - \frac{\alpha z}{T_0}\right)^{\frac{g}{\alpha R}}$$

$$P(z) = P_0\left(1 - \frac{\alpha z}{T_0}\right)^{\frac{g}{\alpha R}} \qquad \cdots ④$$

† $\int \frac{1}{a + bx}dx = \frac{1}{b}\ln(a + bx) + C$ (C는 적분상수)

3.4 기압계와 압력계

일반적으로 대기압을 측정하는 장치를 기압계(barometer)라 한다. 기압계에는 압력 차이 $\Delta P = \gamma h$의 관계식을 이용하는 수은기압계, 금속의 탄성을 이용하는 아네로이드(Aneroid) 기압계, 센서를 이용하는 디지털(digital) 기압계 등이 있다.

1 수은 기압계

수은 기압계는 한쪽이 막힌 관에 공기가 들어가지 않도록 수은을 채우고 관의 열린 부분을 저장조의 수은 표면 아래쪽에 오도록 뒤집어 놓은 장치로서 대기의 절대압력을 측정할 때 사용한다.

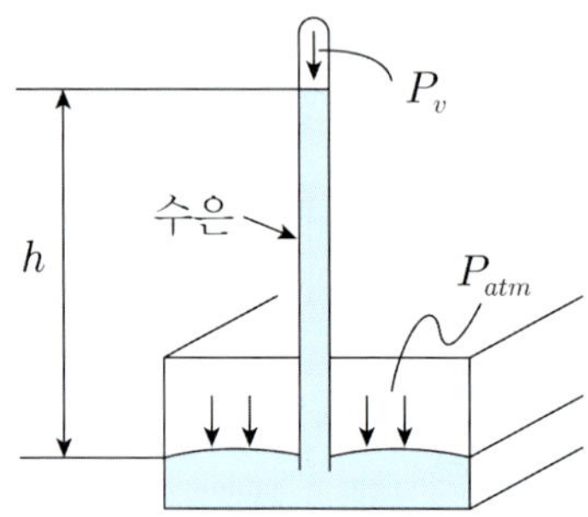

[그림 3.11]

설명 수은 기압계의 원리는 [그림 3.11]과 같다. 그림에서 대기압을 P_{atm}, 수은주의 높이를 h, 수은의 비중량을 γ_{Hg}, 수은의 증기압을 P_v라 하면 관 속의 증기압과 수은주의 무게에 의한 압력과 용기의 수은 면에 작용하는 압력이 평형을 이루고 있으므로

$$P_{atm} = P_v + \gamma_{Hg} h$$

가 된다. 여기에서 수은 증기의 작은 압력($P_v = 1.59 \times 10^{-4}$ kPa)을 무시하면 수은 위의 공간에서 압력은 절대압력 0이므로 대기압은

$$P_{atm} = \gamma_{Hg} h$$

이고, 이것은 대기의 절대압력을 나타낸다. 수은 기압계는 1643년에 토리첼리(Torricelli)가 고안한 매우 기본적인 장치이지만 절대압력을 쉽게 측정할 수 있으므로 공업용으로도 사용된다.

1표준기압(atm)은 0℃ 수은기둥 높이 $h = 760$mm에 상당하는 압력으로 정의한다.

1 표준기압(1atm) = 760 mmHg (수은기둥)
= 10.33 mAq (물기둥) 또는 10.33mH_2O
= 1.01325 bar = 101.325 kPa
= 1.033kgf/cm^2

$$
\begin{aligned}
1\text{ 공학기압(at)} &= 735.5\text{mmHg (수은기둥)} \\
&= 10\text{mAq (물기둥)} \\
&= 1.0\text{kgf/cm}^2
\end{aligned}
$$

0℃ 수은의 밀도는 약 13,600 kg/m^3, 중력가속도는 약 9.8m/s^{2}이므로 수은기둥 760mm에 상당하는 압력은

$$P = \rho g h = 13{,}600 \times 9.8 \times 0.76\,[\text{N/m}^2] = 101.3\,[\text{kPa}] = 1.013\,[\text{bar}]$$

가 된다. 10mAq는 물기둥 10m의 높이에 상당하는 압력을 나타낸다. 여기에서 1기압은 약 100kPa이므로 수은 기압계로 절대압력을 측정할 때 수은의 증기압 $P_v = 1.59 \times 10^{-4}$ kPa은 무시할 수 있다는 것을 알 수 있다.

2 아네로이드 기압계

아네로이드 기압계는 유체를 사용하지 않고 금속의 탄성을 이용하여 절대압력을 측정하는 기구이다. 아네로이드 기압계의 원리는 [그림 3.12]와 같다. 기압계의 기본 요소는 한 끝 면(B)이 탄성적인 다이아프램(diaphragm)으로 되어 있는 짧은 실린더(A)이다. 실린더 A는 비어 있으며 다이아프램 B의 바깥쪽에 작용하는 압력은 그것을 안쪽으로 휘게 하고 이 휨의 크기는 작용한 압력의 크기를 나타낸다. 이것을 적절한 링크장치(C)에 의해 적당한 눈금(D)으로 전달하면 압력의 크기를 측정할 수 있다. 여기에서 만약 실린더 A가 완전히 비어 있으면 압력을 이루는 유체 분자가 없으므로 그 속에서의 압력은 절대영(0)이 될 것이다. 따라서 이때 측정한 압력은 절대압력이 된다.

기압계에서 편리하게 사용하는 아네로이드 실린더는 좁은 범위의 압력만 측정할 수 있음에도 불구하고 그 기본적인 원리는 좀 더 일반적인 절대압력계에서도 이용할 수 있다.

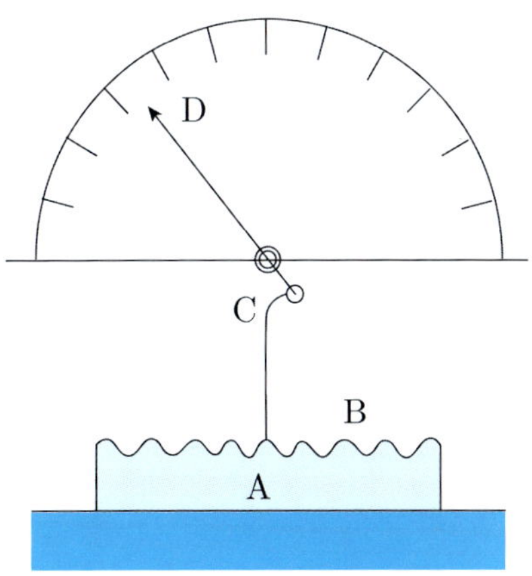

[그림 3.12] 아네로이드 기압계

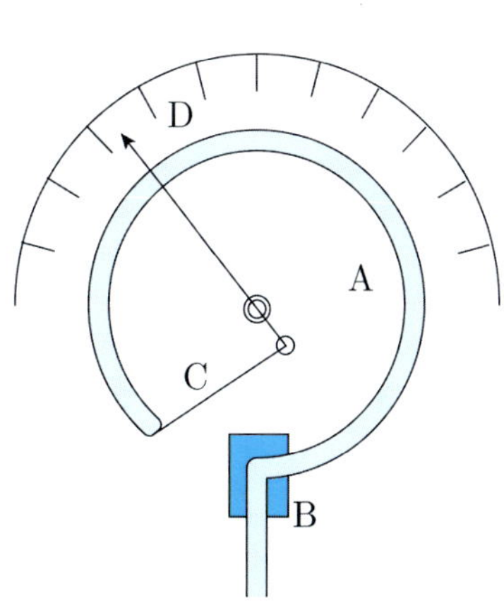

[그림 3.13] 부르동 압력계

3 부르동 압력계

부르동(Bourdon) 압력계는 게이지 압력(또는 진공)을 측정하는 표준적인 기계적 장치이다. [그림 3.13]에 부르동 압력계의 개략적인 모양을 나타내었다.

압력계에서는 단면이 타원인 곡관(A)이 지점 B에 고정되어 있고, A의 자유단은 링크(C)에 의하여 지침 D에 연결되어 있다. 만약 타원형 단면의 관 내부에 압력이 가해지면 그 단면은 원형이 되려 하고, 관을 곧게 펴려고 하므로 지침이 새겨진 눈금 위에서 오른쪽으로 움직이게 된다. 관 내부와 외부 압력이 같을 때는 관이 변형되지 않으므로 압력계를 적절하게 조정하여 압력이 가해지지 않을 때는 지침이 눈금의 영점에서 정지하게 만든다. 즉, 측정하려는 부분의 압력이 대기압과 같을 때 부르동 압력계의 지침은 0의 압력을 가리킨다. 반면 대기압보다 낮은 압력에 대하여는 관은 수축하려 하고 지침은 왼쪽으로 움직인다. 따라서 대기압보다 높은 압력에 대한 읽음은 양(+)이고 이것은 게이지 압력이 되며, 대기압 이하의 압력에 대한 읽음은 음(−)이고 이것은 진공(vacuum)을 나타낸다.

응원할 때 사용하는 막대 풍선에 공기를 주입하면 풍선이 팽창해지면서 쭉 펴진다는 것을 생각하면 부르동 압력계의 원리를 쉽게 이해할 수 있다.

예제 3.8 850mmHg는 몇 bar인가?

풀이 760 mmHg = 1.01325 bar이므로

$$850\,\text{mmHg} = \frac{850}{760} \times 1.01325\,\text{bar} = 1.133\,\text{bar}$$

또는 $P = \gamma_{Hg} h = (13.6 \times 9.8) \times 0.85\,[\text{kPa}] = 113.3\,[\text{kPa}] = 1.133\,[\text{bar}]$

예제 3.9 수은의 비중이 13.6이면 700 mmHg는 몇 kPa인가? 또 이 압력에 대응하는 물기둥의 높이는 몇 m인가?

풀이 비중이 13.6이므로 비중량 $\gamma_{Hg} = S\gamma_w = 13.6 \times 9800\,\text{N/m}^3$이다.

$$P = \gamma_{Hg} h = (13.6 \times 9.8)\frac{\text{kN}}{\text{m}^3} \times 0.7\text{m} = 93.3\,\text{kPa}$$

또 이것을 물기둥의 높이로 환산하면 다음과 같다.

$$P = \gamma_{Hg} \times 0.7\,\text{m} = \gamma_w h$$

$$(13.6 \times \gamma_w) \times 0.7\,\text{m} = \gamma_w h$$

$$\therefore\ h = 9.52\,\text{m}$$

여기에서 물기둥 높이 9.52 m에 대응하는 압력을 9.52 mAq로 나타낸다. 즉, 700 mmHg = 9.52 m Aq = 93.3 kPa이다.

예제 3.10 대기압이 760 mmHg일 때 진공도가 20%인 용기의 절대압력은 몇 mmHg인가?

풀이 절대압력 $P_{abs} = P_{atm} - \frac{20}{100} \times P_{atm} = 0.8 P_{atm}$

$$= 0.8 \times 760\text{mmHg} = 608\text{mmHg}$$

예제 3.11 대기압이 101.3 kPa이고 계기압이 100 mmHg이면 절대압력은 몇 kPa인가?

풀이 절대압력 $P_{abs} = P_{atm} + P_{gage}$

$$= 101.3\text{kPa} + \frac{100}{760} \times 101.325\text{ kPa} = 114.632\text{ kPa}$$

3.5 액주계

1 액주계

수직으로 세운 유리관 속의 액체 기둥(액주)의 높이를 측정하여 압력을 측정하는 장치를 액주계라 한다. 압력 원과 같은 유체를 사용하는 액주계를 피에조미터(piezometer)라 하고, 다른 유체를 사용하는 것을 마노미터(manometer)라 한다. 액주계는 비교적 낮은 압력을 측정할 때 사용한다.

설명 탱크 속의 압력을 측정하는 [그림 3.14]에서 왼쪽은 피에조미터, 오른쪽은 마노미터를 나타내며, 마노미터의 액체로는 비중이 큰 수은을 주로 사용한다. 액주의 높이로써 압력을 나타낼 때 수은은 mmHg, 물은 mAq를 많이 사용한다.

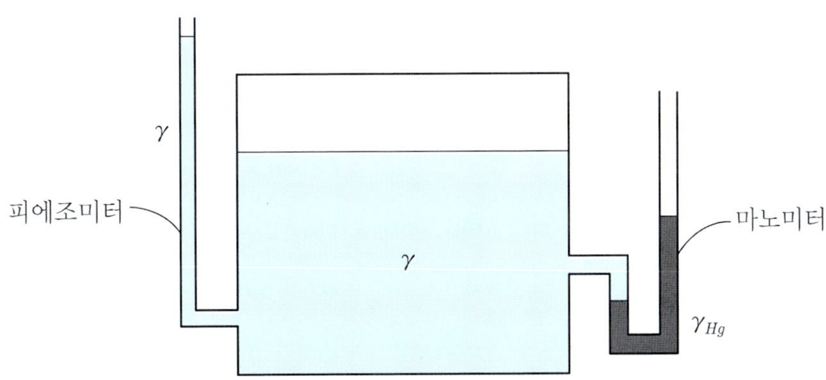

[그림 3.14]

예제 3.12 [그림 3.15]와 같이 상부가 개방된 용기에 비중이 다른 두 종류의 유체 A, B가 채워져 있고 각각에 피에조미터를 설치하였다. A와 B의 비중이 각각 0.7과 1.2일 때 다음을 구하라. 대기압은 $P_0 = 101.3\,\mathrm{kPa}$이다.

(1) 피에조미터 A에서 액체 표면의 고도

(2) 피에조미터 B에서 액체 표면의 고도

(3) 용기 바닥이 받는 전 압력

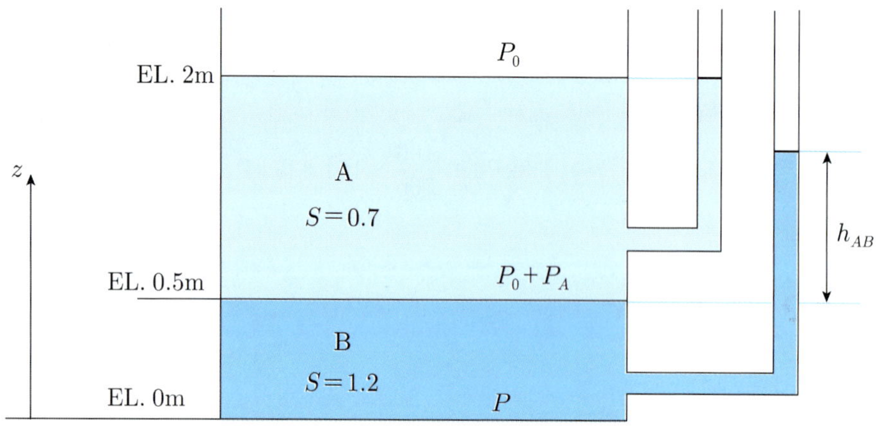

[그림 3.15]

풀이 (1) 용기와 피에조미터의 상부가 모두 열려 있으므로 피에조미터 A에서 액체 표면의 고도는 용기 안의 액체 A의 표면 고도와 같다($z_A = 2\,\mathrm{m}$).

(2) 피에조미터 B에서 액체 표면은 액체 A의 압력에 의해 용기의 액체 B의 표면 고도(0.5m)보다 더 높이 상승하게 된다. 액체 A에 의한 A의 바닥(B의 표면)에서 압력은

$$P_A = \gamma_A \Delta h_A = (0.7 \times 9.8)(2 - 0.5) = 10.29\,[\mathrm{kPa}]$$

이고, P_A에 의한 액체 B의 상승 높이를 h_{AB}라 하면

$$P_A = \gamma_B h_{AB}$$

$$h_{AB} = \frac{P_A}{\gamma_B} = \frac{10.29}{1.2 \times 9.8} = 0.875\,[\mathrm{m}]$$

이다. 따라서 피에조미터 B에서 액체 표면의 고도는

$$z_B = 0.5 + h_{AB} = 0.5 + 0.875 = 1.375\,[\mathrm{m}]$$

이다.

(3) 용기의 바닥에는 대기압 P_0와 액체 A와 B의 무게에 의한 압력이 모두 작용한다.

$$\begin{aligned} P &= P_0 + P_A + P_B = P_0 + \gamma_A \Delta h_A + \gamma_B \Delta h_B \\ &= 101.3 + (0.7 \times 9.8)(2 - 0.5) + (1.2 \times 9.8)(0.5)\ [\mathrm{kPa}] \\ &= 117.47\ [\mathrm{kPa}] \end{aligned}$$

여기에서 $\gamma = S\gamma_w = 9.8S[\mathrm{kN/m^3}]$이다.

2 액주계의 원리

(1) 같은 유체에서 같은 높이에 있는 두 지점의 압력은 같다.

(2) 비중량 γ인 유체 내에서 두 지점의 높이 차이가 h일 때 아래 지점의 압력(P_L)은 위 지점의 압력(P_U)보다 γh만큼 높다.

$$P_L = P_U + \gamma h$$

[1] 마노미터

[그림 3.16]은 용기의 압력 P_x를 측정하기 위해 설치한 U자관 액주계이다. 측정 유체의 비중량과 액주계 유체의 비중량은 각각 γ_1, γ_2이다.

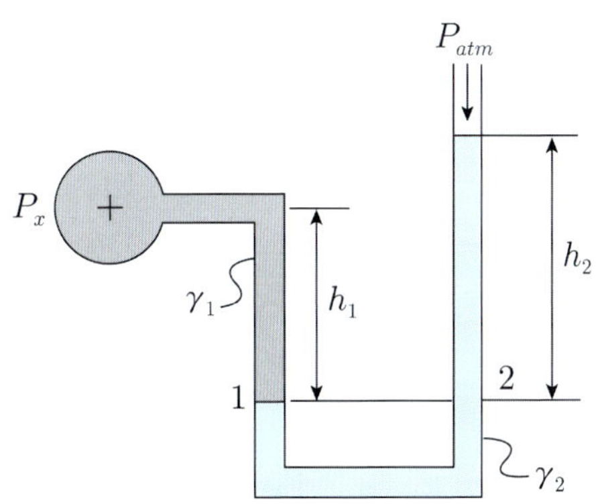

[그림 3.16] U자관 액주계

먼저 액주계의 왼쪽을 고려하면 지점 1에서 압력은

$$P_1 = P_x + \gamma_1 h_1$$

이고, 오른쪽에서 지점 1과 같은 높이에 있는 단면 2에서 압력은

$$P_2 = P_{atm} + \gamma_2 h_2$$

이다. 두 점 1, 2는 같은 유체(액주계 유체)에서 같은 높이에 있으므로 압력이 같다. 이 조건을 적용하면 다음과 같이 용기의 압력 P_x가 구해진다.

$$P_1 = P_2$$

$$P_x + \gamma_1 h_1 = P_{atm} + \gamma_2 h_2$$

$$P_x - P_{atm} = -\gamma_1 h_1 + \gamma_2 h_2 \quad \cdots ①$$

$$P_x = P_{atm} - \gamma_1 h_1 + \gamma_2 h_2 \quad \cdots ②$$

여기에서 식 ①은 용기의 계기압력을 나타내고, 식 ②는 절대압력을 나타낸다. 따라서 액주계의 눈금 h_1과 h_2를 읽으면 식 ①로부터 계기압력을 곧바로 측정할 수 있다는 것을 알 수 있다.

예제 3.13 관 내부를 흐르는 물의 압력을 구하기 위하여 그림과 같이 수은 액주계를 설치하였다. 액주계 읽음이 [그림 3.17]과 같을 때 관 중심의 계기압력을 구하라. 수은의 비중은 13.6이다.

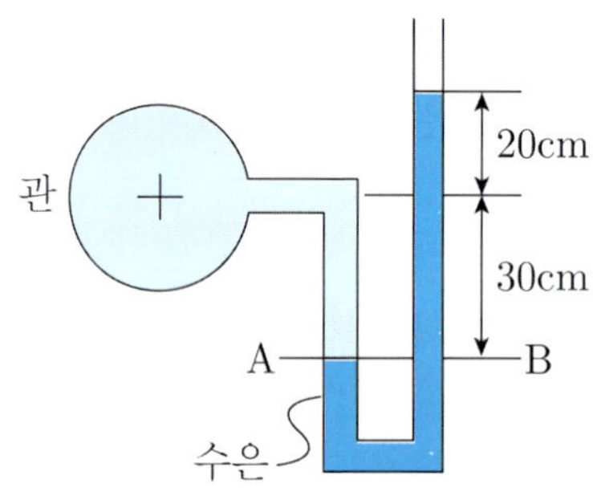

[그림 3.17]

풀이 관 중심의 압력을 P, 물의 비중량을 γ_w라 하면 단면 A에서 압력은

$$P_A = P + \gamma_w \times 0.3\,\mathrm{m}$$

이고, 대기압을 P_0, 액주계의 수은의 비중량을 γ_{Hg}라 하면 A와 같은 높이에 있는 액주계의 단면 B에서 압력은

$$P_B = P_0 + \gamma_{Hg} \times (0.2 + 0.3)\mathrm{m}$$

이다. 두 점 A, B는 같은 유체(수은) 내에서 같은 높이에 있으므로 압력이 같다. 이 조건을 적용하면 다음과 같이 관 중심의 계기압력$(P - P_0)$이 구해진다.

$$P_A = P_B$$
$$P + \gamma_w \times 0.3\text{m} = P_0 + \gamma_{Hg} \times (0.2 + 0.3)\text{m}$$
$$\begin{aligned} P - P_0 &= \gamma_{Hg} \times (0.2 + 0.3)\text{m} - \gamma_w \times 0.3\text{m} \\ &= (13.6 \times 9.8)(0.5) - 9.8 \times 0.3 = 63.7\,[\text{kPa}] \end{aligned}$$

여기에서 수은의 비중량 $\gamma_{Hg} = 13.6\gamma_w = 13.6 \times 9.8[\text{kN/m}^3]$이다.

예제 3.14 [그림 3.18]에서 밀폐된 탱크의 바닥에 설치된 압력계가 40 kPa의 계기압력을 가리키고 있다. 탱크 내 공기의 계기압력을 구하라.

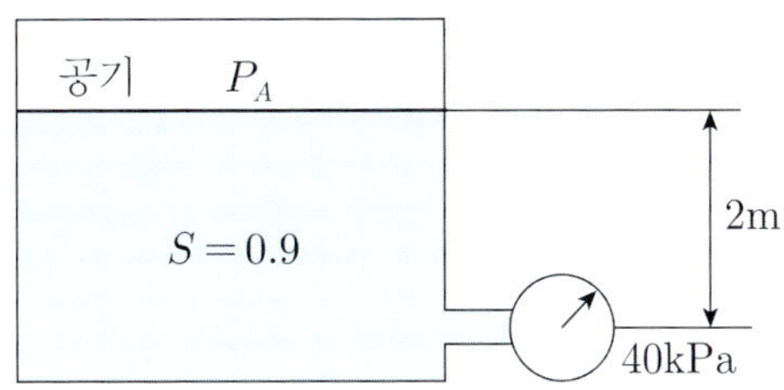

[그림 3.18]

풀이 대기압을 P_0라 하면 압력계에서 절대압력은 $P_0 + 40\text{kPa}$이고, 이 압력은 탱크 내 공기 압력 P_A와 비중 $S = 0.9$인 액체의 무게에 의한 압력의 합과 같다.

$$P_0 + 40\,\text{kPa} = P_A + \gamma h$$

이 식으로부터 탱크 내 공기의 계기압력은 다음과 같다.

$$\begin{aligned} P_A - P_0 &= 40\,\text{kPa} - \gamma h \\ &= 40 - (0.9 \times 9.8) \times 2\,[\text{kPa}] = 22.36\,[\text{kPa}] \end{aligned}$$

여기에서 비중 $S = 0.9$인 액체의 비중량 $\gamma = 0.9\gamma_w = 0.9 \times 9.8[\text{kN/m}^3]$이다.

† 공기와 압력계의 계기압력을 각각 P_1, P_2이라 하면 $P_2 = P_1 + \gamma h$이다. 일반적으로 압력계에서 읽는 압력은 계기압력이다.

[2] 시차 액주계

액주계를 이용하여 두 지점 또는 두 용기의 압력 차이를 측정하는 장치를 시차액주계(differential manometer, 차동마노미터, 차압계)라 한다. [그림 3.19]와 같이 U자관 액주계를 이용하면 압력 차이를 간단하게 측정할 수 있다.

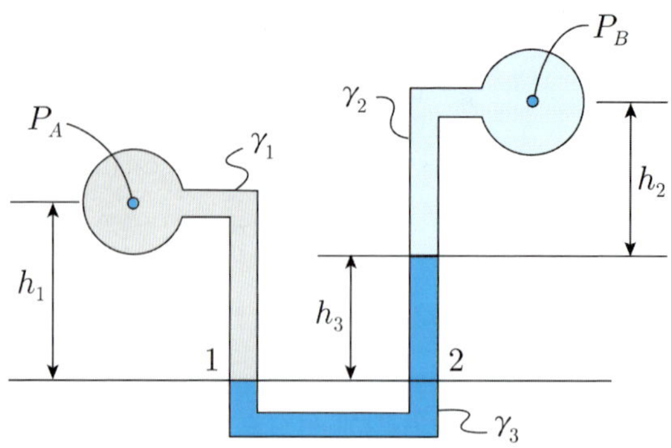

[그림 3.19] 시차 액주계

비중량 γ_1 인 액주계의 왼쪽을 고려하면 지점 1에서의 압력은

$$P_1 = P_A + \gamma_1 h_1$$

이고, 지점 1과 같은 높이에 있는 오른쪽 단면 2에서의 압력은

$$P_2 = P_B + \gamma_2 h_2 + \gamma_3 h_3$$

이다. 두 점 1, 2는 같은 유체(비중량 γ_3의 유체)에서 같은 높이에 있으므로 $P_1 = P_2$ 이다. 따라서 압력 차이는 다음과 같이 구해진다.

$$P_A + \gamma_1 h_1 = P_B + \gamma_2 h_2 + \gamma_3 h_3$$

$$\therefore \ P_A - P_B = -\gamma_1 h_1 + \gamma_2 h_2 + \gamma_3 h_3$$

예제 3.15 탱크 A와 B의 압력 차이를 측정하기 위하여 수은이 들어 있는 마노미터를 설치하였다. 마노미터 읽음이 [그림 3.20]과 같을 때 압력 차이 $P_B - P_A$를 구하라. 오일의 비중은 0.8, 글리세린의 비중은 1.26이다.

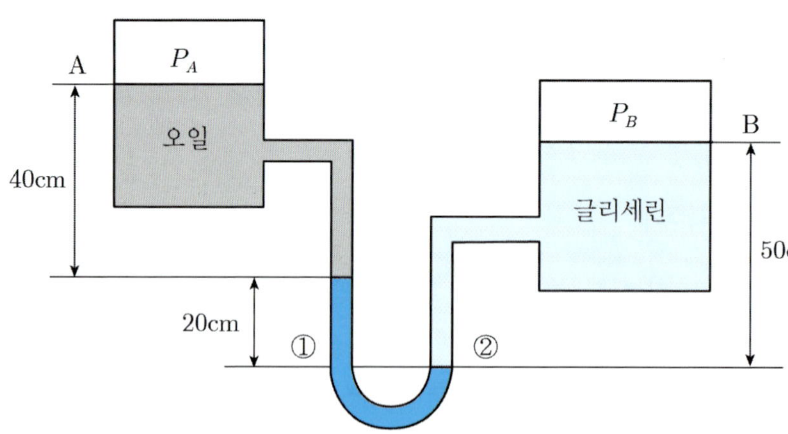

[그림 3.20]

풀이 오일의 비중을 γ_{oil}, 수은의 비중량을 γ_{Hg}라 하면 마노미터의 왼쪽에서 단면 ①의 압력은

$$P_1 = P_A + \gamma_{oil} \times 0.4\text{m} + \gamma_{Hg} \times 0.2\text{m}$$

이고, 글리세린의 비중을 γ_{gl}이라 하면 ①과 같은 높이에 있는 마노미터의 오른쪽 단면 ②의 압력은

$$P_2 = P_B + \gamma_{gl} \times 0.5\text{m}$$

이다. 두 점 ①, ②는 같은 유체(수은) 내에서 같은 높이에 있으므로 압력이 같다. 이 조건을 적용하면 다음과 같이 압력 차이가 구해진다.

$$P_1 = P_2$$

$$P_A + \gamma_{oil} \times 0.4\text{m} + \gamma_{Hg} \times 0.2\text{m} = P_B + \gamma_{gl} \times 0.5\text{m}$$

$$\begin{aligned} \therefore\ P_B - P_A &= \gamma_{oil} \times 0.4\text{m} + \gamma_{Hg} \times 0.2\text{m} - \gamma_{gl} \times 0.5\text{m} \\ &= [0.8 \times 0.4 + 13.6 \times 0.2 - 1.26 \times 0.5] \times 9.8 = 23.62\,[\text{kPa}] \end{aligned}$$

이상에서 비중량 $\gamma = S \times \gamma_w = S \times 9.8[\text{kN/m}^3]$이다.

예제 3.16 [역 U자관 액주계] [그림 3.21]과 같은 역 U자관 액주계에서 압력 차이 $P_A - P_B$를 구하라.

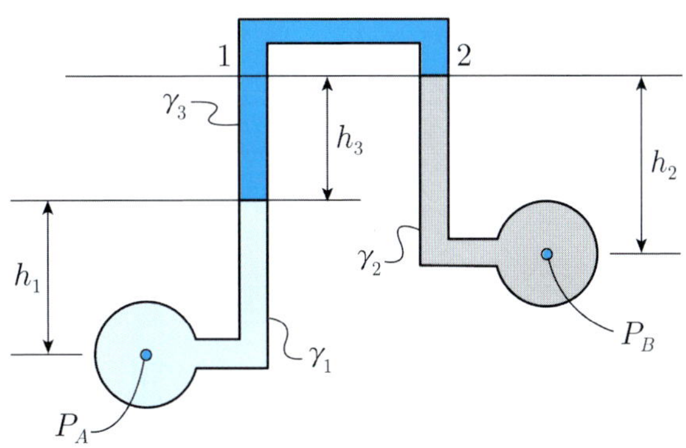

[그림 3.21] 역 U자관 액주계

풀이 액주계의 왼쪽을 고려하면 지점 1에서의 압력은

$$P_1 = P_A - \gamma_1 h_1 - \gamma_3 h_3$$

이고, 지점 1과 같은 높이에 있는 오른쪽 단면 2에서의 압력은

$$P_2 = P_B - \gamma_2 h_2$$

이다. 여기에서 $P_1 = P_2$ 이므로 압력 차이는 다음과 같다.

$$P_A - \gamma_1 h_1 - \gamma_3 h_3 = P_B - \gamma_2 h_2$$

$$\therefore \quad P_A - P_B = \gamma_1 h_1 - \gamma_2 h_2 + \gamma_3 h_3$$

† 같은 유체에서 높이가 같은 지점의 압력은 같고, 아래로 h만큼 내려가면 압력이 γh 만큼 증가하고, 위로 h만큼 올라가면 γh만큼 감소한다.

[복잡한 액주계에서 압력 차이]

압력 차이를 구하는 하나의 좋은 방법은, 시스템의 한 끝에서 시작하여 이 원리를 반복 적용하여 시스템의 다른 끝에 도달할 때까지 진행하는 것이다. 예를 들어 [그림 3.21]에서 왼쪽 P_A부터 시작하면 위 방향으로 h_1만큼 이동한 지점의 압력은 $\gamma_1 h_1$만큼 감소한다. 다시 위로 h_3만큼 이동한 지점의 압력은 $\gamma_3 h_3$만큼 감소한다. 똑같은 압력이 오른쪽의 같은 액면에 존재한다. 오른쪽에서 h_2만큼 아래로 이동한 지점의 압력은 $\gamma_2 h_2$만큼 증가하며 이 압력이 P_B이다. 이 관계들을 정리하면 다음 관계식이 곧바로 유도된다.

$$P_A - \gamma_1 h_1 - \gamma_3 h_3 + \gamma_2 h_2 = P_B$$

오른쪽에서 시작하면 $P_B - \gamma_2 h_2 + \gamma_3 h_3 + \gamma_1 h_1 = P_A$ 가 된다. 특히 U자관이 두 개 이상 연결되어 있을 때는 이와 같은 방법으로 압력 차이를 편리하게 구할 수 있다.

예제 3.17 [**4가지 다른 유체로 채워진 액주계**] [그림 3.22]와 같은 액주계에서 압력 차이 $P_A - P_B$를 구하라.

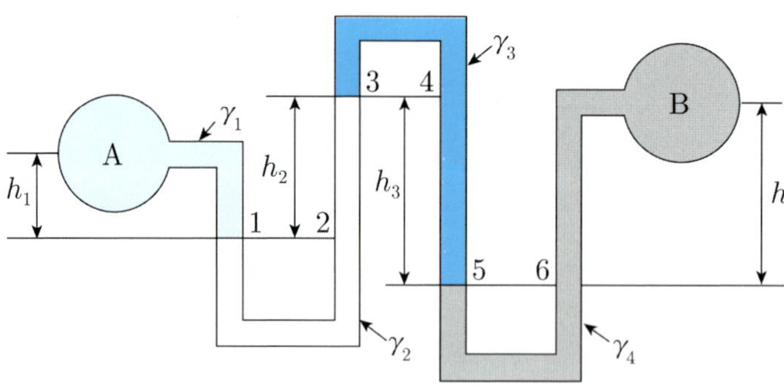

[그림 3.22]

풀이 A에서 아래 방향으로 h_1만큼 내려간 지점 1의 압력 $P_1 = P_A + \gamma_1 h_1$이고 지점 2의 압력 $P_2 = P_1$이다. 지점 2로부터 위로 h_2만큼 올라간 지점 3의 압력 $P_3 =$

$P_2-\gamma_2 h_2$이고 지점 4의 압력 $P_4=P_3$이다. 지점 4로부터 h_3만큼 내려간 지점 5의 압력 $P_5=P_4+\gamma_3 h_3$이고 지점 6의 압력 $P_6=P_5$이다. 끝으로 지점 6으로부터 h_4만큼 올라간 지점의 압력 $P_B=P_6-\gamma_4 h_4$이다. 이 관계들을 정리하면 다음과 같다.

$$P_A+\gamma_1 h_1-\gamma_2 h_2+\gamma_3 h_3-\gamma_4 h_4=P_B$$

$$\therefore\ P_A-P_B=-\gamma_1 h_1+\gamma_2 h_2-\gamma_3 h_3+\gamma_4 h_4$$

예제 3.18 **[벤투리관]** 흐르는 물의 유속을 측정하기 위하여 벤투리관에 U자관 액주계를 설치하였다. 액주의 높이 차이 $h=0.4\,\text{m}$일 때 A와 B 지점의 압력 차이를 구하라. 액주계 유체의 비중은 13.6이다.

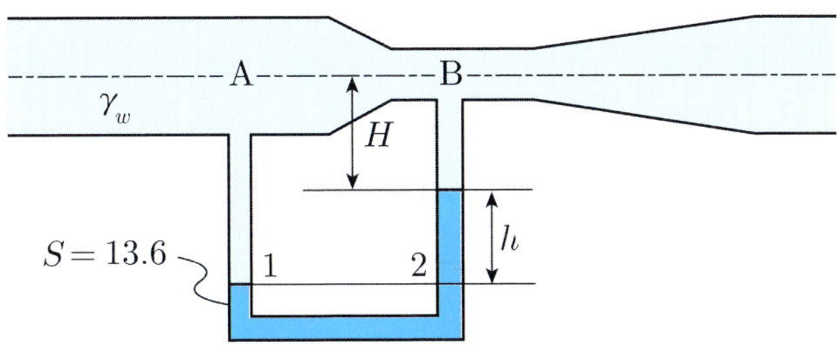

[그림 3.23]

풀이 오른쪽 액주의 상단으로부터 관 중심까지의 거리를 H로 놓는다. 그리고 액주계의 왼쪽을 고려하면 지점 1에서의 압력은

$$P_1=P_A+\gamma_w(H+h)$$

이고, 지점 1과 같은 높이에 있는 오른쪽 지점 2에서의 압력은

$$P_2=P_B+\gamma_w H+\gamma h$$

이다. $P_1=P_2$를 적용하면 다음과 같이 압력 차이가 구해진다.

$$P_A+\gamma_w(H+h)=P_B+\gamma_w H+\gamma h$$

$$\begin{aligned}\therefore\ P_A-P_B&=h(\gamma-\gamma_w)=h(S-1)\gamma_w\\&=0.4\times(13.6-1)\times 9.8=49.39\,[\text{kPa}]\end{aligned}$$

여기에서 물의 비중량 $\gamma_w=9.8[\text{kN/m}^3]$이다.

[3] 경사관 액주계

마노미터에서 정확한 측정을 하기 위하여 사용하는 간단한 장치에는 경사관 액주계(경사관 미압계)가 있다.

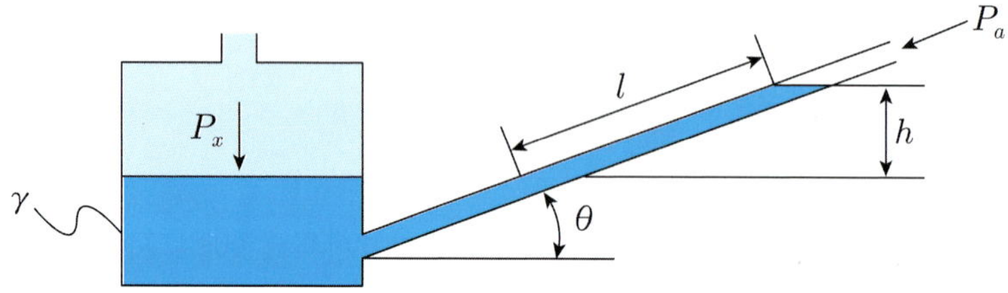

[그림 3.24] 경사관 액주계

[그림 3.24]와 같이 상대적으로 큰 저장 용기의 수평면과 각 θ를 이루는 작은 관이 연결되어 있을 때 관에서 압력 평형에 의해 용기의 압력 P_x는 다음 관계식을 만족한다. P_a는 대기압이다.

$$P_x = P_a + \gamma h$$

여기에서 $h = l\sin\theta$이므로 용기의 계기압력은 다음과 같다.

$$P_x - P_a = \gamma l \sin\theta \quad \cdots (3.4)$$

압력계의 경사각 θ는 고정되어 있고 관을 따라서 표시된 눈금을 통하여 계기압력을 곧바로 읽을 수 있다. 이와 같이 경사관 액주계는 압력 차이에 의해 상승하는 액주의 수직 거리(h)를 경사거리(l)로 확대하여 미세한 압력 차이를 측정할 수 있게 만든 장치이다. $l = \dfrac{h}{\sin\theta}$이므로 경사각 θ가 작을수록 l이 길어져서 더욱더 많은 눈금을 액주계에 매길 수 있다. 경사각 $\theta = 90°$이면 일반적인 마노미터가 된다.

예제 3.19 그림과 같이 설치된 경사관 액주계에서 압력 차이 $P_A - P_B$를 구하라.

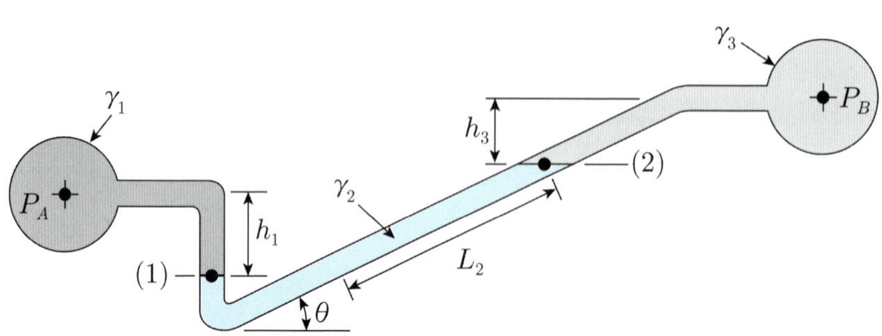

[그림 3.25] 경사관 액주계

풀이 지점 (1)과 (2)의 고도 차이 $h_2 = L_2 \sin\theta$이다. 왼쪽부터 시작하여 차례로 압력을 구해가면 압력 차이가 구해진다.

$$P_A + \gamma_1 h_1 - \gamma_2 (L_2 \sin\theta) - \gamma_3 h_3 = P_B$$

$$\therefore \; P_A - P_B = \gamma_2 L_2 \sin\theta + \gamma_3 h_3 - \gamma_1 h_1$$

3.6 평면 표면에 작용하는 압력 힘

평면 표면에 작용하는 압력 힘의 크기와 방향 및 작용선은 댐, 수문, 유체 저장 탱크 등을 설계할 때 필수적으로 고려해야 할 사항이다. 평판이 수평으로 유체 속에 잠겨있는 경우에는 압력이 평면 전체에서 균일하게 작용하고 그 합력은 면적에 압력을 곱한 것과 같다. 그러나 일반적으로 유체 속에 잠겨 있는 표면에 작용하는 압력 힘은 깊이, 표면 경사각, 표면 형상 등에 따라 달라지므로 수평이 아닌 면에 작용하는 압력의 경우는 그 상황이 복잡해진다.

일정한 밀도의 액체에서 압력은 깊이에 따라 선형적으로 변화한다. [그림 3.26]에 나타낸 것과 같이 액체 표면이 대기에 접하고 있다면 압력은 0(액체 표면에서 압력)에서 γH(탱크 바닥에서의 압력)까지 선형적으로 변한다는 것을 알 수 있다. 그림은 이와 같은 변화를 압력분포선도로 나타낸 것이다. 여기에서 대기압은 용기의 양면에 동등하게 영향을 미치고 있으므로 그 영향이 상쇄되기 때문에 대기압을 포함시키지 않았다는 것에 주의한다. 그러나 밀폐된 용기 안에 액체가 있고 액체의 자유표면에 작용하는 압력이 용기의 외부에 작용하는 압력과 같지 않을 때는 이 압력차를 고려해서 계산해야 한다.

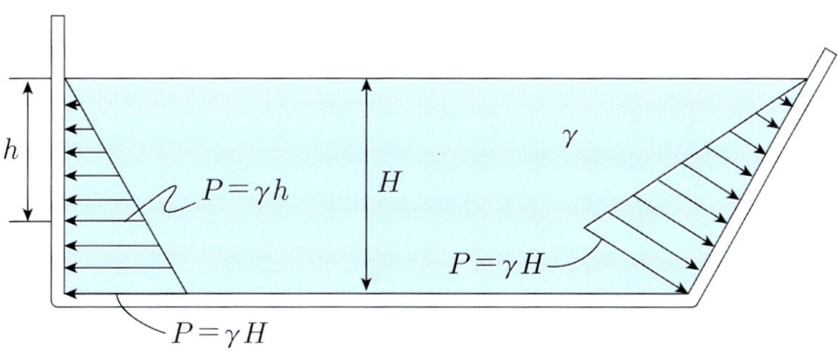

[그림 3.26]

이 장에서는 밀도가 일정한 액체를 고려하고, 액체의 자유표면이 대기에 접하고 있는 경우를 다루므로 자유표면으로부터 깊이 h에서 압력(수압)은 $P = \gamma h$가 된다. 이와 같은 조건에서 액체 속에 잠긴 평면 표면에 작용하는 압력 힘과 전압력의 작용점(압력중심, center of pressure)을 구해본다.[11)]

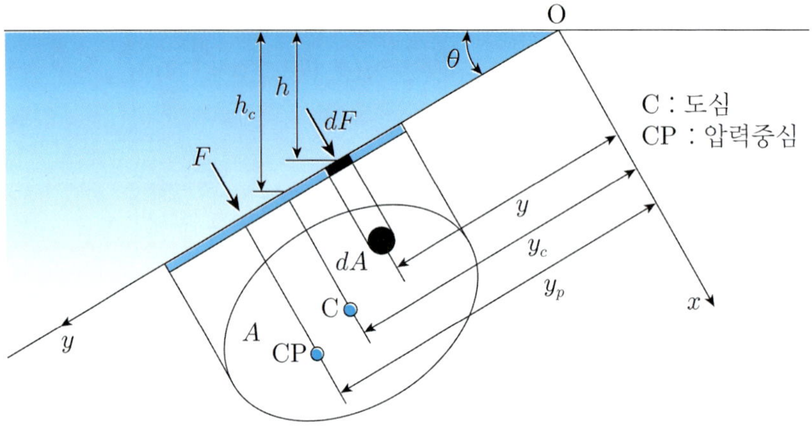

[그림 3.27]

[그림 3.27]에 액체 속에 잠겨 있는 기울어진 평판을 나타내었다. 평판은 수평면과 θ의 각도를 이루고 있다. 평판의 연장선과 수면이 만나는 점을 원점 O로 하고, 원점으로부터 평판의 임의 위치까지 거리를 y로 한다.

평판의 단면적(A)에 작용하는 압력은 깊이에 따라 다르다. 그림과 같이 깊이 h에서 미소면적 dA에 작용하는 힘 dF는 다음과 같다.

$$dF = P\,dA = (\gamma h)dA = \gamma y \sin\theta\, dA$$

이 식을 전체 면적에 대하여 적분하면 평판에 작용하는 전압력(F)이 된다.

$$F = \int_A \gamma y \sin\theta\, dA = \gamma \sin\theta \int y\, dA$$

면적도심(centroid of area)의 정의에 의해 원점으로부터 평판의 도심까지 거리를 y_c라 하면

$$y_c A = \int y\, dA$$

이므로 다음 관계식을 얻는다.

$$F = \gamma \sin\theta \int y\, dA = \gamma y_c \sin\theta\, A$$

11) 식의 유도과정은 참고로 하고 식 (3.5)와 (3.6)을 사용하는 방법을 알면 된다.

여기에서 수면으로부터 도심까지의 수직거리를 h_c로 하면 $y_c \sin\theta = h_c$이므로 전압력은 다음과 같이 표현된다.

$$F = \gamma h_c A$$

이 식으로부터 평판에 작용하는 전압력은 평판의 도심에 작용하는 압력(γh_c)에 판의 면적(A)을 곱한 것과 같다는 것을 알 수 있다.

전압력 F가 작용하는 압력중심(center of pressure)은 기초역학에서의 모멘트 평형 원리를 적용하여 구한다. 즉, 어떤 점에 대한 합력의 모멘트는 분력의 모멘트 합과 같다. 따라서 원점 O로부터 압력중심까지의 거리를 y_p로 하면 다음 관계식이 얻어진다.

$$y_p F = \int y dF = \int y(\gamma y \sin\theta\, dA) = \gamma \sin\theta \int y^2\, dA$$

이와 같이 압력의 중심은 직접적분을 하여 구할 수 있다. 그런데 직사각형이나 원 등의 간단한 형태의 판에 대해서는 다음과 같이 면적의 2차 모멘트(second moment of area)를 이용하여 직접적분을 하지 않고 구할 수 있다. 2차 모멘트의 정의에 의해 점 O를 지나는 축에 대한 판의 2차 모멘트는

$$I_O = \int y^2\, dA$$

이고, 판의 도심을 지나는 축에 대한 2차 면적 모멘트를 I_c, 원점 O로부터 판의 도심까지의 거리를 y_c라 하면

$$I_O = I_c + y_c^2 A$$

이다. 따라서

$$y_p F = \gamma \sin\theta \int y^2\, dA = \gamma \sin\theta\,(I_c + y_c^2 A)$$

로 쓸 수 있고, 여기에서 $F = \gamma y_c \sin\theta\, A$를 대입하면

$$y_p(\gamma y_c \sin\theta\, A) = \gamma \sin\theta\,(I_c + y_c^2 A)$$

$$\therefore\ \ y_p = y_c + \frac{I_c}{y_c A}$$

가 구해진다. 이 식으로부터 기울어진 평판에서의 압력중심(y_p)은 언제나 도심(y_c)보다 아래에 존재한다는 것을 알 수 있다.

이상에서 구한 전압력과 압력중심의 위치를 요약하면 다음과 같다.

$$\text{전압력} \quad : F = \gamma h_c A \qquad \cdots(3.5)$$

$$\text{압력중심} : y_p = y_c + \frac{I_c}{y_c A} \qquad \cdots(3.6)$$

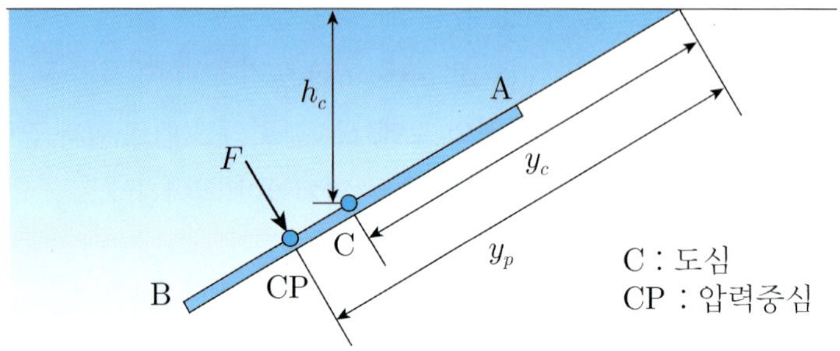

[그림 3.28] 도심과 압력 중심 위치

식 (3.5)과 (3.6)으로부터 평판의 면적, 도심 위치, 중심축에 대한 2차 모멘트를 알면 적분을 하지 않고도 평판에 작용하는 전압력과 압력중심의 위치를 구할 수 있다. 여기에서 y_p, h_c, y_c의 정의를 확실하게 알아두도록 한다. [그림 3.28]과 같이 h_c는 수면으로부터 평판의 도심까지의 수직거리이고, y_c는 도심으로부터 평판의 연장선이 수면과 만나는 점까지의 거리이다. 몇 가지 기본 요소의 도심 위치와 2차 모멘트는 [표 3.1]과 같다.

[표 3.1] 넓이, 도심 위치, 도심을 지나는 축에 대한 2차모멘트[12)]

	도형	넓이 A	도심위치 y_c	2차모멘트 I_c
직사각형	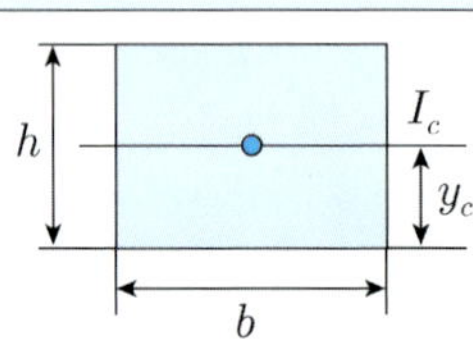	$A = bh$	$y_c = \frac{h}{2}$	$I_c = \frac{bh^3}{12}$
삼각형	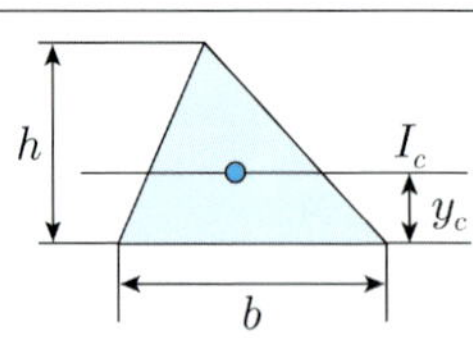	$A = \frac{1}{2}bh$	$y_c = \frac{h}{3}$	$I_c = \frac{bh^3}{36}$
원	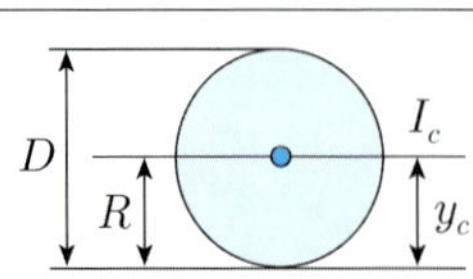	$A = \frac{\pi D^2}{4}$	$y_c = \frac{D}{2}$	$I_c = \frac{\pi D^4}{64} = \frac{\pi R^4}{4}$

12) 직사각형과 원의 2차모멘트는 기억하도록 한다.

예제 3.20 그림과 같이 $4\,\mathrm{m} \times 6\,\mathrm{m}$의 직사각형 평판이 물속에 수직으로 서 있다. 평판의 한쪽 면에 작용하는 물에 의한 전압력과 압력 중심의 위치를 구하라. 물의 비중량 $\gamma = 9800\,[\mathrm{N/m^3}]$이다.

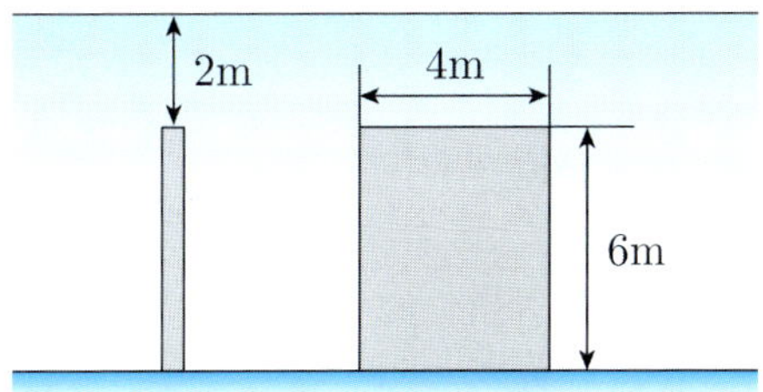

[그림 3.29]

풀이 직사각형 수문이 수직으로 서 있으므로

$$h_c = y_c = 2 + \frac{6}{2} = 5\,[\mathrm{m}]$$

이다. 따라서 평판에 작용하는 전압력은

$$F = \gamma h_c A = 9800(5)(4 \times 6)\,[\mathrm{N}] = 1176\,[\mathrm{kN}]$$

이고, 압력중심의 위치는

$$y_p = y_c + \frac{I_c}{y_c A} = 5 + \frac{\dfrac{4 \times 6^3}{12}}{5(4 \times 6)}$$

$$= 5 + \frac{3}{5} = 5.6\,[\mathrm{m}]$$

이다. 즉, 압력중심은 수면으로부터 $5.6\,\mathrm{m}$ 아래에 있다.

예제 3.21 그림과 같이 수직으로 설치된 반지름 R인 원형 수문에 작용하는 전압력과 압력 중심의 위치를 구하라. 수면으로부터 수문의 최상단까지의 거리는 H이고 물의 비중량은 γ이다.

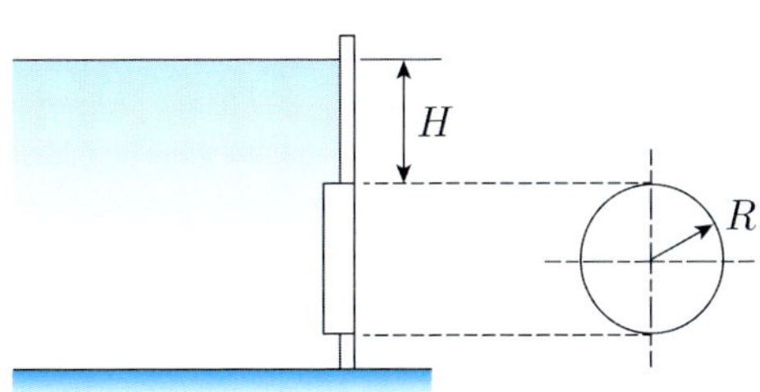

[그림 3.30]

풀이 원형 수문이 수직으로 서 있으므로 수면으로부터 도심까지 수직거리는

$$h_c = y_c = H + R$$

이다. 따라서 평판에 작용하는 전압력은

$$F = \gamma h_c A = \gamma(H+R) \times (\pi R^2) = \pi \gamma R^2 (H+R)$$

이고, 압력중심의 위치는 다음과 같다.

$$y_p = y_c + \frac{I_c}{y_c A} = (H+R) + \frac{\frac{\pi R^4}{4}}{(H+R)\times(\pi R^2)}$$

$$= H + R + \frac{R^2}{4(H+R)}$$

y_p는 수면으로부터 압력중심까지의 수직거리를 나타낸다.

예제 3.22 그림과 같이 설치된 수문을 열기 위해 수문에 수직으로 점 B에 가해야 할 최소한의 힘(R)을 구하라. A 점은 마찰 없는 힌지(hinge)이고 수문의 폭은 5 m이다. 물의 비중량 $\gamma = 9800\,[\mathrm{N/m^3}]$이다.

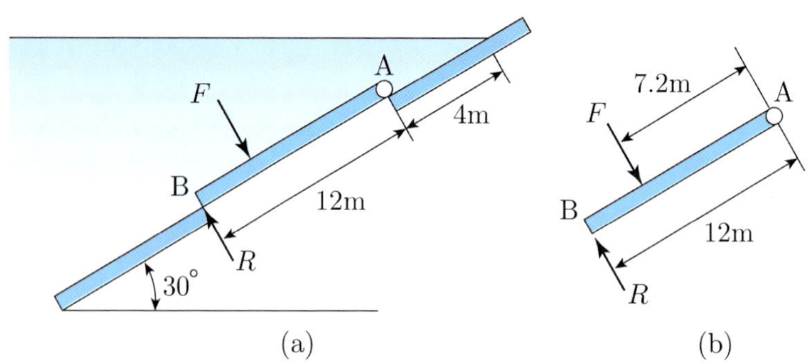

[그림 3.31]

풀이 경사면을 따라서 수면으로부터 도심까지의 거리는

$$y_c = 4 + \frac{12}{2}\,[\mathrm{m}] = 10\,[\mathrm{m}]$$

이므로 수면으로부터 도심까지의 수직거리는

$$h_c = y_c \sin 30° = 10 \sin 30° [\mathrm{m}] = 5\,[\mathrm{m}]$$

이다. 따라서 평판에 작용하는 전압력은

$$F = \gamma h_c A = 9800(5)(5 \times 12)\,[\mathrm{N}] = 2940\,[\mathrm{kN}]$$

이고, 압력중심의 위치는

$$y_p = y_c + \frac{I_c}{y_c A} = 10 + \frac{\frac{5 \times 12^3}{12}}{10(5 \times 12)}[\mathrm{m}]$$
$$= 10 + \frac{6}{5}[\mathrm{m}] = 11.2\,[\mathrm{m}]$$

이다. 따라서 점 A로부터 압력중심까지의 거리는

$$l_p = y_p - 4\,\mathrm{m} = 11.2 - 4[\mathrm{m}] = 7.2\,[\mathrm{m}]$$

이다. [그림 3.31(b)]에서 힌지 점에 대한 모멘트 평형조건($\sum M_A = 0$)을 적용하면 다음과 같이 점 B에 가해야할 힘 R이 구해진다.

$$R \times 12 - F \times 7.2 = 0$$

$$\therefore\ R = F \times \frac{7.2}{12} = 2940 \times \frac{7.2}{12}[\mathrm{kN}] = 1764\,[\mathrm{kN}]$$

예제 3.23 그림과 같은 물탱그에서 직사각형 벽면 AB에 작용하는 전압력과 수면으로부터 압력중심까지의 수직거리를 구하라. AB의 폭은 3 m이다. 물의 비중량 $\gamma = 9800\,[\mathrm{N/m^3}]$이다.

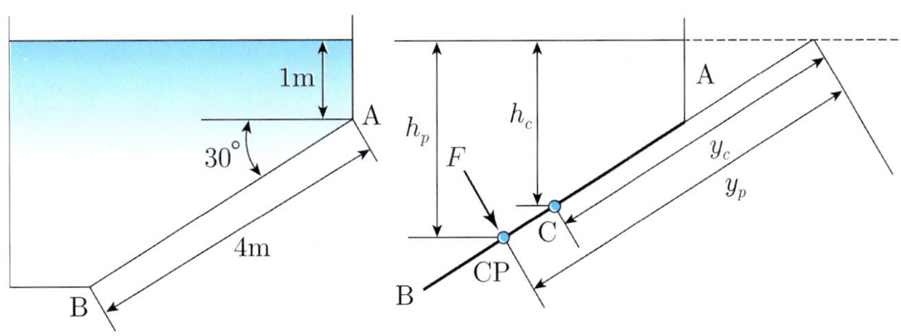

[그림 3.32]

풀이 경사면을 따라서 도심으로부터 벽면의 연장선과 수면의 연장선의 교점까지의 거리는

$$y_c = \frac{1\mathrm{m}}{\sin 30°} + \frac{4\mathrm{m}}{2} = 4\,[\mathrm{m}]$$

이므로 수면으로부터 도심까지 수직거리는

$$h_c = y_c \sin 30° = 4 \sin 30°[\mathrm{m}] = 2\,[\mathrm{m}]$$

이다. 따라서 평판에 작용하는 전압력은

$$F = \gamma h_c A = 9800(2)(3 \times 4)\,[\mathrm{N}] = 235.2\,[\mathrm{kN}]$$

이다. 압력중심의 위치는

$$y_p = y_c + \frac{I_c}{y_c A} = 4 + \frac{\frac{3 \times 4^3}{12}}{4(3 \times 4)}\,[\mathrm{m}]$$

$$= 4 + \frac{1}{3}\,[\mathrm{m}] = 4.33\,[\mathrm{m}]$$

이므로 수면으로부터 압력중심까지의 수직거리는

$$h_p = y_p \sin 30° = 4.33 \sin 30° [\mathrm{m}] = 2.17\,[\mathrm{m}]$$

이다. y_c, y_p, h_c, h_p를 도시하면 [그림 3.32(b)]와 같다.

3.7 곡면 표면에 작용하는 압력 힘

압력은 면에 수직으로 작용하므로 평면표면에 작용하는 압력 힘의 방향은 모든 점에서 같다. 그러나 곡면에 작용하는 압력 힘은 힘의 방향이 연속적으로 변화하기 때문에 평면 표면보다 다루기가 어렵다. 이 문제를 푸는 방법에는 압력 힘을 수평성분과 수직성분으로 분해하여 직접 적분을 하여 구하는 방법과 자유물체도를 구성한 후 기본역학의 힘의 평형 원리를 이용하여 구하는 방법이 있다. 그런데 직접 적분을 하는 방법은 일반적인 방법이지만 상당히 어려운 과정이고 간단하고 일반적인 공식을 유도할 수도 없다. 반면 기본역학 방법을 적용하면 복잡한 적분을 하지 않고도 비교적 간단하게 곡면 표면에 작용하는 압력 힘을 구할 수 있으므로 여기에서는 이 방법을 사용하도록 한다.

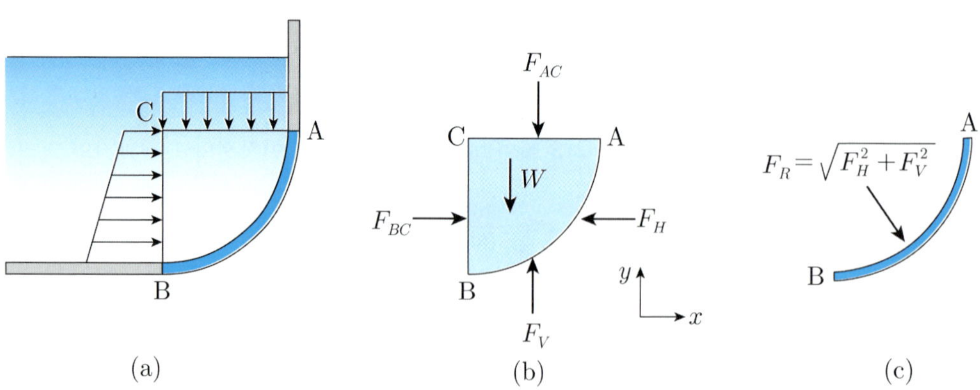

[그림 3.33]

[그림 3.33(a)]와 같은 탱크의 곡면 부분 AB를 고려해보자. 먼저 이 문제를 해석하기 위하여 편리한 유체의 체적(유체요소)을 선택한다. 이때 유일하게 요구되는 것은 유체 요소의 경계들 중 하나가 고려하고 있는 곡면과 일치하게 하는 것이다.

다음에 유체요소에 대한 자유물체도(free body diagram)를 그린다. 즉, [그림 3.33(b)]와 같이 유체질량을 격리시킨 후에 유체질량에 작용하는 모든 힘들을 표시한다.

[그림 3.33(b)]에서 수평면 AC와 수직면 BC에 작용하는 압력 힘 F_{AC}, F_{BC}는 수평 및 수직 평면에 대한 관계식($F_{AC} = \gamma h A$, $F_{BC} = \gamma h_c A$)으로부터 구할 수 있다. W는 유체요소의 중량($W = \gamma V$)이고, 수평성분 F_H와 수직 성분 F_V는 유체요소 ABC가 곡면으로부터 받는 힘을 나타낸다.

자유물체도에서 힘의 평형조건($\sum \vec{F} = 0$)을 적용한다. 수평방향과 수직방향의 힘의 합은 각각 0이라는 조건으로부터

$$\sum F_x = F_{BC} - F_H = 0$$

$$\sum F_y = F_V - W - F_{AC} = 0$$

이므로 F_H와 F_V는 다음과 같다.

$$F_H = F_{BC}$$

$$F_V = W + F_{AC}$$

작용 반작용 원칙에 따라 곡면이 유체로부터 받는 힘은 유체요소가 곡면으로부터 받는 힘 F_H와 F_V와 크기가 같고 방향이 반대이다. 따라서 다음 식으로부터 곡면에 작용하는 전압력의 크기 F_R을 구할 수 있고, F_R의 방향은 [그림 3.33(c)]와 같다.

$$F_R = \sqrt{(F_H)^2 + (F_V)^2} \qquad \cdots (3.7)$$

전압력의 작용방향을 나타내는 방향각은 다음과 같다.

$$\theta = \tan^{-1}\left(\frac{F_V}{F_H}\right) \qquad \cdots (3.8)$$

이상에서 구한 F_H는 곡면을 수직면에 투영한 면적에 작용하는 전압력과 같고, F_V는 곡면 위에 있는 전체 유체의 무게와 같다. 한편 곡면이 원호인 경우에는 합력이 원호의 중심을 지나므로 적절한 축에 대한 모멘트 평형을 고려하여 작용점 위치를 구할 수 있다.[13)]

예제 3.24 수면 아래 2m에 놓여있는 반지름 4m, 폭 3m인 1/4원통에 작용하는 물에 의한 전압력의 크기와 작용방향각을 구하라.

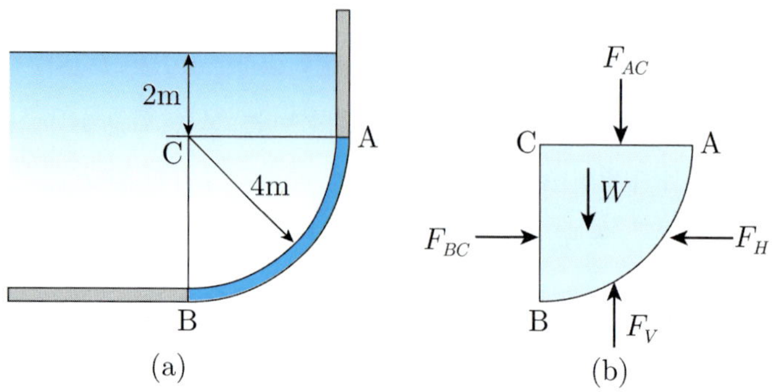

[그림 3.34]

풀이 [그림 3.34(b)]에서 수평분력 F_H는 곡면을 수직면에 투영한 BC면(높이 4m, 폭 3m)에 작용하는 압력 힘 F_{BC}와 같다.

$$F_H = F_{BC} = \gamma h_c A = 9.8\left(2+\frac{4}{2}\right)(4\times 3)[\text{kN}] = 470.4[\text{kN}]$$

여기에서 물의 비중량 $\gamma = 9.8[\text{kN/m}^3]$이다.

AC면에 작용하는 압력 힘 F_{AC}와 유체의 무게 W는

$$F_{AC} = \gamma h A = 9.8(2)(4\times 3)[\text{kN}] = 235.2\ [\text{kN}]\ (\downarrow)$$

$$W = \gamma V = \gamma\left(\frac{\pi}{4}R^2\times b\right) = 9.8\left(\frac{\pi}{4}\times 4^2\times 3\right)[\text{kN}] = 369.5\ [\text{kN}]\ (\downarrow)$$

이므로 수직분력은

$$F_V = F_{AC} + W = 604.7[\text{kN}]\ (\uparrow)$$

이다. 따라서 곡면에 작용하는 전압력의 크기는

$$F_R = \sqrt{(F_H)^2 + (F_V)^2} = \sqrt{470.4^2 + 604.7^2}[\text{kN}] = 766.1[\text{kN}]$$

이고, 전압력의 작용방향각은 다음과 같다.

$$\theta = \tan^{-1}\left(\frac{F_V}{F_H}\right) = \tan^{-1}\left(\frac{604.7}{470.4}\right) = 52.1°$$

Note 이 예제에서 $F_V = F_{AC} + W$는 곡면 위 물의 무게와 같다.

---

13) 대부분의 문제는 이와 같은 기초역학 방법으로 간편하게 해석되므로 이 방법을 잘 이해하도록 한다.

예제 3.25 반지름 3m, 길이 10m인 1/4원통에 작용하는 물에 의한 전압력의 크기를 구하라. 물의 비중량 $\gamma = 9.8[\text{kN/m}^3]$이다.

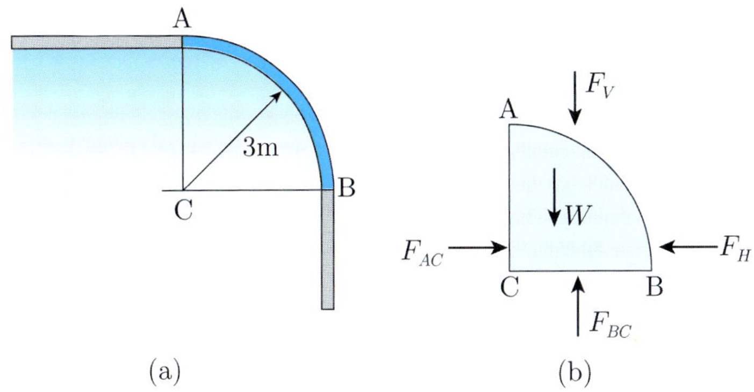

[그림 3.35]

풀이 [그림 3.35(b)]에서 수평분력 F_H는 곡면을 수직면에 투영한 AC면(높이 3m, 폭 10m)에 작용하는 압력 힘 F_{AC}와 같다.

$$F_H = F_{AC} = \gamma h_c A = 9.8\left(\frac{3}{2}\right)(3 \times 10)[\text{kN}] = 441[\text{kN}]$$

BC면에 작용하는 압력 힘 F_{BC}와 유체의 무게 W는

$$F_{BC} = \gamma h A = 9.8(3)(3 \times 10)[\text{kN}] = 882\ [\text{kN}]\ (\uparrow)$$

$$W = \gamma V = \gamma\left(\frac{\pi}{4}R^2 \times L\right) = 9.8\left(\frac{\pi}{4} \times 3^2 \times 10\right)[\text{kN}] = 692.7\ [\text{kN}]\ (\downarrow)$$

이므로 $F_{BC} - W - F_V = 0$으로부터 수직분력은

$$F_V = F_{BC} - W = 882 - 692.7[\text{kN}] = 189.3\ [\text{kN}]\ (\downarrow)$$

이다. 따라서 곡면에 작용하는 힘의 크기는 다음과 같다.

$$F_R = \sqrt{(F_H)^2 + (F_V)^2} = \sqrt{441^2 + 189.3^2}[\text{kN}] = 479.9\ [\text{kN}]$$

3.8 부력

1 아르키메데스의 원리

아르키메데스(Archimedes)의 원리는 다음과 같이 기술된다.

"유체 중에 잠겨있는 물체는 그 물체가 밀어낸 부피의 유체 무게와 같은 크기의 부력을 받는다."

증명 물체가 유체 속에 완전히 잠겨 있거나 떠 있을 때 물체에 작용하는 유체 힘의 합력을 부력(buoyancy force)이라 한다. [그림 3.36]과 같이 비중량 γ인 유체 속에 잠겨 있는 어떤 물체 abcd를 고려한다. 물체에 접하는 수직 측면을 가지는 유체 요소를 분리하여 해석하면 물체의 아랫면(adc)과 윗면(abc)이 주위 유체에 미치는 수직 방향 힘을 조사할 수 있다.[14)]

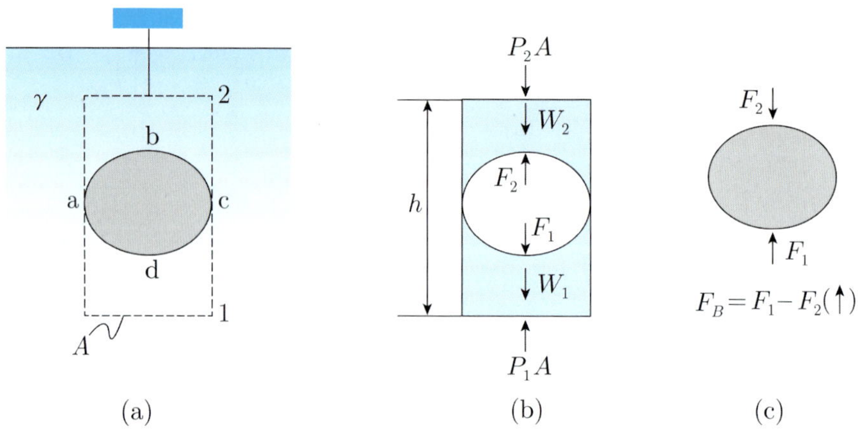

[그림 3.36]

자유물체도에서 유체요소의 무게를 각각 W_1, W_2, 수직방향으로의 물체의 투영면적을 A로 놓는다. 그리고 아랫면과 윗면에서 유체가 물체로부터 받는 힘을 각각 $F_1(\downarrow)$, $F_2(\uparrow)$라 하고 힘의 평형 조건($\sum \vec{F} = 0$)을 적용한다. 자유물체도의 윗부분에 대해서는

$$\sum F_y = F_2 - W_2 - P_2A = 0 \quad \cdots ①$$

이고, 아랫부분에 대해서는

$$\sum F_y = F_1 + W_1 - P_1A = 0 \quad \cdots ②$$

이다. ② − ①을 하면 다음 식을 얻는다.

$$F_B = F_1 - F_2 = (P_1 - P_2)A - (W_1 + W_2) \quad \cdots ③$$

여기에서 $(P_1 - P_2)A = \gamma h A$이므로 이것은 수평면 1과 2 사이의 유체 실린더의 무게이다. 따라서 식 ③의 우변은 물체의 부피와 정확하게 같은 유체 부피의 무게와 동일하다. 작용 반작용 법칙에 의하여 물체가 유체로부터 받는 힘은 각각 $F_1(\uparrow)$,

14) 증명 과정은 참고로 하고 부력의 개념을 잘 파악하도록 한다. 부력을 구하는 식에서 부피는 물체의 부피이고, 비중량은 유체의 비중량이라는 데 주의한다.

$F_2(\downarrow)$이므로 물체에 작용하는 부력의 크기는 $F_1 - F_2(\uparrow)$이다. 따라서 부력은 다음과 같고 부력법칙(아르키메데스의 원리)이 증명된다.

$$F_B = \gamma \times (\text{잠겨있는 물체의 부피}) \quad \cdots (3.9)$$
γ: 유체의 비중량

[부력의 성질]

압력은 깊이에 따라 증가하고 아래 면에 작용하는 압력 힘이 위에서 작용하는 힘보다 크기 때문에 부력은 연직 위 방향(↑)으로 작용한다. 부력은 밀어낸 부피의 무게중심을 통과하며 부력이 작용하는 점을 부력중심이라 한다.

[그림 3.37]과 같이 떠 있는 물체에 작용하는 부력은 다음과 같다.

$$F_B = \gamma \times (\text{배제된 액체의 부피}) \quad \cdots (3.10)$$
γ: 액체의 비중량

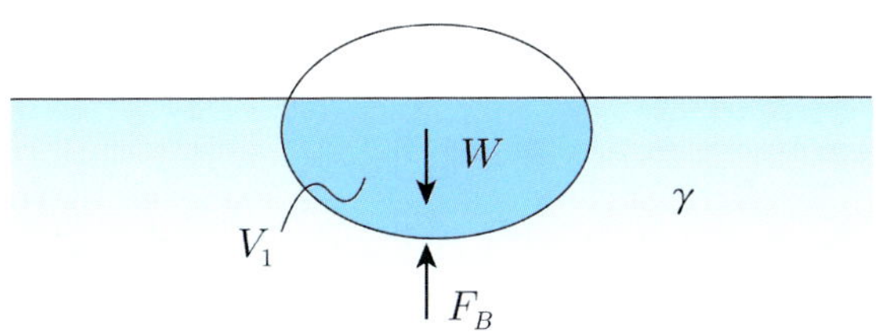

[그림 3.37]

물체가 떠 있을 때 정적 평형 조건으로부터 물체의 무게(↓)는 부력(↑)과 같아야 한다. 그러므로 물체는 그것이 떠 있는 액체를 자신의 중량에 해당하는 액체의 부피만큼 밀어낸다.

예제 3.26 어떤 금속의 무게가 공기 중에서는 1470 N 이고 물속에 완전히 잠겼을 때는 980N 이다. 금속의 부피와 비중을 구하라.

풀이 금속의 부피를 V, 물의 비중량을 γ_w라 하면 물속에서는 위 방향으로

$$F_B = \gamma_w V$$

의 부력을 받아서 물체의 무게는 부력만큼 가벼워진다. 따라서 물속에서 무게가 980N 이므로 다음과 같이 부피가 구해진다.

$$1470 - \gamma_w V = 980$$

$$1470 - 9800 \times V = 980$$

$$\therefore \quad V = 0.05 \, [\mathrm{m}^3]$$

공기 중에서 금속의 무게 $W = 1470[\mathrm{N}]$이므로 금속의 비중량은

$$\gamma_s = \frac{W}{V} = \frac{1470}{0.05} = 29,400 \, [\mathrm{N/m^3}]$$

이고 비중은 다음과 같다.

$$S = \frac{\gamma_s}{\gamma_w} = \frac{29400}{9800} = 3$$

† 물속에서 물체의 무게는 부력만큼 가벼워진다. 공기 중에서 물체의 무게와 물속에서 물체의 무게를 각각 W와 W_1으로 하면 부력 F_B와의 관계식은 다음과 같다.

$$W = W_1 + F_B \ ; \ W - F_B = W_1$$

2 비중계

부력의 원리를 이용하면 액체의 비중을 측정할 수 있다. 그림과 같이 유리구 속에 비중이 큰 납을 채우고 그 위에 유리막대를 붙여 액체 속에 세우면 액체의 비중에 따라 잠기는 깊이가 달라진다.

[그림 3.38(a)]는 순수한 4℃ 순수한 물속에 비중계를 넣었을 때이다. 물의 비중은 1이므로 그림에서 수면과 접촉하는 부위의 눈금을 1로 매겨둔다. 여기에서 비중계의 무게를 W_0, 물속에 잠긴 비중계의 부피를 V_0, 물의 비중량을 γ_w로 하면 부력($\gamma_w V_0$)은 비중계의 무게(W_0)와 같다.

$$W_0 = \gamma_w V_0 \qquad \cdots (3.11)$$

위에서 만든 비중계를 다른 액체에 세우면 액체의 비중에 따라 비중계는 더 많이 잠기거나 위로 뜨게 된다.

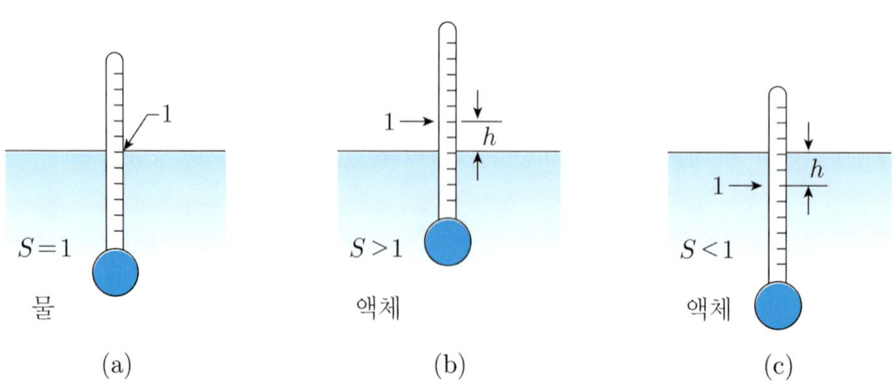

[그림 3.38]

[그림 3.38 (b), (c)]는 비중을 측정하려는 어떤 액체에 비중계를 넣었을 때이다. 비중계가 가라앉거나 상승한 높이 차이를 h, 비중계 유리관의 단면적을 A_0로 하면 비중계가 밀어낸 액체의 부피는 $V_0 \pm hA_0$이다. $+h$와 $-h$는 비중계가 가라앉을 때(c)와 상승할 때(b)를 각각 나타낸다. 액체의 비중량을 γ라 하면 부력은 비중계의 무게(W_0)와 같으므로 다음 식이 성립한다.

$$W_0 = \gamma (V_0 \pm hA_0) \qquad \cdots (3.12)$$

식 (3.11)과 (3.12)의 우변을 같게 놓으면

$$\gamma_w V_0 = \gamma (V_0 \pm hA_0)$$

$$1 = \frac{\gamma}{\gamma_w}\left(1 \pm \frac{hA_0}{V_0}\right)$$

이다. 여기에서 비중 $S = \dfrac{\gamma}{\gamma_w}$이므로 다음과 같은 비중에 대한 관계식이 얻어진다.

$$S = \frac{1}{1 \pm hA_0/V_0} \qquad \cdots (3.13)$$

이 식에서 A_0, V_0는 비중계에 따라 정해진 값이므로 높이 h를 읽으면 비중 S를 계산할 수 있다. $+h$와 $-h$는 물에서보다 더 가라앉을 때와 상승할 때를 각각 나타낸다.

예제 3.27 유리관 지름이 10mm인 비중계를 어떤 액체 속에 세웠더니 4℃ 순수한 물에서보다 50mm 더 가라앉았다. 물에 넣을 때 잠기는 비중계의 부피가 40cm^3이면 액체의 비중은 얼마인가?

풀이 유리관 지름 $d = 10\,\text{mm}$, 단면적 $A_0 = \dfrac{\pi d^2}{4}$, $V_0 = 40\,\text{cm}^3$이고, 가라앉은 깊이 $h = 50\,\text{mm}$이므로 비중은 다음과 같다.

$$S = \frac{1}{1 + hA_0/V_0} = \left(1 + 5 \times \frac{\pi \times 1^2}{4} \times \frac{1}{40}\right)^{-1} = 0.91$$

예제 3.28 비중이 1보다 큰 어떤 물체의 공기 중에서 무게는 27kgf이고, 물속에서 무게는 18kgf이다. 이 물체의 비중(S)을 구하라.

풀이 물체의 비중량과 부피를 각각 γ와 V라 한다. 공기 중에서 무게는 물체 무게(W)이므로

$$\bigcirc \text{물체 무게: } W = \gamma V = 27\,\text{kgf} \quad \cdots ①$$

이다. 비중이 1보다 크므로 물체는 물속에 완전히 잠긴다. 따라서 물체가 밀어낸 물의 부피는 물체 부피(V)와 같고, 물속에서는 부력만큼 가벼워지므로

$$\bigcirc \text{부력: } F_B = \gamma_w V = 27 - 18 = 9\,\text{kgf} \quad \cdots ②$$

가 된다. ①÷②를 하면 물체의 비중이 구해진다.

$$S = \frac{\gamma}{\gamma_w} = \frac{27}{9} = 3$$

예제 3.29 한 변의 길이가 40 cm이고 비중이 0.8인 정육면체 물체가 [그림 3.39]와 같이 물에서 반듯하게 떠 있을 때 물속에 가라앉은 깊이를 구하라.

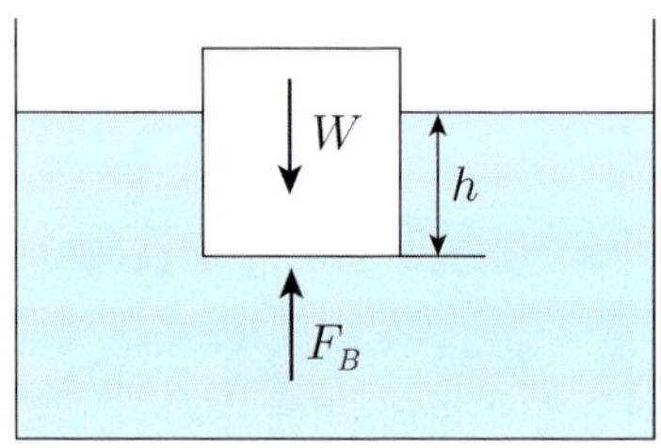

[그림 3.39]

풀이 물 위에 떠 있을 때 물체의 무게와 부력이 평형을 이루고 있다. 물체의 비중량과 물의 비중량을 각각 γ와 γ_w, 물체의 부피와 물에 잠긴 물체의 부피를 각각 V와 V_1으로 하면

$$F_B = W$$
$$\therefore \ \gamma_w V_1 = \gamma V$$

이다. 따라서 물속으로 들어간 물체의 높이를 h라 하면

$$\gamma_w \times (40 \times 40 \times h) = (0.8\gamma_w) \times (40 \times 40 \times 40)$$
$$\therefore \ h = 32\,[\text{cm}]$$

이다. 즉, 물속으로 32cm만큼 가라앉는다.

3.9 가속도를 받는 유체질량

유체질량은 유체 입자 사이 또는 유체 입자와 경계면 사이에 상대 운동이 없이 가속도를 받고 운동할 수 있다. 이러한 유체 운동을 포함하는 일반적인 문제는 유체 덩어리가 강체운동을 할 때 일어난다. 예를 들어 용기 속에 담겨서 용기와 함께 운동하는 유체가 이에 해당된다. 용기가 직선경로를 따라 가속된다면 초기의 출렁거림이 사라진 후 평형 상태에서 유체는 강체처럼 각각의 입자가 동일한 가속도를 가지고 움직일 것이다. 그리고 고정된 축에 대하여 회전하는 탱크 안에 담겨 있는 유체도 탱크와 함께 회전 운동을 하게 된다. 이와 같이 유체가 강체처럼 운동하면 유체 입자 사이에 상대운동이 없고 전단응력이 없으므로 정지유체와 같이 취급할 수 있다.

1 수평 방향 등가속도 운동

[그림 3.40(a)]와 같이 위가 열린 용기가 오른쪽으로 등가속도 a_x로 운동하고 있는 경우를 고려한다. 이때 액체의 표면은 가속도에 의하여 수평방향과 θ의 각도만큼 기울어진 상태에서 평형을 이루게 된다.[15]

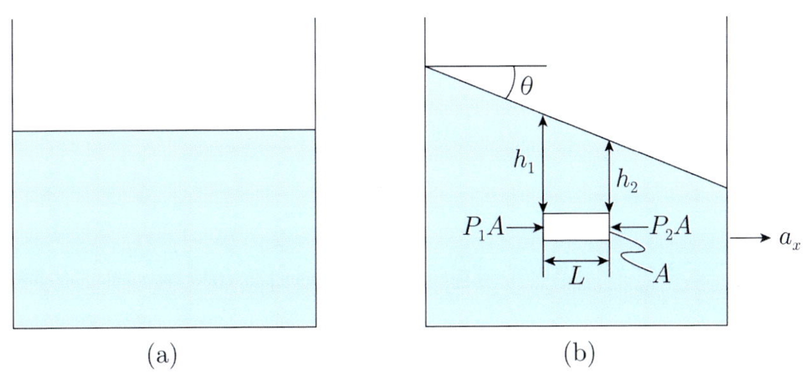

[그림 3.40]

[그림 3.40(b)]와 같이 단면적 A, 길이 L인 요소를 선정하여 x방향으로 뉴턴 운동법칙 ($\sum \vec{F} = m\vec{a}$)을 적용한다. 요소의 질량 $m = \rho V = \rho A L$이므로

$$\sum F_x = m a_x$$

$$P_1 A - P_2 A = \rho A L a_x$$

15) 식의 유도과정은 참고로 하고 결과 식 (3.14)를 알아두도록 한다.

$$\therefore \ P_1 - P_2 = \rho L a_x \qquad \cdots ①$$

이다. 자유표면으로부터 미소요소의 왼쪽 끝단과 오른쪽 끝단까지의 거리를 각각 h_1, h_2로 하면 $P_1 = \rho g h_1$, $P_2 = \rho g h_2$이다. 이것을 식 ①에 대입하여 정리하면 다음과 같은 관계식을 얻는다.

$$\rho g h_1 - \rho g h_2 = \rho L a_x$$

$$\therefore \ \frac{h_1 - h_2}{L} = \frac{a_x}{g} \qquad \cdots ②$$

여기에서 자유표면의 경사각을 θ로 하면 $\dfrac{h_1 - h_2}{L} = \tan\theta$이므로 다음과 같은 경사각과 가속도 사이의 관계식이 구해진다.

$$\tan\theta = \frac{a_x}{g} \qquad \cdots (3.14)$$

예제 3.30 위가 열린 물탱크가 수평면에서 가속도 $\frac{1}{3}g$로 운동하고 있을 때 수면의 경사각은 얼마인가? g는 중력가속도이다.

풀이 가속도 $a_x = \frac{1}{3}g$이므로 $\tan\theta = \frac{a_x}{g}$에서

$$\theta = \tan^{-1}\left(\frac{a_x}{g}\right) = \tan^{-1}\left(\frac{g/3}{g}\right)$$

$$= \tan^{-1}\frac{1}{3} = 18.4°$$

이다. 즉, 수면은 수평면에 대하여 18.4° 기울어져 있다.

2 임의 방향 등가속도 운동

유체와 용기 사이에 상대적 운동이 없고 용기가 임의 방향의 가속도

$$\vec{a} = a_x \vec{i} + a_y \vec{j} + a_z \vec{k} \qquad \cdots ①$$

를 가질 때 일반적인 운동방정식은 다음과 같다.

$$-\nabla P - \gamma \vec{k} = \rho \vec{a} \qquad \cdots ②$$

여기에서 $\vec{k}$는 높이 방향(중력과 반대방향)의 단위 벡터를 나타낸다[그림 3.41].

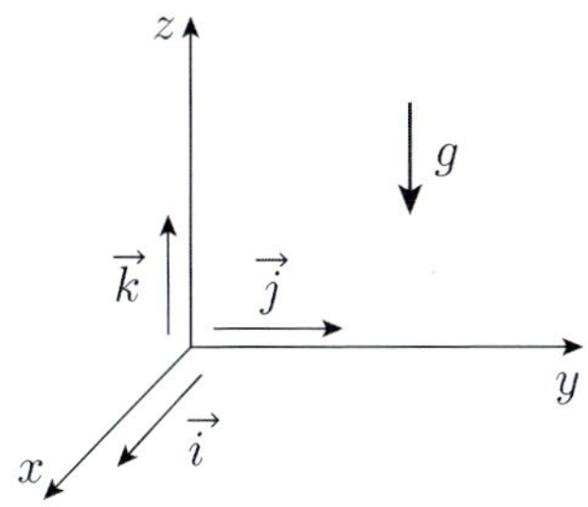

[그림 3.41]

식 ②를 x, y, z 성분으로 풀어 쓰면 다음과 같다.

$$-\frac{\partial P}{\partial x} = \rho a_x \quad \cdots ③$$

$$-\frac{\partial P}{\partial y} = \rho a_y \quad \cdots ④$$

$$-\frac{\partial P}{\partial z} = \rho (g + a_z) \quad \cdots ⑤$$

예를 들어 수평 방향 가속도 $a_x = 0$, $a_y = 0$이고, 연직 상방으로 a_z의 일정 가속도를 가질 때($\vec{a} = a_z \vec{k}$) $P = P(z)$이므로 식 ⑤로부터

$$\frac{dP}{dz} = -\rho (g + a_z) \quad \cdots ⑥$$

가 성립한다. 식 ⑥을 적분하면 높이 차이가 h인 두 지점의 압력 차이는

○ 위 방향으로 가속: $P_L - P_U = \rho (g + a_z) h$ …(3.15)

가 된다. 여기에서 P_L과 P_U는 각각 아래와 위 지점의 압력을 나타낸다. 같은 방법으로 아래 방향으로 가속되면($\vec{a} = -a_z \vec{k}$) 압력 차이는 다음과 같다.

○ 아래 방향으로 가속: $P_L - P_U = \rho (g - a_z) h$ …(3.16)

예제 3.31 위가 열린 물탱크가 연직 위 방향으로 4.2m/s^2으로 가속되고 있다. 수면으로부터 2 m 깊이에서 계기압력을 구하라.

풀이 가속도 $a_z = 4.2\,\text{m/s}^2$이므로 $h = 2\text{m}$에서 계기압력은 다음과 같다.

$$P - P_{atm} = \rho (g + a_z) h = 10^3 \times (9.8 + 4.2) \times 2 \ [\text{Pa}]$$
$$= 28 \ [\text{kPa}]$$

3 등속 원운동

원통용기에 액체를 채우고 용기를 중심축에 대하여 일정한 각속도(ω)로 회전시키면 평형 상태에서 액체 입자 사이의 상대운동이 없어지고 액체가 마치 고체처럼 회전하게 된다. 이때 유체 입자 사이에는 전단응력이 작용하지 않으므로 유체는 정지유체와 같은 특성을 갖는다. 따라서 유체 정역학 원리를 이용하여 해석할 수 있다.16)

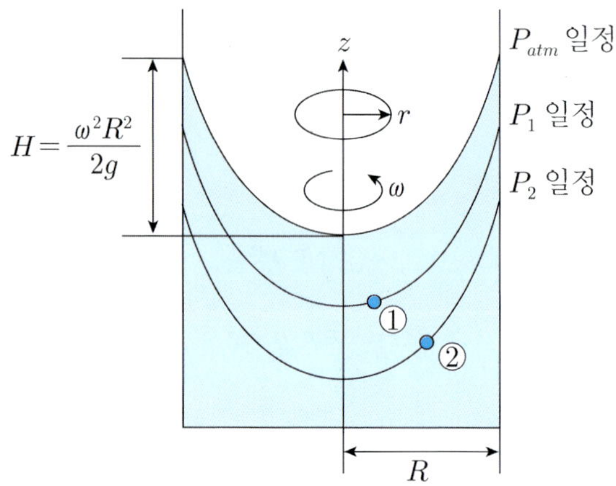

[그림 3.42]

[그림 3.42]와 같이 회전축으로부터 반경 방향 거리를 r로 잡는다. 기초 운동학으로부터 각속도 ω로 회전할 때 반경 방향 가속도 $a_r = -\omega^2 r$이므로 압력에 대한 방정식은 다음과 같다.

$$\frac{\partial P}{\partial r} = -\rho a_r = \rho\omega^2 r \qquad \cdots ①$$

$$\frac{\partial P}{\partial z} = -\rho g \qquad \cdots ②$$

여기에서 압력은 r, z의 함수 $P = P(r, z)$이고 P의 전미분은

$$dP = \frac{\partial P}{\partial r}dr + \frac{\partial P}{\partial z}dz \qquad \cdots ③$$

이다. 식 ③에 ①, ②를 대입하면

$$dP = \rho\omega^2 r\,dr - \rho g\,dz \qquad \cdots ④$$

이므로 등압면(압력 일정 면: $dP = 0$)의 미분방정식은

$$dP = \rho\omega^2 r\,dr - \rho g\,dz = 0$$

16) 유도과정은 참고로 하고 식 (3.17)을 알아두도록 한다.

$$\therefore \quad \frac{dz}{dr} = \frac{\omega^2}{g} r \qquad \cdots ⑤$$

이 된다. 식 ⑤를 적분하면 다음과 같은 등압면의 방정식이 얻어진다.

$$z = \frac{\omega^2}{2g} r^2 + z_c \qquad \cdots ⑥$$

여기에서 z_c는 회전축($r=0$)에서 높이이다. 식 ⑥은 등압선이 회전축에 대하여 대칭인 포물선임을 나타낸다.

수면은 압력이 대기압($P = P_{atm}$)으로 일정한 하나의 등압면이다. [그림 3.42]와 같이 반지름 R인 원통에서 수면의 최대 높이 차이 H는 $r=0$와 $r=R$에서의 높이 차이이다.

$$H = \frac{\omega^2 R^2}{2g} \qquad \cdots (3.17)$$

[그림 3.42]에 등압선의 분포와 수면의 최대 높이 차이를 나타내었다. 회전 물체에서 선속도 $v = R\omega$이므로 식 (3.17)의 높이 차이는 지면에서 연직 위 방향으로 v의 속도로 쏘아올린 공이 올라갈 수 있는 최대 높이 $h_{\max} = v^2/2g$와 유사하다.

위의 결과로부터 수면의 높이 차이(H)를 측정하여 회전속도(ω)를 구할 수 있으므로 회전체의 회전속도를 측정하거나 제어하는 장치를 만들 때 이와 같은 원리를 응용할 수 있다. 한편 회전속도 N[rpm]으로 회전할 때 각속도 ω는 다음과 같다.

$$\omega = \frac{2\pi N}{60} \ \text{[rad/s]} \qquad \cdots (3.18)$$

예제 3.32 물이 담겨 있는 반지름 15cm인 원통이 있다. 원통의 중심을 축으로 하여 120rpm으로 회전시키면 수면의 최저점과 최고점의 높이 차이는 얼마[cm]가 되는가?

풀이 회전속도가 N[rpm]일 때 각속도 $\omega = 2\pi N/60$이다. 따라서 높이 차이 H는 다음과 같이 계산된다.

$$\begin{aligned} H &= \frac{\omega^2 R^2}{2g} = \frac{(2\pi N/60)^2 R^2}{2g} \\ &= \frac{(2\pi \times 120/60)^2 (0.15)^2}{2 \times 9.8} \text{[m]} \\ &= 0.1813 \text{[m]} \\ &= 18.13 \text{[cm]} \end{aligned}$$

[보충 예제] 마노미터, 압력 힘

예제 3.33 그림과 같이 파이프 안에 유동 노즐과 마노미터를 설치하고 A점과 B점의 압력 차이를 측정하여 파이프 안에서 흘러가는 유체의 유량을 구할 수 있다. 노즐 전후에서는 압력강하 $P_A - P_B$가 일어나며 유량 $Q = K\sqrt{P_A - P_B}$의 관계식을 따른다[4장 벤투리관]. U자관 액주계 읽음이 그림과 같을 때 $P_A - P_B$를 구하라.

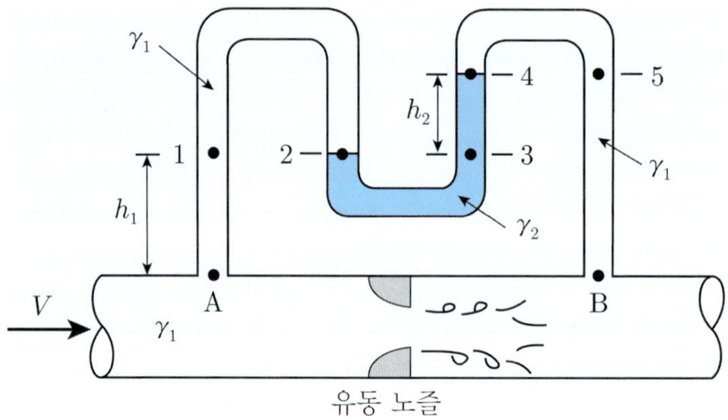

[그림 3.43]

풀이 파이프 속의 유체는 흘러가지만 평형 상태에서 액주계 튜브 속의 유체는 정지해 있으므로 액주계 내부 압력은 유체 정역학을 따른다. A점에서 시작하여 점 1까지 올라가면 압력은 $\gamma_1 h_1$만큼 감소하며 이 압력은 같은 높이에 있는 점 2와 3의 압력과 같다. 점 3에서 점 4로 올라가면 압력은 $\gamma_2 h_2$만큼 더 감소되고, 같은 높이에 있는 점 4와 5의 압력은 같다. 그리고 점 5에서 B점으로 내려가면 압력은 $\gamma_1(h_1 + h_2)$만큼 증가한다. 이상의 압력 관계를 종합하면 다음과 같이 압력 차이가 구해진다.

$$P_A - \gamma_1 h_1 - \gamma_2 h_2 + \gamma_1 (h_1 + h_2) = P_B$$
$$P_A - P_B = (\gamma_2 - \gamma_1) h_2$$

이와 같이 파이프에 U자관 액주계를 설치하여 h_2를 읽음으로써 압력 차이를 측정하고 유량을 구할 수 있다.

예제 3.34 다음과 같이 수심이 h인 수문을 설계하려고 한다. 수문은 직사각형 수로에 연직으로 세워져 있으며 3구간으로 분할하여 각 구간에 작용하는 전압력을 동일하게 하려고 할 때(즉, $F_1 = F_2 = F_3$), 길이 h_1과 h_2를 구하라.

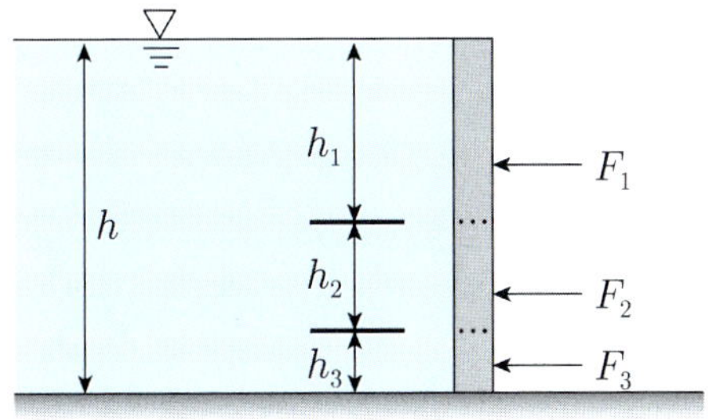

[그림 3.44]

풀이 수문의 폭을 b라 한다. 높이 h인 수문 전체에 작용하는 전압력은

$$F = \gamma h_{c,h} A_h = \gamma\left(\frac{h}{2}\right)bh = \frac{1}{2}\gamma bh^2 \qquad \cdots ①$$

이고, 높이 h_1인 벽면에 작용하는 압력힘은

$$F_1 = \gamma h_{c,h_1} A_{h_1} = \gamma\left(\frac{h_1}{2}\right)bh_1 = \frac{1}{2}\gamma bh_1^2 \qquad \cdots ②$$

이다. 여기에서 $F_1 = F_2 = F_3$이므로

$$F = F_1 + F_2 + F_3 = 3F_1 \qquad \cdots ③$$

이 된다. 식 ①, ②를 식 ③에 대입하면 다음과 같이 h_1이 구해진다.

$$\frac{1}{2}\gamma bh^2 = 3 \times \frac{1}{2}\gamma bh_1^2$$

$$h^2 = 3h_1^2$$

$$\therefore \ h_1 = \frac{h}{\sqrt{3}} \qquad \cdots ④$$

높이 h_2인 벽면에 작용하는 압력힘은

$$F_2 = \gamma h_{c,h_2} A_{h_2} = \gamma\left(h_1 + \frac{h_2}{2}\right)bh_2 \qquad \cdots ⑤$$

이고, 이것은 $\dfrac{F}{3}$와 같다. 따라서

$$F_2 = \gamma\left(h_1 + \frac{h_2}{2}\right)bh_2 = \frac{1}{3}F = \frac{1}{3} \times \frac{1}{2}\gamma bh^2$$

$$\therefore \ (2h_1 + h_2)h_2 = \frac{1}{3}h^2 \qquad \cdots ⑥$$

의 관계식이 얻어진다. 식 ⑥에서 편의상 $h_2 = x$로 하면

$$x^2 + 2h_1 x - \frac{h^2}{3} = 0$$

$$\therefore\ x = -h_1 + \sqrt{h_1^2 + \frac{h^2}{3}} = -\frac{h}{\sqrt{3}} + \sqrt{\frac{h^2}{3} + \frac{h^2}{3}} = \frac{\sqrt{2}-1}{\sqrt{3}}h \quad \cdots ⑦$$

가 구해진다. 즉, $h_2 = \dfrac{\sqrt{2}-1}{\sqrt{3}}h$이다.

예제 3.35 [그림 3.45(a)]와 같이 반지름 R인 $1/4$원통형 수문이 A점에서 마찰 없는 힌지로 연결되어 있다. 수문을 그림과 같이 고정시키기 위해 필요한 수평 방향 힘 P를 구하라. 수문의 반지름 $R = 1.8\text{m}$, 길이 $L = 5.5\text{m}$이고 수문의 무게는 무시한다.

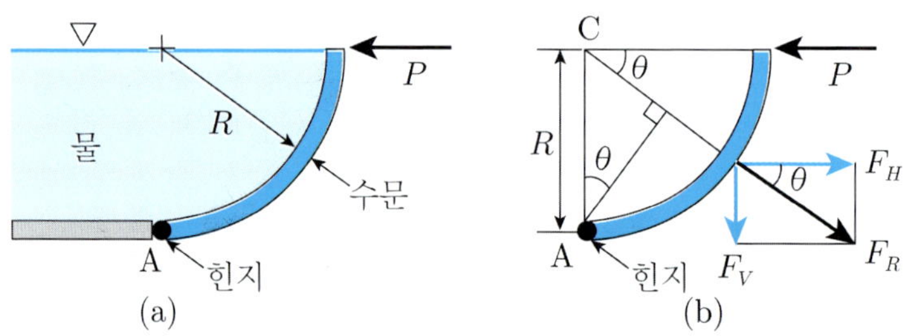

[그림 3.45]

풀이 곡면이 원호인 경우에는 합력이 원호의 중심(C)을 지나므로 수문에 작용하는 압력 힘을 도시하면 [그림 3.45(b)]와 같다. 여기에서 힌지점(A)에 대한 모멘트 평형조건을 적용하면

$$\sum M_A = 0\ :\ PR - F_R(R\cos\theta) = 0$$
$$P = F_R\cos\theta = F_H$$

이다. 즉, P는 AC면에 작용하는 수평방향 압력힘 F_H와 같다.

$$P = F_H = \gamma h_c A = \gamma\left(\frac{R}{2}\right)(RL)$$
$$= 9.8\left(\frac{1.8}{2}\right)(1.8 \times 5.5)[\text{kN}] = 87.3[\text{kN}]$$

예제 3.36 [그림 3.46(a)]와 같이 지름이 1m인 원통이 폭이 2m인 직사각형 수문에 연결되어 있다. 물의 수위 h가 2.5m 아래로 내려가면 수문이 열리게 하려 한다. 원통의 질량(m)을 구하라. 수문의 힌지(A)와 풀리에서 마찰은 무시한다.

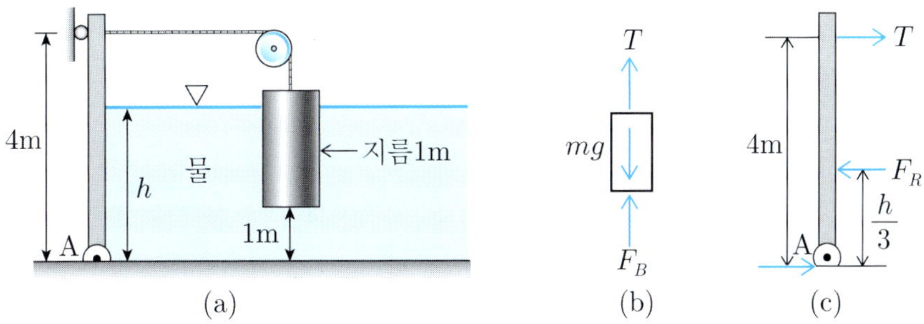

[그림 3.46]

풀이 [그림 3.46(b)]에서 원통 바닥에 작용하는 압력 힘을 F_B라 하면 줄에 걸리는 장력(T)은 다음과 같다. 원통의 질량을 m[kg]이라 한다.

$$T - mg - F_B = mg \quad \gamma h_{원통바닥} A_{원통바닥}$$

$$= mg - \gamma(h-1)\left(\frac{\pi D^2}{4}\right)$$

$$= 9.8m - 9800(2.5-1)\left(\frac{\pi \times 1^2}{4}\right)[\text{N}]$$

$$= 9.8m - 11,545[\text{N}] \qquad \cdots ①$$

직사각형 수문의 폭 $b = 2\text{m}$이고 물에 의해 수문에 작용하는 압력힘은

$$F_R = \gamma h_{c,수문} A_{수문} = \gamma\left(\frac{h}{2}\right)(bh)$$

$$= 9800\left(\frac{2.5}{2}\right)(2 \times 2.5)[\text{N}] = 61,250[\text{N}] \qquad \cdots ②$$

이다. [그림 3.46(c)]에서 힌지점(A)에 대한 모멘트 평형조건을 적용한다. 압력힘 F_R의 작용점은 지면으로부터 $h/3$에 위치한다.

$$\sum M_A = 0 \ : \ T \times 4 - F_R \times \frac{h}{3} = 0 \qquad \cdots ③$$

식 ③에 식 ①과 ②를 대입하여 질량(m)을 구한다.

$$4(9.8m - 11,545) = 61,250 \times \frac{2.5}{3}$$

$$m = \frac{1}{9.8}\left(\frac{1}{4} \times 61,250 \times \frac{2.5}{3} + 11,545\right) = 2480[\text{kg}]$$

예제 3.37 [그림 3.47(a)]와 같이 양 끝이 열린 U자형 액주계에 물이 일부 차 있다. 이 관이 수평 방향으로 가속도 a로 가속될 때 거리가 L만큼 떨어진 액주계의 두 기둥에서 H의 높이 차이가 발생한다. H를 구하여 a, L과 중력가속도 g로 나타내라.

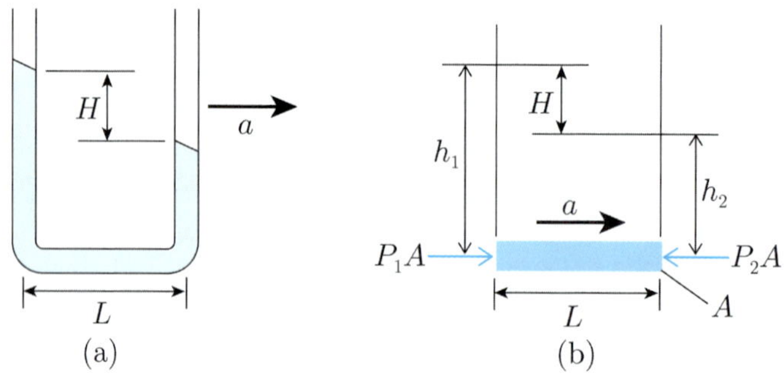

[그림 3.47]

풀이 [그림 3.47(b)]와 같이 단면적 A, 길이 L인 유체요소를 잡는다. 왼쪽 수면으로부터 h_1 아래 압력 $P_1 = \rho g h_1$이고 오른쪽 수면으로부터 h_2 아래 압력 $P_2 = \rho g h_2$이다. 뉴턴 운동 제2법칙을 적용하여 관계식을 구한다. 유체요소의 질량 $m = \rho V = \rho(AL)$이고, $h_1 - h_2 = H$이다.

$$\begin{aligned} \sum F = ma: \ & P_1 A - P_2 A = ma \\ & (\rho g h_1)A - (\rho g h_2)A = (\rho A L)a \\ & g(h_1 - h_2) = La \\ & gH = La \end{aligned}$$

즉, 수위 차이 $H = \left(\dfrac{a}{g}\right)L$이다.

연습문제 3

01 그림과 같이 질량 m과 M의 두 피스톤이 평형을 이루고 있다. 지름 $D_1 = 10\,\text{cm}$, $D_2 = 20\,\text{cm}$이고, $m = 100\,\text{kg}$일 때 다음을 구하라. 피스톤과 실린더 사이의 마찰은 무시하며 대기압은 $100\,\text{kPa}$이다.

(1) 큰 피스톤의 질량 M

(2) 유체의 비중을 무시할 때 유체에 작용하는 계기압력과 절대압력

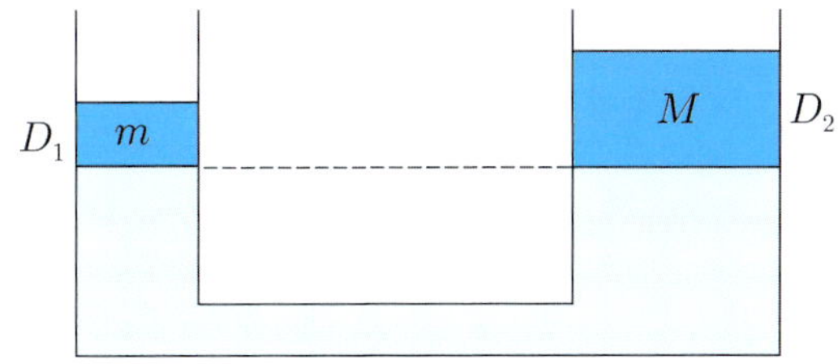

[문제 3.1]

02 그림과 같은 피스톤-실린더 장치에서 실린더를 가열하여 실린더 내부의 절대압력이 $200\,\text{kPa}$로 상승하였다. 피스톤의 지름 $D = 20\,\text{cm}$일 때 평형을 유지하기 위해 피스톤에 가해야 할 힘 F를 구하라. 대기압은 $100\,\text{kPa}$이고 피스톤과 실린더 사이의 마찰은 무시한다.

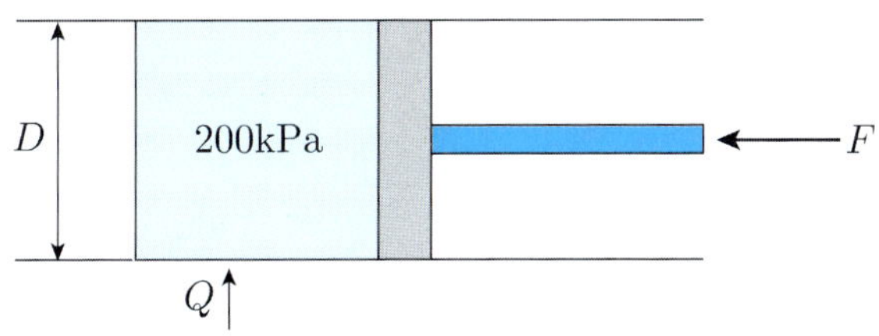

[문제 3.2]

03 호수의 수면으로부터 $10\,\text{m}$ 아래에 있는 지름 $50\,\text{cm}$의 수평면에는 몇 kN의 압력 힘이 작용하는가? 대기압은 $100\,\text{kPa}$이다.

04 지름 $2\,\text{m}$의 원형 수문이 수면으로부터 $3\,\text{m}$ 아래인 물탱크의 바닥에 수평으로 설치되어 있다. 다음을 구하라.

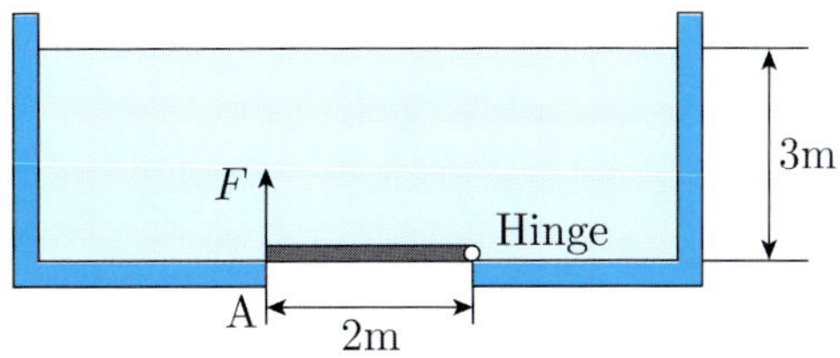

[문제 3.5]

(1) 물의 무게에 의한 압력에 의해 수문이 받는 힘(전압력)

(2) 수문을 열기 위해 점 A에 가해야 할 최소한의 힘

05 그림과 같이 밀폐된 탱크에 공기와 물이 채워져 있다. A와 C는 공기와 위 벽의 접촉 지점이고, B는 공기와 물의 표면을 나타낸다. 점 A의 절대압력이 100kPa일 때 점 B, C에서 절대압력[Pa]을 구하라. 공기의 밀도는 1.2kg/m^3이다.

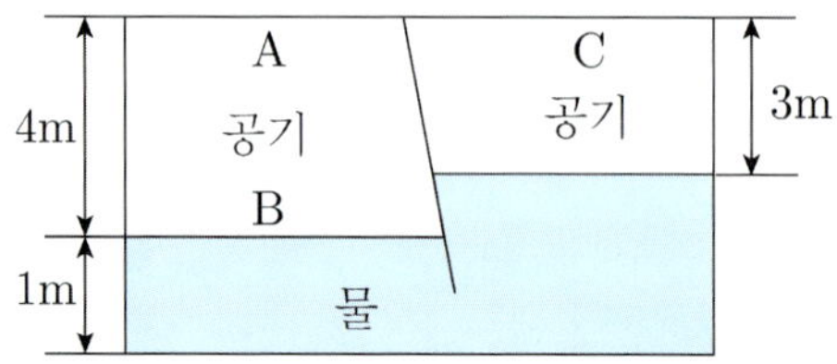

[문제 3.6]

06 중력 가속도가 9.8m/s^2인 지역에서 수은 기압계의 눈금이 750mmHg이고, 진공계가 20kPa을 가리키고 있다. 수은의 밀도가 13600kg/m^3일 때 절대압력은 몇 kPa인가?

07 40mAq의 압력을 [kPa]로 환산하라.

08 40cmHg의 압력을 [kPa]로 환산하라.

09 수은 기압계의 눈금이 그림과 같을 때 대기압은 몇 [kPa]인가?

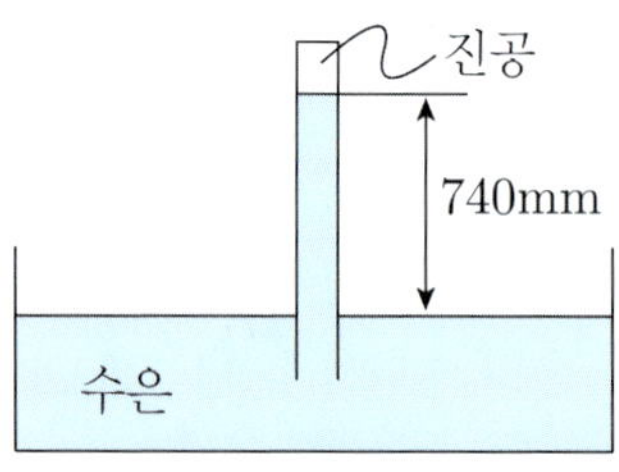

[문제 3.9]

10 밀폐된 용기 안에 비중이 0.9인 오일이 들어있고, 그 위에 압력 70kPa의 공기가 차 있다. 탱크 바닥에 작용하는 압력을 구하라.

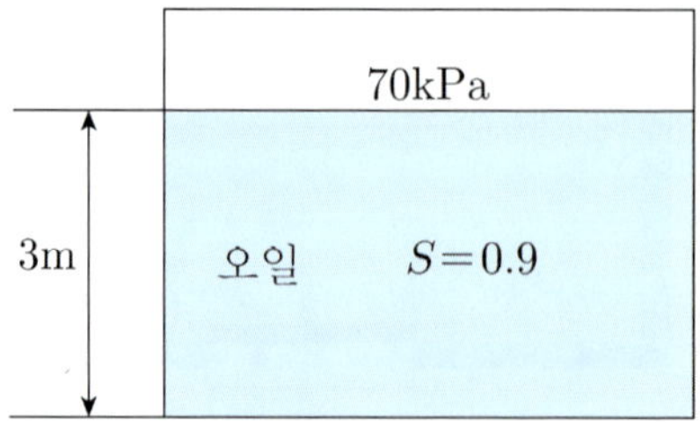

[문제 3.10]

11* 고도 y[m]에 따른 온도분포가 $T=290-0.0065y$[K]일 때 $y=10$km에서 압력을 구하라. $y=0$에서 대기압은 100kPa이고, 공기는 이상기체이며 기체상수는 0.287 kJ/kg • K이다.17)

12 그림과 같이 압력용기에 연결된 피에조미터의 상승 높이가 20cm일 때 용기 중심(A)에서 계기압력과 절대압력을 구하라. 용기 내 유체의 밀도는 1260kg/m^{3}이고 대기압은 100kPa이다.

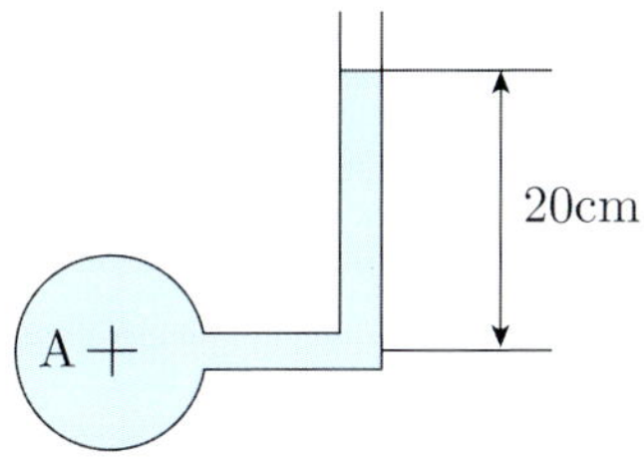

[문제 3.12]

13 액주계의 읽음이 그림과 같을 때 관 중심의 계기압력(P_x)을 구하라.

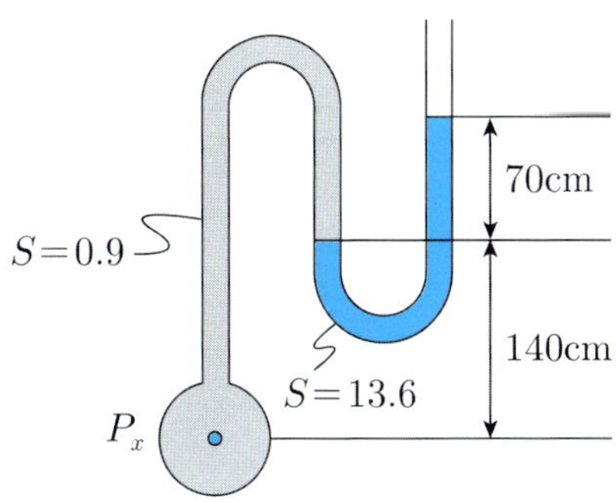

[문제 3.13]

14 관 내부의 공기압력을 측정하기 위하여 수은 액주계를 사용하였다. 액주계 읽음이 그림과 같을 때 다음 물음에 답하라.

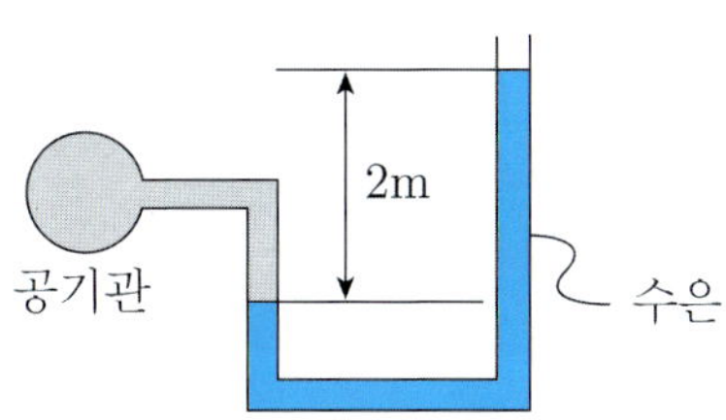

[문제 3.14]

(1) 밀도가 1.23kg/m^{3}인 공기 기둥 2m의 압력은 몇 [Pa]인가?

(2) 공기의 무게를 무시하고 관 내부의 계기압력[kPa]을 구하라.

---

17) *표시한 문제는 기초적인 미적분이 사용되는 문제이다. 그렇게 복잡한 문제는 없으므로 문제풀이를 참조하여 풀어보면 될 것이다.

15 양 끝이 열린 U자관에 물과 오일이 들어있다. 그림과 같은 상태로 평형을 이루고 있을 때 오일의 비중을 구하라.

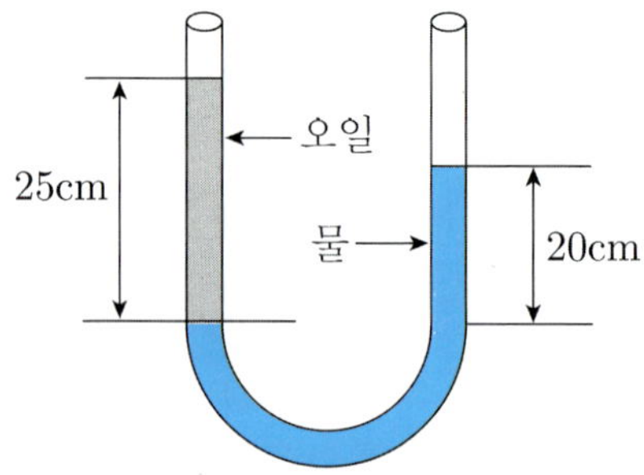

[문제 3.15]

16 다음과 같은 역 U자관 액주계에서 압력 차이 $P_B - P_A$를 구하라.

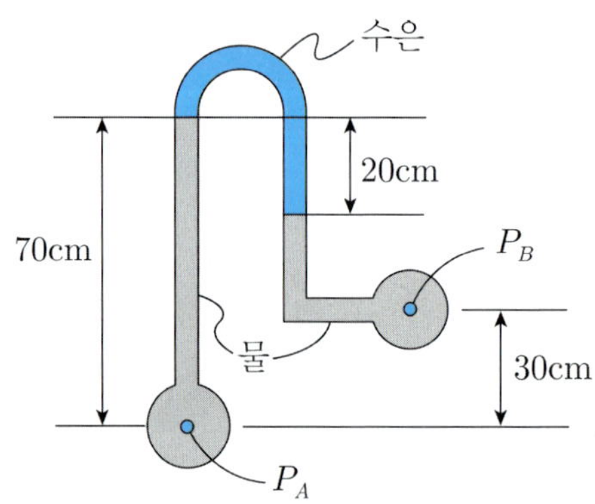

[문제 3.16]

17 물이 흐르는 관에 설치한 액주계 읽음이 그림과 같을 때 관 중심부 A에서의 계기압력을 구하라. 액주계 유체의 비중은 13.6이고 $H = 20\text{cm}$, $h = 10\text{cm}$이다.

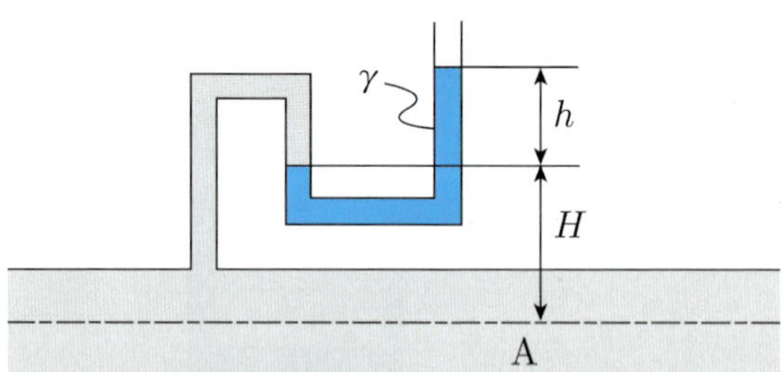

[문제 3.17]

18 진공펌프를 사용하여 비중 $S = 0.8$인 액체 A를 흡입하려 한다. 진공펌프의 절대압력이 80 kPa일 때 펌프가 흡입할 수 있는 최대 높이 h를 구하라. 외부 대기압은 100 kPa이다.

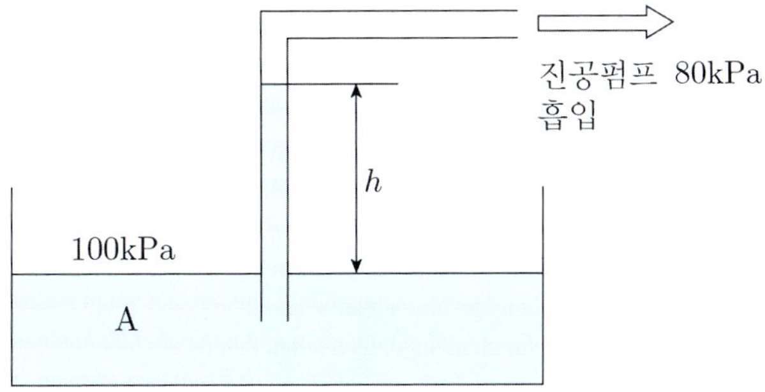

[문제 3.18]

19 탱크 아래에 설치된 압력계의 읽음(계기압력)을 계산하라. 공기의 밀도는 물에 비하여 아주 작으므로 공기의 무게에 의한 압력은 무시한다.

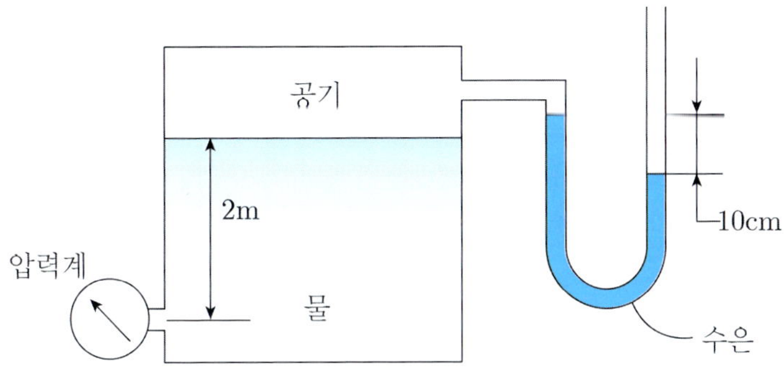

[문제 3.19]

20 물이 흐르는 관에 설치한 액주계 읽음이 그림과 같을 때 두 지점 A, B의 압력 차이를 구하라.

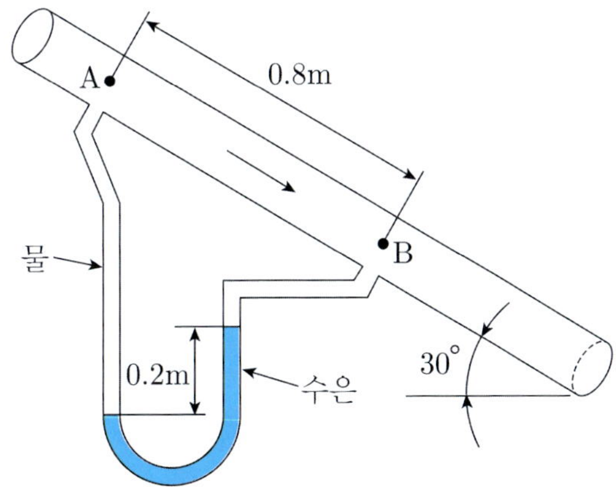

[문제 3.20]

21 그림은 폭이 30 cm 인 수로의 수문이다. 물이 40 cm 깊이까지 차 있을 때 수문이 받는 전 압력을 구하라.

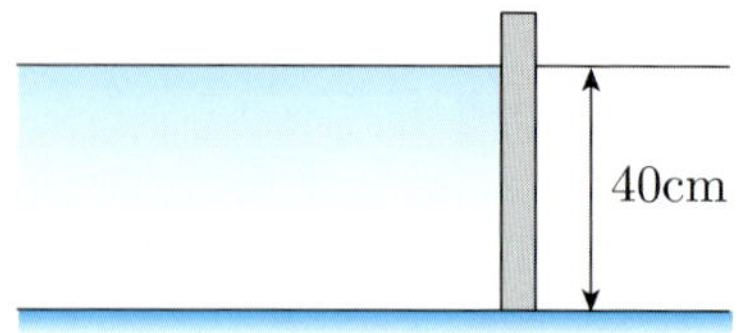

[문제 3.21]

22 그림과 같이 수직으로 서 있는 수문을 경계로 하여 6 m 와 4 m 깊이로 물이 차 있다. 수문의 폭이 2 m 이면 수문이 받는 전 압력 힘은 얼마인가?

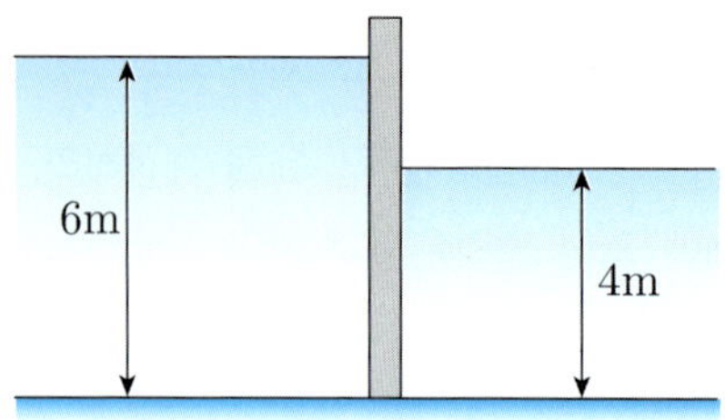

[문제 3.22]

23 그림과 같이 60°로 기울어진 수문에서 2 m 깊이까지 물이 차 있을 때 수문이 받는 전압력을 구하라. 수문의 폭은 4m 이다.

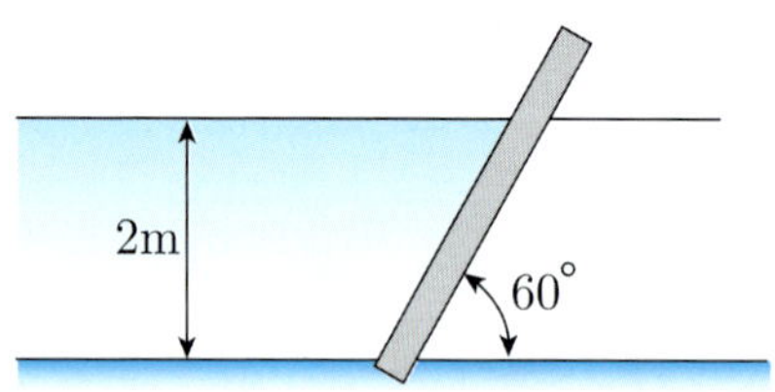

[문제 3.23]

24 그림과 같이 지름 2 m 의 투시경이 수족관에 설치되어 있다. 투시경에 작용하는 전압력의 크기와 수면으로부터 작용점까지의 수직거리를 구하라. 수면으로부터 투시경의 중심까지 수직거리는 3m 이다.

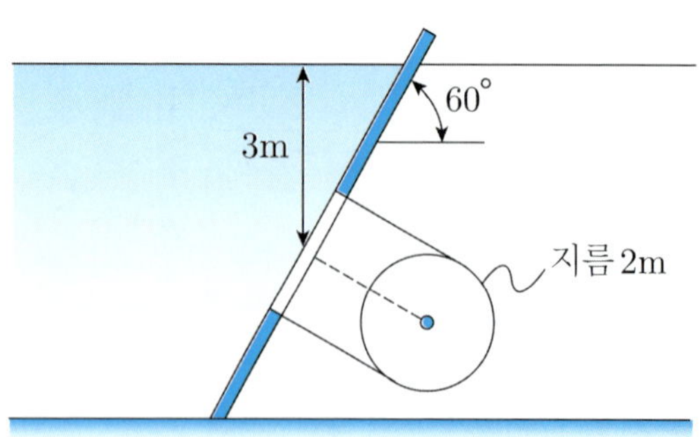

[문제 3.24]

25 그림과 같은 직사각형 수문에서 수문의 폭이 2 m일 때 다음을 구하라.

(1) 수문에 작용하는 전압력

(2) 전압력의 점 A에 대한 모멘트(수력학적 힘의 모멘트)

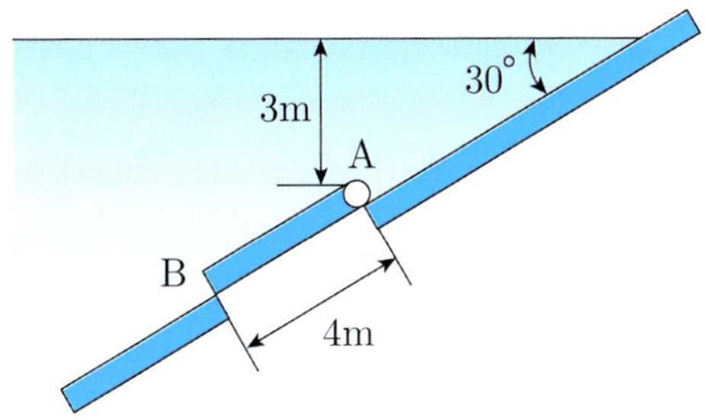

[문제 3.25]

26 그림과 같이 설치된 'ㄴ'자형 수문이 현 상태를 유지하는 데 필요한 힘 R을 구하라. 수문의 폭은 5 m이고 A는 마찰 없는 힌지이다.

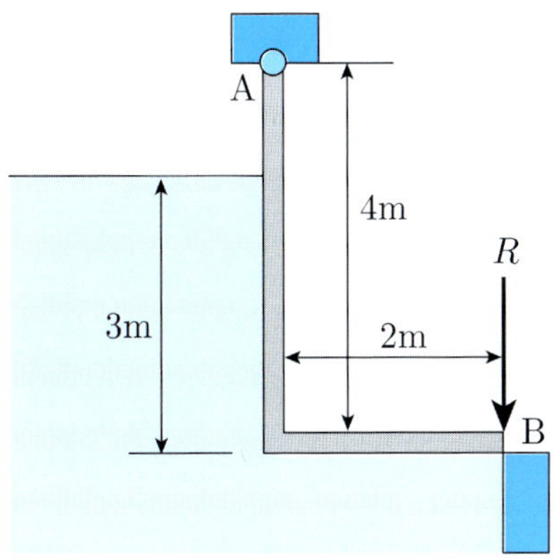

[문제 3.26]

27 반지름 0.7 m의 관에 물이 반만큼 차 있다. 물에 의하여 길이 1 m의 관 벽면(AB)에 작용하는 전압력의 크기와 작용선을 구하라.

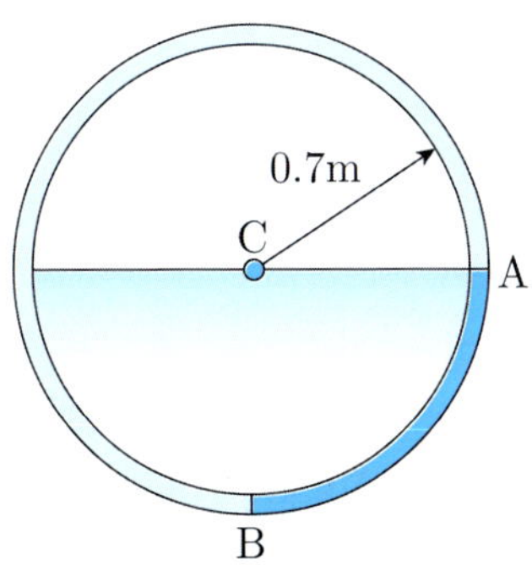

[문제 3.27]

28 반지름 2m의 1/4원통(AB)에 작용하는 전압력의 크기를 구하라. 원통의 길이는 10m이다.

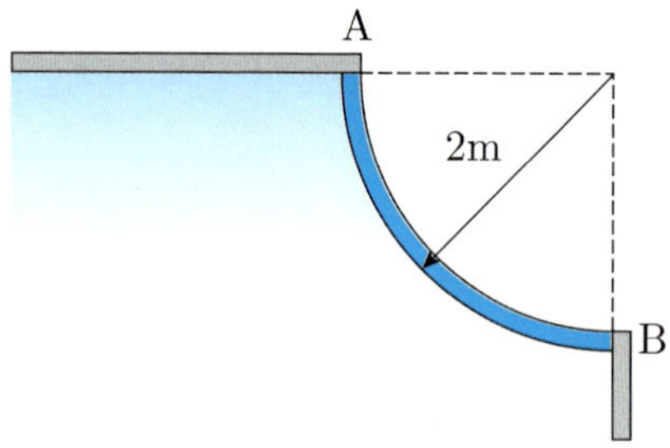

[문제 3.28]

29 길이 3m의 1/4 실린더(AB)에 작용하는 전압력의 크기를 구하라.

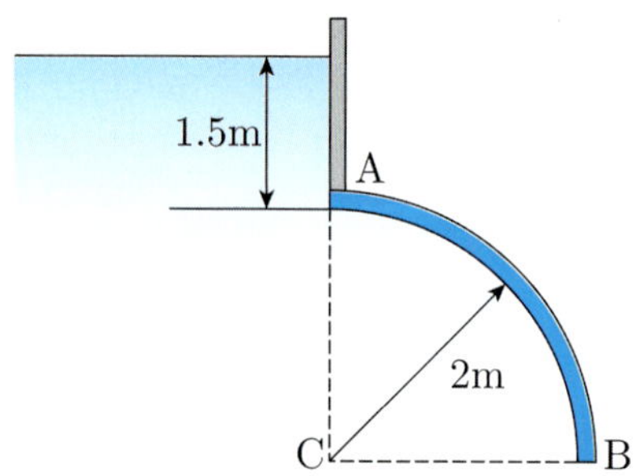

[문제 3.29]

30 물탱크에서 돌출한 반 실린더면(AB)에 작용하는 전압력의 크기를 구하라. 실린더의 지름은 4m이고 길이는 10m이다.

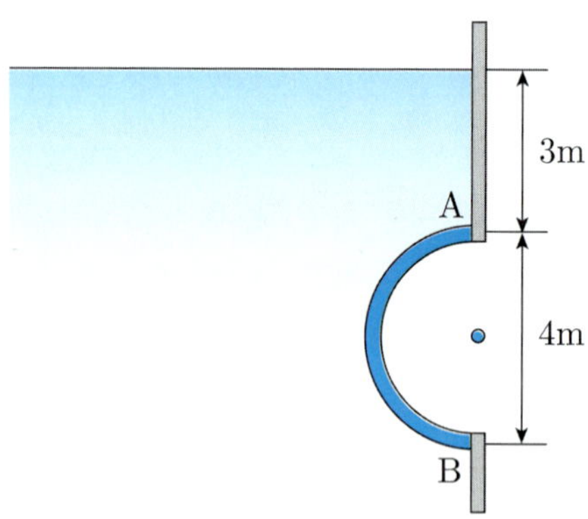

[문제 3.30]

31 지름이 2m이고 무게가 10kN인 구(sphere) 모양의 부표가 그림과 같이 케이블로 물속에 고정되어 있다. 케이블에 걸리는 장력을 구하라.

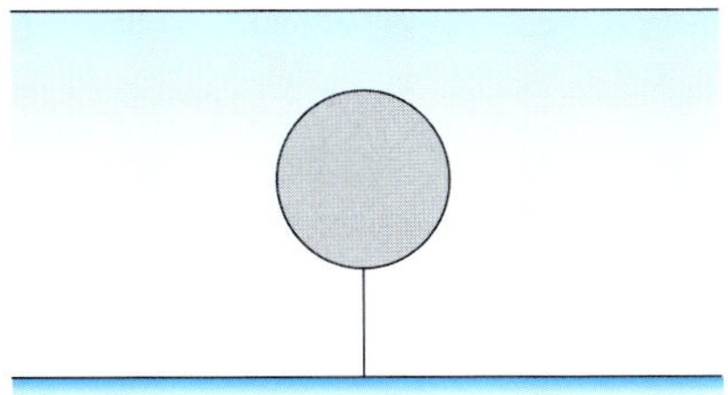

[문제 3.31]

32 4℃ 순수한 물에 넣었을 때 물속에 잠긴 부피가 V인 비중계를 어떤 액체 속에 세웠을 때 물에서보다 h만큼 더 가라앉았다. 액체의 비중을 구하라. 유리관의 단면적은 A이다.

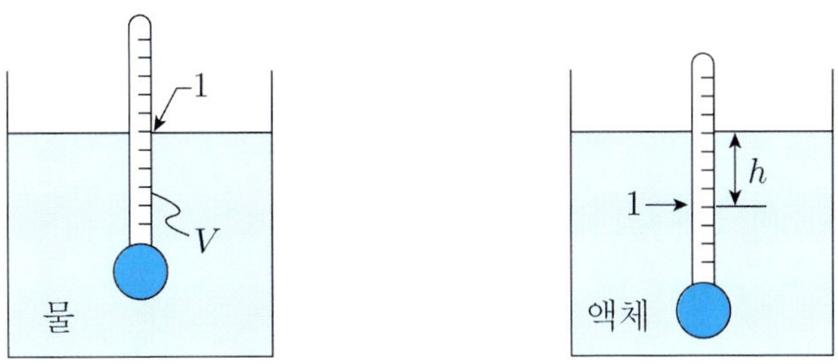

[문제 3.32]

33 유리관 지름이 10mm인 비중계를 어떤 액체 속에 세웠더니 4℃ 순수한 물에서보다 80mm 상승하였다. 물에 넣을 때 잠기는 비중계의 부피가 50cm^3이면 액체의 비중은 얼마인가?

34 수평면 위에서 4m/s^2의 가속도로 달리는 차 속에 놓인 물통의 수면은 수평면에 대하여 얼마의 각도로 기울어지는가?

35 처음에 (a)의 상태에 있는 직육면체 물탱크가 오른쪽으로 일정하게 가속되어 (b)의 상태에서 평형을 이룰 때 탱크의 가속도 a_x를 구하라.

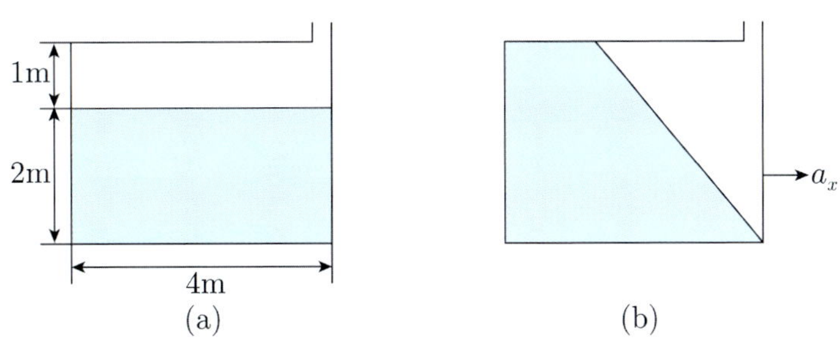

[문제 3.35]

36 깊이가 2m 이고 3m^3의 물을 담고 있는 뚜껑이 없는 직육면체 컨테이너가 연직 상방으로 4m/s^2으로 가속되고 있다. 컨테이너 밑면에 작용하는 압력(계기압력)과 전체 힘(전압력)을 구하라.

37 위 문제(36번)에서 컨테이너가 연직 아래 방향으로 4m/s^2으로 가속되고 있다면 컨테이너 밑면에 작용하는 압력(계기압력)은 몇 [kPa]인가?

38 물이 담겨 있는 반지름 10cm 인 원통을 중심축을 회전축으로 하여 회전시켰을 때 수면의 최저점과 최고점의 높이 차이가 20cm 였다. 원통의 회전속도는 몇 [rpm]인가?

39 유체가 채워져 있는 회전 원통을 이용하여 속도 제어 장치를 제작하려 한다. 원통의 회전속도가 120rpm 일 때 수면의 최저점과 최고점의 높이 차이가 10cm 가 되게 하려면 원통 반지름을 몇 [cm]로 만들어야 하는가?

40* 대기 중의 공기에 대하여 폴리트로픽 과정 $\dfrac{P}{\gamma^n} = C$ (C는 상수)를 이용하여 압력(P), 밀도(ρ), 온도(T), 고도(z) 사이의 관계를 구하고자 한다.

(1) 이상기체에 대하여 $\dfrac{P}{\gamma} = \dfrac{RT}{g}$ 가 성립함을 보여라.

(2) 공기가 이상기체일 때 온도체감률 $-\dfrac{dT}{dz}$가 다음과 같음을 보여라.

$$-\frac{dT}{dz} = \frac{(n-1)g}{nR}$$

(3) $\alpha = -\dfrac{dT}{dz} = 0.0065\,℃/\text{m}$, 공기의 기체상수 $R = 286.8\,\text{J/kg} \cdot \text{K}$ 일 때 다음 관계가 성립함을 보여라.

$$\frac{P}{\gamma^{1.235}} = C$$

41 그림과 같이 지름 1.6m 의 원형 관찰창이 수직으로 설치되어 있다. 관찰창의 최상단이 수면보다 1.2m 아래에 있을 때, 수면으로부터 관찰창에 작용하는 압력의 중심(전압력의 작용점)까지의 수직 거리[m]를 구하라. (단, 정지 상태의 물에 의한 압력만 고려하며 대기압은 무시한다.) [중등교사 임용시험-기계·금속]

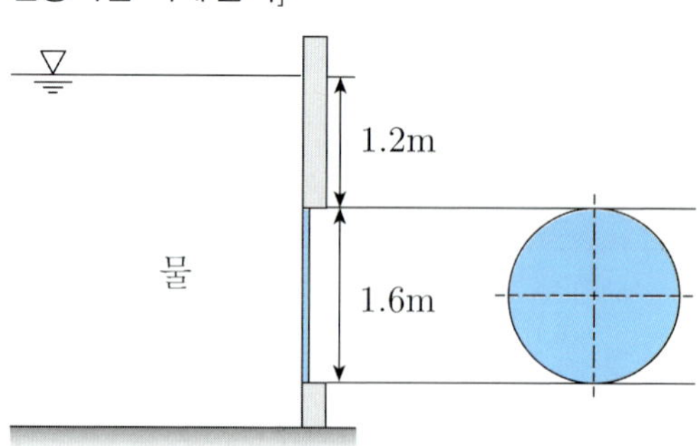

[문제 3.40]

42 단면적이 0.1m^2인 U자형 관에 물이 채워져 있다. 여기에 비중 0.8인 기름을 0.05m^3 넣었을 때, 두 액체 표면의 높이차 h[m]를 구하라. (단, 기름은 물과 혼합되지 않는 비압축성 유체이다.) [중등교사 임용시험-기계·금속]

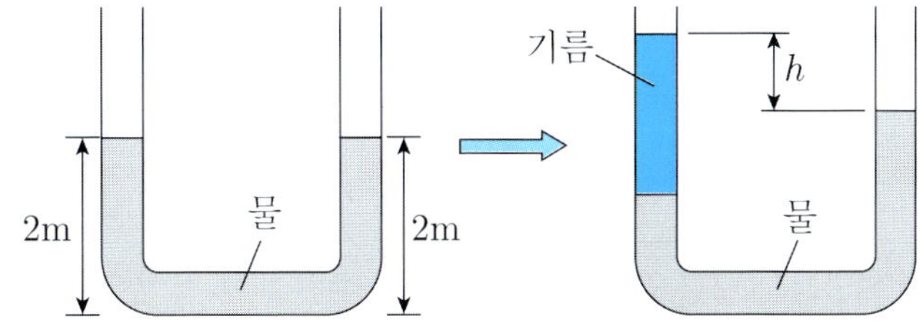

[문제 3.41]

43 그림과 같이 비중이 0.3인 방형물체가 비중이 1.0인 담수에 떠 있다. 방형물체 중심의 상부에 88.2kN의 중량물을 적재한다면 방형물체가 담수에 잠기는 총 깊이는 얼마[m]인가? 단, 방형물체는 균등하게 잠긴다. [중등교사 임용시험-항해·기관]

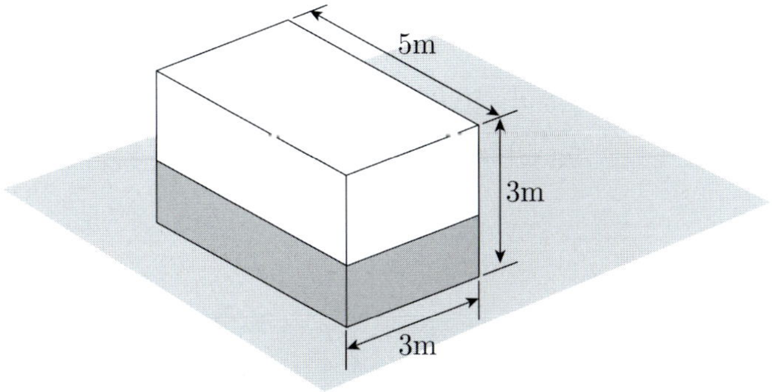

[문제 3.43]

44 그림과 같은 수직 직사각형 평면보의 상류와 하류 수심이 각각 $H_1(=9\text{m})$, $H_2(=3\text{m})$이다. 보의 너비 1m에 작용하는 수압 및 작용점의 위치를 계산하는 과정과 답을 모두 쓰시오. [중등교사 임용시험-농공]

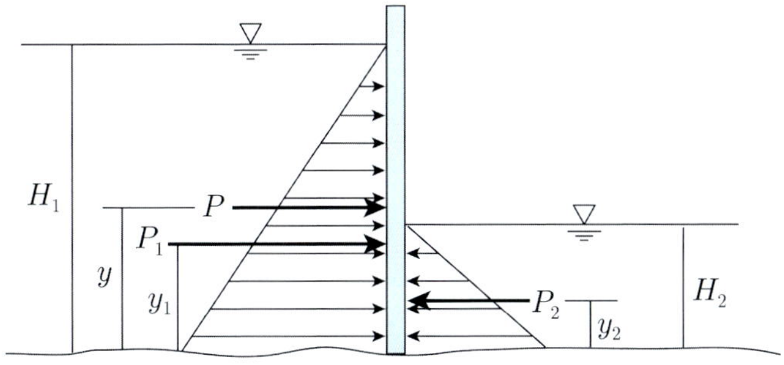

[문제 3.44]

(1) 상류 쪽 수압(P_1) 및 작용점의 위치(y_1)

(2) 하류 쪽 수압(P_2) 및 작용점의 위치(y_2)

(3) 전수압(P) 및 작용점의 위치(y)

45 단면 80cm×80cm, 길이 10m, 단위중량 $0.5\mathrm{gf/cm^3}$인 직육면체의 물체가 정수 중의 수면 아래로 완전히 잠기기 위해 필요한 최소의 힘[ton]은? (단, 물의 단위중량은 $1.0\mathrm{gf/cm^3}$이다.) [공무원 임용시험]

① 0.8 ② 1.6 ③ 3.2 ④ 6.4

46 달걀을 물에 넣었더니 달걀 전체 체적의 10%가 수면 위에 떠 있었다면 달걀의 비중(specific gravity)은 얼마인가? [공무원 임용시험]

① 0.1 ② 0.2 ③ 0.5 ④ 0.9

47 대기 중 무게가 6톤, 물속 무게가 3톤인 물체의 부피(V)와 비중(S)은? [공무원 임용시험]

① $V=3\mathrm{m^3}$, $S=1.5$ ② $V=3\mathrm{m^3}$, $S=2.0$

③ $V=4\mathrm{m^3}$, $S=1.5$ ④ $V=4\mathrm{m^3}$, $S=2.0$

48 그림과 같은 용기에 물을 넣고 $\alpha=5\mathrm{m/s^2}$의 등가속도로 연직상향으로 운동시킬 때, A점의 압력[$\mathrm{kN/m^2}$]은? (단, 중력가속도는 $10\mathrm{m/s^2}$로 가정한다.) [공무원 임용시험]

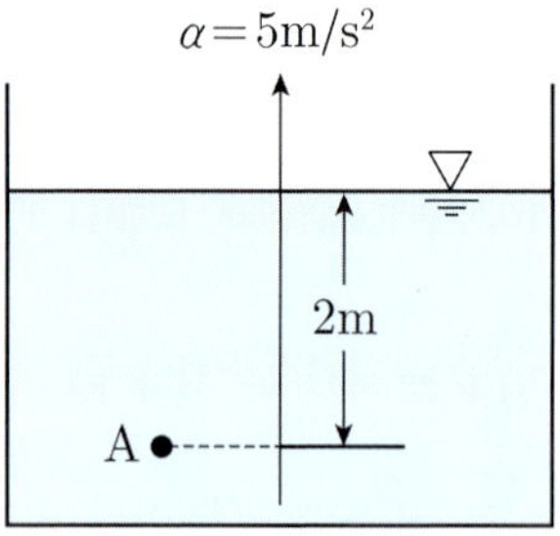

[문제 3.48]

① 10 ② 20 ③ 30 ④ 40

49 원통 속에 1m 깊이로 물이 담겨 있다. 연직하향으로 $4.9\mathrm{m/s^2}$의 등가속도로 용기를 이동시킬 때, 원통바닥에 작용하는 압력[$\mathrm{kN/m^2}$]은? [공무원 임용시험]

① 4.9 ② 14.7 ③ 0.5 ④ 1.5

50 유체의 기본성질에 대한 설명으로 옳지 않은 것은? [공무원 임용시험]

① 단위중량은 밀도와 중력가속도의 곱이다.

② 수면에서 깊이가 $3h$인 지점의 수압은 깊이가 h인 지점의 수압보다 3배 크다.

③ 정수압은 수중물체의 표면에 항상 수직 방향으로 작용한다.

④ 어떤 유체의 비중은 물의 단위중량을 그 유체의 단위중량으로 나눈 값이다.

51 유체 정역학에 대한 설명으로 옳지 않은 것은? [공무원 임용시험]

① 유체 정역학은 전단응력과 수직응력 중 전단응력만을 고려한다.

② 물속 한 점에서 압력은 밀도, 중력가속도, 깊이에 의해 결정된다.

③ 정수압만 고려한다면 비압축성 액체의 압력은 수면으로부터 깊어질수록 선형적으로 증가한다.

④ 밀폐된 시스템 내 유체의 한 점에서 가해진 압력의 변화는 시스템 내 유체의 모든 곳에서 동일하게 나타나며, 이러한 원리를 파스칼의 원리라 한다.

52 부력에 관한 설명으로 옳지 않은 것은? [공무원 임용시험]

① 부력은 유체 내 고체의 위, 아래 면에 작용하는 압력 차로 발생한다.

② 잠긴 부분의 형상과 체적은 같지만 밀도가 다른 나무와 쇠의 부력은 서로 다르다.

③ 부력의 크기는 유체 내 잠긴 물체의 체적에 해당하는 유체의 무게이다.

④ 물체의 경심이 중심보다 위에 있으면 안정적이다.

53 그림과 같이 U-형으로 생긴 유리관에 물을 채웠다. 그리고 오른쪽의 유리관 입구로 기름을 조금 부었다. 오른쪽 유리관의 기름은 물 위에 2cm 높이로 떠 있으며 왼쪽관의 물의 높이보다 h만큼 높다. 높이의 차이 h의 값[mm]은? (단, 기름의 밀도는 물의 밀도의 80%이므로 물 위에 뜬다.) [서울시(2019)]

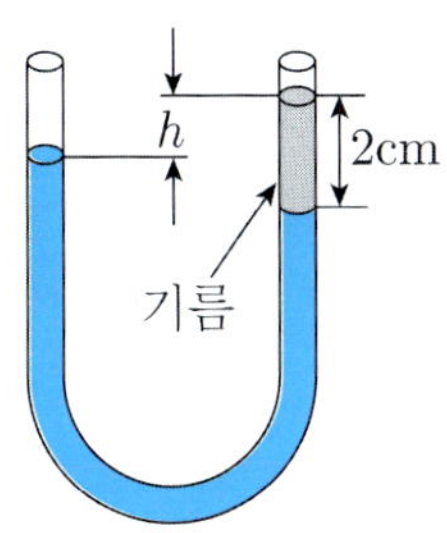

[문제 3.53]

① 1 ② 2 ③ 3 ④ 4

54 그림과 같은 U모양의 관에 밀도가 ρ인 액체 a를 채우고 관의 한 쪽에 액체 b를 높이 10cm만큼 채웠더니 액체 윗면의 높이차가 3cm가 되었다. b의 밀도는? [서울시(2019)]

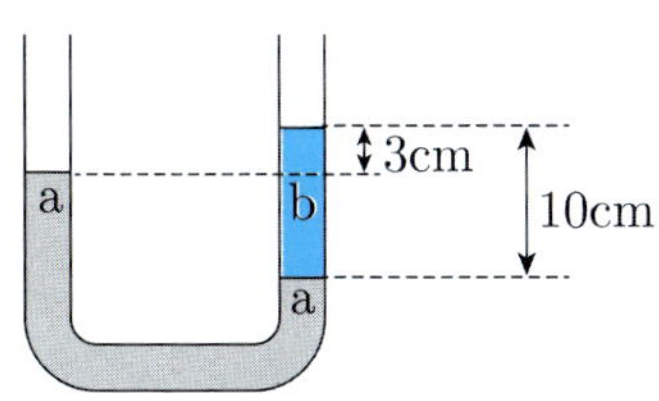

[문제 3.54]

① $\frac{3}{10}\rho$ ② $\frac{3}{7}\rho$ ③ $\frac{3}{5}\rho$ ④ $\frac{7}{10}\rho$

55 그림과 같이 U자형 관에 두 가지 유체가 담겨 있다. 관내의 모든 지점에서 유속이 0인 평형 상태일 때, 유체 A의 단위중량[kN/m^3]은? (단, 물의 단위중량은 $10kN/m^3$이다.) [공무원 임용시험]

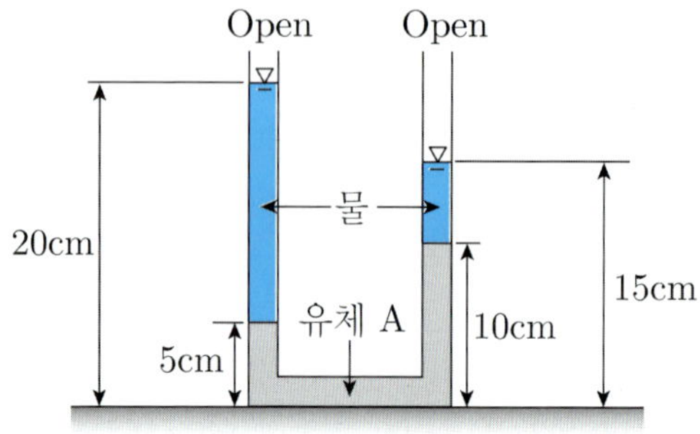

[문제 3.55]

① 5 ② 10 ③ 15 ④ 20

56 어떤 물체의 공기 중 무게가 3kgf이고 수중에서의 무게가 1kgf일 때, 이 물체의 비중은? (단, 물의 단위중량은 $10kN/m^3$, 중력가속도는 $10m/s^2$이다.) [공무원 임용시험]

① 1.25 ② 1.50 ③ 1.75 ④ 2.00

57 그림과 같이 수조에 비중이 0.8인 기름과 물이 채워져 있을 때, 수조 내부 바닥에 작용하는 총 힘의 크기[kN]는? (단, 물의 단위 중량은 $10kN/m^3$이다.) [공무원 임용시험]

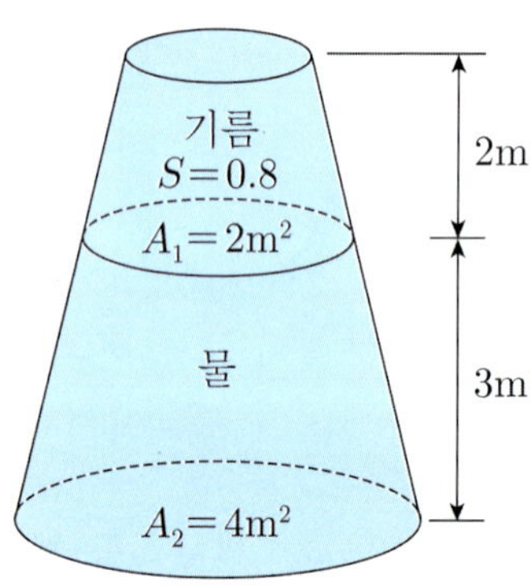

[문제 3.57]

① 46 ② 92 ③ 138 ④ 184

58 그림에서 물탱크 바닥에 작용하는 수직압력에 대한 것으로 가장 옳은 것은? (단, 물탱크의 바닥 면적과 수위는 서로 같다.)

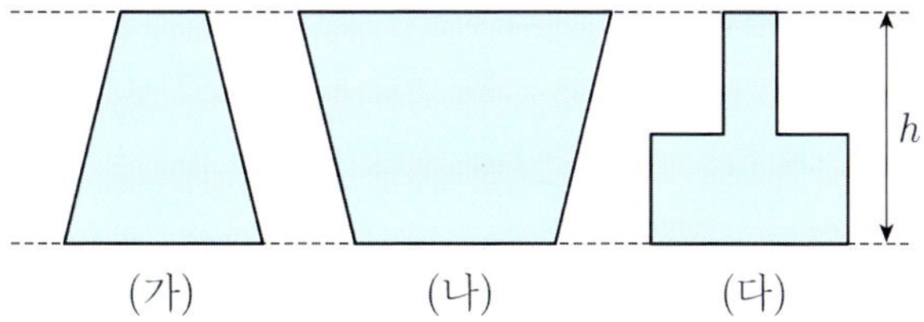

[문제 3.58]

① (가)<(나) ② (나)=(다) ③ (가)>(다) ④ (가)<(다)<(나)

59 폭 3m인 수조에 깊이 4m로 물이 담겨 있을 경우 연직 평면에 작용하는 전수압(P)의 힘은? [공무원 임용시험]

① 12tonf ② 16tonf ③ 18tonf ④ 24tonf

60 어떤 물체의 공기 중 무게는 50kgf이고, 물속에서의 무게가 20kgf이라면 이 물체의 단위중량[kgf/m^3]에 가장 가까운 것은? [공무원 임용시험]

① 1333 ② 1552 ③ 1667 ④ 1782

61 대기압과 관련된 다음 설명 중 옳지 않은 것은? [공무원 임용시험]

① 대기압은 토리첼리의 실험으로 측정될 수 있다.
② 대기압은 약 10m 높이의 물기둥이 발휘하는 압력과 같다.
③ 표준대기압은 1,013mbar이다.
④ 대기압은 계기압력으로 760mmHg에 해당한다.

62 그림과 같은 폭이 3m, 길이가 12m, 그리고 높이가 2m인 배의 무게가 54ton이다. 이 배를 한강에서 운항하는 데 필요한 최소수심은? [공무원 임용시험]

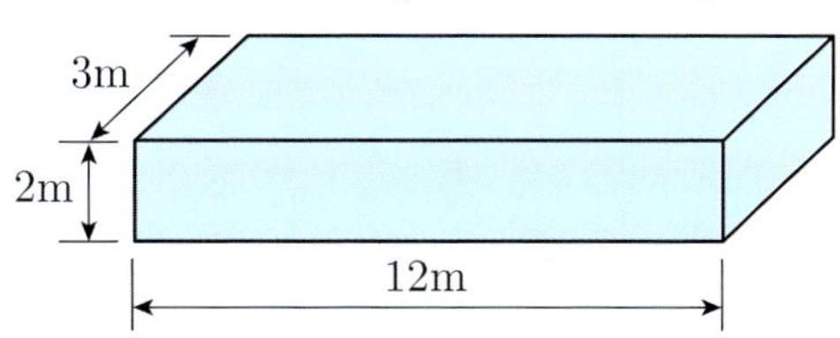

[문제 3.62]

① 0.8m ② 1.0m ③ 1.2m ④ 1.5m

63 집중호우가 발생하여 주유소 기름 탱크에 물이 들어갔다. 물의 깊이가 1.5m이고, 그 위에 비중 0.8인 기름이 2m 깊이로 떠 있을 때 기름 탱크 바닥에 작용하는 압력은? [공무원 임용시험]

① $0.08kgf/cm^2$ ② $0.15kgf/cm^2$
③ $0.23kgf/cm^2$ ④ $0.31kgf/cm^2$

64 그림과 같은 시차액주계에서 액체 1의 비중은 1, 액체 2의 비중은 10, 액체 3의 비중은 0.8이다. $h_1 = 25\text{cm}$, $h_2 = 50\text{cm}$, $h_3 = 30\text{cm}$일 때 A관과 B관 사이의 압력의 차이는? (단, 물의 단위중량은 1000kgf/m^3이다.) [공무원 임용시험]

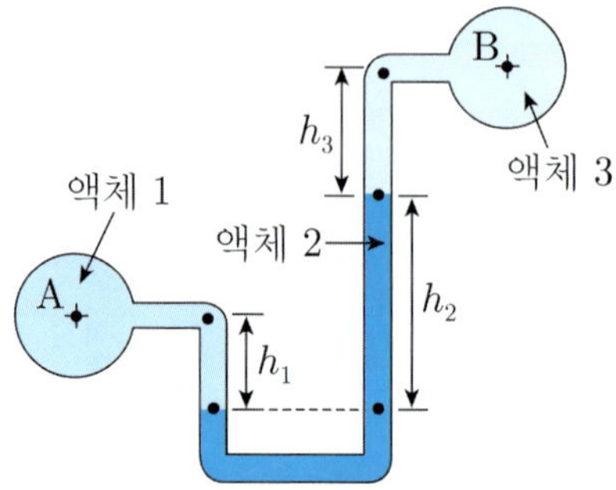

[문제 3.64]

① $2{,}990\text{kgf/m}^2$　　② $3{,}990\text{kgf/m}^2$
③ $4{,}990\text{kgf/m}^2$　　④ $5{,}990\text{kgf/m}^2$

65 그림과 같은 정지유체에서 압력변화(dp)와 깊이변화(dz)의 관계를 바르게 표시한 식은? (단, 단위중량은 γ, 밀도는 ρ이다.) [공무원 임용시험]

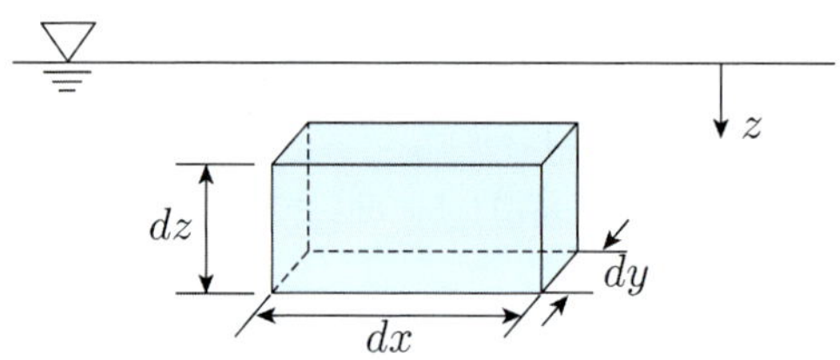

[문제 3.65]

① $dp = dz$　② $dp = \rho dz$　③ $dp = \gamma dz$　④ $dp = \gamma z$

66 액체 속에 잠겨있는 곡면(AB)에 작용하는 힘의 수평분력은? [공무원 임용시험]

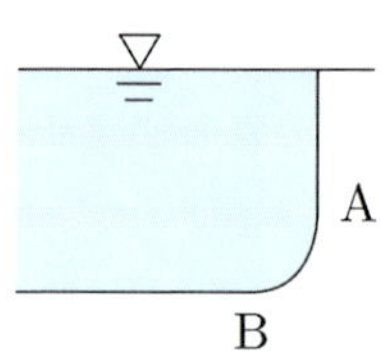

[문제 3.66]

① 곡면의 수직상방에 있는 액체의 전체 무게와 같다.
② 곡면을 투영한 수평면에 작용하는 힘과 같다.
③ 곡면을 투영한 수직면에 작용하는 힘과 같다.
④ 곡면에 의하여 유지된 액체의 무게와 같다.

67 폭이 1m이고 높이가 3m인 직사각형 수문이 수면과 접하여 수면 아래 수직으로 설치되어 있다. 정수압의 합력이 작용하는 높이는? [공무원 임용시험]

① 수면 아래 1.0m ② 수면 아래 1.5m
③ 수면 아래 2.0m ④ 수면 아래 2.1m

68 지름 4m의 원판이 연직으로 수중에 잠겨 있다. 원판의 상단이 수면 아래 1m의 위치에 있을 경우 원판에 작용하는 전수압(P)과 전수압의 중심위치(y_p)는 대략 얼마인가? (단, $\pi = 3$이다.) [공무원 임용시험]

① $P=24$tonf, $y_p=3.33$m ② $P=36$tonf, $y_p=2.50$m
③ $P=24$tonf, $y_p=2.50$m ④ $P=36$tonf, $y_p=3.33$m

69 1/4원으로 된 곡면의 수평 길이가 2m일 때 1/4원통 AB면에 작용하는 힘의 수직성분은 몇 N인가? (단, 액체의 비중량은 $\gamma[\mathrm{N/m^3}]$이다.) [공무원 임용시험]

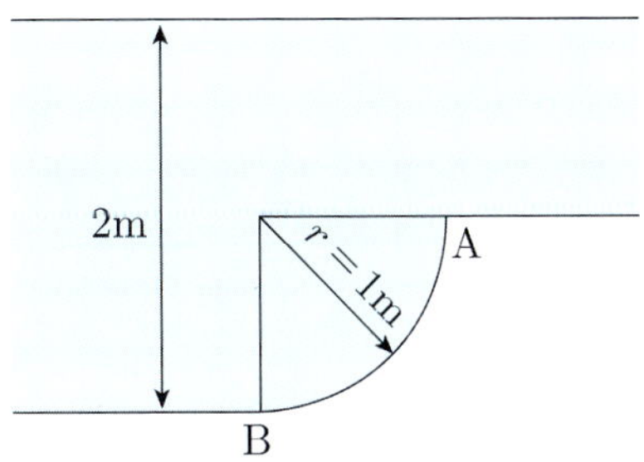

[문제 3.69]

① 3γ ② $(\pi+2)\gamma$ ③ $\left(\frac{\pi}{2}+2\right)\gamma$ ④ $\left(\frac{\pi}{4}+2\right)\gamma$

70 반지름 1m의 반구(hemisphere)가 그림과 같이 물속에 잠겨있을 때, 이 반구에 작용하는 정수력[kN]의 수평성분의 크기는? (단, 물의 단위중량은 $10\mathrm{kN/m^3}$, π는 3이다.) [공무원 임용시험]

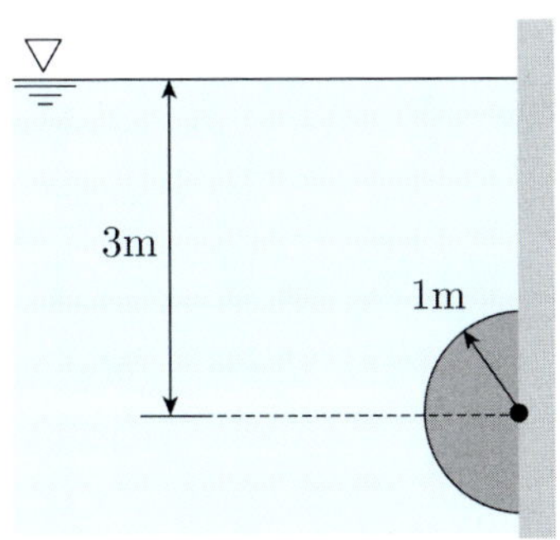

[문제 3.70]

① 30 ② 60 ③ 90 ④ 120

71 그림과 같이 오른쪽 탱크에 물을 5m 채우고 왼쪽 탱크에 물보다 2.5배 무거운 액체를 채울 때, 정사각형 수문이 열리기 시작하는 최소 깊이 h[m]는? (단, 수문 양쪽의 전수압 작용점은 모두 수문의 중심이라고 가정한다.) [공무원 임용시험]

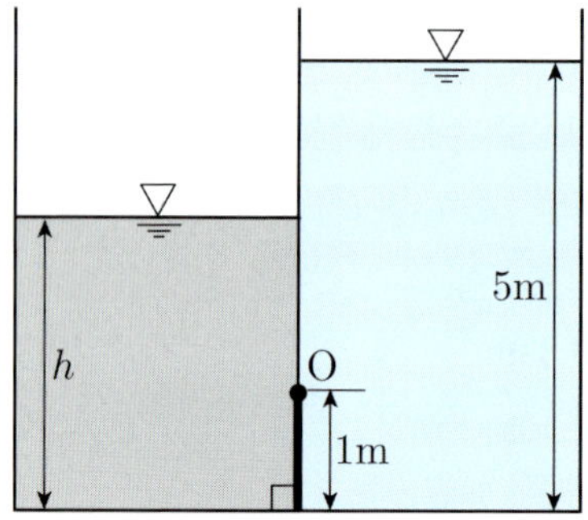

[문제 3.71]

① 2.1　　② 2.3　　③ 2.7　　④ 2.9

72 직육면체 수로에 물이 담겨 있다. 다음 중 수조 바닥이 받는 전수압의 크기가 나머지 세 경우와 다른 것은? (단, 수조 안의 물이 넘치지 않는다고 가정한다.) [공무원 임용시험]

① 수조가 정지상태일 때
② 수조가 연직 상방향으로 등가속 운동을 할 때
③ 수조가 수평으로 등가속 운동을 할 때
④ 수조가 수평으로 등속 운동을 할 때

73 다음 그림과 같이 수중에 연직으로 설치된 높이 2m, 폭 1m인 수문에 수압이 작용할 때 전수압의 작용점(h_C)은? (단, 수문의 오른쪽에는 물이 존재하지 않으며, 소수점 둘째 자리에서 반올림한다.) [공무원 임용시험]

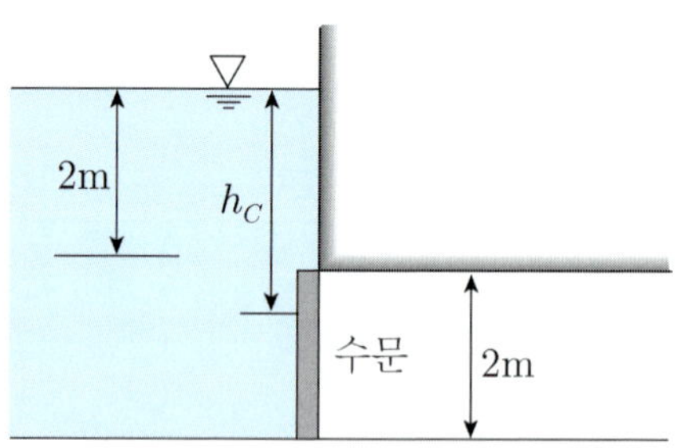

[문제 3.73]

① 2.9m　　② 3.1m　　③ 3.3m　　④ 3.6m

74 $9.8\text{m}/\text{s}^2$의 가속도로 연직 하강하고 있는 엘리베이터에 물이 담긴 뚜껑이 없는 수조가 있다. 이 수조의 수면으로부터 0.5m 깊이의 계기압력[kN/m^2]은? (단, 중력가속도는 $9.8\text{m}/\text{s}^2$이다.) [공무원 임용시험]

① 0　　② 1.0　　③ 4.9　　④ 9.8

75 그림과 같이 연직 평면수문에 수압이 작용하고 있다. 수문의 상단은 힌지(hinge)로 되어있고 수문 폭($b_{수문}$)은 2m, 수문 높이($h_{수문}$)는 2m라면 블록A에 수문으로 인하여 가해지는 힘의 크기는 얼마인가? (단, $b_{수문} \gg h_{블록A}$, 물의 단위중량은 $1\text{tf}/\text{m}^3$이고 소수점 둘째 자리에서 반올림한다.) [공무원 임용시험]

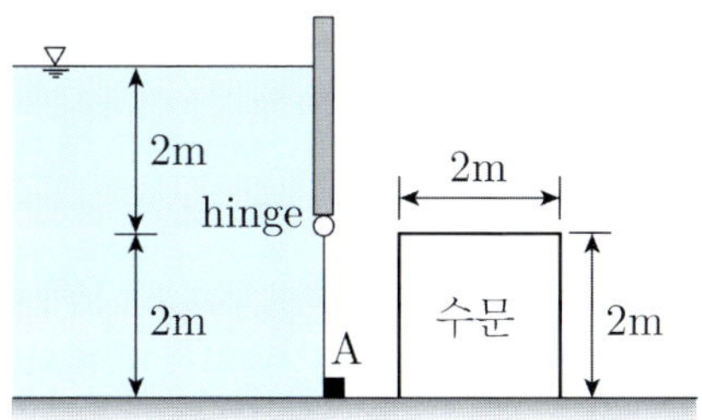

[문제 3.75]

① 6.0tf　　② 6.7tf　　③ 9.3tf　　④ 12.0tf

76 그림과 같은 경사면 AB에 작용하는 수평력 F_H[kN]과 연직력 F_V[kN]은? (단, 경사면의 폭은 5m이며, 물의 단위중량은 $10\text{kN}/\text{m}^3$로 한다.) [공무원 임용시험]

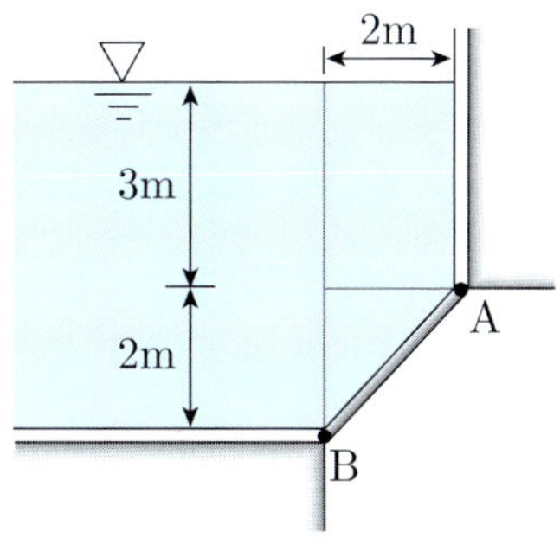

[문제 3.76]

① $F_H = 400,\ F_V = 400$　　② $F_H = 400,\ F_V = 400\sqrt{2}$

③ $F_H = 400\sqrt{2},\ F_V = 400$　　④ $F_H = 400\sqrt{2},\ F_V = 400\sqrt{2}$

77 다음 그림과 같이 삼각형판이 비중이 1.3인 유체에 수면과 연직으로 잠겨있다. 이 판에 작용하는 전수압의 크기 F[kN]와 수면에서부터 전수압의 작용점 위치 l_p[m]는? [공무원 임용시험]

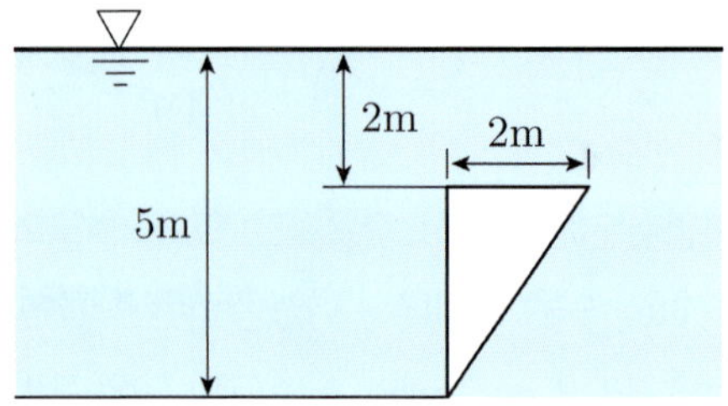

[문제 3.77]

① $F = 88.2,\ l_p = \dfrac{19}{6}$　② $F = 114.7,\ l_p = \dfrac{19}{6}$

③ $F = 88.2,\ l_p = \dfrac{33}{8}$　④ $F = 114.7,\ l_p = \dfrac{33}{8}$

78 그림과 같은 유압기의 손잡이에 F=30kgf의 힘을 가하여 들어 올릴 수 있는 최대 무게 W[kgf]는? (단, 유압기의 자중은 무시한다.) [공무원 임용시험]

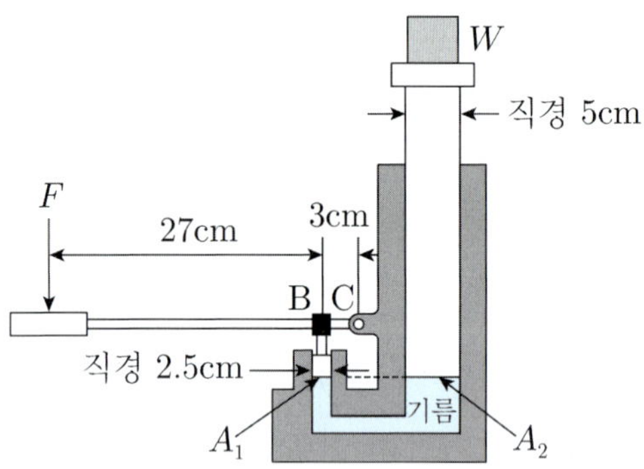

[문제 3.78]

① 300　② 600　③ 900　④ 1,200

79 그림과 같은 수조에 물이 채워져 있을 때, 한쪽은 대기에 접해있고, 다른 한쪽은 밀폐되어 있다. A~D 네 지점 압력의 크기 관계는? [국가공무원 7급(2022)]

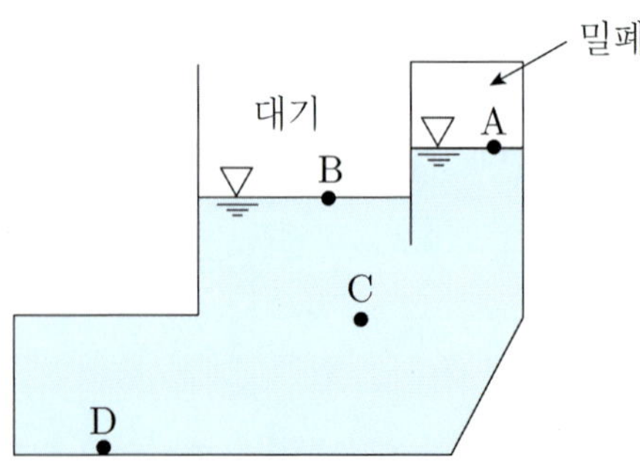

[문제 3.79]

① A = B < C < D　　② A = B < D < C
③ A < B < C < D　　④ A < B < D < C

80 비중 0.85인 물체가 A 액체에 떠 있다. 액체 위로 나온 물체의 부피가 3m^3라면, 이 물체의 총 부피[m^3]는? (단, A 액체의 비중은 1.15이다) [국가공무원 7급(2022)]

① 8.5　　② 9.5　　③ 11.5　　④ 12.5

81 그림과 같은 높이가 h인 직사각형 수문을 3구간 분할하여 각 구간에 작용하는 수압으로 인한 힘이 동일할 때 h_2를 h로 나타낸 것으로 옳은 것은? [지방공무원 7급(2022)]

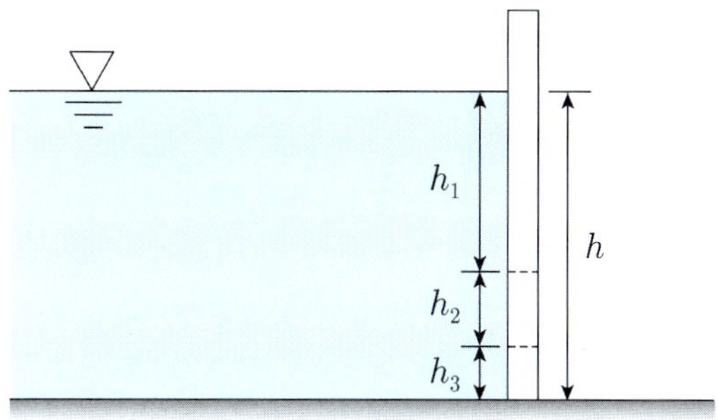

[문제 3.81]

① $\dfrac{\sqrt{2}-1}{\sqrt{3}}h$　　② $\dfrac{\sqrt{5}-1}{\sqrt{3}}h$　　③ $\dfrac{\sqrt{3}-\sqrt{2}}{\sqrt{3}}h$　　④ $\dfrac{\sqrt{5}-\sqrt{2}}{\sqrt{3}}h$

82 다음 그림과 같은 유압잭에서 피스톤 A와 B의 단면적은 각각 10^{-2}m^2와 10^{-1}m^2이다. 피스톤 B에 1,000kN이 가해졌을 때, 피스톤 A에 가해진 힘 F_A[kN]를 구하시오. 또한 이와 평형을 이루기 위해 레버 C에 가하여야 하는 힘 F_C[kN]를 구하고, 각각의 풀이 과정과 함께 쓰시오. (단, 기계 마찰은 무시하고, D점에서 레버는 회전할 수 있다.) [중등교사 임용시험-기술]

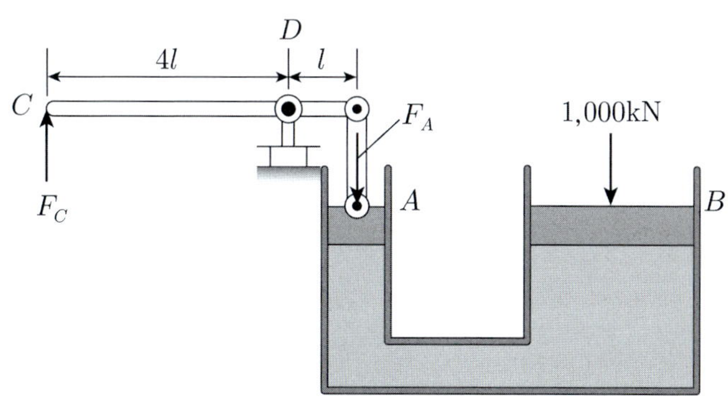

[문제 3.82]

83 그림과 같이 물탱크의 수직벽에 길이가 2[m], 폭이 1[m]인 직사각형 수문이 닫혀 있다. 이 때 수문에 작용하는 수직력 F[kN]과 이 힘이 작용하는 작용점의 위치 h_r[m]를 구하고, 풀이 과정과 함께 쓰시오. (단, 물의 비중량 $\gamma = 10[\mathrm{kN/m^3}]$으로 가정하며, 수문의 중량과 다른 유체 현상은 모두 무시한다.) [중등교사 임용시험-기계·금속]

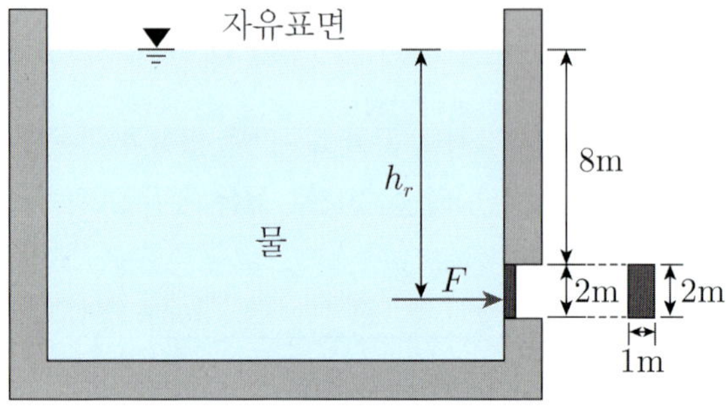

[문제 3.83]

84 그림과 같이 길이가 2m이고 폭이 2m인 덮개 수문의 끝에 힘 F를 가하여 수로를 막고 있다. 수문의 아랫면(A-A)을 기준으로 수로의 자유표면 높이 h가 3m일 때, <조건>을 고려하여 수문에 작용하는 압력 $p[\mathrm{N/m^2}]$와 정수력 F_h[N]를 각각 구하시오. 그리고 수문이 열리지 않게 하기 위한 최소의 힘 F[N]를 구하고, 풀이 과정과 함께 쓰시오. [중등교사 임용시험-기계·금속]

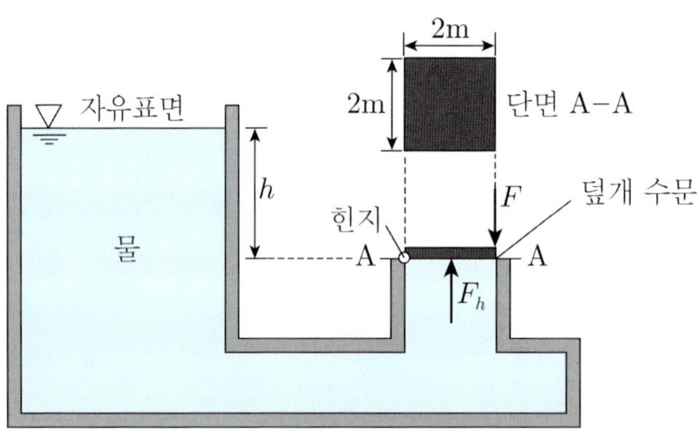

[문제 3.84]

<조 건>

- 수문의 무게는 무시한다.
- 대기에 의한 영향과 힌지의 마찰은 무시한다.
- 물의 밀도 ρ는 1,000$[\mathrm{kg/m^3}]$, 중력 가속도 g는 9.8$[\mathrm{m/s^2}]$이다.

85 다음 그림과 같은 콘크리트 댐이 있다. <조건>에 따라 정수압의 합력[kN]과 댐이 전도가 발생하지 않을 최소 가로 길이(L)[m]를 구하고, 각각의 풀이 과정과 함께 쓰시오. [중등교사 임용시험-기술]

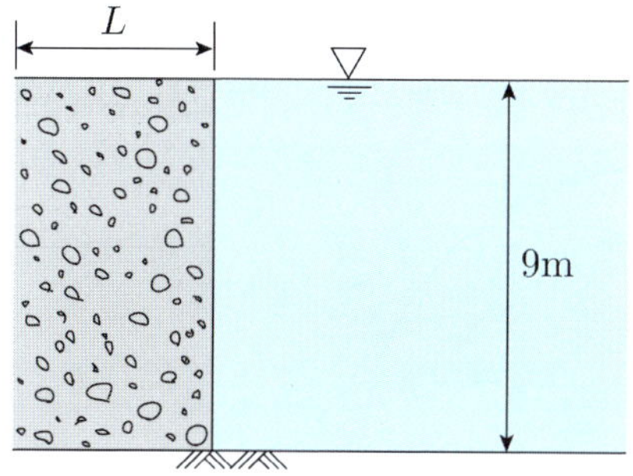

[문제 3.85]

<조 건>

- 물과 접해 있는 댐 수직면에만 수평 방향의 정수압이 작용하는 것으로 가정할 것.
- 댐의 폭은 1m로 가정할 것.
- 댐의 수평 이동은 없다고 가정할 것.
- 물의 단위중량은 10kN/m^3, 콘크리트의 단위중량은 30kN/m^3으로 계산할 것.

86 다음은 파스칼(Pascal)의 원리를 이용한 유압잭에 대한 그림과 설명이다. 괄호 안의 ㉠, ㉡에 해당하는 값을 순서대로 쓰시오. [중등교사 임용시험-항해·기관]

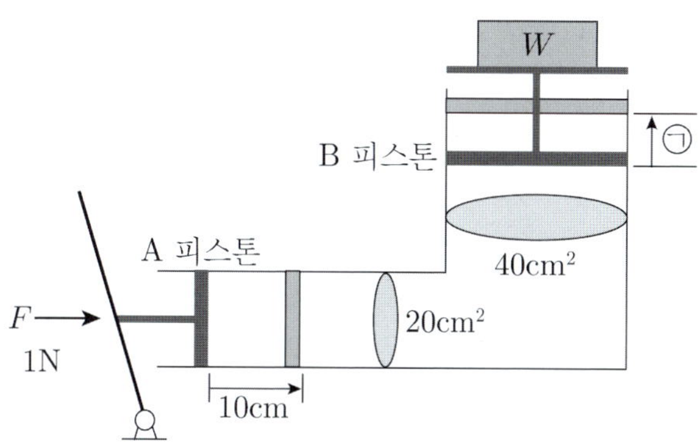

[문제 3.86]

유압잭에서 A 피스톤 및 B 피스톤의 면적은 각각 20cm^2, 40cm^2이다. B 피스톤에 W의 무게가 누르고 있는 상황에서 레버에 의해 F 방향으로 A 피스톤에 1N의 힘을 가하니 10cm 전진하여 힘의 균형을 이루었다. 이때 B 피스톤은 (㉠)[cm] 상승하며, B 피스톤의 내면에는 (㉡)[Pa]의 압력이 가해진다. (단, 사용된 유압 작동유는 비압축성이며, 피스톤과 실린더 사이의 마찰손실은 무시하고, 유압 작동유의 누설은 없는 것으로 한다.)

87 그림은 물탱크의 아래 부분에 수문이 힌지(hinge)로 설치되어 있고, 수문 한 쪽 끝은 탱크 바닥에 놓여 있는 것을 나타낸 것이다. 물탱크 내 압력을 측정하기 위하여 그림과 같이 액주계(manometer)를 사용한다. 점 B에서의 계기압력 P_B가 18[kPa]일 때, <조건>을 고려하여 탱크 내 위치 A에서의 계기압력 P_A[kPa]와, 물에 의해 수문에 작용하는 힘 F[kN]를 각각 구하고, 풀이 과정과 함께 쓰시오. [중등교사 임용시험-기계(2020)]

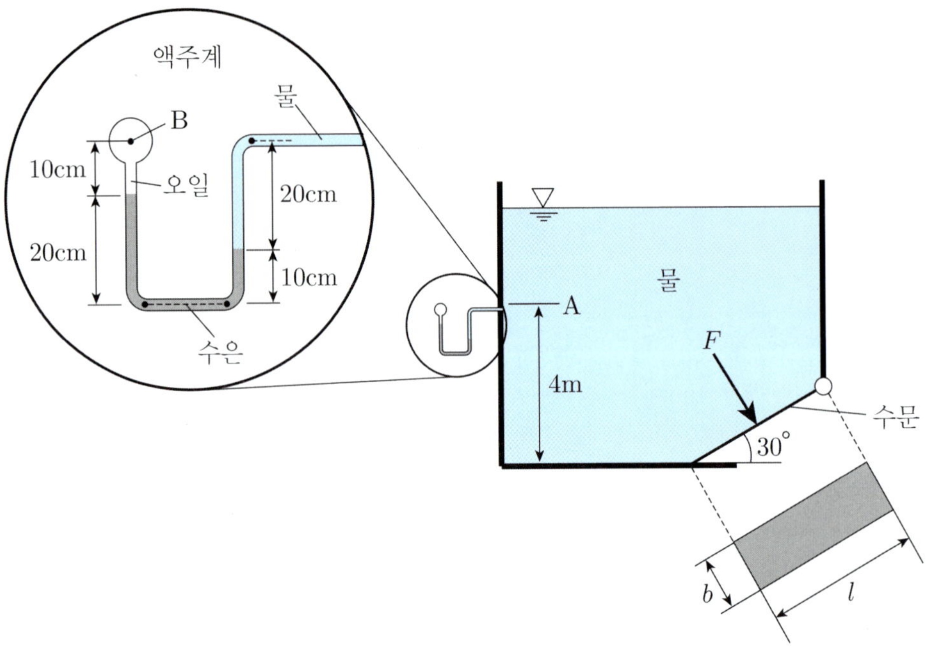

[문제 3.87]

<조 건>

- 수문의 길이 $l=4$[m], 폭 $b=1$[m]이다.
- 물의 비중량 $w_1=10[\mathrm{kN/m^3}]$, 수은의 비중량 $w_2=132[\mathrm{kN/m^3}]$, 오일의 비중량 $w_3=8[\mathrm{kN/m^3}]$로 가정한다.
- 힘 F는 수문 면에 수직 방향으로 작용한다.
- 대기압에 의한 효과는 무시한다.
- 주어진 조건 외에는 고려하지 않는다.

88 그림은 구형의 관측 장비가 케이블에 연결되어 흐름이 없는 수중에 잠겨 있는 것을 나타낸 것이다. 다음 <조건>을 이용하여 관측 장비에 작용하는 부력(F_B[kN])과 케이블에 걸리는 장력(T[kN])을 각각 구하여 순서대로 쓰시오. [중등교사 임용시험-건설(2020)]

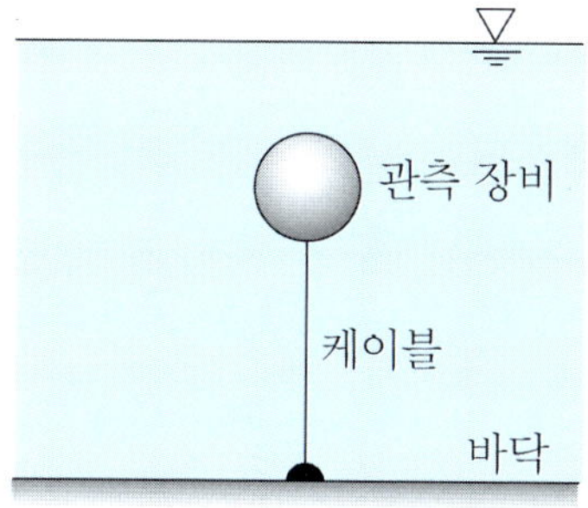

[문제 3.88]

<조 건>

- 관측 장비의 직경은 1m, 무게는 3kN임.
- 물의 단위중량(γ_w)은 10kN/m^3로 계산함.
- 원주율(π)은 3으로 계산함.
- 케이블에 작용하는 부력과 케이블의 무게는 무시함.
- 케이블은 바닥에 고정되어 있음.

89 그림은 정사각형 단면의 목재가 물을 막고 있는 상태를 나타낸 것이다. 목재가 힌지 O점을 중심으로 정지되어 있는 상태일 때, <조건>을 고려하여 수면으로부터 깊이 h인 목재 바닥면에 물이 가하는 수직 합력 F_V[N]와 측면에 가하는 수평 합력 F_H[N]를 각각 구하시오. 그리고 목재의 무게 W[N]를 구하고, 풀이 과정과 함께 쓰시오. [중등교사 임용시험-기계(2022)]

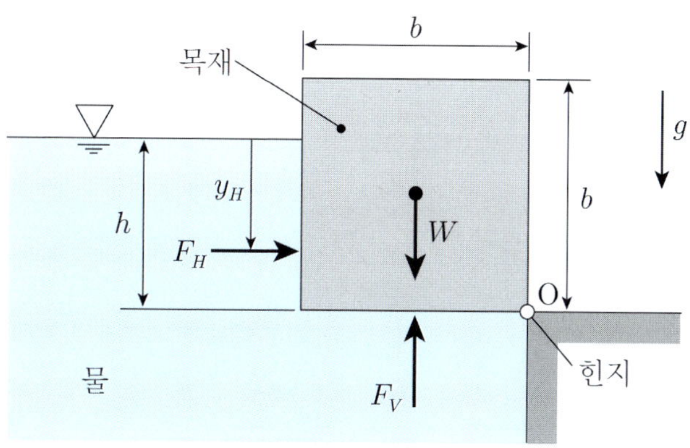

[문제 3.89]

<조 건>

- ○ F_V, F_H, W는 목재 길이 1[m]을 기준으로 계산한다.
- ○ 목재의 높이와 너비 $b=0.4$[m]이다.
- ○ 수면으로부터 목재 바닥면까지의 깊이 $h=0.3$[m]이다.
- ○ 수면에서 수평 합력 F_H가 작용하는 지점까지의 거리 $y_H=\frac{2}{3}h$이다.
- ○ 물의 밀도 $\rho=1{,}000[\mathrm{kg/m^3}]$이며, 중력가속도 $g=10[\mathrm{m/s^2}]$이다.
- ○ 힌지 O에서의 마찰은 무시한다.
- ○ 대기압에 의한 영향은 고려하지 않는다.
- ○ 주어진 조건 외에는 고려하지 않는다.

90 그림은 물속에 일부가 잠겨 있는 상자가 크레인에 매달려 있는 상태와 상자의 치수를 나타낸 것이다. <조건>을 고려하여 상자의 AB면에 수직하게 작용하는 힘 F_1[kN]과 크레인에 작용하는 인장력 F_2[kN]를 각각 구하고, 풀이 과정과 함께 쓰시오. [중등교사 임용시험-기계(2023)]

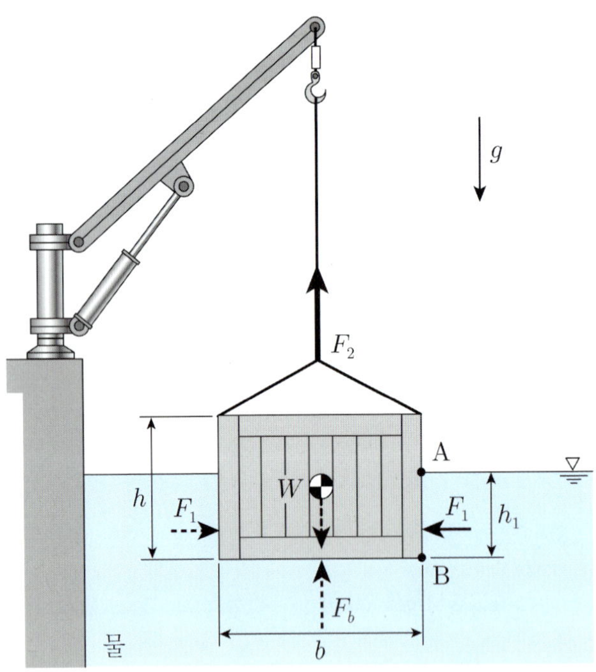

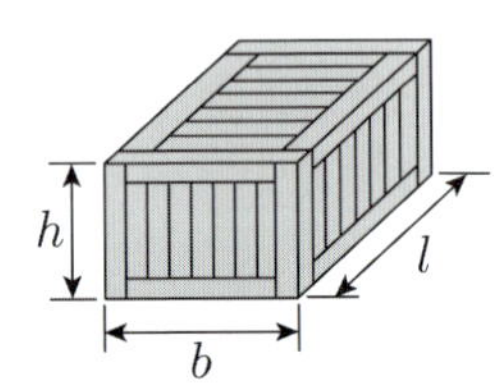

(상자의 치수)

[문제 3.90]

<조 건>

- ○ 상자는 직육면체이며, 폭 $b = 1.5$[m], 높이 $h = 1$[m], 길이 $l = 2$[m], 상자 무게 $W = 20$[kN]
- ○ 상자 바닥으로부터 수면까지의 높이 $h_1 = 0.6$[m]으로 일정하다.
- ○ 물의 비중량 $\gamma = 10,000$[kg/m^2 • s^2]으로 계산한다.
- ○ 대기압에 의한 영향은 고려하지 않는다.
- ○ F_b는 상자 바닥면에 작용하는 힘이다.
- ○ 물은 정지 상태이며, 표면장력은 고려하지 않는다.
- ○ 상자는 균질하다고 가정한다.
- ○ 주어진 조건 외에는 고려하지 않는다.

제4장 유체 운동학

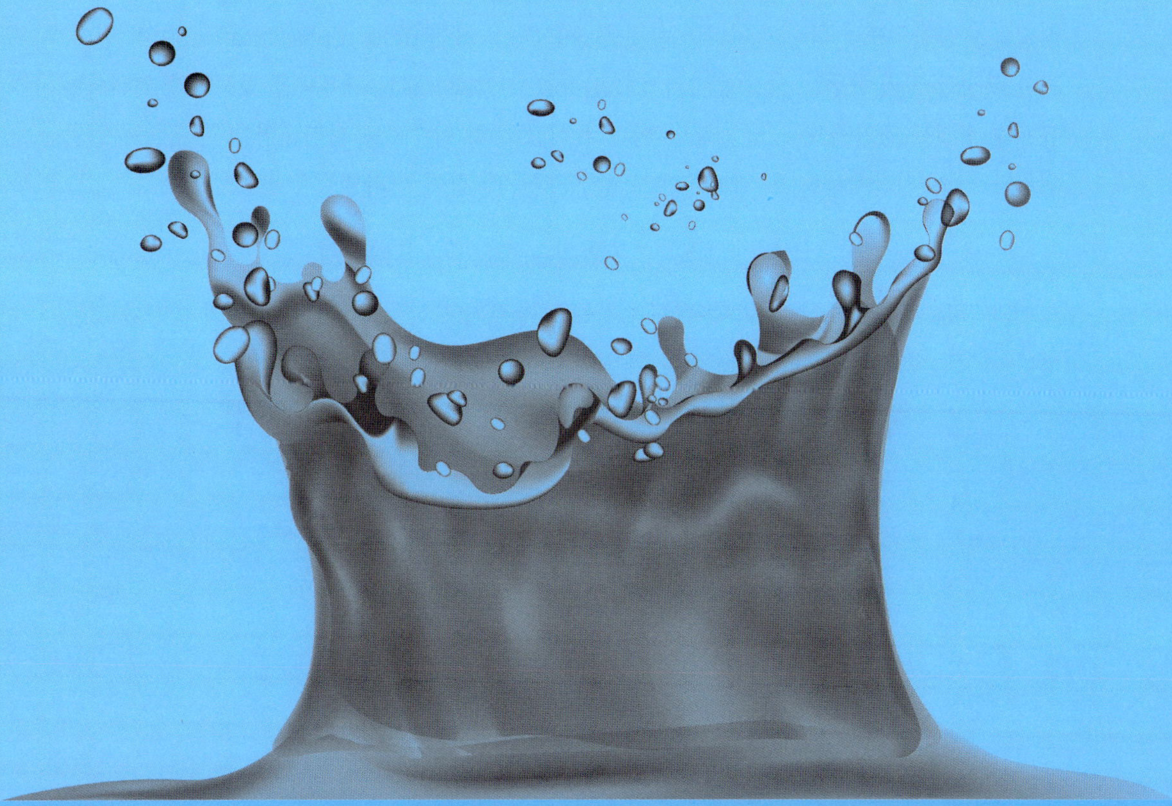

4.1 유동의 형태

1 속도장

유체의 모양은 자유롭게 변형될 수 있으므로 주어진 시간에서 유체 내의 위치에 따라 각 지점의 유체의 성질(속도, 압력, 온도, 밀도 등)이 달라질 수 있다. 이와 같은 특성을 갖는 유체의 성질들을 공간좌표의 함수로 나타내는 것을 흐름의 장 표현(field representation)이라 한다. 또한 특정한 장의 표현은 시간에 따라서도 달라질 수 있으므로 유체유동을 묘사하기 위해서는 유체의 성질을 공간좌표(x, y, z)뿐만 아니라 시간(t)의 함수로도 나타내어야 한다. 즉, 임의 위치와 임의 시간에서 속도, 압력, 온도 등을 다음과 같이 나타낼 수 있다.

$$\vec{V}(x, y, z, t), \quad P(x, y, z, t), \quad T(x, y, z, t)$$

이와 같은 것을 속도장, 압력장, 온도장 등으로 부르기도 하는데 속도는 크기와 방향을 갖는 벡터이므로 속도장(velocity field)은 다음과 같이 표현된다.

$$\vec{V}(x, y, z, t) = u(x, y, z, t)\vec{i} + v(x, y, z, t)\vec{j} + w(x, y, z, t)\vec{k}$$

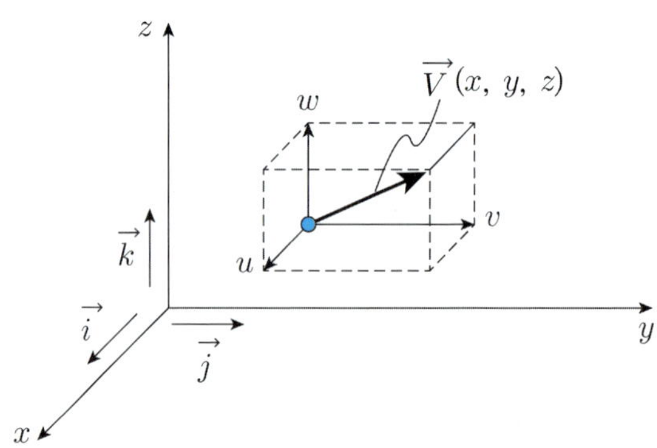

[그림 4.1]

[그림 4.1]에서 u, v, w는 각각 x, y, z 방향의 속도 성분을 나타낸다. 입자의 속도는 입자의 위치벡터 $\vec{r}$의 시간 변화율($\vec{V} = d\vec{r}/dt$)이다.

예제 4.1 속도장이 $\vec{V} = \dfrac{U}{L}(x\vec{i} - y\vec{j})$인 2차원 유동에서 점 $(2L, L)$에서 유속의 x, y 성분과 크기 및 방향을 구하라. 속도 U와 길이 L은 상수이다.

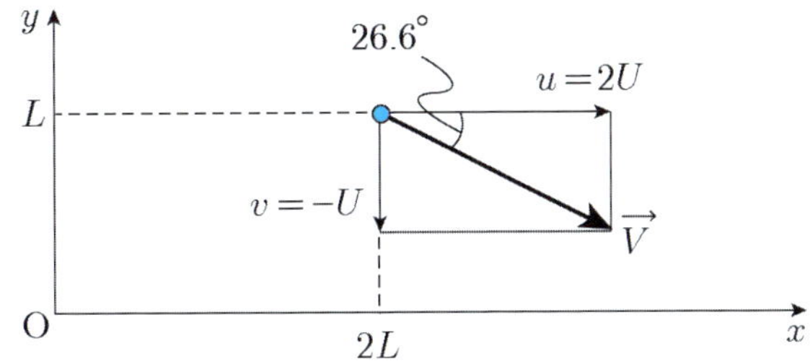

[그림 4.2]

풀이 점 $(2L, L)$에서 유속은 $x = 2L$, $y = L$을 대입하면

$$\vec{V} = \frac{U}{L}(x\vec{i} - y\vec{j}) = \frac{U}{L}(2L\vec{i} - L\vec{j})$$
$$= U(2\vec{i} - \vec{j})$$

이므로 유속의 x, y 성분은 각각

$$u = 2U, \ v = -U$$

이고 유속의 크기는

$$|\vec{V}| = \sqrt{u^2 + v^2} = \sqrt{(2U)^2 + (-U)^2}$$
$$= \sqrt{5}\,U$$

이다. 유속의 방향이 x축의 양의 방향과 이루는 각을 θ라 하면

$$\theta = \tan^{-1}\left(\frac{v}{u}\right) = \tan^{-1}\left(\frac{-U}{2U}\right)$$
$$= \tan^{-1}\left(-\frac{1}{2}\right) = -26.6°$$

이다. 점 $(2L, L)$에서 유속을 도시하면 [그림 4.2]와 같다.

2 유체 운동의 기술 방법

(1) **Euler 방법**: 유동장 내의 어떤 점에 착목하고 그 점에서 유체 운동의 상태를 기록하는 방법이다. 공간의 좌표를 (x, y, z)라 하면 속도와 밀도 등은 각각 $\vec{V}(x, y, z, t)$, $\rho(x, y, z, t)$로 표현된다.

(2) **Lagrange 방법**: 각각의 유체 입자(particle)에 표시를 하고 개별 유체 입자를 추적하면서 그 입자의 성질을 기록하는 방법이다.

설명 유체 역학 문제를 해석하는 데 있어서는 일반적으로 위의 두 가지 방법을 사용한다. Euler 방법에서 유체 운동은 속도, 압력, 밀도 등의 상태량을 공간과 시간의 함수로 기술함으로써 정해진다. 이 방법으로부터 유체가 공간상의 고정된 점을 지날 때 그 점에서 상태량 변화를 알 수 있다. 즉, Euler 방법은 장의 개념을 도입하여 유체유동을 묘사한다. Lagrange 방법에서는 개개의 유체입자들의 움직임을 추적하며, 이들 입자의 상태량이 시간의 함수로써 어떻게 변화하는가를 조사한다. 따라서 개별 유체 입자가 구분되며 그 입자들의 운동에 따라 상태량이 변화한다.

유동장 내에서 유체 입자들이 운동함에 따라 입자들의 속도와 압력 등은 시간과 위치에 따라 변화한다. 이때 여기저기로 이동하는 입자들의 경로를 따라가는 것보다는 공간의 모든 점에서 시간에 따른 유동의 속도와 압력 등을 기술하는 것이 편리하다. 따라서 각 질량 입자들에 대한 물리량을 기술하는 'Lagrange 방법'보다는 공간의 고정된 점에서의 물리량을 기술하는 'Euler 방법'을 일반적으로 사용한다. 그러나 반도체 제조 공정에 사용하는 Clean room 등과 같이 입자(먼지 입자)의 경로가 주요 관심일 때는 'Lagrange 방법'을 사용하여 해석한다.

[참고] 속도위반 감시 카메라: 경찰도 Euler 방법을 사용한다.

감시 카메라를 어떤 위치에 설치해 놓고 속도위반하는 차를 잡는 것은 'Euler 방법'에 해당된다. 카메라는 고정된 하나의 점을 지나는 차의 속도를 기록한다. 반면 어떤 차를 계속 따라가면서 그 차의 속도를 기록하는 것은 'Lagrange 방법'에 해당된다. 그런데 'Lagrange 방법'에 따라서 경찰차가 어떤 차 한 대를 계속 따라가면서 속도위반하는가를 감시한다는 것은 여러 면에서 '뭔가 좀 아니다'라는 느낌이 들 것이다. 즉, 도로 위에 있는 차를 따라가는 것보다는 카메라를 고정시켜 놓고 지나가는 차의 속도를 재는 것이 훨씬 편리하고 적합하다는 것을 알 수 있다. 따라서 경찰도 'Euler 방법'을 사용하여 과속하는 차를 단속한다.

3 정상유동, 비정상유동

속도, 압력, 밀도 등의 물리량이 시간이 지나도 일정하게 유지되는 유동을 정상유동(정상류, steady flow), 시간에 따라 변화하는 유동을 비정상유동(비정상류, unsteady flow)이라 한다. 'Euler 방법'으로 기술되는 유체의 속도를 $\overrightarrow{V}$, 압력을 P, 밀도를 ρ라 하면 정상유동에서 물리량의 시간에 대한 미분은 0이다.

$$\bigcirc \text{정상유동:} \quad \frac{\partial \overrightarrow{V}}{\partial t}=0, \quad \frac{\partial P}{\partial t}=0, \quad \frac{\partial \rho}{\partial t}=0 \qquad \cdots(4.1a)$$

설명 정상유동은 공간상의 어떤 점에서 유체의 속도가 시간에 따라 변하지 않는 경우를 말한다[그림 4.3]. 그러나 정상유동에서도 위치에 따라서는 유속이 다를 수 있다. 유속이 시간에 따라 변화하는 비정상유동은 매우 복잡하며 일반적으로 물리량의 시간에 대한 미분은 0이 아니다.

$$\bigcirc \text{비정상유동:}\quad \frac{\partial \vec{V}}{\partial t} \neq 0,\quad \frac{\partial P}{\partial t} \neq 0,\quad \frac{\partial \rho}{\partial t} \neq 0 \qquad \cdots(4.1\text{b})$$

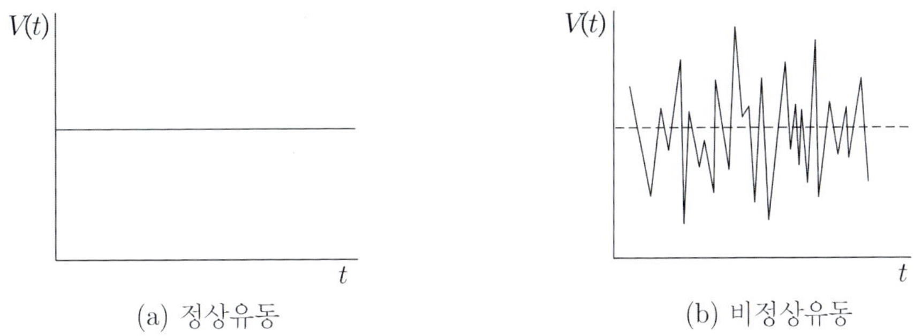

[그림 4.3]

4 유선, 유적선, 유맥선, 유관

유체의 흐름을 시각적으로 묘사하는 데에는 일반적으로 다음 세 가지 선이 많이 사용된다.

(1) 유선(streamline): 임의의 순간에 모든 점에서 속도벡터에 접하는 선
(2) 유적선(path line): 유동장 내에서 유체 입자가 이동한 궤적
(3) 유맥선(streak line): 유동장 내의 특정 점을 지나는 입자들의 궤적

설명 어떤 순간에 임의의 가상 곡선 상의 모든 점에서 접선이 그 점에서 속도 벡터의 방향과 일치할 때 그 곡선을 유선이라 한다. 즉, 유선 위의 임의의 점에서의 접선 벡터는 그 순간 그 지점에서의 속도벡터와 평행하다. 유선의 작은 요소 $\overrightarrow{dr} = (dx, dy, dz)$은 속도벡터 $\vec{V} = (u, v, w)$와 같은 방향이므로 유선을 따라서 다음 관계식이 성립한다.

$$\vec{V} \times \overrightarrow{dr} = 0 \qquad \cdots(4.2)$$

$$\frac{dx}{u} = \frac{dy}{v} = \frac{dz}{w} \qquad \cdots(4.3)$$

여기에서 u, v, w는 각각 x, y, z 방향의 속도 성분이다. [그림 4.4]는 유선을 나타낸다.

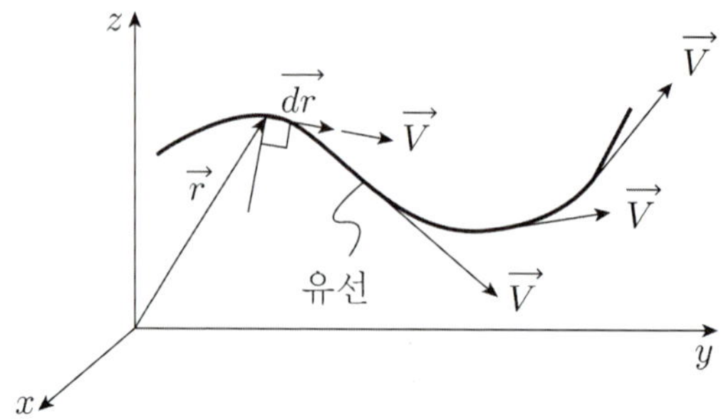

[그림 4.4]

유적선은 주어진 유체 입자가 한 점에서 다른 점으로 흐를 때 그 입자가 이동한 경로를 나타내는 선이다. 실험을 할 때 유체 입자에 표식을 하고 그 움직임을 시각적으로 노출시켜 사진을 찍음으로써 유적선을 생성할 수 있다. 즉, 유적선은 'Lagrange 방법'에서 입자의 이동경로를 나타낸다.

유맥선은 유동에서 어떤 공통점을 지나온 모든 점들로써 구성된다. 유체가 흐를 때 주어진 어떤 위치를 통하여 이미 흘러간 표식된 입자들의 사진을 순간적으로 찍으면 유맥선을 얻을 수 있다. 즉, 특정 지점에 염료나 연기 입자를 연속적으로 주입하고 이들의 사진을 연속적으로 찍으면 유맥선이 된다.

비정상 유동에서는 유선과 유적선이 일치하지 않지만 정상 유동에서는 유선과 유적선 및 유맥선이 모두 일치한다.

(4) 유관(stream tube): 유동장 내의 임의의 폐곡선을 지나는 유선들에 의해 형성되는 가상의 관을 유관이라 한다.

설명 유선 위의 임의의 점에서의 접선 벡터는 그 순간 그 지점에서의 속도벡터와 평행하다. 따라서 유선에 대한 수직 방향 속도 성분은 0이므로 유선을 가로지르는 흐름이 없다. 이에 따라 정상유동에 있어서 임의의 폐곡선을 지나는 유선들의 집합은 유체입자들이 통과할 수 없는 하나의 경계면을 형성한다[그림 4.5]. 이 경계면으로 만들어지는 두께가 없는 가상의 관을 유관(stream tube)이라 한다.

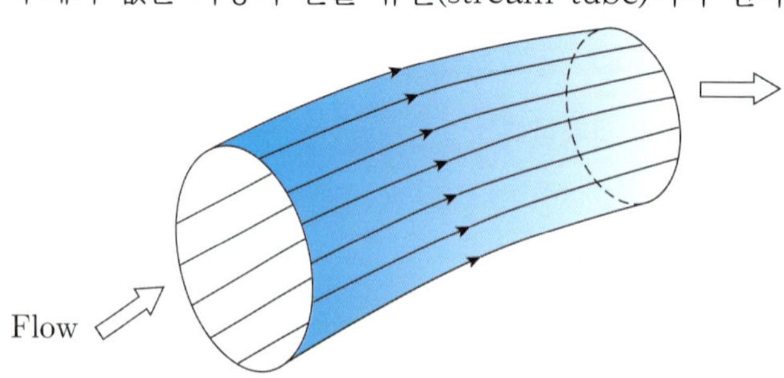

[그림 4.5]

예제 4.2 2차원 유동의 속도벡터가 $\overrightarrow{V} = Ax\vec{i} - Ay\vec{j}$ (A는 상수, $A > 0$)일 때 유선의 방정식을 구하라.

풀이 주어진 속도벡터로부터 x, y 방향의 속도 성분은 각각 $u = Ax$, $v = -Ay$이다. 유선의 정의에 의하여

$$\frac{dx}{u} = \frac{dy}{v}$$

$$\therefore \frac{dx}{x} = -\frac{dy}{y} \qquad \cdots ①$$

이고, 식 ①을 적분하면

$$\int \frac{1}{x} dx = -\int \frac{1}{y} dy$$

$$\ln x = -\ln y + C'$$

$$\therefore \ln xy = C'$$

이다. 따라서 유선의 방정식은

$$xy = C \quad (C\text{는 상수}) \qquad \cdots ②$$

가 된다. 식 ②에서 상수 C는 여러 가지 값을 가질 수 있으므로 유선은 쌍곡선들의 집합이 된다. $y > 0$의 반무한 평면에서 유선을 도시하면 [그림 4.6]과 같다. 그림은 평면정체유동(plane stagnation flow)을 보여준다.

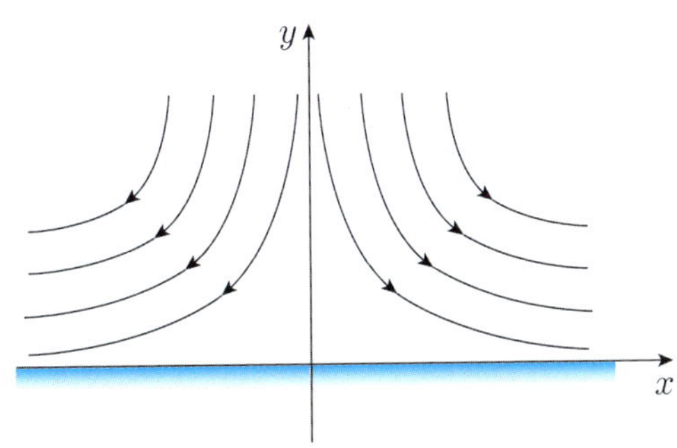

[그림 4.6]

5 균일유동, 불균일유동

속도의 크기와 방향이 위치에 따라 변화하지 않는 유동을 균일유동(등류, uniform flow), 위치에 따라 변화하는 유동을 불균일유동(부등류, nonuniform flow)이라 한다. 위치를 나타

내는 변수를 s라 하면 균일유동에서 물리량의 변수 s에 대한 미분은 0이다.

$$\bigcirc\text{균일유동:}\quad \frac{\partial \vec{V}}{\partial s}=0,\quad \frac{\partial P}{\partial s}=0,\quad \frac{\partial \rho}{\partial s}=0 \qquad \cdots(4.4a)$$

설명 [그림 4.7]은 파이프에서 이상유체의 균일유동을 나타낸다. 많은 유체역학 문제에서는 이와 같은 균일유동을 가정하여 해석한다. 한편 불균일유동은 속도와 압력 등이 위치에 따라 변화하는 유동을 말하며 다음과 같이 기술된다.

$$\bigcirc\text{불균일유동:}\quad \frac{\partial \vec{V}}{\partial s}\neq 0,\quad \frac{\partial P}{\partial s}\neq 0,\quad \frac{\partial \rho}{\partial s}\neq 0 \qquad \cdots(4.4b)$$

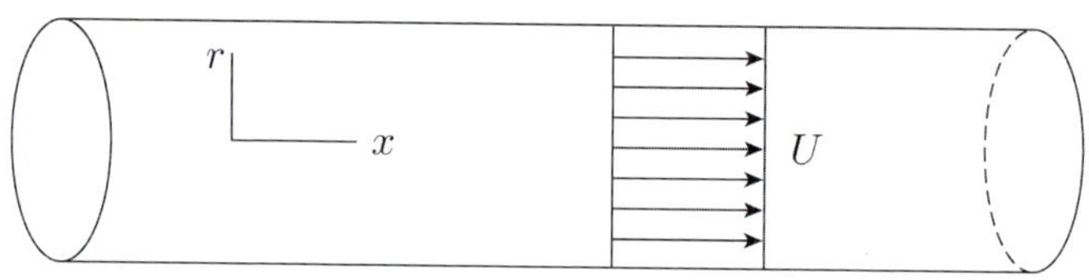

[그림 4.7]

6 1차원 흐름, 2차원 흐름, 3차원 흐름

(1) 1차원 흐름: 유체의 모든 성질이 하나의 공간 좌표와 시간으로 표현되는 유동을 1차원 흐름(one dimensional flow)이라 한다. 유체의 물리량 F가 변화하는 방향을 x라 하면 1차원 흐름은 다음과 같이 정의된다.18)

$$\frac{\partial F}{\partial x}\neq 0,\quad \frac{\partial F}{\partial y}=0,\quad \frac{\partial F}{\partial z}=0 \qquad \cdots(4.5)$$

설명 유체의 속도, 압력, 밀도 등이 공간에서 한 방향으로만 변화하는 유동을 말한다. 긴 관내에 비점성유체가 흐를 때 속도가 균일한 [그림 4.8]의 (a)와 같은 유동은 1차원 흐름이다. 실제 관내의 점성유체의 유동은 그림의 (b)와 같다. 이 경우에는 단면에서의 유체의 속도가 일정하지 않기 때문에 1차원 흐름이 아니라고 할 수 있지만 단면이 일정하면 속도분포가 하나의 공간좌표 y에 의존하기 때문에 1차원 흐름이라고 할 수 있다. 많은 경우에 있어서 관 유동은 그림의 (a)와 같은 1차원 유동으로 간주하고 해석한다. 이때의 유속은 (b)의 평균유속이 된다. x 방향으로

18) 흐름을 1, 2, 3 차원 등으로 엄밀하게 구분하는 것은 중요한 일이 아니며 유동의 패턴을 이해하면 된다.

속도가 있지만 속도의 변화가 없는 유동($\partial F / \partial x = 0$)도 1차원 흐름이라 한다.

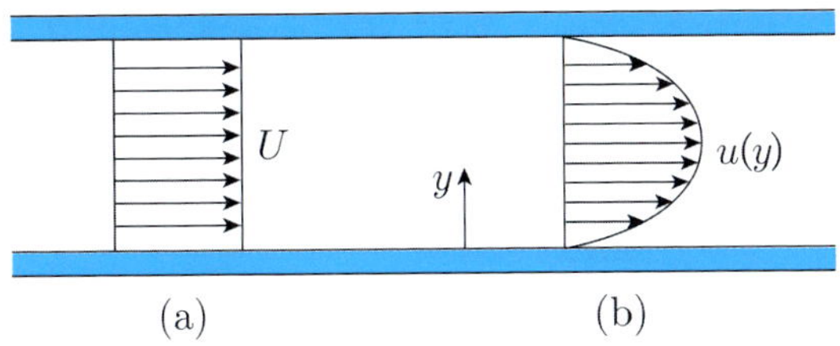

[그림 4.8]

(2) 2차원 흐름: 유체의 성질이 두 개의 공간 좌표(x, y)와 시간(t)에 의존하는 유동을 2차원 흐름(유동)이라 한다. 여기에서 유체의 속도, 압력, 밀도 등의 물리량 F에 대하여 다음과 같은 관계를 갖는다.

$$\frac{\partial F}{\partial x} \neq 0, \quad \frac{\partial F}{\partial y} \neq 0, \quad \frac{\partial F}{\partial z} = 0 \qquad \cdots (4.6)$$

설명 공간에서 z 방향으로는 변화가 없는 유동을 말하며, 작은 레이놀즈수에서 무한히 긴 실린더 주위의 흐름[그림 4.9], 정체유동(stagnation flow), 반무한 평판 위의 유동 등은 2차원 유동을 나타낸다.

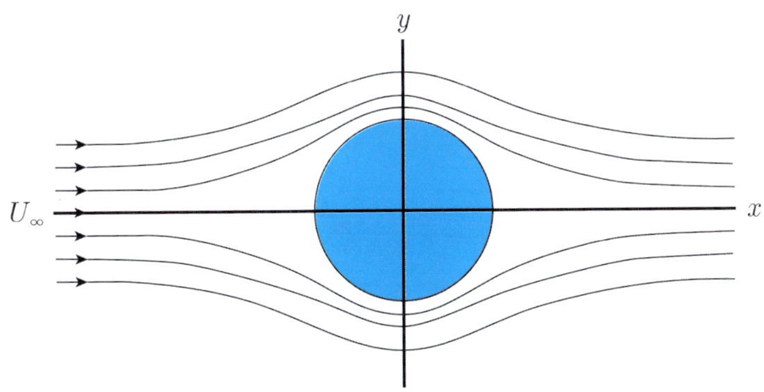

[그림 4.9]

(3) 3차원 흐름: 유체의 모든 성질이 세 개의 공간 좌표(x, y, z)와 시간(t)의 함수인 유동을 3차원 흐름(유동)이라 한다. 유체의 속도, 압력, 밀도 등의 물리량 F는 다음과 같이 표현된다.

$$\frac{\partial F}{\partial x} \neq 0, \quad \frac{\partial F}{\partial y} \neq 0, \quad \frac{\partial F}{\partial z} \neq 0 \qquad \cdots (4.7)$$

설명 실제유체의 흐름은 대부분 3차원 흐름이다. 그러나 3차원 유동을 그대로 해석하는 것은 매우 어려우므로 많은 경우에 있어서 2차원 또는 1차원 흐름으로 가정하고 해석한다. 예를 들어 유한 차분법을 사용하여 해석할 때 2차원 유동인 경우 (가로×세로)를 (100×100)으로 나누면 총 10^4개(만 개)의 격자점이 나온다. 그런데 3차원 흐름인 경우 (가로×세로×높이)를 (100×100×100)으로 나누면 총 10^6개(백만 개)의 격자점이 나오므로 많은 데이터를 저장할 수 있는 큰 컴퓨터 용량과 긴 계산 시간이 필요하다.

7 층류, 난류, 레이놀즈수

[그림 4.10]의 (a)와 같이 유체가 층층이 쌓여있는 판의 이동처럼 잘 정돈되어 규칙적으로 매끄러운 선을 따라 흐르는 유동을 층류(laminar flow)라 하고, (b)와 같이 유체의 흐름이 불규칙적이고 유체 입자들이 서로 섞이는 유동을 난류(turbulent flow)라 한다.[19)]

[그림 4.10]

관(pipe) 내부 유동에서 층류와 난류는 다음과 같이 정의되는 레이놀즈수에 의해 결정된다.

$$Re = \frac{VD}{\nu} = \frac{\rho VD}{\mu} \qquad \cdots (4.8)$$

식 (4.8)에서 V는 평균유속[m/s], D는 관의 지름[m], ν는 동점성계수[m^2/s], ρ는 밀도[kg/m^3], μ는 점성계수[kg/m • s]이다. Re는 다음과 같이 차원이 없는 무차원수(dimensionless number)이다.

$$[Re] = \frac{[V][D]}{[\nu]} = \frac{(L/T)(L)}{L^2/T} = 1 = M^0 L^0 T^0$$

19) 난류를 수학적으로 엄밀하게 정의하기는 어렵다. 개략적으로 이와 같이 층류와 난류로 구분한다는 것을 이해하면 된다.

레이놀즈수의 증가와 함께 층류에서 난류로의 천이(transition)가 일어나며 이때의 레이놀즈수를 임계레이놀즈수(Critical Reynolds number)라 한다. 실험에 의해 알려진 일반적인 관에서 레이놀즈수에 따른 유동의 분류는 다음과 같다.

$$Re \leq 2100 \ : \text{층류}$$

$$2100 < Re < 4000 \ : \text{천이 영역}$$

$$Re \geq 4000 \ : \text{난류}$$

일반적으로 이와 같이 분류하지만 **유동 형태를 구분하는 임계 레이놀즈수의 값은 유동 조건에 따라 다른 값을 나타낼 수 있다.** $Re \leq 2000$ 또는 $Re \leq 2300$에서의 유동을 층류라고 하기도 한다.

설명 유체 입자의 속도에 일시적인 교란(disturbance)이 발생하여도 입자가 서로 섞이려 하는 관성력(inertia force)에 비해 이를 저지하려는 점성력(viscous force)이 더 크면 교란은 사라지고 곧 안정하게 된다. 그러나 관성력이 점점 더 커지면 교란이 증폭되어 유체 흐름은 불규칙하게 변한다. 레이놀즈수는 물리적으로 $\left(\frac{\text{관성력}}{\text{점성력}}\right)$을 나타내는 변수이다. 즉, 레이놀즈수가 커질수록 유체흐름이 점점 더 불안정하게 되며 어느 임계값을 넘어서면 층류에서 난류로 변화하게 된다. 임계레이놀즈수는 실험으로 찾아내는 수이며 관의 형태나 표면 거칠기 등의 상황에 따라 다른 값을 나타낸다. 임계레이놀즈수는 기하학적 형상(geometry)에 따라서도 다른 값을 나타낸다. 레이놀즈수 $Re = \frac{VL}{\nu}$ 에서 'V는 특성속도, L은 특성길이'이며, 관에서의 특성길이는 관 지름으로 정한다. 두 개의 무한평판 사이의 유동에서 평균 속도를 특성 속도로 하고, 판 사이의 거리를 특성 길이로 할 때 임계 레이놀즈수는 약 1500이다.

예제 4.3 안지름이 40 cm인 관 속에서 평균 유속 10 m/s로 동점성계수가 $1 \times 10^{-6}\,\text{m}^2/\text{s}$인 물이 흐를 때 레이놀즈수를 구하라.

풀이 SI 단위 [m, s]로 통일하여 계산한다.

$$Re = \frac{VD}{\nu} = \frac{10(40 \times 10^{-2})}{(1 \times 10^{-6})} = 4 \times 10^6$$

예제 4.4 안지름이 20 cm인 관 속을 흐르는 공기의 임계속도를 구하라. 공기의 동점성계수는 $1.5\times10^{-5}\,\mathrm{m^2/s}$이고 임계 레이놀즈수는 2300이다.[20]

풀이 임계 레이놀즈수 $Re_c = \dfrac{V_c D}{\nu}$ 로부터 임계속도(V_c)를 구한다. SI 단위 [m, s]로 통일하여 계산한다.

$$V_c = \frac{\nu Re_c}{D} = \frac{(1.5\times10^{-5})(2300)}{0.2}[\mathrm{m/s}] = 0.1725\,[\mathrm{m/s}] = 17.25[\mathrm{cm/s}]$$

8 비압축성 유동, 압축성 유동

일반적으로 유체의 '비압축성(incompressibility)'은 일정한 밀도를 의미한다. 액체의 흐름은 대부분의 경우 비압축성 유동(incompressible flow)이며, 공기의 경우에도 속도가 충분히 낮을 때는 비압축성 유동으로 간주할 수 있다. 비압축성 유동과 달리 유동 중에 유체의 밀도가 크게 변화하는 흐름을 압축성유동(compressible flow)이라 한다. 유동의 압축가능성을 결정하는 데는 다음과 같이 정의되는 마하수(Mach number)를 이용한다. 마하수는 차원이 없는 무차원수이다.

$$M = \frac{V}{a} \quad \cdots (4.9)$$

여기에서 V는 특성속도이고 a는 음속(acoustic velocity)을 나타낸다. 공기의 경우에도 $M < 0.3$이면 비압축성유동으로 취급할 수 있다. 마하수의 기호로는 Ma도 많이 사용되며, 이때는 음속을 대개 c로 나타낸다. 즉, $Ma = V/c$이다.

설명 비압축성유동은 유체입자가 이동함에 따라 유체의 밀도가 일정한 것을 의미($D\rho/Dt = 0$)하며 모든 점에서 유체의 밀도가 같을 필요는 없다. 예를 들어 관 내부에서 물이 흘러가고 있을 때 관의 어떤 점에서 소금을 첨가하면 유체의 밀도는 일정하지 않지만 이 유동은 비압축성 유동이다. 일반적으로 액체는 체적탄성계수가 매우 크므로(물의 체적탄성계수는 약 2×10^9 Pa이다.) 거의 압축되지 않는다. 수격작용(water hammering)과 같이 밀도변화가 있는 현상은 예외적으로 압축성유동으로 취급하지만 대부분의 공학적인 문제에서 일어나는 액체의 흐름은 비압축성유동이다.

20) 임계레이놀즈수는 책마다 2000, 2100, 2300 등으로 조금씩 다를 수 있다.

공기압축기와 터빈 내에서의 공기 유동 등과 같은 고속에서의 기체의 흐름은 압축성유동을 고려한다. 그러나 기체의 흐름이지만 자동차나 경비행기 주변의 공기 유동, 또는 비행기가 이륙할 때의 공기 흐름 등과 같이 낮은 속도 유동 ($M < 0.3$)은 비압축성 유동으로 취급할 수 있다.

[수격작용]

관 속에서 운동하고 있는 물을 갑자기 정지시키거나, 정지한 물을 갑자기 흐르게 할 때 관 내부에서 압력의 급격한 상승 또는 강하가 일어나서 마치 망치로 치는 것 같은 소리가 나는 현상을 수격작용(수격현상, water hammering)이라 한다. 이때는 운동 상태가 갑자기 변함에 따라 순간적으로 운동에너지가 압력에너지로 또는 압력에너지가 운동에너지로 변하여 압력이 급격히 상승하거나 떨어지게 된다.

예제 4.5 음속이 $340\,\mathrm{m/s}$일 때 비행 속도가 $900\,\mathrm{km/h}$인 비행기의 마하수는 얼마인가?

풀이 SI 단위 [m, s]로 통일하여 계산한다.

$$M = \frac{V}{a} = \frac{(900 \times 1000/3600)}{340} = 0.735$$

예제 4.6 영하 50℃ 의 공기 속에서 마하수 2로 비행하는 물체의 속도를 구하라. 공기의 비열비는 1.4, 기체상수는 $0.287\,\mathrm{kJ/kg \cdot K}$ 이다.

풀이 마하수 $M = V/a$ 로부터 물체의 속도는 다음과 같다. SI 단위 [J, kg, K]로 통일하여 계산한다.

$$V = Ma = M\sqrt{kRT} = 2\sqrt{1.4(287)(273.2-50)}\,[\mathrm{m/s}] = 598.9\,[\mathrm{m/s}]$$

[보충 학습] 무차원수

다음은 유체역학 문제에서 자주 사용하는 무차원수와 그 물리적 의미이다. 이 중에서 가장 많이 사용하는 것은 레이놀즈수(Re)이며 이 수는 유체요소에 작용하는 관성력의 점성력에 대한 비를 나타내는 척도이다. 고려하는 유동에서 이 두 종류의 힘이 중요할 때 레이놀즈수가 중요한 역할을 한다. 표에서 관성력은 유체 입자의 가속도에 의한 힘을 나타내고 중력은 유체 입자가 받는 중력에 의한 힘을 나타낸다.

변수	a : 음속 E : 체적탄성계수 g : 중력가속도 L : 특성길이 V : 속도 p : 압력 Δp : 압력차 ρ : 밀도 μ : 점성계수 σ : 표면장력 ν : 동점성계수 ω : 진동 유동의 주파수		
무차원수	**이름**	**물리적 의미**	**적용**
$Re = \frac{VL}{\nu}\left(=\frac{\rho VL}{\mu}\right)$	레이놀즈수 (Reynolds number)	$\frac{\text{관성력}}{\text{점성력}}$	일반적으로 모든 유체 유동 문제에서 중요한 변수이다.
$Fr = \frac{V}{\sqrt{gL}}$	프루드수 (Froude number)	$\frac{\text{관성력}}{\text{중력}}$	자유표면(free surface)을 가지는 유동
$Eu = \frac{p}{\rho V^2}\left(\text{or } \frac{\Delta p}{\rho V^2}\right)$	오일러수 (Euler number)	$\frac{\text{압력힘}}{\text{관성력}}$	압력이나 압력차가 중요한 유동
$M(\text{or } Ma) = \frac{V}{a}$	마하수 (Mach number)	$\frac{\text{관성력}}{\text{압축력}} = \frac{\text{속도}}{\text{음속}}$	압축성 유동
$Ca = \frac{\rho V^2}{E} = M^2$	코시수 (Cauchy number)	$\frac{\text{관성력}}{\text{압축력}}$	압축성 유동
$St = \frac{\omega L}{V}$	스트라울수 (Strouhal number)	$\frac{\text{원심력}}{\text{관성력}} = \frac{\text{특성시간}}{\text{진동주기}}$	특성 주파수를 가지는 비정상유동
$We = \frac{\rho V^2 L}{\sigma}$	웨버수 (Weber number)	$\frac{\text{관성력}}{\text{표면장력힘}}$	표면장력이 중요한 유동

† 때로는 오일러수와 프루드수를 각각 $Eu = \frac{\Delta P}{\rho V^2/2}$, $Fr = \frac{V^2}{gL}$ 으로 정의하여 사용한다.

9 점성유동, 비점성유동

점성의 영향을 무시할 수 없는 흐름을 점성유동(viscous flow), 점성이 고려되지 않는 흐름을 비점성유동(inviscid flow)이라 한다.

설명 모든 유체는 점성을 가지고 있지만 점성이 큰 영향을 미치지 않을 때는 비점성유동으로 간주하여 해석한다. 관 유동과 같은 내부유동(internal flow)에서는 특히 점성의 영향이 크다. 그러나 비행기 날개(airfoil)나 실린더 주위의 외부유동(external flow) 등에서는 점성의 영향이 물체 주위의 경계층(boundary layer)에서는 크게 나타나지만 물체로부터 멀어질수록 그 영향력이 약해지므로 충분히 먼 거리에서의 유동은 비점성유동으로 간주할 수 있다[그림 4.11]. 따라서 점성유동보다 비점성유동의 해석이 간단하기 때문에 이러한 경우에는 물체로부터 먼 곳은 비점성영역(inviscid region)으로 가정하고 해석하여도 실제와 큰 차이가 없다.

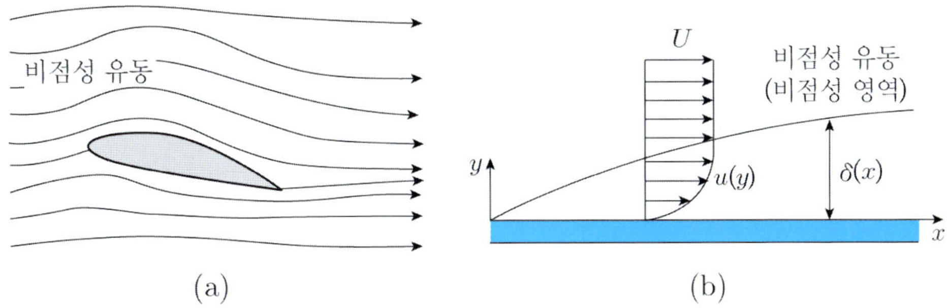

[그림 4.11]

[경계층]

벽 점착조건(no-slip condition)에 의해 고체 벽면에서 유체 속도 $u = 0$이고, 벽면에서 멀어질수록 속도는 증가한다[그림 4.11(b)]. 그러나 벽면으로부터 어느 거리 이후에는 유속이 일정해지는데($u = U$) 이와 같은 현상은 실제 유체의 점성 때문에 일어나는 것이다. 즉 점성의 영향은 고체 벽면으로부터 멀어질수록 작아진다. 이와 같이 유체의 흐름에 있어서 점성의 영향이 크게 작용하는 벽면 주변의 얇은 영역을 경계층(boundary layer)이라 하고, 경계층 밖에서는 본질적으로 유체의 점성이 작용하지 않는 것으로 간주한다. 일반적으로 자유흐름 속도 U의 99%($u = 0.99U$)가 되는 점까지의 두께를 경계층 두께 $\delta(x)$로 정의한다.

[실제 유체의 흐름]

일반적으로 실제 유체의 흐름은 매우 복잡하다. 한 예로써 [그림 4.12]에 실린더 주위의 유동의 양상을 도시하였다. 레이놀즈수가 작을 때는 그림의 매끈한 선을 따라 유체가 흐르지만 레이놀즈수가 커지면 실린더 뒤에서 복잡한 소용돌이가 일어난다.

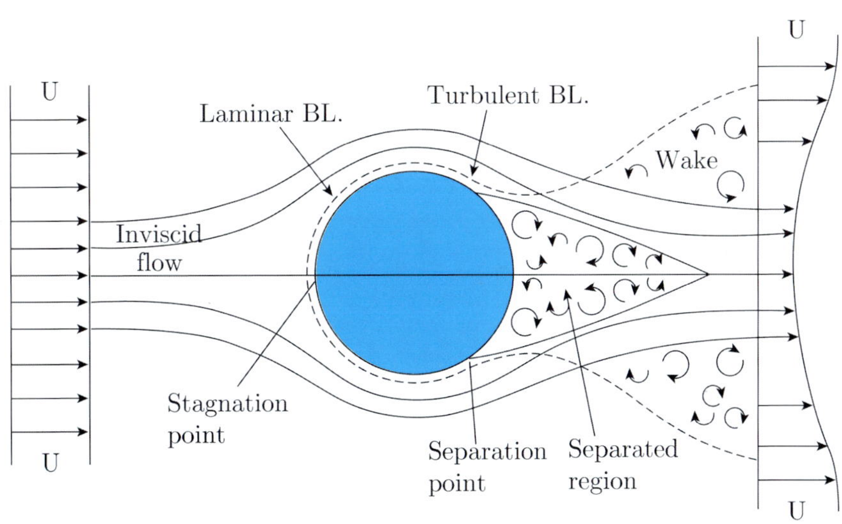

[그림 4.12]

4.2 연속방정식 - 1차원 정상유동

1 1차원 정상유동의 연속방정식

'단위 시간에 각 유동단면을 통과하는 유체의 질량은 모든 단면에서 같다'는 것을 1차원 정상유동의 연속방정식(continuity equation)이라 한다.

단면 면적 A인 곳에서 유체의 밀도를 ρ, 속도를 V라 하면 1차원 정상유동의 연속방정식은 다음과 같이 표현된다.21)

$$\rho A V = C \quad (C\text{는 상수}) \qquad \cdots (4.10)$$

증명 질량보존법칙을 적용하면 연속방정식이 얻어진다. [그림 4.13]에서 평균 유출 속도가 V_2인 단면에서 Δt 동안에 유출되는 유체의 질량은 '출구면적 A_2와 Δt 동안에 이동한 거리 $V_2 \Delta t$로 이루어진 체적'에 포함된 유체의 질량과 같다.

$$m_2 = \rho_2 A_2 V_2 \Delta t$$

마찬가지로 Δt 동안에 단면 1에 유입되는 유체의 질량은

$$m_1 = \rho_1 A_1 V_1 \Delta t$$

이다. 정상유동에서 유입되는 질량(m_1)과 유출되는 질량(m_2)은 같으므로

$$\rho_1 A_1 V_1 \Delta t = \rho_2 A_2 V_2 \Delta t$$

$$\therefore \rho_1 A_1 V_1 = \rho_2 A_2 V_2 \qquad \cdots ①$$

가 성립한다. 따라서 면적이 A인 임의의 단면에서의 유체의 밀도를 ρ, 속도를 V라 하면 식 ①을 다음과 같이 쓸 수 있다.

$$\rho A V = C \quad (C\text{는 상수}) \qquad \cdots ②$$

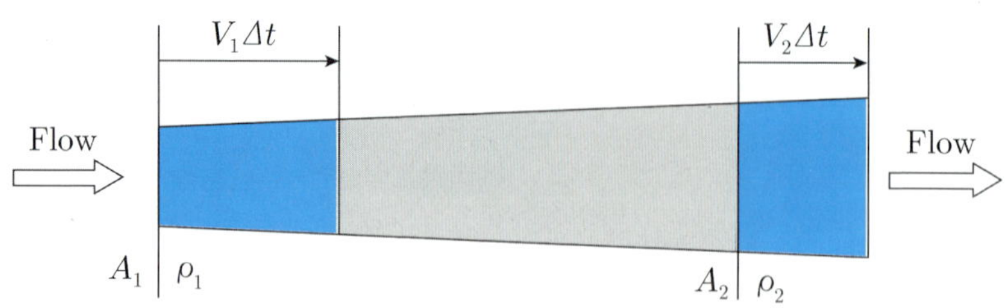

[그림 4.13]

21) 공식의 유도 과정은 참고로 하고 연속방정식 (4.10)의 개념을 잘 파악하도록 한다.

식 ②를 미분하면

$$A V d\rho + \rho V dA + \rho A dV = 0 \qquad \cdots ③$$

이다. 식 ③의 양변을 $\rho A V$로 나누면 다음과 같은 1차원 정상유동에 대한 연속방정식의 미분식이 구해진다.

$$\frac{d\rho}{\rho} + \frac{dA}{A} + \frac{dV}{V} = 0 \qquad \cdots (4.11)$$

1차원 유동에서 주로 사용하는 식은 '$\rho A V = C$'의 관계식이다. 특히 [그림 4.14]와 같은 형태의 관에서 성립하는 다음 관계식이 많이 사용된다.

$$\rho_1 A_1 V_1 = \rho_2 A_2 V_2 \qquad \cdots (4.12)$$

여기에서 A_1, ρ_1, V_1은 단면 1에서의 면적, 밀도, 속도를 각각 나타내고 A_2, ρ_2, V_2는 단면 2에서의 면적, 밀도, 속도를 각각 나타낸다.

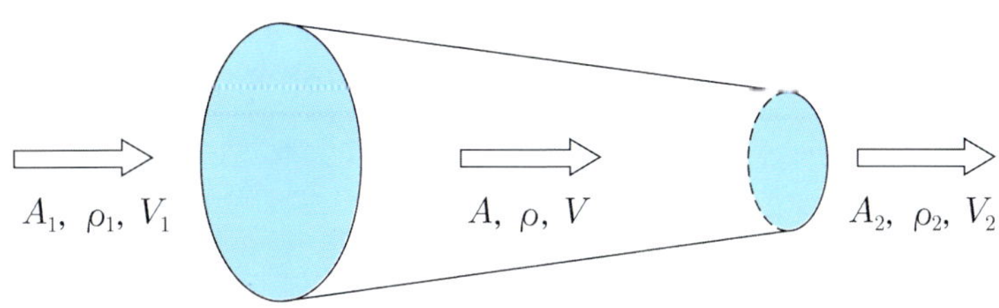

[그림 4.14]

2 체적유량, 질량유량, 중량유량

1차원 유동에서 단위 시간 동안에 흐르는 유체의 질량과 중량 및 체적은 다음과 같다.

(1) 체적유량: $Q = A V$ $[\mathrm{m^3/s}]$

(2) 질량유량: $\dot{m} = \rho A V = \rho Q$ $[\mathrm{kg/s}]$

(3) 중량유량: $G = \gamma A V = \gamma Q$ $[\mathrm{N/s}]$

† 기초유체역학에서는 비압축성 유체를 주로 취급하므로 일반적으로 많이 사용하는 것은 체적유량이다. 따라서 대부분의 경우에 있어서 단순히 '유량'이라고 하면 '체적유량'을 의미한다.

예제 4.7 안지름 0.5 m의 송유관을 평균속도 2 m/s로 기름이 흐를 때 다음을 구하라. 기름의 밀도는 900 kg/m³이다.

(1) 체적유량 (2) 질량유량 (3) 중량유량

풀이

(1) $Q = AV = \frac{\pi D^2}{4} \times V = \frac{\pi \times 0.5^2}{4} \times 2 = 0.3927\ [\mathrm{m^3/s}]$

(2) $\dot{m} = \rho AV = \rho Q = 900 \times 0.3927 = 353.4\ [\mathrm{kg/s}]$

(3) $G = \gamma AV = \gamma Q = (900 \times 9.8) \times 0.3927 = 3463.6\ [\mathrm{N/s}]$

3 1차원 정상상태 비압축성유체의 연속방정식

비압축성 유체에서는 밀도가 일정하므로 연속방정식은 다음과 같이 표현된다.[22)]

$$AV = \text{일정} \quad \cdots (4.13)$$

$$A_1 V_1 = A_2 V_2 \quad \cdots (4.14)$$

설명 연속방정식에서 '$\rho = \rho_1 = \rho_2 = \text{일정}$'이므로 '$AV = \text{일정}$'이 된다. 압축성유체를 취급할 때는 질량유량이나 중량유량을 사용하지만 물과 같은 액체의 유동과 저속($M < 0.3$)에서의 공기 유동 등에서는 체적유량을 사용한다. 식 (4.13)으로부터 단면적이 작을 때는 유속이 빨라지고, 단면적이 커지면 유속이 느려진다는 것을 알 수 있다.

[참고] 고속도로 톨게이트와 연속 방정식

고속도로 톨게이트로 진입하기 전에 차선이 여러 갈래로 나누어지는 이유는 연속법칙의 개념과 유사하다. 차와 사람은 압축할 수 없으므로 비압축성 유체에 해당된다. 따라서 도로의 단면적을 A, 차의 속도를 V라 하면 차들이 정지하지 않고 계속 달리는 경우에는 연속법칙에 의해 '$AV = \text{일정}$'이 성립한다고 할 수 있다. 그런데 톨게이트에서는 고속도로 이용료를 지불하기 위해 차를 천천히 운행($V \searrow$)해야 한다. 즉, 속도가 느리므로 면적을 크게($A \nearrow$, 여러 차선으로) 해야 고속도로 전체의 차량 소통이 원활해진다.

예제 4.8 [그림 4.15]와 같이 단면적이 변화하는 관을 비압축성 유체가 흐르고 있다. 안지름 D_1인 곳에서 평균유속이 $10\,\mathrm{m/s}$이면 안지름 D_2인 곳에서 평균유속은 얼마인가? $D_1 = 2D_2$이다.

22) 이 식은 기초유체역학에서 많이 사용되는 식이므로 잘 알아두도록 한다.

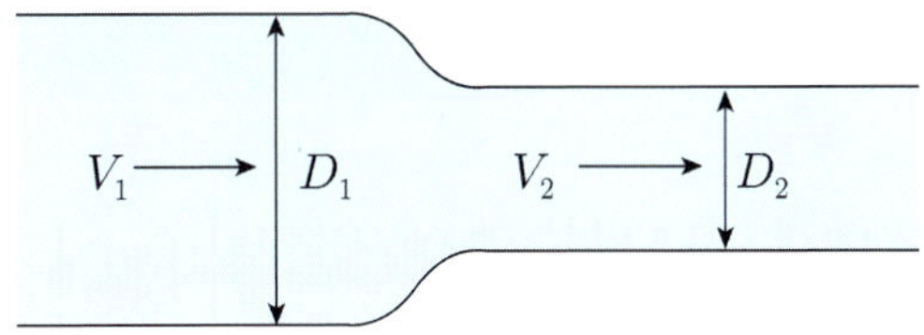

[그림 4.15]

풀이 밀도가 일정하므로 연속법칙 $Q = A_1 V_1 = A_2 V_2$에서

$$V_2 = \frac{A_1}{A_2} \times V_1 = \frac{\pi D_1^2/4}{\pi D_2^2/4} \times V_1 = \left(\frac{D_1}{D_2}\right)^2 V_1$$

$$= \left(\frac{2D_2}{D_2}\right)^2 V_1 = (2)^2 \times 10[\mathrm{m/s}] = 40\,[\mathrm{m/s}]$$

예제 4.9 단면적이 변화하는 관을 일정한 유량 $120\,\mathrm{m^3/min}$으로 비압축성 유체가 흐르고 있다. 단면적이 $0.25\mathrm{m}^2$인 곳에서 유속은 얼마인가?

풀이 SI 단위 [m, s]로 통일하여 계산한다. 체적유량 $Q = AV$ 로부터

$$V = \frac{Q}{A} = \frac{120/60}{0.25}[\mathrm{m/s}] = 8\,[\mathrm{m/s}]$$

예제 4.10 안지름 $20\,\mathrm{cm}$의 관 속에서 초당 $0.2\mathrm{m}^3$의 물이 흐르고 있을 때 레이놀즈수를 구하라. 물의 밀도(ρ)와 점성계수(μ)는 다음과 같다.

$$\rho = 1000\,\mathrm{kg/m^3},\ \mu = 1.01 \times 10^{-3}\,\mathrm{Pa \cdot s}$$

풀이 체적유량 $Q = AV$에서 $V = Q/A$이다. SI단위 [kg, m, s, Pa]로 통일하여 계산한다.

$$D = 20\,\mathrm{cm} = 0.2\mathrm{m},\ Q = 0.2\mathrm{m^3/s},\ A = \frac{\pi}{4}D^2$$

$$Re = \frac{VD}{\nu} = \frac{(Q/A) \times D}{\mu/\rho} = \frac{\rho Q}{\mu} \times \frac{D}{A}$$

$$= \frac{\rho Q}{\mu} \times \frac{D}{\pi D^2/4} = \frac{4\rho Q}{\pi \mu D}$$

$$= \frac{4(1000)(0.2)}{\pi(1.01 \times 10^{-3})(0.2)} = 1.26 \times 10^6$$

4.3 연속방정식 - 미분형

1 3차원에서 일반적인 연속방정식

3차원 직각좌표계에서 연속방정식은 다음과 같다. ρ는 유체의 밀도, u, v, w는 각각 x, y, z 방향의 속도 성분을 나타내고 속도장 $\vec{V}=u\vec{i}+v\vec{j}+w\vec{k}$이다.[23)]

(1) 일반적인 연속방정식

$$\frac{\partial \rho}{\partial t}+\frac{\partial(\rho u)}{\partial x}+\frac{\partial(\rho v)}{\partial y}+\frac{\partial(\rho w)}{\partial z}=0 \qquad \cdots(4.15)$$

또는 벡터 형식으로 표현하면

$$\frac{\partial \rho}{\partial t}+\nabla \cdot (\rho \vec{V})=0 \qquad \cdots(4.16)$$

(2) 비압축성 유체에 대한 연속방정식

$$\frac{\partial u}{\partial x}+\frac{\partial v}{\partial y}+\frac{\partial w}{\partial z}=0 \qquad \cdots(4.17)$$

또는 벡터 형식으로 나타내면

$$\nabla \cdot \vec{V}=0 \qquad \cdots(4.18)$$

증명 3차원 유동에 대한 일반적인 연속방정식은 [그림 4.16]과 같은 정지된 직육면체의 미소 검사체적에서 질량보존법칙을 적용하여 구할 수 있다.

23) 미분형 연속 방정식의 유도 과정은 참고로 하고 비압축성 유체에 대한 연속방정식 (4.17)은 알아두도록 한다.

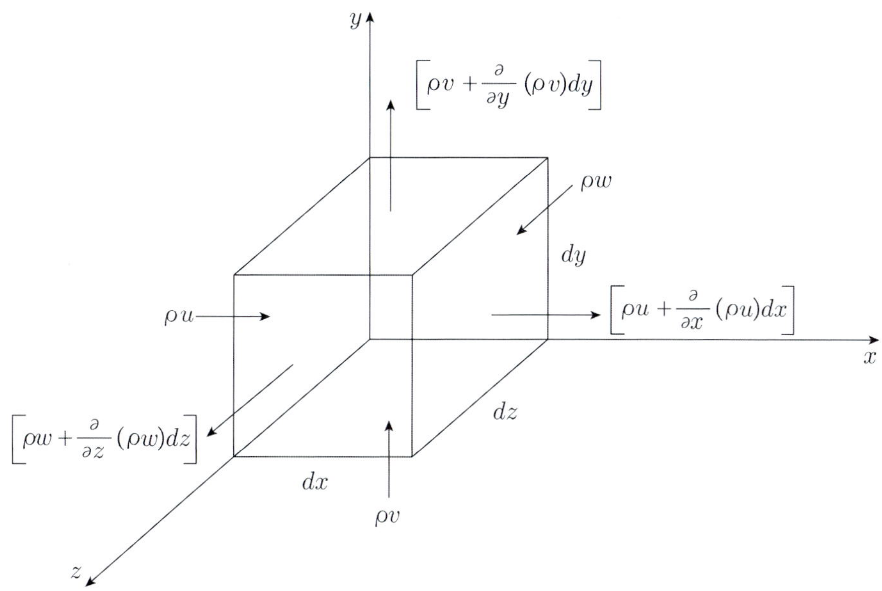

[그림 4.16]

그림에서 왼쪽 면을 통하여 유입되는 질량유량은

$$\dot{m}_{x,in} = \rho u\, dydz$$

이고, 오른쪽 면을 통하여 유출되는 질량유량은

$$\dot{m}_{x,out} = \left[\rho u + \frac{\partial(\rho u)}{\partial x}dx\right]dydz$$

이다. 따라서 x 방향을 통한 검사체적 내의 질량 증가율은

$$\dot{m}_{x,in} - \dot{m}_{x,out} = \rho u\, dydz - \left[\rho u + \frac{\partial(\rho u)}{\partial x}dx\right]dydz$$

$$= -\frac{\partial(\rho u)}{\partial x}dx\,dydz \qquad \cdots ①$$

이다. 같은 방법으로 y 방향을 통한 질량 증가율은

$$-\frac{\partial(\rho v)}{\partial y}dx\,dydz \qquad \cdots ②$$

이고, z 방향을 통한 질량 증가율은

$$-\frac{\partial(\rho w)}{\partial z}dx\,dydz \qquad \cdots ③$$

이다. 질량보존 법칙에 의해 검사면(control surface)을 통해 유입된 질량의 증가율은 검사체적(control volume) 내의 질량 증가율

$$\frac{\partial}{\partial t}(\rho dxdydz) = \frac{\partial \rho}{\partial t}dxdydz \qquad \cdots ④$$

와 같으므로 ①, ②, ③을 합하면 ④가 된다.

$$-\frac{\partial(\rho u)}{\partial x}dx\,dydz - \frac{\partial(\rho v)}{\partial y}dx\,dydz - \frac{\partial(\rho w)}{\partial z}dx\,dydz = \frac{\partial \rho}{\partial t}dx\,dydz$$

이 식의 양변을 $dxdydz$로 나누고 정리하면 다음과 같은 3차원 유동에 대한 일반적인 연속방정식이 구해진다.

$$\frac{\partial \rho}{\partial t} + \frac{\partial(\rho u)}{\partial x} + \frac{\partial(\rho v)}{\partial y} + \frac{\partial(\rho w)}{\partial z} = 0$$

위 식을 벡터표현으로 나타내면

$$\frac{\partial \rho}{\partial t} + \nabla \cdot (\rho \vec{V}) = 0$$

이다. 비압축성 유동에서 밀도 ρ가 일정하므로 $\partial\rho/\partial t = 0$이고 연속방정식은 다음과 같이 표현된다.

$$\frac{\partial u}{\partial x} + \frac{\partial v}{\partial y} + \frac{\partial w}{\partial z} = 0 \quad \text{또는} \quad \nabla \cdot \vec{V} = 0$$

2 2차원 유동에서 유동함수와 속도퍼텐셜[24)]

(1) 2차원 유동에서 비압축성 유체에 대한 연속방정식은 다음과 같다.

$$\frac{\partial u}{\partial x} + \frac{\partial v}{\partial y} = 0 \qquad \cdots (4.19)$$

(2) 2차원 유동에서 유동함수: 다음 관계식을 만족하는 $\Psi(x, y)$를 2차원 유동에서의 유동함수(흐름함수, 유선함수, streamfunction)로 정의한다.

$$u = \frac{\partial \Psi}{\partial y}, \qquad v = -\frac{\partial \Psi}{\partial x} \qquad \cdots (4.20)$$

(3) 속도퍼텐셜: 2차원 유동에서 속도퍼텐셜(velocity potential) $\phi(x, y)$는 다음과 같이 정의된다.

24) 미분으로 표현되었지만 직각좌표계에서 유동함수와 속도퍼텐셜의 정의는 알아두도록 한다.

$$u = \frac{\partial \phi}{\partial x}\ , \qquad v = \frac{\partial \phi}{\partial y} \qquad \cdots(4.21)$$

(4) Cauchy-Riemann 방정식: 2차원 유동에서 유동함수 $\Psi(x,y)$와 속도퍼텐셜 $\phi(x,y)$는 다음 관계를 갖는다.

$$\frac{\partial \phi}{\partial x} = \frac{\partial \Psi}{\partial y}\ , \qquad \frac{\partial \phi}{\partial y} = -\frac{\partial \Psi}{\partial x} \qquad \cdots(4.22)$$

설명 비압축성 유체의 정상상태 평면 2차원 유동은 실질적으로 많이 취급되는 중요한 유동 중의 하나이다. 평면 2차원 유동은 xy 평면에서 속도 성분이 u, v의 두 개만 있는 경우이다. 이와 같은 2차원 비압축성 유체의 평면유동에서 유동함수를 정의하고 이를 연속방정식에 대입하면 다음과 같다.

$$\frac{\partial u}{\partial x} + \frac{\partial v}{\partial y} = \frac{\partial}{\partial x}\left(\frac{\partial \Psi}{\partial y}\right) + \frac{\partial}{\partial y}\left(-\frac{\partial \Psi}{\partial x}\right) = \frac{\partial^2 \Psi}{\partial x \partial y} - \frac{\partial^2 \Psi}{\partial y \partial x} = 0$$

따라서 속도 성분이 유동함수로 정의될 수 있다면 연속방정식이 자동적으로 만족된다는 것을 알 수 있다. 즉, 유체 역학 문제를 이론적으로 해석할 때 두 개의 미지함수 $u(x,y)$, $v(x,y)$를 취급하는 것보다 하나의 미지함수 $\Psi(x,y)$를 취급하는 것이 해석을 단순화시키므로 실제 해석에서 많이 이용된다.

유동함수를 사용할 때 또 다른 하나의 이점은 함수 $\Psi(x,y)$가 일정한 선들은 유선(streamline)이라는 것이다. 유선은 유동장의 모든 곳에서 속도벡터에 접하는 선들이다. 유선의 정의에 의해 유선 상의 점에 대해

$$\frac{dx}{u} = \frac{dy}{v}$$

$$-vdx + udy = 0 \qquad \cdots①$$

이다. 식 ①에 의해 함수 $\Psi(x,y)$의 전 미분은

$$d\Psi = \frac{\partial \Psi}{\partial x}dx + \frac{\partial \Psi}{\partial y}dy = -vdx + udy$$

이므로 유선 상의 점에서

$$d\Psi = 0 \qquad \cdots②$$

이 된다. 따라서

$$\Psi(x,y) = C \quad (C\text{는 상수}) \qquad \cdots(4.23)$$

는 하나의 유선을 나타낸다는 것을 알 수 있다.

이론적 또는 수치 해석을 통하여 유동함수를 구한 후 유동함수의 값이 같은 점들을 도시하면 유선이 된다. 따라서 유동의 양상을 시각적으로 쉽게 알 수 있으므로 2차원 문제를 해석할 때 유동함수를 많이 사용한다.

일반적으로 유동함수는 $\Psi(x, y, t)$이며 2차원 비정상상태의 비압축성 유동에서도 사용된다. 비정상 상태의 유선은 시간에 따라 계속 변화하는데 어떤 주어진 시간($t = t_1$)에 대한 유선을 그 시간에서의 순간유선(instantaneous streamline)이라고 한다.

[참고 1] 극좌표계에서 유동함수

극좌표계(polar coordinate) (r, θ)에서 비압축성 평면 2차원 유동에 대한 연속방정식과 유동함수의 정의는 다음과 같다.

$$\frac{1}{r}\frac{\partial(rv_r)}{\partial r}+\frac{1}{r}\frac{\partial v_\theta}{\partial \theta}=0$$

$$v_r=\frac{\partial \Psi}{r\partial \theta},\quad v_\theta=-\frac{\partial \Psi}{\partial r}$$

v_r과 v_θ는 각각 반지름 방향과 접선방향(각도방향)의 속도 성분을 나타낸다.

[참고 2] 3차원에서 속도퍼텐셜

일반적인 3차원 직각 좌표계에서

$$u=\frac{\partial \phi}{\partial x}\ ,\quad v=\frac{\partial \phi}{\partial y}\ ,\quad w=\frac{\partial \phi}{\partial z}$$

을 만족하는 $\phi(x, y, z)$를 속도퍼텐셜이라 한다. 이 관계식을 벡터 형식으로 쓰면 다음과 같다.

$$\overrightarrow{V}=\nabla\phi \qquad \cdots①$$

식 ①을 연속방정식에 대입하면 속도퍼텐셜은 다음 관계식을 만족한다.

$$\nabla^2\phi=0$$

$$\frac{\partial^2\phi}{\partial x^2}+\frac{\partial^2\phi}{\partial y^2}+\frac{\partial^2\phi}{\partial z^2}=0 \qquad \cdots②$$

식 ②는 'Laplace 방정식'이라고 하며 공학과 물리학의 여러 영역에서 나타나는 미분방정식이다. 한편 속도퍼텐셜을 $\overrightarrow{V}=-\nabla\phi$로 정의하기도 한다.

예제 4.11 다음과 같이 주어지는 속도장이 xy 평면에서 정상상태 2차원 비압축성 유체의 연속방정식을 만족하는가를 판정하라.

(a) $u = 4y,\ v = 3x$　　　　(b) $u = 2x,\ v = -2y$

풀이 주어진 속도 성분을 정상상태 2차원 비압축성 유체의 연속방정식에 대입한다.

(a) $\dfrac{\partial u}{\partial x} + \dfrac{\partial v}{\partial y} = \dfrac{\partial(4y)}{\partial x} + \dfrac{\partial(3x)}{\partial y} = 0 + 0 = 0$

(b) $\dfrac{\partial u}{\partial x} + \dfrac{\partial v}{\partial y} = \dfrac{\partial(2x)}{\partial x} + \dfrac{\partial(-2y)}{\partial y} = 2 - 2 = 0$

(a), (b) 모두 연속방정식 $\dfrac{\partial u}{\partial x} + \dfrac{\partial v}{\partial y} = 0$을 만족한다.

예제 4.12 xy 평면에서 정상상태 2차원 비압축성 유체의 x 방향 속도 성분이 $u = Ax$일 때 y 방향 속도 성분 v를 구하라. A는 상수이다.

풀이 정상상태 2차원 비압축성 유체의 연속방정식으로부터

$$\frac{\partial u}{\partial x} + \frac{\partial v}{\partial y} = \frac{\partial(Ax)}{\partial x} + \frac{\partial v}{\partial y} = A + \frac{\partial v}{\partial y} = 0$$

$$\therefore \quad \frac{\partial v}{\partial y} = -A \qquad \cdots ①$$

이다. 식 ①을 적분하면 y 방향 속도 성분 v는 다음과 같다.

$$v = \int(-A)dy = -Ay + f(x) \qquad \cdots ②$$

여기에서 $f(x)$는 x에 대한 임의의 함수이다. 간단한 형태의 해로 $f(x) = 0$일 때 속도장은 $\overrightarrow{V} = u\vec{i} + v\vec{j} = Ax\vec{i} - Ay\vec{j}$가 되고, 이 유동은 [예제 4.2]의 평면정체유동을 나타낸다.

예제 4.13 유동함수 $\Psi = y - x^2$인 유동장이 있다. $\Psi = 0$, $\Psi = 2$, $\Psi = 5$인 유선을 도시하고 점 $(1,\ 1)$에서 속도벡터와 속도의 크기를 구하라.

풀이 주어진 유동함수의 값에 대한 유선의 방정식은 다음과 같다.

$$\Psi = 0:\ y - x^2 = 0 \quad \therefore\ y = x^2$$
$$\Psi = 2:\ y - x^2 = 2 \quad \therefore\ y = x^2 + 2$$
$$\Psi = 5:\ y - x^2 = 5 \quad \therefore\ y = x^2 + 5$$

위의 유선들은 모두 [그림 4.17]과 같이 y축에 대해 대칭인 포물선들이다.

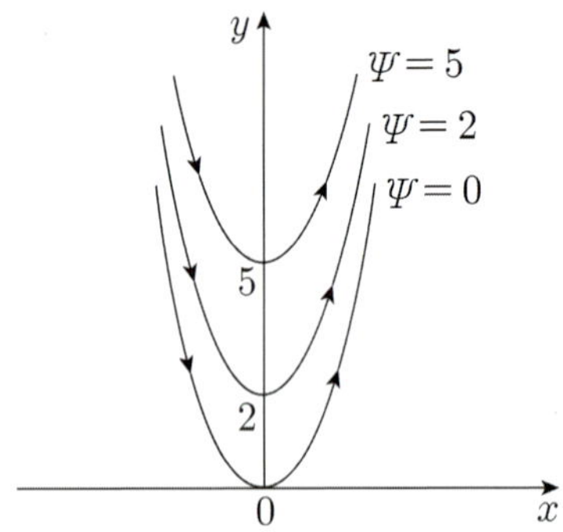

[그림 4.17] 유선

유동함수의 정의에 의해 x, y방향의 속도성분은

$$u = \frac{\partial \Psi}{\partial y} = \frac{\partial}{\partial y}(y - x^2) = 1$$

$$v = -\frac{\partial \Psi}{\partial x} = -\frac{\partial}{\partial x}(y - x^2) = -(-2x) = 2x$$

이므로 $x = 1$, $y = 1$일 때 $u = 1$, $v = 2$이다. 따라서 점 $(1, 1)$에서 속도벡터와 속도의 크기는 다음과 같다.

$$\vec{V} = u\vec{i} + v\vec{j} = \vec{i} + 2\vec{j}$$

$$|\vec{V}| = \sqrt{u^2 + v^2} = \sqrt{1^2 + 2^2} = \sqrt{5}$$

예제 4.14 속도퍼텐셜이 $\phi = x - 2y + 3xy$일 때 x, y 방향의 속도 성분을 구하고, 이 속도장이 2차원 비압축성 유체의 연속방정식을 만족하는가를 조사하라.

풀이 속도퍼텐셜의 정의에 의해 x, y 방향의 속도 성분은

$$u = \frac{\partial \phi}{\partial x} = \frac{\partial}{\partial x}(x - 2y + 3xy) = 1 + 3y$$

$$v = \frac{\partial \phi}{\partial y} = \frac{\partial}{\partial y}(x - 2y + 3xy) = -2 + 3x$$

이다. 이 식을 연속방정식에 대입하면

$$\frac{\partial u}{\partial x} + \frac{\partial v}{\partial y} = \frac{\partial}{\partial x}(1 + 3y) + \frac{\partial}{\partial y}(-2 + 3x) = 0 + 0 = 0$$

이므로 연속방정식을 만족한다.

4.4 1차원유동 - Euler 방정식

정상상태 비점성 유동에서 유선을 따라 성립하는 다음 관계식을 1차원 Euler 방정식이라 한다.25)

$$\frac{dP}{\rho} + VdV + g\,dz = 0 \qquad \cdots(4.24)$$

밀도가 균일할 때 Euler 방정식은 다음과 같이 쓸 수 있다.

$$d\left(\frac{P}{\gamma} + \frac{V^2}{2g} + z\right) = 0 \qquad \cdots(4.25)$$

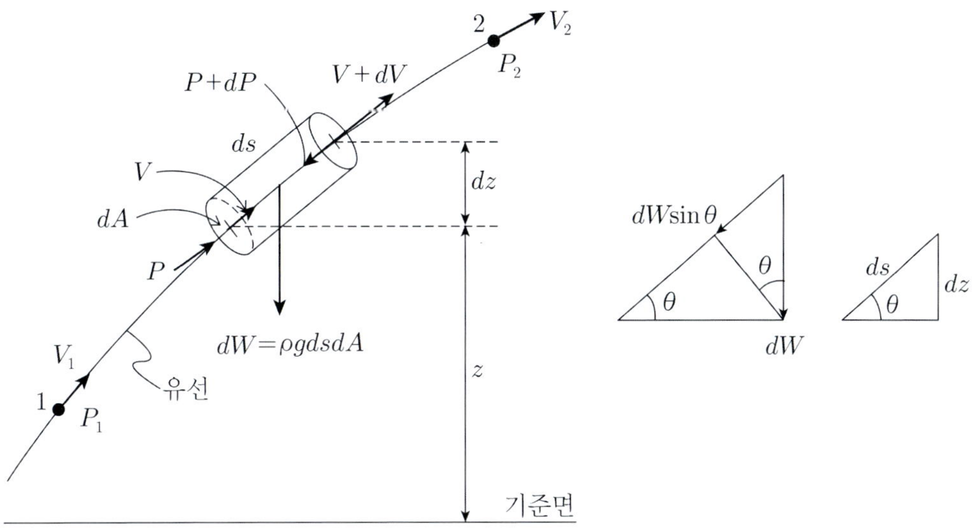

[그림 4.18]

증명 [그림 4.18]과 같이 하나의 유선 위에서 단면적 dA, 길이 ds의 작은 원통형 유체 요소를 고려한다. 비점성 유동에서 마찰력이 없으므로 유체 요소에 작용하는 힘은 요소의 양 단면에 작용하는 압력 힘과 요소의 중량이다.

먼저 운동 방향(↗)으로의 압력 힘은

$$PdA - (P+dP)dA = -dPdA \qquad \cdots①$$

이다. 그리고 요소의 질량은

25) 식의 유도 과정은 참고로 하고 이 식으로부터 유도되는 베르누이 방정식을 잘 알아두도록 한다.

$$m = \rho\, ds\, dA$$

이므로 요소의 무게에 의한 힘의 운동 방향(↗) 성분은

$$-mg\sin\theta = -(\rho\, ds\, dA)g\frac{dz}{ds} = -\rho g\, dA\, dz \qquad \cdots ②$$

이다. 한편 기초운동학으로부터 요소의 가속도는

$$a = \frac{dV}{dt} = \frac{ds}{dt}\frac{dV}{ds} = V\frac{dV}{ds}$$

이므로

$$ma = (\rho\, ds\, dA)\left(V\frac{dV}{ds}\right) = \rho V dA\, dV \qquad \cdots ③$$

이다. 식 ①~③으로부터 운동 방향(↗)으로 뉴턴 운동법칙($\sum F = ma$)을 적용하면

$$-dP dA - \rho g\, dA\, dz = \rho\, V dA dV \qquad \cdots ④$$

가 된다. 위 식의 양변을 ρdA로 나누고 정리하면 다음과 같은 Euler 방정식이 얻어진다.

$$\frac{dP}{\rho} + VdV + g\,dz = 0 \qquad \cdots ⑤$$

식 ⑤를 1차원 Euler 방정식이라 하며, 비압축성 유동에 대해서는 보통 중력가속도 g로 나누고 다음과 같이 나타낸다. 비중량 $\gamma = \rho g$이다.

$$\frac{dP}{\gamma} + d\left(\frac{V^2}{2g}\right) + dz = 0 \qquad \cdots ⑥$$

또는 균일 밀도의 유동에 대해서는 다음과 같이 쓸 수 있다.

$$d\left(\frac{P}{\gamma} + \frac{V^2}{2g} + z\right) = 0 \qquad \cdots ⑦$$

4.5 베르누이 방정식

1 베르누이 방정식

균일 밀도 유체의 비압축성 유동에 대하여 1차원 Euler 방정식을 동일 유선 상의 두 점 1과 2 사이에서 적분하면 다음과 같은 식이 얻어진다.[26]

$$\frac{P_1}{\gamma}+\frac{V_1^2}{2g}+z_1=\frac{P_2}{\gamma}+\frac{V_2^2}{2g}+z_2 \qquad \cdots(4.26)$$

점 1과 2는 동일 유선 상의 임의의 점이므로 다음 식은 동일 유선 상에 있는 모든 점들에 대하여 성립한다.

$$\frac{P}{\gamma}+\frac{V^2}{2g}+z=H \text{ (일정)} \qquad \cdots(4.27)$$

위 식은 베르누이 방정식(Bernoulli equation)으로 알려져 있고, 베르누이 상수 H는 전수두 또는 전 헤드(total head)라고 한다.

베르누이 방정식은 기초유체역학에서 아주 많이 사용하는 식인데 이 식이 성립하기 위해서는 다음의 여러 가지 조건이 만족되어야 한다.

(1) 정상유동: 시간에 따른 변화가 없고 일정한 상태를 유지해야 한다.

(2) 비점성유동: 흐름의 과정에서 마찰 손실이 없어야 한다.

(3) 비압축성 유동: 마하수 $M<0.3$이면 적용가능하다.

(4) 단일 유선을 따라서 적용된다: 유선마다 $\frac{P}{\gamma}+\frac{V^2}{2g}+z$의 값이 다를 수 있다.

(5) 단면 1과 2 사이에 축일이 없다: 유선 위에 설치된 펌프나 터빈이 없다.

(6) 단면 1과 2 사이에 열전달이 없다: 흐름 중에 주위로부터 열이 공급되거나 유체로부터 주위로 열이 방출되지 않는다.

[참고] 달리는 기차 주변의 물체는 왜 기차로 빨려들까?

기차가 고속으로 달릴 때 철로 옆에 있으면 위험하다. 벽 점착 조건과 공기의 점성에 의해 기차 주변의 공기속도는 기차의 속도에 따라서 증가한다. 기차 바로 주변 지점을 1, 기차로부터

---

26) 식의 유도과정은 참고로 하고, 이 공식의 의미, 적용 및 응용 방법을 익히도록 한다.

멀리 떨어진 속도 0인 지점의 대기압을 P_a로 하여 베르누이 방정식을 적용하면 $\frac{P_1}{\gamma}+\frac{V_1^2}{2g}=\frac{P_a}{\gamma}$가 된다. 따라서 V_1이 증가하면 P_1은 감소한다. 즉, $P_1 < P_a$이고 기차의 속도가 클수록 압력 차이($P_a - P_1$)는 더 커진다. 이에 따라 압력이 낮은 기차 쪽으로 물체가 빨려들게 된다. 이것은 가솔린 기관의 기화기 원리와 같다.

2 수두

베르누이 방정식에 나타나는 항들은 유체의 단위 중량당 에너지를 나타내며 각 항들과 그들의 조합을 다음과 같이 부른다.

(1) $\frac{P}{\gamma}$: 압력수두 (pressure head)

(2) $\frac{V^2}{2g}$: 속도수두(velocity head)

(3) z: 위치수두(potential head) 또는 높이수두(elevation head)

(4) $\frac{P}{\gamma}+z$: 피에조미터수두 (piezo metric head)

(5) $\frac{P}{\gamma}+\frac{V^2}{2g}+z$: 전 수두(total head)

설명 압력수두는 비중량 γ의 유체가 압력 P를 만들어내는 유체기둥의 높이 h ($P=\gamma h$)에 해당되고, 속도수두는 마찰이 없을 때 정지 상태로부터 자유낙하 하여 속도가 V가 될 때까지의 낙하 거리 h ($mgh = mV^2/2$에서 $h = V^2/2g$)가 된다. 단위 중량당 에너지는 길이의 차원을 갖는다. 베르누이 방정식의 세 항의 단위는

$$\left[\frac{P}{\gamma}\right]=\frac{\mathrm{N/m^2}}{\mathrm{N/m^3}}=\mathrm{m},\quad \left[\frac{V^2}{g}\right]=\frac{(\mathrm{m/s})^2}{\mathrm{m/s^2}}=\mathrm{m},\quad [z]=\mathrm{m}$$

이다. 펌프나 터빈을 해석할 때 일반적으로 수두를 사용한다.

관 내부를 흐르는 마찰이 없는 유동에 대하여 시각적으로 수두를 나타내면 [그림 4.19]와 같다. 그림에서 피에조미터수두 $\left(\frac{P}{\gamma}+z\right)$를 연결한 선을 수력기울기선(hydraulic gradient line; H.G.L)이라 하고, 전수두 $\left(\frac{P}{\gamma}+\frac{V^2}{2g}+z\right)$를 나타내는 선을 에너지선(energy line; E.L)이라 한다.

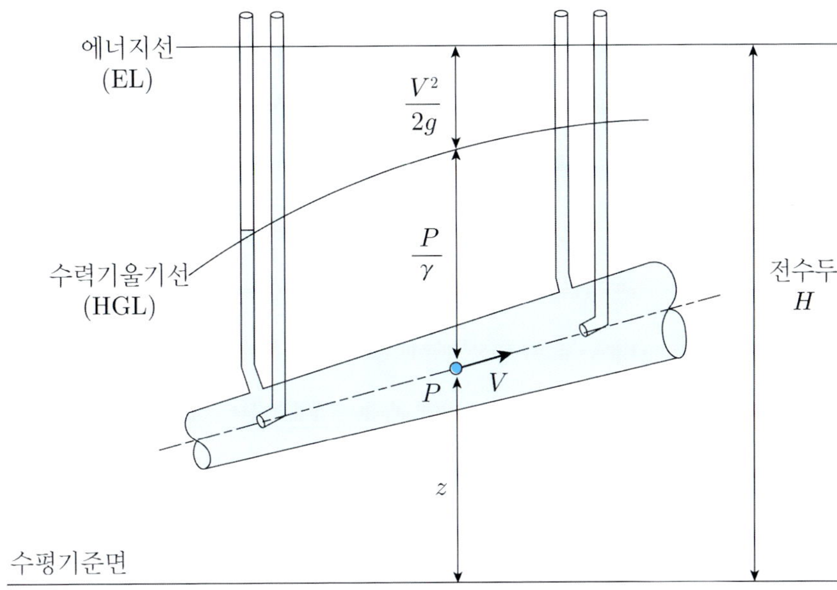

[그림 4.19]

피투(Pitot)의 실험에 의하면 속도수두 $\frac{V^2}{2g}$과 압력수두 $\frac{P}{\gamma}$의 합은 유동 중에 흐름의 방향에 수직하게 아주 작은 개구관(Pitot 관)을 놓음으로써 측정할 수 있다. 그러므로 베르누이 방정식은 액체에 대하여 그림과 같이 가시화할 수 있다. 여기에서 세 항들의 합인 전수두는 수평기준면과 에너지선 사이의 거리이고, 피에조미터 기둥의 정상부를 통과하며 그려진 피에조미터수두선(piezo metric head line) 또는 수력기울기선은 유동에서의 압력변화의 모습을 보여준다. 마찰 손실이 없을 때 에너지 선의 높이가 일정하다. 손실이 있는 경우에는 흐름 방향으로 나아갈수록 손실 수두만큼 에너지 선의 높이가 낮아진다.

3 정압, 동압, 정체압력

운동에너지와 위치에너지를 압력으로 환산하여 베르누이 방정식을 쓰면 다음과 같다.

$$P+\frac{\rho V^2}{2}+\gamma z = \text{일정} \quad \cdots(4.28)$$

식 (4.28)에서 P를 정압(static pressure), $\frac{\rho V^2}{2}$을 동압(dynamic pressure)이라 하고, $P+\frac{\rho V^2}{2}$을 정체압력(stagnation pressure) 또는 전압(total pressure) 이라 한다.

예제 4.15 **[베르누이 방정식]** 동일한 유선 위에 두 점 ①과 ②가 있다. 점 ①에서 압력이 150kPa이고, 점 ②에서 압력이 100kPa이며 유속이 10m/s일 때 점 ①에서 유속을 구하라. 점 ②는 ①보다 2m 높은 곳에 있고, 유체의 밀도는 1000kg/m^{3}이고 중력가속도는 9.8m/s^{2}이며 손실은 무시한다.

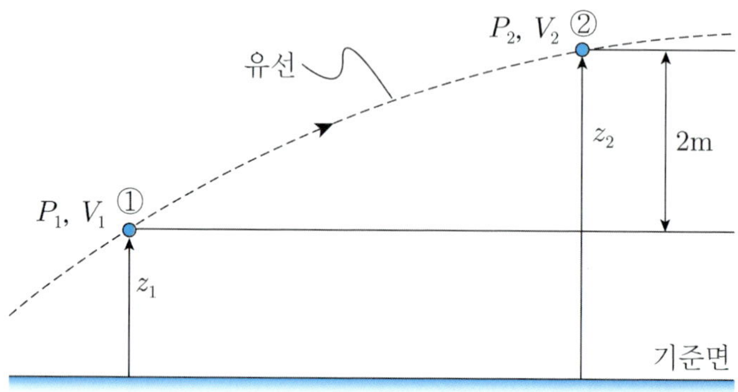

[그림 4.20]

풀이 두 점 ①, ② 사이에 베르누이 정리를 적용하여 유속 V_1을 구한다. 기준면으로부터의 거리를 각각 z_1, z_2라 하면 $z_2 - z_1 = 2\,\mathrm{m}$이다.

$$\frac{P_1}{\gamma} + \frac{V_1^2}{2g} + z_1 = \frac{P_2}{\gamma} + \frac{V_2^2}{2g} + z_2$$

$$\frac{V_1^2}{2g} = \frac{V_2^2}{2g} + \frac{P_2 - P_1}{\gamma} + (z_2 - z_1)$$

$$\therefore \quad V_1 = \sqrt{V_2^2 + \frac{2(P_2 - P_1)}{\rho} + 2g(z_2 - z_1)}$$

$$= \sqrt{10^2 + \frac{2(100 - 150) \times 10^3}{1000} + 2(9.8)(2)}\ [\mathrm{m/s}]$$

$$= 6.26\,[\mathrm{m/s}]$$

예제 4.16 **[베르누이 방정식]** [그림 4.21]과 같이 기울어진 관 내부를 유체가 흐르고 있다. 점 ①에서 압력이 120kPa이고 유속이 3m/s이며, 점 ②에서 유속은 5m/s이다. 두 지점의 높이 차이 $h = 2\mathrm{m}$일 때 점 ②에서의 압력을 구하라. 유체의 밀도는 1000kg/m^{3}이고 중력가속도는 9.8m/s^{2}이며 손실은 무시한다.

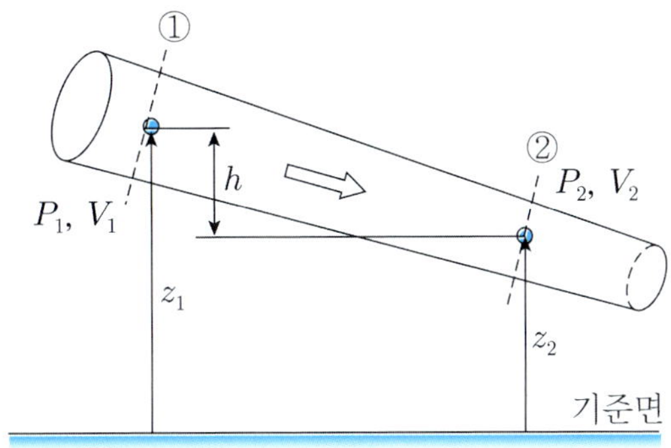

[그림 4.21]

풀이 두 점 ①, ② 사이에 베르누이 정리를 적용하여 압력 P_2를 구한다. 기준면으로부터의 거리를 각각 z_1, z_2라 하면 $z_1 - z_2 = h$이다.

$$\frac{P_1}{\gamma} + \frac{V_1^2}{2g} + z_1 = \frac{P_2}{\gamma} + \frac{V_2^2}{2g} + z_2$$

$$\begin{aligned} \therefore \ P_2 &= P_1 + \frac{\gamma(V_1^2 - V_2^2)}{2g} + \gamma(z_1 - z_2) \\ &= P_1 + \frac{\rho(V_1^2 - V_2^2)}{2} + \rho g(z_1 - z_2) \\ &= 120 + \frac{1000(3^2 - 5^2)}{2} \times \frac{1}{1000} + (1000 \times 9.8 \times 2) \times \frac{1}{1000} \ [\text{kPa}] \\ &= 131.6 \ [\text{kPa}] \end{aligned}$$

예제 4.17 **[연속방정식과 베르누이 방정식]** 수평으로 놓인 단면적이 변화하는 관 내부를 비압축성 유체가 흐르고 있다. 단면적 400cm^2인 곳에서 유속이 2m/s이고 압력이 150kPa일 때 단면적 100cm^2인 곳에서의 압력을 구하라. 유체의 밀도는 1000kg/m^3이고 손실이 없는 것으로 가정한다.

풀이 단면적 400cm^2, 100cm^2인 면을 각각 1, 2라 한다. 먼저 연속방정식으로부터 2에서의 유속을 구한다.

$$Q = A_1 V_1 = A_2 V_2$$

$$\therefore \ V_2 = \frac{A_1}{A_2} V_1 = \frac{400}{100} \times 2 = 8 \ [\text{m/s}]$$

다음에 1, 2 사이에 베르누이 방정식을 적용하여 2에서의 압력을 구한다.

$$\frac{P_1}{\gamma}+\frac{V_1^2}{2g}+z_1=\frac{P_2}{\gamma}+\frac{V_2^2}{2g}+z_2$$

(← 수평관이므로 $z_1=z_2$)

$$\frac{P_2}{\gamma}=\frac{P_1}{\gamma}+\frac{V_1^2-V_2^2}{2g}$$

$$\therefore\quad P_2=P_1+\frac{\gamma(V_1^2-V_2^2)}{2g}\qquad(\leftarrow\gamma=\rho g)$$

$$=P_1+\frac{\rho(V_1^2-V_2^2)}{2}$$

$$=150+\frac{1000(2^2-8^2)}{2}\times\frac{1}{1000}\ [\mathrm{kPa}]$$

$$=120\ [\mathrm{kPa}]$$

예제 4.18 [개수로 유동] 그림과 같이 댐을 지나 유체가 흐르고 있을 때 상류와 하류 수심 h_1과 h_2에서 유속 V_1과 V_2를 구하라. 유체는 마찰이 없는 이상유체이고 중력가속도는 g이다.[27]

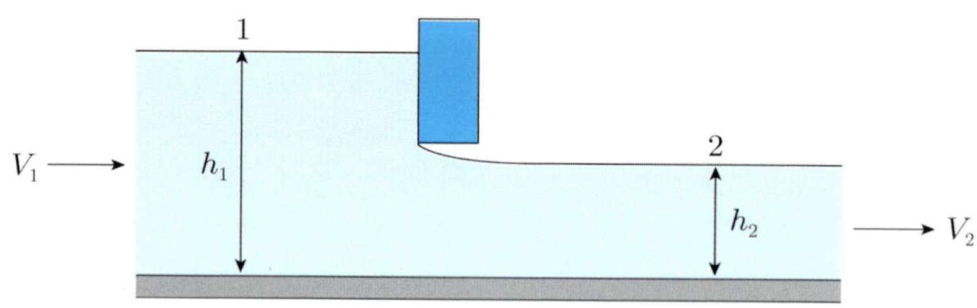

[그림 4.22] 개수로 유동

풀이 댐의 폭을 b라 하면 연속방정식으로부터

$$Q=bh_1V_1=bh_2V_2$$

$$\therefore\quad V_1=\frac{h_2}{h_1}V_2\qquad\cdots①$$

이다. 상류와 하류 수면 위의 두 점을 각각 1, 2로 하여 베르누이 방정식을 적용한다. 이때 수면 압력은 모두 대기압 $P_1=P_2=P_{atm}$이므로 베르누이 방정식은 다음과 같이 표현된다.

---

27) 이 예제의 결과 식은 6장에서 사용된다.

$$\frac{V_1^2}{2g}+h_1=\frac{V_2^2}{2g}+h_2 \qquad \cdots ②$$

식 ①을 식 ②에 대입하여 풀면 다음과 같이 유속이 구해진다.

$$V_1=\sqrt{\frac{2gh_2^2}{h_1+h_2}}, \quad V_2=\sqrt{\frac{2gh_1^2}{h_1+h_2}} \qquad \cdots ③$$

4.6 베르누이 방정식 응용

1 오리피스 유량계

[그림 4.23]과 같은 저장탱크의 유체 출구에 오리피스(orifice)를 설치하여 탱크로부터 유출되는 유량을 구해본다. 수면으로부터 출구까지의 깊이는 h이고, 오리피스 단면적은 A이다.

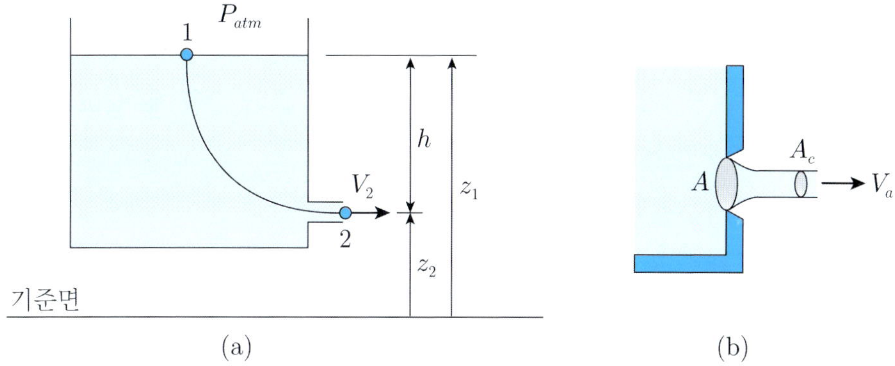

[그림 4.23]

탱크의 수면을 1, 오리피스의 출구를 2로 하여 점 1과 2를 잇는 유선에서 베르누이 정리를 적용한다.

$$\frac{P_1}{\gamma}+\frac{V_1^2}{2g}+z_1=\frac{P_2}{\gamma}+\frac{V_2^2}{2g}+z_2 \qquad \cdots ①$$

탱크의 단면적이 오리피스 단면적보다 아주 클 때 수면의 하강 속도 $V_1 \approx 0$이고, 공기의 무게를 무시하면 수면과 오리피스의 출구는 모두 같은 대기압 상태($P_1=P_2=P_{atm}$)에 있다. 따라서 식 ①은

$$\frac{P_{atm}}{\gamma}+0+z_1=\frac{P_{atm}}{\gamma}+\frac{V_2^2}{2g}+z_2$$

$$\frac{V_2^2}{2g}=z_1-z_2 \qquad \cdots ②$$

가 된다. 식 ②에서 $z_1-z_2=h$이므로 오리피스 출구에서 분출 속도는

$$V_2=\sqrt{2gh} \qquad \cdots ③$$

이다. 식 ③은 토리첼리(E. Torricelli)에 의해 발견되었으므로 토리첼리의 정리라고 한다.

이상에서 살펴본 결과에 의하면 수면 아래 h에 설치한 단면적 A인 오리피스에서 유출되는 이론적인 유체의 속도 V와 유량 Q는 다음과 같다.

$$V=\sqrt{2gh} \qquad \cdots (4.29)$$

$$Q=AV=A\sqrt{2gh} \qquad \cdots (4.30)$$

그런데 실제유체는 점성을 가지고 있고 이로 인하여 마찰 손실이 발생한다. 따라서 속도는 이론속도보다 작은 값을 갖게 되고, 분출되는 유체의 단면적 또한 오리피스 단면적보다 작아진다. 이와 같은 것을 보정하기 위하여 다음과 같이 속도계수 C_v와 수축 계수(coefficient of contraction) C_c를 도입한다.

실제 유출 속도를 V_a라 하면

$$V_a=C_vV=C_v\sqrt{2gh} \qquad \cdots (4.31)$$

이다. 일반적으로 물의 속도계수는 실험에 의하여 $0.93\sim0.98$로 알려져 있다. 같은 방법으로, 실제 분출되는 유체의 단면적을 A_c라 하면

$$A_c=C_cA \qquad \cdots (4.32)$$

이다. 물의 경우 수축계수는 $0.5\sim1$로 알려져 있다. 따라서 오리피스에서 유출되는 실제 유량은

$$Q_a=A_cV_a=(C_cA)(C_vV)=C_cC_vAV=C_dA\sqrt{2gh}$$

$$Q_a=C_dA\sqrt{2gh} \qquad \cdots (4.33)$$

로 구해진다. 여기에서

$$C_d = C_c C_v \qquad \cdots (4.34)$$

를 유량계수라 한다. 실험에 의해 측정된 물의 유량계수는 0.58 ~ 0.68 정도의 값을 갖는다.

[베나 콘트랙타]

점성의 영향으로 인하여 [그림 4.24]와 같이 분출되는 유체의 단면적이 일정하지 않게 되는 현상이 발생한다. 이때 오리피스 유출부에서 분출되는 유체의 단면적이 최소인 부분을 베나 콘트랙타(vena contracta, 축맥)라 한다.

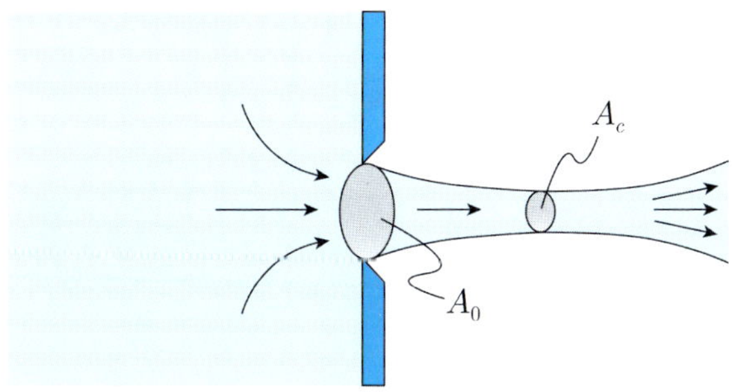

[그림 4.24]

베나 콘트랙타 단면적과 오리피스 단면적을 각각 A_c와 A_o라 하면 일반적으로 수축계수 '$C_c = \dfrac{A_c}{A_o}$' 로 정의한다. [그림 4.25]에 몇 가지 형상의 오리피스에 대해 실험적으로 얻은 수축계수 값들을 나타내었다.

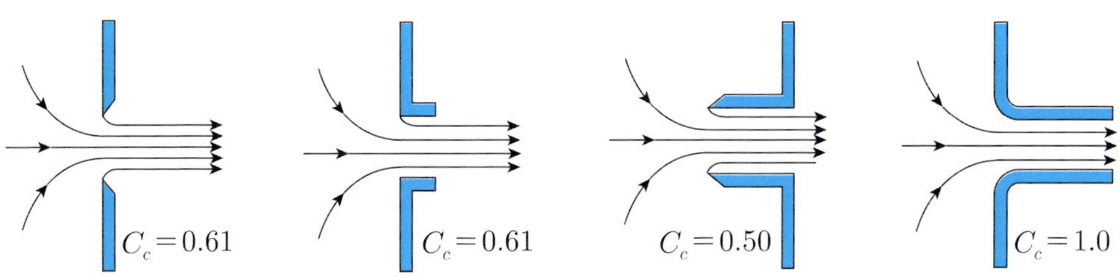

[그림 4.25]

예제 4.19 [그림 4.26]과 같이 탱크의 바닥에 설치한 지름 $d = 20\,\text{cm}$의 구멍을 통하여 물이 유출되고 있다. 수위를 $h = 4\,\text{m}$로 일정하게 유지하기 위하여 탱크에 공급해야 할 유량 Q를 구하라. 손실은 없다고 가정한다.

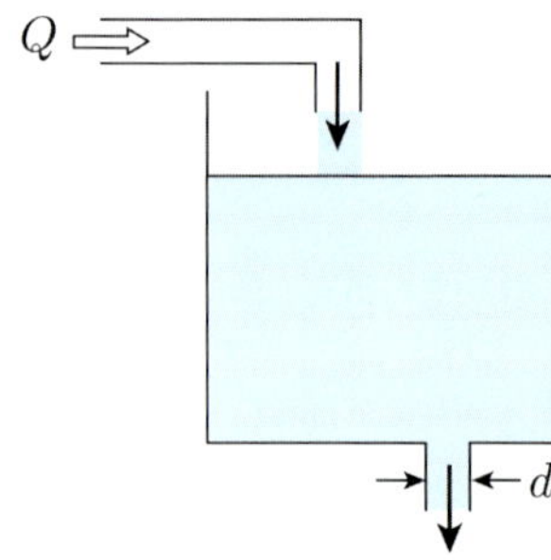

[그림 4.26]

풀이 연속 법칙에 의해 바닥으로부터 유출되는 물의 양만큼 상부를 통하여 물을 공급해야 수위가 일정하게 유지된다. 따라서 공급해야 할 유량은 다음과 같다.

$$Q = A\sqrt{2gh} = \frac{\pi d^2}{4}\sqrt{2gh}$$

$$= \frac{\pi(0.2)^2}{4} \times \sqrt{2(9.8)(4)}\,[\mathrm{m^3/s}] = 0.278\,[\mathrm{m^3/s}]$$

2 벤투리 유량계

벤투리 유량계(Venturi meter)는 단면적의 변화에 따른 압력 차이를 이용하여 유량을 측정하는 장치이다. 그림과 같이 확대관에 축소관을 연결하면 축소부분에서는 유체가 가속되어 압력이 떨어지게 되고, 이 압력강하를 액주계로 측정하면 유량을 구할 수 있다.

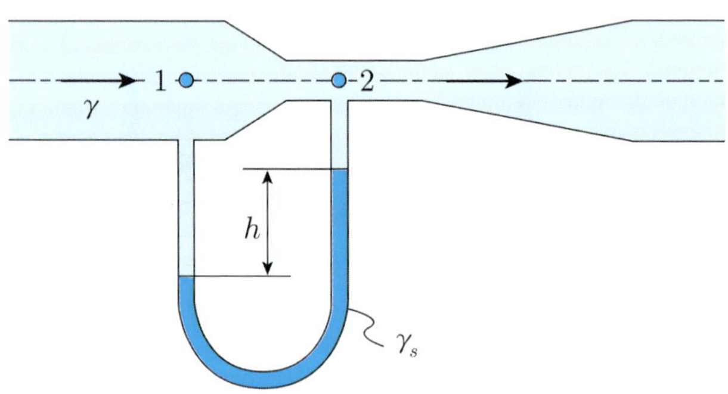

[그림 4.27] 벤투리 유량계

마찰 손실을 무시하고 두 점 1, 2 사이에 베르누이 방정식을 적용하면 다음과 같다. 관은 수평으로 놓여 있으므로 $z_1 = z_2$이다.

$$\frac{P_1}{\gamma}+\frac{V_1^2}{2g}=\frac{P_2}{\gamma}+\frac{V_2^2}{2g} \qquad \cdots ①$$

연속방정식에서 유량은

$$Q=A_1V_1=A_2V_2$$

이므로 단면 1, 2의 지름을 각각 D_1, D_2라 하면

$$\frac{\pi}{4}D_1^2V_1=\frac{\pi}{4}D_2^2V_2$$

$$\therefore \quad V_1=\left(\frac{D_2}{D_1}\right)^2V_2 \qquad \cdots ②$$

이다. 식 ②를 식 ①에 대입하여 정리하면

$$\frac{P_1-P_2}{\gamma}=\frac{V_2^2}{2g}\left[1-\left(\frac{D_2}{D_1}\right)^4\right] \qquad \cdots ③$$

이므로 단면 2에서의 속도는

$$V_2=\frac{1}{\sqrt{1-(D_2/D_1)^4}}\sqrt{2g\frac{(P_1-P_2)}{\gamma}} \qquad \cdots ④$$

가 된다. 식 ④에서 압력수두 차이 $(P_1-P_2)/\gamma$를 알면 V_2를 구할 수 있는데 이것은 그림과 같이 설치한 액주계의 높이 차이(h)를 읽어서 구한다.

$$P_1+\gamma h=P_2+\gamma_s h$$

$$\therefore \quad \frac{P_1-P_2}{\gamma}=h\left(\frac{\gamma_s}{\gamma}-1\right) \qquad \cdots ⑤$$

이다. 식 ⑤를 ④에 대입하면

$$V_2=\frac{1}{\sqrt{1-(D_2/D_1)^4}}\sqrt{2gh\left(\frac{\gamma_s}{\gamma}-1\right)} \qquad \cdots ⑥\text{a}$$

이고 유량은 다음과 같다.

$$Q=A_2V_2=\frac{A_2}{\sqrt{1-(D_2/D_1)^4}}\sqrt{2gh\left(\frac{\gamma_s}{\gamma}-1\right)} \qquad \cdots ⑦\text{a}$$

여기에서 $A_2 = \pi D_2^2/4$이고, D_1, D_2, γ, γ_s는 주어진 값이므로 액주계의 높이 차이 h를 읽으면 유속과 유량을 모두 구할 수 있다.

단면 1, 2의 면적 A_1, A_2가 주어질 때 유속과 유량은 다음과 같이 표현된다.

$$V_2 = \frac{1}{\sqrt{1-(A_2/A_1)^2}}\sqrt{2gh\left(\frac{\gamma_s}{\gamma}-1\right)} \qquad \cdots ⑥\text{b}$$

$$Q = A_2 V_2 = \frac{A_2}{\sqrt{1-(A_2/A_1)^2}}\sqrt{2gh\left(\frac{\gamma_s}{\gamma}-1\right)} \qquad \cdots ⑦\text{b}$$

실제 유체의 흐름에서는 관로의 형상 변화, 마찰 저항 등에 따른 손실로 인하여 유량이 이론값보다 작아지므로 보정계수를 곱하여 유량을 구한다. 두 단면의 면적비를 $m = \frac{A_2}{A_1} = \left(\frac{D_2}{D_1}\right)^2$으로 하면 실제 유량 Q_a와 이론 유량 Q의 관계는 다음과 같다.

$$Q_a = CQ = \frac{CA_2}{\sqrt{1-m^2}}\sqrt{2gh\left(\frac{\gamma_s}{\gamma}-1\right)} \qquad \cdots ⑧$$

여기에서 C를 유량계수라 하는데 일반적으로 C의 값은 실험에 의하여 레이놀즈수와 면적비의 함수로 측정된다.

이상에서 구한 벤투리 유량계에서 유속 V_2와 유량 Q를 정리하면 다음과 같다.

$$V_2 = \frac{1}{\sqrt{1-(D_2/D_1)^4}}\sqrt{\frac{2(P_1-P_2)}{\rho}} \qquad \cdots (4.35)$$

$$V_2 = \frac{1}{\sqrt{1-(D_2/D_1)^4}}\sqrt{2gh\left(\frac{\gamma_s}{\gamma}-1\right)} \qquad \cdots (4.36)$$

$$Q = A_2 V_2 = \frac{A_2}{\sqrt{1-(D_2/D_1)^4}}\sqrt{2gh\left(\frac{\gamma_s}{\gamma}-1\right)} \qquad \cdots (4.37)$$

$$V_2 = \frac{1}{\sqrt{1-(A_2/A_1)^2}}\sqrt{2gh\left(\frac{\gamma_s}{\gamma}-1\right)} \qquad \cdots (4.38)$$

$$Q = A_2 V_2 = \frac{A_2}{\sqrt{1-(A_2/A_1)^2}}\sqrt{2gh\left(\frac{\gamma_s}{\gamma}-1\right)} \qquad \cdots (4.39)$$

$m = \dfrac{A_2}{A_1} = \left(\dfrac{D_2}{D_1}\right)^2$ 일 때 실제 유량 Q_a는 다음과 같다.

$$Q_a = CQ = \frac{CA_2}{\sqrt{1-m^2}}\sqrt{2gh\left(\frac{\gamma_s}{\gamma}-1\right)} \quad \cdots (4.40)$$

한편 단면 1에서 유속 $V_1 = \dfrac{A_2}{A_1}V_2$은 다음과 같이 표현된다.

$$V_1 = \frac{1}{\sqrt{(A_1/A_2)^2-1}}\sqrt{2gh\left(\frac{\gamma_s}{\gamma}-1\right)}$$

$$V_1 = \frac{1}{\sqrt{(D_1/D_2)^4-1}}\sqrt{2gh\left(\frac{\gamma_s}{\gamma}-1\right)}$$

$$V_1 = \frac{1}{\sqrt{(A_1/A_2)^2-1}}\sqrt{2g\frac{(P_1-P_2)}{\gamma}}$$

$$V_1 = \frac{1}{\sqrt{(D_1/D_2)^4-1}}\sqrt{2g\frac{(P_1-P_2)}{\gamma}}$$

벤투리 유량계의 목 부분(2지점)에서 유속이 1지점보다 크다($V_2 > V_1$). 따라서 유량을 측정할 때 2지점의 유속 V_2를 사용하는 것이 오차를 줄일 수 있다.

† 벤투리관 해석에 적용된 기본원리는 '(1) 연속방정식 (2) 베르누이 방정식 (3) 액주계의 원리' 3가지이다. 기초 유체역학 문제는 이 3가지 기본 원리를 적용하여 해석할 수 있는 경우가 많으므로 이들에 대한 개념을 잘 파악해 두도록 한다.[28)]

예제 4.20 [그림 4.27]과 같은 벤투리관에 물이 흐르고 있다. 단면 1, 2의 지름이 각각 20cm, 10cm이고 수은주의 높이 차이가 14cm일 때 두 단면에서 유속과 유량을 구하라. 중력 가속도 9.8m/s^2이다.

풀이 그림에서 $D_1 = 20\,\text{cm}$, $D_2 = 10\,\text{cm}$, $\gamma = \gamma_w$, $\gamma_s = 13.6\gamma_w$이고 측정된 수은주의 높이 차이 $h = 14\,\text{cm}$이다. SI 단위 [m, s]로 통일하여 계산한다.

식 (4.36)으로부터 단면 2에서 유속은

$$V_2 = \frac{1}{\sqrt{1-(D_2/D_1)^4}}\sqrt{2gh\left(\frac{\gamma_s}{\gamma}-1\right)}$$

28) 벤투리유량계는 많이 응용되므로 식의 유도과정과 결과 식을 모두 이해하도록 한다.

$$= \frac{1}{\sqrt{1-(10/20)^4}} \times \sqrt{2(9.8)(0.14)\left(\frac{13.6\gamma_w}{\gamma_w}-1\right)} = 6.07\,[\mathrm{m/s}]$$

이므로 단면 1에서 유속은

$$V_1 = \left(\frac{D_2}{D_1}\right)^2 V_2 = \left(\frac{10}{20}\right)^2 (6.07) = 1.52\,[\mathrm{m/s}]$$

이고, 유량은 다음과 같다.

$$Q = A_2 V_2 = \frac{\pi}{4} D_2^2\, V_2 = \frac{\pi}{4}(0.1)^2(6.07) = 0.0477\,[\mathrm{m^3/s}]$$

예제 4.21 [그림 4.28]과 같은 관에 유량 Q의 물이 흐르고 있을 때 다음 물음에 답하라. 수은의 비중은 13.6이고 물의 비중량 $\gamma = 9.8\mathrm{kN/m^3}$이다.

(1) 액주계 높이 차이 $h = 20\,\mathrm{cm}$일 때 압력 차이 $P_1 - P_2$를 구하라.

(2) 유량 Q를 2배로 증가시키면 액주계의 높이 차이 h는 어떻게 변화하는가?

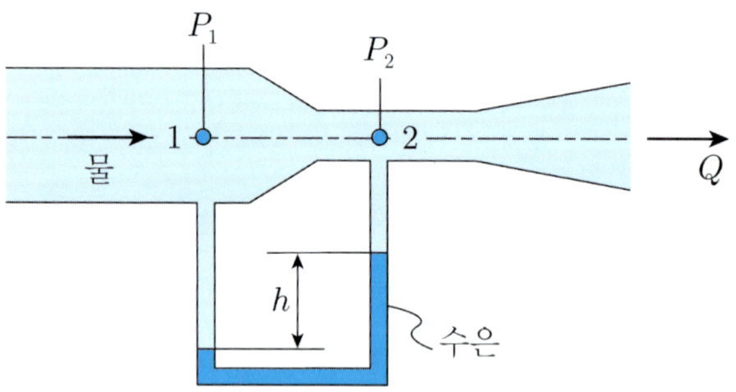

[그림 4.28]

풀이 (1) 액주계에서 압력 차이를 구한다.

$$P_1 + \gamma h = P_2 + \gamma_{Hg} h$$

$$\therefore\ P_1 - P_2 = (\gamma_{Hg} - \gamma)h = (13.6\gamma - \gamma)h = 12.6\gamma h$$
$$= 12.6(9.8)(0.2)[\mathrm{kPa}] = 24.7\,[\mathrm{kPa}]$$

(2) 벤투리관 해석으로부터 유량에 대한 식은 다음과 같이 표현된다.

$$Q = \frac{A_2}{\sqrt{1-(D_2/D_1)^4}} \sqrt{2gh\left(\frac{\gamma_s}{\gamma}-1\right)} = K\sqrt{h} \qquad \cdots ①$$

식 ①에서 K는 관의 구조(D_1, D_2)와 유체의 물성치(γ, γ_s)가 주어지면 결정되는 상수이다. 따라서 유량 Q는 $\sqrt{h}$에 비례하므로

$$Q \propto \sqrt{h}$$

$$\therefore \ h \propto Q^2 \qquad \cdots ②$$

이다. 식 ②로부터 Q를 2배로 증가시키면 h는 4배가 된다.

예제 4.22 [기화기의 원리] 가솔린 기관의 기화기(carburetor)는 공기와 연료의 혼합기체를 만들어서 연소실 안으로 보내는 역할을 하는 장치로서, 기본 구조는 [그림 4.29]와 같다. 베르누이 방정식을 이용하여 흡입된 공기와 연료실의 연료가 혼합되어 연소실로 보내지는 원리를 설명하라.

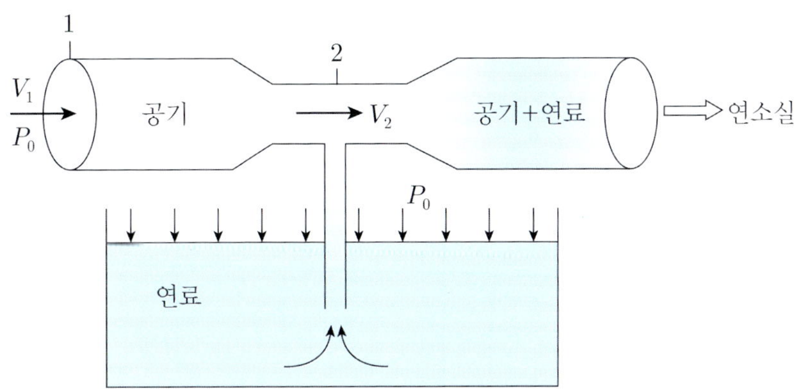

[그림 4.29] 가솔린 기관의 기화기

풀이 공기 흡입구(1)와 기화기의 목 부분(2) 사이에 베르누이 방정식을 적용한다. 기화기는 수평으로 놓여 있으므로 $z_1 = z_2$이다.

$$\frac{P_1}{\gamma} + \frac{V_1^2}{2g} = \frac{P_2}{\gamma} + \frac{V_2^2}{2g}$$

여기에서 $A_1 > A_2$이므로 연속방정식 $A_1 V_1 = A_2 V_2$에 의해 $V_1 < V_2$이다. 따라서 위의 베르누이 방정식에 의하여 압력은 $P_1 > P_2$가 된다. $P_1 = P_0$(대기압)이면 $P_0 > P_2$이므로 목 부분의 압력(P_2)이 대기압 이하로 낮아져서 연료가 빨려 올라가게 된다. 이렇게 하여 흡입된 공기는 공기와 혼합되어 연소실로 보내진다.

3 피토관

흐르는 유체 속에 직각으로 굽은 관을 [그림 4.30]과 같이 설치하면 정상 상태에서 관 내부 압력과 외부 압력이 평형을 이루어 관 내부 유체는 정지하게 되므로 관 입구의 점에서는 유속이

0이 된다. 이 점을 정체점(stagnation point)이라 하고 이 점의 압력을 정체압력(stagnation pressure)이라 한다. 피토관(Pitot tube)은 직각으로 굽은 관의 한 구멍을 통하여 전달된 정체압력을 측정하여 유속을 구하는 장치이다.

[피토관의 기본 원리]

[그림 4.30]과 같이 수평으로 놓인 관의 벽에 설치한 액주계 A와 액주계의 끝 단면이 흐름의 방향에 수직하게 설치한 액주계 B에서 두 액주계의 높이 차이가 h일 때 관을 흐르는 유체의 속도 V는 다음과 같다.

$$V = \sqrt{2gh} \qquad \cdots(4.41)$$

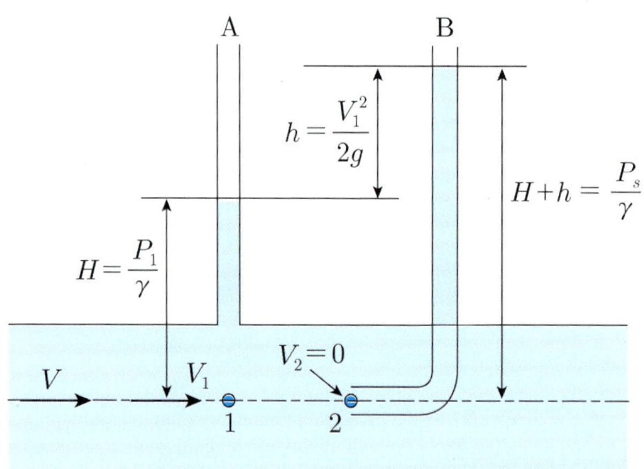

[그림 4.30]

설명 피토관의 원리는 다음과 같다. 그림의 점 1, 2 사이에 베르누이 정리를 적용하면

$$\frac{P_1}{\gamma} + \frac{V_1^2}{2g} + z_1 = \frac{P_2}{\gamma} + \frac{V_2^2}{2g} + z_2 \qquad \cdots①$$

이다. 여기에서 수평으로 놓인 관이므로 $z_1 = z_2$이고, 평형 상태에서 B의 입구 2에서는 유체가 액주계 속으로 유입되지 않고 정체되어 있으므로 유속 $V_2 = 0$이다. 그리고 액주계 A, B에서 점 1, 2의 압력(계기압력)은

$$P_1 = \gamma H \qquad \cdots②$$

$$P_2 = \gamma(h + H) \qquad \cdots③$$

이다. 이상의 결과들을 식 ①에 대입하면 다음과 같이 유속 V_1이 구해진다.

$$\frac{\gamma H}{\gamma}+\frac{V_1^2}{2g}+0=\frac{\gamma(H+h)}{\gamma}+0+0$$

$$\frac{V_1^2}{2g}=h$$

$$\therefore \quad V_1=\sqrt{2gh} \qquad \cdots ④$$

[그림 4.30]에서 H는 압력수두, h는 속도수두, $H+h$는 정체압력

$$P_s=P+\frac{\rho V^2}{2}$$

에 의한 수두(또는 전 수두)를 나타낸다. 조금 더 수두에 대한 물리적인 개념이 잡히면 [그림 4.30]에서 h는 유속 V_1에 의해 상승한 높이, 즉, $h=\frac{V_1^2}{2g}$이라는 것을 곧바로 알 수 있다.

[자유 표면을 갖는 유동에서 유속]

[그림 4.31]과 같이 자유표면을 갖는 유동에 피토관을 설치하였을 때 피토관 입구로부터 충분히 떨어진 지점 1과 피토관 바로 입구의 점 2 사이에 베르누이 정리를 적용하면 다음과 같이 유속이 구해진다. h는 수면으로부터 액주 표면까지 거리이다.

$$\frac{V^2}{2g}=h$$

$$V=\sqrt{2gh}$$

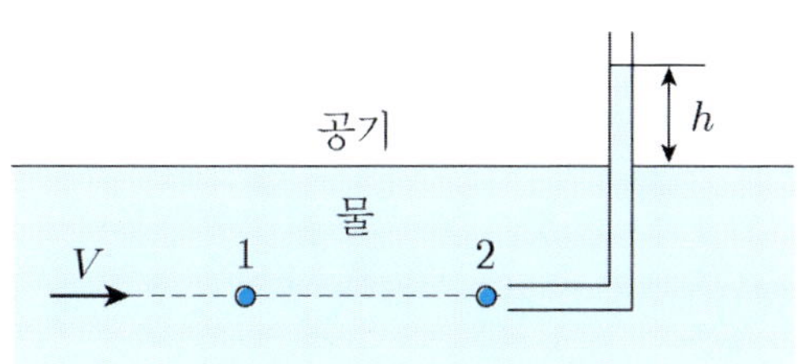

[그림 4.31]

4 피토정압관

피에조미터와 피토관을 결합한 형태의 피토정압관(Pitot static tube)은 전압(정체압력)과 정압의 차이, 즉 동압을 측정하여 유속을 측정하는 기구이다. [그림 4.32]는 수평으로 놓인

관 내부의 유속을 측정하기 위하여 설치한 피토 정압관을 나타낸다. 그림에서 유체의 비중량 γ(밀도 ρ), 액주계의 비중량 γ_s(밀도 ρ_s), 액주계의 높이 차이가 h일 때 유속 V는 다음과 같다.

$$V = \sqrt{2gh\left(\frac{\gamma_s}{\gamma} - 1\right)} = \sqrt{2gh\left(\frac{\rho_s}{\rho} - 1\right)} \quad \cdots (4.42)$$

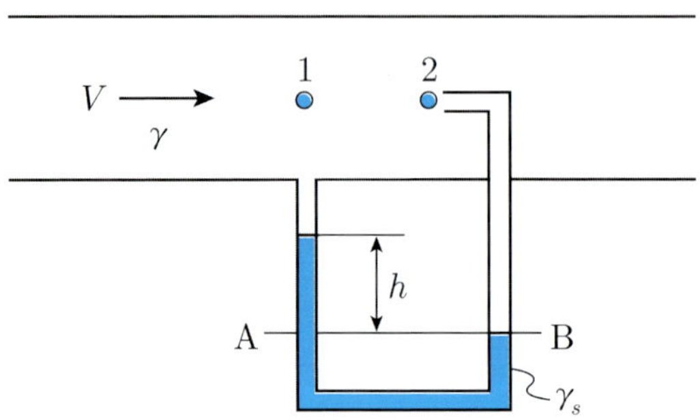

[그림 4.32]

증명 같은 고도에 있는 두 점 1, 2 사이에 베르누이 방정식을 적용한다.

$$\frac{P_1}{\gamma} + \frac{V_1^2}{2g} + z_1 = \frac{P_2}{\gamma} + \frac{V_2^2}{2g} + z_2 \quad \cdots ①$$

평형 상태에서 피토관 바로 입구의 점 2의 유체는 정체되어 있으므로 $V_2 = 0$이고, $z_1 = z_2$이다. 따라서 식 ①은

$$\frac{P_1}{\gamma} + \frac{V_1^2}{2g} + 0 = \frac{P_2}{\gamma} + 0 + 0$$

$$\therefore \ \frac{V_1^2}{2g} = \frac{P_2 - P_1}{\gamma} \quad \cdots ②$$

이 된다. 여기에서 U 자관 액주계에서 같은 높이에 있는 점 A, B에서의 압력은 같으므로($P_A = P_B$)

$$P_1 + \gamma_s h = P_2 + \gamma h$$

$$\therefore \ P_2 - P_1 = (\gamma_s - \gamma)h \quad \cdots ③$$

이고, 이 식을 식 ②에 대입하면 유속이 구해진다.

$$V_1 = \sqrt{2gh\left(\frac{\gamma_s}{\gamma} - 1\right)} \quad \cdots ④$$

[피토정압관의 구조]

실질적으로 많이 사용되는 피토정압관의 기본 구조는 [그림 4.33]과 같다. 흐르는 유체의 정압과 정체압력을 알면 동압을 알 수 있으므로 유체의 속도를 계산할 수 있다.

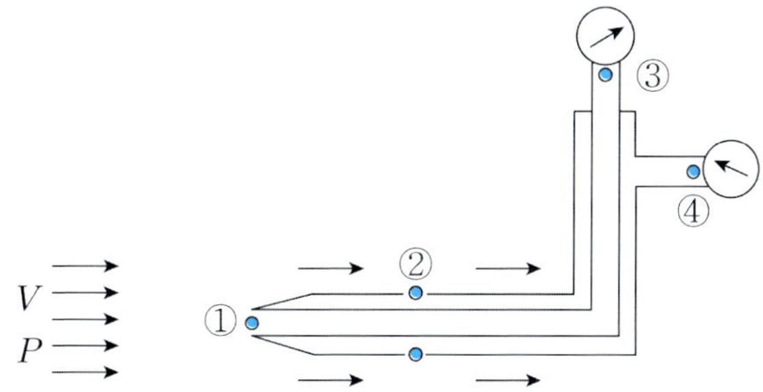

[그림 4.33]

그림에 보인 것처럼 동심인 두 관을 두 개의 압력계에 연결한다. 안쪽 관의 열린 끝 ①과 연결된 ③에서는 정체압력을 측정한다. 유체의 높이에 따른 압력 변화를 무시할 수 있다면 평형 상태에서

$$P_3 = P + \frac{1}{2}\rho V^2$$

이다. 여기에서 P, V는 각각 정체점 ①의 상류에서의 유속과 압력이다. 그리고 바깥쪽 관은 끝으로부터 적절한 거리에 단면이 유체 흐름 방향과 평행한 몇 개의 작은 구멍(②)을 뚫어서 정압을 측정하도록 만들었다. 점 ②와 ④의 높이에 따른 압력 차이를 무시한다면

$$P_4 = P_2 = P$$

이다. 위 두 식을 연립하면 유속 V는 다음과 같이 측정된 압력 P_3과 P_4로써 구해진다.

$$V = \sqrt{\frac{2(P_3 - P_4)}{\rho}}$$

예제 4.23 관 속을 흐르는 공기의 유속을 측정하기 위하여 피토정압관을 [그림 4.32]와 같이 설치하였다. U자관에서 수은주의 높이 차이가 4 mm일 때 공기의 유속을 구하라. 공기의 밀도는 1.23 kg/m^{3}이다.

풀이 액주계 유체의 밀도 $\rho_s = 13.6 \times 1000\,\text{kg/m}^3$, 공기 밀도 $\rho = 1.23\,\text{kg/m}^3$이고, 수은주의 높이 차이 $h = 0.004\,\text{m}$이므로 유속은 다음과 같다.

$$V = \sqrt{2gh\left(\frac{\rho_s}{\rho} - 1\right)}$$
$$= \sqrt{2(9.8)(0.004)\left(\frac{13.6 \times 1000}{1.23} - 1\right)}\,[\mathrm{m/s}]$$
$$= 29.4\,[\mathrm{m/s}]$$

예제 4.24 공기의 유속을 측정하기 위하여 피토정압관을 흐름 방향과 일직선상에 설치하였다. 부착된 시차 액주계의 높이 차이가 $10\,\mathrm{cm}$일 때 공기의 유속을 구하라. 공기의 밀도는 $1.23\,\mathrm{kg/m^3}$이고, 액주계 유체는 물이다.

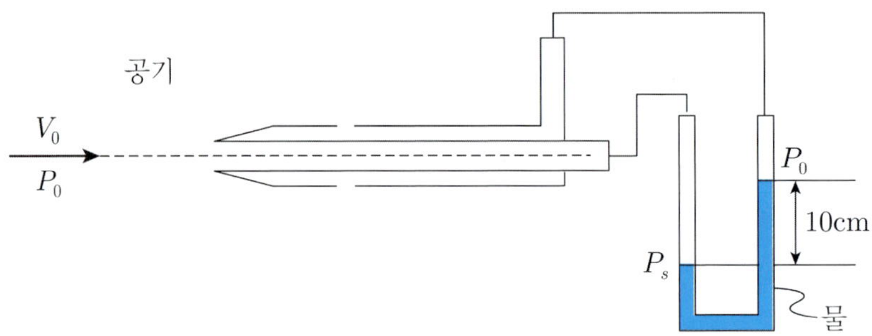

[그림 4.34]

풀이 피토정압관의 끝에서 정체압력(P_s)을 감지하고, 몸통에 뚫린 구멍을 통하여 정압(P_0)이 전달된다고 하면 액주계의 높이 차이는 $P_s - P_0$을 나타낸다. 따라서 공기의 유속은 다음과 같이 계산된다.

$$P_s = P_0 + \frac{1}{2}\rho_{air} V_0^2 \quad (\leftarrow \text{ 정체압력})$$
$$P_s = P_0 + \gamma_w h \quad (\leftarrow \text{ 액주계에서; } h = 10\mathrm{cm} = 0.1\mathrm{m})$$
$$\therefore \quad \frac{1}{2}\rho_{air} V_0^2 = \gamma_w h$$
$$V_0 = \sqrt{\frac{2\gamma_w h}{\rho_{air}}} = \sqrt{\frac{2(9800)(0.1)}{1.23}}\,[\mathrm{m/s}] = 39.9\,[\mathrm{m/s}]$$

[피토관과 피토정압관]

피토관과 피토정압관, 정압 및 전압의 개념을 종합적으로 나타내면 [그림 4.35]와 같다. 그림은 수평관에 설치한 피에조미터와 피토관 및 피토정압관을 보여준다. 먼저 (a)의 피에조미터는 정압(static pressure)을 측정하고 (b)의 피토관은 전압(정체압력)을 측정한다. 그리고 탐침

(probe)의 측면에 작은 구멍이 뚫려있는 (c)의 피토정압관은 전압과 정압의 차이, 즉 $\Delta P = \frac{\rho V^2}{2}$을 측정한다. 그림에서 유속은

$$V = \sqrt{\frac{2\Delta P}{\rho}} = \sqrt{\frac{2(P_2 - P_1)}{\rho}}$$

이다. 여기에서 점 ②는 $V_2 = 0$인 정체점이 되어야 한다.

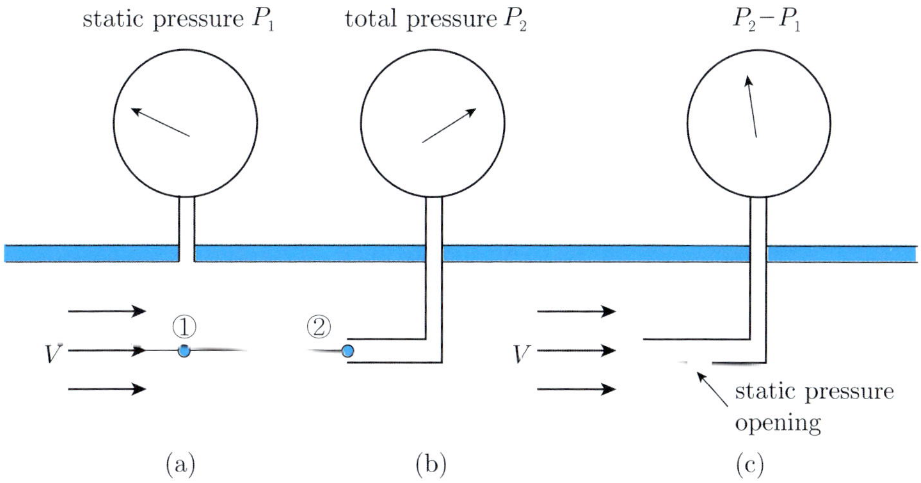

[그림 4.35] (a) 피에조미터 (b) 피토관 (c) 피토정압관

[보충 예제] 연속방정식과 베르누이 정리

예제 4.25 [비중이 다른 두 유체] 그림과 같이 탱크에 물과 기름이 채워져 있다. 기름의 비중이 S일 때 노즐 출구에서 유출되는 물의 유속(V_2)을 구하라. 단, 유동은 손실이 없고 출구 노즐은 탱크에 비해 아주 작다고 가정하며 중력가속도는 g이다.

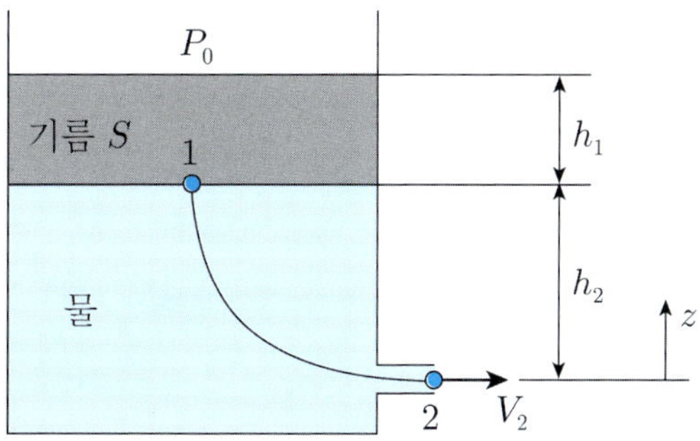

[그림 4.36] 비중이 다른 두 유체와 오리피스

풀이 물의 비중량을 γ_w라 하면 기름의 비중량은 $\gamma_w S$이다. 따라서 대기압을 P_0라 하면 기름층의 바닥(1)에서 압력은

$$P_1 = P_0 + \gamma_w S h_1 \qquad \cdots ①$$

이다. 기름과 물의 경계면(1)과 노즐 출구(2) 사이에 베르누이 정리를 적용한다.

$$\frac{P_1}{\gamma_w} + \frac{V_1^2}{2g} + z_1 = \frac{P_2}{\gamma_w} + \frac{V_2^2}{2g} + z_2 \qquad \cdots ②$$

여기에서 탱크 단면적이 노즐 단면적보다 아주 클 때 수면의 하강 속도 $V_1 = 0$이고, 노즐 출구 압력 $P_2 = P_0$이다. 따라서 식 ②는

$$\frac{(P_0 + \gamma_w S h_1)}{\gamma_w} + 0 + z_1 = \frac{P_0}{\gamma_w} + \frac{V_2^2}{2g} + z_2$$

$$\frac{V_2^2}{2g} = (z_1 - z_2) + S h_1 \qquad \cdots ③$$

이 된다. 여기에서 $z_1 - z_2 = h_2$이므로 노즐 출구에서 유출되는 물의 유속(V_2)은 다음과 같다.

$$\frac{V_2^2}{2g} = h_2 + S h_1$$

$$\therefore \quad V_2 = \sqrt{2g(S h_1 + h_2)} \qquad \cdots ④$$

예제 4.26 [사이펀] 그림과 같이 지름이 일정한 호스를 통하여 탱크의 물을 옮기고 있다. 호스의 끝점 3은 용기 내 자유수면 1보다 아래에 있으며 호스의 가장 높은 점 2는 지나치게 높게 하지 않는다. 호스의 끝점(3)에서 유출되는 물의 속도와 가장 높은 점(2)에서 압력을 구하라. 대기압은 P_{atm}, 중력가속도는 g, 물의 비중량은 γ이며, 이상유체의 정상유동이라고 가정한다.

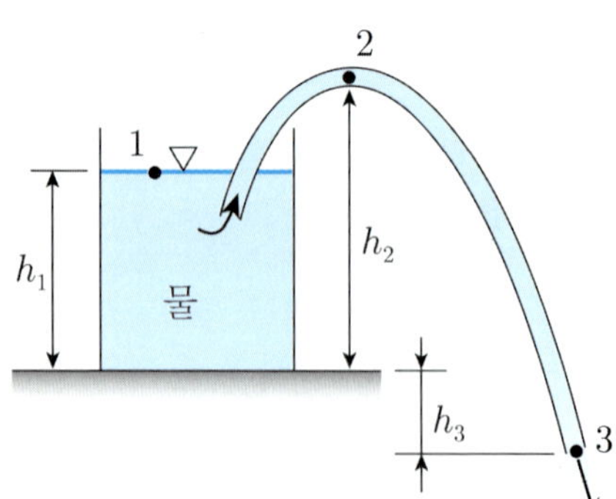

[그림 4.37] 사이펀

풀이 점 1과 3 사이에 베르누이 정리를 적용한다.

$$\frac{P_1}{\gamma}+\frac{V_1^2}{2g}+z_1=\frac{P_3}{\gamma}+\frac{V_3^2}{2g}+z_3 \quad \cdots ①$$

여기에서 탱크 수면의 하강 속도 $V_1=0$이고, 수면과 오리피스의 출구는 모두 같은 대기압 상태($P_1=P_2=P_{atm}$)에 있다. 그리고 탱크 바닥을 고도의 기준으로 하면 $z_1=h_1$, $z_3=-h_3$이다. 이 조건들을 식 ①에 대입하면 호스의 끝점(3)에서 유출되는 물의 속도 V_3가 구해진다.

$$\frac{P_{atm}}{\gamma}+0+h_1=\frac{P_{atm}}{\gamma}+\frac{V_3^2}{2g}-h_3$$

$$\frac{V_3^2}{2g}=h_1+h_3$$

$$V_3=\sqrt{2g(h_1+h_3)} \quad \cdots ②$$

다음에 점 1과 2 사이에 베르누이 정리를 적용하여 점 2에서 압력을 구한다. 호스의 지름이 일정하므로 연속법칙에 의해 $V_2=V_3=\sqrt{2g(h_1+h_3)}$ 이다.

$$\frac{P_1}{\gamma}+\frac{V_1^2}{2g}+z_1=\frac{P_2}{\gamma}+\frac{V_2^2}{2g}+z_2$$

$$\frac{P_{atm}}{\gamma}+0+h_1=\frac{P_2}{\gamma}+\frac{2g(h_1+h_3)}{2g}+h_2$$

$$\therefore\ P_2=P_{atm}-\gamma(h_2+h_3) \quad \cdots ③$$

식 ③에서 h_2+h_3가 증가하면 점 2에서 압력이 감소하고, 이 압력이 물의 증기압 이하로 떨어지면 이 점에서 공동현상이 일어날 수 있다는 것을 알 수 있다. 따라서 이와 같은 장치(호스 또는 파이프)를 설계할 때는 큰 압력차(진공)에 의해 장치가 파손되지 않도록 주의한다.

예제 4.27 [그림 4.38(a)]와 같이 단면적이 줄어드는 수평 파이프를 통해 물이 흐르고 있다. 액주계 높이 차이가 0.2m 일 때 유량($Q\,[\mathrm{m^3/s}]$)을 구하여 파이프의 작은 지름 $D\,[\mathrm{m}]$의 함수로 나타내라.

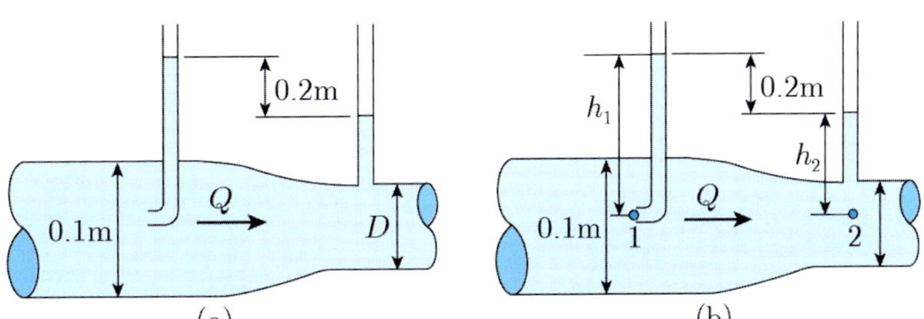

[그림 4.38]

풀이 [그림 4.38(b)]와 같이 피토관 바로 입구의 정체점을 1, 오른쪽 액체 기둥 아래 점을 2로 하여 두 점 사이에 베르누이 방정식을 적용한다. 두 점은 같은 고도에 위치한다.

$$\frac{P_1}{\gamma}+\frac{V_1^2}{2g}+z_1=\frac{P_2}{\gamma}+\frac{V_2^2}{2g}+z_2 \quad \cdots ①$$

식 ①에서 $z_1=z_2$, 정체점 1에서 유속 $V_1=0$, 압력 $P_1=\gamma h_1$, $P_2=\gamma h_2$를 대입하면

$$\frac{(\gamma h_1)}{\gamma}+0+0=\frac{(\gamma h_2)}{\gamma}+\frac{V_2^2}{2g}+0$$

$$V_2=\sqrt{2g(h_1-h_2)} \quad \cdots ②$$

이고, 유량($Q\,[\mathrm{m^3/s}]$)은 다음과 같다. [그림 4.38(b)]에서 $h_1-h_2=0.2\mathrm{m}$이다.

$$Q=A_2V_2=\frac{\pi D^2}{4}\sqrt{2g(h_1-h_2)}$$

$$=\frac{\pi D^2}{4}\sqrt{2(9.8)(0.2)}\,[\mathrm{m^3/s}]=1.555D^2[\mathrm{m^3/s}] \quad \cdots ③$$

식 ③에서 지름 D의 단위는 m이다.

예제 4.28 그림과 같이 상부가 개방된 큰 탱크로부터 물이 유출되고 있다. 탱크 수위가 일정하고 점성의 영향과 대기압을 무시할 때 (1) 유량 Q와 (2) 액주계 눈금 h를 구하라. 수은의 비중은 13.6, 물의 밀도는 $1000\mathrm{kg/m^3}$, 중력가속도는 $9.8\mathrm{m/s^2}$이다.

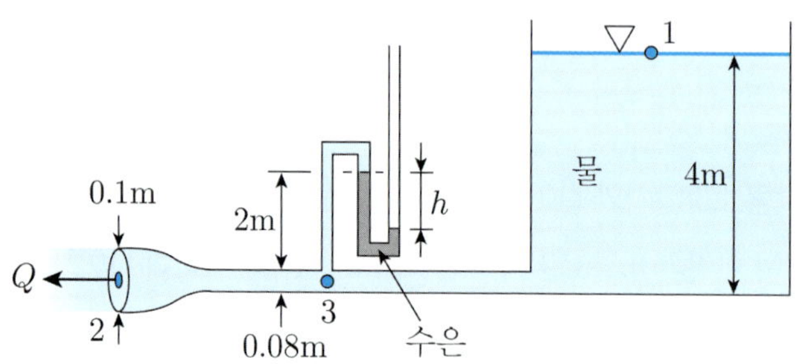

[그림 4.39]

풀이 먼저 탱크 수면상의 점 1과 오리피스 출구 점 2 사이에 베르누이 정리를 적용하여 유속 V_2를 구한다. 점 1에서 유속 $V_1=0$, 압력 $P_1=P_2=0$이고, 고도차 $z_1-z_2=4\mathrm{m}$이다.

$$\frac{P_1}{\gamma}+\frac{V_1^2}{2g}+z_1=\frac{P_2}{\gamma}+\frac{V_2^2}{2g}+z_2 \quad \cdots ①$$

$$0+0+z_1 = 0+\frac{V_2^2}{2g}+z_2$$

$$V_2 = \sqrt{2g(z_1-z_2)} = \sqrt{2(9.8)(4)}[\text{m/s}] = 8.85[\text{m/s}] \quad \cdots②$$

(1) 유량

$$Q = A_2 V_2 = \frac{\pi D_2^2}{4} V_2 = \frac{\pi(0.1)^2}{4}(8.85)[\text{m}^3/\text{s}] = 0.0695[\text{m}^3/\text{s}]$$

(2) 액주계 눈금 h: 연속방정식으로부터 점 3에서 유속은

$$V_3 = \left(\frac{D_2}{D_3}\right)^2 V_2 = \left(\frac{0.1}{0.08}\right)^2(8.85)[\text{m/s}] = 13.83[\text{m/s}]$$

이고, 점 2와 3 사이에 베르누이 정리를 적용하여 점 3에서 압력을 구한다. 두 점은 같은 고도에 위치한다.

$$\frac{P_2}{\gamma}+\frac{V_2^2}{2g}+z_2 = \frac{P_3}{\gamma}+\frac{V_3^2}{2g}+z_3$$

$$0+\frac{V_2^2}{2g}+0 = \frac{P_3}{\gamma}+\frac{V_3^2}{2g}+0$$

$$P_3 = \frac{\rho}{2}(V_2^2 - V_3^2) = \frac{1000}{2}(8.85^2 - 13.83^2)[\text{Pa}] = -56,473[\text{Pa}]$$

다음에 마노미터에서 압력을 고려하면 다음과 같이 h가 구해진다.

$$P_3 - \gamma\times 2 + \gamma_{수은} h = 0$$

$$h = -\frac{P_3}{\gamma_{수은}} + \frac{2\gamma}{\gamma_{수은}} = -\frac{(-56,473)}{(13.6\times 9800)} + \frac{2}{13.6}[\text{m}] = 0.571[\text{m}]$$

P_3을 구할 때 다음과 같이 점 1과 3 사이에 베르누이 정리를 적용해도 된다.

$$\frac{P_3}{\gamma}+\frac{V_3^2}{2g}+0 = 0+0+4\text{m}$$

$$P_3 = 9800\left(4-\frac{13.83^2}{2\times 9.8}\right)[\text{Pa}] = -56,434[\text{Pa}]$$

예제 4.29 [준평형상태] 면적 A, 높이 h인 상부가 개방된 탱크의 바닥에 설치한 단면적 A_1의 오리피스를 통하여 물이 유출되고 있다. 탱크 수위 $h(t)$가 준평형상태를 유지하면서 아주 천천히 낮아진다고 할 때 수위가 h_1에서 h_2로 낮아지는데 걸리는 시간을 구하라. 중력가속도는 g이고 손실은 무시한다.

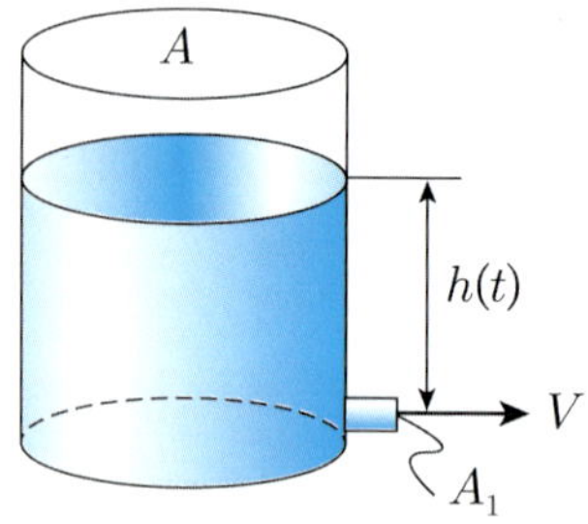

[그림 4.40]

풀이 수위가 h일 때 오리피스에서 나가는 유체의 유속은 $V=\sqrt{2gh}$ 이므로 시간 dt 동안에 나가는 물의 양은 $Qdt=A_1\sqrt{2gh}\,dt$이다. 이때 낮아진 탱크의 수위를 dh라 하면 탱크에서 줄어든 물의 양은 $(-Adh)$이다. 따라서 연속법칙에 의해

$$A_1\sqrt{2gh}\,dt=-Adh \qquad \cdots①$$

가 된다. 식 ①의 변수를 분리하면

$$kdt=-\frac{dh}{\sqrt{h}} \qquad \cdots②$$

로 쓸 수 있다. 여기에서 $k=\dfrac{A_1\sqrt{2g}}{A}$이다. 식 ②를 적분하면

$$\int_{t_1}^{t_2}kdt=\int_{h_1}^{h_2}\left(-\frac{1}{\sqrt{h}}\right)dh$$

$$k[t]_{t_1}^{t_2}=-2[\sqrt{h}]_{h_1}^{h_2}$$

$$\therefore\ k(t_2-t_1)=-2\left(\sqrt{h_2}-\sqrt{h_1}\right) \qquad \cdots③$$

이 얻어진다. 식 ③으로부터 수위가 h_1에서 h_2로 낮아지는 데 걸리는 시간은 다음과 같다.

$$\Delta t=t_2-t_1=\frac{2}{k}\left(\sqrt{h_1}-\sqrt{h_2}\right)=\frac{A}{A_1}\sqrt{\frac{2}{g}}\left(\sqrt{h_1}-\sqrt{h_2}\right) \qquad \cdots④$$

연습문제 4

01 다음과 같이 주어지는 속도장이 있다.

$$\vec{V} = A(x\vec{i} - y\vec{j}) \quad (\text{상수 } A > 0)$$

(1) 점 $(1, 2)$에서 속도의 크기를 구하라.

(2) 점 $(3, -3)$에서 속도의 방향각을 구하라.

02* 2차원 유동의 속도성분이 다음과 같을 때 유선의 방정식을 구하라.

$$u = -2y, \quad v = -2x$$

03 안지름 20 cm의 관 속을 흐르는 기름의 레이놀즈수가 2000일 때 평균 유속을 구하라. 기름의 동점성계수는 $3 \times 10^{-4}\,\text{m}^2/\text{s}$이다.

04 안지름 60 cm인 관 속을 평균 유속 10 m/s로 흐르는 유체의 레이놀즈수를 구하라. 유체의 밀도는 $1.2\,\text{kg/m}^3$이고 점성계수는 $1.8 \times 10^{-5}\,\text{Pa} \cdot \text{s}$이다.

05 마하수 0.2로 달리는 고속열차가 부산에서 서울까지 450km의 거리를 가는 데 걸리는 시간을 구하라. 음속은 340 m/s이다.

06 기온이 −30℃인 대기에서 마하수 1.5로 비행하는 물체의 속도를 구하라. 공기의 비열비는 1.4이고 기체상수는 0.287 kJ/kg • K이다.

07 안지름 20 cm의 관 속을 평균속도 5m/s로 기름이 흐를 때 다음을 구하라. 기름의 비중은 0.8이다.

(1) 체적유량 (2) 질량유량 (3) 중량유량

08 안지름 50 cm인 관 속을 평균속도 10m/s로 흐르는 공기의 질량유량[kg/s]을 구하라. 공기의 기체상수는 0.287 kJ/kg • K, 온도는 20℃, 압력은 150 kPa이다.

09 관의 안지름 D, 중력가속도 g, 점성계수 μ, 중량유량 G일 때 레이놀즈수를 구하라.

10 그림과 같은 관 속을 일정한 유량의 비압축성 유체가 흐르고 있다. 관의 안지름 비가 $D_1 : D_2 = 2 : 3$일 때 속도비 $V_1 : V_2$를 구하라.

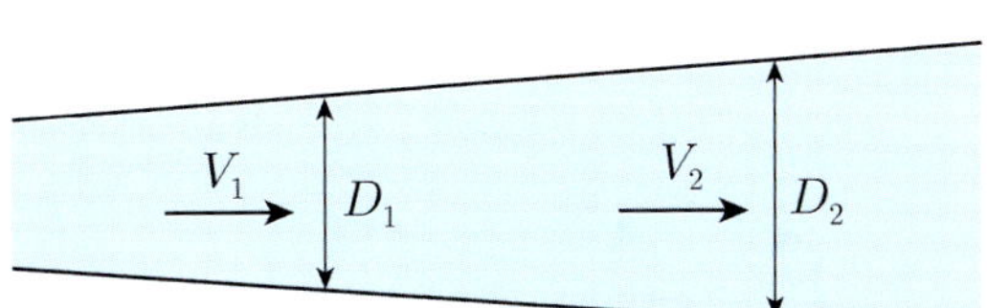

[문제 4.10]

11 지름이 변화하는 관 속에서 물이 흐르고 있다. 안지름 5cm인 단면에서 평균유속이 8m/s일 때 안지름이 8cm인 부분에서의 유속과 체적유량을 구하라.

12 그림과 같이 안지름 5cm의 파이프가 안지름 15cm인 두 개의 파이프에 연결되어 있다. 파이프를 통하여 흘려보내는 유량이 $0.01\text{m}^3/\text{s}$일 때 각 파이프에서의 평균유속을 구하라. 유체의 밀도는 일정하고, 안지름 15cm인 두 파이프에서 유량은 같다.

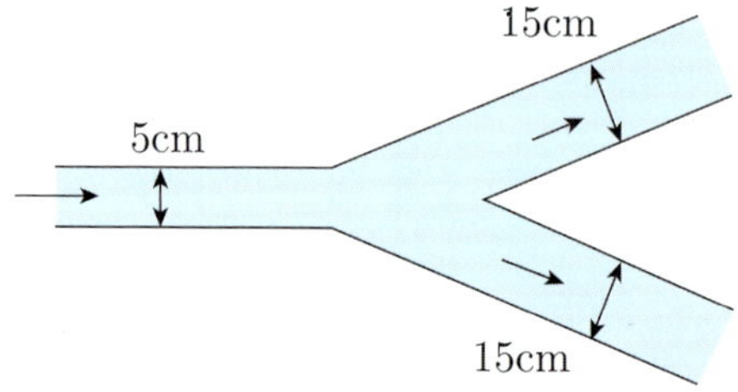

[문제 4.12]

13 안지름 20cm의 관을 통하여 평균속도 50m/s로 공기가 외부로 분사되고 있다. 관 내부의 계기압력이 40kPa이고 공기의 온도가 20℃일 때 1초에 몇 kg의 공기가 분사되는가? 공기의 기체상수는 0.287kJ/kg • K이고 대기압은 100kPa이다.

14* 다음 중 정상상태 2차원 비압축성 유체의 연속방정식을 만족하는 것은?

(1) $u = 2x,\ v = 2y$ (2) $u = 3x,\ v = -3y$

(3) $u = 1 + 2x + 3y,\ v = 3x + 4y$ (4) $u = x + 4y,\ v = 1 + 5x - y$

15* 유동함수가 $\Psi = -x^2 + y^2$일 때 점 (1, 2)에서 유속의 크기와 유속의 방향이 x축과 이루는 각을 구하라.

16* 속도퍼텐셜이 $\phi = y - 2x^2 + 2y^2$일 때 x, y 방향의 속도 성분을 구하라.

17 물이 흐르는 관 속에 있는 어떤 점 A가 있다. 기준면으로부터 점 A까지 높이는 2m, 점 A에서의 압력이 58.8kPa이고 유속이 49m/s이다. 이 점에서 유체의 위치수두, 압력수두, 속도수두, 전수두를 구하라.

18 그림과 같은 관 내부를 비압축성유체가 흐르고 있다. 점 ①에서의 압력이 120kPa, 유속이 6m/s이고, 점 ②에서의 압력이 110kPa일 때 점 ②에서의 유속을 구하라. 유체의 밀도는 1000kg/m^3, 두 지점의 고도 차이 $h = 2\text{m}$이고, 손실은 무시한다.

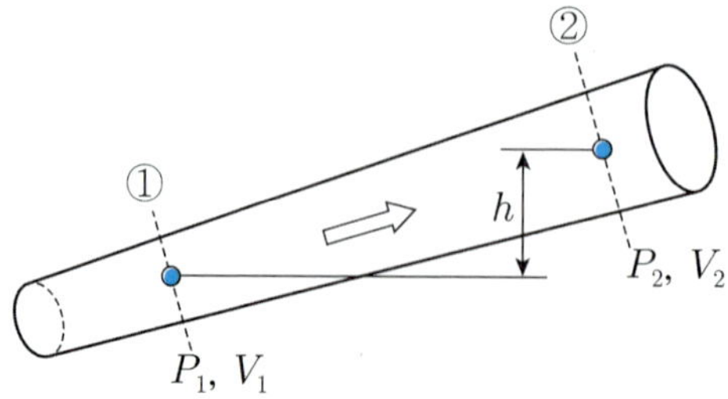

[문제 4.18]

19 수평으로 놓인 관 내부를 비압축성유체가 흐르고 있다. 단면적 50cm^2인 곳에서의 유속이 9m/s, 압력이 110kPa일 때, 단면적 150cm^2인 곳에서의 압력을 구하라. 유체의 밀도는 1000kg/m^3이며, 손실은 없다고 가정한다.

20 지름이 다른 두 관이 연결된 관 내부를 물이 흐르고 있다. 관은 수평으로 놓여있고 지름이 D_1인 관에서 유속이 8m/s, 압력이 P_1이고, 지름이 D_2인 관에서 압력을 P_2라 할 때 압력차이 $P_2 - P_1$을 구하라. $D_2 = 2D_1$이고, 손실은 무시한다.

21 그림과 같은 송유관 속을 비중량 9kN/m^3의 오일이 흐르고 있다. 송유관의 지름이 일정하고, 점 1에서의 압력이 150kPa이고 유속이 2m/s일 때 점 2에서의 유속과 압력을 구하라. 두 지점의 고도 차이는 2m이고, 손실은 무시한다.

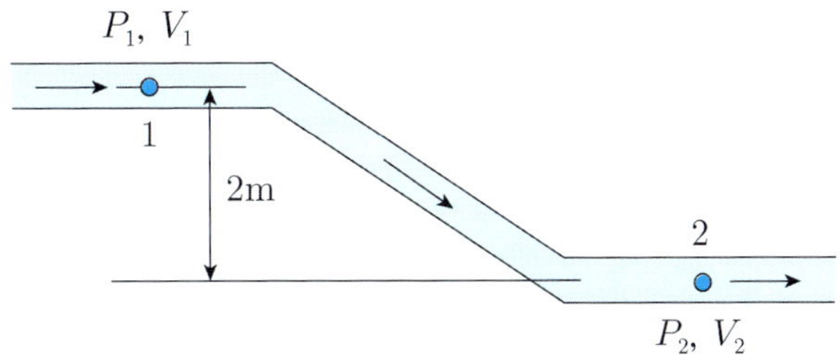

[문제 4.21]

22 수평으로 놓인 확대관 속을 기름이 흐르고 있다. 지름이 10cm인 곳에서의 속도와 압력이 각각 8m/s와 150kPa일 때 지름이 40cm인 곳에서의 속도와 압력을 구하라. 기름의 밀도는 800kg/m^3이고, 손실은 무시한다.

23 그림과 같은 사이펀에서 물이 유출되고 있다. 사이펀의 지름이 10cm일 때 유량(Q)을 구하라. 손실이 없고, 수면의 높이가 일정하게 유지된다.

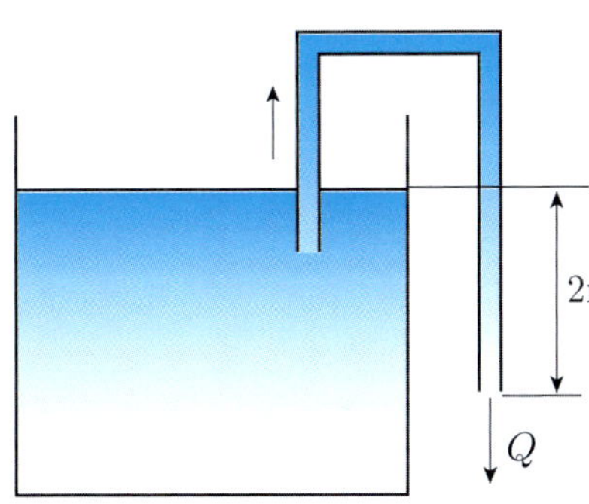

[문제 4.23]

24 그림과 같은 물탱크에 부착된 안지름 5 cm의 노즐에서 분출되는 물의 속도와 체적유량을 구하라. 물은 이상유체이고 탱크는 아주 크다고 가정한다.

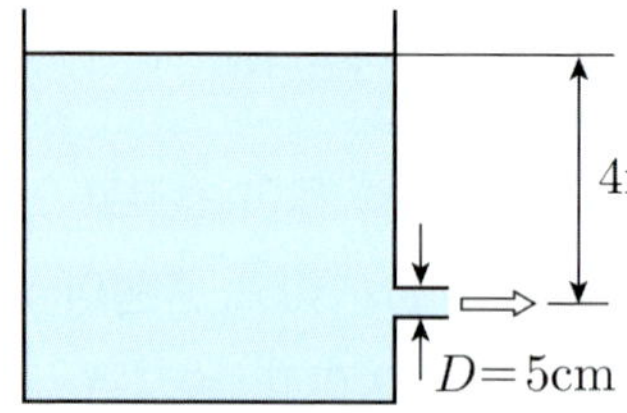

[문제 4.24]

25 그림과 같이 아주 큰 저장조에 연결된 작은 관을 통하여 기체가 분사되고 있다. 저장조 내부의 압력 $P_1 = 300$ kPa이고 관 내부의 압력 $P_2 = 100$ kPa일 때 분사 속도를 구하라. 기체의 밀도는 $1.2\,\mathrm{kg/m^3}$이다.

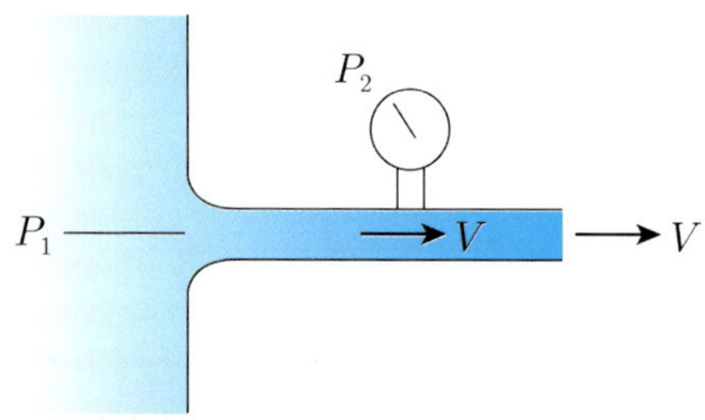

[문제 4.25]

26 지름이 변화하는 그림과 같은 관에 물이 흐르고 있을 때 단면 2에서 유속[cm/s]과 유량[$\mathrm{cm^3/s}$]을 구하라.

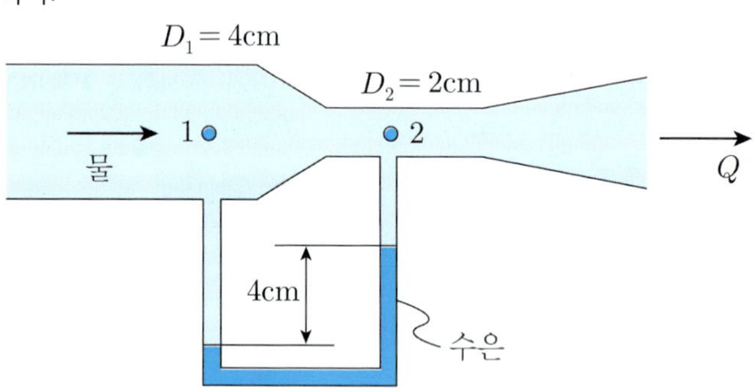

[문제 4.26]

27 그림과 같은 벤투리관에 물이 흐르고 있다. 단면 1의 면적은 단면 2의 면적의 8배 ($A_1 = 8A_2$)일 때 단면 1에서 유속[cm/s]을 구하라.

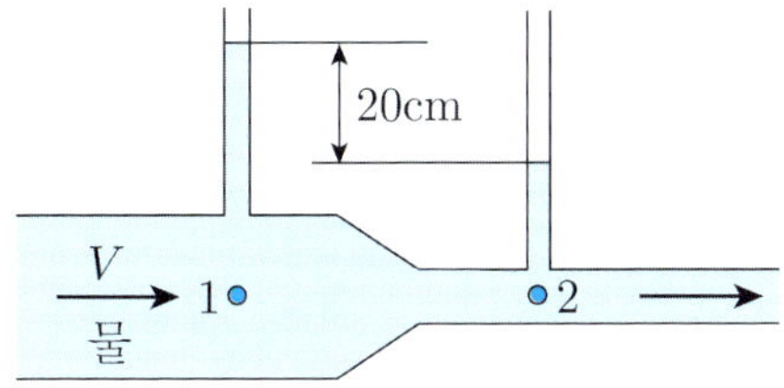

[문제 4.27]

28 흐르는 강물의 유속을 측정하기 위하여 그림과 같이 피토관을 설치하였다. 액주의 표면이 수면보다 10cm 높은 곳으로 상승하였을 때 유속을 구하라.

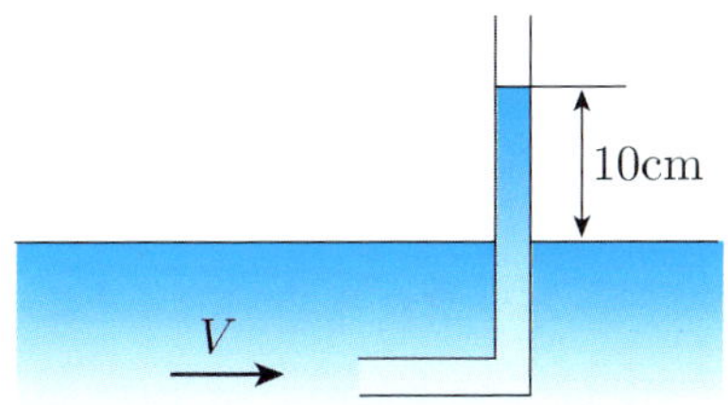

[문제 4.28]

29 관 속을 흐르는 물의 유속을 측정하기 위하여 그림과 같이 피에조미터 A와 피토관 B를 설치하였다. A와 B의 눈금이 각각 20kPa과 80kPa을 가리킬 때 유속을 구하라.

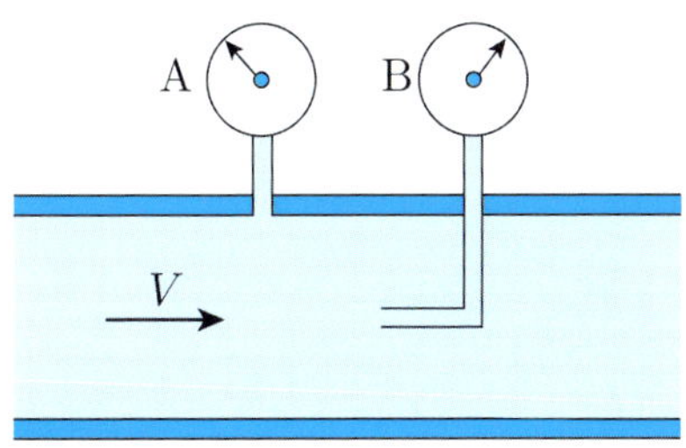

[문제 4.29]

30 그림과 같은 피토 정압관에서 다음 각 경우에 대하여 유속 V를 구하라.

(1) 파이프 속의 유체는 비중량 $\gamma = 11.8\,\mathrm{N/m^3}$인 공기이고, 액주계의 유체는 비중량 $\gamma_0 = 9.8\,\mathrm{kN/m^3}$인 물이며 $h = 20\mathrm{cm}$일 때

(2) 파이프 속의 유체는 비중량 $\gamma = 9.8\,\mathrm{kN/m^3}$인 물이고, 액주계의 유체는 비중량 $\gamma_0 = 132.8\,\mathrm{kN/m^3}$인 수은이며 $h = 20\mathrm{cm}$일 때

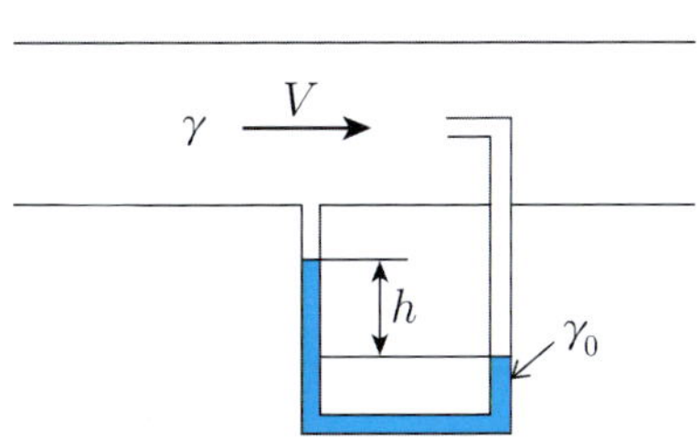

[문제 4.30]

31 그림과 같이 호스를 사용하여 탱크의 물을 아래로 빼내고 있다. 호스의 안지름이 20mm일 때 유량[m^3/s]을 구하라. 이상유체 유동이라 가정한다.

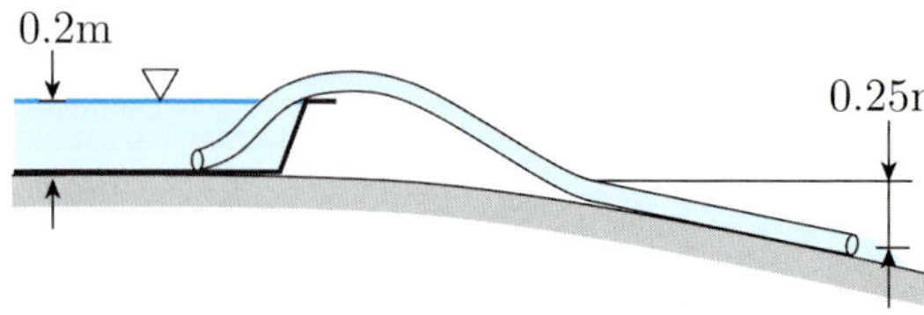

[문제 4.31]

32 안지름이 1m인 균일한 관 속을 10m/s의 평균 유속으로 물이 흐를 때 Re수(Reynolds number)를 구하고, 흐름이 층류인지 난류인지를 판별하시오. (단, 물의 동점성계수 $\nu = 1.0 \times 10^{-6}\,m^2/s$이다.) [중등교사임용시험-기계]

33 이상유체(ideal fluid) 성질을 가진 유체가 관(tube) 속을 정상 유동할 때, 유체 1kgf가 가지는 전체 에너지는 [(1)] + [(2)] + [(3)] = [일정]이라는 베르누이 정리(Bernoulli's theorem)를 따른다. 이 식의 빈 칸 (1), (2), (3)을 채우시오. (단, 빈 칸별로 답이 지정되어 있지 않음.) [중등교사임용시험-기계]

34 아래 그림과 같은 형상과 치수를 갖는 관 속으로 $Q\ m^3/s$의 물이 흐르고 있을 때, 다음 질문에 답하시오. (단, 수은의 비중은 13.5이고, 물의 비중은 1.0이며, 물의 비중량은 $1000\,kgf/m^3$이다.) [중등교사 임용시험-기계·금속]

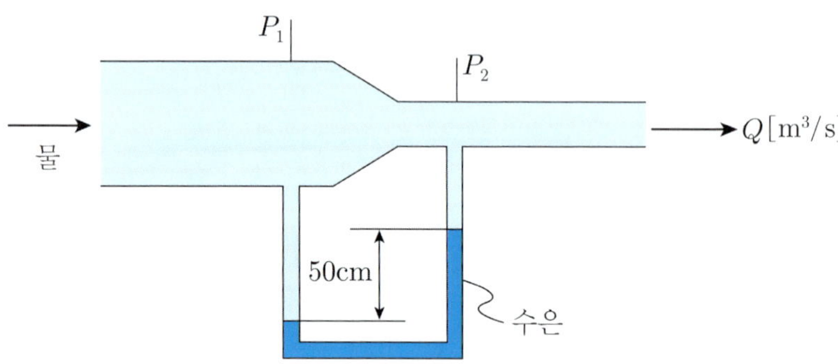

[문제 4.34]

(1) 압력차 $(P_1 - P_2)$는 몇 kg/cm^2인지 구하시오.

(2) 통과 물을 3배로 증가시키면 액주계의 높이는 어떻게 변하는지 구하시오.

35 직경 $d = 0.1m$의 물 줄기가 그림과 같은 직경 $D = 2m$인 탱크로부터 일정하게 흘러나올 때, 탱크속의 물 깊이가 $h = 3m$로 유지되도록 급수관을 통해 공급해야 할 유량 Q를 구하시오. (단, $\pi = 3$, 중력가속도 $g = 10m/s^2$로 하고, 유량 계산 과정과 최종 결과 값은 소수점 이하 셋째 자리에서 반올림할 것.) [중등교사 임용시험-기계·금속]

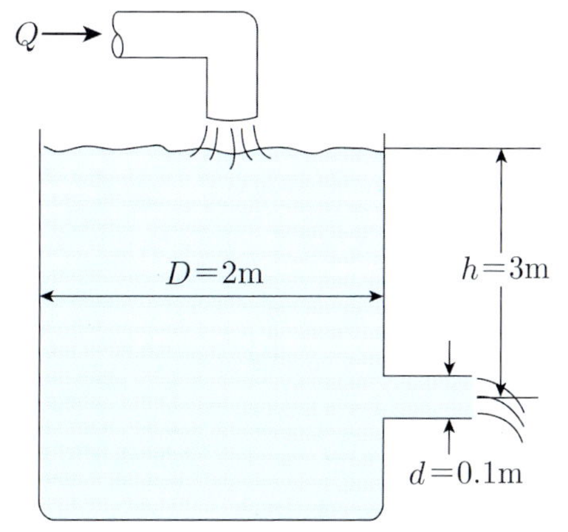

[문제 4.35]

36 아래 그림과 같이 물이 흐르고 있는 관이 있다. 관의 내경은 10 cm 이고 대기압은 $1\,\mathrm{kgf/cm^2}$ abs, 물의 비중량은 $1000\,\mathrm{kgf/m^3}$이며, C 점의 압력은 $0.2\,\mathrm{kgf/cm^2}$ abs일 경우, 다음을 구하시오. (관로 손실은 무시함, 편의상 $\pi = 3.0$, 중력가속도 $g = 10\,\mathrm{m/s^2}$으로 한다.) [중등교사 임용시험-기계·금속]

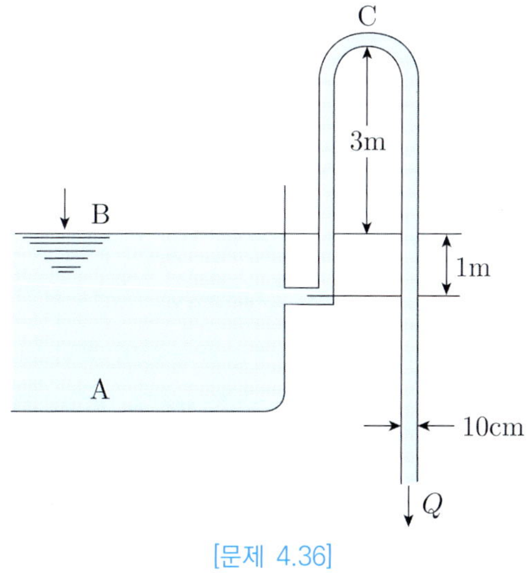

[문제 4.36]

(1) 물의 유출 속도[m/s]　　　　(2) 유량[$\mathrm{m^3/min}$]

37 그림과 같이 단면적이 변하는 수평관 내부를 유체가 가득 차서 흐르고 있다. 단면 1에서의 압력은 P_1, 지름은 D_1이고, 단면 2에서의 압력은 P_2, 지름은 D_2이다. $D_1 = 2D_2$일 때 단면 1에서의 유속(V_1[m/s])을 구하라. (단. 유체의 밀도는 $1{,}000\,\mathrm{kg/m^3}$, $P_1 - P_2 = 30\,\mathrm{kPa}$이며, 이상 유체의 1차원 흐름이라고 가정한다.) [중등교사 임용시험-기계·금속]

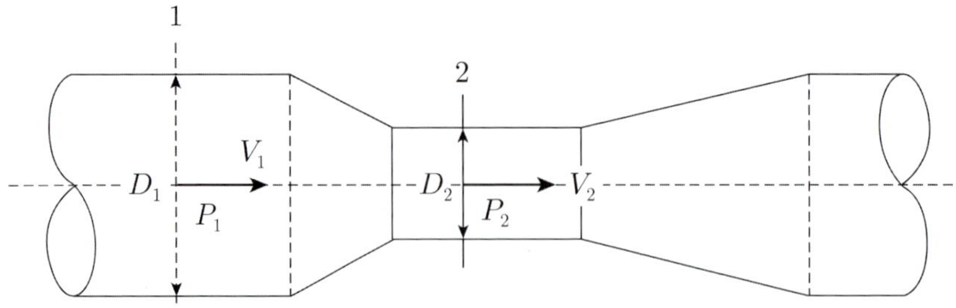

[문제 4.37]

38 그림과 같이 물탱크의 배수관(단면적: 0.25m^2)에 $0.5\text{m}^3/\text{s}$의 물이 흐르고 있다. 점 A에서의 압력[kPa]을 구하라. (단, 물의 밀도는 $1{,}000\,\text{kg/m}^3$, 중력가속도는 $9.8\,\text{m/s}^2$이며, 대기압은 무시하고, 손실수두는 고려하지 않는다. 또한, 물탱크의 직경은 배수관의 직경에 비하여 매우 크다.) [중등교사 임용시험-기계·금속]

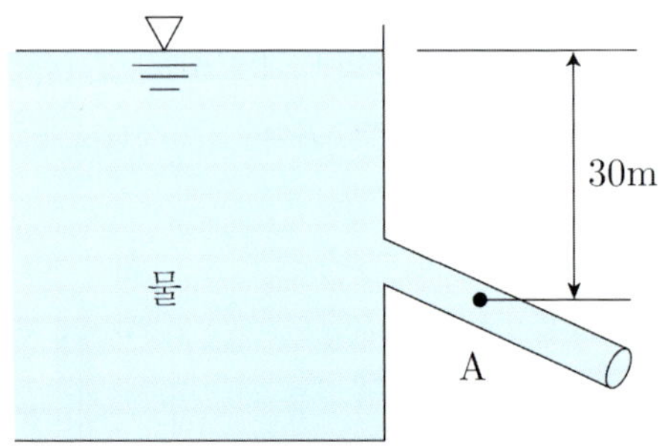

[문제 4.38]

39 개방된 수조에 물이 들어 있고 수조 하부에 단면적이 변하는 배수관이 연결되어 물이 흐르고 있다. 수조의 수면에서 배수구 중심까지의 깊이 H가 8m일 때, 배수관 출구 지름 D_0의 2배가 되는 지름 D_x 지점의 내부 압력[Pa]을 구하여 물의 밀도 $\rho\,[\text{kg/m}^3]$와 중력가속도는 $g\,[\text{m/s}^2]$로 나타내라. (단, 배수구는 수조 크기에 비하여 매우 작고, 배수관에서의 모든 손실과 대기압은 무시한다.) [중등교사 임용시험-기계·금속]

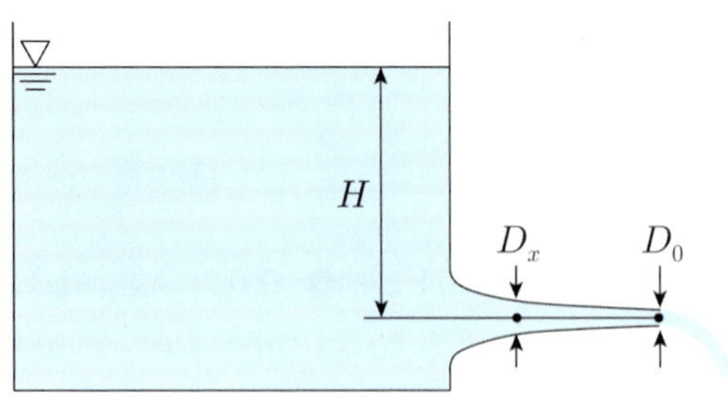

[문제 4.39]

40 그림과 같이 물이 흐르고 있는 원관의 중심축에 피토관의 입구를 설치했을 때, 정압관과 피토관의 수두 차가 2.5cm이었다. 원관은 수평으로 놓여있고, 물은 마찰에 의한 에너지 손실이 없는 완전유체이며 흐름은 정상류라고 가정할 때, 원관 중심축에서의 유속[m/s]을 구하라. 단, 중력가속도는 9.8m/s^2으로 한다. [중등교사 임용시험-농공]

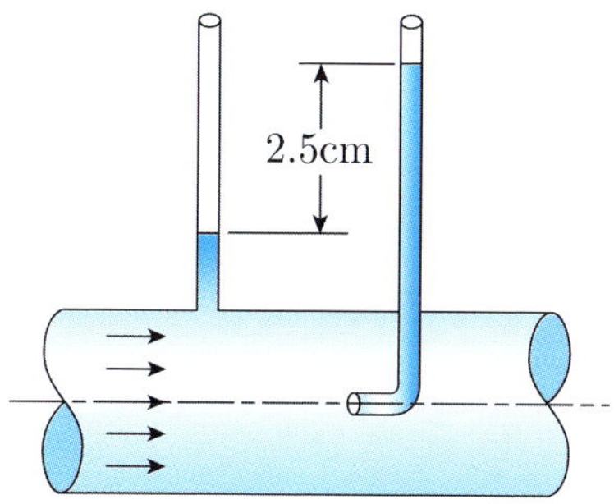

[문제 4.40]

41 정상 불균일유동(steady non-uniform flow)을 나타내는 표현으로 옳은 것은? (단, 유속 $\overrightarrow{V}$는 x 방향 1차원 공간에서 발생하는 것으로 가정하여 시간 t에서 다음의 함수로 나타낼 수 있다.) [공무원 임용시험]

$$\overrightarrow{V} = \overrightarrow{V}(x, t)$$

① $\dfrac{\partial \overrightarrow{V}}{\partial x} = 0,\ \dfrac{\partial \overrightarrow{V}}{\partial t} = 0$　② $\dfrac{\partial \overrightarrow{V}}{\partial x} \neq 0,\ \dfrac{\partial \overrightarrow{V}}{\partial t} = 0$

③ $\dfrac{\partial \overrightarrow{V}}{\partial x} = 0,\ \dfrac{\partial \overrightarrow{V}}{\partial t} \neq 0$　④ $\dfrac{\partial \overrightarrow{V}}{\partial x} \neq 0,\ \dfrac{\partial \overrightarrow{V}}{\partial t} \neq 0$

42 1차원 흐름의 유속을 $u = 2x + \sin t$로 나타낼 수 있을 때, 이 흐름의 시간적, 공간적 특성에 대한 설명으로 옳은 것은? [공무원 임용시험]

① 정상류이면서 균일유동　② 비정상류이면서 균일유동

③ 정상류이면서 불균일유동　④ 비정상류이면서 불균일유동

43 비압축성 유체의 2차원 흐름에서 존재할 수 없는 것은? [공무원 임용시험]

① $u = kx,\ v = -ky$　② $u = 2x - 3y,\ v = x - 2y$

③ $u = 2x^2 - xy,\ v = x^2 - 4xy + y^2$　④ $u = 2x^2 + y^2,\ v = -4xy$

44 정상류 비압축성 유체에 대한 다음의 속도 성분 중에서 연속방정식을 만족시키는 것은? [공무원 임용시험]

① $\begin{pmatrix} u = 3x^2 - y \\ v = y^2 - 2y \\ w = 2y^2 - yz \end{pmatrix}$ ② $\begin{pmatrix} u = 2x^2 - y \\ v = y^2 - 2xy \\ w = 2z^2 - 2y \end{pmatrix}$

③ $\begin{pmatrix} u = 2x^2 - xy \\ v = y^2 - 4xy \\ w = y^2 - yz \end{pmatrix}$ ④ $\begin{pmatrix} u = x^2 + 2y \\ v = y^2 - 2xy \\ w = z^2 - yz \end{pmatrix}$

45 2차원 직교좌표 흐름장에서 x방향의 유속성분 $u = 2y$이고, y방향의 유속성분 $v = -2x$일 때, 이 흐름장의 유선방정식으로 옳은 것은? [공무원 임용시험]

① 타원 ② 포물선 ③ 쌍곡선 ④ 원

46 레이놀즈(Reynolds)수와 프루드(Froude)수에 대한 설명으로 옳지 않은 것은? [공무원 임용시험]

① 레이놀즈수는 유체의 층류와 난류를 구분하는 무차원수이다.
② 프루드수는 유체의 상류와 사류를 구분하는 무차원수이다.
③ 레이놀즈수는 관성력과 점성력의 비를 의미한다.
④ 프루드수는 관성력과 탄성력의 비를 의미한다.

47 유체 유동과 관련된 무차원수에 대한 설명으로 옳은 것은? [공무원 임용시험]

① 마하수는 압축성/비압축성 유동을 구분하는 무차원수로 쓰인다.
② 레이놀즈수는 뉴턴/비뉴턴 유동을 구분하는 무차원수로 쓰인다.
③ 오일러수는 중력과 관성력의 비로 정의된다.
④ 웨버수는 점성력과 관성력의 비로 정의된다.

48 다음에 주어진 베르누이(Bernoulli) 방정식에 대한 설명으로 옳은 것은? (P : 압력, ρ : 밀도, V : 유체의 속도, g : 중력가속도, z : 높이) [공무원 임용시험]

$$\frac{P}{\rho} + \frac{V^2}{2} + gz = \text{일정}$$

① "점성효과가 관성효과, 중력효과 또는 압력효과에 비하여 크다."라는 가정을 기초로 한다.
② 뉴턴의 제2법칙을 통하여 유도할 수 있다.
③ 정상상태이며 압축성 유동에 대하여 적용할 수 있다.
④ 열전달을 고려한 방정식이다.

49 Bernoulli 방정식이 적용되기 위한 조건 중 가장 옳지 않은 것은? [공무원 임용시험]

① 마찰에 의한 에너지 손실이 없는 이상유체인 동시에 압축성 유체의 흐름이어야 한다.
② 임의의 두 점은 같은 유선 상에 있어야 한다.
③ 흐름은 정상류이다.
④ 하나의 유선에 대해서는 총에너지가 일정하다.

50 베르누이 정리에 관한 설명으로 옳지 않은 것은? [공무원 임용시험]

① 베르누이 정리는 흐름이 정류일 때 하나의 유선상에 있는 두 점간의 에너지 보존법칙의 개념을 이용하여 유도할 수 있다.

② 베르누이 정리는 전단응력이 포함된 Euler의 운동방정식을 적분하여 유도할 수 있다.

③ 베르누이 정리는 토리첼리의 정리나 피토관, 벤츄리미터 등에 응용할 수 있다.

④ 수두로 표시된 베르누이 정리의 각 항은 유체의 단위중량당 에너지를 뜻한다.

51 베르누이(Bernoulli)의 정리에 관한 설명 중 가장 옳지 않은 것은? [공무원 임용시험]

① 외력은 중력만 작용한다.

② 다른 유선에 대하여 성립한다.

③ 정상류라고 가정하여 얻은 결과이다.

④ 마찰에 의한 에너지 손실이 없는 이상유체인 동시에 비압축성 유체의 흐름이어야 한다.

52 수력구배선(hydraulic grade line, HGL)에 대한 설명으로 옳은 것은? [공무원 임용시험]

① 에너지구배선(energy grade line)보다 위에 있다.

② 한상 수평선이다

③ 위치수두와 속도수두의 합을 나타내는 선이다.

④ 위치수두와 압력수두의 합을 나타내며, 주로 에너지구배선(energy grade line)보다 아래에 위치한다.

53 물 제트가 수직 방향으로 위에서 아래로 떨어지고 있다. 지면으로부터 높이 10m인 지점에서 속도가 5m/s이고, 물 제트의 지름은 0.1m이었다. 속도가 10m/s가 되는 지점은 지면으로부터 얼마 높이에 위치하는가? (단, 중력가속도는 10m/s^{2}으로 간주한다.) [공무원 임용시험]

① 2.5m ② 3.75m ③ 4.5m ④ 6.25m

54 저속풍동 내에 공기가 흐르고 있을 때, A구간에서 속도가 10m/s이다. B구간의 단면적은 A구간 대비 1/4이며, 밀도는 A구간 대비 1/2일 경우, B구간에서 공기의 속도는? [공무원 임용시험]

① 20m/s ② 40m/s ③ 60m/s ④ 80m/s

55 유선(stream line)에 대한 설명으로 옳지 않은 것은? [공무원 임용시험]

① 유선이란 입자가 이동한 경로를 추적하여 연결한 선이다.

② 하나의 유선은 다른 유선과 교차하지 않는다.

③ 정상류에서는 유선과 유적선(path line)이 일치한다.

④ 부정류에서는 유선이 시간에 따라 변화한다.

56 동일 유선 상에 있는 A와 B 두 지점에 동압 및 정압을 측정하는 피토관을 설치하였다. 동압관과 정압관의 수두 차가 A점이 B점보다 2배 클 때, 다음 설명으로 옳은 것은? [공무원 임용시험]

① A점의 속도수두가 B점보다 2배 크다.
② A점의 유속이 B점보다 2배 빠르다.
③ B점의 속도수두가 A점보다 $\sqrt{2}$배 크다.
④ B점의 유속이 A점보다 $\sqrt{2}$배 빠르다.

57 동점성계수(ν)가 0.01cm/s인 유체가 지름이 5cm인 관수로 속을 통과할 때, 레이놀즈(Reynolds) 수 2,300을 유지하여 흐를 수 있는 속도[cm/s]는? [공무원 임용시험]

① 4.0 ② 4.6 ③ 9.2 ④ 18.4

58 물리량의 차원 중 옳지 않은 것은? [공무원 임용시험]

① 유량: L^2T^{-1}
② 압력: $ML^{-1}T^{-2}$
③ 표면장력: MT^{-1}
④ 운동량: MLT^{-1}

59 다음 중 무차원수와 그 설명이 옳은 것은? [공무원 임용시험]

① 레이놀즈수=점성력/관성력
② 프루드수=점성력/중력
③ 마하수=음속/유체속도
④ 웨버수=관성력/표면장력

60 안지름 50mm인 곧은 원관 속을 비중이 0.9인 기름이 60L/min의 비율로 정상적으로 흐른다면, 이때의 레이놀즈(Reynolds)수는? (단, 기름의 점성계수는 $5\times10^{-3}\text{kgf}\cdot\text{s/m}^2$이다.) [공무원 임용시험]

① 768 ② 668 ③ 568 ④ 468

61 유출구의 단면적이 0.3m^2인 오리피스를 통해 물이 유출되고 있다. 오리피스 중심에서 수면까지의 연직거리가 5.0m일 때, 실제로 유출되는 수축단면(vena contracta)의 단면적은 0.18m^2였다. 이 오리피스의 유량계수가 0.54일 때, 오리피스를 통해 유출되는 흐름의 실제 유속[m/s]은? (단, 중력가속도는 10m/s^2로 계산한다.) [공무원 임용시험]

① 6 ② 7 ③ 8 ④ 9

62 오리피스의 지름이 1.0cm이고, 수축부(vena contracta)의 지름이 0.9cm일 때, 유량계수는 얼마인가? (단, 유속계수는 0.90이다.) [공무원 임용시험]

① 0.61 ② 0.65 ③ 0.73 ④ 0.78

63 수조로부터 단면적이 $10cm^2$인 작은 오리피스를 통해서 유출되는 물을 양동이로 1분 동안 받았더니 420L였다. 오리피스 중심에서 수조의 수면까지 높이가 5m일 때, 이 오리피스의 유량계수는? (단, 중력가속도는 $10m/s^2$이고, 오리피스 중심에서 수조의 수면까지 높이차는 일정하게 유지되는 것으로 가정한다.) [공무원 임용시험]

① 0.4 ② 0.5 ③ 0.6 ④ 0.7

64 저수지 수면에서 5m 깊이에 중심을 가지는 원형 방류구가 있다. 이 방류구를 통해 유출되는 유량은? (단, 저수지의 수위강하는 무시하고, 방류구 단면적은 $0.1m^2$이며, 유속계수 및 단면수축계수는 1, 중력가속도는 $10m/s^2$으로 가정한다.) [공무원 임용시험]

① $1.0m^3/s$ ② $0.8m^3/s$ ③ $0.5m^3/s$ ④ $0.2m^3/s$

65 수평관 내를 흐르는 기체의 유속을 측정하기 위하여 피토관을 설치하였다. 피토관에 연결된 압력계에서 측정된 압력차가 5kPa일 때, 이 기체의 유속[m/s]은? (단, 기체의 밀도는 $1kg/m^3$이다.) [공무원 임용시험]

① 1 ② 10 ③ 100 ④ 1,000

66 유속 3m/s인 물의 흐름 속에 피토(Piot) 관을 흐름 방향으로 세웠을 때 그 수주 높이는? [공무원 임용시험]

① 0.92m ② 0.46m ③ 9.2m ④ 4.6m

67 그림과 같이 관 내부의 유속을 구하기 위해 B 지점에 Pitot 관을 삽입하였다. 관 내부의 유속이 3m/s일 경우, A와 B 지점에서의 관 내 수면 차 H[m]는? (단, 관로 내 점성에 의한 에너지 손실은 없는 것으로 가정하고, 중력가속도 $g = 10m/s^2$이다.) [공무원 임용시험]

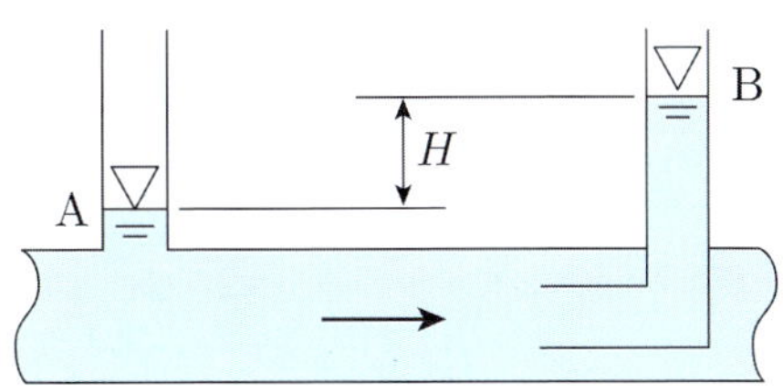

[문제 4.67]

① 0.25 ② 0.45 ③ 0.65 ④ 0.85

68 직경 8cm의 관끝에 직경 4cm의 노즐이 그림과 같이 부착되어 있다. 관내의 수압이 1.2 kgf/cm^2이라면 노즐의 분사속도[m/s]는? (단, 에너지 손실은 무시하고, 중력가속도는 $10m/s^2$로 가정한다.) [공무원 임용시험]

[문제 4.68]

① 10　　② 12　　③ 14　　④ 16

69 지름이 20cm인 관의 중심에서 물의 유속을 측정하기 위해 U자관을 설치하였다. $h_1 =$ 20cm, $h_2 =$ 30cm, $h_3 =$ 10cm일 때, 관 중앙(A점)의 유속[m/s]은? (단, 관 속을 흐르는 유체는 물이며, $g = 10\text{m/s}^2$이다.) [공무원 임용시험]

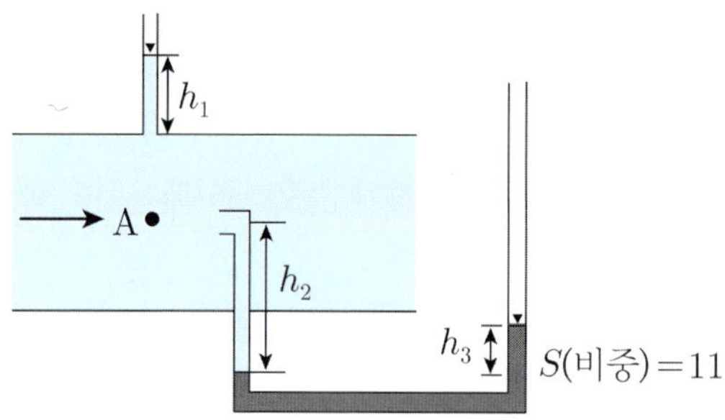

[문제 4.69]

① $\sqrt{10}$　　② $\sqrt{12}$　　③ $\sqrt{14}$　　④ $\sqrt{16}$

70 그림과 같이 관로를 통해 물이 단면 ㉠으로부터 단면 ㉡으로 흐르고 있다. 단면 ㉠에서 직경 $D_1 =$ 5cm, 유속 $V_1 =$ 4m/s, 압력 $P_1 = 0.1\text{kgf/cm}^2$이고, 단면 ㉡에서는 직경 $D_2 =$ 10cm이며, 단면 ㉠보다 1m 높이 위에 위치하고 있다. 단면 ㉡에서의 압력 $P_2[\text{kN/m}^2]$는? (단, 물의 밀도는 $1{,}000\text{kg/m}^3$, 중력가속도 $g = 10\text{m/s}^2$이고, 에너지 손실은 무시한다고 가정한다.) [공무원 임용시험]

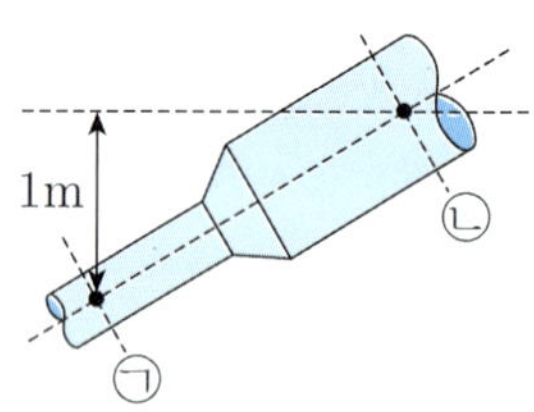

[문제 4.70]

① 7.5　　② 10.0　　③ 12.5　　④ 15.0

71 반경이 0.25m인 원형관에서 피토관(pitot tube)과 수압관(piezometer)의 수두차가 0.2m일 때, 관내 흐름의 유속[m/s]은? (단, 관내의 유체는 비압축성 이상유체이며, 중력가속도는 10m/s^2로 계산한다.) [공무원 임용시험]

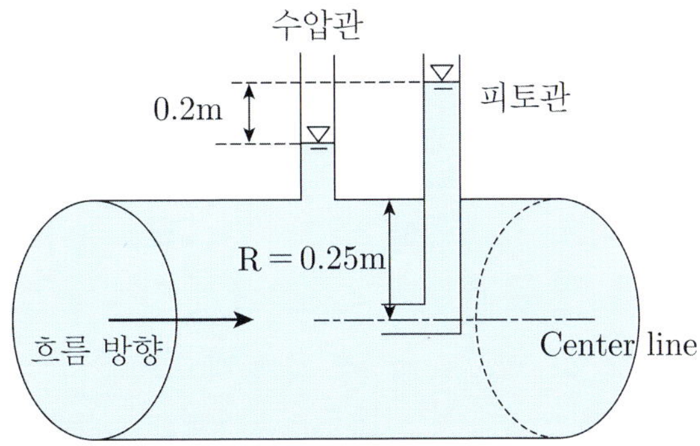

[문제 4.71]

① 1.5 ② 2.0 ③ 2.5 ④ 3.0

72 그림과 같이 하천의 수중보를 지나는 지점 전후로 각각 유속을 관측하니, $V_1 = 2\text{m/s}$, $V_2 = 4\text{m/s}$이다. 이때 구한 수심[m]으로 가장 옳은 것은? (단, 중력가속도 $g = 10\text{m/s}^2$이고, 수로의 폭은 일정하며, 에너지 손실은 무시한다.) [공무원 임용시험]

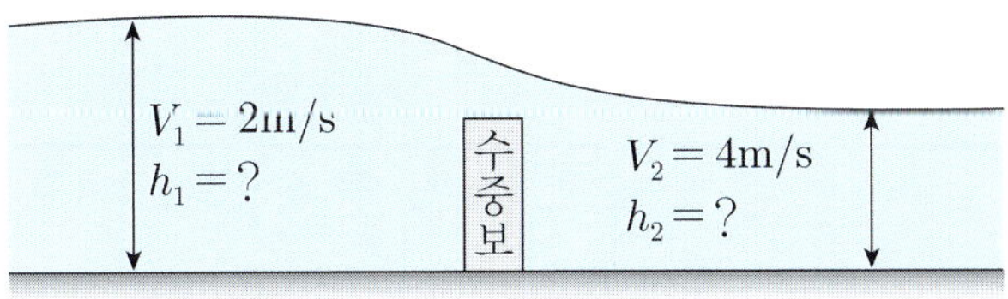

[문제 4.72]

① $h_1 = 1.4$ ② $h_1 = 1.2$ ③ $h_2 = 1.0$ ④ $h_2 = 0.8$

73 그림과 같이 사각단면의 폭이 1m인 개수로의 하류부에서 바닥이 δ만큼 상승해 있으며, 이 개수로를 통해 물이 $4\text{m}^3/\text{s}$의 유량으로 흐르고 있다. $h_1 = 2\text{m}$이고 $\delta = 0.25\text{m}$라면, 하류에서의 수심 h_2[m]는? (단, 모든 마찰은 무시하며, 중력가속도 $g = 8\text{m/s}^2$이다.) [공무원 임용시험]

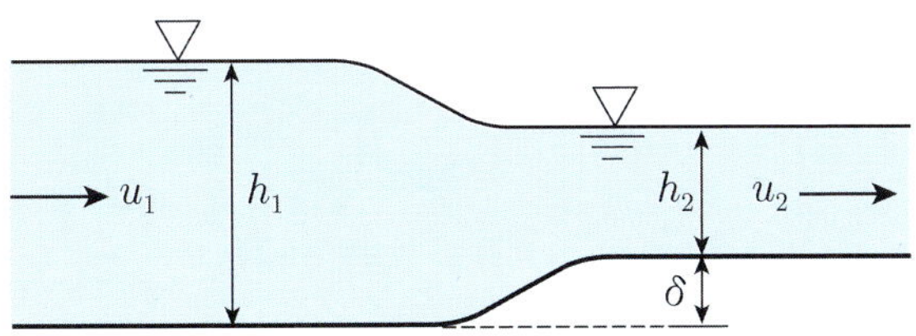

[문제 4.73]

① 0.25 ② 0.50 ③ 0.75 ④ 1.00

74 그림과 같이 노즐이 큰 수조에 설치되어 있다. 1지점에서 발생하는 부압 수두가 $\frac{h}{2}$일 때, 1지점 관 직경 d_1과 2지점 관 직경 d_2의 상관관계는? [공무원 임용시험]

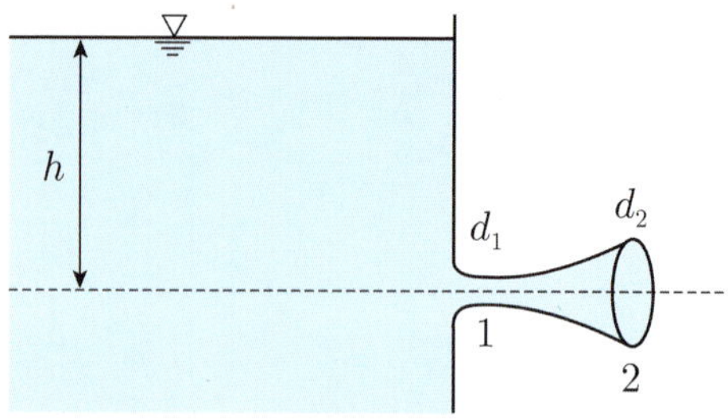

[문제 4.74]

① $\left(\frac{d_2}{d_1}\right)^4 = \frac{2}{3}$ ② $\left(\frac{d_2}{d_1}\right)^4 = \frac{3}{4}$ ③ $\left(\frac{d_2}{d_1}\right)^4 = \frac{4}{3}$ ④ $\left(\frac{d_2}{d_1}\right)^4 = \frac{3}{2}$

† 부압이므로 1지점 압력은 $P_1 = P_{atm} - \gamma \times \frac{h}{2}$이다.

75 단면적이 $A = 1.0\text{m}^2$인 원통형 수조의 바닥에서 단면적 $a = 0.0025\text{m}^2$의 소형 오리피스를 통해 물이 방출되고 있다. 초기수위가 2m였다면, 56초 후의 수위는? (단, 일체의 손실은 무시하고, $\sqrt{2} = 1.4$로 계산하며, 중력가속도는 9m/s^2으로 가정한다.) [공무원 임용시험]

① 1.00m ② 1.21m ③ 1.44m ④ 1.69m

76 관 유동에서 유량을 Q, 관 직경을 d, 유체의 동점성계수를 ν라 할 때, 레이놀즈수를 바르게 표현한 것은? [공무원 임용시험]

① $\frac{4Q}{\pi\nu d}$ ② $\frac{4Q}{\nu d}$ ③ $\frac{\pi Q}{4\nu d}$ ④ $\frac{Qd}{\nu}$

77 물이 여수로를 넘을 때, 단면 ②에서의 유속은 얼마인가? (단, 손실은 무시하고 중력가속도 $g \fallingdotseq 9\text{m/s}^2$이다.) [공무원 임용시험]

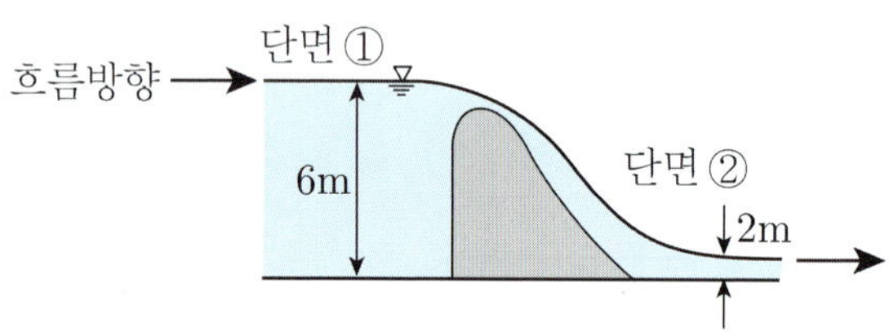

[문제 4.77]

① 2m/s ② 3m/s ③ 6m/s ④ 9m/s

78 그림과 같이 댐 여수로 위를 물이 넘쳐 흐르고 있다. $y_1 - y_2 = 8.0[\text{m}]$, $y_1/y_2 = 3.0$일 때, 단위폭당 유량$[\text{m}^3/\text{s} \cdot \text{m}]$은? (단, 중력가속도 $g = 10\text{m/s}^2$이다.) [공무원 임용시험]

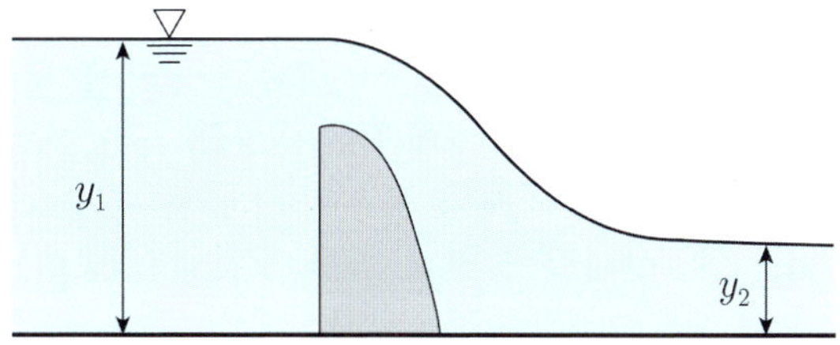

[문제 4.78]

① $2\sqrt{5}$　② $4\sqrt{5}$　③ $12\sqrt{5}$　④ $24\sqrt{5}$

79 단면적이 변화하는 수평 원형 관에서 유체가 흐르고 있다. 단면 A와 B의 지름은 각각 50cm와 25cm이고 두 지점의 압력수두차가 h일 때, 단면 A에서의 속도는? (단, 모든 손실은 무시하며, g는 중력가속도이다.) [공무원 임용시험]

① $\sqrt{\frac{2gh}{3}}$　② $\sqrt{\frac{2gh}{8}}$　③ $\sqrt{\frac{2gh}{11}}$　④ $\sqrt{\frac{2gh}{15}}$

80 물이 가득 차 있는 직경 1.0m인 관에 흐르는 유량이 $3.14\text{m}^3/\text{s}$일 때, 관 내의 평균유속 [m/s]은? (단, 원주율은 3.14이다) [국가공무원 7급(2022)]

① 2　② 4　③ 8　④ 16

81 유선상의 한 점(x, y)에서 속도벡터 $\vec{V}$의 x, y축 방향 성분을 각각 u와 v라고 한다. 속도성분 $u = -ky$, $v = kx$일 때, 2차원 흐름의 유선 형태는? (단, $k \neq 0$) [국가공무원 7급(2022)]

① 타원　② 직선　③ 포물선　④ 원

82 그림과 같이 물이 가득 차 흐르고 있는 관이 수평으로 놓여있다. A 단면의 평균유속이 5m/s일 때, A, B 두 단면의 압력차[kN/m^2]는? (단, 두 단면 간 손실은 무시하고, A 단면의 단면적은 0.3m^2, B 단면의 단면적은 0.1m^2, 중력가속도는 10m/s^2, 물의 단위중량은 10kN/m^3이다) [국가공무원 7급(2022)]

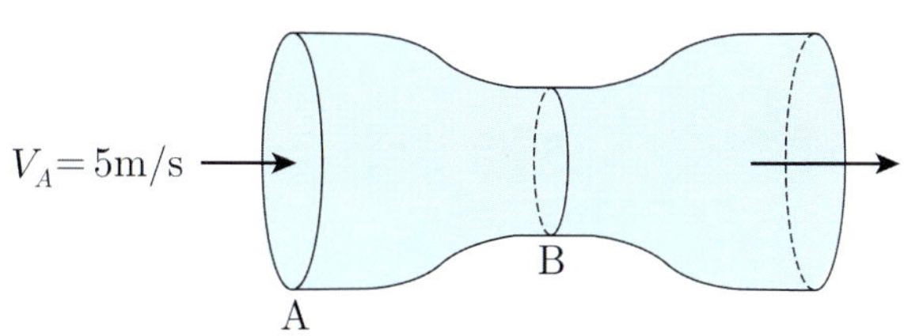

[문제 4.82]

① 50　② 100　③ 150　④ 200

83 그림과 같이 큰 탱크로부터 물이 큰 파이프와 작은 파이프로 흐르고 있다. 작은 파이프의 출구에서는 모두 대기 중으로 물을 방류한다. 점성의 영향을 무시하고 탱크에서 유출되는 물의 유량과 큰 파이프의 한 점 1에서 압력을 구하라.

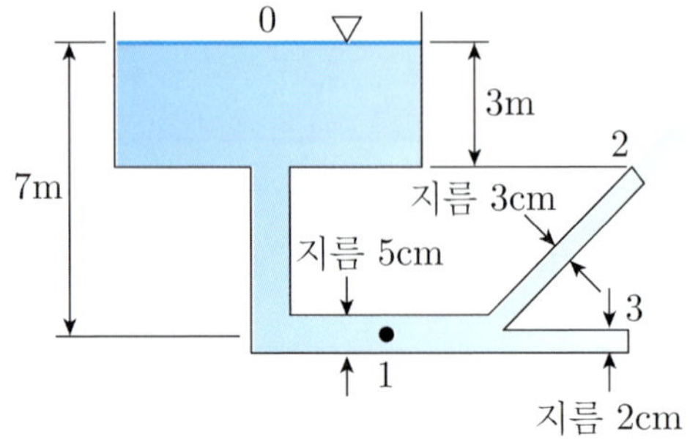

[문제 4.83]

84 그림과 같이 탱크에 물(비중 1)과 기름(비중 0.5)이 채워져 있고, 아래 관을 통하여 물이 흐르고 있다. 이때 관에 흐르는 최대유속 v[m/s]를 구하시오. (단, 관 직경은 탱크 직경 및 물높이에 비하여 매우 작다. 흐름은 정상유동이고 점성, 대기압, 손실수두는 고려하지 않으며, 중력가속도 $g = 9.8[\mathrm{m^2/s}]$이다) [중등교사 임용시험-기계·금속]

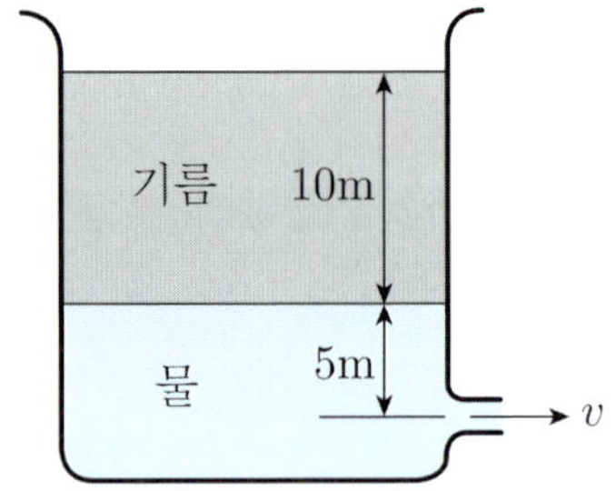

[문제 4.84]

85 다음 그림은 직경(D)이 다른 원통관 내부에 물이 정상 상태로 흐르는 것을 나타낸 것이다. (가) 위치에서의 평균 유속(u_1)이 5cm/s라면 (나) 위치에서의 평균 유속(u_2)을 쓰시오. 그리고 (나) 위치에서의 레이놀즈수(Re)가 (가) 위치에서의 레이놀즈수의 몇 배인지 쓰시오. (단, 온도는 일정하고, 압력 변화에 따른 밀도와 점도의 변화는 무시한다.) [중등교사 임용시험-화공·섬유]

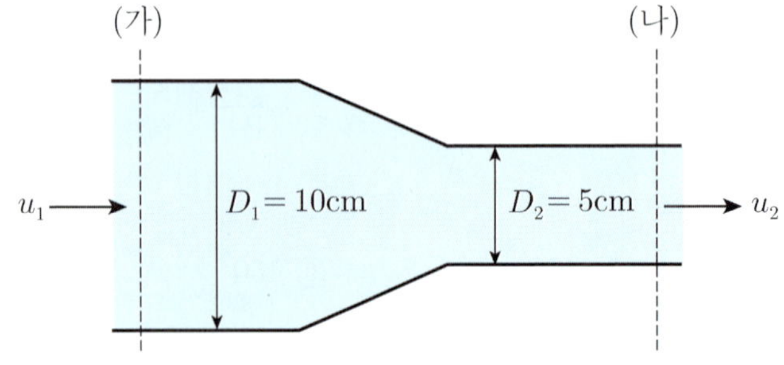

[문제 4.85]

86 벤투리 유량계는 관내를 흐르는 공기 또는 물 등의 유체의 유량을 측정하는 기기이다. 수평관에 벤투리관을 설치하여 물을 흘려보냈더니 정상상태에서 다음 그림과 같이 나타났다. 위치 1과 2에서의 안지름이 각각 100mm, 20mm라면 관내를 흐르는 물의 질량유량을 <작성 방법>에 따라 구하시오. [중등교사 임용시험-기술]

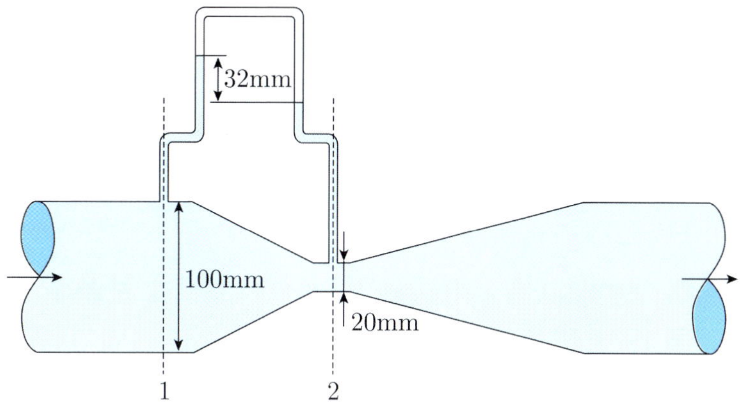

[문제 4.86]

<작성 방법>

- 그림에 나타낸 벤투리 유량계의 질량유량 $\dot{m}$을 [g/s]의 단위로 풀이과정과 함께 구할 것. (단, 중력가속도 $g=10\text{m/s}^2$, 물의 밀도 $\rho=1.0\text{g/cm}^3$, $\pi=3.0$, 위치 1에서의 속도는 위치 2에서의 속도에 비하여 무시할 수 있고 마찰효과는 없는 것으로 계산한다.)

87 그림과 같이 액체 비료가 탱크에 채워지고 있는 상태에서 점 ②의 위치에서 배출(자유 제트)되고 있다. <조건>을 이용하여 <작성 방법>에 따라 서술하시오. [중등교사 임용시험-농공]

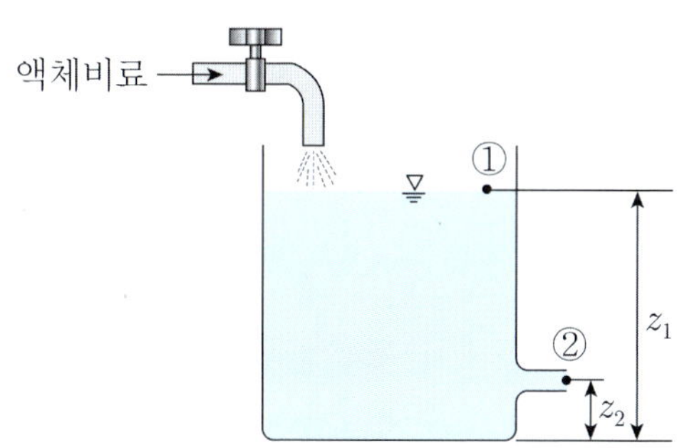

[문제 4.87]

<조 건>

- 점 ①과 점 ② 사이의 높이($z_1 - z_2$)는 4.9m이고, 탱크 상부에서 액체 비료가 연속적으로 공급되어 일정하게 유지된다.

- 액체 비료가 배출되는 관의 단면적은 0.1m^2이다.
- 액체 비료가 배출되는 관 입구와 출구에서 돌연 축소 손실, 돌연 확대 손실 및 관 내부의 마찰 손실은 없는 것으로 한다.
- 중력 가속도는 9.8m/s^2으로 한다.

<작성 방법>

- 점 ①과 점 ②에 대한 베르누이 방정식을 쓸 것.
- 점 ②에서 액체 비료의 배출 속도(m/s)와 유량(m^3/s)을 구할 것. (단, 풀이 과정을 쓸 것.)

88 그림과 같이 단면이 작아지는 원형 관을 통하여 공기가 흐르고 있을 때, A 지점과 B 지점 사이의 압력차를 측정하고자 밀도 ρ_f인 액체가 들어 있는 경사 마노메타를 설치하였다. <조건>을 고려하여 B 지점에서의 속도 V_B[m/s], A 지점과 B 지점 사이의 압력차 $P_A - P_B$[Pa]를 각각 구하고, 풀이 과정과 함께 쓰시오. [중등교사 임용시험-기계·금속]

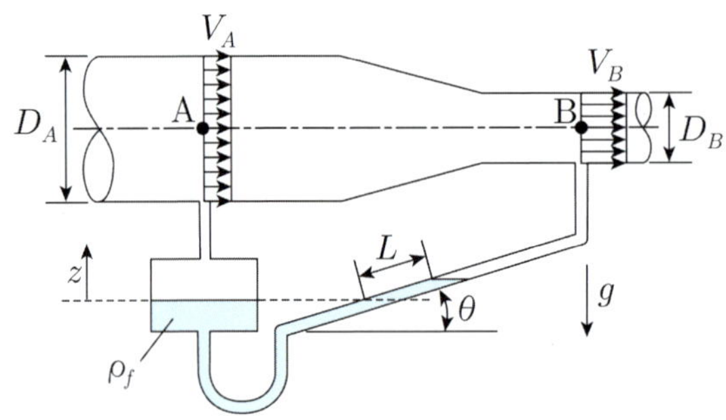

[문제 4.88]

<조 건>

- $D_A = 100$[mm], $D_B = 50$[mm], $V_A = 10$[m/s]이다.
- $\rho_f = 9{,}000[\text{kg/m}^3]$, $\theta = 30°$, $L = 20$[mm]이며, 중력가속도 $g = 10[\text{m/s}^2]$으로 계산한다.
- 공기의 압축성과 점성, 마노메타 안의 액체 표면장력은 고려하지 않는다.
- 제시된 조건 이외에는 고려하지 않는다.

89 그림은 물의 높이 차가 h인 탱크 내부에 압력 P_1을 가하여 단면적 A_2인 노즐을 통해 대기로 물을 분출시키는 모습을 나타낸 것이다. <조건>을 고려하여 노즐을 통해 분출되는 물의 속도 V_2[m/s]와 체적유량 $Q[\text{m}^3/\text{s}]$를 각각 구하고, 풀이 과정과 함께 쓰시오. [중등교사 임용시험-기계(2021)]

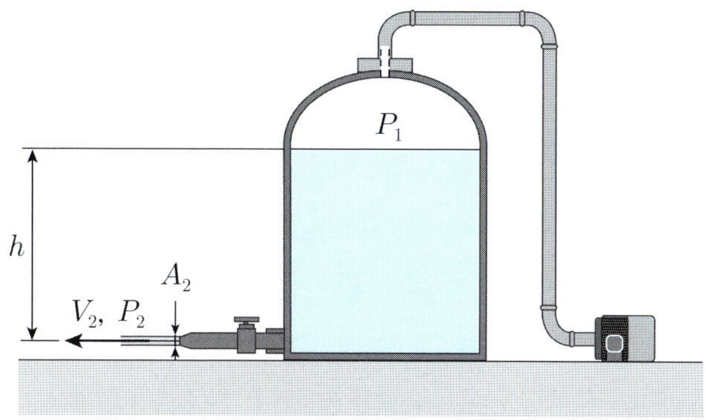

[문제 4.89]

<조 건>

- ○ $h = 1[\mathrm{m}]$, $P_1 = 108[\mathrm{kPa}]$, 대기압 $P_2 = 100[\mathrm{kPa}]$, $A_2 = 0.01[\mathrm{m}^2]$
- ○ 물의 밀도 $\rho = 1000[\mathrm{kg/m^3}]$, 중력가속도 $g = 10[\mathrm{m/s^2}]$
- ○ 탱크는 충분히 커서 h는 변하지 않는다고 가정한다.
- ○ 물의 흐름은 정상상태, 비압축성, 비점성으로 가정하고, 밸브에 의한 마찰 손실은 무시한다.
- ○ 주어진 조건 외에는 고려하지 않는다.

90 그림은 사이펀(siphon)을 사용하여 수영장의 물을 유출하고 있는 모습을 나타낸 것이다. <조건>을 고려하여 노즐 B에서 유출되는 물의 속도 V_B[m/s]와 C점에서의 속도 V_C[m/s]를 각각 구하고, 풀이 과정과 함께 쓰시오. [중등교사 임용시험-기계(2023)]

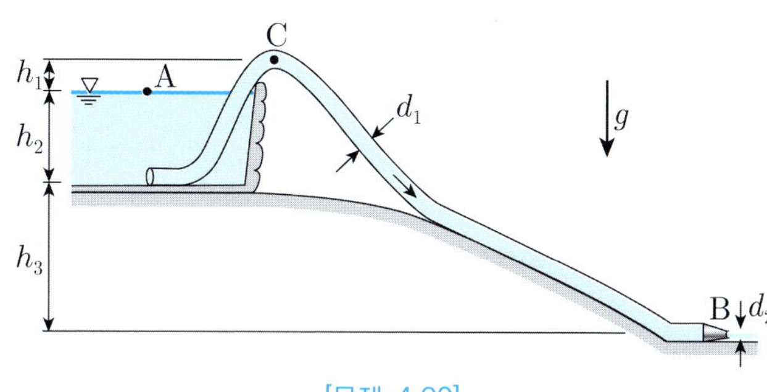

[문제 4.90]

<조 건>

- $h_1 = 0.5[\text{m}]$, $h_2 = 2[\text{m}]$, $h_3 = 3[\text{m}]$
- 사이펀의 내경 $d_1 = 0.1[\text{m}]$로 일정하고, 노즐 출구의 내경 $d_2 = 0.05[\text{m}]$이다.
- 물의 밀도 $\rho = 1,000[\text{kg/m}^3]$, 중력가속도 $g = 10[\text{m/s}^2]$으로 계산한다.
- 수영장은 충분히 커서 A 지점의 수면 높이 h_2는 변하지 않는다고 가정한다.
- 사이펀 내의 유동은 비압축성, 비점성으로 가정한다.
- 사이펀 내부와 출구 단면에서의 속도 및 압력 분포는 균일하다고 가정한다.
- 주어진 조건 외에는 고려하지 않는다.

제5장 에너지 방정식

5.1 펌프와 터빈의 에너지 변환

유체가 기계를 통과할 때 유체와 기계 사이에 에너지 전달이 이루어지는 기계를 유체기계라 하고, 에너지 전달 방향에 따라 크게 펌프(pump)와 터빈(turbine)으로 나눈다. 일반적으로 펌프는 기계적인 운동에너지를 유체의 위치에너지나 운동에너지로 변환하며, 터빈은 유체의 위치에너지나 운동에너지를 이용하여 기계적인 운동에너지를 얻는다.

펌프는 전동기로 구동시켜 전기적 에너지를 기계적 에너지로 바꾸고 이 기계적 운동 에너지에 의해 유체에 압력을 가하여 유체를 낮은 곳에서 높은 곳으로 또는 멀리 보내는 장치이다. 즉, 외부로부터 에너지를 공급받아서 유체에 압력을 가하여 유체의 운동에너지나 위치에너지를 증가시킨다. 펌프의 능력은 양정[m]과 송출 유량[m^3/s, m^3/min]으로 나타낸다. 양정은 흡입 수면으로부터 송출 수면까지의 수직거리로 나타내는 실양정과 여기에 관로의 손실을 고려한 전양정이 있다. 송출유량은 체적유량을 말하며 단위 시간당 송출되는 유체의 부피이다.

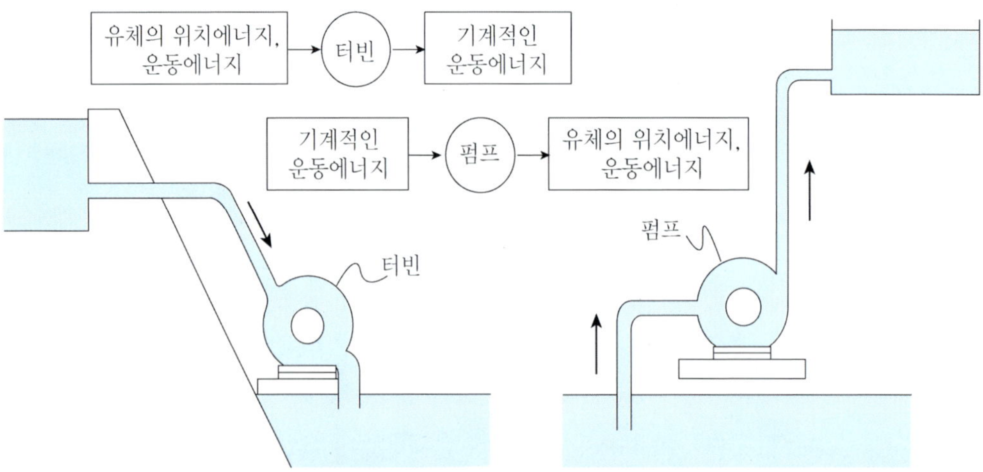

[그림 5.1] 펌프와 터빈

터빈은 크게 수력터빈, 증기터빈, 풍력터빈, 가스터빈 등으로 나눌 수 있다. 이 중 수력터빈, 증기터빈, 풍력터빈은 주로 발전 장치에 이용되고, 가스터빈은 주로 항공기의 추진용 원동기로 이용된다. 특히 수력터빈은 물이 가지고 있는 위치에너지를 기계적인 에너지로 변환하는 장치로서, 물레방아나 수력 발전 등과 같이 물을 이용하여 사람에게 유익한 일을 하는 데 사용된다. 수력터빈은 일반적으로 발전기와 연결되어 발생한 동력을 전기에너지로 변환하는 수력 발전에 사용된다.

[그림 5.1]은 펌프와 터빈의 에너지 변환관계를 나타낸 것이다. 펌프는 유체에 에너지를 공급하고, 터빈은 유체로부터 에너지를 받는다는 것을 염두에 두자.

5.2 에너지 방정식

베르누이 방정식은 유체의 흐름에서 가장 기초가 되는 식이지만 실제 유체에 적용할 때는 관로에서 발생하는 여러 가지 손실을 고려해야 하고 여러 가지 물리적 상황을 이해해서 적용해야 한다. 유체 흐름 중에 펌프와 터빈이 설치되어 있을 때 펌프수두 H_p, 터빈수두 H_t, 손실수두 h_L을 모두 포함하는 에너지 방정식은 다음과 같다.[29]

$$\frac{P_1}{\gamma}+\frac{V_1^2}{2g}+z_1+H_p=\frac{P_2}{\gamma}+\frac{V_2^2}{2g}+z_2+H_t+h_L \qquad \cdots (5.1)$$

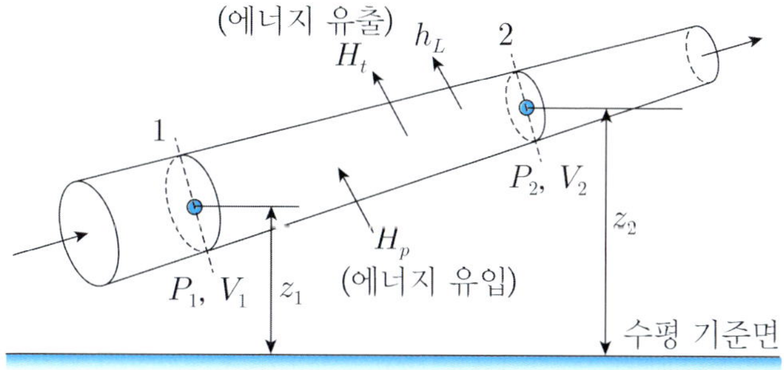

[그림 5.2]

설명 실제 유체의 흐름은 전단응력을 발생시키는 점성의 영향으로 인하여 비가역적이므로 마찰력에 의해 발생하는 에너지 손실을 고려하지 않은 베르누이 방정식은 수정되어야 한다. 에너지 방정식은 이와 같은 손실 에너지를 포함한 모든 에너지가 보존된다는 에너지 보존법칙에서 유도된다.

[그림 5.2]와 같이 유선을 따라 상류 지점 1에서 하류 지점 2로 흘러가는 유동을 고려한다. 일이나 열과 같은 에너지가 유선으로 유입되거나 유선으로부터 방출되지 않는다고 하면 점 1에서의 총 에너지는 점 2에서의 총 에너지와 두 지점 사이에서 발생한 유동 손실을 더한 것과 같다.

$$\frac{P_1}{\gamma}+\frac{V_1^2}{2g}+z_1=\frac{P_2}{\gamma}+\frac{V_2^2}{2g}+z_2+(\text{에너지 손실})_{1\to 2} \qquad \cdots (5.2)$$

식 (5.2)의 좌변은 계로 유입되는 전 수두(total head)를 나타내고 우변은 계를 나가는 전 수두를 나타낸다. 두 지점 사이에서 발생하는 손실을 h_L로 하면 식 (5.2)

29) 식의 유도과정은 참고로 하고, 이 공식의 적용 및 응용 법을 익히도록 한다.

는 다음과 같이 쓸 수 있다.

$$\frac{P_1}{\gamma}+\frac{V_1^2}{2g}+z_1=\frac{P_2}{\gamma}+\frac{V_2^2}{2g}+z_2+h_L \qquad \cdots(5.3)$$

두 지점 사이에 펌프를 설치하여 유체에 에너지를 공급할 때 펌프에 의해 부가된 수두를 H_p라 하면 이것은 유체에 유입된 에너지이므로 식 (5.3)의 좌변에 더해진다.

$$\frac{P_1}{\gamma}+\frac{V_1^2}{2g}+z_1+H_p=\frac{P_2}{\gamma}+\frac{V_2^2}{2g}+z_2+h_L \qquad \cdots(5.4)$$

반면 터빈이 유체로부터 에너지를 받는 경우 터빈으로 방출되는 수두 H_t는 식 (5.3)의 우변에 더해진다.

$$\frac{P_1}{\gamma}+\frac{V_1^2}{2g}+z_1=\frac{P_2}{\gamma}+\frac{V_2^2}{2g}+z_2+H_t+h_L \qquad \cdots(5.5)$$

펌프와 터빈이 모두 설치된 계에 대해서는 식 (5.4)와 (5.5)로부터 다음 식이 얻어진다.

$$\frac{P_1}{\gamma}+\frac{V_1^2}{2g}+z_1+H_p=\frac{P_2}{\gamma}+\frac{V_2^2}{2g}+z_2+H_t+h_L$$

이 식은 에너지방정식의 일반화된 표현이다. 그런데 실제 문제의 경우 펌프와 터빈을 함께 설치하는 경우는 많지 않기 때문에 식 (5.3)~(5.5)가 주로 사용된다.

[검사체적에서 에너지 방정식 유도]

이상에서 베르누이 방정식을 확장하여 에너지 보존법칙을 도입함으로써 에너지 방정식이 유도되는 과정을 살펴보았다. 이 과정은 개념적으로 매우 이해하기 쉬울 것이다.

참고로 식 (5.1)의 에너지방정식은 [그림 5.3]과 같은 검사체적을 잡은 후 에너지 보존법칙을 적용하여 유도할 수 있다.

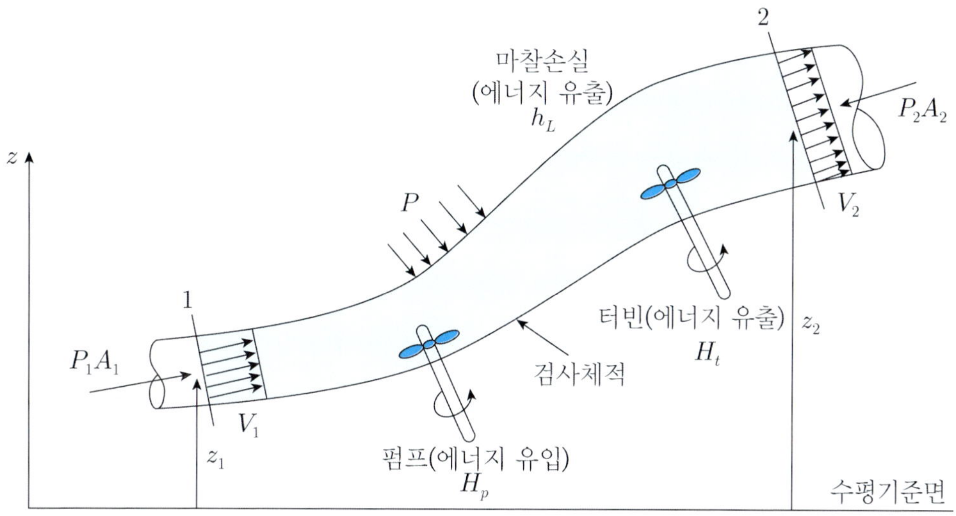

[그림 5.3]

에너지 보존법칙을 적용하기 위해 검사체적으로 유입되는 에너지와 유출되는 에너지를 구한다. 유체의 단위 질량당 위치에너지와 운동에너지는 각각 gz, $\frac{V^2}{2}$이므로 질량유량을 $\dot{m}$라 하면 단면 1에서 유입되는 에너지와 단면 2에서 유출되는 에너지는 각각

$$\dot{m}\left(gz_1 + \frac{V_1^2}{2}\right), \quad \dot{m}\left(gz_2 + \frac{V_2^2}{2}\right) \qquad \cdots ①$$

이다. 다음에 압력에 의한 일을 고려하면, 먼저 입구와 출구를 제외한 검사면의 나머지 부분에 작용하는 압력 힘은 유체의 운동 방향에 수직으로 작용하므로 일을 하지 않는다. 그리고 입구의 출구에서 압력과 같은 방향으로 각각 A_1V_1, A_2V_2의 부피 변화가 생겼으므로 여기에서 압력이 한 일은 각각

$$P_1A_1V_1, \quad P_2A_2V_2 \qquad \cdots ②$$

이다. 펌프와 터빈에 의한 기계일(machine work)과 마찰에 의한 에너지 손실을 고려하면 펌프가 가한 일률과 터빈이 받은 일률 및 손실률은 다음과 같다.

$$\dot{W}_p = \dot{m}gH_p, \quad \dot{W}_t = \dot{m}gH_t, \quad \dot{E}_L = \dot{m}gh_L \qquad \cdots ③$$

식 ①~③으로부터 정상상태를 유지하고 있는 검사체적에 대한 에너지 보존식은 다음과 같이 표현된다.

$$\dot{m}\left(gz_1 + \frac{V_1^2}{2}\right) + P_1A_1V_1 + \dot{m}gH_p$$
$$= \dot{m}\left(gz_2 + \frac{V_2^2}{2}\right) + P_2A_2V_2 + \dot{m}gH_t + \dot{m}gh_L \qquad \cdots ④$$

여기에서 연속법칙에 의해

$$\dot{m} = \rho A_1 V_1 = \rho A_2 V_2$$

$$A_1 V_1 = A_2 V_2 = \frac{\dot{m}}{\rho} \qquad \cdots ⑤$$

이다. 식 ⑤를 식 ④에 대입하면

$$\dot{m}\left(gz_1 + \frac{V_1^2}{2}\right) + P_1 \times \frac{\dot{m}}{\rho} + \dot{m}gH_p$$

$$= \dot{m}\left(gz_2 + \frac{V_2^2}{2}\right) + P_2 \times \frac{\dot{m}}{\rho} + \dot{m}gH_t + \dot{m}gh_L \qquad \cdots ⑥$$

가 된다. 식 ⑥에서 $\dot{m}g$를 나누어주면 최종적으로 다음 에너지 방정식이 얻어진다.

$$\frac{P_1}{\gamma} + \frac{V_1^2}{2g} + z_1 + H_p = \frac{P_2}{\gamma} + \frac{V_2^2}{2g} + z_2 + H_t + h_L \qquad \cdots ⑦$$

예제 5.1 **[마찰손실]** 그림과 같이 지름이 10cm인 긴 파이프가 저수지에 연결되어 물을 대기로 방류하고 있다. 방류되는 유량이 $2\,\mathrm{m^3/min}$이면 수면으로부터 파이프 출구까지의 단위 중량당 에너지 손실[J/N]은 얼마인가? 저수지 수위는 일정하게 유지된다고 가정한다.

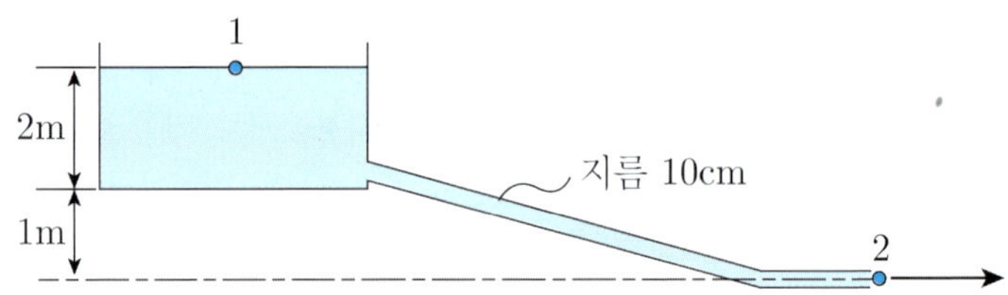

[그림 5.4]

풀이 저수지 수면을 1, 물이 외부로 방류되는 파이프 끝점을 2로 하여 점 1과 2 사이에 에너지 방정식을 적용한다.

$$\frac{P_1}{\gamma} + \frac{V_1^2}{2g} + z_1 = \frac{P_2}{\gamma} + \frac{V_2^2}{2g} + z_2 + h_L \qquad \cdots ①$$

여기에서 저수지 수위가 일정하므로 수면의 하강 속도는

$$V_1 = 0 \qquad \cdots ②$$

이고, 파이프 끝에서 물의 속도는 파이프 내부의 유속과 같으므로 연속방정식에서

$$Q = A V_2 = \frac{\pi}{4} D^2 V_2$$

$$\therefore \quad V_2 = \frac{4Q}{\pi D^2} = \frac{4 \times (2/60)}{\pi \times 0.1^2} = 4.244\,[\mathrm{m/s}] \qquad \cdots ③$$

이다. 그리고 두 지점 1, 2의 압력은 모두 대기압으로 같고,

$$P_1 = P_2 = P_{atm} \qquad \cdots ④$$

두 지점의 고도 차이는

$$z_1 - z_2 = 3\mathrm{m} \qquad \cdots ⑤$$

이다. 식 ②~⑤를 식 ①에 대입하면 다음과 같이 단위중량당 에너지 손실이 구해진다.

$$\frac{P_{atm}}{\gamma} + 0 + z_1 = \frac{P_{atm}}{\gamma} + \frac{V_2^2}{2g} + z_2 + h_L$$

$$\therefore \quad h_L = (z_1 - z_2) - \frac{V_2^2}{2g} = 3 - \frac{4.244^2}{2 \times 9.8}\,[\mathrm{m}] = 2.08\,[\mathrm{m}]$$

† 에너지 방정식에서 각 항들은 단위 중량당 에너지[m = J/N]를 나타낸다(4장 베르누이 방정식). 손실수두 $h_L = 2.08\mathrm{m}$는 2.08J/N과 같다. 즉, 단위중량당 2.08J의 에너지 손실이 발생한다는 것을 의미한다.

예제 5.2 **[펌프]** 지하에 있는 물을 펌프를 사용하여 지상으로 퍼올리려 한다. 물의 유입 지점의 압력은 98kPa, 방출 지점의 압력은 103kPa이고, 유입 지점으로부터 방출 지점까지의 높이는 40m이다. 전체 수두 손실이 3m이고, 관 지름이 일정할 때 펌프에서 공급해야 할 단위중량당 일[J/N]을 구하라.

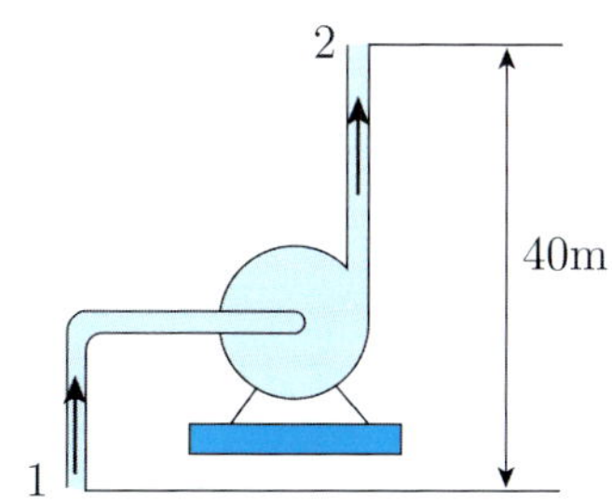

[그림 5.5]

풀이 물의 유입 지점을 1, 방출 지점을 2로 하여 점 1과 2 사이에서 에너지 방정식을 적용한다.

$$\frac{P_1}{\gamma}+\frac{V_1^2}{2g}+z_1+H_p=\frac{P_2}{\gamma}+\frac{V_2^2}{2g}+z_2+h_L \qquad \cdots ①$$

여기에서 손실수두는

$$h_L = 3\text{m} \qquad \cdots ②$$

이고, 두 지점의 고도 차이는

$$z_2 - z_1 = 40\,\text{m} \qquad \cdots ③$$

이다. 그리고 관 지름이 일정하므로 연속방정식으로부터 흡입관과 송출관에서의 유속이 같다.

$$Q = A_1 V_1 = A_2 V_2$$

$$\therefore\ V_1 = V_2 \quad (\because\ A_1 = A_2) \qquad \cdots ④$$

식 ②~④를 식 ①에 대입하면 펌프에서 공급해야 할 단위중량당 일은 다음과 같다.

$$\frac{P_1}{\gamma}+0+z_1+H_p=\frac{P_2}{\gamma}+0+z_2+h_L$$

$$\therefore\ H_p=\frac{P_2-P_1}{\gamma}+(z_2-z_1)+h_L$$

$$=\frac{103-98}{9.8}+40+3\,[\text{m}]=43.5\,[\text{m}]=43.5\,[\text{J/N}]$$

즉, 펌프는 물 1N에 대해 43.5J의 에너지를 공급해야 한다.

예제 5.3 [터빈] 그림과 같은 터빈의 입구에서 4 m/s의 속도로 물이 유입되고 있다. 입구와 출구의 압력이 각각 140 kPa, 90kPa일 때 터빈이 물로부터 얻는 단위 중량당 에너지[J/N]를 구하라. 손실은 무시한다.

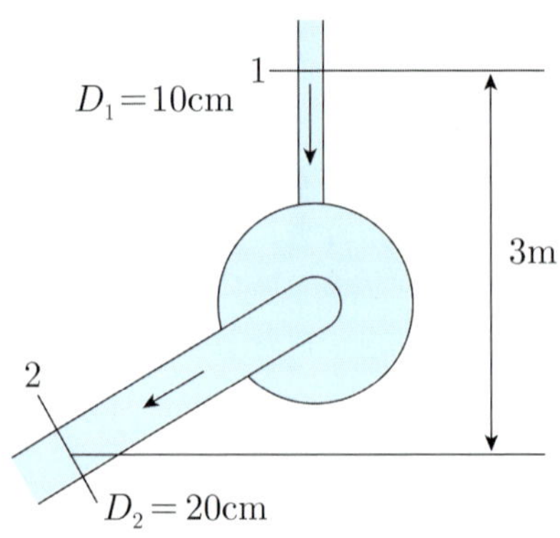

[그림 5.6]

풀이 터빈 입구와 출구를 각각 1, 2로 하여 점 1과 2 사이에서 에너지 방정식을 적용한다.

$$\frac{P_1}{\gamma}+\frac{V_1^2}{2g}+z_1=\frac{P_2}{\gamma}+\frac{V_2^2}{2g}+z_2+H_t+h_L \qquad \cdots ①$$

여기에서 손실수두와 입구 유속은

$$h_L=0, \quad V_1=4\,\mathrm{m/s} \qquad \cdots ②$$

이고, 두 지점의 고도 차이는

$$z_1-z_2=3\,\mathrm{m} \qquad \cdots ③$$

이다. 그리고 연속방정식으로부터 2에서 유속을 구한다.

$$Q=A_1V_1=A_2V_2$$

$$\therefore \quad V_2=\frac{A_1}{A_2}V_1=\frac{\pi D_1^2/4}{\pi D_2^2/4}\times V_1=\left(\frac{D_1}{D_2}\right)^2 V_1$$

$$=\left(\frac{10}{20}\right)^2\times 4\,[\mathrm{m/s}]=1\,[\mathrm{m/s}] \qquad \cdots ④$$

식 ②~④를 식 ①에 대입하면 터빈이 물로부터 얻는 단위중량당 에너지는 다음과 같다.

$$H_t=\frac{P_1-P_2}{\gamma}+\frac{V_1^2-V_2^2}{2g}+(z_1-z_2)$$

$$=\frac{140-90}{9.8}+\frac{4^2-1^2}{2\times 9.8}+3\,[\mathrm{m}]=8.87\,[\mathrm{m}]=8.87\,[\mathrm{J/N}]$$

즉, 물 1N은 터빈에 8.87J의 에너지를 준다.

5.3 펌프동력과 터빈동력

단위 시간에 하는 일의 양을 일률(동력, power)이라 한다. 펌프의 단위 중량당 에너지가 H_p이면 동력을 구하기 위해서는 중량유량($G=\gamma Q$)을 곱하면 된다. 유체의 비중량이 γ이고 체적유량이 Q이면 이론적인 펌프동력 L_p는 다음과 같다.

$$L_p=\gamma Q H_p=\dot{m}gH_p \qquad \cdots (5.6)$$

비중량 $\gamma = \rho g$이므로 $\gamma Q = \rho g Q = (\rho Q) g = \dot{m} g$($\dot{m}$: 질량유량)이다. 마찬가지로 터빈의 단위 중량당 에너지가 H_t일 때 이론적인 터빈동력 L_t는 다음과 같다.

$$L_t = \gamma Q H_t = \dot{m} g H_t \qquad \cdots (5.7)$$

실제로 펌프와 터빈을 작동시킬 때, 펌프의 경우는 이론적인 값보다 더 많은 양의 에너지를 투입해야 하고, 터빈의 경우는 이론적으로 얻어지는 값보다 더 적은 에너지를 얻게 된다. 이에 따라 다음과 같이 펌프효율(η_p)과 터빈 효율(η_t)을 정의하여 사용한다.

$$\eta_p = \frac{\gamma Q H_p}{L_{pa}}$$

$$\eta_t = \frac{L_{ta}}{\gamma Q H_t}$$

여기에서 L_{pa}와 L_{ta}는 각각 실제로 펌프에 공급해야 할 동력과 실제로 터빈에서 얻게 되는 동력(터빈 출력)을 나타낸다. 따라서 실제 동력은 다음 식으로 구해진다.

$$L_{pa} = \frac{\gamma Q H_p}{\eta_p} \qquad \cdots (5.8)$$

$$L_{ta} = \eta_t \gamma Q H_t \qquad \cdots (5.9)$$

펌프는 외부로부터 에너지(L_{pa})를 투입하여 유체의 에너지로 변환하고, 반면 터빈은 유체의 에너지를 터빈의 기계적 에너지(L_{ta})로 변환한다는 것을 알면 서로 다른 효율의 정의를 이해할 수 있다. 일반적으로 효율은 $\left(\frac{\text{출력}}{\text{입력}}\right)$으로 정의한다.

비중량이 γ_w인 물을 양수하는 펌프에서는 이론적인 펌프동력을 수동력(water power)이라 하고, 실제로 펌프에 공급해야 할 동력을 축동력(shaft power)이라 하며 각각 $L_w = \gamma_w Q H_p$와 $L_s = L_w / \eta_p$로 나타낸다.

동력의 SI 단위로는 보통 $\mathrm{kW} = \frac{\mathrm{kJ}}{\mathrm{s}}$을 사용한다. 그런데 펌프와 터빈에서 실질적으로 많이 사용하는 단위로는 마력[PS, HP]이 있다. 체적유량 $Q[\mathrm{m^3/s}]$, 수두 $H[\mathrm{m}]$일 때 동력 L은 다음 식으로 계산된다.

(1) γ의 단위가 $\mathrm{N/m^3}$일 때

$$L_{kW} = \frac{\gamma QH}{1000}\,[\mathrm{kW}],\ L_{PS} = \frac{\gamma QH}{736}\,[\mathrm{PS}],\ L_{HP} = \frac{\gamma QH}{746}\,[\mathrm{HP}] \quad \cdots (5.10)$$

(2) γ의 단위가 $\mathrm{kgf/m^3}$일 때

$$L_{kW} = \frac{\gamma QH}{102}\,[\mathrm{kW}],\ L_{PS} = \frac{\gamma QH}{75}\,[\mathrm{PS}],\ L_{HP} = \frac{\gamma QH}{76}\,[\mathrm{HP}] \quad \cdots (5.11)$$

설명 (1) 체적유량 $Q[\mathrm{m^3/s}]$, 수두 $H[\mathrm{m}]$, $\gamma[\mathrm{N/m^3}]$일 때는 단위가 모두 SI 단위이므로 동력은

$$L_W = \gamma QH\ [\mathrm{W}]$$

이다. 따라서 $1\mathrm{kW} = 1000\mathrm{W}$, $1\mathrm{PS} = 736\,\mathrm{W}$, $1\mathrm{HP} = 746\,\mathrm{W}$에 의해 다음과 같이 동력이 표현된다.

$$L_{kW} = \frac{L_W}{1000} = \frac{\gamma QH}{1000}\ [\mathrm{kW}]$$

$$L_{PS} = \frac{L_W}{736} = \frac{\gamma QH}{736}\ [\mathrm{PS}]$$

$$L_{HP} = \frac{L_W}{746} = \frac{\gamma QH}{746}\ [\mathrm{HP}]$$

(2) 체적유량 $Q[\mathrm{m^3/s}]$, 수두 $H[\mathrm{m}]$, $\gamma[\mathrm{kgf/m^3}]$일 때 동력은

$$L = \gamma QH\,[\mathrm{kgf \cdot m/s}]$$

이다. 여기에서 $1\mathrm{kgf/m^3} = 9.8\,\mathrm{N/m^3}$이므로 SI단위의 동력은

$$L_W = 9.8 \times L\ [\mathrm{W}] = 9.8\gamma QH\ [\mathrm{W}]$$

이다. 따라서 $1\mathrm{kW} = 1000\mathrm{W}$, $1\mathrm{PS} = 736\,\mathrm{W}$, $1\mathrm{HP} = 746\,\mathrm{W}$이므로 다음과 같이 동력이 표현된다.

$$L_{kW} = \frac{L_W}{1000} = \frac{9.8\gamma QH}{1000}\ [\mathrm{kW}] = \frac{\gamma QH}{102}\ [\mathrm{kW}]$$

$$L_{PS} = \frac{L_W}{736} = \frac{9.8\gamma QH}{736}\ [\mathrm{PS}] = \frac{\gamma QH}{75}\ [\mathrm{PS}]$$

$$L_{HP} = \frac{L_W}{746} = \frac{9.8\gamma QH}{746}\ [\text{HP}] = \frac{\gamma QH}{76}\ [\text{HP}]$$

† 물의 비중량은 $1000\,\text{kgf/m}^3 = 9.8\,\text{kN/m}^3$이다. 마력의 단위에는 PS와 HP가 있는데 근래에는 PS를 많이 사용한다. $1\,\text{PS} = 75\,\text{kgf} \cdot \text{m/s}$로 정의된다는 것은 기억하도록 한다. 특히 기계설계에서 많이 나타나는 단위이다.

Note 식 (5.10)과 (5.11)은 여러 유체역학 책에 나오므로 여기에서도 소개한다. 이 식들을 굳이 기억할 필요가 없다. 모두 기본식 $L = \gamma QH$일 뿐이다. 단위 환산 과정을 잘 이해하도록 한다.

예제 5.4 [**동력의 단위**] 수력발전에서 터빈으로 유입되는 유량이 $0.4\text{m}^3/\text{s}$이고 터빈수두가 30m이다. 물이 터빈에 전달하는 동력을 구하여 kW, PS, HP로 환산하여 각각 나타내라.

풀이 물의 비중량 $\gamma_w = 1000\,\text{kgf/m}^3$이므로 동력은 다음과 같다.

○ $L_{kW} = \dfrac{\gamma_w QH_t}{102} = \dfrac{10^3(0.4)(30)}{102} = 117.6\ [\text{kW}]$

○ $L_{PS} = \dfrac{\gamma_w QH_t}{75} = \dfrac{10^3(0.4)(30)}{75} = 160\ [\text{PS}]$

○ $L_{HP} = \dfrac{\gamma_w QH_t}{76} = \dfrac{10^3(0.4)(30)}{76} = 157.9\ [\text{HP}]$

† [예제 5.4]에서 물의 비중량 $\gamma_w = 9.8 \times 10^3\text{N/m}^3$이고, SI 단위 [m, s, N]으로 통일하여 계산하면

$$L = \gamma_w QH_t = (9.8\times10^3)(0.4)(30)\ [W]$$
$$= 117.6\times10^3\ [\text{W}] = 117.6\,[\text{kW}]$$

이다. 즉, $L_{kW} = \dfrac{\gamma_w QH_t}{102}$ [kW]라는 공식을 기억하지 않고 $L = \gamma_w QH_t$라는 기본식과 단위를 알면 된다.

예제 5.5 [**펌프**] 큰 저수지에서 펌프를 이용하여 물을 수면으로부터 20m 위로 $14\text{m}^3/\text{min}$씩 양수하려 한다. 관 지름이 10cm일 때 펌프가 물에 공급해야 할 동력[kW]을 구하라. 단, 송출관의 끝은 대기 중으로 열려 있고 관내의 손실은 무시한다.

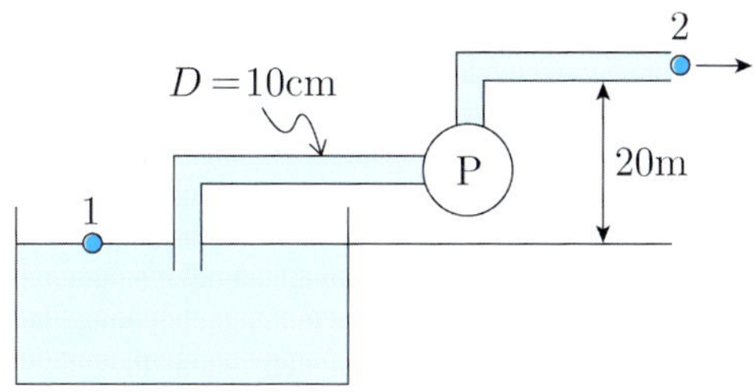

[그림 5.7]

풀이 저수지 수면을 1, 송출관의 끝점을 2로 하여 점 1과 2 사이에 에너지 방정식을 적용한다.

$$\frac{P_1}{\gamma} + \frac{V_1^2}{2g} + z_1 + H_p = \frac{P_2}{\gamma} + \frac{V_2^2}{2g} + z_2 + h_L \qquad \cdots ①$$

저수지 수면의 하강 속도와 손실은 0이다.

$$V_1 = 0, \ h_L = 0 \qquad \cdots ②$$

두 지점 1, 2의 압력은 모두 대기압으로 같다.

$$P_1 = P_2 = P_{atm} \qquad \cdots ③$$

그리고 두 지점의 고도 차이는

$$z_2 - z_1 = 20\text{m} \qquad \cdots ④$$

이고, 연속방정식으로부터 송출관의 끝에서 유속은

$$Q = A V_2 = \frac{\pi}{4} D^2 V_2$$

$$\therefore \ V_2 = \frac{4Q}{\pi D^2} = \frac{4 \times (14/60)}{\pi \times 0.1^2} [\text{m/s}] = 29.7 \, [\text{m/s}] \qquad \cdots ⑤$$

이다. 식 ②~⑤를 식 ①에 대입하여 펌프수두를 구하면

$$0 + 0 + z_1 + H_p = 0 + \frac{V_2^2}{2g} + z_2 + 0$$

$$H_p = \frac{V_2^2}{2g} + (z_2 - z_1) = \frac{29.7^2}{2 \times 9.8} + 20[\text{m}] = 65[\text{m}]$$

이므로 펌프가 물에 공급해야 할 동력은 다음과 같다. SI 단위 [m, s, N]으로 통일하여 계산한다. 물의 비중량 $\gamma = 9.8 \times 10^3 \text{N/m}^3$이다.

$$L_p = \gamma Q H_p = (9.8 \times 10^3)\left(\frac{14}{60}\right)(65)\ [W]$$
$$= 148.6 \times 10^3\ [\mathrm{W}] = 148.6\,[\mathrm{kW}]$$

† 물의 비중량 $\gamma = 1000\mathrm{kgf/m^3}$과 γ 의 단위가 $\mathrm{kgf/m^3}$일 때 공식을 사용하면

$$L_p = \frac{\gamma Q H_p}{102}\ [\mathrm{kW}] = \frac{10^3 \times (14/60) \times 65}{102}\ [\mathrm{kW}] = 148.7\,[\mathrm{kW}]$$

예제 5.6 [터빈] 그림과 같이 설치된 터빈이 $0.8\mathrm{m^3/s}$의 유량과 $14\mathrm{kW}$의 동력을 물로부터 받을 때 터빈으로부터 수면까지의 거리 h를 구하라. 노즐 지름은 $10\mathrm{cm}$이고 손실수두는 $5\mathrm{m}$이다.

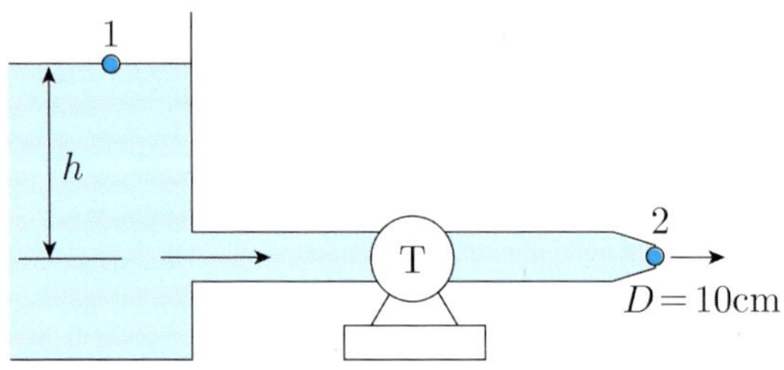

[그림 5.8]

풀이 댐의 수면을 1, 노즐 출구를 2로 하여 점 1과 2 사이에 에너지 방정식을 적용한다.

$$\frac{P_1}{\gamma} + \frac{V_1^2}{2g} + z_1 = \frac{P_2}{\gamma} + \frac{V_2^2}{2g} + z_2 + H_t + h_L \quad \cdots ①$$

댐 수면의 하강 속도와 손실수두는

$$V_1 = 0,\ h_L = 5\,\mathrm{m} \quad \cdots ②$$

이고, 두 지점 1, 2의 압력은 모두 대기압이다.

$$P_1 = P_2 = P_{atm} \quad \cdots ③$$

연속방정식으로부터 노즐 출구에서 유속은

$$Q = A V_2 = \frac{\pi}{4} D^2 V_2$$

$$\therefore\ V_2 = \frac{4Q}{\pi D^2} = \frac{4 \times 0.8}{\pi \times 0.1^2}\ [\mathrm{m/s}] = 101.9\,[\mathrm{m/s}] \quad \cdots ④$$

이다. 그리고 두 지점의 고도 차이는

$$z_1 - z_2 = h \quad \cdots ⑤$$

이다. 식 ②~⑤를 식 ①에 대입하여 터빈수두를 구하면

$$0 + 0 + z_1 = 0 + \frac{V_2^2}{2g} + z_2 + H_t + h_L$$

$$H_t = (z_1 - z_2) - \frac{V_2^2}{2g} - h_L = h - \frac{101.9^2}{2(9.8)} - 5[\text{m}] = h - 524.8\,[\text{m}]$$

이다. 여기에서 터빈이 물로부터 받는 동력은 $14\,\text{kW}$이므로 다음과 같이 h가 구해진다. 물의 비중량 $\gamma = 9.8 \times 10^3 \text{N/m}^3$이고, SI 단위 [m, s, N]으로 통일하여 계산한다.

$$\begin{aligned} L_t = \gamma Q H_t &= (9.8 \times 10^3)(0.8)(h - 524.8)\,[\text{W}] \\ &= (9.8)(0.8)(h - 524.8)\,[\text{kW}] = 14\,[\text{kW}] \end{aligned}$$

$$\therefore\ h = \frac{14}{9.8(0.8)} + 524.8\,[\text{m}] = 526.6\,[\text{m}]$$

† 물의 비중량 $\gamma = 1000\text{kgf/m}^3$과 γ 의 단위가 kgf/m^3일 때 공식을 사용하면

$$L_t = \frac{\gamma Q H_t}{102}\,[\text{kW}] = \frac{10^3(0.8)(h - 524.8)}{102}\,[\text{kW}] = 14\,[\text{kW}]$$

$$\therefore\ h = \frac{102(14)}{10^3(0.8)} + 524.8\,[\text{m}] = 526.6\,[\text{m}]$$

5.4 운동에너지 수정계수

지금까지 베르누이 방정식이나 에너지 방정식을 하나의 유선이 아니라 단면에 대하여 적용할 때 각 유동 단면에서 유속이 균일하다고 하고 문제를 해석하였다. 그런데 실제 유동에서 단면에서의 유속이 균일하지 않다면 평균속도를 사용하여 구한 에너지는 실제 유동에서에서의 값과 다르게 될 것이다. 이와 같은 것을 보정하기 위하여 운동에너지 수정계수(운동에너지 보정계수, kinetic energy correction factor)를 정의하여 사용한다.30)

속도분포 v를 갖는 유동을 균일유동으로 간주하고 해석할 때 사용하는 유속은 다음과 같이 정의되는 단면에서의 평균속도 V_m이다.

$$V_m = \frac{1}{A}\int v\,dA \qquad \cdots (5.12)$$

30) 이 단원은 참고만 해도 되지만 운동에너지 수정계수의 정의는 알아두도록 한다.

평균속도에 의한 유체의 단위 시간당 운동에너지는 다음과 같다.

$$E_{k,m} = \frac{1}{2}\dot{m}\,V_m^2 = \frac{1}{2}(\rho A\,V_m)\,V_m^2 = \frac{1}{2}\rho\,V_m^3\,A \qquad \cdots①$$

속도분포 v가 있을 때 미소 단면 dA를 통과하는 질량유량은

$$d\dot{m} = \rho v dA$$

이므로 미소 단면을 통과하는 단위 시간당 운동에너지는

$$dE_k = \frac{1}{2}(d\dot{m})v^2 = \frac{1}{2}\rho v^3 dA$$

이다. 따라서 유체가 갖는 단위 시간당 총 운동에너지는

$$E_k = \int \frac{1}{2}\rho v^3 dA \qquad \cdots②$$

가 된다. 식 ②를 단면에서의 평균속도 V_m에 기준한 운동에너지 ①과 비교하여 다음과 같이 운동에너지 수정계수 α를 정의하여 사용한다.

$$E_k = \alpha\,E_{k,m}$$

$$\int \frac{1}{2}\rho v^3 dA = \alpha\left(\frac{1}{2}\rho\,V_m^3\,A\right)$$

$$\alpha = \frac{1}{A}\int\left(\frac{v}{V_m}\right)^3 dA \qquad \cdots(5.13)$$

운동에너지 수정계수를 도입하면 에너지 방정식은 다음과 같이 표현된다.

$$\frac{P_1}{\gamma} + \alpha_1\frac{V_1^2}{2g} + z_1 + H_p = \frac{P_2}{\gamma} + \alpha_2\frac{V_2^2}{2g} + z_2 + H_t + h_L \qquad \cdots(5.14)$$

이와 같이 운동에너지 수정계수는 불균일 유동의 운동에너지를 보정할 때 사용되며 $\alpha \geq 1$의 값을 갖는다. 곧은 원관 내부유동에서 포물선 형태의 속도분포(Poiseuille flow)를 갖는 경우 $\alpha = 2$이고[7장], 난류유동의 경우 α는 1에 가까운 값($\alpha \approx 1.05$)을 갖는다[예제 5.11*].

예제 5.7 댐의 물을 이용하여 전기를 발생시키기 위하여 수력터빈을 설치하였다. 터빈을 지나는 유량이 $10\mathrm{m^3/s}$이고 손실수두가 $5\mathrm{m}$이며, 배출관에서 유속이 $3\mathrm{m/s}$이고 운동에너지 수정계수가 1.05일 때 터빈이 물로부터 받는 동력[MW]을 구하라.

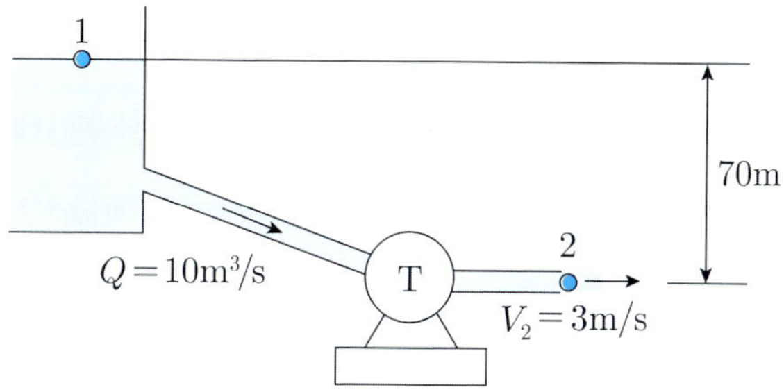

[그림 5.9]

풀이 댐의 수면을 1, 배출구를 2로 하고 점 1과 2 사이에서 운동에너지 수정계수를 고려한 에너지 방정식을 적용한다.

$$\frac{P_1}{\gamma} + \alpha_1 \frac{V_1^2}{2g} + z_1 = \frac{P_2}{\gamma} + \alpha_2 \frac{V_2^2}{2g} + z_2 + H_t + h_L \qquad \cdots ①$$

댐 수면의 하강 속도와 손실수두 및 두 지점 1, 2의 압력은 다음과 같다.

$$V_1 = 0,\ h_L = 5\text{m},\ P_1 = P_2 = P_{atm} \qquad \cdots ②$$

배출구에서 유속과 두 지점의 고도 차이는

$$V_2 = 3\,[\text{m/s}],\ z_1 - z_2 = 70\,[\text{m}] \qquad \cdots ③$$

이고, 운동에너지 수정계수는

$$\alpha_2 = 1.05 \qquad \cdots ④$$

이다. 식 ②~④를 식 ①에 대입하면 터빈수두는

$$0 + 0 + z_1 = 0 + \alpha_2 \frac{V_2^2}{2g} + z_2 + H_t + h_L$$

$$H_t = (z_1 - z_2) - h_L - \alpha_2 \frac{V_2^2}{2g} = 70 - 5 - 1.05 \times \frac{3^2}{2(9.8)}\,[\text{m}] = 64.5\,[\text{m}]$$

이다. 따라서 터빈이 물로부터 받는 동력은 다음과 같다. SI 단위 [m, s, N]으로 통일하여 계산한다. 물의 비중량 $\gamma = 9.8 \times 10^3 \text{N/m}^3$이다.

$$\begin{aligned} L_t &= \gamma Q H_t = (9.8 \times 10^3)(10)(64.5)\,[\text{W}] \\ &= 6{,}320 \times 10^3\,[\text{W}] = 6{,}320\,[\text{kW}] = 6.32\,[\text{MW}] \end{aligned}$$

† 물의 비중량 $\gamma = 1000\text{kgf/m}^3$과 γ 의 단위가 kgf/m^3일 때 공식을 사용하면

$$\begin{aligned} L_t &= \frac{\gamma Q H_t}{102}\,[\text{kW}] = \frac{10^3(10)(64.5)}{102}\,[\text{kW}] = 6.32 \times 10^3\,[\text{kW}] \\ &= 6.32\,[\text{MW}] \end{aligned}$$

[보충 학습] 펌프양정과 동력

펌프에서 물이 올라가는 높이(펌프에 의해 얻을 수 있는 위치 수두)를 양정(lift head)이라고 한다. **'양정은 물이 가지고 있는 단위 중량당 에너지로서 물을 올릴 수 있는 높이(m)를 나타낸다.'** 펌프에서 유량을 양수량(송출량) 또는 배출량이라 한다. 펌프 능력은 양정[m]과 양수량[m^3/s, m^3/min]으로 나타낸다.

양정은 흡입 수면으로부터 배출 수면까지 수직거리(흡입 수면과 배출 수면의 고도 차이)로 나타내는 실양정(H_a)과 여기에 관로의 손실을 고려한 전양정(H)이 있다. 양수량은 체적유량(Q)을 말하며 단위 시간당 송출되는 유체 부피이다.

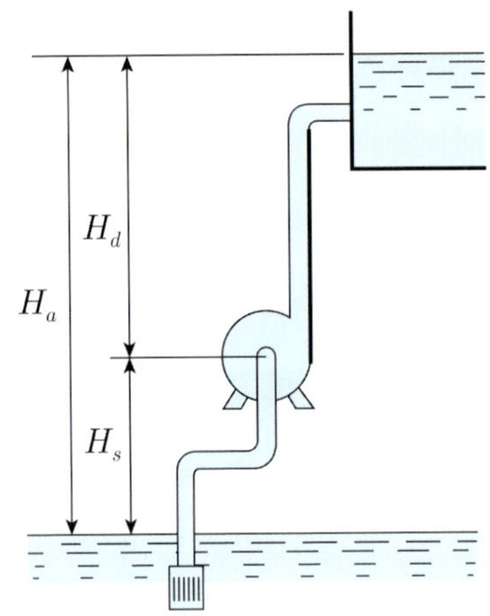

[그림 5.10] 펌프 양정

[그림 5.10]에서 흡입수조의 수면에서 배출수조의 수면까지 수직 거리가 실제로 물을 이송시켜야 할 높이이다. 이것을 실양정(actual head)이라 부르며 H_a로 표시한다. 그리고 펌프 중심에서 흡입 수면까지 수직거리를 흡입 실양정(actual suction head, H_s), 펌프 중심에서 배출 수면까지 수직거리를 송출 실양정(actual delivery head, H_d)이라고 한다. 즉, 실양정은 다음과 같다.

$$\text{실양정}(H_a) = \text{흡입 실양정}(H_s) + \text{배출 실양정}(H_d) \qquad \cdots(5.15)$$

배출 양정은 펌프 출력을 변화시킴으로써 임의로 조절할 수 있다. 그러나 흡입 양정은 흡입 수면에 작용하는 대기 압력(P_{atm})과 펌프 입구 압력과의 차이에 의해 정해지므로 어느 한도 이상의 높이가 될 수 없다. 즉, 상온의 물은 1기압(101.3kPa)에서는 이론적으로

$$h_{\max} = \frac{P_{atm}}{\gamma_w} = \frac{101.3\text{kPa}}{9.81\text{kN/m}^3} = 10.33\text{m}$$

까지 끌어올릴 수 있으나, 펌프 입구 압력이 0(완전진공)이 될 수 없고, 흡입관 내의 마찰이나 밸브 등과 같은 관로 손실로 인하여 실제로 끌어올릴 수 있는 한도는 7m 정도이다. 흡입 양정은 가능한 낮은 것이 바람직하다(펌프를 가능한 낮은 곳에 설치하는 것이 좋다).

펌프의 전양정 H는 실양정 H_a보다 커야 한다. 왜냐하면 물이 관로에서 이동하는 동안 충돌과 마찰로 인하여 손실이 발생하기 때문이다. 이때의 총 손실수두를 H_L로 하면 전양정은 다음과 같다.

$$\text{전양정}(H) = \text{실양정}(H_a) + \text{총손실수두}(H_L) \qquad \cdots(5.16)$$

즉, 전양정은 실양정에서 양수장치 전체의 계에 대한 손실을 고려한 양정을 말한다.

물을 양수하는 펌프에서 이론적인 펌프동력을 수동력(water power), 실제로 펌프에 공급해야 할 동력을 축동력(shaft power)이라 한다.

○수동력: $L_w = \gamma_w QH$ $\cdots(5.17)$

○축동력: $L_s = \dfrac{L_w}{\eta}$ (η는 펌프효율) $\cdots(5.18)$

5.3절의 동력에서 이론적인 펌프동력은 수동력이고($L_p = L_w$), 실제로 펌프에 공급해야 할 동력은 축동력($L_{pa} = L_s$)에 해당된다.

[보충 예제] 에너지 방정식

예제 5.8 펌프의 전양정이 20m이고 양수량이 $0.1\text{m}^3/\text{s}$이다. 펌프효율이 80%일 때 축동력을 구하라.

풀이 전양정 $H = 20\text{m}$, 양수량 $Q = 0.1\text{m}^3/\text{s}$이므로 수동력($L_w$)은

$$L_w = \gamma QH$$
$$= \left(9.8\frac{\text{kN}}{\text{m}^3}\right) \cdot \left(0.1\frac{\text{m}^3}{\text{s}}\right) \cdot (20\text{m})$$

$$= 19.6\,[\mathrm{kW}]$$

이고, 축동력(L_s)은 다음과 같다.

$$L_s = \frac{L_w}{\eta_p} = \frac{19.6\mathrm{kW}}{0.8} = 24.5\,[\mathrm{kW}]$$

예제 5.9 축동력이 5kW이고 효율이 72%인 펌프가 호수에서 저장탱크로 지름이 일정한 관을 통해 물을 양수하려 한다. 저장탱크 수면은 호수 수면보다 25m 더 높다. 관에서 손실수두가 4m일 때 양수량(Q[L/s])과 펌프 전후의 압력 차이(ΔP[kPa])를 구하라. 호수와 저장탱크 수면은 일정한 높이를 유지한다고 가정한다.

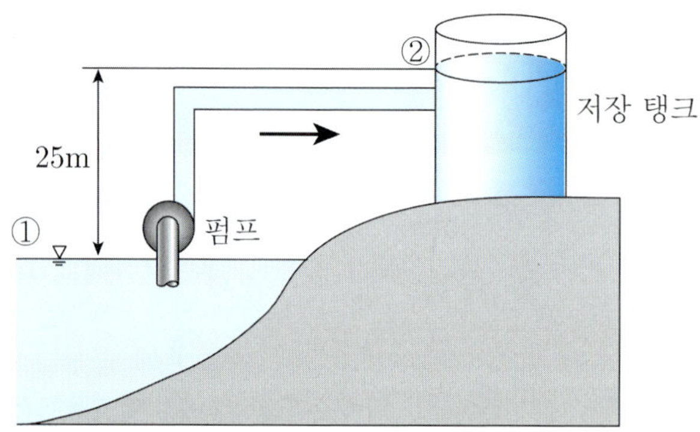

[그림 5.11]

풀이 호수와 저장탱크 수면을 각각 ①, ②로 하여 두 지점 사이에 에너지 방정식을 적용하여 펌프수두를 구한다.

$$\frac{P_1}{\gamma} + \frac{V_1^2}{2g} + z_1 + H_p = \frac{P_2}{\gamma} + \frac{V_2^2}{2g} + z_2 + h_L \qquad \cdots ①$$

$$0 + 0 + z_1 + H_p = 0 + 0 + z_2 + h_L \qquad \cdots ②$$

$$H_p = (z_2 - z_1) + h_L = 25 + 4\,[\mathrm{m}] = 29\,[\mathrm{m}] \qquad \cdots ③$$

따라서 축동력 $L_s = 5\mathrm{kW}$, 효율 $\eta = 72\%$로부터 양수량(Q)은 다음과 같다.

$$\eta = \frac{L_w}{L_s} = \frac{\gamma Q H_p}{L_s}$$

$$Q = \frac{\eta L_s}{\gamma H_p} = \frac{0.72(5)}{9.8(29)}\,[\mathrm{m^3/s}] = 12.7 \times 10^{-3}\,[\mathrm{m^3/s}] = 12.7\,[\mathrm{L/s}]$$

여기에서 $L_s = 5\mathrm{kW}$이므로 $\gamma = 9.8\mathrm{kN/m^3}$을 사용하였다.

펌프가 물에 공급하는 동력(수동력)은

$$L_w = \eta L_s$$

이므로 펌프 전후의 압력 차이(ΔP[kPa])는 다음과 같다.

$$\Delta P Q = L_w$$

$$\Delta P = \frac{\eta L_s}{Q} = \frac{0.72(5)}{(12.7 \times 10^{-3})}[\mathrm{kPa}] = 283[\mathrm{kPa}]$$

L_s의 단위를 kW로 하였으므로 압력의 단위가 kPa이 된다.

Note [예제 5.9]의 식 ①~③으로부터 펌프에서 운동에너지($V^2/2g$) 변화를 무시하면 에너지 방정식의 펌프수두가 바로 전양정이 된다($H_p = H$)는 것을 알 수 있다. 즉, 식 ③의 펌프수두는 다음과 같다.

$$H_p = (z_2 - z_1) + h_L = (\text{실양정}) + (\text{손실수두})$$

[참고] 펌프(송풍기) 전후의 압력차와 동력

펌프와 송풍기는 모두 유체에 에너지를 공급하는 장치이다. 기체에서 송풍기란 용어를 사용하고 액체에서 펌프란 용어를 사용한다. 펌프 전후를 각각 1, 2로 하여 에너지방정식을 적용하고, 펌프 전후에서 높이차와 운동에너지 변화를 무시할 수 있으면 다음과 같이 펌프수두가 얻어진다.

$$\frac{P_1}{\gamma} + \frac{V_1^2}{2g} + z_1 + H_p = \frac{P_2}{\gamma} + \frac{V_2^2}{2g} + z_2$$

$$\frac{P_1}{\gamma} + 0 + 0 + H_p = \frac{P_2}{\gamma} + 0 + 0$$

$$H_p = \frac{P_2 - P_1}{\gamma} = \frac{\Delta P}{\gamma}$$

따라서 펌프 동력은 다음과 같다.

$$L = \gamma Q H_p = \gamma Q \times \frac{\Delta P}{\gamma} = \Delta P Q$$

펌프(송풍기) 동력 $L = \Delta P Q$로 알아두도록 한다.

예제 5.10* 그림과 같이 댐의 수압관에서 에너지를 추출하고 있는 터빈을 고려한다. 난류 관 유동에서 마찰 손실수두는 근사적으로 $h_L = kQ^2$으로 표현된다. 여기에서 상수 k는 수압관의 크기와 물의 특성에 의존하고, Q는 유량을 나타낸다. 주어진 수압관의 형상과 가변 유량 Q에 대하여 발생할 수 있는 최대 동력 $L_{\max} = \frac{2}{3}\gamma Q h$이고 이것은 $Q = \sqrt{\frac{h}{3k}}$ 일 때 일어남을 보여라. 상류와 하류의 수면 높이 차이 h는 일정하고 물의 비중량은 γ이다.

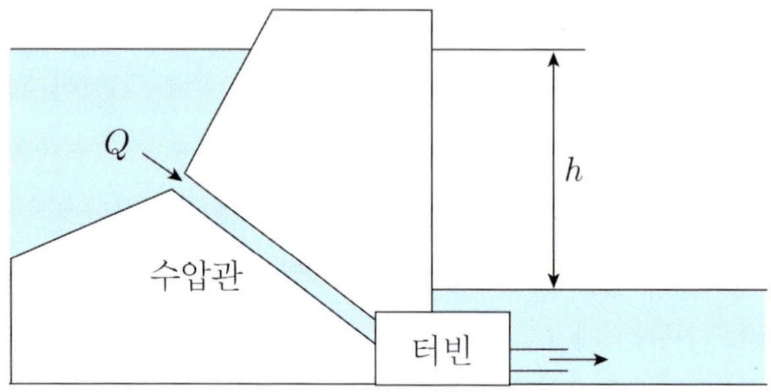

[그림 5.12]

풀이 댐의 수면과 터빈으로부터 물이 방출되는 댐 하류 수면을 각각 1, 2로 하여 점 1과 2 사이에 에너지 방정식을 적용한다. 두 지점의 압력은 모두 대기압이고 수면의 속도는 0이다.

$$\frac{P_1}{\gamma} + \frac{V_1^2}{2g} + z_1 = \frac{P_2}{\gamma} + \frac{V_2^2}{2g} + z_2 + H_t + h_L \quad \cdots ①$$

$$0 + 0 + z_1 = 0 + 0 + z_2 + H_t + kQ^2$$

$$\therefore \ H_t = (z_1 - z_2) - kQ^2 = h - kQ^2 \quad \cdots ②$$

따라서 터빈이 받는 동력은

$$L = \gamma Q H_t = \gamma Q(h - kQ^2) = \gamma(Qh - kQ^3) \quad \cdots ③$$

이다. 식 ③에서 L은 Q의 함수이고 L이 최대가 되는 Q를 구한다.

$$\frac{dL}{dQ} = \gamma(h - 3kQ^2) = 0$$

$$h - 3kQ^2 = 0$$

$$\therefore \ Q = \sqrt{\frac{h}{3k}} \quad \cdots ④$$

식 ④를 ③에 대입하면 최대 동력은 다음과 같다.

$$L_{\max} = \gamma Q(h - kQ^2) = \gamma Q\left(h - \frac{h}{3}\right) = \frac{2}{3}\gamma Q h$$

예제 5.11* [관 유동 운동에너지 수정계수] Prandtl은 관에서의 난류유동(turbulent flow) 속도 분포를 다음과 같이 근사적으로 표현할 수 있다고 제안하였다.

$$v = V_c\left(\frac{y}{R}\right)^{1/7} \quad (0 \le y \le R)$$

여기에서 R은 관 반지름, V_c는 관 중심에서 속도, y는 벽면으로부터 거리를 나타낸다. 이 표현식은 '난류속도분포에 대한 7승근 법칙(seventh-root-law)'으로 불리어지고 있다.[31]

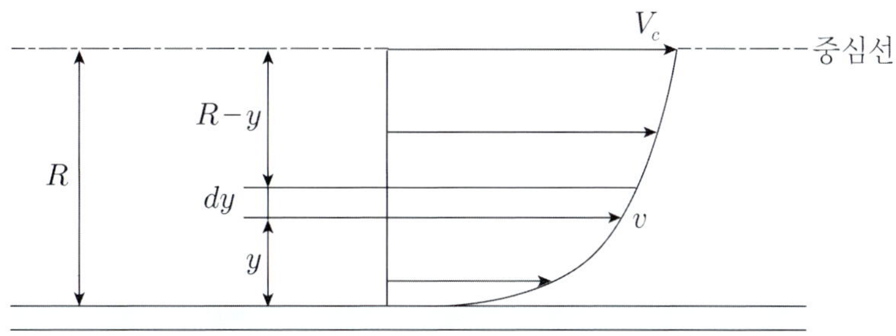

[그림 5.13]

(1) 관에서의 평균유속 $V_m = \dfrac{49}{60}V_c$임을 보여라.

(2) $v = kV_m\left(\dfrac{y}{R}\right)^{1/7}$로 나타낼 때 운동에너지 수정계수 $\alpha = \dfrac{49}{85}k^3$임을 보이고, 이 식으로부터 관에서의 난류유동의 운동에너지 수정계수 값 $\alpha \approx 1.06$을 확인하여라. (1)로부터 $k = \dfrac{60}{49}$이다.

풀이 (1) 중심으로부터 거리가 $R-y$인 고리 모양의 미소요소를 잡으면, 반지름 $R-y$, 두께 dy인 미소요소의 면적 $dA = 2\pi(R-y)dy$이다.

$$\begin{aligned}
V_m &= \frac{1}{A}\int v\,dA = \frac{1}{\pi R^2}\int_0^R V_c\left(\frac{y}{R}\right)^{1/7}[2\pi(R-y)]dy \\
&= \frac{2V_c}{R^2R^{1/7}}\int_0^R (Ry^{1/7} - y^{8/7})dy \\
&= \frac{2V_c}{R^2R^{1/7}}\left[R\frac{7}{8}y^{8/7} - \frac{7}{15}y^{15/7}\right]_0^R \\
&= 2V_c\left(\frac{7}{8} - \frac{7}{15}\right) = \frac{49}{60}V_c
\end{aligned}$$

31) 난류에 대한 식은 대부분 실험 데이터와 경험에 의존한다. 이 식은 유명한 식이지만 관 중심부에서 매끄럽게 연결되지 못한다는 모순점을 가지고 있다.

(2) $\alpha = \frac{1}{A}\int\left(\frac{v}{V_m}\right)^3 dA = \frac{1}{\pi R^2}\int_0^R k^3\left(\frac{y}{R}\right)^{3/7}[2\pi(R-y)]dy$

$$= \frac{2k^3}{R^2R^{3/7}}\int_0^R (Ry^{3/7} - y^{10/7})dy$$

$$= \frac{2k^3}{R^2R^{3/7}}\left[R\frac{7}{10}y^{10/7} - \frac{7}{17}y^{17/7}\right]_0^R$$

$$= 2k^3\left(\frac{7}{10} - \frac{7}{17}\right) = \frac{49}{85}k^3$$

$V_m = \frac{49}{60}V_c$로부터 $k = \frac{60}{49}$이고 이 값을 대입하면 α의 값이 얻어진다.

$$\alpha = \frac{49}{85}\left(\frac{60}{49}\right)^3 \approx 1.0584 \approx 1.06$$

† $\int x^{n/m}dx = \frac{m}{m+n}x^{(m+n)/m} + C$ (C는 적분상수)

연습문제 5

01 지름 80mm의 곧은 관이 700L/min의 유량으로 물을 수송하고 있다. 관내의 압력은 104kPa이고, 위치수두에 대한 수평 기준면을 관 중심선 아래 2m로 선정할 때 관 중심에서 속도수두와 압력수두 및 전수두를 구하라.

02 비중 0.8의 오일이 지름 140mm인 관 속을 흐르고 있다. 위치수두에 대한 수평 기준면은 관 중심으로부터 1m 아래에 있고, 압력이 104kPa일 때 오일의 단위 중량당 에너지(전수두)가 20J/N이다. 평균 유속[m/s]과 유량[m^3/s]을 구하라.

03 지름 100mm의 물 제트가 수평으로 설치된 노즐을 통하여 대기로 분사되고 있다. 물 제트의 유량이 0.2m^3/s일 때 제트가 가지고 있는 동력은 몇 kW인가? 제트는 수평 기준면 상에 있다.

04 그림과 같은 사이펀에서 물이 유출되고 있다. 사이펀의 지름이 10cm이고, 수면으로부터 사이펀의 출구까지의 손실수두가 0.5m일 때 사이펀을 통하여 흘러나오는 유량(Q)을 구하라. 수면 높이는 일정하게 유지된다.

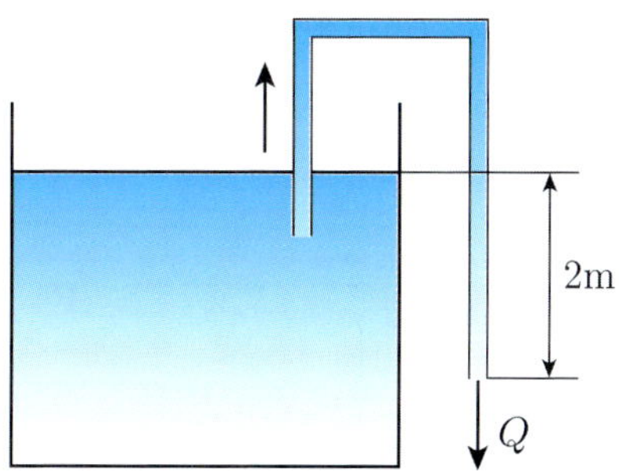

[문제 5.4]

05 그림과 같이 곧은 수평관에서 압력손실을 결정하기 위한 실험을 하였다. 관에는 물이 흐르고 있고 상류 지점 1에서 압력 $P_1 = 140$kPa이고 하류 지점 2에서 압력 $P_2 = 120$kPa일 때 두 지점(단면) 사이에서 발생하는 손실수두를 구하라. 관 지름은 일정하다.

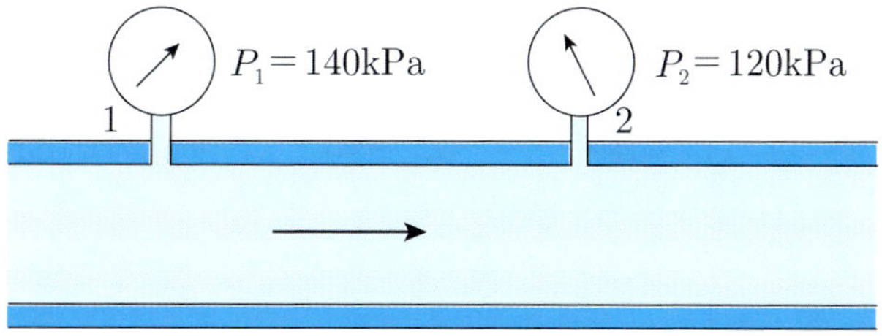

[문제 5.5]

06 지면에서 5m 높이의 2층까지 수도관을 연결하였다. 지면에 있는 수도관의 지름은 10cm, 송출 압력은 200kPa, 유속은 12m/s이다. 2층 수도관의 지름은 8cm이고 지면에서 2층까지의 손실 수두가 0.4m일 때 2층에서 압력을 구하라.

07 저장조로부터 지름 40mm 관을 통하여 대기 중으로 물을 $0.01\text{m}^3/\text{s}$씩 방출하고 있다. 손실 수두가 14m일 때 배출구로부터 수면까지의 거리를 구하라. 수위는 일정하게 유지된다고 가정한다.

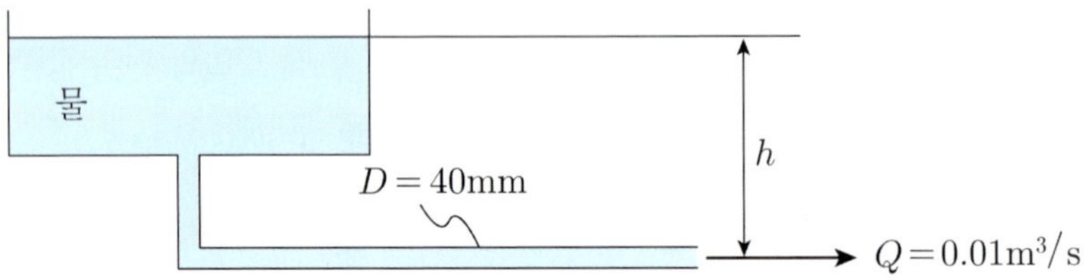

[문제 5.7]

08 유량 $2\text{m}^3/\text{s}$으로 흐르는 물의 전 수두가 12m일 때 이 흐름으로부터 유효한 물의 이론 동력은 몇 마력[PS]인가?

09 펌프가 저수조로부터 물을 $4\text{m}^3/\text{min}$씩 퍼올려서 대기로 방출하고 있다. 총 손실 수두가 3m이고 배출구 지름이 10cm일 때 물에 전달되는 동력은 몇 kW인가? 수위는 일정하게 유지된다고 가정한다.

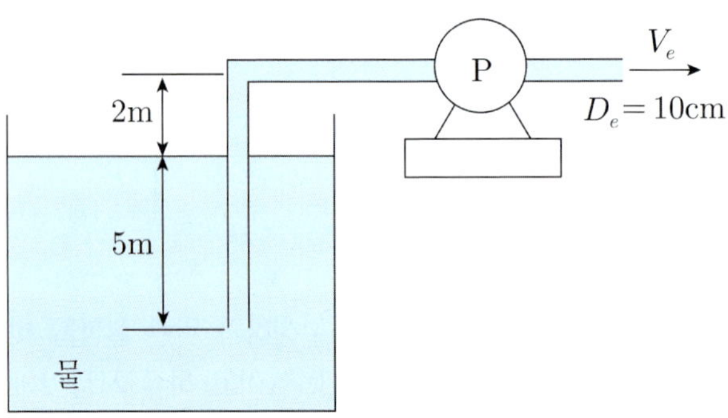

[문제 5.9]

10 소방펌프가 바닷물을 퍼올려서 노즐을 통하여 분사하고 있다. 바닷물의 비중 $S=1.025$, 총 손실수두는 2m, 펌프효율이 70%이면 펌프를 구동하기 위한 동력은 몇 마력[PS]인가? 노즐 지름은 5cm, 분사속도는 40m/s이다.

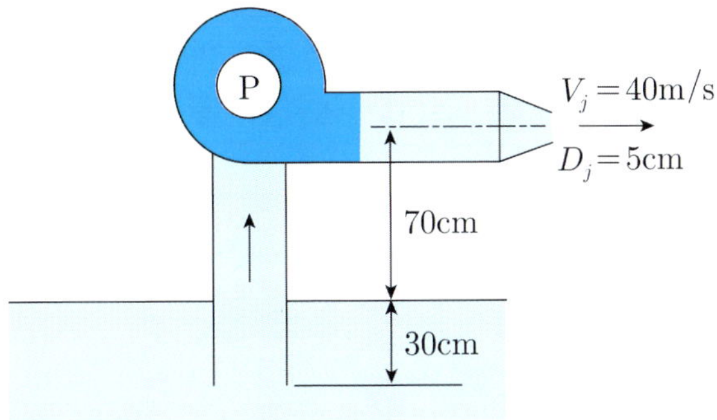

[문제 5.10]

11 수평으로 설치된 송풍기를 사용하여 공기 압력을 100kPa에서 800kPa로 높이려 한다. 송풍기를 통과하는 유량이 $0.2\text{m}^3/\text{s}$이면 송풍기가 공기에 공급해야 할 동력은 몇 [kW]인가?

12 터빈이 댐으로부터 흐르는 물로부터 동력을 얻고 있다. 터빈을 통과하는 유량이 $20\text{m}^3/\text{s}$이고 관 지름이 2m일 때 터빈에 전달되는 동력[MW]을 구하라. 손실은 무시한다.

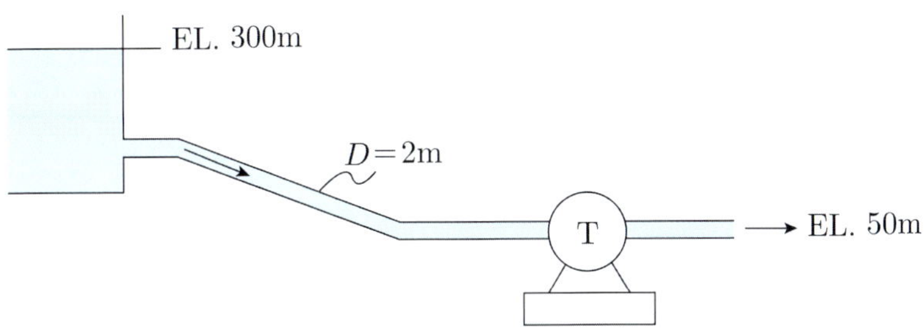

[문제 5.12]

13 유량 $0.7\text{m}^3/\text{s}$의 물이 터빈을 통과할 때 400kW의 에너지를 발생하는 터빈이 있다. 터빈 효율이 85%이면 물에 의해 터빈에 가해지는 수두는 몇 [m]인가?

14 터빈을 통하여 $0.2\text{m}^3/\text{s}$의 물이 흐르고 있다. 지름이 0.3m인 터빈 입구의 점 1에서의 압력은 140kPa이고, 지름이 0.7m인 출구의 점 2에서의 압력은 30kPa 진공이다. 물에 의하여 터빈에 전달되는 동력[kW]을 구하라. 손실은 무시한다.

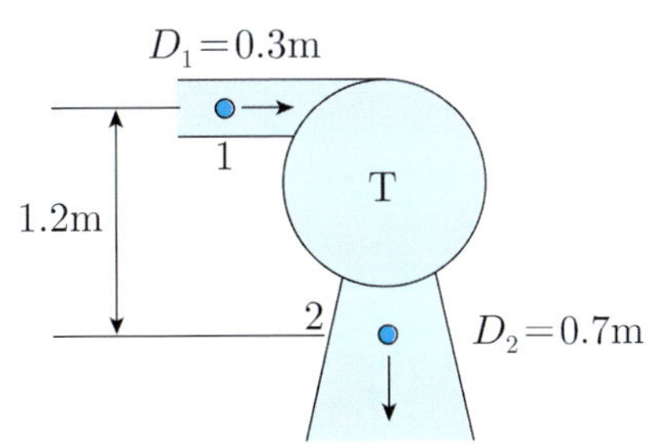

[문제 5.14]

15 그림과 같이 상부가 개방된 탱크로부터 지름이 50mm인 긴 수평관을 통해 3m/s의 속도로 대기 중으로 물을 방출하고 있다. 탱크 수면으로부터 출구까지 총 손실수두가 28m이고 펌프효율이 70%일 때 펌프에 공급되는 동력[kW]을 구하라.

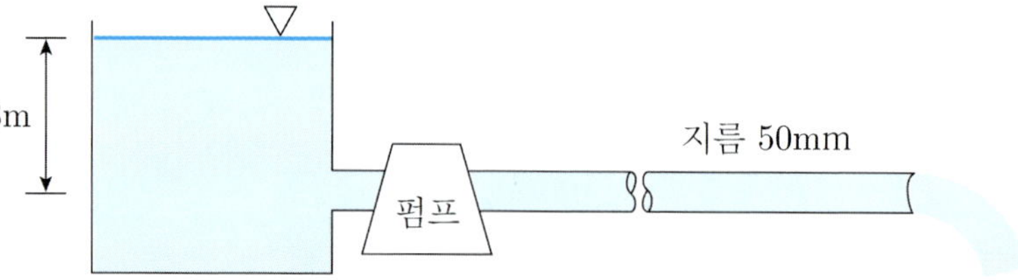

[문제 5.15]

16 축동력 20kW의 펌프를 사용하여 큰 호수로부터 25m 위에 위치한 저수지로 50L/s의 유량으로 물을 양수하고 있다. 펌프 장치의 총 손실수두가 5m일 때 펌프효율을 구하라.

17 축동력 40PS의 펌프를 사용하여 15m 높은 곳으로 물을 양수하려 한다. 펌프효율이 80%일 때 얻을 수 있는 최대 유량[L/s]을 구하라.

18 그림에서 펌프가 물에 7.5kW의 동력을 공급하여 낮은 위치의 호수로부터 높은 위치의 호수로 물을 양수한다. 두 호수 수면의 고도차는 9m이고 총 수두손실은 4.5m일 때 펌프의 양수량 Q[L/s]를 구하라.

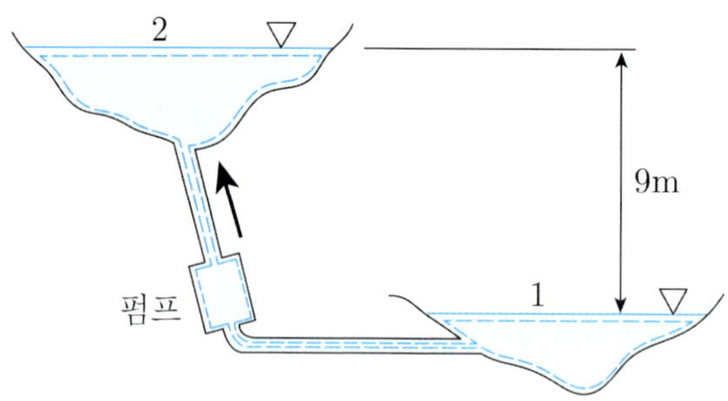

[문제 5.18]

19 터빈과 저수지 수면의 높이 차이가 180m이고 터빈으로 500kL/s의 유량이 흐를 때 터빈이 얻을 수 있는 최대 동력[MW]을 구하라. 저수지 수면은 일정하다고 가정한다.

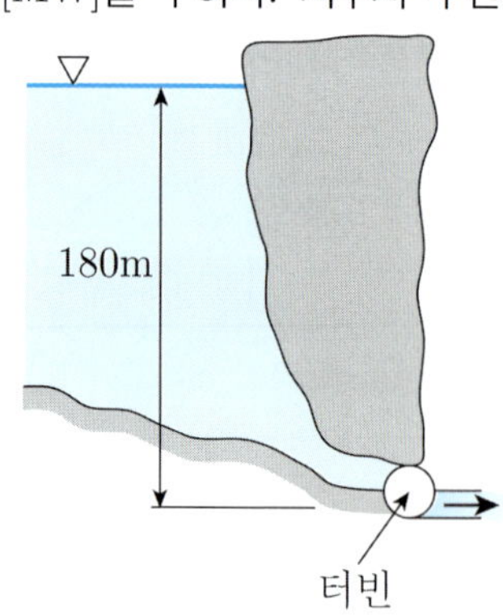

[문제 5.19]

20 상부가 개방된 큰 탱크에 물이 차 있고, 안지름 0.1m, 길이 70m인 수평관을 통해 대기 중으로 물을 방출한다. 관으로부터 탱크 수면까지 높이는 3m이고 이 시스템의 총 수두손실이 1.5m일 때 관 출구에서 유속[m/s]을 구하라. 탱크 수위는 일정하다고 가정한다.

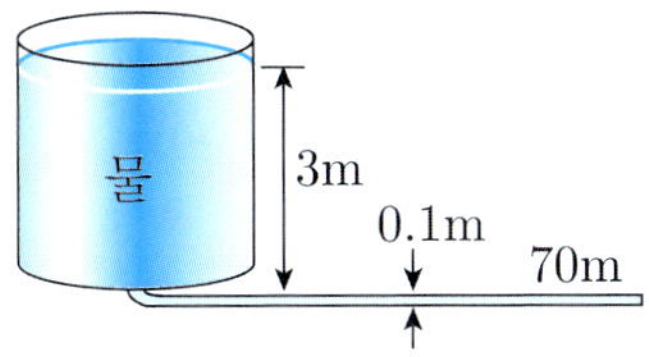

[문제 5.20]

21 탱크 내 수위가 지면보다 20m 높고 탱크 바닥에 설치한 펌프를 사용하여 물을 위로 분사한다. 물 제트가 지면보다 27m 높은 곳까지 상승할 때 펌프가 물에 가해야할 최소 압력상승(ΔP[kPa])을 구하라. 손실은 무시하고 탱크 내 수위는 일정하다고 가정한다.

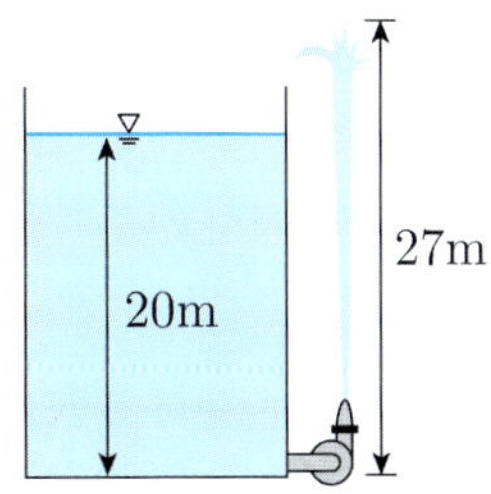

[문제 5.21]

22 위 호수로부터 아래 호수로 중력에 의해 300L/min의 물이 일정하게 흐르고 있다. 호수의 수위가 일정하다고 할 때 이 유동에 관련된 손실수두(h_L[m])는 얼마인가? 펌프를 사용하여 아래 호수로부터 위 호수로 양수할 때도 동일한 유량에서 동일한 양의 에너지 손실이 발생한다고 한다. 이때 펌프에 의해 물에 공급해야 할 동력[kW]을 구하라.

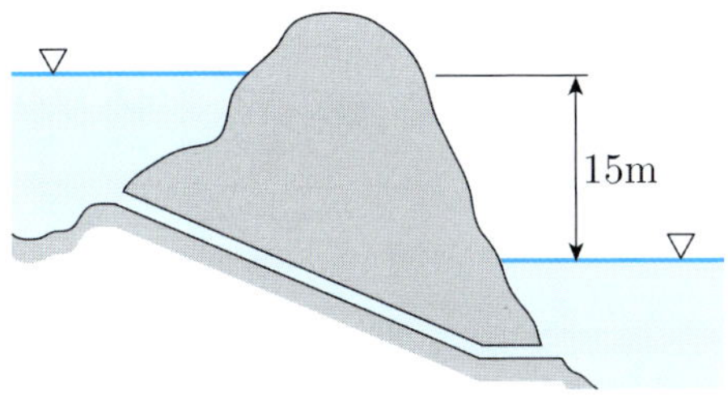

[문제 5.22]

23 1지점($z_1 = 15\text{m}$, $p_1 = 1.2\text{kgf/cm}^2$)에서 2지점($z_2 = 30\text{m}$, $p_2 = 2.7\text{kgf/cm}^2$)으로 물을 보내려고 한다. 유량을 $1\text{m}^3/\text{s}$로 할 때, 펌프의 소요 동력은? (단, 물의 단위중량은 1000kgf/m^3이고, 관경은 일정하고, 손실수두는 무시한다.) [공무원 임용시험]

① 400PS(=30,000kgf • m/s)　② 300PS(=22,500kgf • m/s)
③ 200PS(=15,000kgf • m/s)　④ 150PS(=11,250kgf • m/s)

24 양정고는 140m, 손실수두가 10m일 때, 펌프에 의한 양수량이 $0.06\mathrm{m^3/s}$가 되기 위해 필요한 펌프의 용량[kW]은? (단, 펌프의 효율은 98%이다.) [공무원 임용시험]

① 40 ② 90 ③ 140 ④ 190

25 양수량이 $10\mathrm{m^3/s}$이고 수위차가 90m인 양수발전소에서 하부댐에서 상부댐으로 물을 양수하려고 한다. 양수 시 각종 손실수두의 합이 10m일 경우, 필요한 동력[kW]은? (단, 펌프의 효율은 90%이다.) [공무원 임용시험]

① 8,711 ② 8,820 ③ 9,800 ④ 10,889

26 그림과 같이 연결된 수로에서 펌프가 없는 경우, 관로 내 유량은 $0.2\mathrm{m^3/s}$이다. 만약 동일 유량을 반대 방향으로 양수하고자 할 때, 필요한 펌프의 동력은? (단, 물의 단위중량은 10 $\mathrm{kN/m^3}$, 중력가속도는 $10\mathrm{m/s^2}$이다.) [공무원 임용시험]

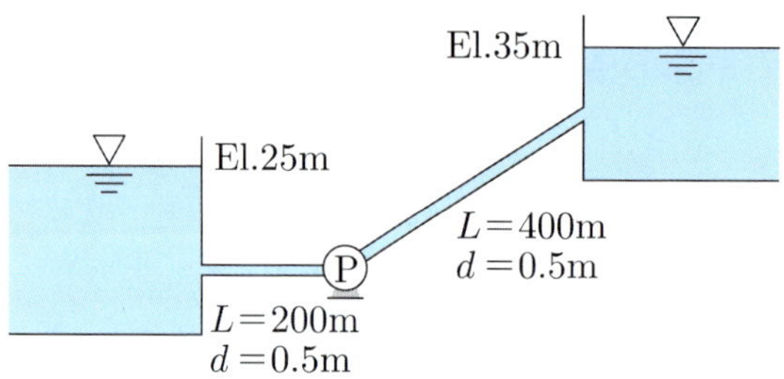

[문제 5.26]

① 40kW ② 40HP ③ 90kW ④ 90HP

27 양수발전소에서 동력 20,000kW인 펌프를 이용하여 물을 표고 50m인 저수지에서 표고 230m의 높이까지 양수할 때, 최대 양수량은? (단, 양수과정에서의 모든 손실수두의 합은 20m이고, 펌프의 효율은 49%이다.) [공무원 임용시험]

① $3.0\mathrm{m^3/s}$ ② $5.0\mathrm{m^3/s}$ ③ $7.0\mathrm{m^3/s}$ ④ $10.0\mathrm{m^3/s}$

28 그림과 같이 지름 $D_1 = 10\mathrm{cm}$, $D_2 = 20\mathrm{cm}$인 관로에 비중 0.8인 유체가 흐르고 있다. 유량 $0.06\mathrm{m^3/s}$, 지점 ①의 압력 $p_1 = 500\mathrm{kPa}$, 지점 ①~② 사이의 손실수두가 3m일 때, 지점 ②에서의 압력 p_2[kPa]는? (단, 원주율 π는 3.0, 중력가속도는 $10.0\mathrm{m/s^2}$, 기타 손실은 무시한다.) [공무원 임용시험]

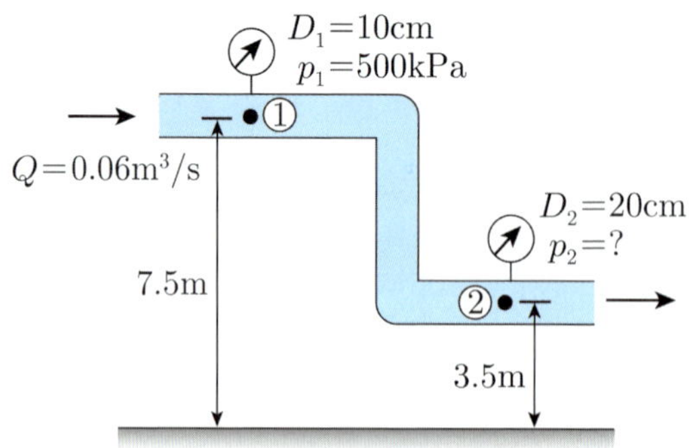

[문제 5.28]

① 510 ② 532 ③ 648 ④ 665

29 그림과 같이 입구에서 출구까지 단면적이 일정한 관로의 (가) 지점에서 (나) 지점으로 1 m^3/s 유량의 물을 보내고자 한다. (가) 지점의 표고와 압력은 각각 $z_1 = 30m$, $p_1 = 100{,}000N/m^2$이고, (나) 지점의 표고와 압력은 각각 $z_2 = 40m$, $p_2 = 300{,}000N/m^2$이다. 수송 중 손실되는 수두 $h_L = 5m$일 때 이러한 조건을 유지하기 위해 펌프에 공급되어야 하는 동력의 크기는? (단, 물의 단위중량은 $10kN/m^3$이다.) [공무원 임용시험]

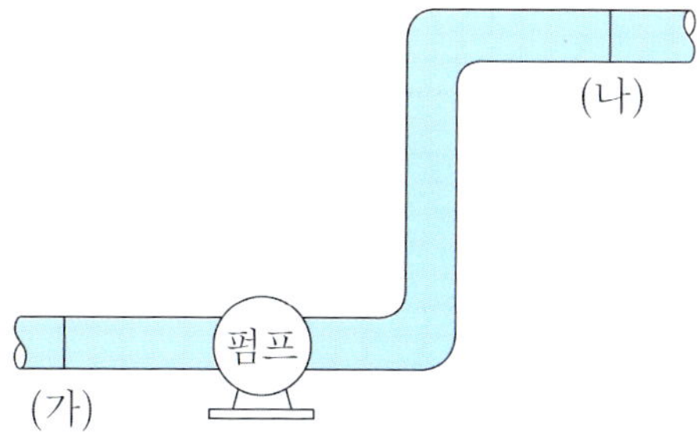

[문제 5.29]

① 0.20MW ② 0.25MW ③ 0.30MW ④ 0.35MW

30 수력발전댐에서 $40.0m^3/s$의 물이 터빈을 통과하여 2.0m/s의 속도로 대기로 방출되고 있다. 수압관과 터빈에서의 에너시 손실은 25.0m이고 운동에너지 수정계수를 1.5라고 가정했을 경우 터빈에 의한 동력은? (단, 대기로 방출되는 관의 높이와 댐 저수위의 차는 120m이고, 중력가속도는 $10.0m/s^2$, 물의 단위중량은 $1000kgf/m^3$이라 가정한다.) [공무원 임용시험]

① 37.40MW ② 37.76MW ③ 37.88MW ④ 38.69MW

31 양수발전소에서 상부저수지로부터 관로를 통해 낙하하는 $3m^3/s$의 물을 이용하여 터빈을 돌려 발전하고 있다. 저수지 수면에서 터빈까지의 높이 차가 100m이고, 터빈의 효율이 50%인 경우, 발전되는 동력[kW]은? (단, 관로를 통해 용수가 유하하는 과정에서 발생하는 손실수두의 총합은 10m이고, 물의 단위중량은 $10kN/m^3$으로 가정한다) [지방공무원 7급(2022)]

① 1,350 ② 1,800 ③ 2,700 ④ 3,600

32 그림과 같이 저수지에서 관을 연결한 자유방류 관로 내의 흐름에 의해서 발생한 손실수두의 총합이 $\frac{V^2}{2g}$일 때, 지름 0.2m의 관을 통과하는 유량[m^3/s]은? (단, 흐름은 1차원 흐름이고, 중력가속도는 $10m/s^2$으로 가정한다) [지방공무원 7급(2022)]

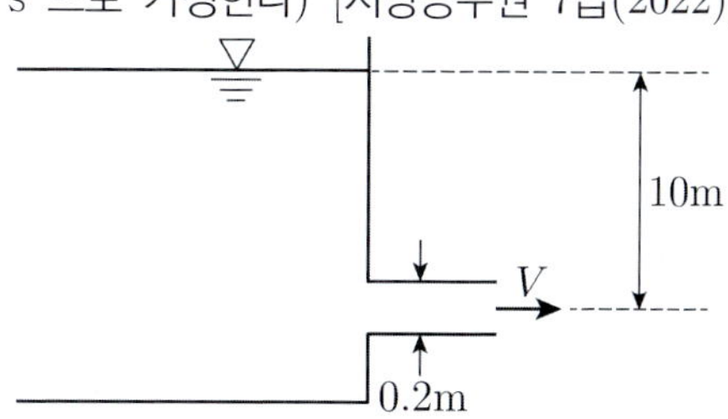

[문제 5.32]

① 0.05π ② 0.1π ③ 0.2π ④ 0.4π

33 펌프로 $0.1m^3/s$의 물을 25m 양정고로 토출하고 있을 때, 이 펌프의 축동력[N • m/s]은? (단, 물의 단위중량은 $1{,}000kgf/m^3$, 중력가속도는 $10m/s^2$, 펌프의 효율은 80%, 그 외 손실은 무시한다) [국가공무원 7급(2022)]

① 2,500 ② 3,125 ③ 25,000 ④ 31,250

34 다음 그림은 수력발전의 개념도를 나타낸 것이다. <작성 방법>에 따라 수력 터빈으로부터 이론상 얻을 수 있는 최대 동력[kW]을 구하고, 풀이 과정과 함께 쓰시오. [중등교사 임용시험-기술]

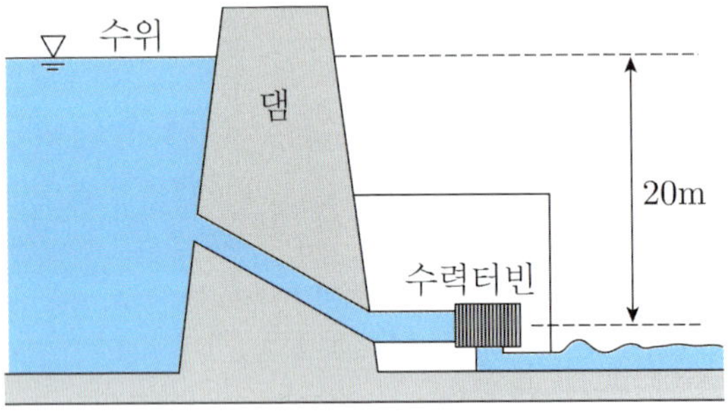

[문제 5.34]

<작성 방법>

- 물의 질량유량은 1,000kg/s로 계산할 것.
- 중력가속도는 $10m/s^2$로 계산할 것.
- 댐의 수위는 수력 터빈으로부터 20m를 항상 유지한다고 가정할 것.
- 물의 이동 및 발전 과정에서 동력의 손실은 없다고 가정할 것.

35 그림은 수차를 이용한 수력 발전의 개념도를 나타낸 것이다. 손실수두(H_{L1}, H_{L2})의 원인 중, 단면이 일정한 관(pipe)에서 발생될 수 있는 원인 1가지를 쓰시오. 그리고 <조건>을 고려하여 유효낙차(effective head) H_e가 적용된 수차의 동력 P[kW]를 구하시오. [중등교사 임용시험-기계(2023)]

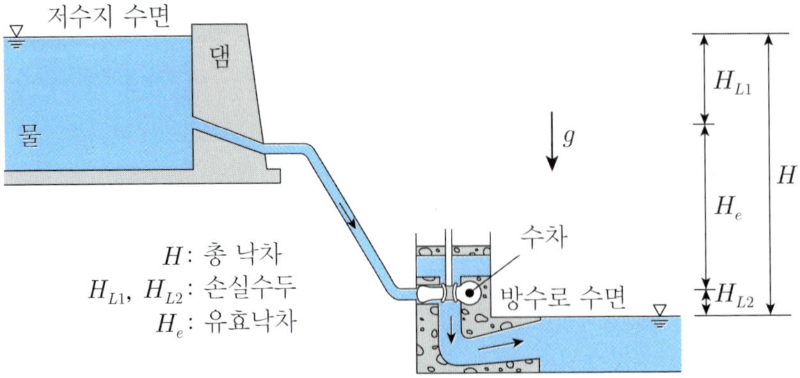

[문제 5.35]

<조 건>

- 유효 낙차 $H_e = 10[\text{m}]$, 유량 $Q = 5[\text{m}^3/\text{s}]$
- 물의 비중량 $\gamma = 10{,}000[\text{kg/m}^2 \cdot \text{s}^2]$으로 계산한다.
- 수차에서의 손실은 없다고 가정한다.
- 저수지와 방수로는 충분히 커서 수면 높이는 변하지 않는다고 가정한다.
- 방수로에서 속도에 의한 영향은 고려하지 않는다.
- H_{L1}은 저수지와 수차 입구 사이의 손실수두이며, H_{L2}는 수차 출구와 방수로에서의 손실수두이다.
- 주어진 조건 외에는 고려하지 않는다.

36 수력발전소에서 터빈을 통과하는 유량 $Q = 30\text{m}^3/\text{s}$의 물이 $V = 2\text{m/s}$의 속도로 대기 중에 방출된다. 터빈과 관로에서 총 손실수두가 $h_L = 20\text{m}$일 때 물에 의해 터빈에 전달되는 동력[MW]을 구하라. 운동에너지 수정계수 $\alpha = 1.06$이고, 저수지 수면과 터빈 출구의 고도는 각각 100m와 0m이다.

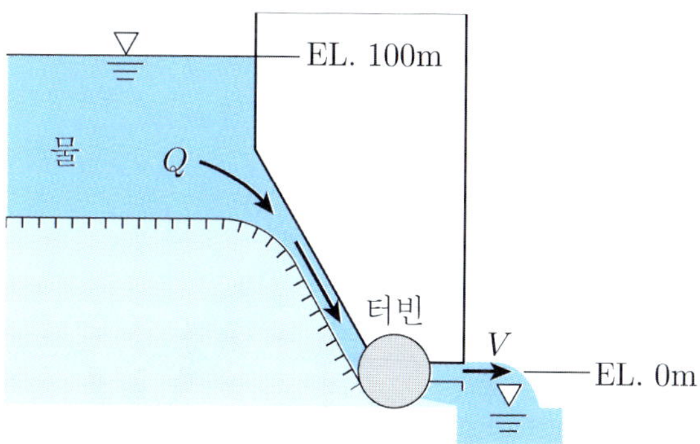

[문제 5.36]

37 효율이 80%인 펌프를 사용하여 저수조의 물을 유량 $Q = 0.04\text{m}^3/\text{s}$로 어떤 장치로 송출하고 있다. 장치에 연결된 입구(2)에서 관 지름 $D_2 = 8\text{cm}$, 압력 $P_2 = 70\text{kPa}$이고, 2지점은 저수조의 수면(1)보다 $h = 6\text{m}$ 높은 곳에 위치한다. 지점 1과 2 사이의 손실수두 $h_L = 24\text{m}$이고 운동에너지 수정계수 $\alpha = 1.07$일 때 펌프를 구동하는데 필요한 동력[kW]을 구하라. 대기압은 101.3kPa이다.

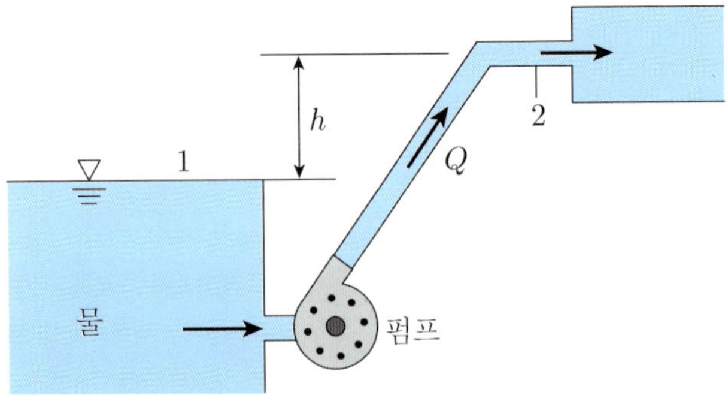

[문제 5.37]

38 어떤 큰 강에 떨어지는 폭포가 210m의 낙차를 가질 때 이 낙차에 의해 발생하는 물의 온도 변화[℃]를 구하라. 물의 위치에너지가 모두 열에너지로 변환된다고 가정한다. 물의 비열은 1cal/g • ℃ = 4.2J/g • ℃이다.

39 그림과 같이 안지름이 일정한 관이 물로 가득 차 있다. 밸브가 닫혀서 물이 정지해 있을 때 지점 1과 2의 압력차는 $P_1 - P_2 = 49$kPa이다. 밸브를 열어서 유량 $Q = 400\text{m}^3/\text{h}$의 물이 흐를 때 1과 2의 압력차는 $P_1 - P_2 = 147$kPa로 측정되었다. 이때 지점 1과 2 사이에서 발생하는 손실수두[m]를 구하라. 유체의 흐름 방향은 어느 쪽인가? Hint: 고도차 h를 먼저 구한다.

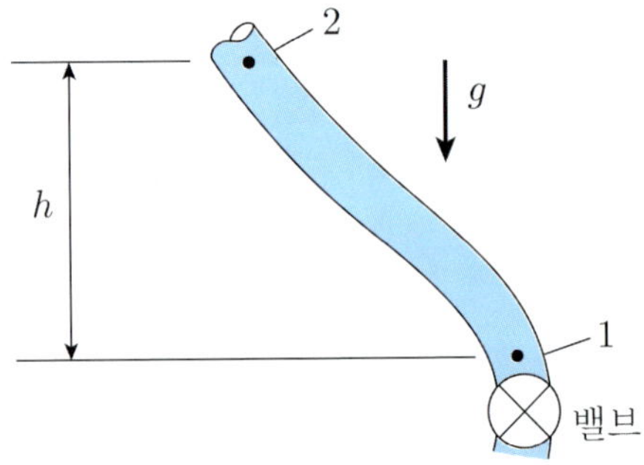

[문제 5.39]

40 지름이 1m인 파이프라인이 하루에 100만 배럴(1배럴 = 159L)의 기름(비중 $S = 0.9$)을 수송한다. 파이프 길이 1000m당 마찰손실수두는 13m이다. 파이프를 따라 16,000m마다 펌프를 설치할 때 하나의 펌프가 기름에 전달해야 하는 동력을 구하라. Hint: $L = \gamma Q h_L$

41 높은 곳에 있는 저수지의 물이 안지름 8cm의 관을 통하여 아래에 있는 저수지로 전달된다. 아래 저수지의 수면 고도는 $z_2 = 50\text{m}$이고, 관에서 마찰손실수두는 $h_L = 17\left(\dfrac{V^2}{2g}\right)$ (V는 관내 평균유속)이다. 관에서 유량이 $0.032\text{m}^3/\text{s}$이면 높은 곳에 있는 저수지의 수면 고도는 몇 m인가? 저수지의 수면 고도는 일정하다고 가정한다.

42 수평으로 놓인 펌프가 유량 $Q = 57\text{m}^3/\text{h}$의 물을 방출한다. 관의 안지름 $D_1 = 9\text{cm}$, $D_2 = 3\text{cm}$이고, 압력계 읽음이 그림과 같을 때 펌프가 물에 전달하는 동력[kW]을 구하라. 손실은 무시한다.

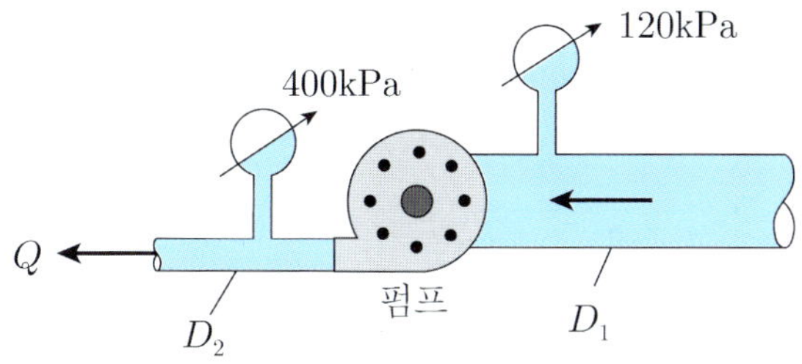

[문제 5.42]

43 펌프를 사용하여 낮은 위치의 저수조로부터 유량 $Q = 6\text{m}^3/\text{min}$의 물을 높은 곳에 있는 저수조로 송출한다. 관의 안지름은 $D = 0.15\text{cm}$로 균일하고, 관에서 마찰손실수두는 $h_L = 27\left(\dfrac{V^2}{2g}\right)$ (V는 관내 평균유속)이다. 펌프효율이 80%이면 펌프를 구동하는데 필요한 동력은 몇 마력[PS]인가? 저수조 수면의 고도는 20m와 50m이며, 일정하게 유지된다.

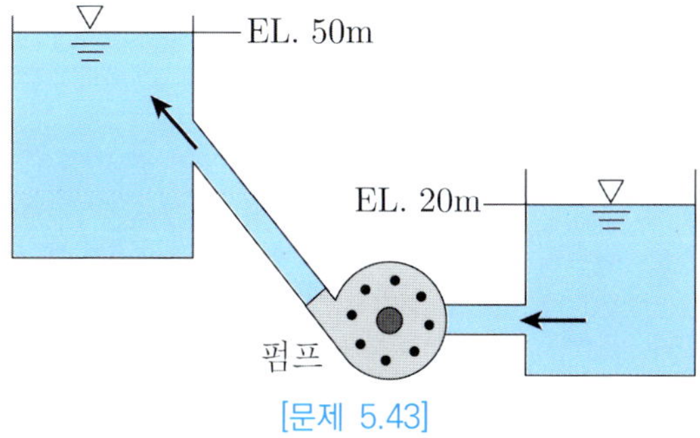

[문제 5.43]

제6장 운동량 방정식

6.1 선형운동량 방정식

뉴턴 운동 제2법칙에서 유도되는 운동량 방정식을 적용하면 유체의 흐름에 의해 물체가 받는 힘을 구할 수 있다. 일반적인 운동량 방정식은 점성 및 비점성 유동, 압축성 및 비압축성 유동 모두에 대하여 적용할 수 있다.

어떤 계(system)에 대한 뉴턴 운동 제2법칙은 다음과 같다.

$$\vec{F} = \frac{d}{dt}(m\vec{V}) \quad \cdots (6.1)$$

여기에서 $\vec{F}$는 계에 작용하는 힘, m은 질량, $\vec{V}$는 속도를 나타낸다. 식 (6.1)에서 $m\vec{V}$를 선형운동량(linear momentum)이라 한다. 식 (6.1)은 '계에 작용하는 외력'은 '계의 선형 운동량의 시간 변화율'과 같다는 것을 의미한다. 질량이 일정할 때는 가속도 $\vec{a} = \frac{d\vec{V}}{dt}$이므로 식 (6.1)은 $\vec{F} = m\vec{a}$가 된다.

고체와 달리 유체는 임의 형태로 변형되므로 유체에서 운동법칙을 적용할 때는 해석하려는 영역(검사체적, control volume)을 설정해야 한다. 검사체적에 대해 뉴턴 운동 제2법칙을 적용하면 다음과 같은 식을 얻는다.

$$\sum \vec{F} = \frac{D}{Dt}(m\vec{V}) = \frac{\partial}{\partial t}\int_{\widetilde{V}_0} \rho \vec{V} d\widetilde{V} + \int_{A_0} \rho \vec{V}(\vec{V} \cdot \vec{n}) dA \quad \cdots (6.2)$$

여기에서 $\sum \vec{F}$는 유체에 작용하는 모든 외력(체적력과 표면력)의 합을 나타내고, $\widetilde{V}_0$와 A_0는 각각 검사체적과 검사면(control surface)을 나타낸다. $\vec{n}$은 검사면에 수직한 바깥 방향의 단위벡터(outward unit normal vector)이다. 정상유동($\partial/\partial t = 0$)에 대하여 식 (6.2)는 다음과 같이 표현된다.

$$\sum \vec{F} = \int_{A_0} \rho \vec{V}(\vec{V} \cdot \vec{n}) dA \quad \cdots (6.3)$$

식 (6.3)을 선형운동량 방정식(linear momentum equation)이라 한다. 이 식으로부터 정상유동일 때는 검사면을 통과하는 유체의 운동량을 구하면 유체가 받는 힘을 구할 수 있다. 식 (6.3)에서 $\vec{V} \cdot \vec{n} = |\vec{V}||\vec{n}|\cos\theta = |\vec{V}|\cos\theta$이므로 검사면이 평면일 때 검사체적으로 유입되는 운동량은 음($-\vec{V}$)의 부호를 갖고, 검사면을 통하여 외부로 유출되는 운동량은 양($+\vec{V}$)의 부호를 갖는다.

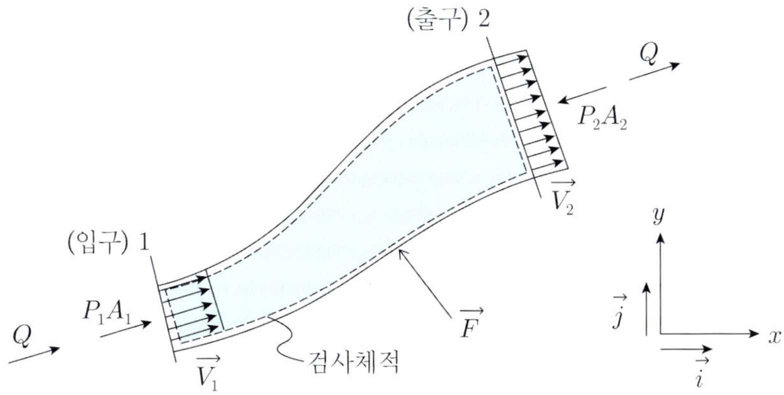

[그림 6.1]

각 유동 단면에서 속도가 균일한 정상유동에서 유체의 출입이 있는 검사체적의 입구와 출구가 각각 1개씩인 경우[그림 6.1] 식 (6.3)의 운동량 방정식은 다음과 같이 표현된다.

$$\sum \overrightarrow{F} = \rho_2 \overrightarrow{V_2}(V_2 A_2) - \rho_1 \overrightarrow{V_1}(V_1 A_1)$$

여기에서 1, 2는 각각 입구와 출구를 나타내고, V_1과 V_2는 유속 $\overrightarrow{V_1}$과 $\overrightarrow{V_2}$의 크기이다. 비압축성 유체인 경우 연속방정식으로부터

$$\dot{m} = \rho Q = \rho_1 A_1 V_1 = \rho_2 A_2 V_2$$

이다. 따라서 정상상태 비압축성 균일 유동에서 [그림 6.1]과 같이 검사체적의 입구와 출구가 각 1개씩인 경우 운동량 방정식은 다음과 같이 표현된다.[32]

$$\sum \overrightarrow{F} = \rho Q(\overrightarrow{V_2} - \overrightarrow{V_1}) = \dot{m}(\overrightarrow{V_2} - \overrightarrow{V_1}) \qquad \cdots(6.4)$$

여기에서 Q는 체적유량, $\overrightarrow{V_1}$과 $\overrightarrow{V_2}$는 입구와 출구의 유속을 각각 나타낸다. 식 (6.4)에서 속도와 힘이 모두 벡터라는 사실을 명심하자. 따라서 2차원에서는 다음과 같이 두 개의 스칼라 성분으로 분해하여 운동량 방정식을 적용하면 문제를 쉽게 해석할 수 있다.[33]

$$\begin{aligned} \sum F_x &= \rho Q(V_{2x} - V_{1x}) = \dot{m}(V_{2x} - V_{1x}) \\ \sum F_y &= \rho Q(V_{2y} - V_{1y}) = \dot{m}(V_{2y} - V_{1y}) \end{aligned} \qquad \cdots(6.5)$$

32) 이상의 유도과정은 참고로 하고, 식 (6.4)의 적용 및 응용 법을 익히도록 한다.
33) 실제로 문제를 해석할 때는 식 (6.5)를 주로 사용한다.

첨자 x, y는 $\overrightarrow{V_1}$, $\overrightarrow{V_2}$, $\vec{F}$의 x, y 성분을 각각 나타낸다.

$$\overrightarrow{V_1} = V_{1x}\vec{i} + V_{1y}\vec{j}$$
$$\overrightarrow{V_2} = V_{2x}\vec{i} + V_{2y}\vec{j}$$
$$\vec{F} = F_x\vec{i} + F_y\vec{j}$$

일반적으로 여러 지점을 통하여 유체가 검사체적으로 흘러 들어가거나 나갈 때 정상상태 비압축성 균일 유동에 대한 운동량 방정식은 다음과 같다.34)

$$\sum\vec{F} = \sum(\rho Q\vec{V})_{out} - \sum(\rho Q\vec{V})_{in} \quad \cdots (6.6)$$

유체역학에서 운동량 방정식을 적용하여 문제를 해석할 때 직접 적분을 하는 경우는 거의 없고, 대부분 정상상태 균일유동에 대한 식을 사용한다.

운동량 방정식을 사용할 때 특히 **'속도와 힘이 모두 방향을 갖는 벡터'**라는 사실을 명심하도록 한다.

예제 6.1 그림과 같이 수평으로 놓여진 180°로 구부러진 관에 $Q = 0.4\text{m}^3/\text{s}$의 물이 흐르고 있다. 관의 단면적이 0.02m^2으로 일정할 때 물로부터 관이 받는 수평 방향 힘을 구하라. 물의 밀도는 1000kg/m^3이고, 입구와 출구의 압력은 무시한다.

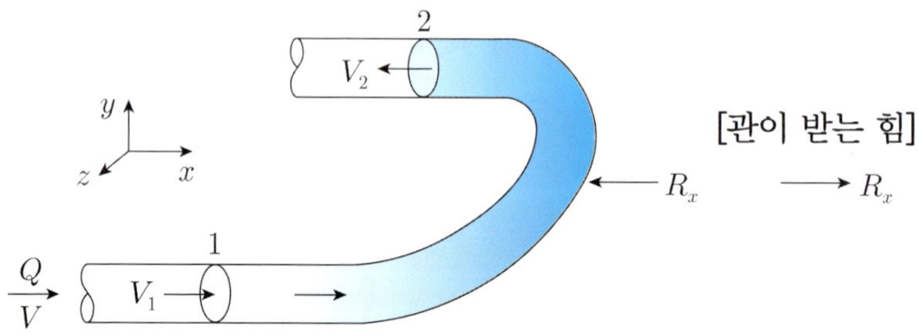

[그림 6.2]

풀이 유량 $Q = 0.4\text{m}^3/\text{s}$이므로 단면 1과 2에서 유속의 크기는 다음과 같다.

$$V = V_1 = V_2 = \frac{Q}{A} = \frac{0.4}{0.02}[\text{m/s}] = 20\,[\text{m/s}]$$

그림과 같이 오른쪽 방향을 $+x$로 잡으면

34) 입구와 출구가 여러 개인 경우도 성분으로 분해하여 식 (6.5)와 같은 방법으로 해석한다.

$$\overrightarrow{V_1} = V_1 \vec{i}, \quad \overrightarrow{V_2} = -V_2 \vec{i}, \quad \overrightarrow{R_x} = -R_x \vec{i}$$

이다. 압력을 무시하고 x 방향에 대한 운동량 방정식을 적용하면 다음과 같이 유체가 받는 힘의 수평 성분 R_x가 구해진다.

$$\sum F_x = \rho Q (V_{2x} - V_{1x})$$
$$-R_x = \rho Q(-V_2 - V_1)$$

$$\therefore \; R_x = \rho Q(V_2 + V_1) = 1000(0.4)(20+20)[\mathrm{N}]$$
$$= 16 \times 10^3 [\mathrm{N}] = 16[\mathrm{kN}]$$

R_x가 양(+)의 값을 가지므로 가정한 것과 같이 유체는 관으로부터 왼쪽 방향(←)의 힘을 받는다. 따라서 관은 오른쪽(→)으로 16[kN]의 힘을 받는다. 이 문제를 통하여 특히 **'힘과 속도의 방향'**을 어떻게 정하여 운동량 방정식에 적용하는가를 파악하도록 한다.

† [단위] ρ, Q, V의 단위가 각각 SI 단위 [kg/m³], [m³/s], [m/s]이면 힘의 단위는 $F = \rho Q V = \frac{\mathrm{kg}}{\mathrm{m}^3} \times \frac{\mathrm{m}^3}{\mathrm{s}} \times \frac{\mathrm{m}}{\mathrm{s}} = \mathrm{kg} \cdot \frac{\mathrm{m}}{\mathrm{s}^2} = \mathrm{N}$이 된다.

6.2 운동량 수정계수

실제 유동(v)이 불균일한 경우 평균속도(V_m)의 균일유동으로 계산한 것과 차이가 나게 되므로 그 차이를 보정해 줄 필요가 있다. 이에 따라 5장에서 논의한 운동에너지 수정계수와 같은 방법으로 다음과 같이 운동량 수정계수(운동량 보정계수, momentum correction factor)를 정의하여 사용한다.

$$\beta = \frac{1}{A} \int \left(\frac{v}{V_m} \right)^2 dA \qquad \cdots (6.7)$$

곧은 원관 내부에서 포물선 형태의 속도분포(Poiseuille flow)를 갖는 층류유동인 경우 $\beta = \frac{4}{3}$이고[7장], 난류유동의 경우 β는 1에 가까운 값($\beta \approx 1.02$)을 갖는다[예제 6.17*].

6.3 관 유동

[그림 6.3]과 같이 단면적과 방향이 변하는 일반적인 관에서 밀도 ρ의 유체가 체적유량 Q로 흐를 때 유체로부터 관이 받는 힘을 구해본다.

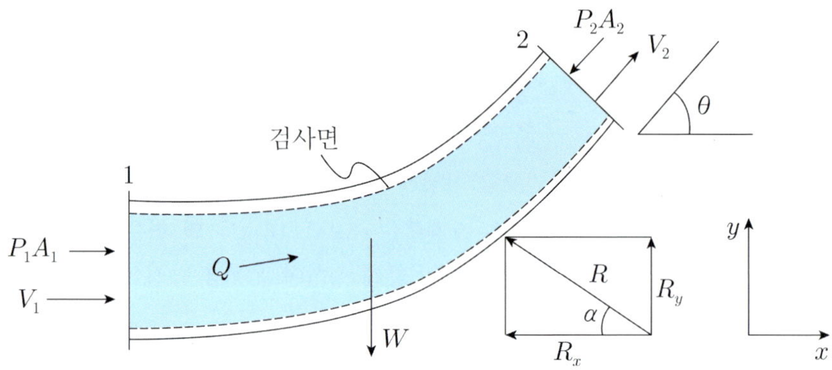

[그림 6.3]

먼저 입구의 유속이 x축과 평행하도록 좌표축을 설정한다. 출구의 유속이 x축과 이루는 각은 θ이다. 이때 입구와 출구에서의 속도와 압력 힘은 다음과 같이 성분으로 분해된다.

$$\overrightarrow{V_1} = V_1\vec{i}$$

$$\overrightarrow{F_{P_1}} = P_1A_1\vec{i}$$

$$\overrightarrow{V_2} = V_2\cos\theta\,\vec{i} + V_2\sin\theta\,\vec{j}$$

$$\overrightarrow{F_{P_2}} = -P_2A_2\cos\theta\,\vec{i} - P_2A_2\sin\theta\,\vec{j}$$

유체가 관으로부터 받는 힘을 $\vec{R}$이라 하고 $\vec{R}$의 x, y 스칼라 성분을 각각 $-R_x$, R_y라 한다. 검사체적 내의 유체에 작용하는 체적력의 합은 유체의 전체 무게 W와 같다.

$$\vec{R} = -R_x\vec{i} + R_y\vec{j}$$

$$\vec{W} = -W\vec{j}$$

유체가 외부로부터 받는 힘은 두 단면에서의 압력 힘과 W 및 $\vec{R}$이므로 x 방향에 대한 운동량 방정식을 적용하면 다음과 같이 R_x가 구해진다.

$$\sum F_x = \rho Q(V_{2x} - V_{1x})$$

$$P_1A_1 - P_2A_2\cos\theta - R_x = \rho Q(V_2\cos\theta - V_1)$$

$$R_x = P_1A_1 - P_2A_2\cos\theta - \rho Q(V_2\cos\theta - V_1) \quad \cdots(6.8)$$

마찬가지로 y방향에 대한 운동량 방정식을 적용하여 R_y를 구한다.

$$\sum F_y = \rho Q(V_{2y} - V_{1y})$$
$$-P_2A_2\sin\theta - W + R_y = \rho Q(V_2\sin\theta - 0)$$

$$R_y = P_2A_2\sin\theta + W + \rho Q V_2 \sin\theta \quad \cdots(6.9)$$

두 성분의 합력 $\vec{R}$의 크기와 작용방향은 다음 식으로 구한다.

$$R = \sqrt{R_x^2 + R_y^2} \quad \cdots(6.10)$$

$$\alpha = \tan^{-1}\left(\frac{R_y}{R_x}\right) \quad \cdots(6.11)$$

이상에서 구한 힘 $\vec{R}$은 관에 의하여 유체에 미치는 힘이다. 관이 유체로부터 받는 힘은 $\vec{R}$과 **크기가 같고 방향이 반대**이다.

운동량 방정식을 적용할 때 입구와 출구와 유속을 알아야 하는데 경우에 따라서는 압력만 주어지고 유속을 주지 않는 경우가 있다. 이때는 다음 연속방정식과 베르누이 방정식을 사용하여 유속을 구한다.

$$Q = A_1V_1 = A_2V_2 \quad \cdots(6.12)$$

$$\frac{P_1}{\gamma} + \frac{V_1^2}{2g} + z_1 = \frac{P_2}{\gamma} + \frac{V_2^2}{2g} + z_2 \quad \cdots(6.13)$$

예제 6.2 그림과 같이 $30°$로 굽어진 관에 $0.3\text{m}^3/\text{s}$의 유량으로 물이 흐르고 있다. 단면 1과 2의 지름은 각각 $D_1 = 0.3\text{m}$, $D_2 = 0.2\text{m}$이고, 압력은 각각 $P_1 = 170\text{kPa}$, $P_2 = 120\text{kPa}$이다. 유체에 의하여 관에 작용하는 힘을 구하라. 유체의 무게는 무시한다.

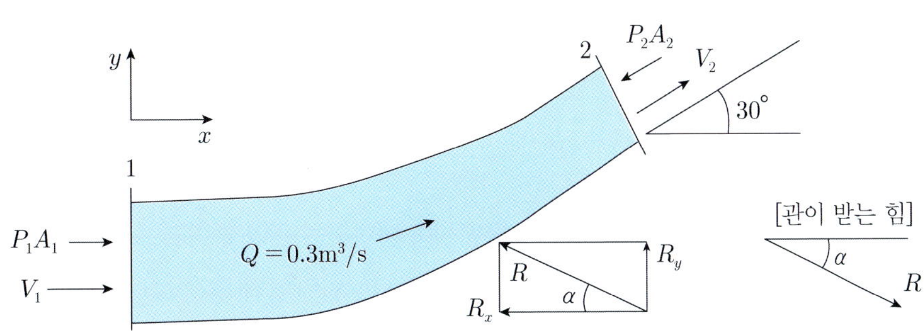

[그림 6.4]

풀이 유량 $Q = 0.3\mathrm{m}^3/\mathrm{s}$이므로 단면 1과 2에서 유속의 크기는 다음과 같다.

$$V_1 = \frac{Q}{A_1} = \frac{4Q}{\pi D_1^2} = \frac{4(0.3)}{\pi(0.3^2)}[\mathrm{m/s}] = 4.24\,[\mathrm{m/s}]$$

$$V_2 = \frac{Q}{A_2} = \frac{4Q}{\pi D_2^2} = \frac{4(0.3)}{\pi(0.2^2)}[\mathrm{m/s}] = 9.55\,[\mathrm{m/s}]$$

식 (6.8)로부터 유체가 받는 힘의 x 성분은

$$\begin{aligned} R_x &= P_1 A_1 - P_2 A_2 \cos\theta - \rho Q(V_2\cos\theta - V_1) \\ &= 170 \times \frac{\pi}{4}(0.3)^2 - 120 \times \frac{\pi}{4}(0.2)^2 \cos 30° \\ &\qquad - 1000(0.3)(9.55\cos 30° - 4.24) \times \frac{1}{1000}[\mathrm{kN}] \\ &= 7.54\,[\mathrm{kN}] \end{aligned}$$

이고, 식 (6.9)에서 $W = 0$으로 하면 y 성분은

$$\begin{aligned} R_y &= P_2 A_2 \sin\theta + \rho Q V_2 \sin\theta \\ &= 120 \times \frac{\pi}{4}(0.2)^2 \sin 30° + 1000(0.3)(9.55\sin 30°) \times \frac{1}{1000}[\mathrm{kN}] \\ &= 3.32\,[\mathrm{kN}] \end{aligned}$$

이다. 이상에서 P_1, P_2의 단위가 $\mathrm{kPa} = \mathrm{kN/m^2}$이므로 kN으로 환산하여 계산하였다. 유체가 받는 힘의 크기는

$$R = \sqrt{R_x^2 + R_y^2} = \sqrt{7.54^2 + 3.32^2}[\mathrm{kN}] = 8.24[\mathrm{kN}]$$

이고 방향각 α는 다음과 같다.

$$\alpha = \tan^{-1}\left(\frac{R_y}{R_x}\right) = \tan^{-1}\left(\frac{3.32}{7.54}\right) = 23.8°$$

위의 결과에서 두 개의 분력 R_x, R_y의 값이 모두 양이라는 것은 가정한 힘의 방향이 옳다는 것을 말해 준다. 따라서 유체에 의하여 관에 작용하는 힘은 크기가 $8.24[\mathrm{kN}]$이고, 방향은 수평선과 23.8° 각도 오른쪽 아래 방향이다.

† 만일 계산 결과에서 R_x 또는 R_y의 값이 음이면 음의 값을 갖는 성분의 방향을 반대로 하면 된다(옳은 힘의 방향이 구해진다).

예제 6.3 그림과 같이 수평으로 놓인 단면적이 변화하는 관에 물이 흐르고 있다. 단면 1의 면적 $A_1 = 0.04\mathrm{m}^2$, 압력 $P_1 = 700\mathrm{kPa}$이고, 단면 2의 면적 $A_2 = 0.02\mathrm{m}^2$, 압력 $P_2 = 200\mathrm{kPa}$일 때 관에 작용하는 수평 방향 힘을 구하라. 각 단면에서 유속은 균일하다.

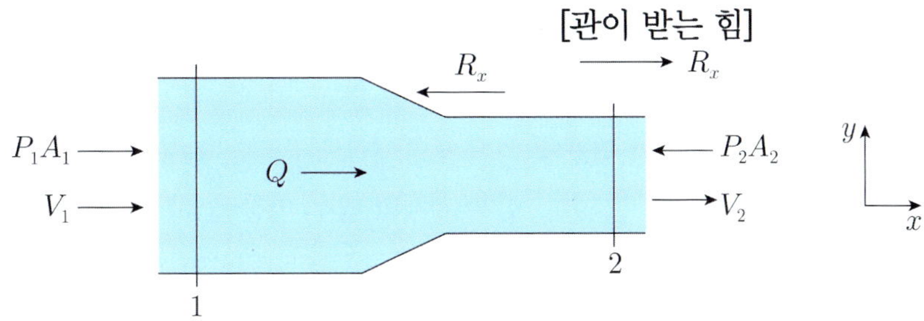

[그림 6.5]

풀이 x 방향에 대한 운동량 방정식을 적용하면 다음과 같다.

$$\sum F_x = \rho Q(V_{2x} - V_{1x})$$

$$P_1A_1 - P_2A_2 - R_x = \rho Q(V_2 - V_1)$$

$$\therefore \ R_x = P_1A_1 - P_2A_2 - \rho Q(V_2 - V_1) \qquad \cdots ①$$

여기에서 유속과 유량을 구하기 위하여 1, 2 사이에 연속방정식과 베르누이 방정식을 적용한다. 수평으로 놓인 관이므로 $z_1 = z_2$이다.

$$Q = A_1V_1 = A_2V_2 \qquad \cdots ②$$

$$\frac{P_1}{\gamma} + \frac{V_1^2}{2g} = \frac{P_2}{\gamma} + \frac{V_2^2}{2g} \qquad \cdots ③$$

②에서 $V_1 = \dfrac{A_2}{A_1}V_2 = \dfrac{0.02}{0.04}V_2 = 0.5V_2$를 ③에 대입하면

$$\frac{V_2^2}{2g}(1 - 0.5^2) = \frac{P_1 - P_2}{\gamma}$$

$$\therefore \ V_2 = \sqrt{\frac{2g(P_1 - P_2)}{(1 - 0.5^2)\gamma}} = \sqrt{\frac{2(9.8)(700 - 200)}{(1 - 0.5^2)(9.8)}}[\text{m/s}] = 36.5[\text{m/s}]$$

이므로 $V_1 = 18.3[\text{m/s}]$, $Q = 0.73[\text{m}^3/\text{s}]$이다. 이 값들을 식 ①에 대입하여 계산하면 다음과 같이 R_x가 구해진다.

$$\begin{aligned} R_x &= P_1A_1 - P_2A_2 - \rho Q(V_2 - V_1) \\ &= 700(0.04) - 200(0.02) - 1000(0.73)(36.5 - 18.3) \times \frac{1}{1000}[\text{kN}] \\ &= 10.7[\text{kN}] \end{aligned}$$

여기에서 P_1, P_2의 단위가 $\text{kPa} = \text{kN/m}^2$이므로 kN으로 환산하여 계산하였다.

6.4 분류에 의한 충격력

운동량 방정식을 사용하여 펌프에 의해 노즐에서 분출되는 분류(jet)가 고체 벽면에 충돌할 때 발생하는 충격력을 구할 수 있다. 실제 유체의 경우 마찰력, 체적력, 압력 등이 존재하지만 분류에 있어서는 운동량 변화에 의한 힘이 다른 힘들에 비하여 크기 때문에 이들의 영향을 무시하고 벽면이 받는 힘을 구한다. 일반적으로 분류를 점성이 없는 이상유체로 취급하며 대기 중에 분사되는 분류의 압력은 항상 대기압이라 가정하고 압력의 영향은 모두 무시한다.

1 고정된 평판에 작용하는 힘

그림과 같이 고정된 평판에 θ의 각도로 분류가 충돌하는 경우를 고려한다. 분류의 밀도는 ρ, 유속은 V, 유량은 Q이다. 분류의 압력은 대기압으로 일정하다고 가정하므로 베르누이 방정식으로부터 출구 유속의 크기는 입구 유속의 크기 V와 같다.

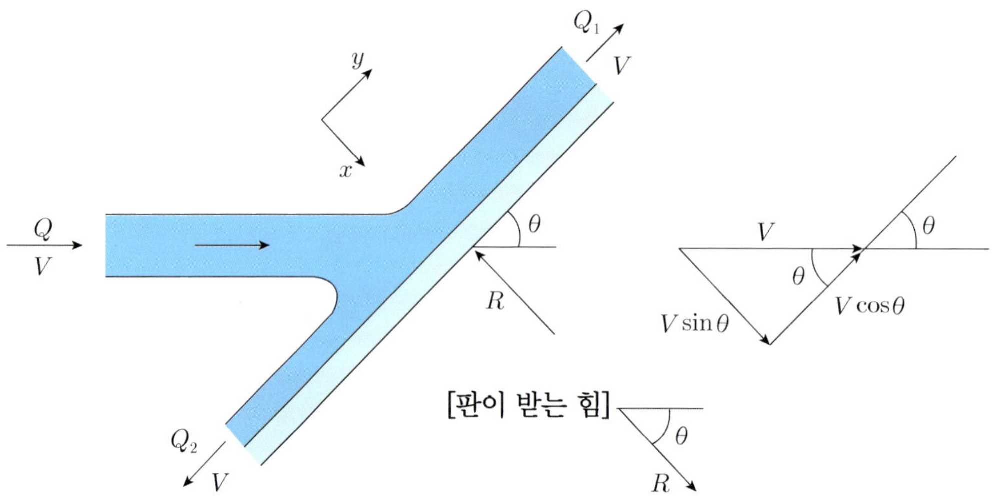

[그림 6.6]

먼저 평판에 수직한 방향을 x축으로 하여 좌표축을 설정한다. 입구에서 분류의 x 방향 속도 성분은 $V\sin\theta$이고, 아래(↙)와 위(↗)로 나가는 분류의 x 방향 속도 성분은 모두 0이다. 따라서 x 방향에 대한 운동량 방정식을 적용하면 다음과 같이 평판이 받는 힘 R이 구해진다.

$$\sum F_x = \sum(\rho Q V_x)_{out} - \sum(\rho Q V_x)_{in}$$

$$-R = (0+0) - \rho Q V\sin\theta$$

$$R = \rho Q V\sin\theta \qquad \cdots(6.14)$$

이와 같이 평판이 받는 힘을 구할 때는 평판에 수직한 방향을 하나의 좌표축으로 설정하는 것이 편리하다. 특히 분류가 평판에 수직으로 충돌할 때($\theta = 90°$) 평판이 받는 힘은 다음과 같다.

$$R = \rho Q V \qquad \cdots (6.15)$$

지면과 수직한 방향으로 분류의 형태가 일정한 2차원 평면유동으로 가정하고 평판의 위 방향과 아래 방향으로 흐르는 유량 Q_1과 Q_2를 구해본다. 비점성 이상유체라 가정하므로 벽면을 따라서 마찰력이 존재하지 않는다. 따라서 평판이 받는 y 방향 힘은 0이다.

입구에서 y 방향 속도 성분은 $V\cos\theta \vec{j}$이고, 출구에서 y 방향 속도는 위로는 $+V\vec{j}$이며 아래로는 $-V\vec{j}$이다. 따라서 y 방향에 대한 운동량 방정식을 적용하면

$$\sum F_y = \sum(\rho Q V_y)_{out} - \sum(\rho Q V_y)_{in}$$
$$0 = (\rho Q_1 V - \rho Q_2 V) - \rho Q V\cos\theta$$
$$Q_1 - Q_2 = Q\cos\theta \qquad \cdots ①$$

의 관계식이 얻어진다. 그리고 연속방정식에서

$$Q_1 + Q_2 = Q \qquad \cdots ②$$

이므로 식 ①, ②를 연립하면 다음과 같이 두 유량이 구해진다.

$$Q_1 = \frac{Q}{2}(1+\cos\theta), \quad Q_2 = \frac{Q}{2}(1-\cos\theta) \qquad \cdots (6.16)$$

예제 6.4 그림과 같이 노즐에서 분사된 물이 $V = 20\mathrm{m/s}$의 속도로 고정된 평판에 수직으로 충돌하고 있다. 분류의 지름 $D = 40\mathrm{mm}$이면 평판이 받는 힘은 몇 [N]인가? 물의 밀도 $\rho = 1000\mathrm{kg/m^3}$이다.

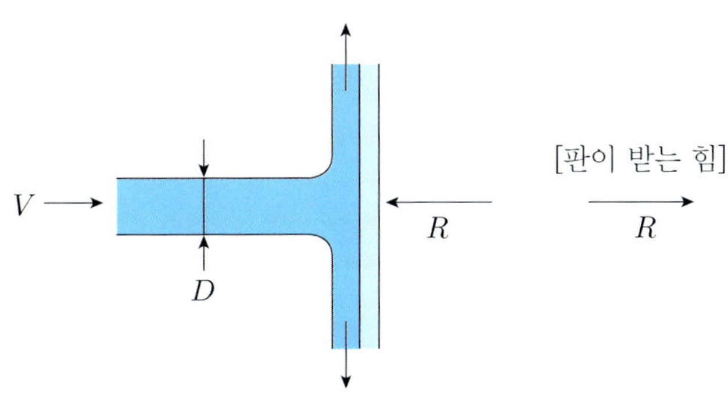

[그림 6.7]

풀이 분류의 지름이 D일 때 유량 $Q = AV = \frac{\pi}{4}D^2V$이므로 평판에 작용하는 힘은 다음과 같다.

$$R = \rho QV = \rho\left(\frac{\pi}{4}D^2V\right)V = \rho \times \frac{\pi}{4}D^2V^2$$

$$= 1000\left(\frac{\pi}{4} \times 0.04^2\right)(20^2) = 502.7\,[\mathrm{N}]$$

2 고정된 곡면판에 작용하는 힘

그림과 같이 출구쪽 판과 입구쪽 판이 θ의 각도를 이루는 고정된 곡면판에 분류가 부딪칠 때 곡면판에 작용하는 힘을 구해본다.

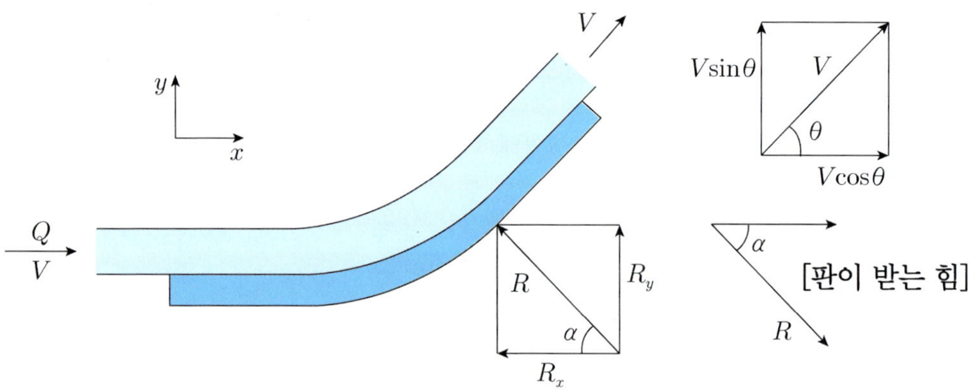

[그림 6.8]

수평 방향을 x축으로 하여 좌표축을 잡으면 입구 유속 $\overrightarrow{V_1} = V\vec{i}$이고, 출구 유속 $\overrightarrow{V_2} = V\cos\theta\,\vec{i} + V\sin\theta\,\vec{j}$이다. x 방향에 대하여 운동량 방정식을 적용하면 곡면판이 받는 힘의 x 성분 R_x가 구해진다.

$$\sum F_x = \rho Q(V_{2x} - V_{1x})$$

$$-R_x = \rho Q(V\cos\theta - V)$$

$$R_x = \rho QV(1 - \cos\theta) \quad \cdots(6.17)$$

마찬가지로 y 방향에 대한 운동량 방정식을 적용하여 R_y를 구한다.

$$\sum F_y = \rho Q(V_{2y} - V_{1y})$$

$$R_y = \rho Q(V\sin\theta - 0)$$

$$R_y = \rho QV\sin\theta \qquad \cdots(6.18)$$

따라서 곡면판이 받는 힘의 크기(R)는

$$R = \sqrt{R_x^2 + R_y^2} = \rho QV\sqrt{(1-\cos\theta)^2 + \sin^2\theta}$$

이다. 여기에서

$$(1-\cos\theta)^2 + \sin^2\theta = 1 - 2\cos\theta + \cos^2\theta + \sin^2\theta$$
$$= 2(1-\cos\theta) = 4\sin^2\frac{\theta}{2}$$

이므로 R은 다음과 같이 표현된다.

$$R = 2\rho QV\sin\frac{\theta}{2} \qquad \cdots(6.19)$$

식 (6.19)로부터 곡면판이 받는 힘이 최대가 되는 경우는 $\theta = 180°$, 즉 U자 형으로 굽어져 있을 때이며 최대 힘 $R_{\max} = 2\rho QV$라는 것을 알 수 있다.

힘의 방향이 x축과 이루는 각 α는 다음 식으로 구한다.

$$\alpha = \tan^{-1}\left(\frac{R_y}{R_x}\right) \qquad \cdots(6.20)$$

여기에서 $R_x = \rho QV(1-\cos\theta)$, $R_y = \rho QV\sin\theta$ 이므로 합력 R이 수직선과 이루는 각을 β라 하면[그림 6.9]

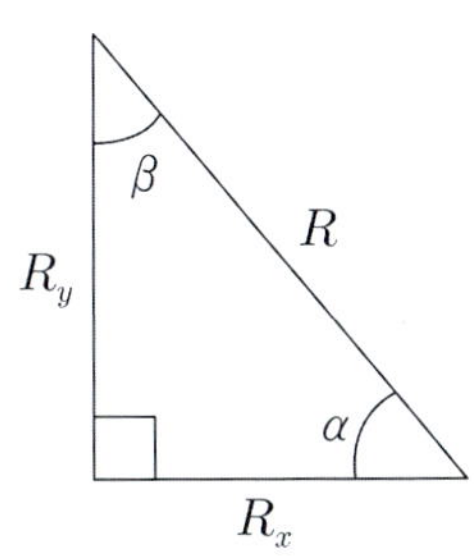

[그림 6.9]

$$\tan\beta = \frac{R_x}{R_y} = \frac{\rho QV(1-\cos\theta)}{\rho QV\sin\theta} = \frac{1-\cos\theta}{\sin\theta}$$
$$= \frac{2\sin^2\frac{\theta}{2}}{2\sin\frac{\theta}{2}\cos\frac{\theta}{2}} = \tan\frac{\theta}{2}$$

$$\therefore\ \beta = \frac{\theta}{2}\ \ [\because\ 0 \le \theta/2 \le \pi/2\text{이므로 일대일 대응(전단사함수)}]$$

따라서 $\alpha = 90° - \beta$이므로 힘의 방향이 x축과 이루는 각은 다음과 같다.

$$\alpha = 90° - \frac{\theta}{2} \qquad \cdots (6.21)$$

예제 6.5 유량 $Q = 0.04\text{m}^3/\text{s}$의 물 분류가 $V = 60\text{m/s}$의 속도로 고정된 곡면판에 충돌하고 있다. 판의 휘어진 각도가 135°일 때 분류가 판에 미치는 충격력의 크기와 방향각을 구하라.

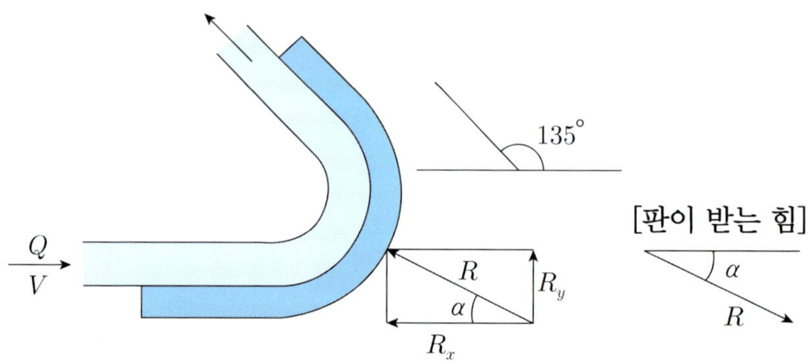

[그림 6.10]

풀이 $\rho = 1000\text{kg/m}^3$, $Q = 0.04\text{m}^3/\text{s}$, $V = 60\text{m/s}$, $\theta = 135°$이다. SI 단위로 계산한다. 식 (6.17)과 (6.18)로부터 충격력의 x, y 성분은 다음과 같다.

$$\begin{aligned} R_x &= \rho Q V(1 - \cos\theta) \\ &= 1000(0.04)(60)(1 - \cos 135°)[\text{N}] = 4097\,[\text{N}] \end{aligned}$$

$$\begin{aligned} R_y &= \rho Q V \sin\theta \\ &= 1000(0.04)(60)\sin 135°[\text{N}] = 1697[\text{N}] \end{aligned}$$

따라서 곡면판이 받는 힘의 크기와 방향각은 다음과 같다.

$$R = \sqrt{R_x^2 + R_y^2} = \sqrt{4097^2 + 1697^2}\,[\text{N}] = 4435\,[\text{N}]$$

$$\alpha = \tan^{-1}\left(\frac{R_y}{R_x}\right) = \tan^{-1}\left(\frac{1697}{4097}\right) = 22.5°$$

† 방향각 $\alpha = 90° - \dfrac{\theta}{2} = 90° - \dfrac{135°}{2} = 22.5°$

예제 6.6 그림과 같이 고정된 날개에 유량 Q의 분류가 V의 속도로 충돌할 때 유체가 받는 힘의 두 성분 R_x, R_y를 각각 구하라. 분류는 수평선에 대하여 α의 각도로 유입되어 β의 각도로 빠져 나간다. 유체의 밀도는 ρ이다.

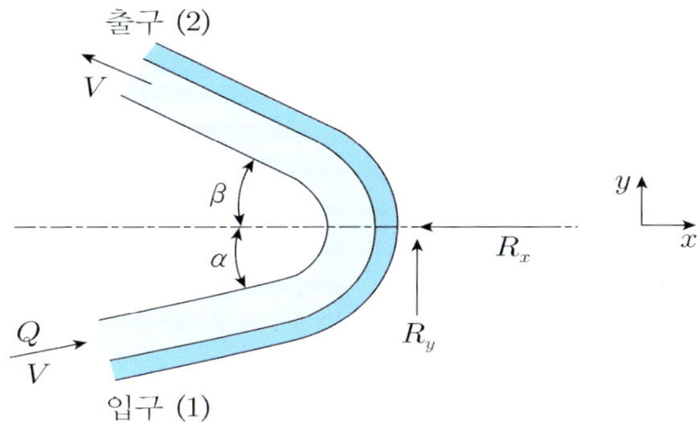

[그림 6.11]

풀이 입구(1)와 출구(2)의 유속을 성분으로 나타내면 다음과 같다.

$$\overrightarrow{V_1} = V(\cos\alpha\vec{i} + \sin\alpha\vec{j})$$
$$\overrightarrow{V_2} = V(-\cos\beta\vec{i} + \sin\beta\vec{j})$$

x 방향에 대한 운동량 방정식을 적용하면 수평 성분 R_x가 구해지고,

$$\sum F_x = \rho Q(V_{2x} - V_{1x})$$
$$-R_x = \rho Q(-V\cos\beta - V\cos\alpha)$$
$$\therefore\ R_x = \rho QV(\cos\alpha + \cos\beta)$$

y 방향에 대한 운동량 방정식을 적용하면 수직 성분 R_y가 구해진다.

$$\sum F_y = \rho Q(V_{2y} - V_{1y})$$
$$R_y = \rho Q(V\sin\beta - V\sin\alpha)$$
$$\therefore\ R_y = \rho QV(-\sin\alpha + \sin\beta)$$

3 운동하는 날개에 작용하는 충격력

수력터빈이나 펌프는 운동하는 날개에 충돌하는 유체의 운동량 변화를 이용하여 에너지 교환이 이루어지도록 한 장치이다. 유체가 충돌하는 날개가 일정 속도로 운동하는 경우 날개의 속도에 대한 유체 속도의 상대 속도에 의하여 충격력이 발생하게 된다.

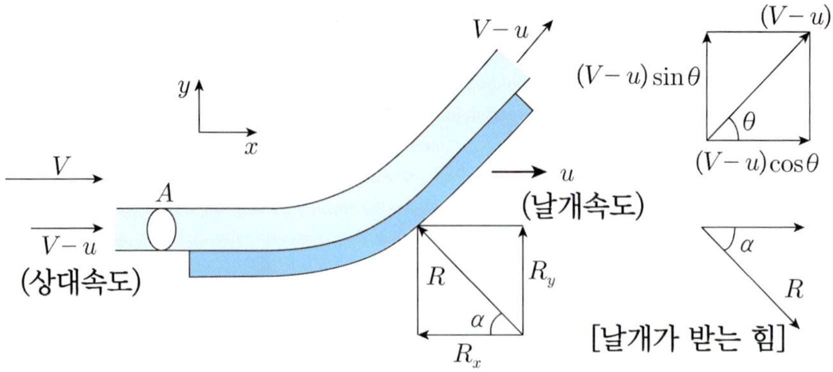

[그림 6.12]

[1] 하나의 날개에 작용하는 힘

[그림 6.12]와 같이 굽어진 날개가 분류와 같은 방향으로 u의 속도로 운동하는 경우를 살펴본다. 날개가 분류와 같은 방향으로 움직이므로 날개에 유입되는 분류의 날개에 대한 상대속도는

$$V_r = V - u \qquad \cdots(6.22)$$

이고, 분류의 단면적을 A라 하면 날개에 유입되는 유량은

$$Q_r = A(V-u) \qquad \cdots(6.23)$$

이다. 따라서 식 (6.17)과 (6.18)로부터 날개에 작용하는 힘의 x, y 성분은 다음과 같다.

$$R_x = \rho Q_r V_r (1-\cos\theta) = \rho A(V-u)^2(1-\cos\theta) \qquad \cdots(6.24)$$

$$R_y = \rho Q_r V_r \sin\theta = \rho A(V-u)^2 \sin\theta \qquad \cdots(6.25)$$

힘 F를 받고 v의 속도로 운동하는 물체의 동력 $P = Fv$이다. 따라서 날개가 분류로부터 받는 동력 P는, 날개의 이동 방향으로 날개가 받는 힘 R_x와 날개의 이동 속도 u에 의해 다음과 같이 구해진다.

$$P = R_x u \qquad \cdots(6.26)$$

날개가 일정 속도로 이동하고 있을 때는 날개를 고정시켜놓고 보면 이해가 쉬워진다. 만일 날개가 분류와 같은 속도로 이동한다면 분류가 받는 충격력은 0이 될 것이다.

[2] 연속으로 배열된 날개에 작용하는 힘

여러 개의 날개가 차례로 연속하여 분류와 충돌하게 만든 장치가 있다면, 이들 날개에 충돌하는 유량은 분류의 유량 전부가 유효하게 될 것이다. 즉, 노즐에서 분사되는 유량이 모두 날개에 부딪치게 되면 날개로 유입되는 유량 $Q = AV$가 된다. 이와 같은 경우 충격력은 다음과 같다.

$$\begin{aligned} R_x &= \rho Q V_r(1-\cos\theta) = \rho Q(V-u)(1-\cos\theta) \\ &= \rho A V(V-u)(1-\cos\theta) \end{aligned} \quad \cdots(6.27)$$

$$\begin{aligned} R_y &= \rho Q V_r \sin\theta = \rho Q(V-u)\sin\theta \\ &= \rho A V(V-u)\sin\theta \end{aligned} \quad \cdots(6.28)$$

여기에서 A는 노즐의 단면적, V는 노즐에서 분사되는 유체의 속도, u는 날개의 선속도, θ는 날개각이다.

수차와 같이 회전차의 원주 방향으로 날개가 연속적으로 부착되어 있는 경우가 이에 해당된다. 이때 수차가 분류로부터 받는 동력 P는 다음과 같다.

$$P = R_x u = \rho Q u(V-u)(1-\cos\theta) \quad \cdots(6.29)$$

반지름 r인 회전차의 각속도가 ω이면 원주에 부착된 날개의 선속도 $u = r\omega$이다.

예제 6.7 단면적 $A = 0.004\text{m}^2$인 고정된 노즐에서 유량 $Q = 0.12\text{m}^3/\text{s}$의 물을 분사하고 있다. 분류와 같은 방향으로 $u = 10\text{m/s}$의 속도로 이동하는 평판을 분류에 수직으로 세운다면 판이 받는 충격력의 크기는 몇 [N]인가?

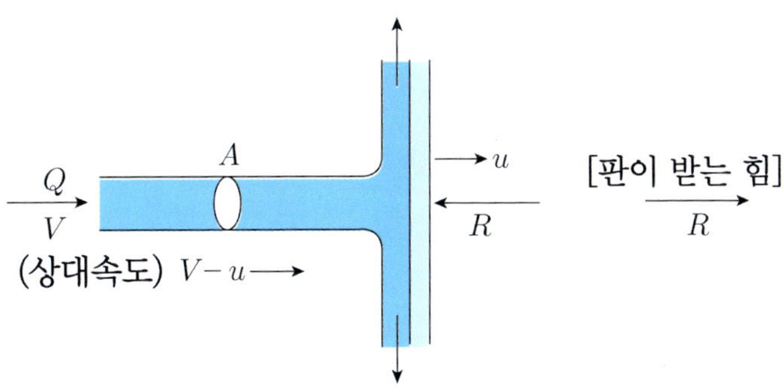

[그림 6.13]

풀이 노즐에서 분사되는 유체의 속도는

$$V=\frac{Q}{A}=\frac{0.12}{0.004}[\mathrm{m/s}]=30\,[\mathrm{m/s}]$$

이다. 충돌하는 분류의 평판에 대한 상대 속도는

$$V_r = V-u$$

이고, 분류의 단면적을 A라 하면 날개에 유입되는 유량은

$$Q_r = A(V-u)$$

이므로 판이 받는 충격력은 다음과 같다.

$$\begin{aligned}R&=\rho Q_r V_r=\rho A(V-u)^2\\&=1000(0.004)(30-10)^2\,[\mathrm{N}]=1600\,[\mathrm{N}]\end{aligned}$$

예제 6.8 **[단일 날개]** 지름 $D=4\mathrm{cm}$의 노즐이 $V=50\mathrm{m/s}$의 속도로 물을 분사하고 있다. 분사된 물이 분류와 같은 방향으로 $u=20\mathrm{m/s}$의 속도로 움직이는 날개에 충돌할 때 분류가 날개에 전달하는 동력[kW]을 구하라. 날개의 각도 $\theta=135°$이다.

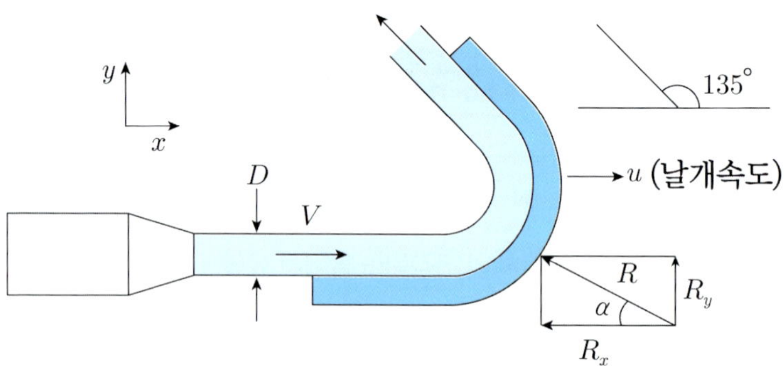

[그림 6.14]

풀이 날개의 이동 방향으로 날개가 받는 힘은

$$\begin{aligned}R_x&=\rho A(V-u)^2(1-\cos\theta)\\&=1000\left(\frac{\pi}{4}\times0.04^2\right)(50-20)^2(1-\cos135°)\,[\mathrm{N}]\\&=1930\,[\mathrm{N}]=1.93\,[\mathrm{kN}]\end{aligned}$$

이므로 날개가 분류로부터 받는 동력은 다음과 같다.

$$P=R_x u=1.93(20)[\mathrm{kW}]=38.6\,[\mathrm{kW}]$$

R_x와 u의 단위가 각각 kN과 m/s이면 동력 P의 단위는 kW가 된다.

예제 6.9 [연속 날개] 그림과 같은 펠턴 수차에서 물 분류가 날개에 충돌하고 있다. 단면적 $A = 0.02\text{m}^2$인 노즐로부터 분사되는 유량 $Q = 0.4\text{m}^3$이고, 날개각 $\theta = 135°$, 날개의 선속도 $u = 5\text{m/s}$일 때 수차가 분류로부터 받는 동력[kW]을 구하라.

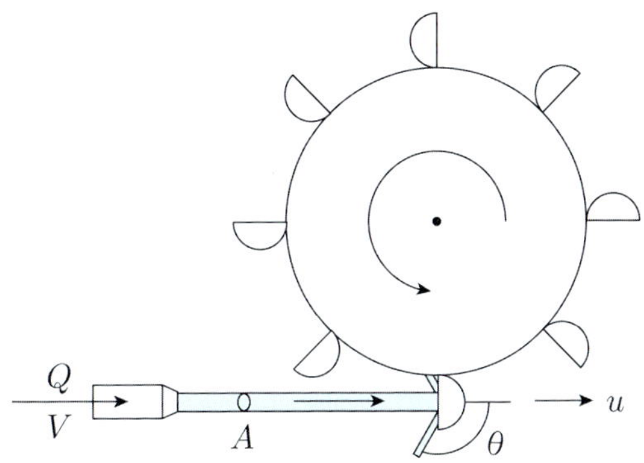

[그림 6.15]

풀이 노즐에서 분사되는 분류의 속도는

$$V = \frac{Q}{A} = \frac{0.4}{0.02}[\text{m/s}] = 20[\text{m/s}]$$

이므로 날개가 분류로부터 받는 동력은 다음과 같다.

$$\begin{aligned} P &= \rho Q u (V - u)(1 - \cos\theta) \\ &= 1000(0.4)(5)(20 - 5)(1 - \cos 135°)\ [\text{W}] \\ &= 51{,}213[\text{W}] = 51.2[\text{kW}] \end{aligned}$$

여기에서 ρ, Q, u, V의 단위를 SI 단위 [kg, m, s]로 나타내면 동력 P의 단위는 [W]가 된다.

6.5 개수로 유동

운동량 방정식을 사용하여 개수로 유동에서 댐이나 둑(weir)에 작용하는 힘을 구할 수 있다. 그림과 같은 개수로를 고려해보자.

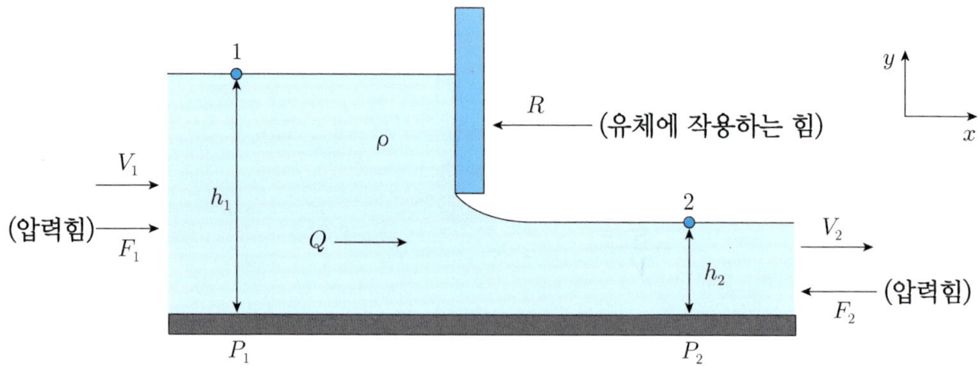

[그림 6.16]

먼저 입구와 출구에서 유동이 균일하고 직선이며 평행한 유선들을 가지도록 검사체적을 선택한다. 수문을 기준으로 하여 상류와 하류의 단면을 각각 1, 2로 한다. 1, 2에서의 수심은 각각 h_1, h_2이고, 유속은 V_1, V_2이다. 지면과 수직한 방향으로의 수문의 폭을 b라 하면 단면을 지나는 유량은

$$Q = bh_1 V_1 = bh_2 V_2 \qquad \cdots (6.30)$$

이고, 유체정역학(3장)으로부터 평면에 작용하는 압력힘은 $F_p = \gamma h_c A$이므로 단면 1, 2에 작용하는 압력힘은 각각

$$F_1 = \gamma \times \frac{h_1}{2} \times (bh_1) = \frac{1}{2}\gamma b h_1^2 \qquad \cdots (6.31)$$

$$F_2 = \gamma \times \frac{h_2}{2} \times (bh_2) = \frac{1}{2}\gamma b h_2^2 \qquad \cdots (6.32)$$

이 된다. 그리고 다음과 같이 x 방향으로 운동량 방정식을 적용하면 수문이 받는 힘의 수평성분 R이 구해진다.

$$\sum F_x = \rho Q(V_{2x} - V_{1x})$$

$$F_1 - F_2 - R = \rho Q(V_2 - V_1)$$
$$R = F_1 - F_2 - \rho Q(V_2 - V_1)$$

$$R = \frac{1}{2}\gamma b(h_1^2 - h_2^2) - \rho Q(V_2 - V_1) \quad \cdots(6.33)$$

만일 유체에 접한 수문이 평면이고 수직으로 서있다면 이상유체에 대하여 접선방향 힘은 0이므로 수평 성분 R이 곧 수문이 받는 힘의 크기가 된다.

단위폭당 유량이 $q(=Q/b)$이면 수문이 받는 단위폭당 힘 $r = R/b$는 다음과 같다.

$$r = \frac{1}{2}\gamma(h_1^2 - h_2^2) - \rho q(V_2 - V_1) \quad \cdots(6.34)$$

점성이 없는 이상유체인 경우 상류와 하류 수심 h_1, h_2가 주어질 때 단면 1, 2에서 연속방정식과 수면에 있는 두 점 사이에 베르누이 방정식을 적용하여 유속 V_1과 V_2를 구할 수 있다[4장 예제]. g는 중력가속도이다.

$$V_1 = \sqrt{\frac{2gh_2^2}{h_1 + h_2}}, \quad V_2 = \sqrt{\frac{2gh_1^2}{h_1 + h_2}} \quad \cdots(6.35)$$

예제 6.10 그림과 같은 수로에 물이 흐를 때 수문이 받는 힘의 수평 분력의 크기와 방향을 구하라. 수문의 폭은 3m이고 이상유체 유동이라 가정한다.

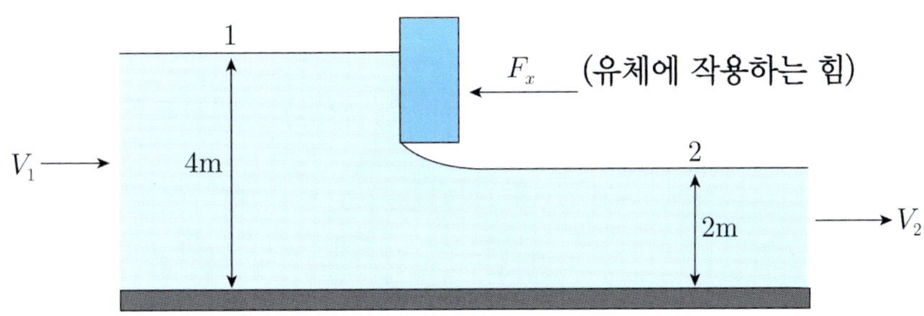

[그림 6.17]

풀이 식 (6.35)로부터 단면 1, 2에서 유속과 유량은 다음과 같이 계산된다.

$$V_1 = \sqrt{\frac{2gh_2^2}{h_1 + h_2}} = \sqrt{\frac{2(9.8)(2^2)}{4+2}}\,[\mathrm{m/s}] = 3.61\,[\mathrm{m/s}]$$

$$V_2 = \sqrt{\frac{2gh_1^2}{h_1 + h_2}} = \sqrt{\frac{2(9.8)(4^2)}{4+2}}\,[\text{m/s}] = 7.23\,[\text{m/s}]$$

$$Q = bh_1 V_1 = 3(4)(3.61)\,[\text{m}^3/\text{s}] = 43.3\,[\text{m}^3/\text{s}]$$

따라서 유체가 받는 힘은

$$\begin{aligned} F_x &= \frac{1}{2}\gamma b(h_1^2 - h_2^2) - \rho Q(V_2 - V_1) \\ &= \frac{1}{2}(9.8)(3)(4^2 - 2^2) - 1000(43.3)(7.23 - 3.61) \times \frac{1}{1000}\,[\text{kN}] \\ &= 19.7\,[\text{kN}] \quad (\leftarrow) \end{aligned}$$

이다. 유체가 받는 힘이 왼쪽이므로 작용과 반작용 원칙에 따라 수문은 오른쪽(→)으로 19.7kN의 힘을 받는다. 이상에서 $\gamma = 9.8\text{kN/m}^3$으로 계산하였다.

† [예제 6.10]에서는 이미 유도한 결과 식을 사용하였다. 그러나 공식들을 기억하려 하지 말자. 기본적인 **운동량 방정식, 연속방정식, 베르누이 방정식**을 적용하면 문제를 해결할 수 있다.

6.6 로켓의 추진력

로켓(rocket)은 외부로부터 공기를 공급받지 않고 자체의 산화제를 이용하여 연료를 연소시킨다. 즉, 로켓으로 유입되는 유체의 속도 $V_1 = 0$이고 로켓에서 연소된 유체(연료+산화제)가 모두 외부로 분출된다.

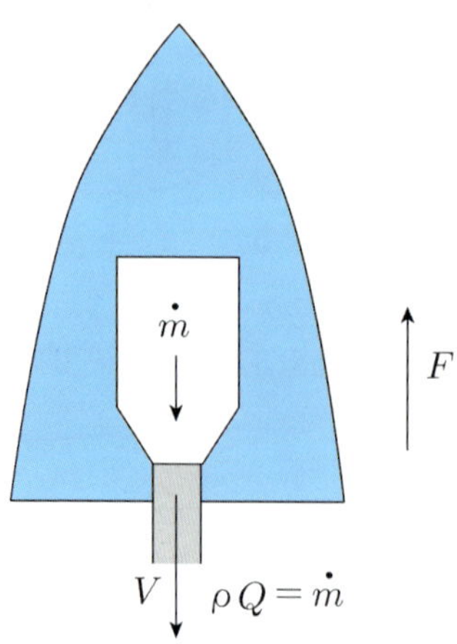

[그림 6.18] 로켓

[그림 6.18]과 같은 로켓에서 운동량 방정식을 적용하면 다음과 같이 로켓의 추진력(F)이 구해진다. 입구와 출구를 각각 1, 2로 하면

$$\sum F_y = F = \rho_2 Q_2 V_2 - \rho_1 Q_1 V_1$$

이다. 이 식에서 $\rho_2 Q_2 = \rho Q$, $V_2 = V$, $V_1 = 0$이므로 로켓의 추진력은

$$F = \rho Q V = \dot{m} V \qquad \cdots (6.36)$$

이다. 여기에서 $\rho Q = \dot{m}$는 단위 시간당 분사되는 가스의 질량(연료소비율)이고, V는 로켓에 대한 노즐에서 분사되는 가스의 상대속도이다. 로켓의 추진력은 연소되어 분사되는 연료(연료+산화제)의 운동량 변화율과 같다.

예제 6.11 80kg/s의 혼합가스를 연소시켜 2000m/s의 속도로 분출할 때 발생하는 로켓의 추진력[kN]을 구하라. 연소된 가스는 모두 대기 중으로 분사된다.

풀이 SI 단위 [kg, m, s]로 계산한다.

$$F = \dot{m} V = 80(2000)[\text{N}] = 160 \times 10^3 [\text{N}] = 160[\text{kN}]$$

6.7 각운동량 방정식

많은 공학 문제에 있어서는 힘을 포함하여 축에 대한 모멘트(토크)가 중요한 물리량이 된다. 뉴턴 운동 제2법칙으로부터 힘과 선형운동량 사이의 관계를 유도하였는데 여기에서는 모멘트를 구하는 방법을 알아본다.

기준점(O)으로부터 위치 $\vec{r}$, 질량 m, 속도 $\vec{V}$인 입자의 기준점에 대한 모멘트 $\overrightarrow{M_O}$ 는 다음과 같이 단위 시간당 각운동량(angular momentum)의 변화율로 주어진다.

$$\overrightarrow{M_O} = \vec{r} \times \vec{F} = \frac{d}{dt}(\vec{r} \times m\vec{V}) \qquad \cdots (6.37)$$

여기에서 $\vec{F}$는 물체에 작용하는 힘이고, $\vec{H} = \vec{r} \times m\vec{V}$ 를 각운동량 또는 운동량의 모멘트(moment of momentum)라 한다.

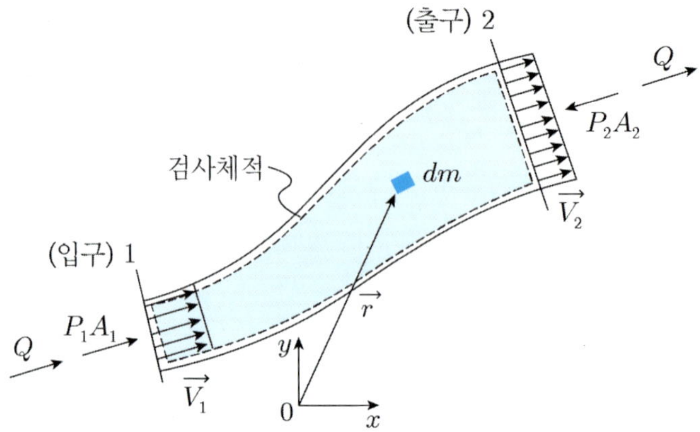

[그림 6.19] 검사체적

유체 시스템에 있어서는 [그림 6.19]와 같이 검사체적(control volume)을 잡고 검사체적 내의 모든 유체에 대해 식 (6.37)을 적용하면 다음 식을 얻는다.

$$\begin{aligned}\sum(\vec{r}\times\vec{F}) &= \frac{D}{Dt}\int_{\widetilde{V}_0}(\vec{r}\times\vec{V})\rho d\widetilde{V} \\ &= \frac{\partial}{\partial t}\int_{\widetilde{V}_0}\rho\vec{r}\times\vec{V}d\widetilde{V}+\int_{A_0}\rho\vec{r}\times\vec{V}(\vec{V}\cdot\vec{n})dA\end{aligned} \qquad \cdots(6.38)$$

여기에서 $\sum(\vec{r}\times\vec{F})$는 유체에 작용하는 모든 외력에 의한 모멘트의 합을 나타낸다. $\widetilde{V}_0$는 검사체적, A_0는 검사면(control surface)이고, $\vec{n}$은 검사면에 수직한 바깥 방향의 단위벡터(outward unit normal vector)이다. 이 식은 '계에 작용하는 모멘트의 합은 계의 각운동량의 시간 변화율과 같다'는 것을 의미한다. 정상유동($\partial/\partial t=0$)에 대하여 식 (6.38)은 다음과 같이 표현된다.

$$\sum(\vec{r}\times\vec{F})=\int_{A_0}\rho\vec{r}\times\vec{V}(\vec{V}\cdot\vec{n})dA \qquad \cdots(6.39)$$

식 (6.39)를 각운동량 방정식(angular momentum equation) 또는 운동량 모멘트 방정식(moment of momentum equation)이라 한다. 유선들이 평행하며 단면 면적에 수직인 속도를 가진 단면들에서 유체가 들어가고 나가는 경우를 고려한다. 검사체적의 입구와 출구가 각각 1개씩인 경우에는 식 (6.39)의 적분식은 다음과 같이 표현된다.

$$\sum(\vec{r}\times\vec{F})=\rho Q\left[(\vec{r}\times\vec{V})_{out}-(\vec{r}\times\vec{V})_{in}\right] \qquad \cdots(6.40)$$

여기에서 $\vec{r}$은 검사체적의 단면을 들어오거나 나가는 유동 단면의 도심에 대한 모멘트 기준점으로부터의 위치벡터이다. Q는 체적유량이다.

이상으로부터 정상상태 비압축성 균일 유동에서 검사체적의 입구와 출구가 각각 1개씩인 경우 모멘트에 대한 각운동량 방정식은 다음과 같다.[35]

$$\sum \overrightarrow{M_O} = \rho Q\left[(\vec{r} \times \vec{V})_{out} - (\vec{r} \times \vec{V})_{in}\right] \quad \cdots (6.41)$$

실질적으로 많이 다루는 2차원 유동인 경우 위의 방정식은 다음과 같이 간단하게 표현된다.[36]

$$\sum M_O = \rho Q\,(r_2 V_{t2} - r_1 V_{t1}) \quad \cdots (6.42)$$

여기에서 r은 모멘트 기준점(O)으로부터 면적 도심까지 거리이고, V_t는 모멘트 팔에 수직인 속도 성분(접선방향 속도 성분)이다[그림 6.20]. 첨자 1, 2는 각각 입구와 출구를 나타낸다. 반경성분 V_r에 의한 힘은 작용신의 연장선이 기준점을 지나므로 팔의 길이가 0이 되어 모멘트를 발생하지 않는다는 것을 알 수 있다.

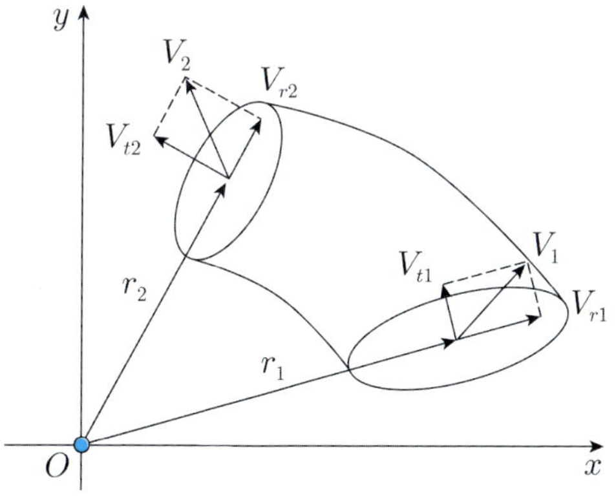

[그림 6.20] 입구와 출구가 각각 1개씩인 경우

유체가 여러 단면에서 검사체적으로 들어가거나 나갈 때 각운동량 방정식은 다음과 같다.

$$\sum M_O = \sum(\rho Q r V_t)_{out} - \sum(\rho Q r V_t)_{in} \quad \cdots (6.43)$$

특히 유체기계에서 많이 취급하는 [그림 6.21]과 같은 원심펌프에서 각운동량 방정식을 적용하면 다음과 같은 회전축에 대한 토크 T를 얻는다.[37]

35) 이상의 유도과정은 참고로 하고, 식 (6.41)의 적용 및 응용 법을 익히도록 한다.
36) 실제로 문제를 해석할 때는 식 (6.42)를 주로 사용한다.
37) 토크에 대한 실질적인 문제는 거의 모두 식 (6.44)로써 해결되므로 최소한 이 식은 알아두도록 한다.

$$T = \rho Q(r_2 V_{t2} - r_1 V_{t1}) = \dot{m}(r_2 V_{t2} - r_1 V_{t1}) \qquad \cdots(6.44)$$

여기에서 V_{t1}과 V_{t2}는 유동의 원주 방향(접선 방향) 속도 성분이다. 회전 날개의 각속도가 ω(또는 회전속도가 N[rpm])이면 동력(L)은 다음 식으로 구한다.

$$L = T\omega = T \times \frac{2\pi N}{60} \qquad \cdots(6.45)$$

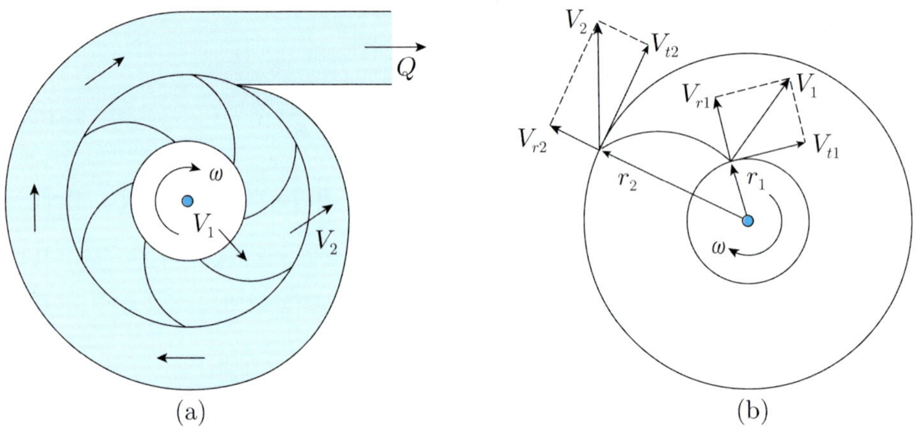

[그림 6.21] (a) 원심펌프 개략도 (b) 입구와 출구의 속도 성분

예제 6.12 그림과 같이 수평으로 고정된 스프링클러에서 중앙으로부터 14L/s의 물이 유입되어 60° 각도로 분사되고 있다. 물 제트의 지름이 1.3cm일 때 스프링클러를 고정하는데 필요한 토크(T)를 구하라. 노즐 길이는 무시한다.

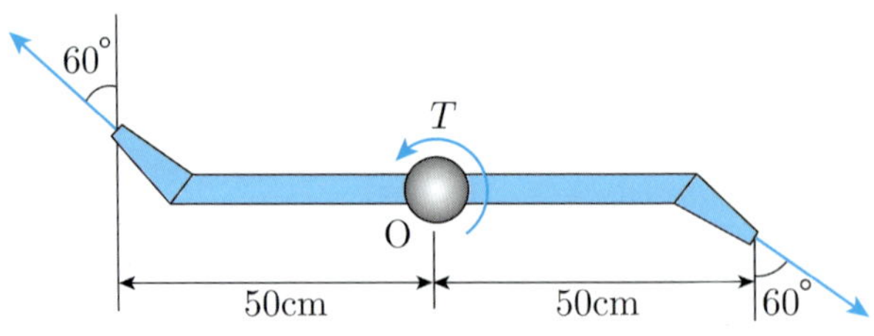

[그림 6.22] 고정된 스프링클러

풀이 입구와 노즐 출구를 각각 1, 2로 나타낸다. 유입되는 유량

$$Q = 14\text{L/s} = 14 \times 10^{-3}[\text{m}^3/\text{s}]$$

가 두 곳으로 나누어 분사되므로 출구에서 물 제트의 속도(V_2)는

$$V_2 = \frac{Q/2}{A} = \frac{Q/2}{\pi d^2/4} = \frac{2Q}{\pi d^2}$$
$$= \frac{2(14 \times 10^{-3})}{\pi (0.013)^2}\,[\mathrm{m/s}] = 52.74[\mathrm{m/s}]$$

이다. 그리고 출구에서 제트의 접선방향 속도(V_{t2})는

$$V_{t2} = V_2 \cos\theta = V_2 \cos 60°$$

이다. 여기에서 중앙으로부터 왼쪽과 오른쪽 제트 출구까지 거리를 각각 $r_{2,L}$, $r_{2,R}$로 나타내면 다음과 같이 스프링클러를 고정하는데 필요한 토크(T)가 구해진다.

$$\begin{aligned} T &= T_{\text{왼쪽 부분}} + T_{\text{오른쪽 부분}} \\ &= \rho(Q/2)(r_{2,L}V_{t2} - r_1 V_{t1}) + \rho(Q/2)(r_{2,R}V_{t2} - r_1 V_{t1}) \\ &= \rho(Q/2)(r_{2,L}V_{t2} - 0) + \rho(Q/2)(r_{2,R}V_{t2} - 0) \quad (\leftarrow r_1 = 0) \\ &= \rho Q r_2 V_{t2} \\ &= \rho Q r_2 (V_2 \cos 60°) \\ &= 1000(14 \times 10^{-3})(0.5)(52.74 \cos 60°)\,[\mathrm{N \cdot m}] \\ &= 184.6[\mathrm{N \cdot m}] \end{aligned}$$

이상에서 $r_{2,L} = r_{2,R} = r_2 = 50\mathrm{cm} = 0.5\mathrm{m}$이다.

예제 6.13 유량 $Q = 0.15\mathrm{m^3/s}$의 물이 원심 펌프의 입구에서 반경 방향으로 날개에 유입되고 있다. 펌프 날개의 바깥지름 $r_2 = 20\mathrm{cm}$이고 출구의 접선 방향 유속 $V_{t2} = 10\mathrm{m/s}$이다. 날개 회전수 $N = 800\mathrm{rpm}$일 때 축에 걸리는 토크와 펌프 동력을 구하라.

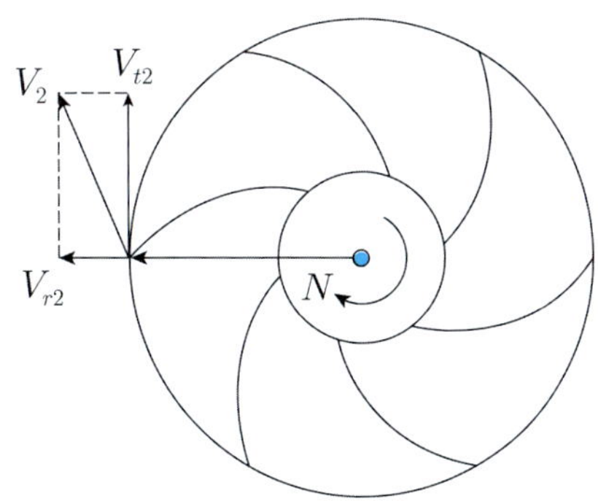

[그림 6.23]

풀이 반경 방향으로 유입되므로 입구에서 접선방향 속도 성분 $V_{t1} = 0$이다. 따라서 토크 T와 펌프 동력 L은 다음과 같이 구해진다.

$$T = \rho Q(r_2 V_{t2} - r_1 V_{t1})$$
$$= 1000(0.15)(0.2 \times 10 - 0)[\text{N} \cdot \text{m}] = 300[\text{N} \cdot \text{m}]$$

$$L = T\omega = T \times \frac{2\pi N}{60}$$
$$= 300 \times \frac{2\pi \times 800}{60}[\text{W}] = 25,133[\text{W}] = 25.1\ [\text{kW}]$$

† 일반적으로 원심펌프에서 설계 유량 Q^*를 유동이 날개에 정확하게 수직으로 유입된다고 가정하여 계산한다. 즉, 설계 점에서 입구 유속은 다음과 같다.

$$V_{r1} = V_1, \quad V_{t1} = 0$$

실제 펌프 유량은 설계 유량보다 작다.

[보충 예제] 운동량 방정식

예제 6.14 [불균일 유동] 그림과 같이 공기가 지름 2m의 관 내부에 있는 물체를 지나 자유제트(free jet)로 분사된다. 상류의 유속과 압력은 각각 10m/s, $50\,\text{N/m}^2$이고, 출구에서 유속은 그림과 같이 불균일하다. 관 벽에서 전단응력을 무시할 때 공기가 물체에 가하는 힘을 구하라. 공기의 밀도 $\rho = 1.23\,\text{kg/m}^3$이다.38)

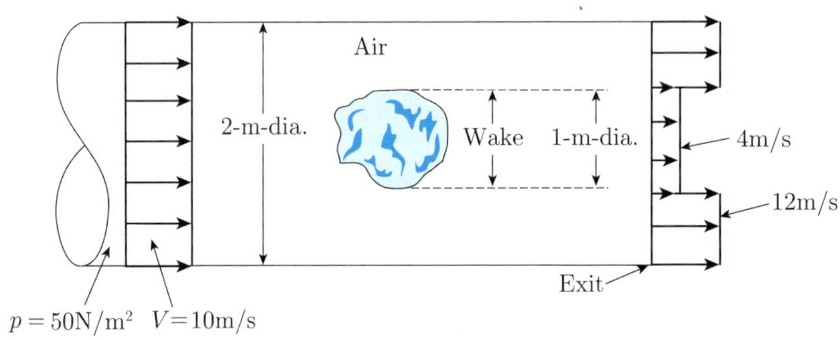

[그림 6.24]

풀이 그림과 같이 입구와 출구 단면을 포함하여 관 벽과 접하고 있는 유체의 경계면 및 물체와 공기의 경계면으로 구성되는 검사체적을 잡는다. 그림에서 F_D는 물체가 공기에 가하는 힘을 나타낸다. 공기가 물체에 가하는 힘은 F_D와 크기가 같고 방향이

38) 기사시험이나 7급, 9급 공무원 임용시험 등에서는 대부분 균일유동에 대한 문제를 다룬다. 기초유체역학에서는 불균일 유동을 이와 같이 해석한다는 것만 봐둬도 된다 하겠다.

반대이다. 자유제트로 분사되므로 출구 압력 $P_2 = 0$이고 관 벽에서의 전단응력을 무시하므로 관 벽이 공기에 가하는 힘도 0이다.

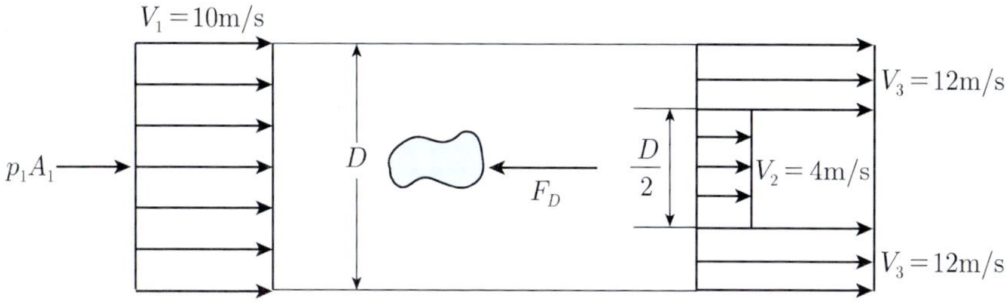

[그림 6.25]

그림에서 상류 유속 $V_1 = 10\text{m/s}$, 압력 $p_1 = 50\,\text{N/m}^2$이고, 하류 유속 $V_2 = 4\,\text{m/s}$, $V_3 = 12\,\text{m/s}$이다. 관 지름을 $D = 2\text{m}$로 하면 유속 V_1로 유입되는 상류 단면적은

$$A_1 = \frac{\pi}{4} D^2 \qquad \cdots ①$$

이다. 그리고 출구에서 유속 V_2와 V_3로 분출되는 단면적 A_2와 A_3는 각각 다음과 같다.

$$A_2 = \frac{\pi}{4} \times \left(\frac{D}{2}\right)^2 = \frac{\pi}{16} D^2 \qquad \cdots ②$$

$$A_3 = A_1 - A_2 = \frac{3\pi}{16} D^2 \qquad \cdots ③$$

검사체적에서 x 방향으로 선형운동량 방정식을 적용하면

$$\sum F_x = p_1 A_1 - F_D = \rho V_2^2 A_2 + \rho V_3^2 A_3 - \rho V_1^2 A_1$$

$$\therefore \; F_D = p_1 A_1 - \rho V_2^2 A_2 - \rho V_3^2 A_3 + \rho V_1^2 A_1 \qquad \cdots ④$$

이다. 식 ①~③을 식 ④에 대입하여 정리하면 다음과 같이 F_D가 구해진다.

$$\begin{aligned} F_D &= \frac{\pi}{4} D^2 \left(p_1 - \frac{1}{4} \rho V_2^2 - \frac{3}{4} \rho V_3^2 + \rho V_1^2\right) \\ &= \frac{\pi}{4} (2)^2 \left[50 - \frac{1}{4}(1.23)(4)^2 - \frac{3}{4}(1.23)(12)^2 + (1.23)(10)^2\right] \\ &= 110.7[\text{N}] \end{aligned}$$

따라서 공기는 물체에 대해 오른쪽 방향(→)으로 $F_D = 110.7\,\text{N}$의 힘을 가한다.

예제 6.15 [불균일 유동] 그림과 같은 장치를 통해 두께($h = 0.01\text{m}$)가 일정한 물이 흐르고 있다. 물은 이 장치에 수직한 입구 파이프를 통해 유입되어 길이 $L = 0.2\,\text{m}$의 슬릿을 통해 $0 \sim 10\,\text{m/s}$까지 선형적 분포를 이루며 수평으로 흘러나온다. 이 장치를 고정시키기 위해 필요한 힘의 y성분(F_Y)을 구하라. 물의 밀도 $\rho = 1000\,\text{kg/m}^3$이다.

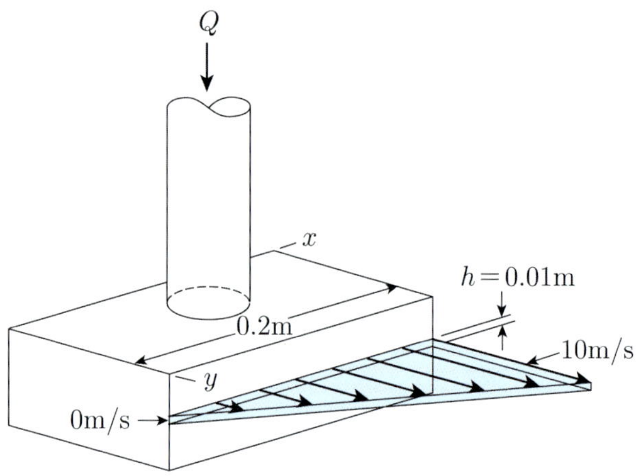

[그림 6.26]

풀이 아래 그림과 같이 장치의 상자와 상자 안의 물을 포함하는 검사 체적을 잡는다. 장치를 고정시키기 위해 필요한 힘의 y성분(F_Y)을 구하기 위해 y방향으로 선형운동량 방정식을 적용한다. 출구의 유속을 u_2라 하면 미소 단면적 $dA = hdx$이므로

$$\sum F_y = F_Y = \rho \int_0^L u_2(u_2 hdx) \qquad \cdots ①$$

이다. 여기에서 u_2는 $0 \le x \le L$에서 $0 \sim 10\,\text{m/s}$까지 선형적 분포를 이루므로

$$u_2 = \frac{V}{L}x \qquad \cdots ②$$

로 표현된다. 식 ②에서 $V = 10\text{m/s}$이다. 식 ②를 ①에 대입하면 다음과 같이 장치를 고정시키기 위해 필요한 힘의 y성분(F_Y)이 구해진다.

$$\begin{aligned} F_Y &= \rho \int_0^L u_2(u_2 hdx) = \rho h \int_0^L u_2^2 dx \\ &= \rho h \int_0^L \left(\frac{V}{L}x\right)^2 dx = \frac{\rho h L V^2}{3} \\ &= \frac{(1000)(0.01)(0.2)(10^2)}{3}\,[\text{N}] = 66.7\,[\text{N}] \end{aligned}$$

이 문제에서는 검사면(control surface)에서 압력이 모두 대기압으로 같으므로 앞뒤면의 압력 힘이 서로 상쇄된다.

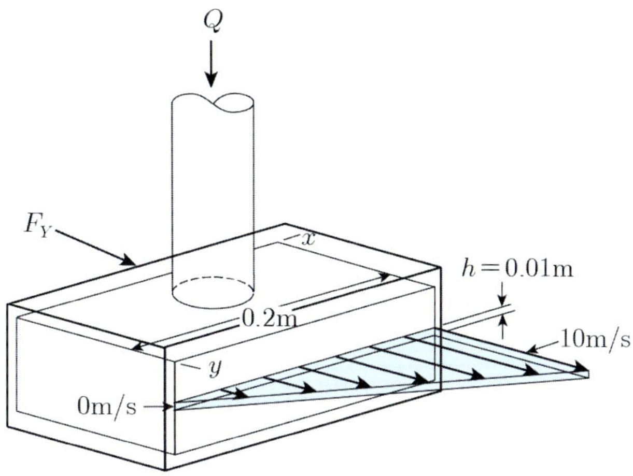

[그림 6.27]

예제 6.16 [그림 6.28(a)]와 같이 길이가 0.8m와 0.4m인 두 개의 관이 90°로 연결된 관을 통하여 지하수를 퍼 올리고 있다. 물이 관에 가득 찼을 때 수평관(0.4m) 구간의 단위길이당 질량은 50kg/m이고, 관 출구에서 대기 중으로 분출되는 물의 평균유속이 2m/s일 때 관을 지면에 고정한 점(A)에 작용하는 모멘트를 구하라. 관 출구에서 분출되는 물의 방향은 관의 축방향(→)이고, 관 안지름은 20cm이다.

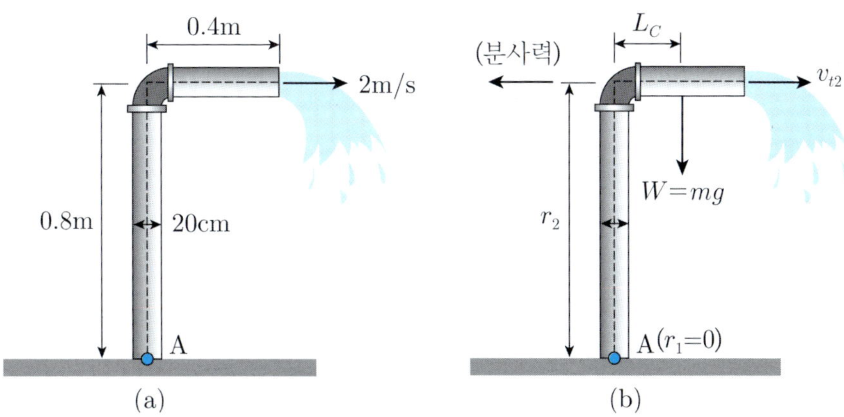

[그림 6.28]

풀이 입구(A)에서 $r_1 = 0$이고, $V = V_{t2} = 2\text{m/s}$(→)로 분출되는 물에 의해 A점에는 반시계방향(↶)으로 다음과 같은 모멘트가 작용한다.

$$M_1 = \rho Q r_2 V_{t2} = \rho\left(\frac{\pi}{4}D^2 V\right) r_2 V_{t2}$$

$$= 10^3\left(\frac{\pi}{4}\times 0.2^2 \times 2\right)\times 0.8 \times 2 = 100.5[\text{N} \cdot \text{m}](↶)$$

그리고 수평관(0.4m) 구간의 무게 $W(\downarrow)$에 의해 A점에는 시계방향(↷)으로 다음과 같은 모멘트가 작용한다.

$$M_2 = WL_C = mg\,L_C = [(50\times 0.4)(9.8)]\times \frac{0.4}{2} = 39.2[\text{N}\cdot\text{m}](\curvearrowright)$$

따라서 A점에는 다음 모멘트가 반시계방향(↶)으로 작용한다.

$$M = M_1 - M_2 = 100.5 - 39.2 = 61.3[\text{N}\cdot\text{m}](\curvearrowleft)$$

이상에서 L_C는 수직관으로부터 길이가 0.4m인 수평관의 무게 중심까지 거리이다.

예제 6.17 [그림 6.29]와 같은 스프링클러의 바닥을 통하여 유량 $Q = 2\text{L/s}$의 유체가 유입되어 단면적 $A = 40\text{mm}^2$인 양쪽 끝 노즐에서 접선 방향으로 분사되고 있다. 회전축으로부터 노즐 중심선까지 거리 $r_2 = 20\text{cm}$이고, 유체의 밀도 $\rho = 1000\text{kg/m}^3$이다.

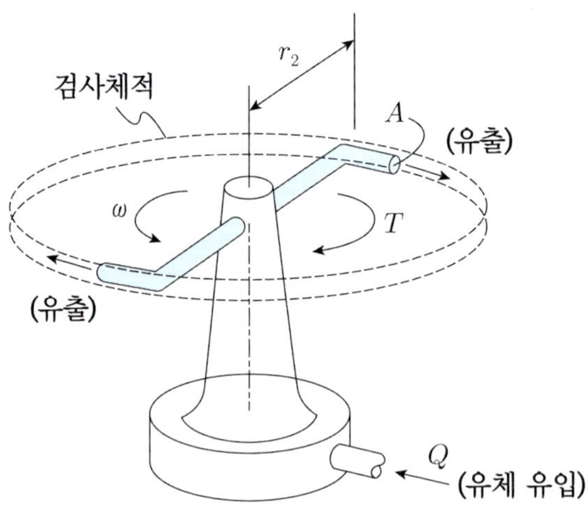

[그림 6.29] 스프링클러 개략도

(1) 스프링클러 상부를 고정시키는데 필요한 토크를 구하라.

(2) 스프링클러가 $N = 300\text{rpm}$으로 회전할 때 분사되는 유체에 의해 발생하는 토크를 구하라.

(3) 발생하는 토크가 0일 때 스프링클러의 회전 속도를 구하라.

풀이 (1) 입구와 노즐 출구를 각각 1, 2로 나타낸다. 검사체적을 출입하는 유체의 속도는 [그림 6.30]과 같다. 노즐에서 유체가 접선 방향으로 분사되므로 출구에서 유체의 속도는 접선방향속도와 같다.

$$V_2 = V_{t2}$$

두 개의 노즐을 통하여 유체가 분사되므로 연속방정식으로부터

$$\frac{Q}{2} = A V_2$$

$$\therefore \quad V_2 = \frac{Q}{2A} = \frac{(2 \times 10^{-3})}{2(40 \times 10^{-6})}[\mathrm{m/s}] = 25[\mathrm{m/s}]$$

이고, 상부를 고정시키는데 필요한 토크(T)는 다음과 같다.

$$\begin{aligned} T &= \rho Q(r_2 V_{t2} - r_1 V_{t1}) \\ &= \rho Q(r_2 V_{t2} - 0) \quad (\leftarrow r_1 = 0) \\ &= \rho Q r_2 V_2 \\ &= 1000(2 \times 10^{-3})(0.2)(25)[\mathrm{N \cdot m}] = 10[\mathrm{N \cdot m}] \end{aligned}$$

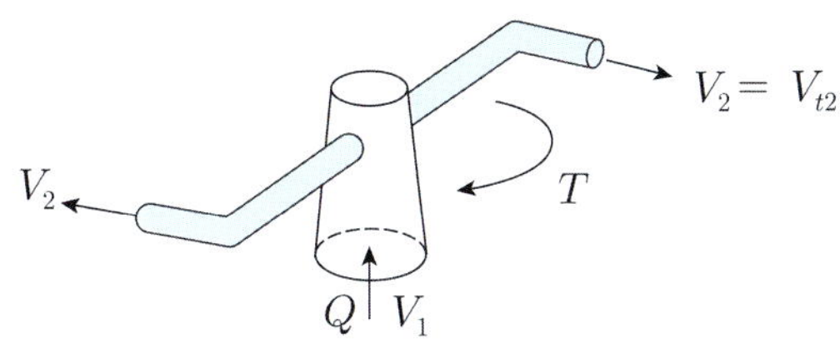

[그림 6.30] 스프링클러 고정

(2) 검사체적을 출입하는 유체의 속도는 [그림 6.31]과 같다. 고정된 검사표면(절대좌표계)에서 측정된 유체의 절대 속도와 노즐의 절대속도를 각각 V_2와 $U_2 = r_2\omega$라고 하고, 노즐에서 관찰되는 유체의 상대 속도를 W_2라고 한다. 노즐이 움직이는 방향이 유체가 나가는 방향과 반대 방향이므로 절대속도 V_2와 상대속도 W_2 사이에는 다음 관계가 성립한다.

$$W_2 = V_2 - (-U_2)$$

$$\therefore \quad V_2 = W_2 - r_2\omega$$

여기에서 노즐에서 흘러나오는 유량 Q는 노즐에 대한 상대 속도 W_2에 의해 흘러나오는 물의 양이므로 (1)과 같이

$$\frac{Q}{2} = A W_2$$

$$\therefore \quad W_2 = \frac{Q}{2A} = 25[\mathrm{m/s}]$$

이다. 따라서 유체의 절대속도는

$$\begin{aligned} V_2 &= W_2 - r_2\omega \\ &= W_2 - r_2\left(\frac{2\pi N}{60}\right) \\ &= 25 - 0.2\left(\frac{2\pi \times 300}{60}\right)[\mathrm{m/s}] = 18.7\,[\mathrm{m/s}] \end{aligned}$$

이고, 발생하는 토크(T)는 다음과 같다.

$$T = \rho Q r_2 V_2$$
$$= 1000(2 \times 10^{-3})(0.2)(18.7)[\mathrm{N \cdot m}] = 7.48[\mathrm{N \cdot m}]$$

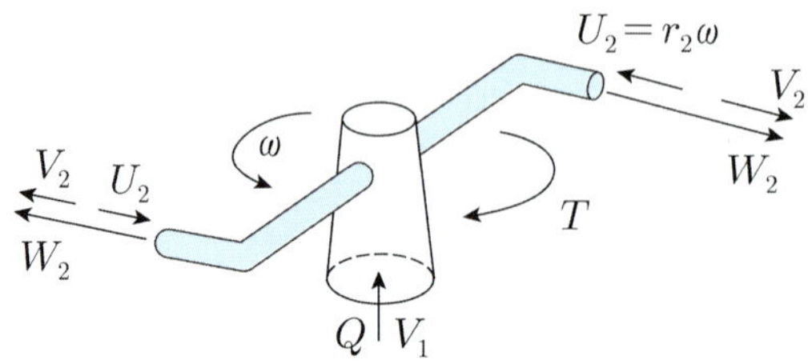

[그림 6.31] 스프링클러 회전

(3) 노즐이 ω의 각속도로 회전할 때 발생하는 토크는

$$T = \rho Q r_2 V_2 = \rho Q r_2 (W_2 - r_2\omega)$$

이다. 노즐을 나가는 유체의 상대속도 W_2는 노즐을 나가는 유량 Q에 의해 결정되므로 $Q = 2\mathrm{L/s}$로 일정한 경우 (2)와 같은 값 $W_2 = 25[\mathrm{m/s}]$를 갖는다. 따라서 토크 $T = 0$일 때 각속도(ω)는 다음과 같다.

$$W_2 - r_2\omega = 0$$

$$\therefore \ \omega = \frac{W_2}{r_2} = \frac{25}{0.2} = 125[\mathrm{rad/s}]$$

[상대속도]

두 물체 A, B가 각각 $\overrightarrow{v_A}$, $\overrightarrow{v_B}$의 속도로 운동하고 있을 때 A에서 본 B의 속도를 A에 대한 B의 상대속도($\vec{v}_{B/A}$)라 하고

$$\vec{v}_{B/A} = \overrightarrow{v_B} - \overrightarrow{v_A}$$

이다[그림 6.32]. 상대속도는 운동하는 관측자(A)가 어떤 물체(B)의 운동을 관찰할 때 관측자에게 보이는 물체의 속도를 나타낸다.

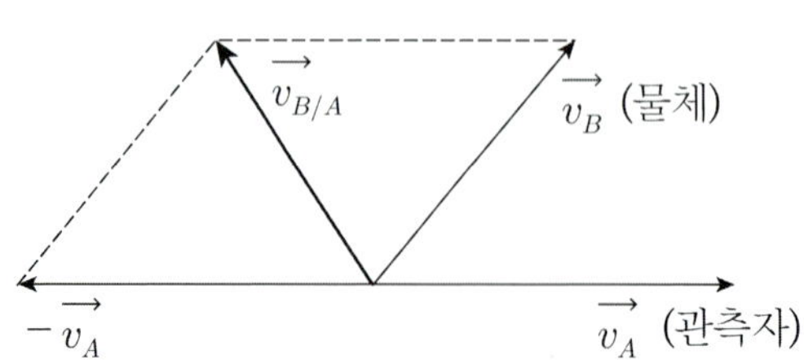

[그림 6.32] 상대속도

[예제 6.17]에서 A와 B를 각각 노즐과 물로 하면 $\vec{v}_{B/A}$는 노즐(A)에 대한 물(B)의 상대속도가 된다. 여기에서 접선방향 단위 벡터를 $\vec{e_t}$라 하면

$$\vec{V_2} = V_2\vec{e_t},\ \vec{U_2} = -U_2\vec{e_t},\ \vec{W_2} = W_2\vec{e_t}$$

이므로 다음과 같이 속도 관계식이 얻어진다. $V_2 > 0$, $U_2 > 0$, $W_2 > 0$이다.

$$\vec{W_2} = \vec{V_2} - \vec{U_2}$$

$$W_2\vec{e_t} = V_2\vec{e_t} - (-U_2\vec{e_t})$$

$$\therefore\ W_2 = V_2 + U_2$$

예제 6.18* [관 유동 운동량 수정계수] [5장 예제]와 같이 관에서 난류유동 속도분포가 Prandtl이 제시한 7승근 법칙

$$v = kV_m\left(\frac{y}{R}\right)^{1/7}\quad(0 \le y \le R)$$

을 따를 때 운동량 수정계수 $\beta \approx 1.02$임을 보여라. y는 벽면으로부터 거리이고, R은 관 반지름이다. 평균유속은 V_m이고, 상수 $k = \dfrac{60}{49}$이다.

풀이 중심으로부터 거리가 $R-y$인 고리 모양의 미소요소를 잡으면, 반지름 $R-y$, 두께 dy인 미소요소의 면적 $dA = 2\pi(R-y)dy$이다.

$$\begin{aligned}\beta &= \frac{1}{A}\int\left(\frac{v}{V_m}\right)^2 dA = \frac{1}{\pi R^2}\int_0^R k^2\left(\frac{y}{R}\right)^{2/7}[2\pi(R-y)]dy \\ &= \frac{2k^2}{R^2R^{2/7}}\int_0^R (Ry^{2/7} - y^{9/7})dy \\ &= \frac{2k^2}{R^2R^{2/7}}\left[R\frac{7}{9}y^{9/7} - \frac{7}{16}y^{16/7}\right]_0^R \\ &= 2k^2\left(\frac{7}{9} - \frac{7}{16}\right) = \frac{49}{72}k^2\end{aligned}$$

여기에서 $k = \dfrac{60}{49}$을 대입하면 운동량 수정계수가 구해진다.

$$\beta = \frac{49}{72}\left(\frac{60}{49}\right)^2 = \frac{50}{49} \approx 1.02$$

연습문제 6

01 밀도 ρ, 체적유량 Q, 유속 V일 때 ρQV의 차원을 MLT계와 FLT계로 나타내라.

02 안지름 0.4m인 90° 곡관 속을 20m/s의 유속으로 물이 흐르고 있다. 단면 1, 2에서 압력이 각각 120kPa, 80kPa일 때 관이 유체로부터 받는 힘의 크기와 방향을 구하라. 두 단면 사이의 유체 무게는 3kN이다.

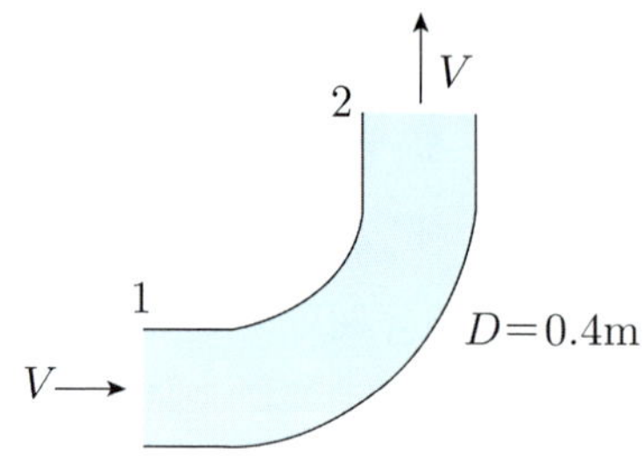

[문제 6.2]

03 그림과 같이 180°로 구부러진 안지름 70mm의 관에 $0.2\text{m}^3/\text{s}$의 물이 흐르고 있다. 관을 수평하게 놓았을 때 물로부터 관이 받는 힘을 구하라. 물의 무게와 입구와 출구의 압력은 무시한다.

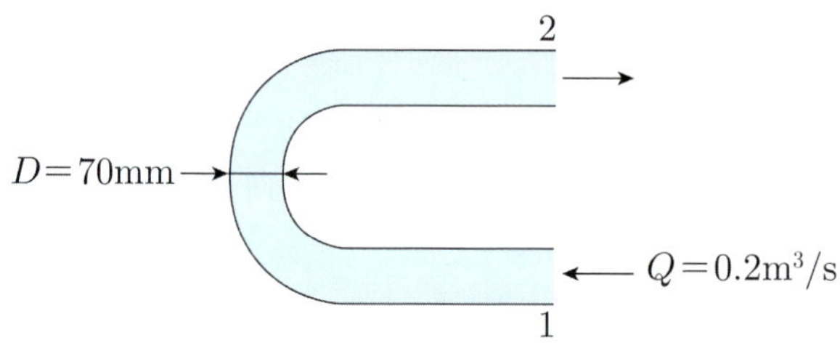

[문제 6.3]

04 지름 50mm의 물 분류가 40m/s의 속도로 고정평판에 대하여 60° 각도로 부딪칠 때 분류에 의해 평판에 수직으로 작용하는 힘은 몇 [kN]인가?

05 그림과 같이 지름 $D=3\text{cm}$의 물 분류가 $V=50\text{m/s}$의 유속으로 수평 평판에 $\theta=30°$ 각도로 충돌할 때 판이 받는 충격력의 크기는 몇 [N]인가? 중력의 영향은 무시한다.

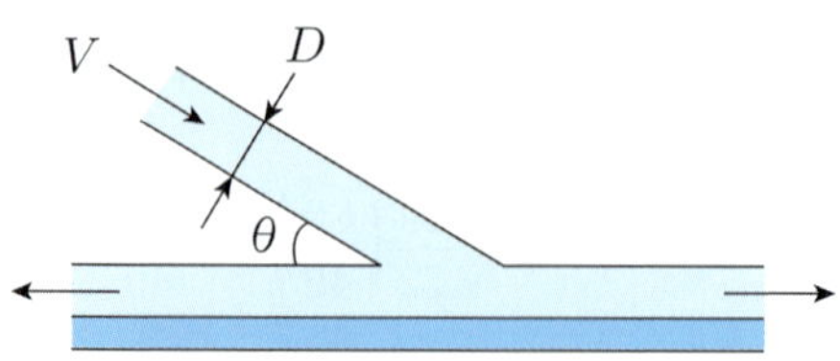

[문제 6.5]

06 수평 방향으로 분사된 유량 $Q = 0.06\text{m}^3/\text{s}$의 물 분류가 $V = 50\text{m/s}$의 속도로 고정된 날개에 충돌한 후 수평선에 대하여 $\theta = 60°$ 각도로 방향을 바꾸어 나가고 있다. 분류가 날개에 미치는 충격력의 크기는 몇 [N]인가?

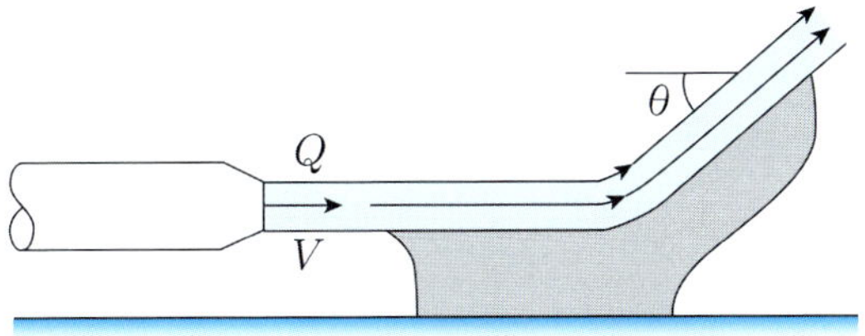

[문제 6.6]

07 중량 유량 300N의 물 분류가 40m/s의 유속으로 고정된 평판에 60° 각도로 충돌할 때 판이 받는 충격력의 크기는 몇 [N]인가?

08 고정된 날개에 유량 $Q = 0.02\text{m}^3/\text{s}$의 물 분류가 $V = 30\text{m/s}$의 속도로 충돌하고 있다. 분류는 수평선에 대하여 $\alpha = 30°$의 각도로 유입되어 $\beta = 45°$의 각도로 빠져 나간다. 분류에 의한 충격력의 수평 방향과 수직 방향 성분 크기를 구하라.

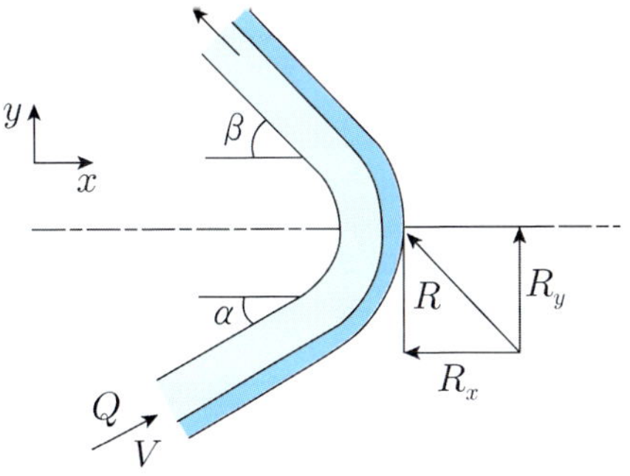

[문제 6.8]

09 질량이 20kg인 디스크가 노즐로부터 연직 위 방향으로 분사되는 물 분류 위에 수평으로 놓여있다. 분류는 디스크의 중심에 충돌하고 있고, 분류의 유속이 10m/s일 때 디스크가 정적 평형 상태를 유지하기 위한 충돌 직전 분류의 지름을 구하라.

10 지름 $D = 4\text{cm}$의 노즐이 $V = 70\text{m/s}$의 속도로 물을 분사하여 날개에 충돌시키고 있다. 날개의 각도 $\theta = 45°$일 때 다음 물음에 답하여라.

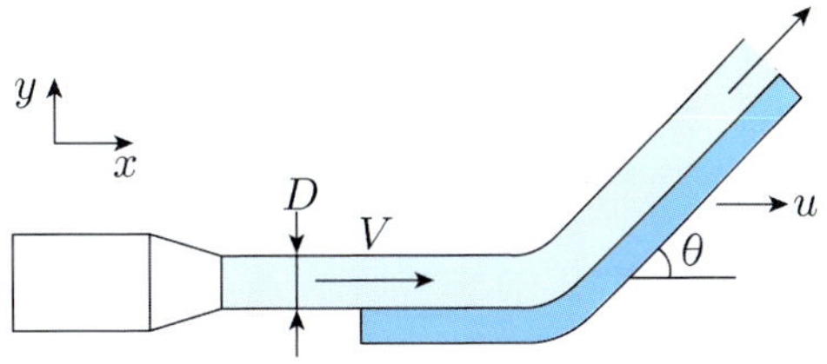

[문제 6.10]

(1) 날개가 분류와 같은 방향으로 $u = 30\text{m/s}$의 속도로 이동할 때 날개에 작용하는 힘을 구하라.

(2) 날개가 노즐을 향하여 $u = 30\text{m/s}$의 속도로 이동할 때 날개에 작용하는 힘과 날개를 이동시키기 위해 필요한 동력을 구하라.

11 고정된 노즐에서 $0.08\text{m}^3/\text{s}$의 물을 40m/s의 속도로 분사하고 있다. 분류와 같은 방향으로 $u = 20\text{m/s}$의 속도로 이동하는 평판을 분류에 수직으로 세웠을 때 판이 받는 충격력의 크기는 몇 [N]인가?

12 운동하는 날개에 분류를 충돌시켜 날개에 1000N의 힘을 발생시켰다. 날개가 분류와 같은 방향으로 20m/s의 속도로 이동한다면 날개에 발생한 동력은 몇 마력[PS]인가?

13 노즐에서 분사되는 유량 Q, 유체의 속도 V, 날개각 θ, 날개 선속도 u일 때 수차에서 발생하는 동력 $L = \rho Q u(V-u)(1-\cos\theta)$이다. ρ, Q, V, θ가 일정할 때, 즉 노즐 조건과 날개의 구조가 고정되었을 때 최대 동력은 날개 선속도 $u = \dfrac{V}{2}$일 때 발생하며 그 값이 다음과 같음을 보여라.

$$L_{\max} = \frac{1}{4}\rho Q V^2(1-\cos\theta)$$

14 지름 $D = 5\text{cm}$인 고정된 노즐에서 $V = 40\text{m/s}$의 속도로 물을 분사하고 있다. 그림과 같이 분류와 같은 방향으로 $u = 10\text{m/s}$의 속도로 이동하는 180°로 굽어진 U자형 곡면판을 세웠을 때 판이 받는 충격력의 크기는 몇 [N]인가?

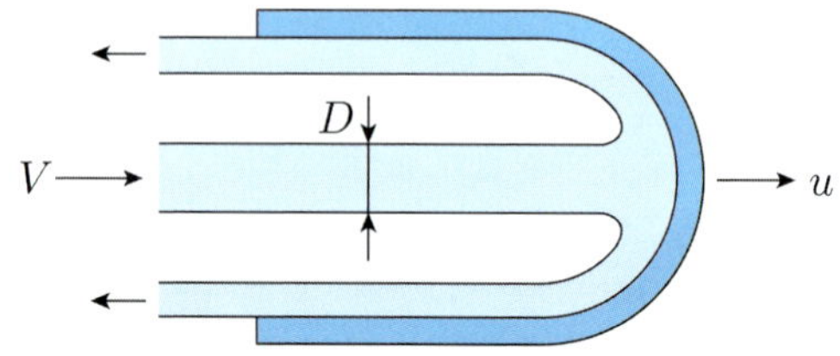

[문제 6.14]

15 그림의 유로는 지면에 수직인 방향으로 폭이 4m이다. 물에 의해 구조물에 작용하는 힘의 수평 성분의 크기를 구하라. 이상유체 유동으로 가정한다.

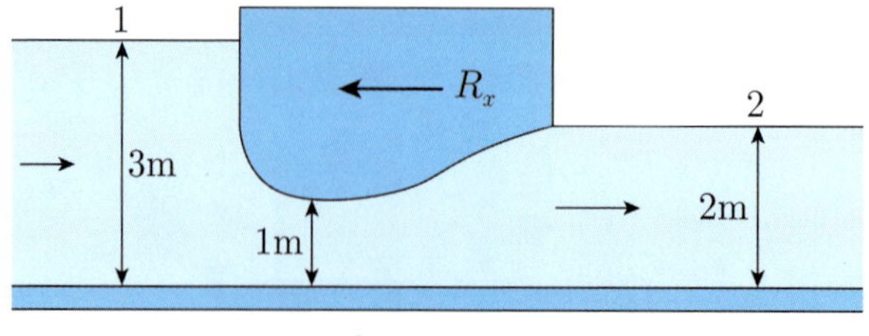

[문제 6.15]

16 그림과 같은 둑에서 물이 넘쳐흐르고 있다. 유체가 둑에 작용하는 힘의 수평 분력의 크기와 방향을 구하라. 둑의 폭은 3m이고 이상유체 유동이라 가정한다.

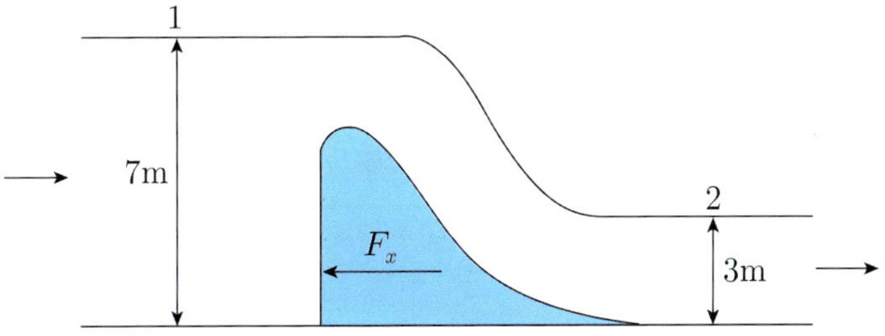

[문제 6.16]

17 그림과 같이 60°로 기울어진 슬루스 게이트(sluice gate)를 지나는 단위폭 당 유량이 $24\text{m}^3/\text{s} \cdot \text{m}$일 때 수문에 작용하는 힘과 힘의 수직 및 수평 분력을 구하라. 수문의 폭은 4m이고, 벽에서 마찰력은 무시한다.

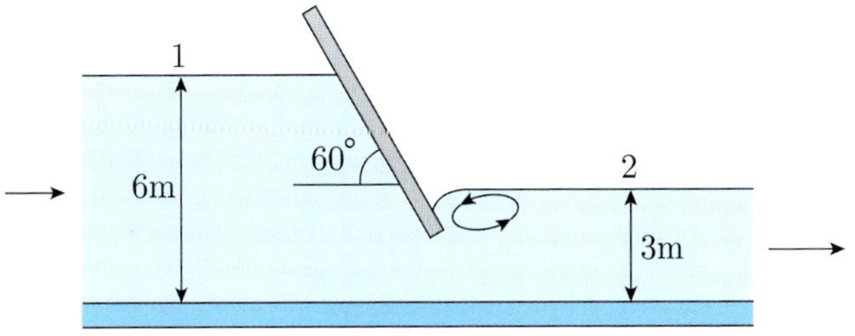

[문제 6.17]

18 500m/s의 속도로 연소가스를 분사할 때 40kN의 추진력이 발생하는 로켓의 연료소비율을 구하라. 연소된 가스는 모두 대기 중으로 분사된다.

19 그림과 같이 4개의 같은 모양의 노즐에서 물을 분사하는 스프링클러가 있다. 노즐 지름 $D = 4\text{cm}$이고 모든 노즐은 각각 $Q = 10l/\text{s}$의 물을 접선방향으로 분사하고 있다. 회전축으로부터 노즐 중심선까지 거리 $r = 30\text{cm}$이고, 물은 회전축($r = 0$)에서 유입된다.

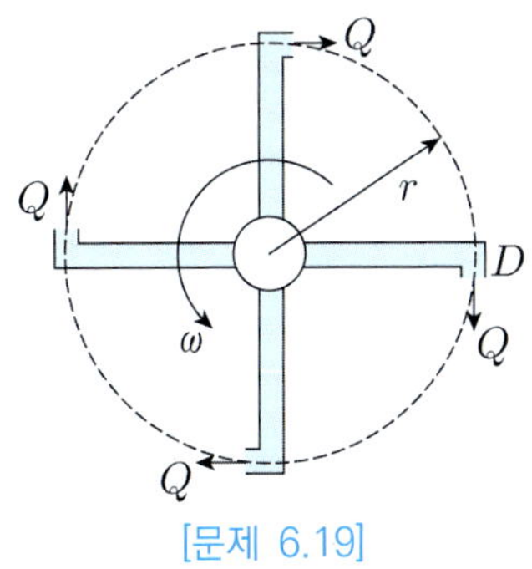

[문제 6.19]

(1) 스프링클러를 고정시키는데 필요한 토크를 구하라.

(2) 노즐이 $\omega = 100\text{rpm}$의 각속도로 회전할 때 분사되는 유체에 의해 발생하는 토크를 구하라.
(3) 스프링클러를 고정시키는데 필요한 토크가 $40\,\text{N} \cdot \text{m}$일 때 각속도($\omega$)를 구하라.
(4) 발생하는 토크가 0일 때 각속도(ω)를 구하라.

20 그림과 같은 스프링클러의 바닥을 통하여 유량 $Q = 1000\text{cm}^3/\text{s}$의 물이 유입되어 양쪽 끝 노즐에서 $\theta = 30°$의 각도로 분사되고 있다. 노즐 출구의 단면적 $A = 40\text{mm}^2$이고 회전축으로부터 노즐 중심선까지 거리 $r = 20\text{cm}$일 때 노즐을 고정시키는데 필요한 토크를 구하라. 노즐 길이는 무시한다.

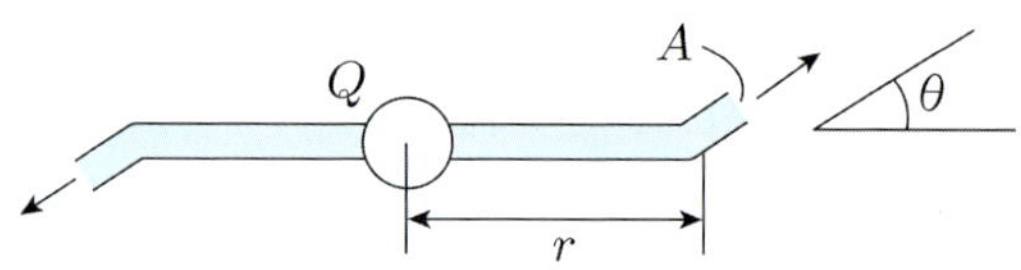

[문제 6.20]

21 고정된 노즐에서 지름 $D = 6\text{cm}$, 유속 $V = 40\text{m/s}$의 물 분류를 분사하여 수차의 날개에 수직으로 충돌시키고 있다. 수차의 각속도 $\omega = 10\text{rad/s}$이고 날개의 회전반지름 $r = 0.5\text{m}$일 때 수차가 분류로부터 얻는 동력을 구하라.

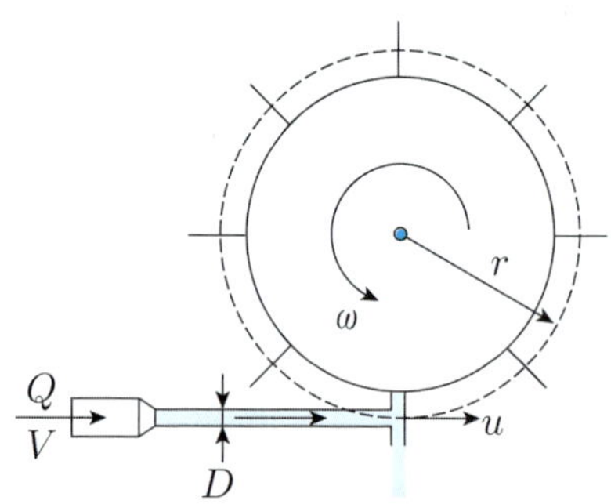

[문제 6.21]

22 위 문제 [21번]에서 노즐에서 분사되는 유량 $Q = 0.4\text{m}^3/\text{s}$, 노즐 지름 $D = 10\text{cm}$, 수차의 회전속도 $N = 240\text{rpm}$, 날개의 회전반지름 $r = 0.6\text{m}$일 때 수차가 분류로부터 얻는 동력을 구하라.

23 펌프 입구에서 접선 방향 유속 $V_{t1} = 2\text{m/s}$, $r_1 = 10\text{cm}$, 출구에서 접선 방향 유속 $V_{t2} = 10\text{m/s}$, $r_2 = 20\text{cm}$인 원심펌프가 있다. 펌프 유량 $Q = 0.12\text{m}^3/\text{s}$이고 날개 회전수 $N = 800\text{rpm}$일 때 축에 걸리는 토크와 펌프 동력을 구하라.

24 그림과 같이 유체가 수평으로 분출하여 경사판에 충돌할 때, 분류가 판에 작용하는 힘(F)과 충돌한 후 생기는 위쪽과 아래쪽의 유량 Q_1과 Q_2를 구하시오. (단, 분류와 날개 표면 사이의 마찰력은 무시함.) [중등교사 임용시험-기계·금속]

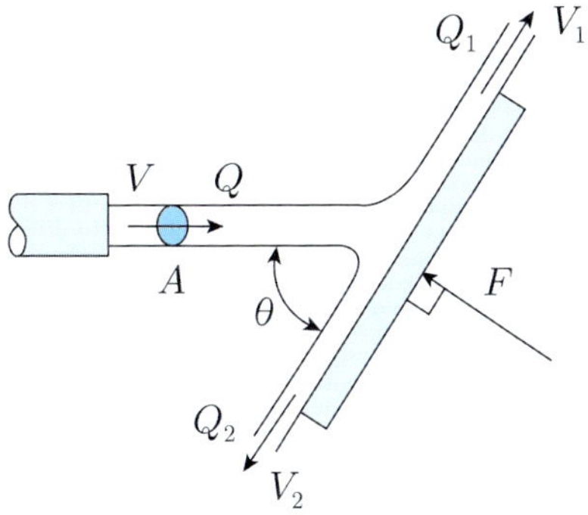

[문제 6.24]

25 그림과 같이 수평으로 놓인 180° 곡관에 물이 흐르고 있다. 곡관의 단면적은 9000mm^2로 일정하며 유속 $V = 15\text{m/s}$이다. 곡관의 입구와 출구에서 압력이 각각 210kPa와 165kPa일 때 곡관을 고정시키기 위해 필요한 힘의 두 수평성분(x성분과 y성분)을 구하라.

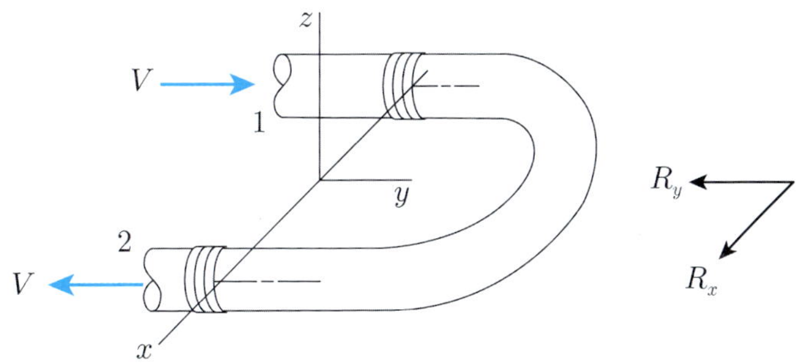

[문제 6.25]

26 그림과 같이 지름 $D = 30\text{mm}$인 원형 단면의 공기 제트가 $V = 40\text{m/s}$의 속도로 고정된 평판에 30° 각도로 충돌한다. 다음을 구하라. 공기의 밀도 $\rho = 1.2\text{kg/m}^3$이다.

(1) 평판을 고정시키기 위해 필요한 힘 F[N]

(2) 평판을 오른쪽으로 10m/s의 일정속도로 움직일 때 평판을 고정시키기 위해 필요한 힘 F[N]

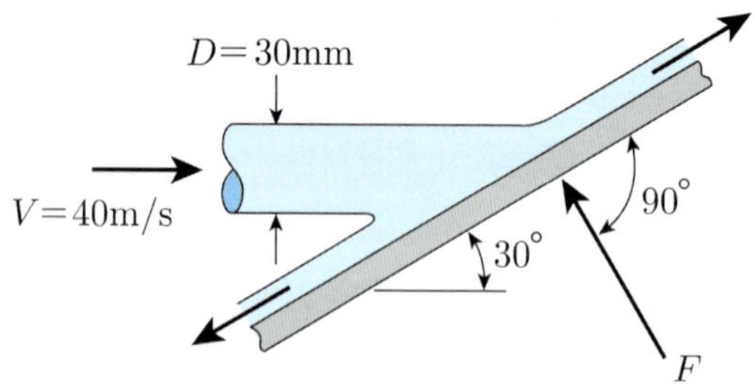

[문제 6.26]

27 지름이 15cm인 원형 단면의 공기 제트가 원추형 물체를 향해 수평으로 분사된다. 이 물체를 고정시키기 위해 수평방향으로 $F=22\mathrm{N}$의 힘이 필요할 때 제트의 유량($Q[\mathrm{m^3/s}]$)을 구하라. 공기의 밀도 $\rho=1.2\mathrm{kg/m^3}$이다.

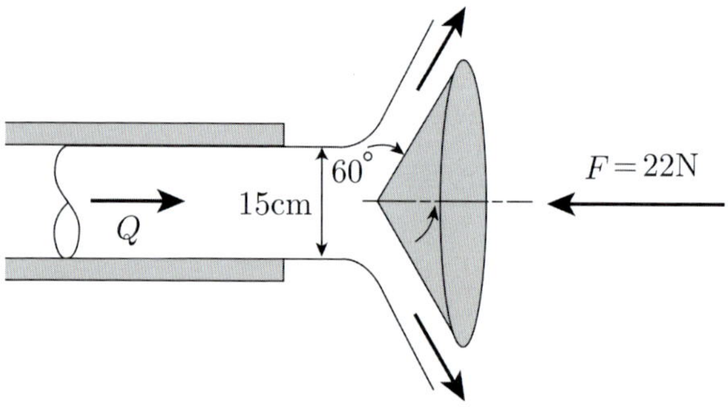

[문제 6.27]

28 지름이 0.1m인 원형 단면의 공기 제트가 원추형 물체를 향해 수직으로 분사된다. 이 물체를 고정시키기 위해 수직방향으로 $F=0.1\mathrm{N}$의 힘이 필요할 때 물체의 질량($m[\mathrm{kg}]$)을 구하라. 공기의 밀도 $\rho=1.2\mathrm{kg/m^3}$이다.

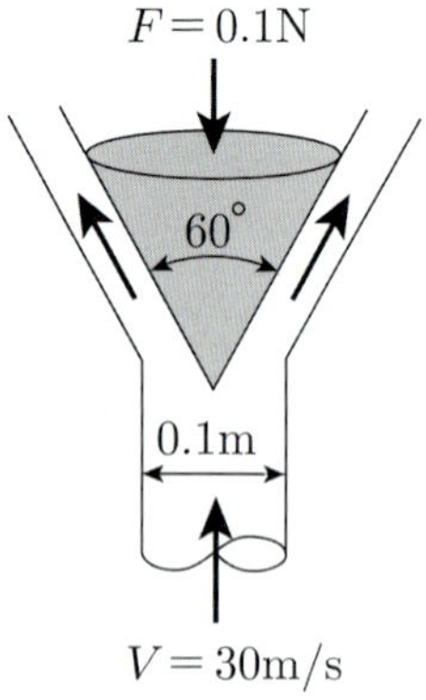

[문제 6.28]

29 그림과 같이 큰 피스톤에 연결된 180° 날개(vane)에 노즐로부터 속도 V로 물을 분사하면 운동량의 변화로 인하여 힘이 발생한다. 이때 평형을 유지하기 위하여 레버의 상단 A에 요구되는 힘 F_A를 구하여 물의 밀도 ρ, 분사속도 V, 단면적 A_0로 나타내라. 유체는 비압축성이고, 각 요소에서 마찰은 없다고 가정한다. [중등교사 임용시험-기계·금속]

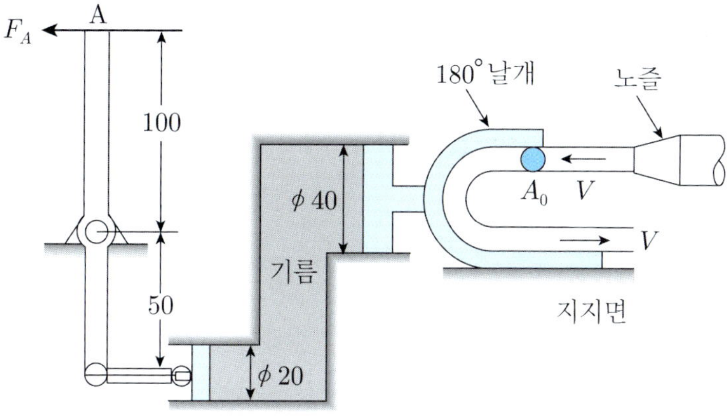

[문제 6.29]

30 그림과 같이 노즐에서 수평으로 분사된 단면적(A) 0.01m^2, 속도(V) 10m/s인 물 제트가 수조의 구멍($\phi 200\text{mm}$)을 막고 있는 평판에 수직으로 부딪힌다. 이때 물 제트에 의한 힘과 수조의 수압에 의한 힘이 수평 방향으로 힘의 평형을 이루는 구멍 중심까지의 깊이(H [m])를 구하라. (단, 정지 상태의 물에 의한 압력만 고려하며 대기압과 평판의 질량은 무시하고, 물의 밀도는 $1{,}000\text{kg/m}^3$이고 중력가속도는 9.8m/s^2이다.)
[중등교사 임용시험-기계·금속]

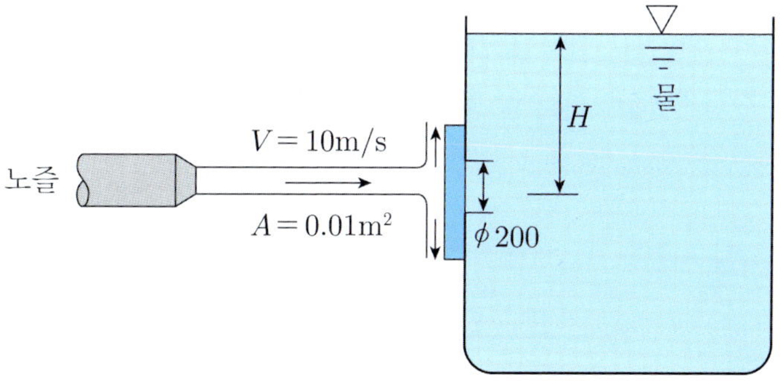

[문제 6.30]

31 물이 1.8m 높이에서 0.2L/s의 비율로 튀지 않게 저울 위에 있는 용기에 떨어진다. 처음 빈 용기의 질량이 1.2kg일 때, 물이 3초 동안 떨어진 직후 저울 눈금의 값[N]을 구하라. 중력가속도 $g = 10\text{m/s}^2$이고, 물 1L의 질량은 1kg이며, 물의 낙하 거리는 일정하다.
[공무원 임용시험]

32 그림과 같이 수평으로 고정된 스프링클러에서 중앙으로부터 15L/s의 물이 수직으로 유입되어 45°의 각도로 분사되고 있다. 물 제트의 지름이 1.2cm일 때 스프링클러를 고정하는 데 필요한 토크(T)를 구하라. 노즐 길이는 무시한다.

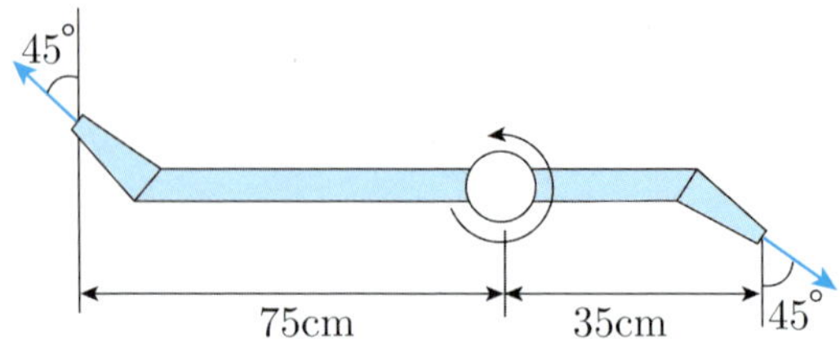

[문제 6.32]

33 다음과 같은 지름이 10cm인 관에서 분출되는 유속 $V=20\text{m/s}$인 물 분류가 속도 $u=10\text{m/s}$로 이동하는 판에 부딪혀 $\theta=60°$로 방향이 바뀔 때, 판에 작용하는 x방향의 힘[tf]은? [공무원 임용시험]

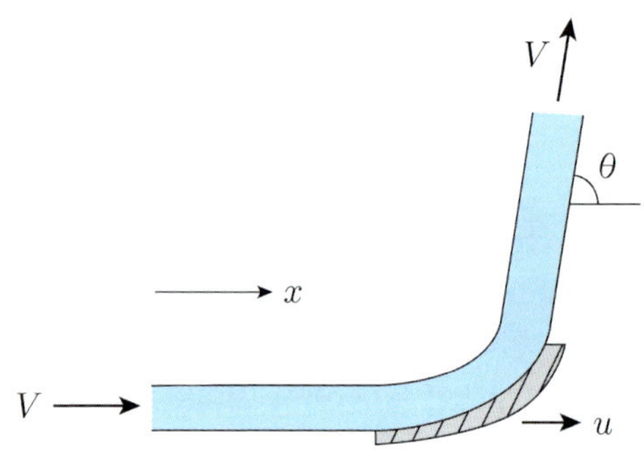

[문제 6.33]

① 0.04　　② 0.08　　③ 0.12　　④ 0.16

34 그림과 같이 물이 분출되어 경사진 고정벽에 충돌한 후 유량 Q_1이 0.06m³/s일 때, 충돌 전 유량 $Q[\text{m}^3/\text{s}]$는? [공무원 임용시험]

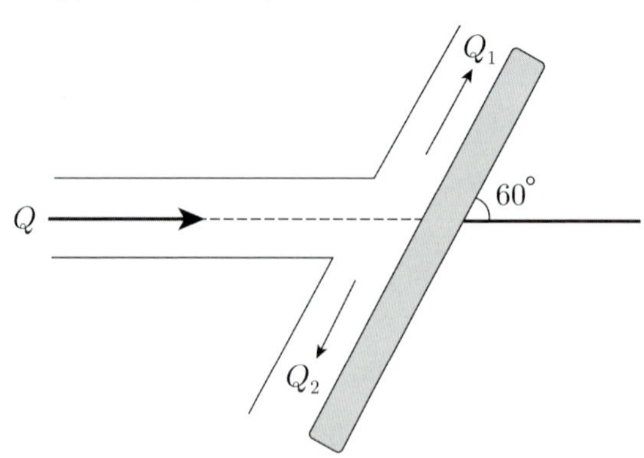

[문제 6.34]

① 0.08　　② 0.10　　③ 0.12　　④ 0.14

35 운동량 수정계수가 적용되는 경우로 옳은 것은? [공무원 임용시험]
① 점성유체에 적용된다.
② 이상유체에 적용된다.
③ 모든 유체유동에 적용된다.
④ 유동단면이 원형일 때만 적용된다.

36 지름이 4cm인 소방 노즐에서 물 제트가 40m/s의 속도로 건물 벽에 수직으로 분사되고 있다. 벽면이 받는 힘은 얼마인가? [공무원 임용시험]
① 1.51kN ② 2.01kN ③ 2.51kN ④ 3.01kN

37 수평으로 놓여있는 노즐로부터 물이 분출되고 있다. 이 노즐의 지름은 2cm이고 압력이 7.23kgf/cm^2이며, 노즐에 걸리는 속도수두는 무시한다. 이때 노즐로부터 분출되고 있는 물이 고정된 수직판에 직각으로 충돌할 때 판에 작용하는 힘은 대략 얼마인가? (단, $\pi = 3$이다.) [공무원 임용시험]
① 2.2kgf ② 4.3kgf ③ 21.7kgf ④ 43.4kgf

38 단면적 4cm^2인 수평 분사 노즐에서 유속 8m/s로 분출된 물이 이동속도 3m/s인 수차날개에 부딪혀 수류방향이 120° 바뀔 때, 수차날개에 작용하는 수평 방향 힘의 크기는? (단, 물의 밀도는 $1,000\text{kg/m}^3$이고, 중력가속도 $g = 10\text{m/s}^2$이다.) [공무원 임용시험]
① 15N ② 26N ③ 38N ④ 150N

39 제트스키 후미에 수평으로 설치한 노즐에서 30m/s의 속도로 초당 200L의 물을 분출할 때 제트스키를 묶어둔 로프에 가해지는 힘은? [공무원 임용시험]
① 203kgf ② 436kgf ③ 612kgf ④ 804kgf

40 다음 그림과 같이 물이 수직으로 놓인 충돌판에 충돌할 때 유량이 10kg/s, 속도가 10m/s이다. 충돌 후 물은 충돌판의 평면에서 모든 방향으로 나간다. 물의 충돌로 인해서 충돌판이 수평방향으로 움직이는 것을 방지하기 위한 힘(F_R)은? (단, 운동량 플럭스 보정계수는 무시한다.) [공무원 임용시험]

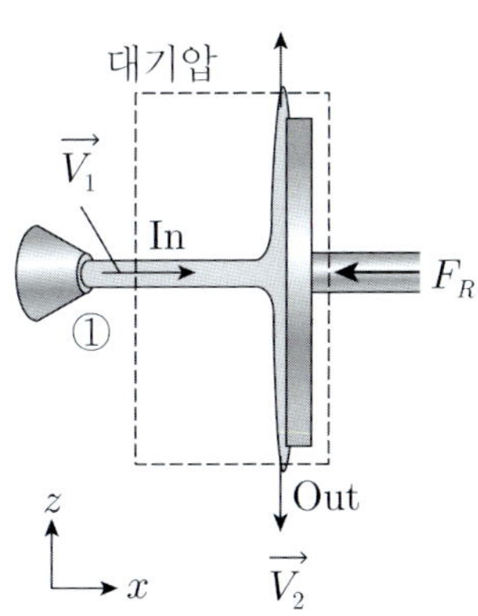

[문제 6.40]

① 50N ② 100N ③ 150N ④ 200N

41 그림과 같은 탱크차에서 수면으로부터 5m 밑에 단면적이 0.1m^2인 노즐이 있다. 물이 노즐로부터 분출될 때 이 탱크차를 그 자리에 정지시키는 데 필요한 힘은 몇 kN인가? (단, 물의 밀도는 1000kg/m^3, 중력가속도는 10m/s^2이고, 마찰은 무시한다.) [공무원 임용시험]

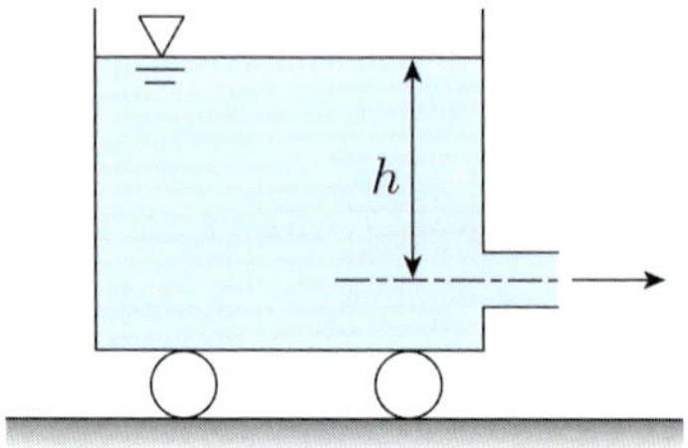

[문제 6.41]

① 5kN　② 8kN　③ 10kN　④ 20kN

42 그림과 같이 지름 $d = 2\text{cm}$인 물 제트가 평판에 수직으로 충돌하고 있다. 이 판을 정지시키는데 필요한 힘 F= 30N이면 물 제트의 속도(V)는 몇 m/s인가? 단, $\pi = 3$으로 계산한다.

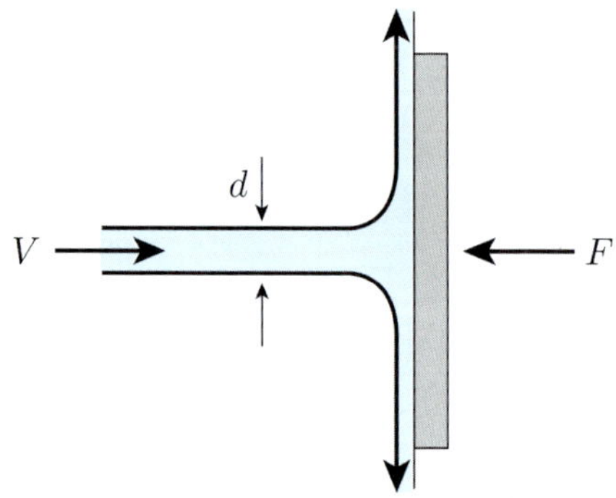

[문제 6.42]

① 10　② 12　③ 16　④ 21

43 유량이 $80\text{m}^3/\text{s}$, 폭이 10m인 직사각형 수로에 감세블록을 설치하여 그림과 같은 도수(hydraulic jump)가 발생하였다. 이 감세블록이 받는 힘[kN]은? (단, 하상과 수면에서의 마찰력은 무시하고, 물의 단위중량은 10kN/m^3, 중력가속도는 10m/s^2이다.) [공무원 임용시험]

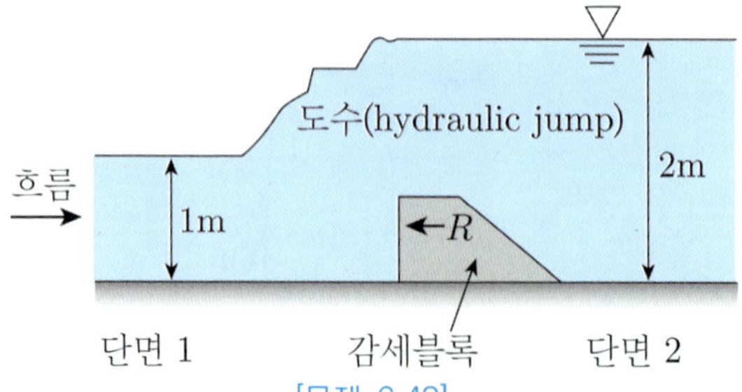

[문제 6.43]

① 50　② 70　③ 170　④ 470

44 유량 $0.10\text{m}^3/\text{s}$로 분사된 수맥이 분사방향과 직각으로 놓인 정지 평판에 3m/s의 속도로 충돌할 때 평판이 받는 힘[t]은? (단, 중력가속도는 $10\text{m}/\text{s}^2$이다.) [공무원 임용시험]

① 0.03　② 0.09　③ 0.30　④ 0.90

45 밀도가 같은 동일 유량의 자유 분류(jet)가 고정평판에 직각으로 부딪치는 경우 A와 180° 고정 날개(vane)에 부딪치는 경우 B가 있다. A, B에 작용하는 힘의 크기를 비교한 것으로 옳은 것은? [공무원 임용시험]

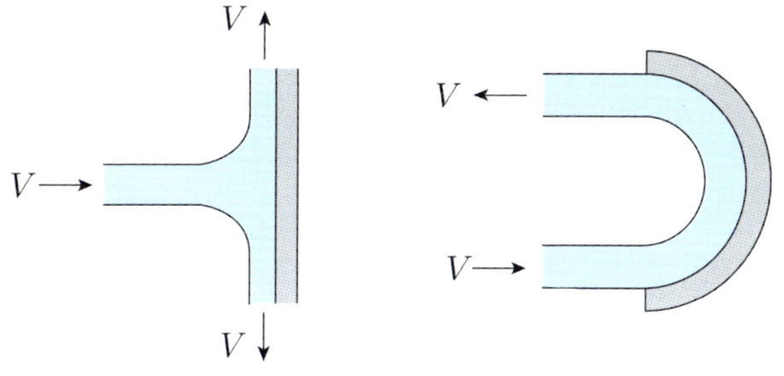

[문제 6.45]

① A가 B보다 두 배 크다.　② B가 A보다 두 배 크다.
③ B가 A보다 네 배 크다.　④ A와 B가 동일하다.

46 그림과 같이 물이 댐을 넘을 때 단위폭당 댐이 받는 수평력의 크기는 얼마인가? (단, 모든 에너지 손실은 무시하고 물의 비중량은 $1\text{tf}/\text{m}^3$, 중력가속도는 $10\text{m}/\text{s}^2$으로 가정한다.) [공무원 임용시험]

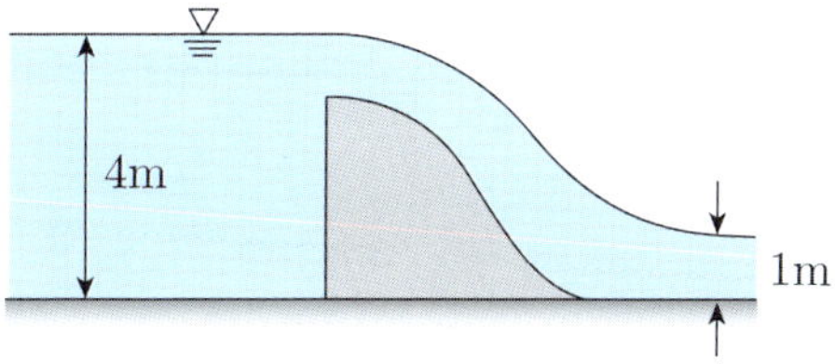

[문제 6.46]

① 2.7tf/m　② 4.8tf/m　③ 7.5tf/m　④ 12.3tf/m

47 그림과 같이 수평한 관수로 내에서 물이 지점 1에서 지점 2로 흐르며 지점 2에서 대기로 분사되고 있다. 지점 1의 압력과 지점 1의 지름은 각각 30 kN/m^2와 0.2m이고, 지점 2의 지름은 0.1m일 때, 수축관로에 작용하는 힘(F_x)의 크기[kN]는? (단, 지점 1과 2 사이의 점성효과를 무시하고, 물의 단위중량은 $10\text{kN}/\text{m}^3$, 중력가속도는 $10\text{m}/\text{s}^2$이다.) [지방공무원 7급(2022)]

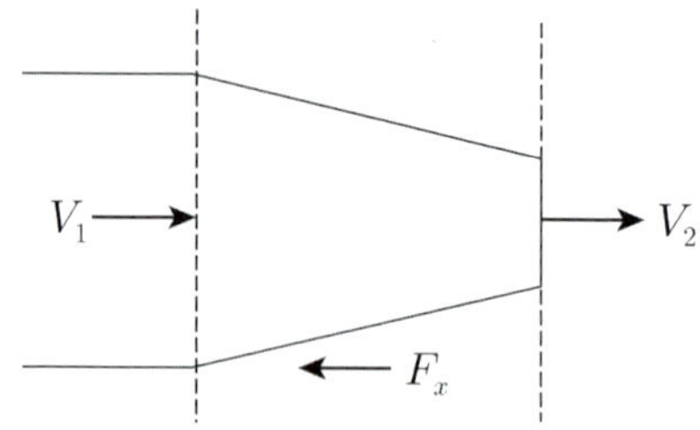

[문제 6.47]

① 0.12π　　② 0.18π　　③ 0.24π　　④ 0.30π

48 그림은 U자형 사이펀(siphon) 관을 통해 수조 A에서 수조 B로 물이 이동하고 있는 모습을 나타내고 있다. <조건>을 고려하여, 그림과 같이 토출구에서 유출되는 순간에 물의 유속 V[m/s]를 구하고, 풀이 과정과 함께 쓰시오. 그리고 이때, 토출구에서 유출되는 물에 의한 힘 F[N]를 구하고, 풀이 과정과 함께 쓰시오. [중등교사 임용시험-기계(2020)]

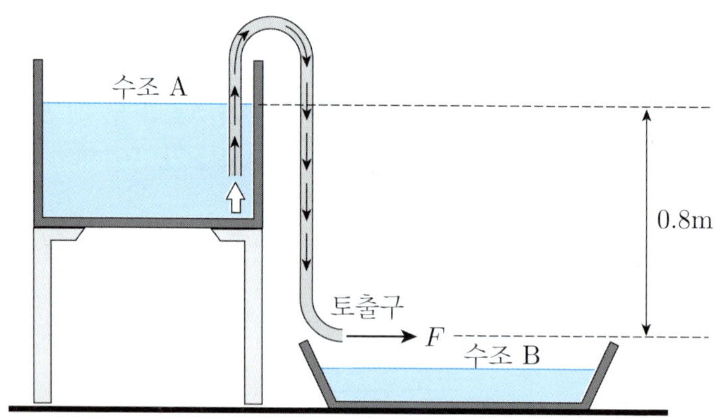

[문제 6.48]

<조 건>

- 중력 가속도 $g = 10\text{m/s}^2$, 물의 밀도 $\rho = 1000\text{kg/m}^3$, 관의 단면적 $S = 0.1\text{m}^2$이다.
- 물은 비압축성(incompressible)이고, 유동은 정상 상태(steady state)이며, 관의 내부 마찰은 무시한다.
- 대기압에 의한 효과는 무시한다.
- 수조 A는 충분히 크기 때문에 수면의 높이 변화는 무시한다.
- 주어진 조건 외에는 고려하지 않는다.

49 그림과 같이 4℃ 의 물이 ① 지점과 ② 지점으로 흘러들어와 합쳐진 후 ③ 지점에서 대기 중으로 방출되어 ④ 지점의 고정평판에 수직으로 충돌한다. <조건>을 이용하여 <작성 방법>에 따라 서술하시오. [중등교사 임용시험-농공(2020)]

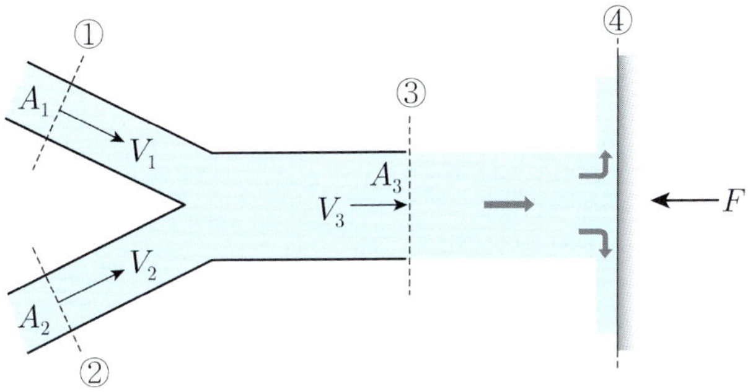

[문제 6.49]

<조 건>

- ① 지점에서 단면적 A_1은 0.04m^2, 물의 유속 V_1은 5m/s이다.
- ② 지점에서 단면적 A_2는 0.04m^2이다.
- ③ 지점에서 단면적 A_3는 0.1m^2, 물의 유속 V_3는 10m/s이다.
- 4℃ 물의 밀도는 $1{,}000\text{kg/m}^3$이다.

<작성 방법>

- ② 지점에서 유속 $V_2[\text{m/s}]$를 구할 것. (단, 풀이 과정을 쓸 것.)
- ④ 지점에 충돌한 물이 평판에 미치는 힘의 반력 $F[\text{kg} \cdot \text{m/s}^2$ 또는 N]의 크기를 구할 것. (단, 풀이 과정을 쓸 것.)

제7장 내부 층류유동

7.1 서론

지금까지 우리는 1차원 이상유체의 균일 유동에 대해 유체역학의 3가지 기본 방정식(연속방정식, 에너지 방정식, 운동량 방정식)을 적용하여 문제를 해석하는 방법을 주로 공부하였다. 그런데 실제 유체는 점성을 가지고 있으므로 대부분 다차원적인 불균일 유동이고 그 정확한 유동 양상은 매우 복잡하다.

점성 유동에서 이론적으로 엄밀해(exact solution)를 구할 수 있는 경우는 많지 않다. 가장 기본적인 것으로 잘 알려진 것은 속도분포가 선형인 쿠에트 유동(Couette flow)과 포물선 형태의 포아젤 유동(Poiseuille flow)이다. 조금 더 어려운 유동으로는 평면 정체유동(plane stagnation flow)과 축대칭 정체유동 (axisymmetric stagnation flow) 및 von-Karman 회전 유동(swirling flow) 등이 있다. 쿠에트 유동은 2장에서 소개되었다. 여기에서는 포물선 형태의 속도 분포를 갖는 원관 내 층류유동과 평판 사이의 층류유동에 대해 공부하도록 한다. 속도 분포를 구하면 압력강하, 유량, 전단응력 등의 유용한 정보를 얻을 수 있다. 특히 원관 내 포아젤 유동으로 얻은 정보들은 실제 유체 역학 문제에서 많이 이용되고 있다.

7.2 원관 내 층류유동

[그림 7.1]과 같이 반지름 R인 관 속의 정상상태($\partial/\partial t = 0$) 비압축성 유체의 층류 유동을 고려한다. 먼저 관 중심으로부터 반경 방향을 r, 길이 방향(축방향)을 x로 하는 좌표계를 선정한다. 다음에 관 중심에 있는 길이 dx, 반지름 r인 실린더 형태의 미소요소를 고려하여 이 요소에 대한 힘의 평형 관계로부터 속도분포를 구한다.[39]

관의 길이(x) 방향으로 속도 분포의 변화가 없는 경우 정적인 힘의 평형이 이루어지므로 요소에 작용하는 힘의 합은 0이 되고, x 방향의 압력 기울기 $\dfrac{dP}{dx}$는 일정한 값을 갖게 된다.

---

39) 원관 내 층류유동은 많이 응용되므로 유도 과정을 이해하고 결과 식을 알아두도록 한다.

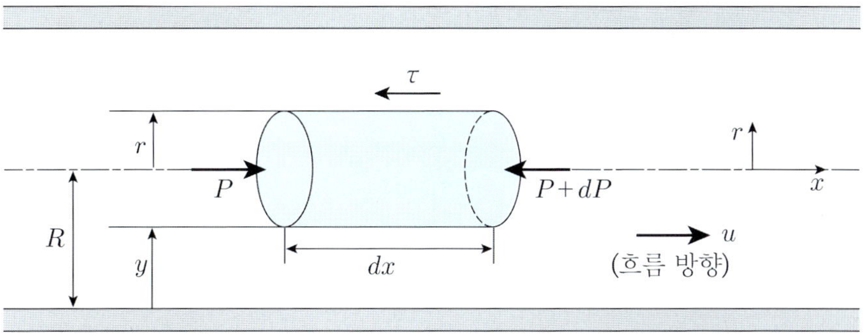

[그림 7.1]

미소요소에 평형방정식 $\sum F=0$을 적용하면 다음과 같다. 압력이 작용하는 실린더형 미소요소의 단면적은 πr^2이고, 전단력이 작용하는 실린더 둘레의 면적은 $2\pi r \times dx$이다.

$$P(\pi r^2)-(P+dP)(\pi r^2)-\tau(2\pi r\times dx)=0$$
$$-rdP-2\tau dx=0$$

이 식으로부터 전단응력 τ를 구하면 다음과 같다.

$$\tau=-\frac{r}{2}\frac{dP}{dx} \qquad \cdots(7.1)$$

한편 벽면으로부터 거리를 y라 하면 $y=R-r$이므로 $dy=-dr$이 된다. 따라서 뉴턴의 점성법칙으로부터

$$\tau=\mu\frac{du}{dy}=-\mu\frac{du}{dr} \qquad \cdots(7.2)$$

이다. 식 (7.1)과 (7.2)의 전단응력을 같게 놓으면 다음과 같은 속도분포에 대한 지배방정식이 유도된다.

$$-\mu\frac{du}{dr}=-\frac{r}{2}\frac{dP}{dx}$$

$$\frac{du}{dr}=\frac{r}{2\mu}\frac{dP}{dx} \qquad \cdots(7.3)$$

식 (7.3)을 r에 대해 적분하면

$$u(r)=\frac{1}{4\mu}\frac{dP}{dx}r^2+C \quad (C\text{는 적분상수}) \qquad \cdots(7.4)$$

인데, 벽 점착조건에 의해 벽면 $r=R$에서 속도 $u(R)=0$이므로

$$u(R)=\frac{1}{4\mu}\frac{dP}{dx}R^2+C=0$$

$$C=-\frac{1}{4\mu}\frac{dP}{dx}R^2$$

이 구해진다. 상수 C를 식 (7.4)에 대입하면 최종적으로 얻어지는 속도분포는 다음과 같다.

$$u(r)=\frac{1}{4\mu}\frac{dP}{dx}(r^2-R^2)=-\frac{R^2}{4\mu}\frac{dP}{dx}\left(1-\frac{r^2}{R^2}\right) \qquad \cdots(7.5)$$

이 결과로부터 원관 속의 층류유동 속도 분포는 [그림 7.2(a)]와 같은 포물선 모양임을 알 수 있다. 여기에서 유체가 오른쪽($+x$방향)으로 흘러가기 위해서는 압력 기울기 $\frac{dP}{dx}$가 음($-$)의 값을 가져야 한다. 즉, 왼쪽 압력이 오른쪽 압력보다 높을 때 유체가 오른쪽으로 흘러간다.

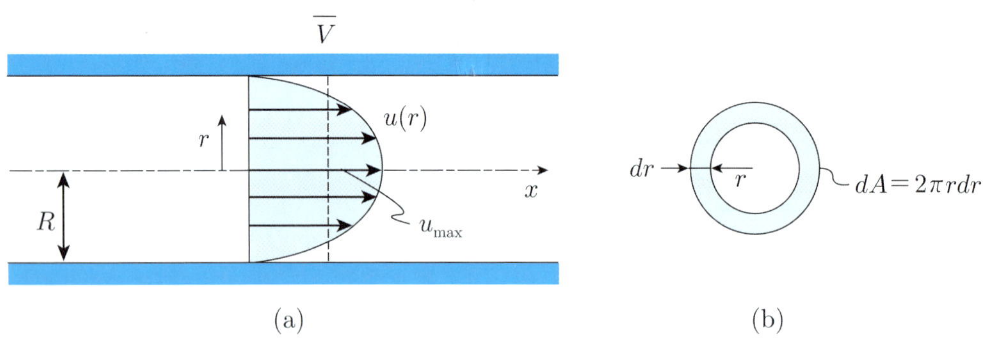

[그림 7.2] (a) 원관 속의 층류유동 속도분포 (b) 미소 면적요소

식 (7.5)에서 최대 속도(u_{max})는 관 중심 $r=0$에서 일어나며

$$u_{max}=-\frac{R^2}{4\mu}\frac{dP}{dx} \qquad \cdots(7.6)$$

이다. 여기에서 $-\frac{dP}{dx}$는 관의 단위 길이당 압력강하를 나나낸다. 식 (7.6)을 이용하면 다음과 같이 식 (7.5)의 속도분포를 간단하게 표현할 수 있다.[40]

$$u(r)=u_{max}\left(1-\frac{r^2}{R^2}\right) \qquad \cdots(7.7)$$

40) 원관에서 층류유동은 이와 같은 포물선 형태의 속도분포를 갖는다는 것을 알아두자. 선형적인 속도분포를 갖는 쿠에트 유동과 함께 가장 기본적인 속도분포이다.

식 (7.7)의 속도분포를 갖는 유동을 하겐-포아젤 유동(Hagen-Poiseuille flow)이라 한다. 식 (7.7)을 이용하여 관 속을 흐르는 유체의 체적유량을 구해보자. [그림 7.2(b)]와 같이 관 중심으로부터 반지름 r의 위치에서 두께가 dr인 고리 모양의 면적요소를 잡으면 이 요소의 면적은

$$dA = (2\pi r)dr$$

이므로 이 요소를 통과하는 미소유량은

$$dQ = u\,dA = 2\pi r\,u\,dr$$

이다. 따라서 관 단면 전체를 통해 흐르는 유량은 다음과 같다.

$$\begin{aligned} Q &= \int dQ = \int_0^R 2\pi r\,u\,dr \\ &= \int_0^R 2\pi\,u_{\max}\left(r - \frac{r^3}{R^2}\right)dr \\ &= 2\pi\,u_{\max}\left[\frac{r^2}{2} - \frac{r^4}{4R^2}\right]_0^R = \frac{\pi R^2}{2}u_{\max} \end{aligned}$$

$$Q = \frac{\pi R^2}{2}u_{\max} \qquad \cdots(7.8)$$

이 식을 이용하여 평균속도 $\overline{V} = \dfrac{Q}{A} = \dfrac{Q}{\pi R^2}$를 구하면

$$\overline{V} = \frac{1}{2}u_{\max} \qquad \cdots(7.9)$$

이 된다. 즉, 최대 속도는 평균속도의 2배($u_{\max} = 2\overline{V}$)이다.

식 (7.6)과 (7.8)로부터 유량과 압력 기울기의 관계를 나타내면 다음과 같다.

$$Q = -\frac{\pi R^4}{8\mu}\frac{dP}{dx} \qquad \cdots(7.10)$$

길이 L만큼 떨어진 왼쪽 지점 1과 오른쪽 지점 2에서 유체가 1에서 2로 흘러간다면 두 지점의 압력은 $P_1 > P_2$이다. 여기에서 압력강하의 크기를 $\Delta P = P_1 - P_2$ ($\Delta P > 0$)라 하면

$$-\frac{dP}{dx} = -\frac{P_2 - P_1}{L} = \frac{P_1 - P_2}{L} = \frac{\Delta P}{L} \qquad \cdots(7.11)$$

이다. 따라서 (7.10)과 (7.11)로부터 층류유동의 유량은 다음 식으로 표현된다.

$$Q = \frac{\pi R^4 \Delta P}{8\mu L} \quad \cdots (7.12)$$

$$Q = \frac{\pi R^4 \gamma h_L}{8\mu L} \quad \cdots (7.13)$$

여기에서 h_L은 거리 L인 두 지점 사이의 손실수두이다. 수평관인 경우 정압 차이 $\Delta P = \gamma h_L$이다.

실제 문제에 있어서는 다음과 같이 관 지름 $D\,(=2R)$로 표현된 식을 주로 사용한다.[41]

$$Q = \frac{\pi D^4 \Delta P}{128\mu L}; \quad \Delta P = \frac{128\mu L Q}{\pi D^4} \quad \cdots (7.14)$$

$$Q = \frac{\pi D^4 \gamma h_L}{128\mu L} \quad \cdots (7.15)$$

일반적으로 식 (7.14)와 (7.15)를 하겐-포아젤 방정식(법칙)이라고 부르며 층류유동에서 많이 이용하고 있다. 수평관인 경우 단위길이당 정압차이(압력강하 ΔP)가 주어지면 체적유량을 구할 수 있다.

식 (7.14)는 다음 사실을 말해준다. 주어진 유량에서 압력강하는 관의 길이와 유체의 점성계수에 비례하고 관 지름의 4제곱에 반비례한다. 따라서 예를 들어 관 지름을 2배로 하면 압력강하를 1/16로 크게 줄일 수 있다. 그러나 관 지름을 크게 하면 제작비용이 많이 든다는 것을 감안해야 할 것이다.

관 유동에서 층류와 난류의 구분은 레이놀즈수로써 판정하며 평균유속 $\overline{V}\,[\mathrm{m/s}]$, 관 지름 $D\,[\mathrm{m}]$, 동점성계수 $\nu\,[\mathrm{m^2/s}]$일 때 층류유동이 될 조건은 다음과 같다.

$$Re = \frac{\overline{V} D}{\nu} = \frac{\rho \overline{V} D}{\mu} < 2100 \quad \cdots (7.16)$$

임계 레이놀즈수는 $Re_c = 2000$ 또는 2100, 2300 등으로 실험조건에 따라 조금씩 다른 값을 가진다. 일반적으로 $Re > 4000$은 난류이며 이 범위의 레이놀즈수에 대해서는 식 (7.14)와 (7.15)의 하겐-포아젤 방정식을 적용할 수 없다.

41) 이 식은 아주 많이 사용된다. 이 단원에서 최소한 이 공식은 알아두도록 한다.

하겐-포아젤 방정식을 평균속도($\overline{V}$)와 압력강하(ΔP)에 대한 관계식으로 나타내면 다음과 같다. $Q = A\overline{V} = \frac{\pi D^2}{4}\overline{V}$ 이므로 압력강하는

$$\Delta P = \frac{32\mu L\overline{V}}{D^2} \qquad \cdots(7.17)$$

이다. 그리고 식 (7.11)에서 압력강하 $\Delta P = P_1 - P_2$ 이므로 두 지점 1, 2 사이의 손실수두는 다음과 같이 표현된다. 여기에서 h_L은 마찰손실수두이다.

$$\frac{P_1 - P_2}{\gamma} = h_L = \frac{32\mu L\overline{V}}{\gamma D^2} \qquad \cdots(7.18)$$

예제 7.1 반지름 8cm인 원관 속에 점성계수 $\mu = 0.2\text{N}\cdot\text{s/m}^2$의 유체가 층류로 흐르고 있다. 관의 단위길이당 압력강하가 $10\text{N/m}^2\cdot\text{m}$일 때 최대속도[m/s]와 평균속도[m/s] 및 유량[m^3/s]을 구하라.

풀이 단위길이당 압력강하 $-\frac{dP}{dx} = 10\text{N/m}^2\cdot\text{m}$이므로 최대속도($u_{\max}$), 평균속도($\overline{V}$) 및 유량($Q$)은 다음과 같다.

(1) $u_{\max} = -\frac{R^2}{4\mu}\frac{dP}{dx} = \frac{(0.08)^2}{4(0.2)} \times 10 = 0.08\,[\text{m/s}]$

(2) $\overline{V} = \frac{1}{2}u_{\max} = \frac{1}{2} \times 0.08 = 0.04\,[\text{m/s}]$

(3) $Q = A\overline{V} = \pi R^2\overline{V} = \pi(0.08)^2 \times 0.04 = 8.04 \times 10^{-4}\,[\text{m}^3/\text{s}]$

예제 7.2 밀도 $\rho = 850\text{kg/m}^3$, 점성계수 $\mu = 0.4\text{N}\cdot\text{s/m}^2$인 오일이 수평으로 놓인 지름 $D = 5\text{cm}$의 곧은 관을 흐르고 있다.

(1) 유량 $Q = 3 \times 10^{-4}\text{m}^3/\text{s}$일 때 길이 $L = 10\text{m}$ 사이의 압력강하 ΔP[kPa]를 구하라.

(2) $L = 10\text{m}$ 떨어진 두 지점의 압력 차이 $\Delta P = 20\text{kPa}$일 때 유량 Q[m^3/s]를 구하라.

풀이 (1) 평균속도($\overline{V}$)를 구하면

$$\overline{V} = \frac{Q}{A} = \frac{4Q}{\pi D^2} = \frac{4(3 \times 10^{-4})}{\pi(5 \times 10^{-2})^2} = 0.153\,[\text{m/s}]$$

이므로 레이놀즈수는

$$Re = \frac{\rho \overline{V} D}{\mu} = \frac{850(0.153)(0.05)}{0.4} = 16.3 < 2100$$

이다. 따라서 층류유동이고, 하겐-포아젤 방정식으로부터 압력강하 ΔP는 다음과 같다.

$$\Delta P = \frac{128\mu L Q}{\pi D^4} = \frac{128(0.4)(10)(3\times 10^{-4})}{\pi(5\times 10^{-2})^4}[\mathrm{Pa}]$$
$$= 7823[\mathrm{Pa}] = 7.82[\mathrm{kPa}]$$

(2) 먼저 하겐-포아젤 방정식을 사용하여 유량을 구하면

$$Q = \frac{\pi D^4 \Delta P}{128\mu L} = \frac{\pi(0.05^4)(20\times 1000)}{128(0.4)(10)}[\mathrm{m^3/s}]$$
$$= 7.67\times 10^{-4}[\mathrm{m^3/s}]$$

이다. 이때 평균속도는

$$\overline{V} = \frac{Q}{A} = \frac{4Q}{\pi D^2} = \frac{4(7.67\times 10^{-4})}{\pi(5\times 10^{-2})^2} = 0.391[\mathrm{m/s}]$$

이고, 레이놀즈수는

$$Re = \frac{\rho \overline{V} D}{\mu} = \frac{850\times 0.391\times 0.05}{0.4} = 41.5 < 2100$$

이다. 여기에서 레이놀즈수가 층류 조건을 만족하므로 층류유동으로 가정한 것이 옳다. 따라서 유량은 하겐-포아젤 방정식을 사용하여 구한 $Q = 7.67\times 10^{-4}[\mathrm{m^3/s}]$가 된다.

† 하겐-포아젤 방정식을 사용할 때는 흐름이 층류인가를 확인해야 한다.

예제 7.3 수평으로 놓인 반지름 20cm인 곧은 원관 속에서 유체가 흐르고 있다. 유체의 점성계수 $\mu = 0.1\mathrm{Pa}\cdot\mathrm{s}$이고, 관 길이 1m에서 압력강하 $\Delta P = 10\mathrm{Pa}$이다.

(1) 흐름 상태가 층류일 때 관 중심에서 최대 속도[m/s]를 구하라.

(2) (1)에서 구한 최대 속도가 옳은 값이 되기 위해서는 유체의 밀도[$\mathrm{kg/m^3}$]가 어떤 범위의 값을 가져야 하는가? 임계레이놀즈수는 2100이다.

풀이 (1) 층류유동에서 최대속도는 다음과 같다.

$$u_{\max} = -\frac{R^2}{4\mu}\frac{dP}{dx} = \frac{R^2}{4\mu}\times\frac{\Delta P}{L}$$

$$= \frac{(0.2)^2}{4(0.1)} \times \frac{10}{1} = 1\,[\mathrm{m/s}]$$

(2) 층류유동이 되어야 하므로 다음 조건을 만족해야 한다.

$$Re = \frac{\rho \overline{V} D}{\mu} < Re_c = 2100$$

$$\therefore \quad \rho < \frac{2100\mu}{\overline{V} D} = \frac{2100\mu}{(u_{\max}/2)(2R)} = \frac{2100(0.1)}{(1/2)(2 \times 0.2)} = 1050\,[\mathrm{kg/m^3}]$$

즉, 유체의 밀도 $\rho < 1050\,[\mathrm{kg/m^3}]$이어야 한다.

예제 7.4 밀도 $\rho = 800\mathrm{kg/m^3}$이고 점성계수 $\mu = 5\mathrm{cP}$인 오일이 지름 $D = 4\mathrm{cm}$의 곧은 수평관을 $\overline{V} = 20\mathrm{cm/s}$의 평균속도로 흘러가고 있다. 관의 길이 $L = 700\mathrm{cm}$ 사이에서 압력강하[Pa]를 구하라.

풀이 먼저 CGS 단위계로 통일하여 레이놀즈수를 구한다. CGS 단위로 환산하면

$$\rho = 800\mathrm{kg/m^3} = 800 \times 10^3\mathrm{g}/(10^2\mathrm{cm})^3 = 0.8\,\mathrm{g/cm^3}$$
$$\mu = 5\mathrm{cP} = 5 \times 10^{-2}\mathrm{P} = 0.05\mathrm{P}$$

이므로 레이놀즈수는

$$Re = \frac{\rho \overline{V} D}{\mu} = \frac{0.8(20)(4)}{0.05} = 1280 < 2100$$

이다. 레이놀즈수가 2100보다 작기 때문에 층류유동이므로 하겐-포아젤 방정식으로부터 압력강하를 구한다.

$$\Delta P = \frac{32\mu L \overline{V}}{D^2} = \frac{32(0.05)(700)(20)}{4^2}\,[\mathrm{dyne/cm^2}]$$
$$= 1400\,[\mathrm{dyne/cm^2}] = 140\,[\mathrm{N/m^2}] = 140\,[\mathrm{Pa}]$$

이상에서 $\mathrm{dyne/cm^2} = 10^{-5}\mathrm{N}/(10^{-2}\mathrm{m})^2 = 0.1\mathrm{N/m^2}$이다.
SI 단위 [kg, m, s, Pa]로 환산하면

$$\Delta P = \frac{32\mu L \overline{V}}{D^2} = \frac{32(5 \times 10^{-3})(7)(0.2)}{(0.04^2)}\,[\mathrm{Pa}] = 140\,[\mathrm{Pa}]$$

$1\mathrm{cP} = 10^{-3}\mathrm{Pa \cdot s}$이다.

예제 7.5 [점성계수 측정] 일정하게 가압되는 용기를 이용하여 어떤 유체를 안지름 $5\mathrm{mm}$, 길이 $100\mathrm{mm}$인 관을 통하여 측정용 컵으로 흐르게 하고 있다. 10분 동안에 $3600\mathrm{cm^3}$의 유

체가 측정용 컵으로 유입되었다면 유체의 동점성계수는 몇 m^2/s인가? 관에서 수두손실은 1m로 측정되었다.

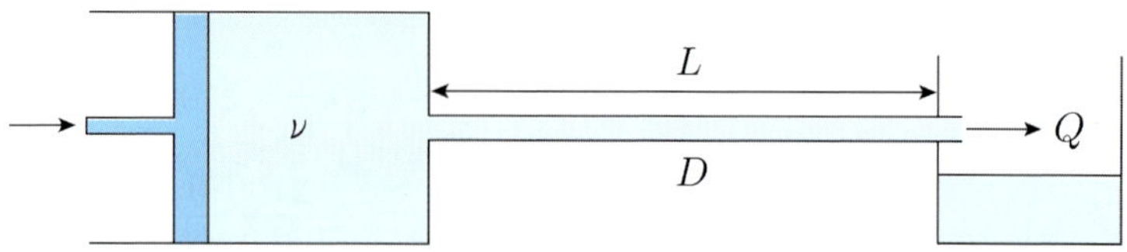

[그림 7.3]

풀이 층류로 가정하고 하겐-포아젤 방정식을 사용하여 동점성계수를 구해본다.
체적유량은 다음과 같다.

$$Q = \frac{\text{부피}}{\text{시간}} = \frac{3600\,\mathrm{cm}^3}{10\mathrm{min}} = \frac{3600\times 10^{-6}\,\mathrm{m}^3}{10\times 60\,\mathrm{s}} = 6\times 10^{-6}\,[\mathrm{m}^3/\mathrm{s}]$$

하겐-포아젤 방정식으로부터

$$Q = \frac{\pi D^4 \gamma h_L}{128\mu L} = \frac{\pi D^4 (\rho g) h_L}{128\mu L} = \frac{\pi D^4 g h_L}{128(\mu/\rho)L} = \frac{\pi D^4 g h_L}{128(\nu)L}$$

이고, 주어진 데이터로써 ν를 구한다.

$$\nu = \frac{\pi D^4 g h_L}{128 Q L} = \frac{\pi(0.005^4)(9.8)(1)}{128(6\times 10^{-6})(0.1)} = 2.5\times 10^{-4}\,[\mathrm{m}^2/\mathrm{s}]$$

층류로 가정하였으므로 레이놀즈수를 구하여 가정의 타당성을 점검한다.

$$Re = \frac{\overline{V}D}{\nu} = \frac{D}{\nu}\times\frac{4Q}{\pi D^2} = \frac{4Q}{\pi\nu D}$$

$$= \frac{4(6\times 10^{-6})}{\pi(2.5\times 10^{-4})(0.005)} = 6.1 \ < 2100$$

$Re = 6.1$은 2100보다 아주 작으므로 입구와 출구 영향을 무시하면 완전한 층류 유동이라고 볼 수 있다. 따라서 해석이 옳고 이 실험에서 측정한 동점성계수는 $\nu = 2.5\times 10^{-4}\,[\mathrm{m}^2/\mathrm{s}]$이다.

[원관 내 층류유동의 전단응력 분포]

관 중심($r=0$)에서 속도를 U_c로 하면 원관에서 층류유동 속도분포는

$$u(r) = U_c\left(1 - \frac{r^2}{R^2}\right)$$

이다. 이 식으로부터 속도 구배는

$$\frac{du}{dr} = \frac{d}{dr}\left[U_c\left(1 - \frac{r^2}{R^2}\right)\right] = U_c\left(-\frac{2r}{R^2}\right)$$

이므로 원관 내 층류유동의 전단응력 분포는 다음과 같다.

$$\tau(r) = -\mu\frac{du}{dr} = 2\mu U_c\left(\frac{r}{R^2}\right) \qquad \cdots(7.19)$$

식 (7.19)에서 $0 \le r \le R$이므로 층류유동의 전단응력에 대해 다음과 같은 것을 알 수 있다. 원관 내 층류유동에서 전단응력은 관 중심($r = 0$)에서 0이며, 벽면으로 갈수록 선형적으로 증가하여 벽면($r = R$)에서 최대 전단응력(τ_w)을 갖는다[그림 7.4]. 벽면에서 전단응력 τ_w은 다음과 같다.

$$\tau_w = \frac{2\mu U_c}{R} = \frac{4\mu U_c}{D} \qquad \cdots(7.20)$$

여기에서 U_c는 관 중심에서 유속이고 μ는 유체의 점성계수이다.

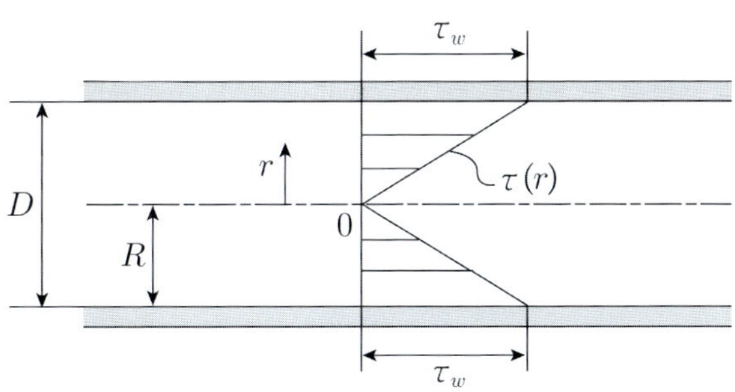

[그림 7.4] 원관 내 층류유동의 전단응력 분포

예제 7.6 반지름 R인 원관에서 점성계수 μ인 유체가 층류로 흐르고 있다. 관 중심 유속이 U_c일 때 $r = \frac{R}{2}$에서 전단응력을 구하라. r은 관 중심으로부터 거리이다.

풀이 원관에서 층류유동의 전단응력은 $\tau(r) = 2\mu U_c\left(\frac{r}{R^2}\right)$이므로 $r = \frac{R}{2}$에서 전단응력은 다음과 같다.

$$\tau_{R/2} = 2\mu U_c\left(\frac{R/2}{R^2}\right) = \frac{\mu U_c}{R}$$

7.3 평판 사이 층류유동

무한히 큰 두 개의 고정된 수평 평판 사이에서 정상상태 비압축성 유체의 층류유동을 고려한다. 유압 장치에서 피스톤과 실린더 사이의 좁은 틈새에서 일어나는 유동은 작은 레이놀즈수에서 근사적으로 이러한 유동을 보인다. 이 유동은 원관 내 층류유동과 같은 방법으로 해석할 수 있다.

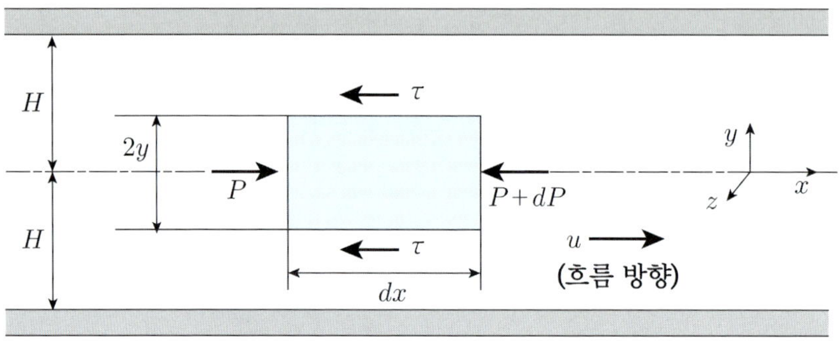

[그림 7.5]

먼저 [그림 7.5]와 같이 수평 방향을 x, 판 간격의 중심선으로부터 연직 방향을 y로 하는 좌표계를 선정한다. y의 범위는 $-H \le y \le H$이다. 다음에 중심에 있는 길이 dx, 높이 $2y$, z 방향으로의 폭이 b인 직육면체 형태의 요소를 고려하여 이 요소에 대한 힘의 평형 관계로부터 속도분포를 구한다. 평판 사이 간격은 $2H$이다.

수평 방향 속도 분포의 변화가 없는 경우 정적인 힘의 평형이 이루어지므로 요소에 작용하는 힘의 합은 0이 되고, x 방향의 압력 기울기 $\dfrac{dP}{dx}$는 일정한 값을 갖게 된다.

[그림 7.5]에 설정된 요소에 평형방정식 $\sum F = 0$을 적용하면 다음과 같다. x 방향으로 압력이 작용하는 직육면체 요소의 단면적은 $b \times 2y$이고, 전단력이 작용하는 요소의 아래와 위 면의 면적은 각각 $b \times dx$이다.

$$P(2by) - (P + dP)(2by) - 2 \times \tau(bdx) = 0$$

$$-ydP - \tau dx = 0$$

이 식으로부터 전단응력 τ를 구하면 다음과 같다.

$$\tau = -y\frac{dP}{dx} \qquad \cdots (7.21)$$

뉴턴의 점성법칙으로부터

$$\tau = -\mu \frac{du}{dy} \qquad \cdots(7.22)$$

이므로 식 (7.21)과 (7.22)의 전단응력을 같게 놓으면 다음과 같은 속도분포에 대한 미분방정식이 유도된다.

$$\frac{du}{dy} = \frac{y}{\mu}\frac{dP}{dx} \qquad \cdots(7.23)$$

식 (7.23)을 y에 대해 적분하면

$$u(y) = \frac{1}{2\mu}\frac{dP}{dx}y^2 + C \quad (C\text{는 적분상수}) \qquad \cdots(7.24)$$

인데, 벽 점착조건에 의해 벽면 $y = \pm H$에서의 속도 $u(\pm H) = 0$이므로

$$u(\pm H) = \frac{1}{2\mu}\frac{dP}{dx}H^2 + C = 0$$

$$C = -\frac{1}{2\mu}\frac{dP}{dx}H^2$$

이 구해진다. 따라서 최종적으로 얻어지는 속도분포는 다음과 같다.

$$u(y) = \frac{1}{2\mu}\frac{dP}{dx}(y^2 - H^2) = -\frac{H^2}{2\mu}\frac{dP}{dx}\left(1 - \frac{y^2}{H^2}\right) \qquad \cdots(7.25)$$

식 (7.25)의 속도분포는 [그림 7.6(a)]와 같은 포물선 모양을 갖는다.

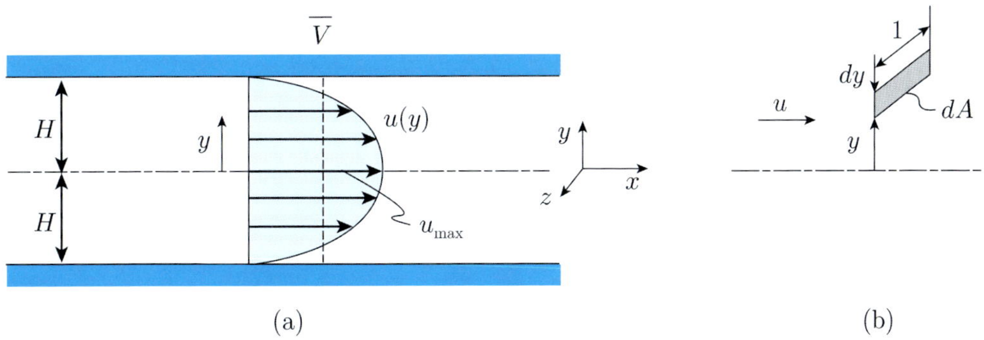

[그림 7.6] (a) 평판 사이 층류유동 속도분포 (b) 미소 면적요소

식 (7.25)에서 최대 속도(u_{max})는 판 사이의 중심선 $y=0$에서 일어나며

$$u_{max} = -\frac{H^2}{2\mu}\frac{dP}{dx} \qquad \cdots(7.26)$$

이고, 식 (7.26)을 이용하면 다음과 같이 간단하게 속도분포를 표현할 수 있다.

$$u(y) = u_{max}\left(1 - \frac{y^2}{H^2}\right) \qquad \cdots(7.27)$$

식 (7.27)을 이용하여 단위폭당 체적유량을 구해본다. [그림 7.6(b)]와 같이 위치 y에서 높이 dy, z 방향 길이 1인 직사각형 모양의 면적요소를 잡으면

$$dA = 1 \times dy$$

이므로 이 요소를 통과하는 미소 유량은

$$dq = u\,dA = u\,dy$$

이다. 따라서 판 사이의 단면 전체를 통해 흐르는 단위폭당 체적유량은 다음과 같다.

$$\begin{aligned} q &= \int dq = \int_{-H}^{H} u\,dy \\ &= \int_{-H}^{H} u_{max}\left(1 - \frac{y^2}{H^2}\right)dy \\ &= 2u_{max}\left[y - \frac{y^3}{3H^2}\right]_0^H = \frac{4H}{3}u_{max} \end{aligned}$$

$$q = \frac{4H}{3}u_{max} \qquad \cdots(7.28)$$

이 식을 이용하여 평균속도 $\overline{V} = \frac{Q}{A} = \frac{q}{2H \times 1}$를 구하면

$$\overline{V} = \frac{2}{3}u_{max} \qquad \cdots(7.29)$$

이 된다. 즉, 평균속도는 최대 속도의 $\frac{2}{3}$이다.

길이 L만큼 떨어진 왼쪽 지점 1과 오른쪽 지점 2에서 유체가 1에서 2로 흘러간다면 두

지점의 압력 $P_1 > P_2$이다. 따라서 압력강하의 크기를 $\Delta P = P_1 - P_2$ $(\Delta P > 0)$라 하면

$$-\frac{dP}{dx} = -\frac{P_2 - P_1}{L} = \frac{P_1 - P_2}{L} = \frac{\Delta P}{L} \qquad \cdots(7.30)$$

이다. 식 (7.26), (7.28), (7.30)으로부터 유량과 길이 L 사이에서 압력강하 ΔP의 관계를 나타내면 다음과 같다.

$$q = \frac{2H^3 \Delta P}{3\mu L} \qquad \cdots(7.31)$$

식 (7.31)에서 $q = \overline{V} \times (2H \times 1)$을 대입하면 평균속도 $\overline{V}$와 압력강하 ΔP의 관계는 다음과 같다.

$$\Delta P = \frac{3\mu \overline{V} L}{H^2} \qquad \cdots(7.32)$$

유동이 대칭이므로 해석상 편의를 위하여 판 사이 간격을 $2H$로 하였다. 실용적으로는 다음과 같이 판 사이 간격을 $h(=2H)$로 할 때의 관계식을 주로 사용한다. 단위폭당 체적유량 $q = \overline{V} h$이다.

$$q = \frac{h^3 \Delta P}{12\mu L} \qquad \cdots(7.33)$$

$$\Delta P = \frac{12\mu \overline{V} L}{h^2} \qquad \cdots(7.34)$$

이상의 식으로부터 층류유동에서 유동 방향으로의 단위길이당 압력강하($\Delta P / L$)가 주어지면 단위폭당 체적유량 q를 구할 수 있다.

압력강하가 주어지면 평균속도는 다음 식으로 구한다.

$$\overline{V} = \frac{h^2 \Delta P}{12\mu L} \qquad \cdots(7.35)$$

평판 사이의 유동에서는 판 사이의 간격을 특성 길이로 하는 레이놀즈수로써 유동의 형태를 구분하며, 일반적으로 $Re < 1500$에서는 층류유동이라 한다. 평균유속 $\overline{V}$[m/s], 판 사이의 간격 h[m], 동점성계수 ν[m^2/s]일 때 층류유동이 될 조건은 다음과 같다.

$$Re = \frac{\overline{V}h}{\nu} = \frac{\rho \overline{V}h}{\mu} < 1500 \qquad \cdots (7.36)$$

층류유동의 범위는 평판 사이 유동인 경우 $Re < 1400$, 원관 내의 유동인 경우에는 $Re < 2000$으로 좀 더 낮은 레이놀즈수로 한정하기도 한다.

평판 사이 유동과 원관 내의 유동은 서로 비슷한 특성을 보여준다. 그런데 평판 사이 유동은 z 방향으로는 무한한 길이를 가지고 있으므로 z 방향으로의 폭을 1로 하는 단위폭당 유량을 취급한다는 것에 주의한다. 두 유동 중에서 특히 원관 내의 유동은 실용적으로 많이 이용되므로 그 특성을 잘 파악하도록 한다.

예제 7.7 두 개의 수평 평판 사이를 흐르는 층류유동의 최대 속도가 30cm/s이면 평균 속도는 몇 [cm/s]인가?

풀이 식 (7.29)로부터 평균속도를 구한다.

$$\overline{V} = \frac{2}{3}u_{\max} = \frac{2}{3} \times 30\,[\text{cm/s}] = 20\,[\text{cm/s}]$$

예제 7.8 점성계수 0.4Pa • s, 밀도 880kg/m^{3}인 오일이 수평 평판 사이를 흐르고 있다. 유동 방향으로의 평판 길이 10m에서 일어나는 압력강하가 3kPa일 때 단위폭당 유량을 구하라. 판 사이 간격은 10cm이다.

풀이 식 (7.33)로부터 단위폭당 유량 q를 구해본다.

$$q = \frac{h^3 \Delta P}{12\mu L} = \frac{0.1^3(3 \times 1000)}{12(0.4)(10)}\,[\text{m}^3/\text{s} \cdot \text{m}] = 0.0625\,[\text{m}^3/\text{s} \cdot \text{m}]$$

이때 평균속도는

$$\overline{V} = \frac{q}{h} = \frac{0.0625}{0.1} = 0.625\,[\text{m/s}]$$

이므로 레이놀즈수는

$$Re = \frac{\rho \overline{V}h}{\mu} = \frac{880(0.625)(0.1)}{0.4} = 137.5 < 1500$$

이다. 따라서 층류조건을 만족하므로 유량은 $0.0625\,[\text{m}^3/\text{s} \cdot \text{m}]$이다.

예제 7.9 점성계수 $0.3\,\mathrm{Pa \cdot s}$, 밀도 $800\,\mathrm{kg/m^3}$인 유체가 $Re = 40$으로 수평 평판 사이를 흐르고 있다. 판 사이의 간격이 $2\,\mathrm{cm}$일 때 평판 길이 $5\,\mathrm{m}$에서 일어나는 압력강하[kPa]를 구하라.

풀이 먼저 평균속도 $\overline{V}$를 구한다.

$$Re = \frac{\rho \overline{V} h}{\mu}$$

$$\overline{V} = \frac{\mu Re}{\rho h} = \frac{0.3(40)}{800(0.02)}[\mathrm{m/s}] = 0.75\,[\mathrm{m/s}]$$

$Re = 40 < 1500$인 층류유동이므로 식 (7.34)로부터 압력강하를 구한다.

$$\Delta P = \frac{12\mu \overline{V} L}{h^2} = \frac{12(0.3)(0.75)(5)}{0.02^2}[\mathrm{Pa}]$$
$$= 33,750\,[\mathrm{Pa}] = 33.75\,[\mathrm{kPa}]$$

예제 7.10 간격이 h인 두 수평 평판 사이의 층류유동 속도분포는 다음과 같이 쓸 수 있다.

$$u(y) = U_c\left(1 - \frac{4y^2}{h^2}\right) \quad (-h/2 \le y \le h/2)$$

여기에서 y는 평판 사이의 중심선으로부터의 연직 거리이고 U_c는 중심선 $(y=0)$에서 속도이다. 유체의 점성계수가 μ일 때 벽면에서 전단응력 τ_w와 평균속도 $\overline{V}$와의 관계식을 구하라.

풀이 속도 구배는

$$\frac{du}{dy} = \frac{d}{dy}\left[U_c\left(1 - \frac{4y^2}{h^2}\right)\right] = U_c\left(-\frac{8y}{h^2}\right)$$

이므로 전단응력은

$$\tau = -\mu\frac{du}{dy} = 8\mu U_c\left(\frac{y}{h^2}\right)$$

이다. 따라서 벽면 $y = \dfrac{h}{2}$에서 전단응력 τ_w는 다음과 같다.

$$\tau_w = 8\mu U_c\left(\frac{h/2}{h^2}\right) = \frac{4\mu U_c}{h}$$

여기에서 평균속도 $\overline{V} = \dfrac{2}{3}U_c$이므로 벽면에서의 전단응력 τ_w와 평균속도 $\overline{V}$와의 관계식은 다음과 같다.

$$\tau_w = \frac{6\mu \overline{V}}{h}$$

7.4* Navier-Stokes 방정식

비압축성 뉴턴유체에 대한 다음과 같은 운동 방정식을 Navier-Stokes 방정식이라 한다.42)

○ x 방향: $\rho\left(\frac{\partial u}{\partial t}+u\frac{\partial u}{\partial x}+v\frac{\partial u}{\partial y}+w\frac{\partial u}{\partial z}\right)=-\frac{\partial P}{\partial x}+\mu\left(\frac{\partial^2 u}{\partial x^2}+\frac{\partial^2 u}{\partial y^2}+\frac{\partial^2 u}{\partial z^2}\right)+\rho f_x$

○ y 방향: $\rho\left(\frac{\partial v}{\partial t}+u\frac{\partial v}{\partial x}+v\frac{\partial v}{\partial y}+w\frac{\partial v}{\partial z}\right)=-\frac{\partial P}{\partial y}+\mu\left(\frac{\partial^2 v}{\partial x^2}+\frac{\partial^2 v}{\partial y^2}+\frac{\partial^2 v}{\partial z^2}\right)+\rho f_y$

○ z 방향: $\rho\left(\frac{\partial w}{\partial t}+u\frac{\partial w}{\partial x}+v\frac{\partial w}{\partial y}+w\frac{\partial w}{\partial z}\right)=-\frac{\partial P}{\partial z}+\mu\left(\frac{\partial^2 w}{\partial x^2}+\frac{\partial^2 w}{\partial y^2}+\frac{\partial^2 w}{\partial z^2}\right)+\rho f_z$

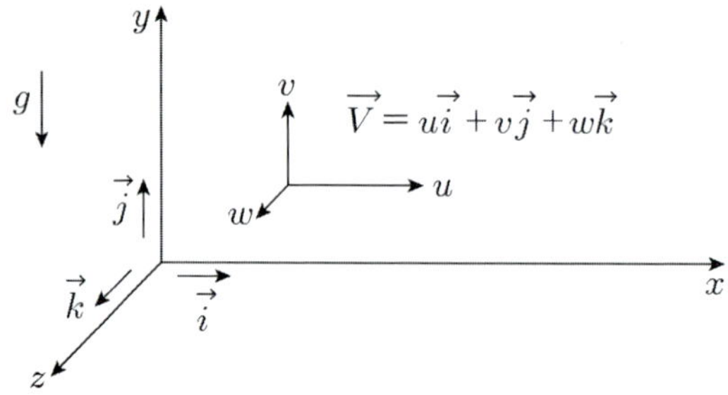

[그림 7.7] 직각좌표계와 속도성분

여기에서 u, v, w는 각각 x, y, z 방향의 속도성분이고, f_x, f_y, f_z는 각각 x, y, z 방향의 체적력(body force)을 나타낸다[그림 7.7]. [그림 7.7]에서 중력에 의한 체적력만이 존재하는 경우 $f_x=0$, $f_y=-g$, $f_z=0$이다. 이상의 방정식은 상당히 복잡해 보이지만 미소요소를 선정하여 뉴턴운동법칙 $\sum\vec{F}=m\vec{a}$와 연속방정식을 적용하여 유도한 식이다. 위 식들을 벡터 형태로 나타내면 다음과 같이 간단하게 표현된다.

$$\frac{\partial\vec{V}}{\partial t}+(\vec{V}\cdot\nabla)\vec{V}=-\frac{1}{\rho}\nabla P+\nu\nabla^2\vec{V}+\vec{f}$$

여기에서 속도장 $\vec{V}=u\vec{i}+v\vec{j}+w\vec{k}$, 체적력 $\vec{f}=f_x\vec{i}+f_y\vec{j}+f_z\vec{k}$이다.

일반적으로 평판인 경우는 직각좌표계를 사용하는 것이 해석이 편리하고, 원관인 경우에는 원통 좌표계(cylindrical coordinate)를 사용하는 것이 좋다. 이것은 벽면의 형상에 맞는 좌표계를 사용하면 경계조건을 적용하기가 쉽기 때문이다. [그림 7.8]과 같은 원통 좌표계에 대하여 Navier-Stokes 방정식을 쓰면 다음과 같다.

42) 학부 과정에서 Navier-Stokes 방정식을 기억할 필요는 없다. 유체역학에서 운동 방정식은 이와 같은 거라는 것만 봐두면 되겠다.

○ r방향: $\rho\left(\frac{\partial v_r}{\partial t}+v_r\frac{\partial v_r}{\partial r}+\frac{v_\theta}{r}\frac{\partial v_r}{\partial \theta}-\frac{v_\theta^2}{r}+v_z\frac{\partial v_r}{\partial z}\right)$

$$=-\frac{\partial P}{\partial r}+\mu\left[\frac{1}{r}\frac{\partial}{\partial r}\left(r\frac{\partial v_r}{\partial r}\right)-\frac{v_r}{r^2}+\frac{1}{r^2}\frac{\partial^2 v_r}{\partial \theta^2}-\frac{2}{r^2}\frac{\partial v_\theta}{\partial \theta}+\frac{\partial^2 v_r}{\partial z^2}\right]+\rho f_r$$

○ θ방향: $\rho\left(\frac{\partial v_\theta}{\partial t}+v_r\frac{\partial v_\theta}{\partial r}+\frac{v_\theta}{r}\frac{\partial v_\theta}{\partial \theta}+\frac{v_r v_\theta}{r}+v_z\frac{\partial v_\theta}{\partial z}\right)$

$$=-\frac{1}{r}\frac{\partial P}{\partial \theta}+\mu\left[\frac{1}{r}\frac{\partial}{\partial r}\left(r\frac{\partial v_\theta}{\partial r}\right)-\frac{v_\theta}{r^2}+\frac{1}{r^2}\frac{\partial^2 v_\theta}{\partial \theta^2}+\frac{2}{r^2}\frac{\partial v_r}{\partial \theta}+\frac{\partial^2 v_\theta}{\partial z^2}\right]+\rho f_\theta$$

○ z방향: $\rho\left(\frac{\partial v_z}{\partial t}+v_r\frac{\partial v_z}{\partial r}+\frac{v_\theta}{r}\frac{\partial v_z}{\partial \theta}+v_z\frac{\partial v_z}{\partial z}\right)$

$$=-\frac{\partial P}{\partial z}+\mu\left[\frac{1}{r}\frac{\partial}{\partial r}\left(r\frac{\partial v_z}{\partial r}\right)+\frac{1}{r^2}\frac{\partial^2 v_z}{\partial \theta^2}+\frac{\partial^2 v_z}{\partial z^2}\right]+\rho f_z$$

여기에서 속도장 $\vec{v}=v_r\vec{e_r}+v_\theta\vec{e_\theta}+v_z\vec{e_z}$, 체적력 $\vec{f}=f_r\vec{e_r}+f_\theta\vec{e_\theta}+f_z\vec{e_z}$이다.

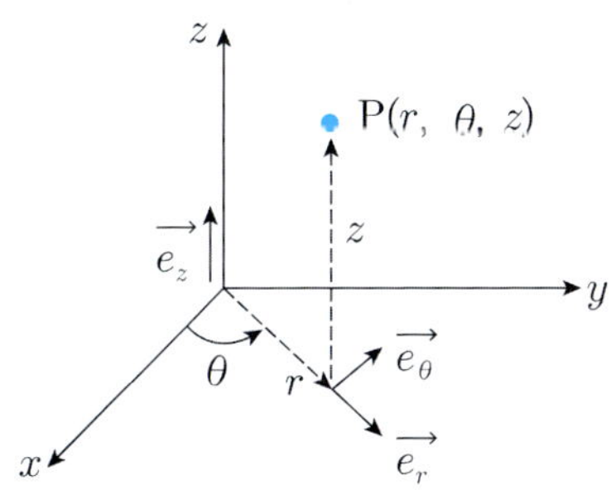

[그림 7.8] 원통 좌표계

Navier-Stokes 방정식으로 얻어지는 엄밀해(exact solution)는 많지 않다. 실제 공학 문제에 있어서 엄밀해를 구할 수 있는 경우는 극히 드물고 대부분 수치적인 방법(Numerical method)을 통하여 해를 구한다. 컴퓨터를 사용하여 수치해(Numerical solution)를 구하는 것을 전산유체역학(CFD: Computational Fluid Dynamics)라 하며 오늘날 많이 사용하는 방법이다.

† [보충예제]에서 Navier-Stokes 방정식을 사용하여 원관 내 층류유동과 두 무한 평판 사이 층류유동의 속도분포를 구하는 과정을 소개하였다.

[보충 예제] 내부 층류유동

예제 7.11* 직각좌표계에서 Navier-Stokes 방정식을 사용하여 7.3절의 평판 사이 정상상태 층류 유동 속도분포를 구하라.

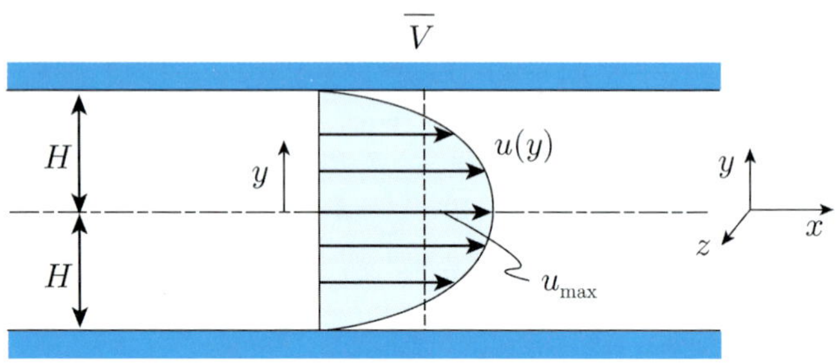

[그림 7.9]

풀이 [그림 7.9]와 같이 직각좌표계 (x, y, z)를 설정한다. 평판 사이 정상상태($\partial/\partial t = 0$) 층류유동에서 x, y, z 방향의 속도성분과 체적력은 다음과 같다.

$$u = u(y),\ v = 0,\ w = 0,\ \vec{f} = 0 \qquad \cdots ①$$

식 ①을 x 방향 Navier-Stokes 방정식에 대입하면 다음과 같은 미분방정식이 얻어진다.

$$\rho(0+0+0+0) = -\frac{\partial P}{\partial x} + \mu\left(0 + \frac{\partial^2 u}{\partial y^2} + 0\right) + 0$$

$$\frac{1}{\mu}\frac{dP}{dx} = \frac{d^2 u}{dy^2} \qquad \cdots ②$$

식 ②를 y에 대해 두 번 적분하면

$$u = \frac{1}{2\mu}\frac{dP}{dx}y^2 + Ay + B \qquad \cdots ③$$

이고, 식 ③에 경계조건 ($y = \pm H$에서 $u = 0$)을 적용하면

$$0 = \frac{1}{2\mu}\frac{dP}{dx}H^2 + AH + B \qquad \cdots ④$$

$$0 = \frac{1}{2\mu}\frac{dP}{dx}H^2 - AH + B \qquad \cdots ⑤$$

이다. 식 ④, ⑤를 연립해 풀면

$$A = 0,\ B = -\frac{1}{2\mu}\frac{dP}{dx}H^2 \qquad \cdots ⑥$$

이다. 식 ⑥을 식 ③에 대입하면 다음과 같이 7.3절과 같은 속도분포가 얻어진다.

$$u(y) = \frac{1}{2\mu}\frac{dP}{dx}(y^2 - H^2) \qquad \cdots ⑦$$

예제 7.12* 원통좌표계에서 Navier-Stokes 방정식을 사용하여 7.2절의 원관 내 정상상태 층류유동 속도분포를 구하라.

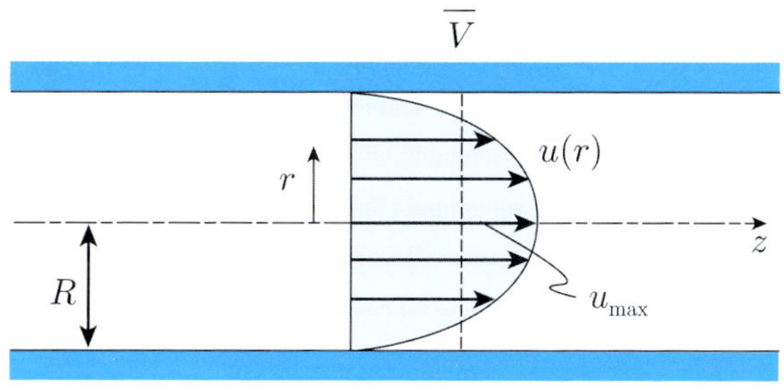

[그림 7.10]

풀이 [그림 7.10]과 같이 반경방향과 축 방향을 각각 r, z로 하는 원통좌표계를 설정한다. 원관 속 정상상태($\partial/\partial t = 0$) 층류유동에서 r, θ, z 방향의 속도성분과 체적력은 다음과 같다.

$$v_r = 0,\ v_\theta = 0,\ v_z(r) = u(r),\ \vec{f} = 0 \qquad \cdots ①$$

식 ①을 z 방향(축방향) Navier-Stokes 방정식에 대입하면 다음과 같은 미분방정식이 얻어진다.

$$\rho(0+0+0+0) = -\frac{\partial P}{\partial z} + \mu\left[\frac{1}{r}\frac{\partial}{\partial r}\left(r\frac{\partial u}{\partial r}\right) + 0 + 0\right] + 0$$

$$\frac{d}{dr}\left(r\frac{du}{dr}\right) = \frac{1}{\mu}\frac{dP}{dz}r \qquad \cdots ②$$

식 ②를 r에 대해 적분하면

$$r\frac{du}{dr} = \frac{1}{2\mu}\frac{dP}{dz}r^2 + A \qquad \cdots ③$$

이다. 식 ③에서 $r = 0$을 대입하면 상수 $A = 0$이므로

$$\frac{du}{dr} = \frac{1}{2\mu}\frac{dP}{dz}r \qquad \cdots ④$$

이 된다. 식 ④를 다시 r에 대해 적분하면

$$u(r) = \frac{1}{4\mu}\frac{dP}{dz}r^2 + C \quad (C\text{는 적분상수}) \qquad \cdots ⑤$$

이고, 식 ⑤에 경계조건 ($r=R$에서 $u=0$)을 대입하면 적분상수는

$$0=\frac{1}{4\mu}\frac{dP}{dz}R^2+C$$

$$\therefore\ C=-\frac{1}{4\mu}\frac{dP}{dz}R^2 \quad \cdots ⑥$$

이다. 식 ⑥을 ⑤에 대입하면 다음과 같은 원관 속 정상상태 층류유동 속도분포가 구해진다.

$$u(r)=\frac{1}{4\mu}\frac{dP}{dz}(r^2-R^2) \quad \cdots ⑦$$

원통좌표계는 (r, θ, z)로 나타내므로 축방향 좌표를 z로 하고 압력구배가 dP/dz로 표현되었다. 이것은 7.2절의 dP/dx와 같다.

예제 7.13* 반지름 R인 수평 원관 내부를 흐르는 층류유동 속도분포는 다음과 같이 쓸 수 있다. 단면에서 평균유속은 V_m이다.

$$u(r)=2V_m\left(1-\frac{r^2}{R^2}\right)$$

(1) 5장에서 정의한 운동에너지 수정계수 $\alpha=2$임을 보여라.

(2) 6장에서 정의한 운동량 수정계수 $\beta=\frac{4}{3}$임을 보여라.

풀이 (1) 반지름 r의 위치에서 두께가 dr인 고리 모양의 면적요소를 잡으면

$$dA=(2\pi r)dr$$

이다[그림 7.2]. 관의 단면적 $A=\pi R^2$이고

$$\frac{u}{V_m}=2\left(1-\frac{r^2}{R^2}\right)$$

이다. 따라서 운동에너지 수정계수는 다음과 같이 구해진다.

$$\begin{aligned}\alpha=\frac{1}{A}\int\left(\frac{u}{V_m}\right)^3 dA &= \frac{1}{\pi R^2}\int_0^R 8\left(1-\frac{r^2}{R^2}\right)^3(2\pi r dr)\\ &=\frac{16}{R^2}\int_0^R\left(1-\frac{r^2}{R^2}\right)^3 r dr\\ &=\frac{16}{R^2}\left[-\frac{R^2}{8}\left(1-\frac{r^2}{R^2}\right)^4\right]_0^R\\ &=2\end{aligned}$$

(2) 운동량 수정계수는 다음과 같다.

$$\beta = \frac{1}{A}\int\left(\frac{u}{V_m}\right)^2 dA = \frac{1}{\pi R^2}\int_0^R 4\left(1-\frac{r^2}{R^2}\right)^2(2\pi r dr)$$
$$= \frac{8}{R^2}\int_0^R\left(1-\frac{r^2}{R^2}\right)^2 r dr$$
$$= \frac{8}{R^2}\left[-\frac{R^2}{6}\left(1-\frac{r^2}{R^2}\right)^3\right]_0^R$$
$$= \frac{4}{3}$$

† $\int(1-kx^2)^n x dx = -\frac{1}{2(n+1)k}(1-kx^2)^{n+1} + C$ (C는 적분상수)

연습문제 7

01 지름 D, 압력강하 ΔP, 점성계수 μ, 길이 L일 때 $\dfrac{\pi D^4 \Delta P}{128\mu L}$의 차원을 MLT계로 나타내면 체적유량 Q의 차원과 같은 L^3/T임을 확인하라.

02 안지름 2cm인 곧은 수평 원관에서 층류로 흐를 수 있는 물의 최대속도[cm/s]를 구하라. 물의 동점성계수와 임계레이놀즈수는 다음과 같다.

$$\nu = 1.01 \times 10^{-6}\,\text{m}^2/\text{s},\ \ Re_c = 2100$$

03 안지름 $D = 40\text{cm}$의 곧은 수평 원관에 유체가 흐르고 있을 때 관의 단위길이당 압력강하 $\dfrac{\Delta P}{L} = 2\text{kPa}$이다. 그림의 자유물체도를 이용하여 벽면에서 발생하는 전단응력[Pa]을 구하라.

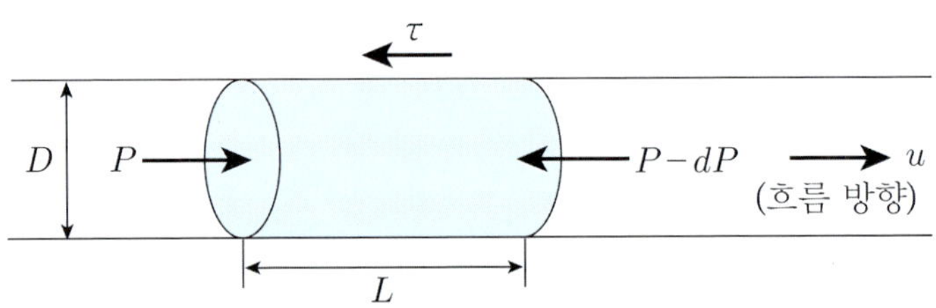

[문제 7.3]

04 안지름 20cm인 곧은 수평 원관에서 밀도 850kg/m^3, 점성계수 $0.3\text{N} \cdot \text{s/m}^2$인 오일이 흐르고 있다. 관 길이 10m당 압력강하가 100Pa일 때 오일의 유량을 구하라.

05 안지름 10cm, 길이 400m인 원관을 이용하여 $4 \times 10^{-3}\text{m}^3/\text{s}$의 오일을 수송하려 할 때 요구되는 펌프 송출압력을 구하라. 오일의 비중은 0.9이고 점성계수는 $\mu = 0.1\text{N} \cdot \text{s/m}^2$이다.

06 안지름 10cm인 곧은 수평 원관에서 동점성계수 $\nu = 3 \times 10^{-4}\text{m}^2/\text{s}$인 오일이 흐르고 있다. 유량 $Q = 0.01\text{m}^3/\text{s}$일 때 관 중심에서 유속을 구하라.

07 층류유동 속도분포가 $u(r) = U_c\left(1 - \dfrac{r^2}{R^2}\right)$일 때 $0 \le r \le \dfrac{2R}{3}$의 원형 단면을 통과하는 체적유량과 단면의 경계 $r = \dfrac{2R}{3}$에서의 전단응력을 구하라. 유체의 점성계수는 μ이다.

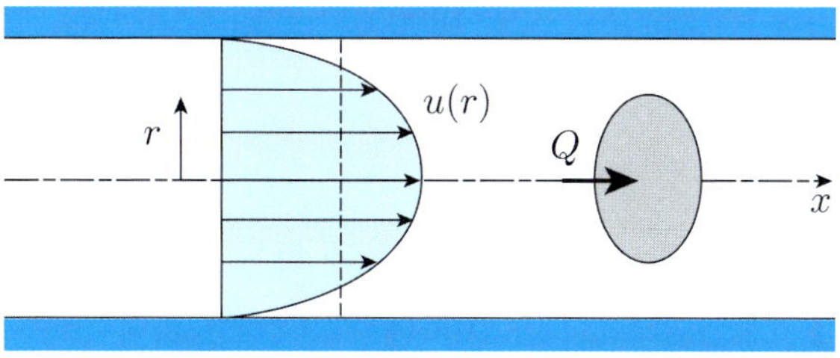

[문제 7.7]

08 반지름 R인 수평 원관 내의 층류유동에서 평균속도와 같은 속도를 갖는 지점의 위치를 구하라.

09 판 사이 간격 h, 압력강하 ΔP, 점성계수 μ, 길이 L일 때 $\dfrac{h^3 \Delta P}{12\mu L}$의 차원을 MLT계로 나타내라.

10 두 개의 수평 평판 사이를 흐르는 층류유동의 평균속도가 10cm/s이면 최대속도는 몇 [cm/s]인가?

11 수평 평판 사이에서 유체가 흐르고 있다. 그림의 자유물체도를 이용하여 흐름 방향 관 길이 L에서의 압력강하가 ΔP일 때 벽면에는 발생하는 전단응력 τ_w가 다음과 같음을 보여라. h는 평판 사이 간격이다.

$$\tau_w = \frac{h\,\Delta P}{2L}$$

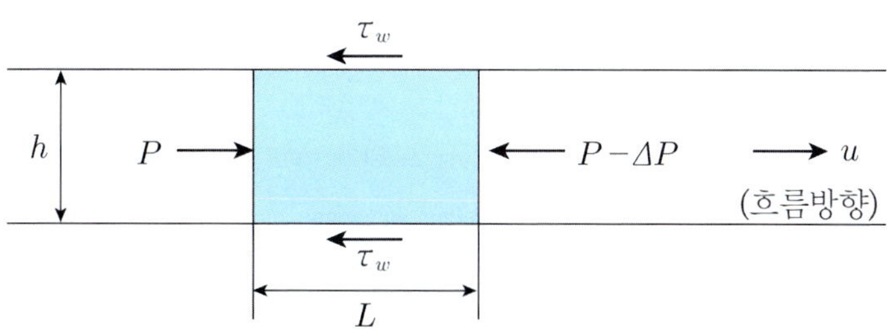

[문제 7.11]

12 수평 평판 사이 유동에서 유체의 점성계수 μ, 밀도 ρ, 판 사이의 간격 h일 때 유동의 레이놀즈수가 Re이면 평판 길이 L에서 일어나는 압력강하 ΔP는 다음과 같음을 보여라.

$$\Delta P = \frac{12\mu^2 L\,Re}{\rho h^3}$$

13 동점성계수 $1.0 \times 10^{-6} \mathrm{m^2/s}$, 밀도 $1000 \mathrm{kg/m^3}$인 물이 $Re = 1000$으로 수평 평판 사이를 흐르고 있다. 판 사이의 간격이 1cm일 때 흐름 방향으로 평판 길이 10m에서 일어나는 압력강하를 구하라.

14 수평 평판 사이에 점성계수 4poise인 유체가 $2l/\mathrm{s \cdot cm}$로 흐르고 있다. 판 사이의 간격이 10cm일 때 흐름방향으로 길이 10m에서 발생하는 압력강하는 몇 kPa인가? 유체의 밀도는 $800 \mathrm{kg/m^3}$이다.

15 (1) 점성계수가 μ인 유체를 수평 원관을 이용하여 평균속도 V로 수송하려 한다. 유동이 층류일 때 관 길이 방향으로 거리 L만큼 수송하기 위해 펌프에서 공급해야 할 동력 L_p는 다음과 같음을 보여라.

$$L_p = 8\pi\mu L V^2$$

(2) 점성계수 $0.4 \mathrm{Pa \cdot s}$, 밀도 $840 \mathrm{kg/m^3}$인 오일을 지름 10cm의 수평 원관을 이용하여 평균속도 1m/s로 수송하려 한다. 관 길이가 10m일 때 펌프에서 공급해야 할 동력 [W]을 구하라.

† 압력 차이 ΔP, 체적유량 Q일 때 수송 동력 $L_p = \Delta P Q$이다.

16 반지름 10cm인 곧은 원관 내에 점성계수 $\mu = 0.5 \mathrm{N \cdot s/m^2}$의 유체가 층류로 흐르고 있다. 관 길이 20m에서 발생하는 압력강하가 0.4kPa일 때 유동의 최대속도[m/s]와 평균속도[m/s] 및 유량[L/s]을 구하라.

17 반지름 R인 수평 원관 내 완전발달 층류유동에서 최대속도를 $u_{\max}$라 할 때 속도가 $\frac{5}{9}u_{\max}$가 되는 지점의 위치를 구하라.

18 안지름 3cm인 수평 원관 내에 비압축성 유체가 층류로 흐르고 있다. 관 중심에서 유속이 4cm/s일 때 체적유량[$\mathrm{cm^3/s}$]을 구하라.

19 원형관 내 유동에서 레이놀즈수(Re)를 질량유량 $\dot{m}$, 관 지름 D, 점성계수 μ를 사용하여 표현하라.

20 원형관 내 유동에서 레이놀즈수(Re)를 체적유량 Q, 관 지름 D, 동점성계수 ν를 사용하여 표현하라.

21 지름이 D인 원관 내에 점성계수 μ인 유체가 층류로 흐르고 있다. 관 중심에서 유속이 U_c일 때 $r = D/4$에서 전단응력을 구하라. r은 관 중심으로부터 거리이다.

22 밀도 $\rho = 900\text{kg/m}^3$, 점성계수 $\mu = 0.4\text{N} \cdot \text{s/m}^2$인 기름이 지름 $D = 2\text{cm}$인 수평관 속에서 흘러간다. 유량 $Q = 20\text{cm}^3/\text{s}$이 되게 하려면 길이 $L = 10\text{m}$에서 압력차 ΔP[kPa]를 얼마로 해야 하는가?

23 관 속의 층류유동 속도분포가 $u(r) = 2\left(1 - \dfrac{r^2}{R^2}\right)$[m/s]로 주어진다. 여기에서 R은 관 내부 반지름이다. 관 안지름이 4cm일 때 최대속도[m/s]와 평균속도[m/s] 및 체적유량[L/s]을 구하라.

24 수평으로 놓인 안지름 2.5cm인 관을 통해 물을 흐르게 하는데 필요한 압력강하는 길이 5m당 4kPa이다. 관 벽에서 전단응력[N/m^2]을 구하라.

25 점성유체가 안지름 10cm의 관 속을 층류로 흐른다. 관 벽으로부터 1.2cm 떨어진 지점에서 유속이 0.8m/s일 때 최대속도[m/s]와 유량[L/s]을 구하라.

26* [**평판 사이 층류유동**] 수평 무한 평판 사이의 층류유동은 다음과 같이 포물선 모양의 속도분포(Poiseuille flow)를 갖는다.

$$u = U_c\left(1 - \frac{y^2}{H^2}\right)$$

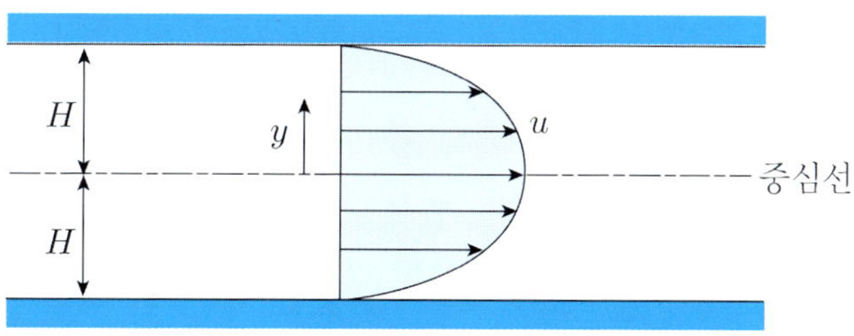

[문제 7.26]

판 사이의 간격은 $2H$이고, y는 중심선으로부터 거리를 나타낸다. 평균유속 V_m, 운동에너지 수정계수 α, 운동량 수정계수 β를 구하라.

27* [**평판 사이 난류유동**] Prandtl은 수평 평판 사이에서의 난류유동 속도분포를 다음과 같이 제안하였다.

$$v = V_c\left(\frac{y}{H}\right)^{1/7} \quad (0 \le y \le H)$$

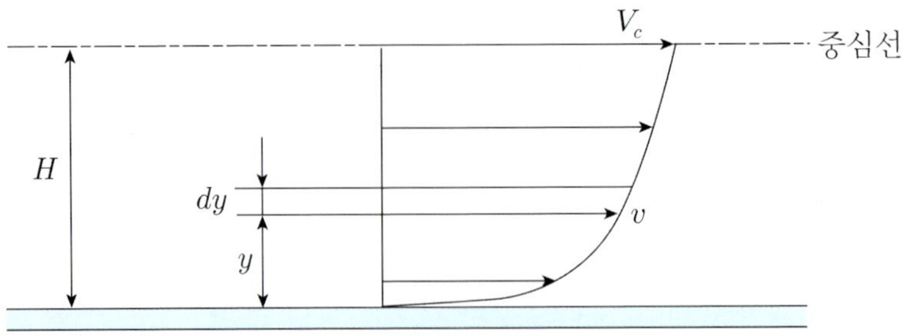

[문제 7.27]

여기에서 H는 평판 간격의 1/2, V_c는 평판 사이 중심선에서의 속도, y는 벽면으로부터 거리를 나타낸다. 속도분포는 중심선에 대하여 대칭이다. 평균유속 V_m, 운동에너지 수정계수 α, 운동량 수정계수 β를 구하라.

28 수평 원형관 속에 어떤 점성 유체가 층류로 정상유동을 할 때, 유량에 대한 설명으로 옳은 것은? [공무원 임용시험]

① 점성에 비례한다. ② 관의 길이에 비례한다.
③ 압력강하에 비례한다. ④ 반경의 제곱에 비례한다.

29 유량이 일정한 관수로에서 관의 지름이 2배로 증가할 때 유속에 대한 설명으로 옳은 것은? [공무원 임용시험]

① 변화 없다. ② 1/2배로 감소한다.
③ 1/4배로 감소한다. ④ 2배로 증가한다.

30 직경 20cm인 원형관에서 물이 50m 흐르는 동안 관벽에서 5cm 떨어진 지점의 마찰응력이 0.002kgf/cm^2일 경우 압력강하$[\text{kgf/cm}^2]$는? [공무원 임용시험]

① 4 ② 6 ③ 8 ④ 10

31 물이 가득 차서 흐르고 있는 어떤 원형관수로에서 흐름의 유속을 측정하였더니 유속이 1.0m/s, Reynolds 수가 500일 때, 관 벽에 작용하는 전단응력$[\text{N/m}^2]$은? (단, 물의 밀도는 1g/cm^3, 물의 단위중량은 10kN/m^3이다.) [공무원 임용시험]

① 4 ② 16 ③ 32 ④ 64

32 직경 0.2m의 원형 단면 관을 통하여 물이 흐르고 있다. 관내의 유속은 관 중심에서 2m/s로 최대를 나타내고, 선형적으로 감소하여 관 벽에서 0.5m/s가 되는 분포를 나타낼 때, 이 관의 유량$[\text{m}^3/\text{s}]$은? [공무원 임용시험]

① 0.0107 ② 0.0314 ③ 0.0471 ④ 0.0628

33 원형관 내 유속 u의 분포가 다음과 같을 때, 유량은? (단, R은 관의 반경, U_C는 관 중심에서의 유속, r은 관 중심축으로 부터 방사 방향의 좌표이다.) [공무원 임용시험]

$$u = U_C\left(1 - \frac{r}{R}\right)$$

① $\frac{1}{4}\pi U_C R^2$ ② $\frac{1}{3}\pi U_C R^2$ ③ $\frac{1}{2}\pi U_C R^2$ ④ $\frac{2}{3}\pi U_C R^2$

34 원형관 내 유속 u의 분포가 $u = u_c\left(1 - \frac{r^3}{R^3}\right)$일 때, 유량은? (단, R은 원형관의 반경, u_c는 원형관 중심에서의 유속, r은 관 중심축으로부터 거리이다.) [공무원 임용시험]

① $\frac{1}{3}\pi u_c R^2$ ② $\frac{1}{2}\pi u_c R^2$ ③ $\frac{3}{5}\pi u_c R^2$ ④ $\frac{2}{3}\pi u_c R^2$

35 다음 그림과 같이 직경 40cm인 원형관에 설치된 피조미터(Piezometer)와 피토관(Pitot-Static Tube)에서 수면 높이차(H)가 20cm이다. 평균유속이 최대유속의 절반이라고 가정하면, 관내를 흐르는 유량은? (단, 원주율 π는 3.14, 중력가속도는 10m/s^2, 관의 중심부 유속을 최대유속이라 가정한다.) [공무원 임용시험]

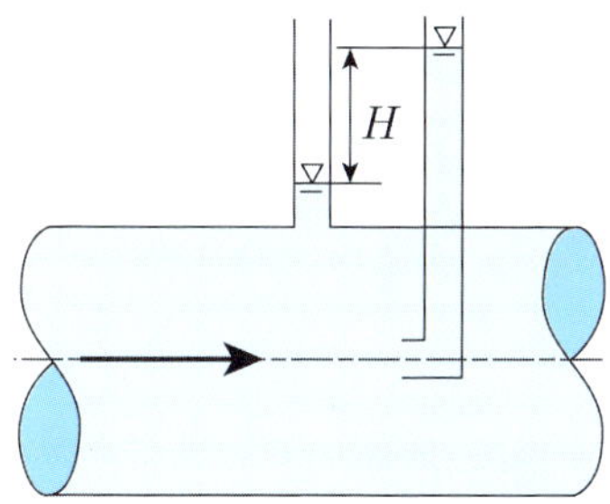

[문제 7.35]

① 31.4L/s ② 62.8L/s ③ 125.6L/s ④ 251.2L/s

36 수평 원통관 속에서 충분히 발달된 층류흐름일 때 압력손실 Δp는? (단, d:관의 직경, L:관의 길이, Q: 유량, μ: 점성계수이다.) [공무원 임용시험]

① $\frac{\pi d^4}{128\mu LQ}$ ② $\frac{128\mu LQ}{\pi d^3}$ ③ $\frac{128\mu LQ}{\pi d^4}$ ④ $\frac{\pi d^4}{64\mu LQ}$

37 그림과 같이 아주 큰 탱크의 하단에 설치된 곧은 관에서 일정한 유량 Q로 유체가 흘러나오고 있다. 관 길이 $L = 2\text{m}$, 안지름 $D = 13\text{mm}$이고, 유량 $Q = 1\text{m}^3/\text{h}$일 때 유체의 동점성계수$[\text{m/s}^2]$를 구하라. 손실은 관 길이에서만 발생한다고 가정한다. Hint: 층류유동으로 가정한다.

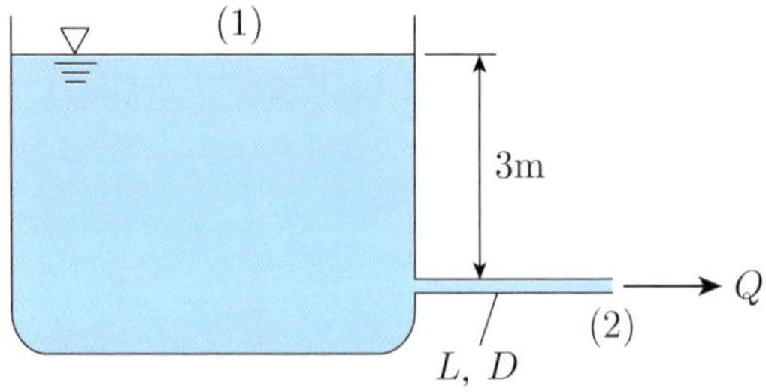

[문제 7.37]

38 안지름이 5mm인 가는 관을 사용하여 밀도가 900kg/m^3인 유체의 점성계수를 측정한다. 관의 단위길이당 압력강하가 375kPa/m이고, 유량이 $19.7\text{cm}^3/\text{s}$일 때 유체의 점성계수 [kg/m • s]를 구하라. Hint: 층류유동으로 가정한다.

39 수평으로 놓인 큰 파이프를 통해 유체가 흘러가고 있다. 파이프는 지름 $D_1 = 30\text{mm}$와 D_2인 두 개의 곧은 파이프로 갈라진다. 지름 D_1인 파이프에서 유량이 지름 D_2인 파이프에서 유량의 3배일 때 D_2를 구하라. 유동은 모두 정상상태 층류유동이며, 두 파이프의 길이와 압력강하는 같다.

40 그림과 같이 물이 들어있는 두 개의 큰 탱크가 안지름 $D = 4\text{mm}$, 길이 $L = 3.5\text{m}$인 곧은 관으로 연결되어 있다. 두 탱크 수면의 고도 차이 $h = 30\text{cm}$일 때 유량[m^3/h]을 구하라. 물의 밀도는 1000kg/m^3, 점성계수는 0.001kg/m • s이고, 손실은 관의 길이에서만 발생한다고 가정한다.

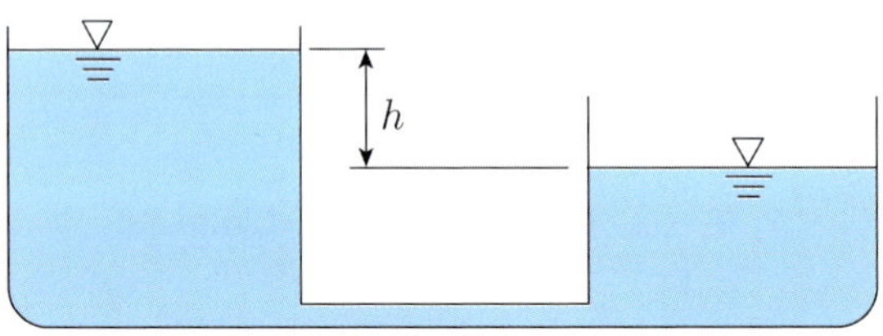

[문제 7.40/41]

41 위 문제(40번)의 그림에서 관유동의 레이놀즈수 $Re = \dfrac{\rho VD}{\mu} = 500$일 때 관의 지름($D$)을 구하라. V는 관에서 평균유속이고, $L = 3.5\text{m}$, $h = 30\text{cm}$이다.

42 그림과 같은 주사기의 바늘구멍을 통하여 일정한 유량 Q가 방출되도록 피스톤에 힘 F를 가한다. 바늘의 구멍 지름 $D_1 = 0.25\text{mm}$, 길이 $L_1 = 1.5\text{cm}$이고, 실린더의 안지름 $D_2 = 1\text{cm}$, 유량 $Q = 0.15\text{cm}^3/\text{s}$일 때 힘 F를 구하라. 유체의 밀도 $\rho = 900\text{kg/m}^3$, 점성계수 $\mu = 0.002\text{kg/m} \cdot \text{s}$이고, 안지름 D_2인 실린더에서 마찰 손실과 바늘의 입구와 출구에서 손실은 무시하며, 피스톤의 속도는 0으로 가정한다. Hint: 실린더 내에서 바늘 입구 압력과 피스톤에 작용하는 압력이 같지 않다는 것에 주의한다. 바늘 출구 압력은 대기압이다.

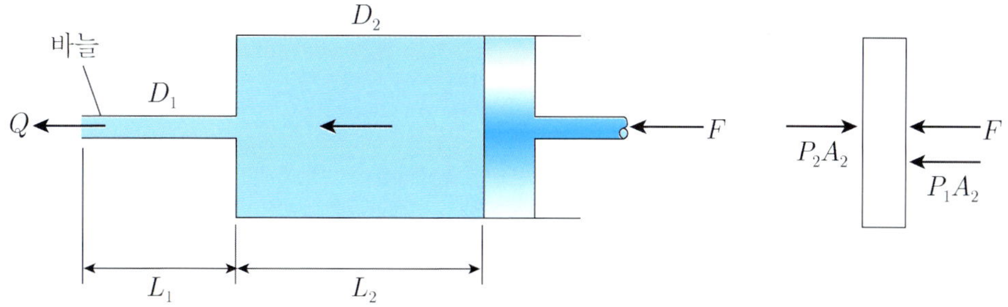

[문제 7.42]

제8장 관로의 손실

8.1 서론

저장탱크나 댐에서 다른 지점으로 유체를 수송하기 위해서는 관이나 수로를 이용한다. 특히 관은 유체기기 외에도 수도관이나 가스관을 비롯하여 원유를 운반하는 송유관 및 화학 공장에서 각종 원료와 생산물을 운반하는 등의 여러 용도로 사용되고 있으므로 관 내부를 흐르는 유동의 특성을 알아야 한다.

지금까지 주로 취급한 점성이 없는 이상유체 흐름에서는 마찰력이 없지만 점성이 있는 실제 유체 흐름에는 유체의 운동에 의해 저항력이 발생한다. 이 저항력을 유체 마찰(fluid friction)이라 한다. 유체마찰에는 유체 분자 간에 일어나는 내부 마찰과 유체와 벽면간의 접촉에 의해 발생하는 외부 마찰이 있다. 이로 인하여 유체가 관 속을 흐르면 에너지 손실이 발생하기 때문에 유체를 수송하기 위해서는 이에 상응하는 에너지를 외부로부터 공급해야 한다. 따라서 이와 같은 에너지 손실을 계산하는 것이 중요하다.

실제 시스템에서 관 속을 흐르는 유동은 대부분 난류이고, 이 난류유동은 아직까지 이론적으로 명확하게 규명되지 않은 매우 어렵고 복잡한 현상이다. 따라서 대부분의 난류 유동에 대한 해석은 실험적인 정보와 반 경험적인 공식에 근거를 두고 있다. 관을 사용한 유체 수송은 여러 분야에서 많이 이용되고 있으므로 관 유동에 대해서는 지금까지 많은 실험을 통하여 손실계수에 대한 데이터가 비교적 잘 체계화되어 있다.

에너지 방정식을 적용하여 관 유동 문제를 해결하기 위해서는 먼저 관 유동에서 발생하는 손실수두(h_L)를 알아야 한다. 일반적으로 관로는 다양한 길이의 곧은 관과 이들을 연결하는 여러 부품(엘보, 밸브 등)들로 구성되어 있다. 곧은 관에서 점성에 의한 유체 마찰로 발생하는 손실을 주 손실($h_{L,\,\text{major}}$)이라 하고, 다양한 관 부품들에서 발생하는 손실을 부차적 손실($h_{L,\,\text{minor}}$)이라 한다. 이들은 모두 유체가 흐르는 것을 방해하는 손실수두가 된다. 즉, 전체 손실수두(h_L)는 다음과 같다.

$$h_L = h_{L,\,\text{major}} + h_{L,\,\text{minor}} \qquad \cdots(8.1)$$

이 장에서는 실험적 데이터와 이론적 방법을 통하여 손실수두를 계산하는 방법을 공부하도록 한다.

8.2 곧은 원관에서 마찰손실

1 Darcy-Weisbach 방정식

점성이 있는 유체가 관이나 수로를 흐를 때는 유체 내 마찰뿐만 아니라 유체와 벽면 사이 마찰로 인해 에너지 손실이 발생한다.

[그림 8.1]에 나타낸 바와 같이 수조에 연결된 수평관에 유체를 흐르게 할 경우 단면 1과 2 사이에서 일어나는 에너지 손실은 압력수두 차이 h_L로 나타난다. h_L은 유체가 관 속을 흐를 때 유체 마찰에 의해 발생하는 에너지 손실이므로 이것을 마찰 손실수두라 한다(기호로는 h_L 또는 h_f를 주로 사용한다).

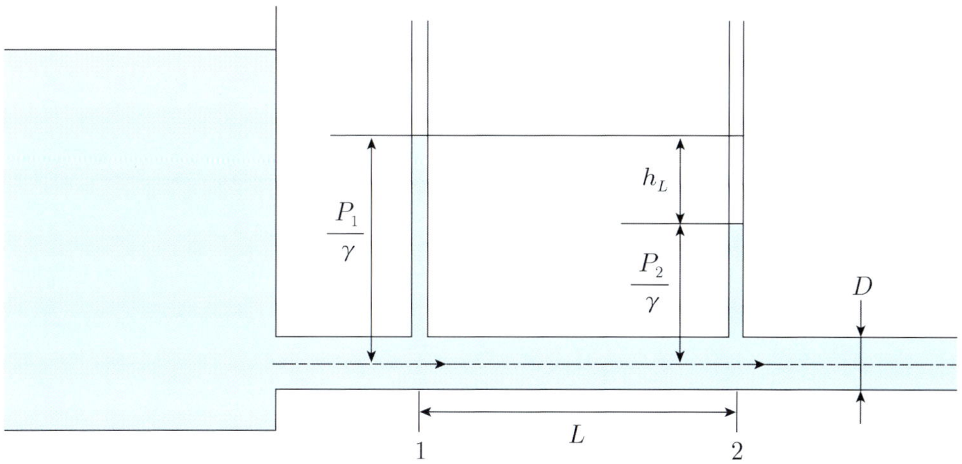

[그림 8.1] 마찰 손실수두(h_L)

[그림 8.1]과 같은 곧은 관에서 정상 상태 비압축성 유체 유동에 대한 에너지 방정식은 다음과 같다.

$$\frac{P_1}{\gamma}+\frac{V_1^2}{2g}+z_1=\frac{P_2}{\gamma}+\frac{V_2^2}{2g}+z_2+h_L \quad \cdots(8.2)$$

여기에서 h_L은 단면 1과 2 사이의 손실수두(수두손실)이다. 관이 수평으로 놓여있으면 두 점의 고도 $z_1=z_2$이고, 관 지름이 일정하면 연속방정식에 의해 $V_1=V_2$이다. 이때 식 (8.2)는 다음과 같이 표현된다.

$$h_L=\frac{P_1-P_2}{\gamma}=\frac{\Delta P}{\gamma} \quad \cdots(8.3)$$

식 (8.3)은 수평으로 설치된 균일 단면의 관인 경우 두 지점 사이에서 발생하는 손실은 두 지점의 정압 차이와 같다는 것을 보여준다. 유체가 흐를 때 일어나는 압력강하(압력손실, ΔP)는 관 길이(L), 관 지름(D), 관 표면조도(ϵ), 유체의 밀도(ρ)와 점성(μ) 및 속도(V)의 함수로 쓸 수 있다. 차원해석과 실험을 통하여 압력강하는 다음과 같이 관 길이와 유속의 제곱에 비례하고 관 지름에 반비례한다는 관계식을 얻었다.

$$\Delta P = \lambda \frac{L}{D} \frac{\rho V^2}{2} \quad \cdots (8.4)$$

여기에서 비례상수 λ를 관 마찰계수(friction factor; 마찰손실계수)라 한다. 그리고 $\rho V^2/2$은 동압을 나타낸다. 일반적으로 마찰계수 λ는 레이놀즈수(Re)와 상대조도(ϵ/D)의 함수이다.

$$\lambda = \phi\left(Re, \frac{\epsilon}{D}\right) \quad \cdots (8.5)$$

식 (8.4)를 이용하여 식 (8.3)의 수두손실을 나타내면 다음과 같다.

$$h_L = \lambda \frac{L}{D} \frac{V^2}{2g} \quad \cdots (8.6)$$

식 (8.6)은 Darcy-Weisbach 방정식이라 부르며 정상 비압축성 관 유동에 대해 유효하고, 관이 수평인 경우와 경사진 경우에 대하여 모두 적용된다. 여기에서 λ를 관 마찰계수 또는 Darcy 마찰계수라고 한다.[43]

압력강하(ΔP) 또는 손실수두(h_L)를 알면 유량 Q의 유체를 수송하기 위해 소요되는 펌프동력(L_p)을 다음과 같이 구할 수 있다.

$$L_p = \Delta P\, Q = \gamma h_L Q = \rho g h_L Q \quad \cdots (8.7)$$

식 (8.5)의 마찰계수와 레이놀즈수 및 상대조도의 관계를 구하는 것은 쉽지 않고 많은 실험 결과를 이용한다. [그림 8.2]는 λ의 Re와 ϵ/D에 대한 함수관계를 나타낸 것으로 Moody 선도라 불려진다. 이 선도의 마찰계수는 실험적으로 결정한 값이다. 이 선도는 유체역학 분야에서 유명하고 유용한 그림 중의 하나이다. [표 8.1]에는 여러 가지 깨끗한 관에 대한 거칠기(표면조도) 값을 나타내었다.

43) 마찰계수 기호로 f도 많이 사용된다.

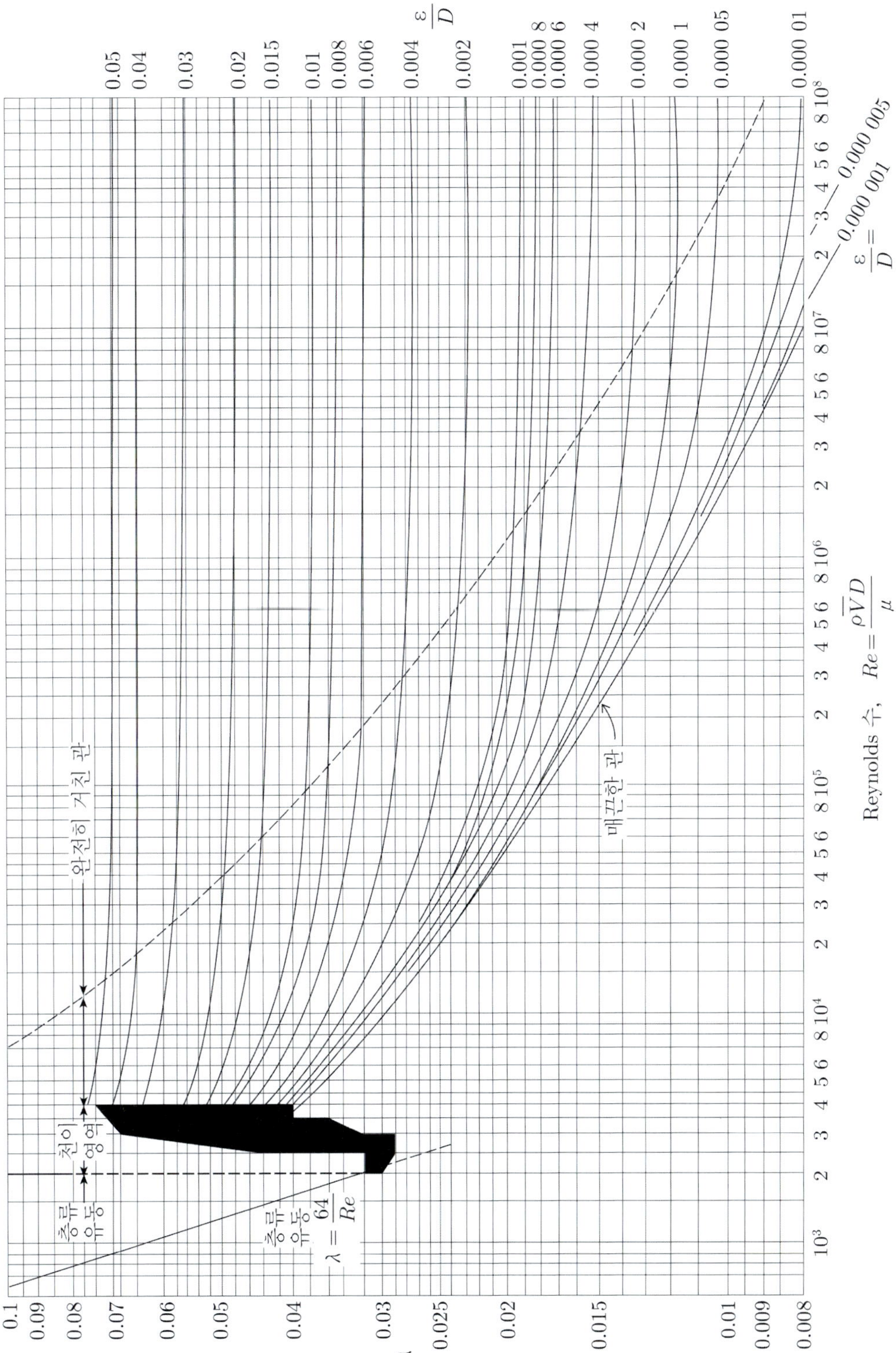

[그림 8.2] Moody 선도

Moody 선도로부터 다음과 같은 특징을 알 수 있다.

① 작은 레이놀즈수의 층류유동에서 $\lambda = 64/Re$이다. 마찰계수는 레이놀즈수(Re)가 증가할수록 감소하고, 상대조도(표면조도)와는 무관하다.

② 마찰계수는 매끈한 관에서 최소이고, 조도에 따라 증가한다. 특히 $\epsilon = 0$인 수력학적으로 매끄러운 관에서도 마찰계수는 0이 아니다. 이것은 아무리 관 벽이 매끄러워도 손실수두가 존재한다는 것을 의미한다.

③ 층류에서 난류로의 천이영역($2300 < Re < 4000$)은 Moody 선도에서 음영으로 처리되었다. 이 영역에서 유동은 층류와 난류를 반복하고 이에 따라 마찰계수도 층류와 난류 값들 사이를 반복하므로 이 영역에서 실험 데이터는 신뢰도가 낮다.

④ 매우 큰 레이놀즈수에서는 $\lambda = \phi(\epsilon/D)$로 마찰계수 λ는 레이놀즈수와 무관하고 상대조도(ϵ/D)만의 함수이다. Moody 선도에서 점선 오른쪽 부분은 특정 상대조도에 대해 마찰계수 선이 거의 수평이 된다.

⑤ 중간 정도의 레이놀즈수에 대해서는 마찰계수가 레이놀즈수(Re)와 상대조도(ϵ/D)의 영향을 모두 받는다. 즉, $\lambda = \phi(Re, \epsilon/D)$이다.

[표 8.1] 일반적인 공업용 재료로 제작한 상용 관의 거칠기(표면조도)

재질	거칠기(조도) ϵ[mm]
유리	0
리벳강(riveted steel)	0.9 ~ 9
콘크리트	0.3 ~ 3
나무	0.2 ~ 0.9
주철	0.26
아연도금강	0.15
아스팔트 주철	0.12
연철, 상용강(commercial steel)	0.046
고무	0.01
구리, 황동, 플라스틱, 인발관	0.0015
스테인리스강	0.002

주어진 조건에서 수두손실을 구하는 과정은 다음과 같다. 먼저 레이놀즈수 Re를 계산하고, 관의 표면조도 ϵ을 구하여 상대조도 ϵ/D을 계산한다. 그러면 마찰계수 λ는 주어진 Re와 ϵ/D의 값으로써 Moody 선도에서 읽을 수 있다. 마찰계수 λ가 구해지면 Darcy-Weisbach방정식을 사용하여 손실수두 h_L을 계산한다. 그러나 평균속도 V가 주어지지 않은 경우에는

손실수두가 V의 함수이므로 마찰계수를 적절한 값으로 가정하고 주어진 조건을 만족하는가를 확인하는 과정을 반복하여 문제를 해결한다. 마찰계수 λ의 값을 정확하게 알지 못하는 경우 일반적으로 $\lambda = 0.03$의 값을 많이 사용한다.

Moody 선도는 관 마찰에 관한 문제를 해결하는데 유용하지만 눈금을 읽기가 어려운 면도 있다. 이에 따라 Moody는 엔지니어가 사용하기에 적합한 다음 관계식을 제시하였다.[44)]

$$\lambda = 0.0055\left[1 + \left(20000\frac{\epsilon}{D} + \frac{10^6}{Re}\right)^{1/3}\right] \quad \cdots (8.8)$$

예제 8.1 안지름 $D = 30\text{cm}$인 수평관 속을 유량 $Q = 0.2\text{m}^3/\text{s}$의 물이 흐르고 있다. 관의 마찰계수 $\lambda = 0.015$일 때 관 길이 $L = 100\text{m}$에서 손실수두($h_L[\text{m}]$)와 압력강하(ΔP $[\text{kPa}]$)를 구하라.

풀이 Darcy-Weisbach 방정식으로부터 손실수두 h_L을 구한다. 평균유속은

$$V = \frac{Q}{A} = \frac{4Q}{\pi D^2} = \frac{4(0.2)}{\pi(0.3^2)} = 2.83[\text{m/s}]$$

이므로 손실수두는

$$h_L = \lambda\frac{L}{D}\frac{V^2}{2g} = 0.015\left(\frac{100}{0.3}\right)\left(\frac{2.83^2}{2\times 9.8}\right) = 2.04[\text{m}]$$

이고, 압력강하는 다음과 같다.

$$\Delta P = \gamma h_L = 9.8 \times 2.04 = 20\,[\text{kPa}]$$

여기에서 $\gamma = 9.8\text{kN/m}^3$이다.

예제 8.2 안지름 $D = 2.6\text{cm}$, 길이 $L = 4\text{m}$인 주철관 속을 평균 속도 $V = 10\text{m/s}$로 물이 흐르고 있을 때 손실수두를 구하라. 관은 수평으로 놓여있고 물의 동점성계수 $\nu = 1.0\times 10^{-6}\text{m}^2/\text{s}$이다.

풀이 먼저 레이놀즈수를 구한다.

$$Re = \frac{VD}{\nu} = \frac{10\times 0.026}{1.0\times 10^{-6}} = 2.6\times 10^5 \ \text{(난류)}$$

44) 이 장에서 나오는 실험식이나 실험적으로 구한 수치 등을 기억할 필요가 없다. 마찰 손실의 개념을 이해하고 Darcy-Weisbach 방정식과 마찰 계수의 적용법을 파악하면 된다.

[표 8.1]에서 주철관의 표면조도 $\epsilon = 0.26\text{mm}$ 이므로 상대조도는

$$\frac{\epsilon}{D} = \frac{0.26}{26} = 0.01$$

이다. Moody 선도에서 $Re = 2.6 \times 10^5$, $\frac{\epsilon}{D} = 0.01$ 에서의 λ를 찾으면

$$\lambda = 0.038$$

이 구해진다. 따라서 Darcy-Weisbach 방정식으로부터 손실수두 h_L을 구하면 다음과 같다.

$$h_L = \lambda \frac{L}{D} \frac{V^2}{2g} = 0.038\left(\frac{4}{0.026}\right)\left(\frac{10^2}{2 \times 9.8}\right) = 29.8\,[\text{m}]$$

참고 Moody가 제시한 관계식을 사용하여 [예제 8.2]의 마찰계수를 구하면 다음과 같다.

$$\lambda = 0.0055\left[1 + \left(20000\frac{\epsilon}{D} + \frac{10^6}{Re}\right)^{1/3}\right]$$
$$= 0.0055\left[1 + \left(20000 \times 0.01 + \frac{10^6}{2.6 \times 10^5}\right)^{1/3}\right] = 0.0379$$

이 값은 선도에서 구한 값과 매우 가깝다.

예제 8.3 안지름 D인 관 속을 유량 Q의 유체가 흐를 때 관 길이 L에서 손실수두를 구하라. 관의 마찰계수는 λ이고, 중력가속도는 g이다.

풀이 평균유속은

$$V = \frac{Q}{A} = \frac{4Q}{\pi D^2}$$

이므로 Darcy-Weisbach 방정식으로부터 손실수두는

$$h_L = \lambda \frac{L}{D} \frac{V^2}{2g} = \lambda \frac{L}{D} \frac{1}{2g} \times \left(\frac{4Q}{\pi D^2}\right)^2 = \lambda \frac{8LQ^2}{\pi^2 g D^5}$$

이다. 즉, 손실수두는 다음과 같이 표현된다.

$$h_L = \lambda \frac{8LQ^2}{\pi^2 g D^5} \quad \cdots (8.9)$$

Darcy-Weisbach 방정식과 식 (8.9) 및 Moody 선도로부터 마찰 손실수두(h_L)에 대해 다음을 알 수 있다.

① 관의 마찰손실은 관 길이(L)에 비례한다.

② 지름이 일정할 때 관의 마찰손실은 유속의 제곱(V^2)에 비례한다.

③ 유량이 일정할 때 관의 마찰손실은 관 안지름의 5제곱(D^5)에 반비례한다.

④ 관의 마찰손실은 관 내벽의 표면조도(ϵ)가 클수록 증가한다.

⑤ 관의 마찰 손실계수는 유체의 점성이 클수록(레이놀즈수 $Re = \rho VD/\mu$가 작을수록) 증가한다.

2 층류 유동에서 마찰손실

일반적으로 관 마찰계수는 실험에 의해 구하지만 특별히 층류유동인 경우에는 하겐-포아젤 공식으로부터 이론적인 값을 구할 수 있다.[45]

하겐-포아젤 공식에서 압력강하를 나타내면 다음과 같다.

$$\Delta P = \frac{128\mu LQ}{\pi D^4} \quad \cdots ①$$

식 ①에 $Q = AV = \frac{\pi D^2}{4}V$, $\Delta P = \gamma h_L = \rho g h_L$을 대입하여 정리하면

$$\rho g h_L = \frac{128\mu L}{\pi D^4} \times \frac{\pi D^2}{4} V$$

$$\therefore \quad h_L = \frac{32\mu LV}{\rho g D^2} = 64\left(\frac{\mu}{\rho VD}\right)\frac{L}{D}\frac{V^2}{2g} = \frac{64}{Re}\frac{L}{D}\frac{V^2}{2g} \quad \cdots ②$$

이 얻어진다. 여기에서 식 ②를 Darcy-Weisbach 방정식과 비교하면 다음과 같은 층류유동의 관 마찰계수 λ가 구해진다.

$$\lambda = \frac{64}{Re} \quad \cdots (8.10)$$

이 식으로부터 층류유동에서 마찰계수는 레이놀즈수만의 함수임을 알 수 있다. 한편 $\lambda_F = \frac{\lambda}{4}$를 Fanning 마찰계수라고 한다.

45) 층류유동 마찰손실은 이론적으로 구해지는 식이므로 잘 알아두도록 한다.

$$\lambda_F = \frac{16}{Re} \qquad \cdots (8.11)$$

관 벽면에서 전단응력을 τ_w라 하면 Fanning 마찰계수 λ_F는 다음과 같은 의미를 갖는다. Darcy 마찰계수 $\lambda = 8\tau_w/\rho V^2$이다.

$$\frac{\tau_w}{\rho V^2/2} = \lambda_F \qquad \cdots (8.12)$$

일반적으로 많이 사용하는 것은 Darcy-Weisbach 방정식에서 정의한 Darcy 마찰계수이므로 이 책에서는 λ만을 사용한다. '단위조작'과 같은 화공 관련 분야에서는 Fanning 마찰계수를 사용하기도 하지만 기계 분야에서 주로 사용하는 것은 Darcy 마찰계수이다.[46)]

예제 8.4 안지름 20mm의 곧은 관에 40L/min의 오일이 흐를 때 마찰계수와 관 길이 10m에 대한 마찰 손실수두[m]를 구하라. 오일의 동점성계수는 $3\times10^{-5}\text{m}^2/\text{s}$이다.

풀이 먼저 평균 유속과 레이놀즈수를 구한다. $1\text{L} = 10^{-3}\text{m}^3$이다.

$$V = \frac{Q}{A} = \frac{4Q}{\pi D^2} = \frac{4(40\times10^{-3}/60)}{\pi(0.02^2)} = 2.12[\text{m/s}]$$

$$Re = \frac{VD}{\nu} = \frac{2.12(0.02)}{(3\times10^{-5})} = 1413$$

$Re < 2100$이므로 층류이다. 따라서 마찰계수는

$$\lambda = \frac{64}{Re} = \frac{64}{1413} = 0.0453$$

이고, 마찰 손실수두는 다음과 같다.

$$h_L = \lambda\frac{L}{D}\frac{V^2}{2g} = 0.0453\left(\frac{10}{0.02}\right)\left(\frac{2.12^2}{2\times9.8}\right) = 5.19[\text{m}]$$

3 난류 유동에서 마찰손실

층류유동에서는 관 마찰계수가 Re만의 함수이지만 Re가 증가할수록 상대조도(ϵ/D)의 영향이 증가하며 아주 큰 Re에서는 상대조도만의 함수로 접근해간다. 층류가 아닌 영역에서

46) 소방 기사 등의 화공 관련 시험에서는 Fanning 마찰계수에 대한 문제가 나온다.

Moody 선도의 값들은 근사적으로 Colebrook 공식이라고 하는 다음 관계식을 따른다.

$$\frac{1}{\sqrt{\lambda}} = -2.0\log\left(\frac{\epsilon/D}{3.7} + \frac{2.51}{Re\sqrt{\lambda}}\right) \qquad \cdots(8.13)$$

Moody 선도는 관 유동의 압력강하에 대한 경험적인 데이터를 사용하여 수식으로 표현된 관계식을 만들고 이것을 그래프로 그려놓은 것이다. 식 (8.13)에서 λ는 음함수 형태로 주어져 있으므로 주어진 조건(Re, ϵ/D)에 대한 방정식을 풀어서 λ를 구해야 한다. 컴퓨터를 이용한 반복계산으로 이 값을 구할 수 있다. Miller(1981)에 따르면

$$\lambda_0 = 0.25\left[0.434\ln\left(\frac{\epsilon/D}{3.7} + \frac{5.74}{Re^{0.9}}\right)\right]^{-2} \qquad \cdots(8.14)$$

로부터 구해지는 λ_0를 마찰계수의 초깃값으로 가정하고 식 (8.13)을 풀면 한 번의 계산으로 정확한 마찰계수 값을 얻을 수 있다고 한다.

한편 Haaland(1983)는 Colebrook 공식을 근사할 수 있는 다음 식을 제시하였다.[47)]

$$\frac{1}{\sqrt{\lambda}} = -1.8\log\left[\left(\frac{\epsilon/D}{3.7}\right)^{1.11} + \frac{6.9}{Re}\right] \qquad \cdots(8.15)$$

식 (8.15)를 사용하여 얻은 λ의 값은 Colebrook 공식의 값에서 $\pm 2\%$의 오차를 가진다고 하므로 아주 유용하게 쓸 수 있다고 하겠다. 예를 들어 [예제 8.2]의 $\epsilon/D = 0.01$, $Re = 2.6\times 10^5$인 경우에 대해 식 (8.15)로써 마찰계수를 구하면 $\lambda = 0.0382$가 얻어진다.

이 외에 난류에서 관 마찰계수는 실험적인 방법에 의존할 수밖에 없으므로 여러 사람들에 의해 많은 다른 경험식이 제시되었다. 널리 알려진 식 중의 하나로 Blasius는 매끈한 관 ($\epsilon/D = 0$)에서 난류에 대한 실험결과를 종합하여 다음 관계식을 제시하였다.

$$\lambda = \frac{0.316}{Re^{1/4}} \quad (4\times 10^3 < Re < 10^5) \qquad \cdots(8.16)$$

한편 Nikuradse는 매끈한 관($\epsilon/D = 0$)에서 더 큰 레이놀즈수에 대해 다음 관계식을 제시하였다.

47) Moody 선도로써 마찰계수를 구하는 방법은 많은 유체역학 책에서 소개하고 있는 유명한 방법이다. 그러나 그림에서 정확한 값을 읽기가 어려우므로 비교적 근래에 발견한 이 수식을 사용하는 것이 편리하다.

$$\lambda = 0.0032 + \frac{0.221}{Re^{0.237}} \quad (10^5 < Re < 3\times 10^6) \qquad \cdots(8.17)$$

관 마찰계수에 대한 여러 가지 데이터 중에서 가장 널리 알려져 있고 가장 많이 사용되는 것은 Moody 선도이다. 그런데 매끈한 관에 대해서는 식 (8.16)과 (8.17)을 이용하면 간편하게 마찰계수를 구할 수 있다.

예제 8.5 밀도 $\rho = 1.23\mathrm{kg/m^3}$, 점성계수 $\mu = 1.8\times 10^{-5}\mathrm{Pa\cdot s}$의 공기가 평균속도 $V = 40\mathrm{m/s}$로 지름 $D = 5\mathrm{mm}$의 매끈한 수평관 속을 흐르고 있다. 관의 조도 $\epsilon = 0$이다.

(1) Blasius 공식으로 마찰계수를 구하여 관 길이 20cm에서 압력강하를 구하라.

(2) Moody가 제시한 식과 Haaland의 식을 사용하여 마찰계수를 각각 구하라.

풀이 (1) 먼저 레이놀즈수를 구한다.

$$Re = \frac{\rho VD}{\mu} = \frac{1.23(40)(0.005)}{1.8\times 10^{-5}} = 13{,}700 \ \text{(난류)}$$

다음에 관의 조도 $\epsilon = 0$일 때 Blasius 공식을 사용하여 마찰계수를 구하면

$$\lambda = \frac{0.316}{Re^{1/4}} = \frac{0.316}{13700^{1/4}} = 0.0292$$

이다. 끝으로 Darcy-Weisbach 방정식을 이용하여 압력강하를 구한다.

$$\Delta P = \gamma h_L = \rho g\left(\lambda \frac{L}{D}\frac{V^2}{2g}\right) = \lambda \frac{L}{D}\frac{\rho V^2}{2}$$

$$= 0.0292\left(\frac{0.2}{0.005}\right)\left(\frac{1.23\times 40^2}{2}\right) = 1150\,[\mathrm{Pa}]$$

(2) ○ Moody: $\lambda = 0.0055\left[1 + \left(20000\frac{\epsilon}{D} + \frac{10^6}{Re}\right)^{1/3}\right]$

$$= 0.0055\left[1 + \left(0 + \frac{10^6}{13700}\right)^{1/3}\right] = 0.0285$$

○ Haaland: $\dfrac{1}{\sqrt{\lambda}} = -1.8\log\left[\left(\dfrac{\epsilon/D}{3.7}\right)^{1.11} + \dfrac{6.9}{Re}\right]$

$$= -1.8\log\left(0 + \frac{6.9}{13700}\right)$$

$$\therefore \quad \lambda = \frac{1}{[-1.8\log(6.9/13700)]^2} = 0.0284$$

세 가지 식으로 구한 마찰계수의 값은 큰 차이가 없으며 특히 근래에 발표된 Haaland의 식은 Moody의 값에 아주 가까운 값을 준다는 것을 알 수 있다.

8.3 비원형관

지금까지 원형 관에 대하여 안지름 D를 특성 길이로 하여 레이놀즈수를 계산하였다. 그런데 실제 문제에 있어서는 비원형 단면(원형이 아닌 단면)을 갖는 경우가 많은데 이와 같은 경우에는 다음과 같이 정의되는 수력직경(hydraulic diameter) D_H를 이용한다.

$$D_H = \frac{4A}{P} \quad \cdots (8.18)$$

여기에서 A는 유동의 단면적이고, P는 유동 단면의 접수길이(wetted perimeter)이다[그림 8.3].

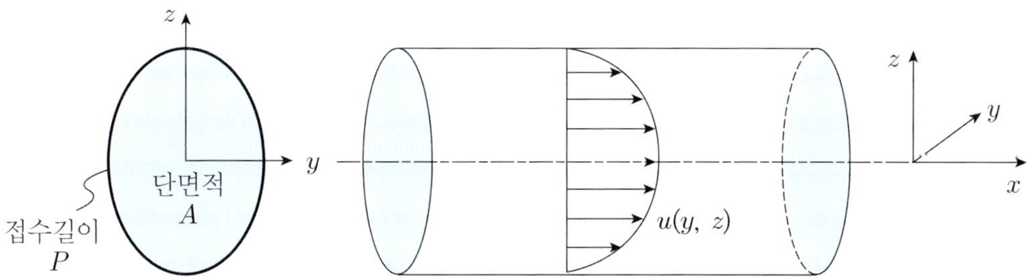

[그림 8.3] 유동의 단면적과 접수길이

원관인 경우 $A = \frac{\pi}{4}D^2$, $P = \pi D$이므로 $D_H = D$이다. 수력직경을 이용하여 비원형관에 대하여 레이놀즈수 및 상대조도와 Darcy-Weisbach 방정식을 쓰면 다음과 같다.

$$Re = \frac{VD_H}{\nu}, \quad \frac{\epsilon}{D_H} \quad \cdots (8.19)$$

$$h_L = \lambda \frac{L}{D_H}\frac{V^2}{2g} \quad \cdots (8.20)$$

비원형 단면 덕트(duct)에서 난류유동에 대해서는 이와 같이 수력직경을 사용하여 Moody 선도로부터 마찰계수를 구한다. 그러나 이러한 방법으로 구한 마찰계수는 일반적으로 다음과 같은 오차를 갖는다.

$$\lambda \approx \begin{cases} \dfrac{64}{Re_{D_H}} & \pm 40\% \quad (\text{층류}) \\ \lambda_{\text{Moody}}\left(Re_{D_H}, \epsilon/D_H\right) & \pm 15\% \quad (\text{난류}) \end{cases} \qquad \cdots(8.21)$$

한편 다음과 같이 정의되는 수력반경(hydraulic radius) R_H를 이용할 수도 있다.

$$R_H = \frac{A}{P} \qquad \cdots(8.22)$$

원형 관에서 $R_H = \dfrac{D}{4}$이므로 수력반경을 이용하면 레이놀즈수 및 상대조도와 Darcy-Weisbach 방정식은 다음과 같이 표현된다.

$$Re = \frac{V(4R_H)}{\nu}, \qquad \frac{\epsilon}{4R_H} \qquad \cdots(8.23)$$

$$h_L = \lambda \frac{L}{(4R_H)} \frac{V^2}{2g} \qquad \cdots(8.24)$$

예제 8.6 그림과 같이 지름이 D_1, D_2인 두 동심 실린더 사이로 유체가 흐를 때 수력직경을 구하라.

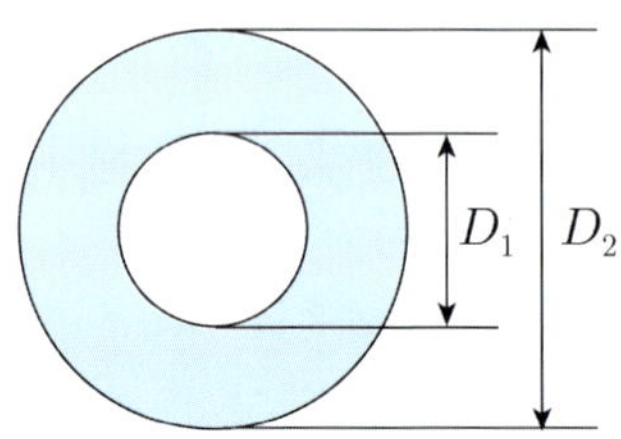

[그림 8.4] 동심 실린더

풀이 지름이 D인 원호의 길이는 πD이고 원의 면적은 $\pi D^2/4$이므로 수력직경은 다음과 같다.

$$D_H = \frac{4A}{P} = \frac{4 \times \left(\frac{\pi}{4}D_2^2 - \frac{\pi}{4}D_1^2\right)}{\pi D_1 + \pi D_2} = \frac{D_2^2 - D_1^2}{D_1 + D_2} = D_2 - D_1$$

$D_1 = 0$일 때 $D_H = D_2$가 된다.

예제 8.7 [그림 8.5]와 같은 사각형 덕트(duct)와 채널(channel)의 수력직경을 각각 구하라. (a)와 (b)에서는 유체가 덕트 내부에 가득 차 흐른다.

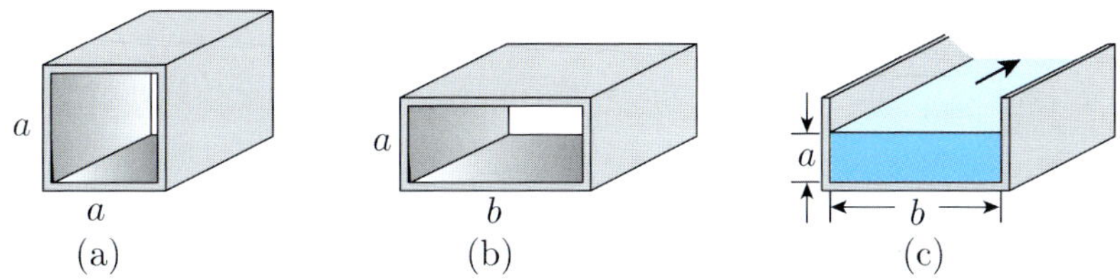

[그림 8.5] (a) 정사각형 덕트 (b) 직사각형 덕트 (c) 채널

풀이 (a) 정사각형 덕트: 유동의 단면적은 a^2이고, 접수길이는 $4a$이다.

$$D_H = \frac{4A}{P} = \frac{4 \times a^2}{4a} = a$$

(b) 직사각형 덕트: 유동의 단면적은 ab이고, 접수길이는 $2a+2b$이다.

$$D_H = \frac{4A}{P} = \frac{4 \times ab}{2(a+b)} = \frac{2ab}{a+b}$$

(c) 채널: 유동의 단면적은 ab이고, 접수길이는 $2a+b$이다.

$$D_H = \frac{4A}{P} = \frac{4ab}{2a+b}$$

예제 8.8 지름 $D_1 = 10\text{cm}$, $D_2 = 20\text{cm}$인 매끈한 동심 실린더 사이로 물이 가득 차서 흐르고 있다. 물의 평균 유속 $V = 0.4\text{m/s}$일 때 관 길이 $L = 100\text{m}$에서 손실수두를 구하라. $\epsilon = 0$이므로 Blasius 공식을 사용하고, 물의 동점성계수 $\nu = 1.0 \times 10^{-6}\text{m}^2/\text{s}$이다.

풀이 먼저 수력직경을 구한 후

$$D_H = D_2 - D_1 = 20 - 10 = 10[\text{cm}]$$

레이놀즈수를 구한다.

$$Re = \frac{VD_H}{\nu} = \frac{0.4 \times 0.1}{10^{-6}} = 4 \times 10^4$$

Blasius 공식으로부터 관의 마찰계수는

$$\lambda = \frac{0.316}{Re^{1/4}} = \frac{0.316}{(4 \times 10^4)^{1/4}} = 0.0223$$

이므로 Darcy-Weisbach 방정식을 이용하여 손실수두를 구하면 다음과 같다.

$$h_L = \lambda \frac{L}{D_H} \frac{V^2}{2g}$$

$$= 0.0223\left(\frac{100}{0.1}\right)\left(\frac{0.4^2}{2\times 9.8}\right)[\mathrm{m}] = 0.182\,[\mathrm{m}]$$

8.4 부차적 손실

1 손실계수와 상당길이

대부분의 관 시스템은 곧은 관을 연결하는 여러 개의 부품들로 구성되어 있고 관의 단면적에도 변화가 일어난다. 유체가 관로 내를 흐르면 이와 같은 관의 단면적과 모양 변화, 흐름 방향 변화, 유로 내의 장애물 등에 의해서도 수두손실이 발생한다. 이러한 손실을 부차적 손실이라 한다.

일반적으로 관로 부품에 대한 손실수두는 실험 자료에 의해 구해지며 각종 밸브나 관이음에서 발생하는 손실에 대한 데이터는 다음 두 가지 형태로 제시된다.

첫 번째는 유동 유체의 속도수두 항으로 표시하는 방법이다.

$$h_L = K\frac{V^2}{2g} \qquad \cdots(8.25)$$

여기에서 K는 (에너지) 손실계수이며 일반적으로 실험에 의해 구해지는 양이다. K의 값은 조도 증가에 따라 증가하고, 레이놀즈수 증가에 따라 감소하지만, 주로 밸브나 관이음의 기하학적 형상에 의해 크게 영향을 받는다. 배관 시스템에 부품을 끼워 넣음으로 인해 부가적으로 발생하는 손실수두는 $h_L = \Delta P/\gamma$로 정의된다.

두 번째 방법은 다음과 같이 정의되는 관의 상당길이(equivalent length)를 사용하는 방법이다. Darcy-Weisbach 방정식에서 관 길이를 L_{eq}로 하여 식 (8.25)의 손실수두와 같게 놓으면 L_{eq}는 다음과 같이 표현된다.

$$h_L = \lambda \frac{L_{eq}}{D} \frac{V^2}{2g} = K\frac{V^2}{2g}$$

$$L_{eq} = \frac{KD}{\lambda} \qquad \cdots(8.26)$$

이와 같이 정의되는 L_{eq}를 곧은 관에 해당하는 상당길이 또는 등가길이라 한다. 상당길이 L_{eq}는 관로에 존재하는 여러 부품과 단면 변화 등에 의해 발생하는 손실을 동일 관의 길이로 환산하여 관 길이에 이 값을 더해줌으로써 손실을 계산할 수 있게 한다. 즉, 부차적 손실에 의해 발생한 부가길이라 할 수 있다. 상당길이가 주어지면 부차적 손실수두 h_{Lm}은 다음과 같이 표현된다.

$$h_{Lm} = \lambda \frac{L_{eq}}{D} \frac{V^2}{2g} \qquad \cdots (8.27)$$

관로의 부차적 손실은 거의 모두 실험에 의한 데이터에 근거를 둔다. 그런데 모든 데이터가 서로 일치하는 결과를 보여주지는 않고 있으며, 때로는 상당히 큰 차이를 보이는 경우도 있다. 손실계수가 주어지면 식 (8.25) 또는 (8.26), (8.27)을 사용하여 부차적 손실을 간단하게 구할 수 있다. 즉, 여러 부품이나 형상 변화에 따라 손실계수의 값은 다양하게 나타나지만 공식의 적용방법은 모두 같고 어렵지 않다고 할 수 있다.

예제 8.9 지름 $D = 10\text{cm}$, 관 마찰계수 $\lambda = 0.025$인 곧은 관에 설치한 밸브의 손실계수 $K = 0.2$이다. 관 속에는 $V = 3\text{m/s}$의 평균속도로 유체가 흐르고 있을 때 다음 물음에 답하라.

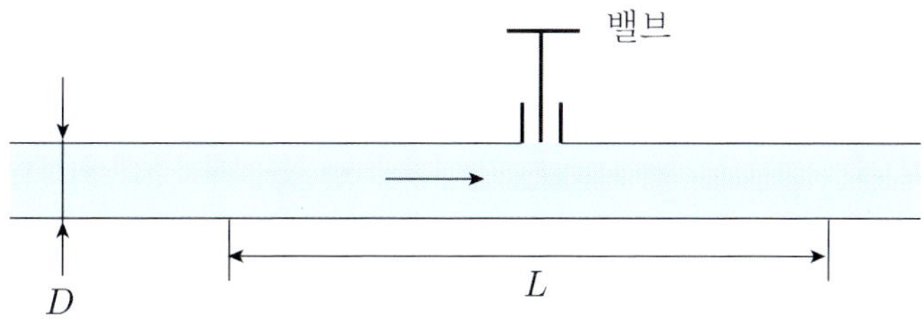

[그림 8.6] 곧은 관과 밸브

(1) 밸브의 부차적 손실에 의해 발생한 부가 길이를 나타내는 상당길이 L_{eq}를 구하라.

(2) (1)에서 구한 L_{eq}를 이용하여 밸브가 포함된 길이 $L = 2\text{m}$ 구간에서 발생하는 총 손실수두를 구하라.

풀이 (1) 식 (8.26)으로 상당길이 L_{eq}를 구하면 다음과 같다.

$$L_{eq} = \frac{KD}{\lambda} = \frac{0.2 \times 0.1}{0.025} = 0.8\,[\text{m}]$$

즉, 밸브에서 발생하는 손실은 곧은 관의 길이 0.8m에서 발생하는 손실과 같다.

(2) 총 손실수두 h_L은 곧은 관에서 발생하는 주손실과 밸브에서 발생하는 부차적 손실수두를 합한 것이다.

$$\begin{aligned} h_L = h_{L,\,\text{major}} + h_{L,\,\text{minor}} &= \lambda \frac{L}{D}\frac{V^2}{2g} + \lambda \frac{L_{eq}}{D}\frac{V^2}{2g} \\ &= \lambda \frac{(L + L_{eq})}{D}\frac{V^2}{2g} \\ &= 0.025 \times \frac{(2+0.8)}{0.1}\left(\frac{3^2}{2\times 9.8}\right)[\text{m}] \\ &= 0.321\,[\text{m}] \end{aligned}$$

관로에서 각 부품의 상당길이가 구해져 있으면 총 손실수두를 간편하게 계산할 수 있다.

2 급확대관에서 손실

관 시스템의 곡관, 엘보, 접속부품, 밸브 등으로 인한 부차적 손실은 거의 모두 실험에 의해 구해진다. 그런데 [그림 8.7]과 같은 관로에서 급확대(sudden expansion)로 인한 손실수두는 예외적으로 이론적인 해석으로 구할 수 있다.

관로의 단면적이 갑자기 확대되면 확대부에서 유속이 감소하면서 구석에서 와류가 발생한다. 이때 속도가 빠른 주류와 느린 와류 사이에는 속도구배로 인한 전단응력이 발생하므로 유동에너지를 소비하게 된다. 연속방정식, 에너지 방정식, 운동량 방정식을 적용하여 이때 발생한 손실을 구한다.

먼저 [그림 8.7]의 (a)와 같이 확대부의 입구 1과 출구 2를 단면으로 하는 검사체적을 잡는다. 실험에 의하면 급확대부에서 압력은 입구에서 압력과 거의 같다고 한다. 따라서 단면 1에서 확대부의 아래 위 구석 부분의 압력은 입구 압력 P_1과 같다고 가정한다. 그리고 유동이 정상 비압축성 난류일 경우에는 관 벽면에서 마찰력은 와류에 의해 발생하는 전단응력에 비해 작기 때문에 무시할 수 있다. 이와 같은 가정 하에서 검사체적에 작용하는 힘을 간결하게 나타내면 [그림 8.7]의 (b)와 같다.

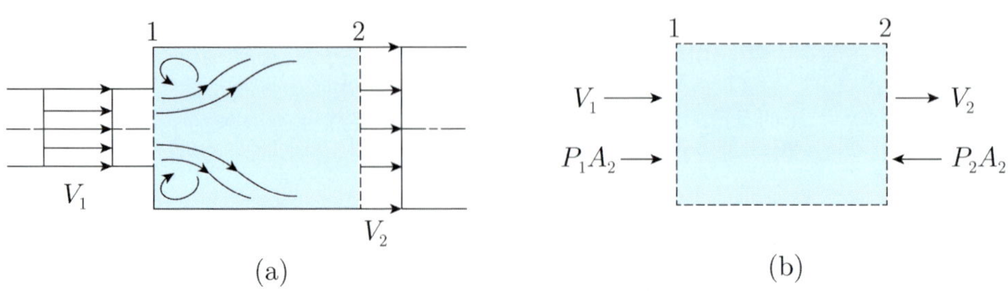

[그림 8.7] 급확대관

단면 1, 2 사이에 에너지 방정식을 적용하면 다음과 같다. 관이 수평으로 놓여있으므로 두 지점의 고도 $z_1 = z_2$이다.

$$\frac{P_1}{\gamma} + \frac{V_1^2}{2g} = \frac{P_2}{\gamma} + \frac{V_2^2}{2g} + h_L$$

$$h_L = \frac{P_1 - P_2}{\gamma} + \frac{V_1^2 - V_2^2}{2g} \qquad \cdots (8.28)$$

여기에서 h_L은 확대부에서 손실수두를 나타낸다. 다음에 [그림 8.7]의 (b)에서 운동량방정식을 적용하면

$$\sum F_x = \rho Q(V_2 - V_1)$$

$$P_1 A_2 - P_2 A_2 = \rho Q(V_2 - V_1)$$

$$\frac{P_1 - P_2}{\rho} = \frac{Q(V_2 - V_1)}{A_2}$$

$$\frac{P_1 - P_2}{\gamma} = \frac{Q(V_2 - V_1)}{g A_2} \qquad \cdots (8.29)$$

이고, 연속방정식에서

$$Q = A_1 V_1 = A_2 V_2 \qquad \cdots (8.30)$$

이다. (8.30)에서 $Q = A_2 V_2$를 (8.29)에 대입하고 이 식을 (8.28)에 대입하면

$$h_L = \frac{V_2(V_2 - V_1)}{g} + \frac{V_1^2 - V_2^2}{2g}$$

이 된다. 이 식을 정리하면 다음과 같이 h_L이 구해진다.

$$h_L = \frac{(V_1 - V_2)^2}{2g} \qquad \cdots (8.31)$$

식 (8.31)에 $V_2 = \frac{A_1}{A_2} V_1$를 대입하고 이 식을 부차적 손실계수에 대한 정의식으로 나타내면 다음과 같다.[48)]

48) 식 (8.32)는 이론적으로 얻어지는 식이므로 가능하면 기억하도록 한다.

$$h_L = \left(1 - \frac{A_1}{A_2}\right)^2 \frac{V_1^2}{2g} = K\frac{V_1^2}{2g} \quad \cdots (8.32)$$

따라서 급확대관에서 손실계수 K는 다음과 같이 표현된다.

$$K = \left(1 - \frac{A_1}{A_2}\right)^2 \quad \cdots (8.33)$$

식 (8.32)와 (8.33)을 보다-카르노(Borda-Carnot) 공식이라 하며, 실험결과와 잘 일치한다고 알려져 있다. 식 (8.33)에서 급확대되는 정도가 클수록 K는 1에 접근해가며 $A_1/A_2 = 0$이면 $K = 1$이다. 즉, 유한한 크기의 관에서 아주 큰 저장조($A_2 \approx \infty$)로 유입되는 경우에는 확대부의 손실계수 $K = 1$이 된다. 이것은 직관적으로 이해할 수 있다. 왜냐하면 연속방정식에서 출구 유속 $V_2 = 0$이 되어 운동에너지를 모두 잃어버리게 되므로 손실수두는

$$h_L = \frac{V_1^2}{2g} \quad \cdots (8.34)$$

이 된다. 이때 유동하는 유체가 갖는 운동에너지는 모두 마찰에 의해 열에너지로 변환된다.

예제 8.10 그림과 같이 안지름 $D_1 = 20\text{cm}$인 원관이 안지름 $D_2 = 40\text{cm}$인 원관에 급확대 연결되어 있는 관로에 $Q = 400\text{L/s}$의 물이 흐를 때 단면적의 확대로 인하여 발생하는 손실수두[m]를 구하라.

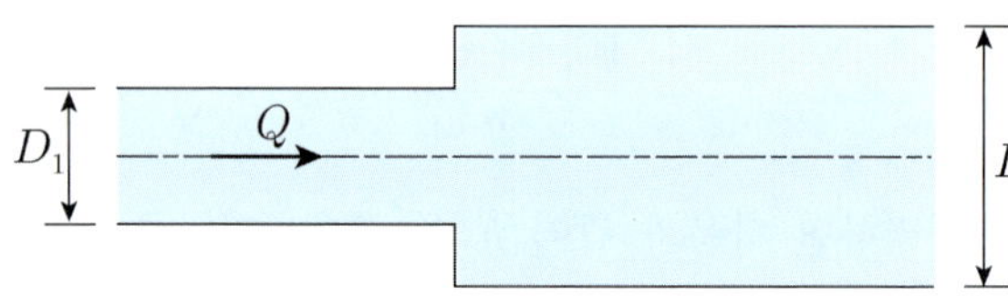

[그림 8.8] 급확대 연결관

풀이 지름 D_1인 관에서 평균유속과 면적비를 구하면 다음과 같다.

$$V_1 = \frac{Q}{A_1} = \frac{4Q}{\pi D_1^2} = \frac{4(400\times10^{-3})}{\pi(0.2^2)} = 12.73\,[\text{m/s}]$$

$$\frac{A_1}{A_2} = \frac{\pi D_1^2/4}{\pi D_2^2/4} = \left(\frac{D_1}{D_2}\right)^2 = \left(\frac{20}{40}\right)^2 = 0.25$$

이때 손실수두는 다음과 같이 구해진다.

$$h_L = \left(1 - \frac{A_1}{A_2}\right)^2 \frac{V_1^2}{2g} = (1-0.25)^2\left(\frac{12.73^2}{2\times 9.8}\right) = 4.65\,[\mathrm{m}]$$

예제 8.11 안지름이 0.5m에서 0.75m로 급확대되는 관에서 $10\mathrm{m}^3/\mathrm{s}$의 공기가 흐르고 있다. 확대부에서 일어나는 압력상승[Pa]을 구하라. 공기의 밀도는 $1.23\mathrm{kg}/\mathrm{m}^3$이다.

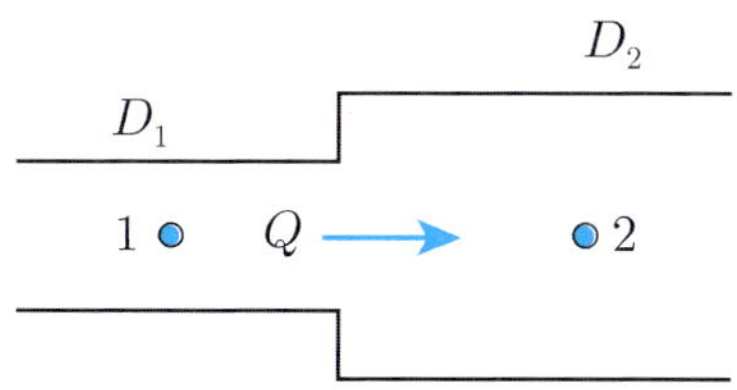

[그림 8.9]

풀이 확대 전과 후를 각각 1, 2로 한다. 두 단면에서 유속은 다음과 같다.

$$V_1 = \frac{Q}{A_1} = \frac{4Q}{\pi D_1^2} = \frac{4(10)}{\pi(0.5)^2} = 50.9\,[\mathrm{m/s}]$$

$$V_2 = \frac{Q}{A_2} = \frac{4Q}{\pi D_2^2} = \frac{4(10)}{\pi(0.75)^2} = 22.6\,[\mathrm{m/s}]$$

두 점 1, 2에서 에너지 방정식을 적용한다. 확대부 손실수두 $h_L = K\dfrac{V_1^2}{2g}$이다.

$$K = \left(1-\frac{A_1}{A_2}\right)^2 = \left[1-\left(\frac{D_1}{D_2}\right)^2\right]^2 = \left[1-\left(\frac{0.5}{0.75}\right)^2\right]^2 = 0.309$$

$$\frac{P_1}{\gamma} + \frac{V_1^2}{2g} + z_1 = \frac{P_2}{\gamma} + \frac{V_2^2}{2g} + z_2 + h_L$$

$$\frac{P_1}{\gamma} + \frac{V_1^2}{2g} + 0 = \frac{P_2}{\gamma} + \frac{V_2^2}{2g} + 0 + K\frac{V_1^2}{2g}$$

$$\begin{aligned} P_2 - P_1 &= \frac{\rho}{2}(V_1^2 - V_2^2) - K\frac{\rho V_1^2}{2} \\ &= \frac{1.23}{2}(50.9^2 - 22.6^2) + 0.309\left(\frac{1.23\times 50.9^2}{2}\right)\ [\mathrm{Pa}] \\ &= 787\,[\mathrm{Pa}] \end{aligned}$$

즉, 압력상승 $\Delta P = P_2 - P_1 = 787\,[\mathrm{Pa}]$이다.

3 급축소관에서 손실

급수축관을 지나는 유동을 [그림 8.10]에 나타내었다. [그림 8.10]은 급수축부의 뒤에서 축맥(vena contracta)이 형성되며 이로 인해 축맥의 전후에서 유체가 가속되고 재팽창하는 모습을 보여준다.

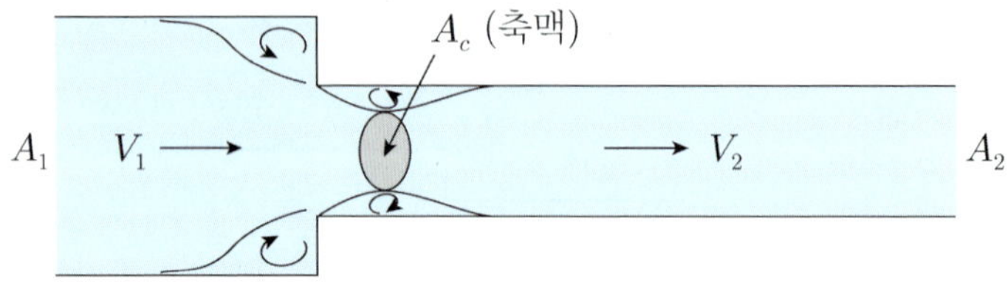

[그림 8.10] 급축소관

급축소관에서는 일반적으로 다음과 같이 손실계수 K를 정의하여 사용하고 있다.

$$h_L = K\frac{V_2^2}{2g} \quad \cdots(8.35)$$

여기에서 V_2는 축소관에서 평균유속이다. 급축소관에 대한 손실계수 K는 면적비 A_2/A_1의 함수이다. 실험적으로 측정한 K의 값들은 $A_2/A_1 = 0$일 때 $K = 0.5$로부터 $A_2/A_1 = 1$일 때 $K = 0$으로 변화하는 경향은 모두 일치한다. 그러나 크기에 있어서는 약간의 차이가 있는데 [표 8.2]에 Weisbach가 물이 흐르는 경우에 대해 실험을 통하여 얻은 수축계수와 손실계수를 나타내었다. 여기에서 수축계수 C_c는 축맥의 면적 A_c와 축소관의 단면적 A_2의 비이다.

$$C_c = \frac{A_c}{A_2} \quad \cdots(8.36)$$

[표 8.2]는 날카로운 모서리를 갖는 경우에 대한 실험 결과이다. 아주 큰 저장조로($A_1 \approx \infty$)부터 직각 모서리의 관 입구를 갖는 경우는 $A_2/A_1 = 0$인 극한적인 경우이다. 이때 고도의 난류유동에 대한 손실계수 K는 0.5에 가깝다.

[표 8.2] 급수축관에서 면적비에 따른 수축계수 C_c와 손실계수 K

A_2/A_1	0	0.1	0.2	0.3	0.4	0.5	0.6	0.7	0.8	0.9	1.0
C_c	0.617	0.624	0.632	0.643	0.659	0.681	0.712	0.755	0.813	0.892	1.0
K	0.50	0.46	0.41	0.36	0.30	0.24	0.18	0.12	0.06	0.02	0

[그림 8.11]에는 유체가 아주 큰 저장조로부터 관으로 흘러 들어갈 때 입구 모양과 그에 따른 손실계수를 나타내었다. 그림에서 보는 바와 같이 손실 계수는 입구 모양에 따라 다르다.

입구 손실을 줄이기 위한 방법은 [그림 8.11]의 (c),(d)와 같이 입구부를 둥글게 하는 것이다.

[그림 8.12]에는 입구 모서리를 둥글게 할 때 둥글기 정도 r/D에 따른 손실계수의 값을 나타내었다. 그림에서 보듯이 $r/D=0.1$ 정도로만 하여도 손실계수가 약 1/5로 줄어든다는 것을 알 수 있다.

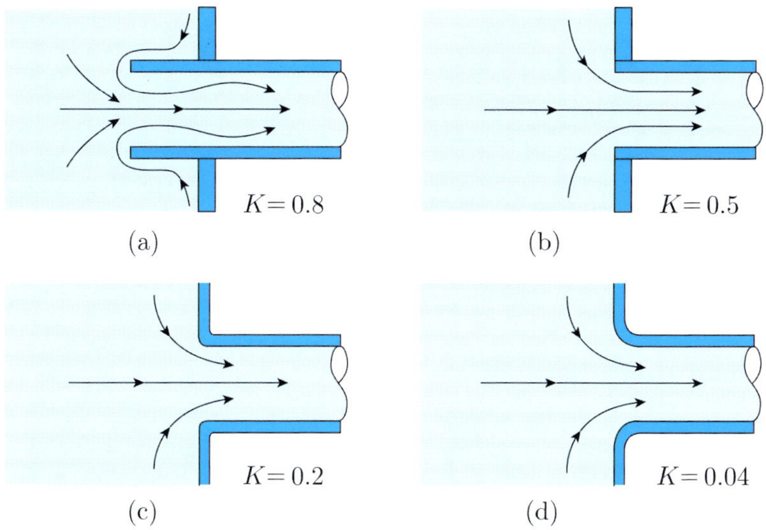

[그림 8.11] 입구형상에 따른 손실계수. (a) 돌출 입구 (b) 날카로운 모서리
(c) 약간 둥근 모서리 (d) 잘 다듬어진 둥근 모서리

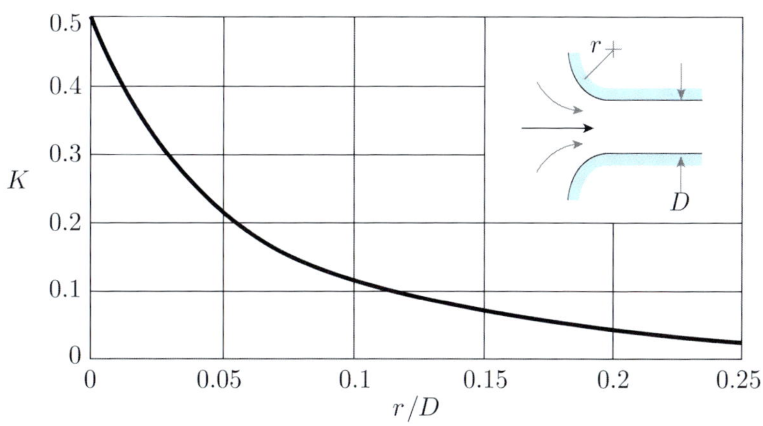

[그림 8.12] 입구 모서리의 둥글기 정도에 따른 입구 손실계수

예제 8.12 날카로운 모서리를 갖는 급축소관에서 두 관의 면적비 $\frac{A_2}{A_1}=0.4$이고 출구유속 $V_2=20\text{m/s}$일 때 관의 급축소로 인한 손실수두를 구하라.

풀이 [표 8.2]에서 $A_2/A_1 = 0.4$일 때 손실계수 $K = 0.3$이므로 손실수두는 다음과 같다.

$$h_L = K\frac{V_2^2}{2g} = 0.3\left(\frac{20^2}{2\times 9.8}\right) = 6.12[\text{m}]$$

예제 8.13 안지름 $D_1 = 7.3\text{cm}$인 원관이 안지름 $D_2 = 4\text{cm}$인 원관에 연결되어 있는 관로에 $Q = 0.02\text{m}^3/\text{s}$의 물이 흐를 때 단면적의 축소로 인한 압력손실[kPa]을 구하라. 관은 수평으로 배열되어 있다.

풀이 먼저 축소관에서 유속을 구한다.

$$V_2 = \frac{4Q}{\pi D_2^2} = \frac{4\times 0.02}{\pi\times 0.04^2} = 15.9[\text{m/s}]$$

여기에서 단면적비는

$$\frac{A_2}{A_1} = \left(\frac{D_2}{D_1}\right)^2 = \left(\frac{4}{7.3}\right)^2 = 0.3$$

이므로 [표 8.2]에서 손실계수 $K = 0.36$이다. 따라서 단면적의 축소로 인한 압력손실(ΔP_L)은 다음과 같다.

$$\Delta P_L = \gamma h_L = \rho g\left(K\frac{V_2^2}{2g}\right) = K\frac{\rho V_2^2}{2}$$

$$= 0.36\left(\frac{1000\times 15.9^2}{2}\right)\times\frac{1}{1000}[\text{kPa}] = 45.5[\text{kPa}]$$

4 점진적 확대관에서 손실

관 단면적이 점진적으로 확대될 때 손실수두를 다음과 같이 나타낸다.

$$h_L = K\frac{(V_1 - V_2)^2}{2g} \quad \cdots(8.37)$$

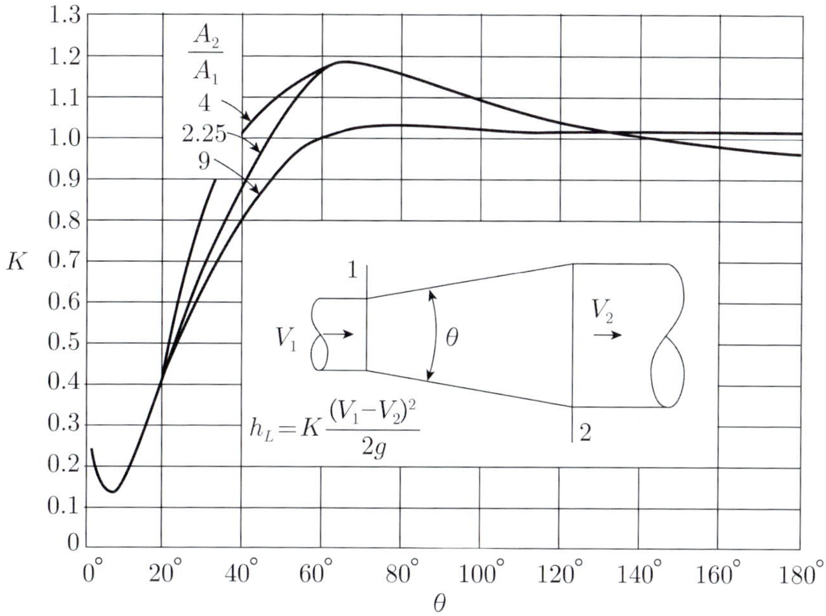

[그림 8.13] 원추 확대부에 대한 손실계수

[그림 8.13]은 원추 확대부의 손실계수에 대한 하나의 실험결과를 나타낸 것이다. 그림과 같이 손실계수 K는 주로 원추각에 의존하지만 면적비에도 영향을 받는다. 그림의 실험결과는 원추각 $\theta = 7°$ 부근에서 손실계수가 최소가 되고, $\theta = 70°$ 부근에서 최대가 된다는 것을 보여주고 있다. 또한 $\theta = 60°$ 가까이의 원추 확대보다는 급확대관을 사용하는 것이 더 좋다. 왜냐하면 급확대의 손실계수 $K = 1$이 원추 확대의 값보다 더 작기 때문이다.

예제 8.14 지름 20cm의 수평관이 $\theta = 20°$의 원추 확대에 의해 지름 40cm의 관로로 연결되었다. 관로 속을 $0.2\text{m}^3/\text{s}$의 물이 흐르고 있고, 작은 관에서 압력 $P_1 = 120\text{kPa}$일 때 큰 관에서 압력을 구하라.

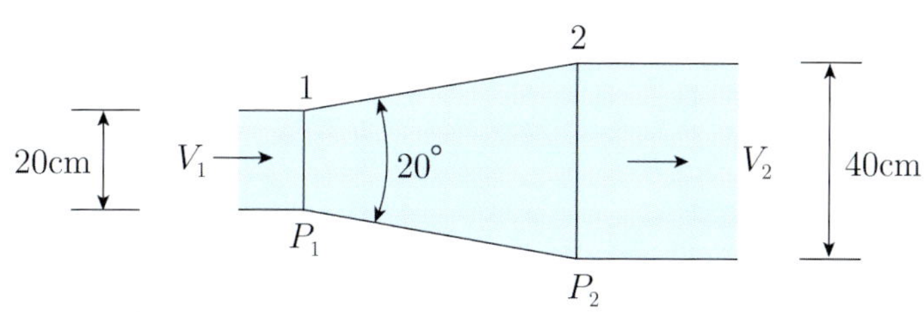

[그림 8.14] 원추 확대 연결관

풀이 단면적비 $\frac{A_2}{A_1} = \left(\frac{D_2}{D_1}\right)^2 = 4$, 원추각 $\theta = 20°$일 때 [그림 8.13]으로부터 손실계수 $K = 0.43$이다. 다음에 유량으로부터 각 단면에서 평균유속을 구한다.

$$V_1 = \frac{Q}{A_1} = \frac{4Q}{\pi D_1^2} = \frac{4(0.2)}{\pi(0.2^2)}[\text{m/s}] = 6.37[\text{m/s}]$$

$$V_2 = \frac{Q}{A_2} = \frac{4Q}{\pi D_2^2} = \frac{4(0.2)}{\pi(0.4^2)}[\text{m/s}] = 1.59[\text{m/s}]$$

두 점 1, 2 사이에 에너지 방정식을 적용한다.

$$\frac{P_1}{\gamma} + \frac{V_1^2}{2g} + z_1 = \frac{P_2}{\gamma} + \frac{V_2^2}{2g} + z_2 + h_L \qquad \cdots ①$$

여기에서 $h_L = K\frac{(V_1 - V_2)^2}{2g}$이고 수평관에서 $z_1 = z_2$이다. 이 값을 식 ①에 대입하면 다음과 같이 큰 관에서 압력 P_2가 구해진다.

$$\frac{P_1}{\gamma} + \frac{V_1^2}{2g} + 0 = \frac{P_2}{\gamma} + \frac{V_2^2}{2g} + 0 + K\frac{(V_1 - V_2)^2}{2g}$$

$$\begin{aligned} P_2 &= P_1 + \frac{\rho(V_1^2 - V_2^2)}{2} - K\frac{\rho(V_1 - V_2)^2}{2} \\ &= (120 \times 10^3) + \frac{1000(6.37^2 - 1.59^2)}{2} - 0.43 \times \frac{1000(6.37 - 1.59)^2}{2}[\text{Pa}] \\ &= 134 \times 10^3[\text{Pa}] = 134[\text{kPa}] \end{aligned}$$

5 점진적 수축관에서 손실

짧고 양호한 점진적 수축에 의해 일어나는 손실수두는 너무 작아서 공학 문제에서는 보통 무시될 수 있다.

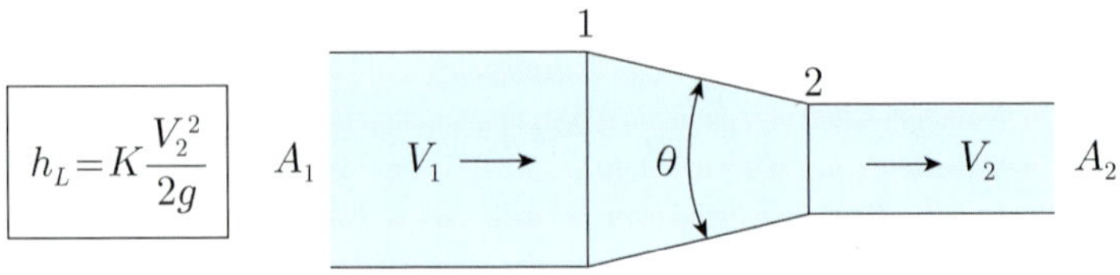

[그림 8.15] 점진적 수축관

[그림 8.15]와 같은 짧고 양호한 유선형 수축부에 대해 손실수두를

$$h_L = K\frac{V_2^2}{2g} \qquad \cdots(8.38)$$

로 정의하면 실험적으로 구한 손실계수 K의 표준값은 0.04이고, 설계를 잘하면 0.02까지 낮출 수 있다고 한다. 그러나 긴 수축부에 대해서는 벽 마찰로 인하여 0.04보다 더 큰 값들이 될 수 있을 것이다. 원추각 $\theta \le 60°$인 보통의 수축관에 대해 실험으로 구한 손실계수의 값은 대개 0.08보다 작으므로 [그림 8.13]의 확대부 손실계수에 비하여 아주 작다는 것을 알 수 있다[표 8.3].

[표 8.3] 점진적으로 수축되는 관의 손실계수 K

면적비	원추각(θ)						
A_2/A_1	10°	15° ~ 40°	50° ~ 60°	90°	120°	150°	180°
0.50	0.05	0.05	0.06	0.12	0.18	0.24	0.26
0.25	0.05	0.05	0.07	0.17	0.27	0.35	0.41
0.10	0.05	0.05	0.08	0.19	0.29	0.37	0.43

8.5 관로의 총 손실수두

배관 시스템의 관로의 각 부분에서 모든 손실계수가 구해지면 총 손실수두(H_L)는 다음과 같다.

$$H_L = h_{L,\text{major}} + h_{L,\text{minor}} = \sum_i \lambda_i \frac{L_i}{D_i}\frac{V_i^2}{2g} + \sum_j K_j \frac{V_j^2}{2g} \qquad \cdots(8.39)$$

여기에서 i는 지름이 동일한 관로의 구간을 의미하고, j는 부차적 손실이 발생하는 부품 또는 관로의 특정 부분을 나타낸다.

모든 구간이 지름 D의 동일한 관으로 구성되어 있고 총 길이가 L이면 곧은 관에서 손실과 관로의 모양 변화 및 여러 가지 연결 부품으로 인해 유체를 수송하는 관로에서 발생하는 총 손실수두 H_L은 다음과 같이 표현된다.

$$H_L = \lambda\frac{L}{D}\frac{V^2}{2g} + \left(\sum K\right)\frac{V^2}{2g} = \left[\lambda\frac{L}{D} + \left(\sum K\right)\right]\frac{V^2}{2g} \qquad \cdots(8.40)$$

여기에서 V는 전체 시스템의 평균 유속이고, $\sum K$는 모든 부차적 손실계수의 합이다. $D=$(일정)이므로 연속법칙에 의해 $V=$(일정)이다. 이와 같이 곡관, 밸브 등의 부차적 손실계수가 주어지면 관로에서 발생하는 손실을 쉽게 구할 수 있다. 유속 V가 주어지지 않으면 마찰계수를 모르므로 먼저 적당한 유속을 가정하여 마찰계수를 구한 후 반복계산에 의해 해를 구할 수 있다.

관 연결 부품에는 사용 목적에 따라 [그림 8.16]과 같은 엘보(elbow), 티(Tee), 크로스(Cross) 등이 있다. 몇 가지 관 연결 부품에 대한 손실계수를 [표 8.4]에 나타내었다.

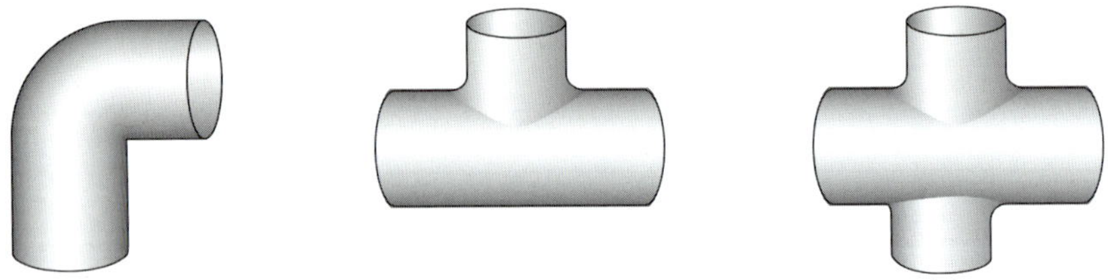

(a) (b) (c)

[그림 8.16] 연결 부품 : (a) 엘보 (b) 티 (c) 크로스

[표 8.4] 상업용 관 이음 부품에 대한 근사적인 손실계수 K; $h_L = K\frac{V^2}{2g}$

부품			나사이음	플랜지 이음
엘보(Elbow)	90° − 정규		1.5	0.3
	90° − 긴 반지름		0.7	0.2
	45° − 정규		0.4	−
	45° − 긴 반지름		−	0.2
180° − 리턴벤드(Return bend)			1.5	0.2
유니언(Union)			0.08	−
티(Tee)	선유동(Line flow)		0.9	0.2
	분기유동(Branch flow)		2.0	1.0
밸브(Valve)	글로브(Globe) − 완전히 열림		10	5
	게이트(Gate) − 완전히 열림		0.2	0.1
	스윙체크(Swing check)	2		
	앵글(Angle) − 완전히 열림	2		
	풋(Foot)	0.8		

상업용으로 쓰이는 전형적인 밸브 형상을 [그림 8.17]에 도시하였다. 각 밸브의 특성은 다음과 같다.

(a) 게이트(gate) 밸브: 단면을 미끄러져 내려가서 흐르는 양을 조절한다.
(b) 글로브(globe) 밸브: 특별한 삽입물에 의해 구멍을 닫는다.
(c) 앵글(angle) 밸브: 글로브 밸브와 비슷하지만 90°로 꺾여 있다.
(d) 스윙체크(swing-check) 밸브: 한 방향 유동만을 허용한다.
(e) 원판(disk) 밸브: 단면이 원형인 문으로써 유로를 막는다.

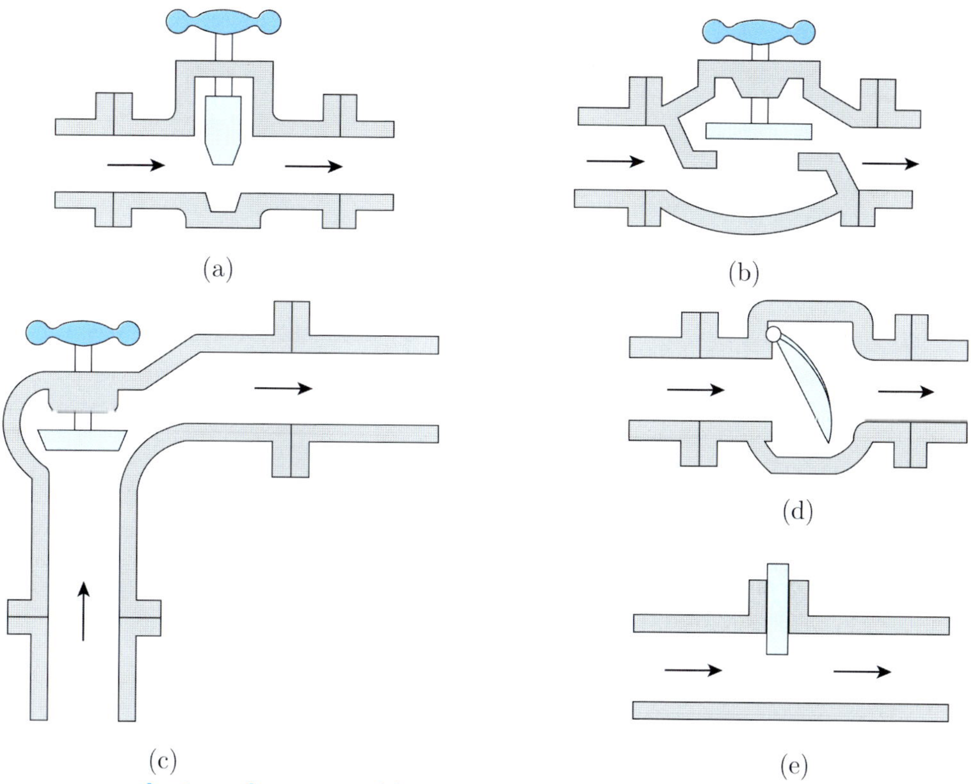

[그림 8.17] 밸브 모양: (a) 게이트 밸브 (b) 글로브 밸브 (c) 앵글 밸브 (d) 스윙체크 밸브 (e) 원판형 게이트 밸브

이 절에는 몇 가지 손실계수의 값을 제시하였는데 급확대관을 제외하고는 모두 실험적인 측정 데이터에 기초한 값이다. 따라서 이러한 손실 계수 K의 값은 여러 가지 실제 상황에 따라서 많이 달라진다. 또한 실험자에 따라서도 상당한 불확실성을 가지고 있으므로 여러 유체역학 책에서 제시하고 있는 값들도 인용 및 참고 자료에 따라 상당히 다를 수 있다. 대개의 경우 $\pm 50\%$의 불확실성이 있다는 것을 염두에 두고, 책에 나오는 손실계수의 값이 정확하게 맞는 것이라는 생각은 하지 않도록 한다. 실제 유체 현상은 그만큼 어렵고 복잡하다. 우리는 먼저 물리적인 현상을 이해하고 다음에 주어진 데이터를 이용하여 문제를 해석하는 방법을 익혀야 할 것이고, 또 그것으로 충분하다고 할 수 있다.[49]

49) 일반적으로 기사시험이나 공무원 시험 등의 문제에서는 이러한 손실계수 값이 주어진다.

예제 8.15 **[여러 개의 부품으로 구성된 관로]** [그림 8.18]과 같이 큰 물탱크로부터 관로를 통하여 대기 중으로 물을 방출하고 있다. 관로의 엘보(90°로 구부러진 부분)와 밸브에서의 부차적 손실계수가 각각 1.5와 2이고, 곧은 관의 Darcy 마찰계수가 0.03일 때 방출되는 유량을 구하라. 모든 관의 지름은 10cm이다.

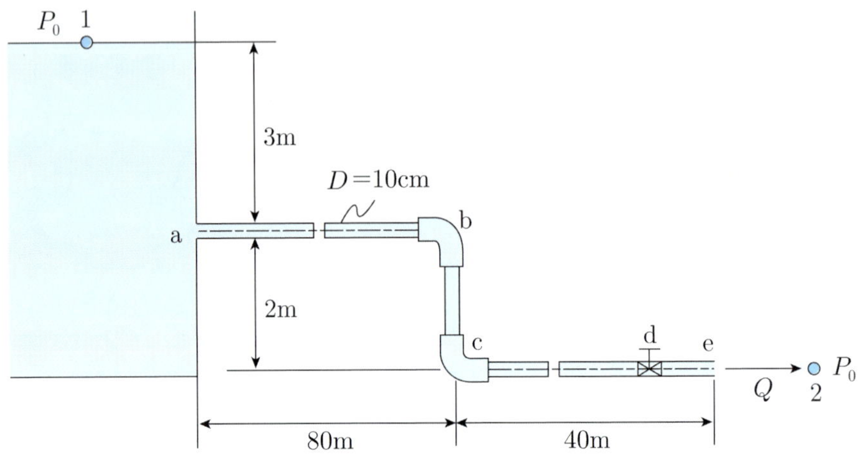

[그림 8.18]

풀이 관 지름이 동일하므로 연속방정식에 의해 관로의 유속은 변하지 않는다. 유속을 V라 하면 관로의 입구, 출구 및 각 연결부에서 손실수두는 다음과 같다.

(1) 관의 전 길이에서 발생하는 주손실

$$h_L = \lambda \frac{L}{D}\frac{V^2}{2g} = 0.03\left(\frac{80+2+40}{0.1}\right)\times\frac{V^2}{2g} = 36.6\frac{V^2}{2g}$$

(2) 관 입구: $h_a = K\dfrac{V^2}{2g} = 0.5\times\dfrac{V^2}{2g}$

(아주 큰 저장조로부터 급축소 $K=0.5$)

(3) 엘보: $h_b = h_c = K\dfrac{V^2}{2g} = 1.5\dfrac{V^2}{2g}$

(4) 밸브: $h_d = K\dfrac{V^2}{2g} = 2\times\dfrac{V^2}{2g}$

(5) 출구: $h_e = \dfrac{V^2}{2g}$ (아주 큰 저장조의 급확대 $K=1$)

(1) ~ (5)를 모두 합하면 총 손실수두는

$$H_L = h_L + h_a + h_b + h_c + h_d + h_e$$

$$= (36.6+0.5+1.5+1.5+2+1)\times\frac{V^2}{2g} = 43.1\times\frac{V^2}{2g}$$

이다. 다음에 대기와 접하고 있는 물탱크의 수면 1과 출구로부터 약간 떨어진 지점 2 사이에 에너지 방정식을 적용하면

$$\frac{P_1}{\gamma}+\frac{V_1^2}{2g}+z_1=\frac{P_2}{\gamma}+\frac{V_2^2}{2g}+z_2+H_L$$

$$\frac{P_0}{\gamma}+0+z_1=\frac{P_0}{\gamma}+0+z_2+H_L$$

$$(z_1-z_2)=H_L$$

이 된다. 즉, 손실수두의 총합은 수면과 관 유출구의 고도 차이와 같다.
여기에서 고도 차이 $z_1-z_2=5\text{m}$이므로 다음과 같이 유속이 구해진다.

$$43.1\times\frac{V^2}{2g}=5$$

$$V=\sqrt{\frac{2\times 9.8\times 5}{43.1}}=1.51[\text{m/s}]$$

따라서 유량은 다음과 같다.

$$Q=AV=\frac{\pi}{4}D^2V=\frac{\pi}{4}\times 0.1^2\times 1.51[\text{m}^3/\text{s}]$$

$$=0.012[\text{m}^3/\text{s}]=12[\text{L/s}]$$

Note 실제 유체 유동은 대부분 난류이고 난류는 아직까지 이론적으로 완전하게 규명되지 않은 어려운 현상이다. 따라서 실험과 경험에 근거를 하여 해석하는 경우가 많다. 특히 손실계수의 값들은 여러 가지 상황에 따라 다른 값을 나타낼 수 있다. 학교에서 시험 문제를 낼 때 [표 8.4]를 보고 '스윙 체크 밸브의 손실계수는 엘보의 손실계수보다 크다.'라는 지문은 옳은 것으로 하는 식의 문제는 내지 않도록 한다. 구체적인 상황에 따라 다를 수 있다.

보충 예제 관로의 손실

예제 8.16 안지름 $D=0.2\text{m}$인 매끄러운 수평 플라스틱 관을 통해 $V=10\text{cm/s}$의 속도로 물이 흐르고 있다. 단위길이당 압력강하($\Delta P/L$)와 마찰로 인해 손실된 단위길이당 동력(H/L)을 구하라. $\epsilon=0$이므로 Blasius 공식을 사용하고, 물의 점성계수 $\mu=1.12\times 10^{-3}\text{kg/m}\cdot\text{s}$, 밀도 $\rho=1000\text{kg/m}^3$이다.

풀이 레이놀즈수는

$$Re = \frac{\rho VD}{\mu} = \frac{1000(0.1)(0.2)}{(1.12\times 10^{-3})} = 1.79\times 10^4 \ \text{(난류)}$$

이고, Blasius 공식으로부터 관의 마찰계수는

$$\lambda = \frac{0.316}{Re^{1/4}} = \frac{0.316}{(1.79\times 10^4)^{1/4}} = 0.0273$$

이다. 압력강하 $\Delta P = \lambda \dfrac{L}{D}\dfrac{\rho V^2}{2}$ 로부터 단위길이당 압력강하는

$$\frac{\Delta P}{L} = \lambda \frac{1}{D}\frac{\rho V^2}{2}$$

$$= 0.0273\left(\frac{1}{0.2}\right)\left(\frac{1000\times 0.1^2}{2}\right)[\text{Pa/m}] = 0.683\,[\text{Pa/m}]$$

이며, 단위길이당 동력은 다음과 같다.

$$\frac{H}{L} = \frac{\Delta PQ}{L} = \frac{\Delta P}{L}\left(\frac{\pi D^2 V}{4}\right)$$

$$= 0.683\left(\frac{\pi\times 0.2^2\times 0.1}{4}\right)[\text{W/m}] = 2.15\times 10^{-3}\,[\text{W/m}]$$

SI 단위 [kg, m, s]로 통일하면 계산결과로 나오는 압력과 동력의 단위는 각각 [Pa]와 [W]가 된다.

예제 8.17 비중이 0.9이고 동점성계수가 $6.5\times 10^{-4}\text{m}^2/\text{s}$인 기름이 안지름 $D = 8\text{cm}$인 수평관을 $2.8\times 10^{-4}\text{m}^3/\text{s}$의 유량으로 흐르고 있다. 단위길이당 손실수두(h_L/L)를 구하라.

풀이 유속과 레이놀즈수는 다음과 같다.

$$V = \frac{Q}{A} = \frac{Q}{\pi D^2/4} = \frac{4Q}{\pi D^2}$$

$$= \frac{4(2.8\times 10^{-4})}{\pi(0.08)^2}[\text{m/s}] = 0.0557\,[\text{m/s}]$$

$$Re = \frac{VD}{\nu} = \frac{0.0557(0.08)}{(6.5\times 10^{-4})} = 6.86$$

$Re < 2100$이므로 층류이다. 마찰계수는 $\lambda = \dfrac{64}{Re}$이고, $h_L = \lambda\dfrac{L}{D}\dfrac{V^2}{2g}$로부터 단위길이당 손실수두는 다음과 같다.

$$\frac{h_L}{L} = \lambda \frac{1}{D}\frac{V^2}{2g} = \left(\frac{64}{Re}\right)\frac{1}{D}\frac{V^2}{2g}$$
$$= \frac{64}{6.86}\left(\frac{1}{0.08}\right)\left(\frac{0.0557^2}{2\times 9.8}\right)[\text{m/m}] = 0.0185\,[\text{m/m}]$$

예제 8.18 안지름이 $D_1 = 12\text{cm}$에서 $D_2 = 6\text{cm}$로 급격히 축소되는 수평관을 통해 $Q = 0.04\text{m}^3/\text{s}$의 유량으로 물이 흐르고 있다. 축소단면에서의 압력강하를 구하라. 이 압력강하[kPa] 중에서 축소부 손실에 의한 양과 운동에너지 변화에 의한 양은 각각 얼마인가? 축소부의 손실계수 $K = 0.4$이다.

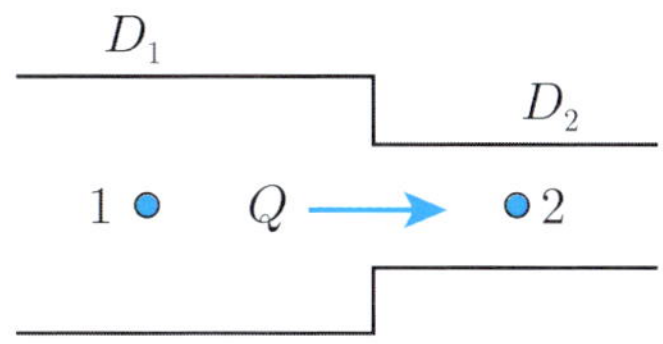

[그림 8.19]

풀이 축소 전과 후를 각각 1, 2로 한다. 두 단면에서 유속은 다음과 같다.

$$V_1 = \frac{Q}{A_1} = \frac{4Q}{\pi D_1^2} = \frac{4(0.04)}{\pi(0.12)^2}[\text{m/s}] = 3.54[\text{m/s}]$$
$$V_2 = \frac{Q}{A_2} = \frac{4Q}{\pi D_2^2} = \frac{4(0.04)}{\pi(0.06)^2}[\text{m/s}] = 14.1[\text{m/s}]$$

두 점 1, 2에서 에너지 방정식을 적용한다. 축소부 손실수두 $h_L = K\frac{V_2^2}{2g}$이다.

$$\frac{P_1}{\gamma} + \frac{V_1^2}{2g} + z_1 = \frac{P_2}{\gamma} + \frac{V_2^2}{2g} + z_2 + h_L$$
$$\frac{P_1}{\gamma} + \frac{V_1^2}{2g} + 0 = \frac{P_2}{\gamma} + \frac{V_2^2}{2g} + 0 + K\frac{V_2^2}{2g}$$
$$P_1 - P_2 = \frac{\rho}{2}(V_2^2 - V_1^2) + K\frac{\rho V_2^2}{2}$$
$$= \frac{1000}{2}(14.1^2 - 3.54^2) + 0.4\left(\frac{1000\times 14.1^2}{2}\right)\ [\text{Pa}]$$
$$= 93.0\times 10^3 + 39.8\times 10^3\ [\text{Pa}] = 133\,[\text{kPa}]$$

유동단면의 급축소로 인해 발생하는 압력강하는 133[kPa]이며, 이 중에서 축소부 손실에 의한 양은 39.8[kPa]이고 운동에너지 증가로 인한 양은 93.0[kPa]이다.

예제 8.19 그림과 같이 펌프를 사용하여 길이 $L=600\text{m}$인 관을 통하여 저수조 ①로부터 저수조 ②로 $0.085\text{m}^3/\text{s}$의 물을 양수하고 있다. 관의 지름이 15cm이고 펌프효율이 75%일 때 요구되는 펌프동력[kW]을 구하라. 저수조 수면은 일정하고 관의 마찰계수는 0.023이며, 부차적 손실은 고려하지 않고 관 길이에서 주손실만 고려한다.

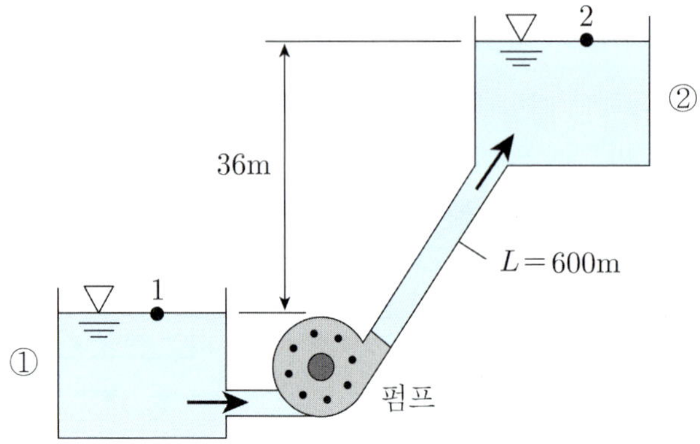

[그림 8.20]

풀이 저수조 ①과 ②의 수면 위 한 점을 각각 1, 2로 하고 두 점 사이에 에너지 방정식을 적용한다.

$$\frac{P_1}{\gamma}+\frac{V_1^2}{2g}+z_1+H_p=\frac{P_2}{\gamma}+\frac{V_2^2}{2g}+z_2+h_L \qquad \cdots ①$$

점 1, 2에서 속도와 압력 및 관에서 유속(V)과 손실수두는 다음과 같다.

$$V_1=V_2=0,\ P_1=P_2=P_{atm}$$

$$V=\frac{Q}{A}=\frac{4Q}{\pi D^2}=\frac{4(0.085)}{\pi(0.15)^2}[\text{m/s}]=4.81[\text{m/s}]$$

$$h_L=\lambda\frac{L}{D}\frac{V^2}{2g}$$

이상의 값들을 식 ①에 대입하면 펌프수두(H_p)는

$$0+0+z_1+H_p=0+0+z_2+h_L$$

$$H_p=(z_2-z_1)+h_L=(z_2-z_1)+\lambda\frac{L}{D}\frac{V^2}{2g}$$

$$=36+0.023\left(\frac{600}{0.15}\right)\frac{(4.81)^2}{2(9.8)}[\text{m}]=144.6[\text{m}]$$

이고, 요구되는 펌프동력(H_{pa})은 다음과 같다.

$$L_{pa} = \frac{\gamma Q H_p}{\eta} = \frac{9.8(0.085)(144.6)}{0.75}[\text{kW}] = 160.6[\text{kW}]$$

여기에서 $\gamma = 9.8\text{kN/m}^3$을 사용하였으므로 동력의 단위가 [kW]가 된다.

† 관 길이에서 주손실이 아주 크면 부차적 손실은 무시할 수 있다. 이 예제에서 $\lambda \frac{L}{D} = 0.023\left(\frac{600}{0.15}\right) = 92 \gg 1$이다.

예제 8.20 [Fanning **마찰계수**] Fanning 마찰계수를 λ_F라 하면 평균유속이 V일 때 관 벽면에서 전단응력은 $\tau_w = \lambda_F\left(\frac{1}{2}\rho V^2\right)$이다. 원관 내 층류유동에서 $\lambda_F = \frac{16}{Re}$임을 보여라.

풀이 관 내 층류유동 속도분포는 $u(r) = u_{\max}\left(1 - \frac{r^2}{R^2}\right)$이고, 전단응력은

$$\tau(r) = -\mu\frac{du}{dr} = 2\mu u_{\max}\left(\frac{r}{R^2}\right)$$

이다. 따라서 벽면($r = R$)에서 전단응력은

$$\tau_w = \frac{2\mu u_{\max}}{R}$$

이다. 여기에서 평균속도는 $V = \frac{1}{2}u_{\max}$이고 $u_{\max} = 2V$이므로 Fanning 마찰계수는 다음과 같이 표현된다.

$$\lambda_F = \frac{\tau_w}{\rho V^2/2} = \frac{2\mu u_{\max}}{R} \times \frac{2}{\rho V^2} = \frac{2\mu(2V)}{R} \times \frac{2}{\rho V^2}$$

$$= \frac{8\mu}{\rho R V} = \frac{8}{\frac{\rho(D/2)V}{\mu}} = \frac{16}{\frac{\rho V D}{\mu}} = \frac{16}{Re}$$

† Fanning 마찰계수를 사용하면 Darcy-Weisbach 방정식에서 관의 손실수두 h_L은 다음과 같이 표현된다.

$$h_L = (4\lambda_F)\frac{L}{D}\frac{V^2}{2g}$$

연습문제 8

01 안지름 20cm, 길이 100m의 원관을 이용하여 $0.04\mathrm{m}^3/\mathrm{s}$의 물을 수송할 때 발생하는 마찰 손실수두[m]를 구하라. 관 마찰계수는 0.03이다.

02 안지름 $D=75\mathrm{mm}$, 길이 $L=10\mathrm{m}$인 강관 속을 평균 속도 $V=3.33\mathrm{m/s}$로 물이 흐르고 있다. 관은 수평으로 놓여있고, 강관의 조도 $\epsilon=0.15\mathrm{mm}$, 물의 동점성계수 $\nu=1.0\times10^{-6}\mathrm{m}^2/\mathrm{s}$이다. Moody 선도를 이용하여 관 마찰계수(λ)와 손실수두[m]를 구하라.

03 안지름 20cm, 길이 300m의 곧은 수평 원관에 $5\mathrm{m}^3/\mathrm{min}$의 물이 흐르고 있다. 관의 양 끝단의 압력 차이[kPa]를 구하라. 관 마찰계수는 0.03이다.

04 비중 0.9, 점성계수 0.4Pa • s인 유체를 안지름 50cm의 수평 원관을 이용하여 평균속도 0.8m/s로 3km 멀리 떨어진 곳으로 수송할 때 발생하는 압력강하[kPa]를 구하라.

05 비중 0.85, 점성계수 $4\times10^{-3}\mathrm{Pa}\cdot\mathrm{s}$인 유체가 안지름 20cm의 곧은 원관 속을 $0.02\mathrm{m}^3/\mathrm{s}$으로 흐르고 있다. Blasius 공식을 사용하여 관 길이 300m에서의 손실수두[m]를 구하라.

06 그림과 같은 직사각형과 정삼각형 유동 단면의 수력직경을 각각 구하라.

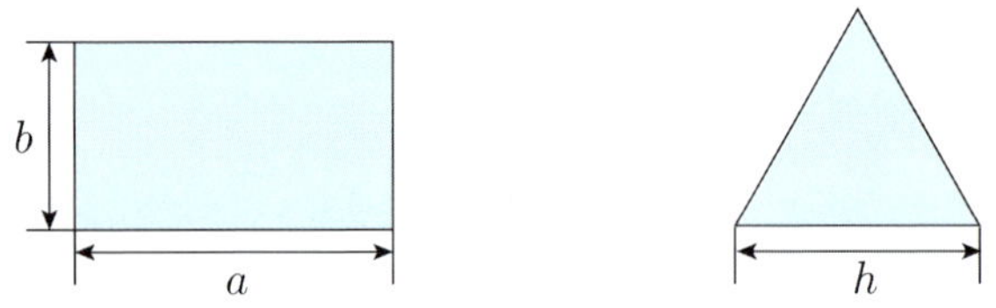

[문제 8.6]

07 폭 4m의 직사각형 단면을 갖는 상부가 개방된 수로에 $24\mathrm{m}^3/\mathrm{s}$의 물이 평균속도 3m/s로 흐르고 있다. 유동단면의 수력반경[m]을 구하라.

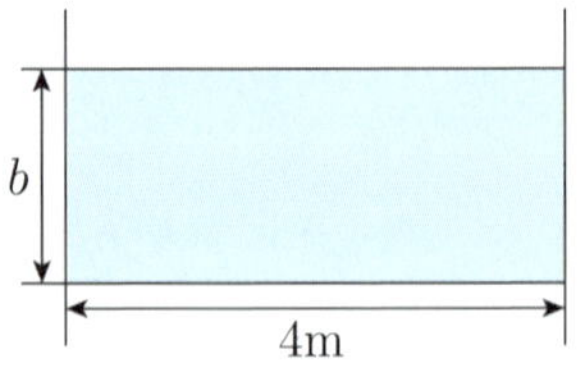

[문제 8.7]

08* 안지름이 75mm인 상용강관에 물이 흐르고 있다. 관 길이 50m에서의 마찰 손실수두가 10m일 때 Moody가 제시한 다음 관계식을 이용하여 유량[m^3/s]을 구하라. 물의 동점성계수는 $1.0\times10^{-6}m^2/s$이고, 상용강의 조도는 0.045mm이다.

$$\lambda = 0.0055\left[1+\left(20000\frac{\epsilon}{D}+\frac{10^6}{Re}\right)^{1/3}\right]$$

09 그림과 같이 단면적이 확대되는 관로에 물이 흐르고 있다. 출구 지름 $D_2 = 2D_1$일 때 다음 각 경우에 대하여 단면적의 확대로 인하여 발생하는 손실수두[m]를 구하라.

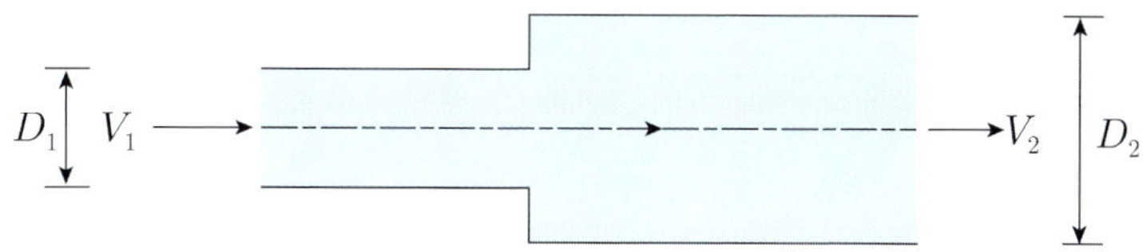

[문제 8.9]

(1) 입구 유속 $V_1 = 3m/s$일 때

(2) 출구 유속 $V_2 = 3m/s$일 때

10 안지름 30mm의 관을 통하여 200L/min의 물이 아주 큰 탱크로 흘러 들어갈 때 발생하는 손실수두[m]를 구하라.

11 단면적이 $100cm^2$에서 $500cm^2$으로 급확대되는 관로에 $0.2m^3/s$의 유체가 흐를 때 단면적의 확대로 인하여 발생하는 손실수두[m]를 구하라.

12 그림과 같이 날카로운 모서리를 갖는 급축소관에 물이 흐르고 있다. 관의 단면적비 $A_2/A_1 = 0.5$일 때 다음 각 경우에 대하여 단면적의 축소로 인하여 발생하는 손실수두[m]를 구하라.

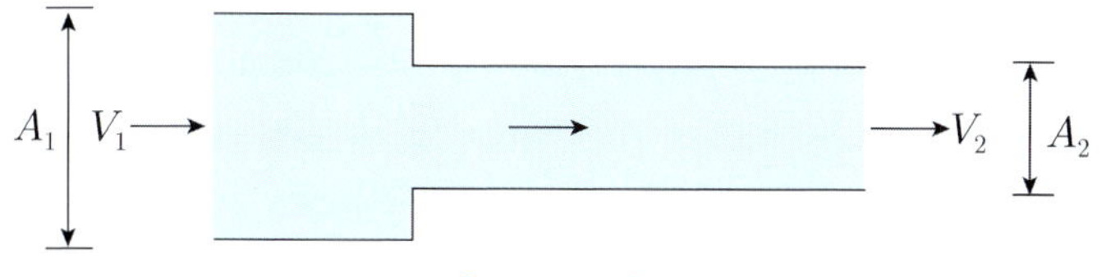

[문제 8.12]

(1) 입구 유속 $V_1 = 10m/s$일 때

(2) 출구 유속 $V_2 = 10m/s$일 때

13 아주 큰 물탱크로부터 직각 모서리의 관 입구를 갖는 작은 관을 통하여 외부로 물을 보내고 있다. 관에서의 평균유속이 $10\mathrm{m/s}$일 때 단면적의 급축소로 인하여 발생하는 손실수두[m]를 구하라.

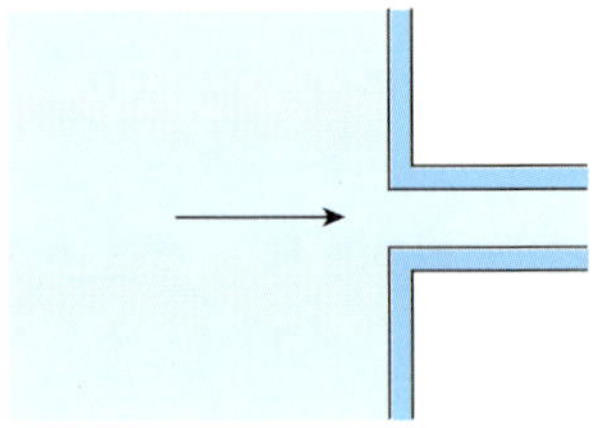

[문제 8.13]

14 안지름 $13.4\mathrm{cm}$인 수평 원관이 안지름 $6\mathrm{cm}$인 수평 원관에 연결되어 있는 관로에 $Q = 0.04\mathrm{m^3/s}$의 물이 흐를 때 단면적의 축소로 인한 압력손실[kPa]을 구하라.

15 정사각형 덕트와 원형 덕트의 단면적이 동일할 때 수력직경이 더 큰 것은 어느 것인가?

16 그림과 같이 펌프를 사용하여 안지름 $D = 20\mathrm{cm}$의 수평관을 통하여 유량 $Q = 0.08\mathrm{m^3/s}$의 물을 아주 큰 탱크로 보내고 있다. 펌프로부터 탱크까지의 거리 $L = 30\mathrm{m}$이고 관 마찰계수 $\lambda = 0.03$이면 펌프로부터 탱크까지 물이 흐르는 동안 발생하는 손실수두는 몇 m인가? 펌프 출구 손실은 무시한다.

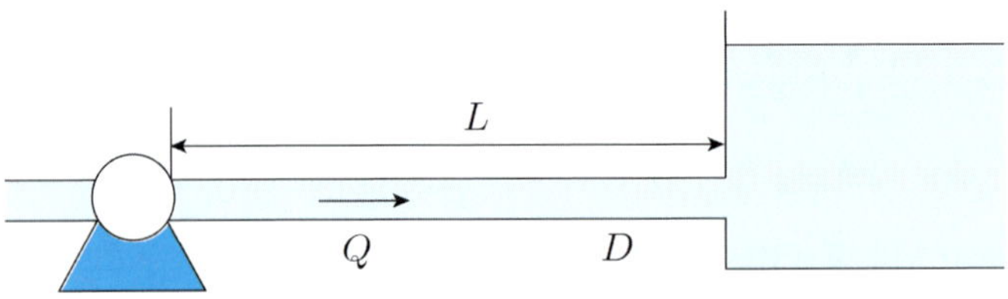

[문제 8.16]

17 그림과 같이 두 개의 아주 큰 물탱크가 안지름 $D = 20\mathrm{cm}$, 길이 $L = 30\mathrm{m}$의 수평관을 통하여 연결되어 있고, 관 속에는 $V = 4\mathrm{m/s}$의 속도로 물이 흐르고 있다. 관 마찰계수 $\lambda = 0.03$일 때 물이 흐르는 동안 발생하는 총 손실수두[m]를 구하라.

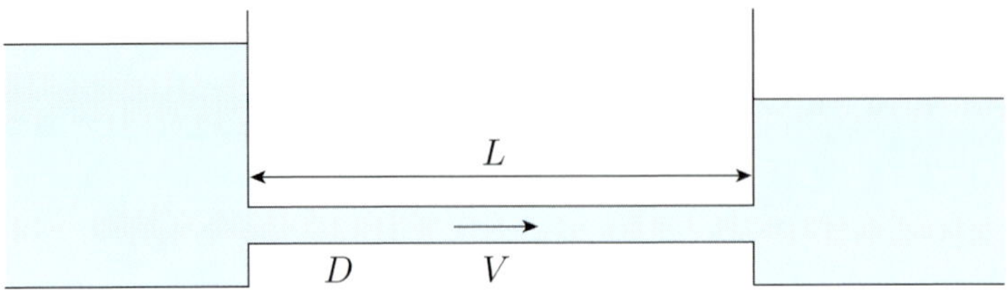

[문제 8.17]

18 그림과 같이 상부가 개방된 아주 큰 수조에 안지름 5cm, 길이 15m인 관이 연결되어 대기 중으로 물을 방출하고 있다. 수조의 수위가 관 출구보다 10m 위에 위치할 때 관 속을 흐르는 물의 유속[m/s]과 유량[L/s]을 구하라. 관 마찰계수 $\lambda = 0.02$이고, 관의 굽은 부분과 밸브에서 부차적 손실계수 K는 각각 1.5와 0.8이다.

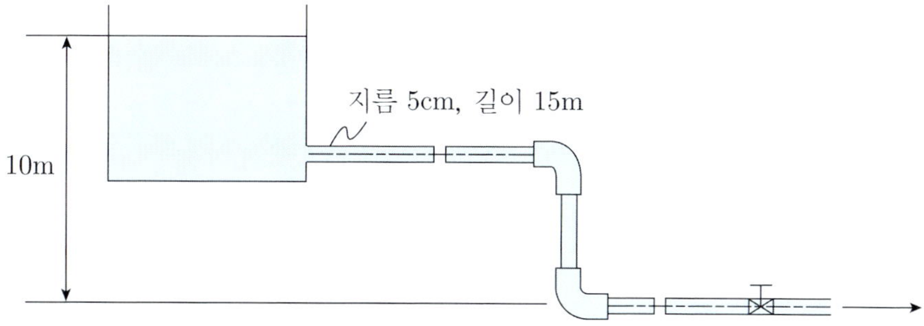

[문제 8.18]

19 그림과 같이 상부가 개방된 두 개의 아주 큰 수조가 관으로 연결되어 물이 흐르고 있다. 두 수조의 수위 차이가 3m일 때 유량[L/s]을 구하라. 안지름 $D_1 = 4\text{cm}$와 $D_2 = 8\text{cm}$인 관에서 마찰계수 λ는 각각 0.03와 0.02이고, 수조의 수면은 일정하게 유지된다고 가정한다.

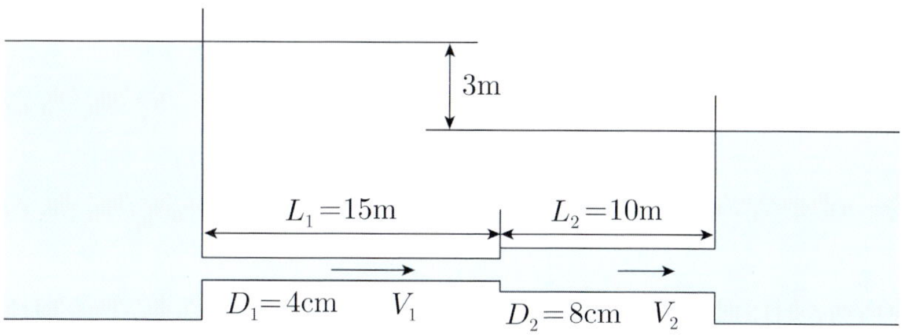

[문제 8.19]

20 안지름 5cm의 수평관을 4.5m/s의 속도로 흐르는 물이 아주 큰 탱크로 유입되고 있다. 관의 마찰계수 $\lambda = 0.03$이고, 탱크로 물이 유입되는 부분에서 손실계수 $K = 1$일 때 피에조미터에서 물의 상승높이 h[m]를 구하라. 탱크수면은 일정하다고 가정한다.

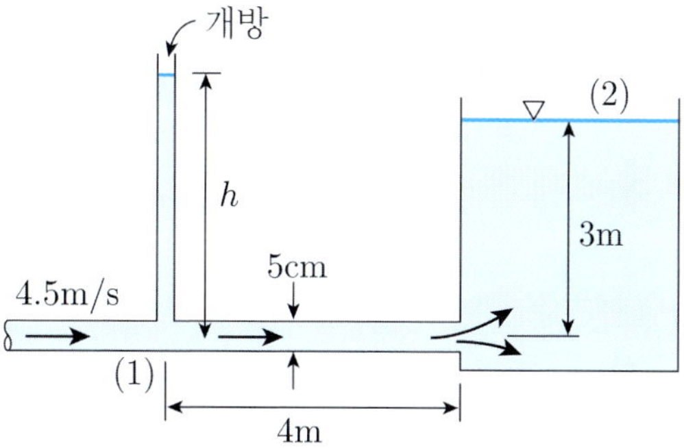

[문제 8.20]

21 그림과 같이 펌프를 사용하여 길이 $L = 600\text{m}$인 관을 통하여 저수조 ①로부터 저수조 ②로 $0.1\text{m}^3/\text{s}$의 물을 양수하고 있다. 관의 지름이 20cm이고 펌프효율이 80%일 때 펌프에 공급해야 할 동력은 몇 마력[PS]인가? 저수조 수면은 일정하고 관의 마찰계수는 0.023이며, 부차적 손실은 고려하지 않고 관 길이에서 주손실만 고려한다.

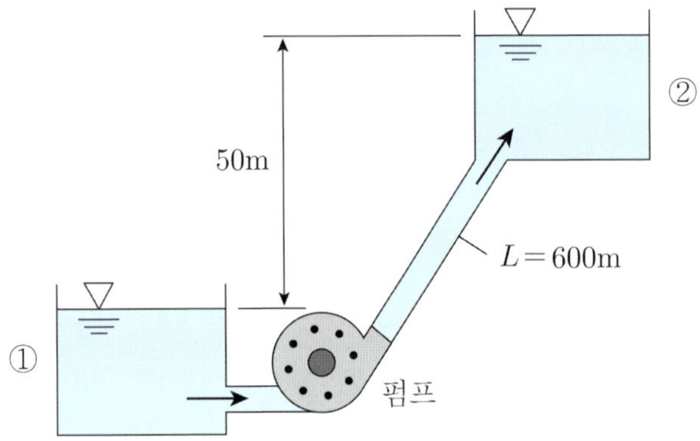

[문제 8.21]

22 그림과 같이 호수 바닥에 설치된 터빈과 수평관에 $Q = 9\text{m}^3/\text{h}$의 물이 흐르고 있을 때 터빈이 물로부터 받는 동력[W]을 구하라. 관의 마찰계수 $\lambda = 0.0232$이고 호수 수면은 일정하며, 부차적 손실은 고려하지 않고 관 길이에서 주손실만 고려한다.

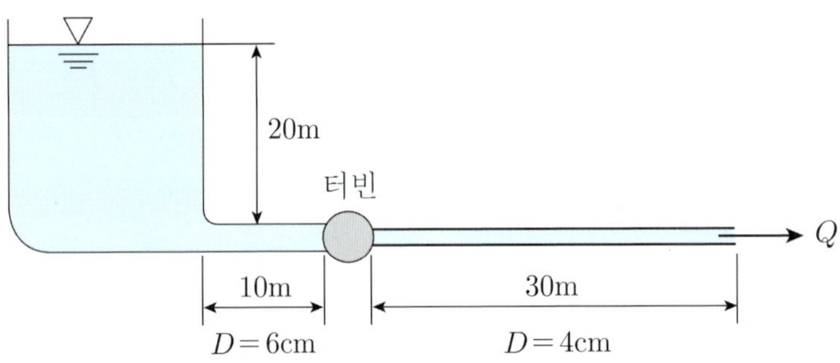

[문제 8.22]

23 그림과 같이 아주 큰 탱크에 저장되어 있는 기름이 탱크 바닥의 관을 통해 흘러나오고 있다. 이때 기름의 유량($Q[\text{m}^3/\text{h}]$)을 구하라. 기름의 밀도 $\rho = 870\text{kg/m}^3$이고 점성계수 $\mu = 0.104\text{kg/m} \cdot \text{s}$이다. 관 입구에서 부차적 손실은 무시한다. (층류로 가정해본다.)

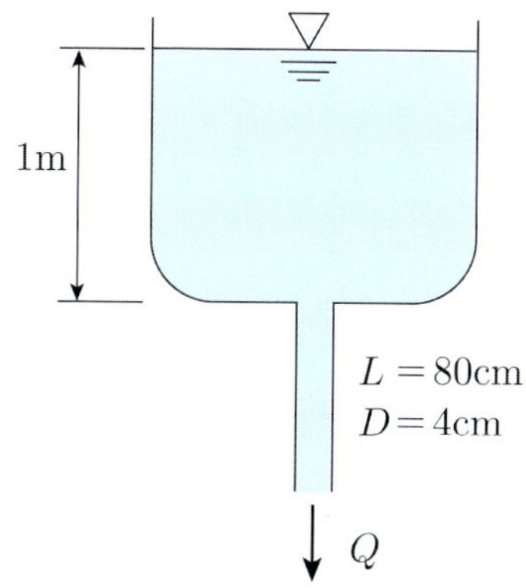

[문제 8.23]

24 그림에서 길이 $L = 50\text{m}$인 수평관의 안지름 $D = 6\text{cm}$이고 마찰계수 $\lambda = 0.0205$이다. 물이 흐르는 방향과 유량[m^3/h]을 구하라. 물의 점성계수는 $\mu = 0.001\text{kg/m} \cdot \text{s}$이고 탱크의 계기압력 $P_g = 200\text{kPa}$이며, 수면은 모두 일정하다고 가정한다. 관의 입구와 출구에서 부차적 손실은 무시한다.

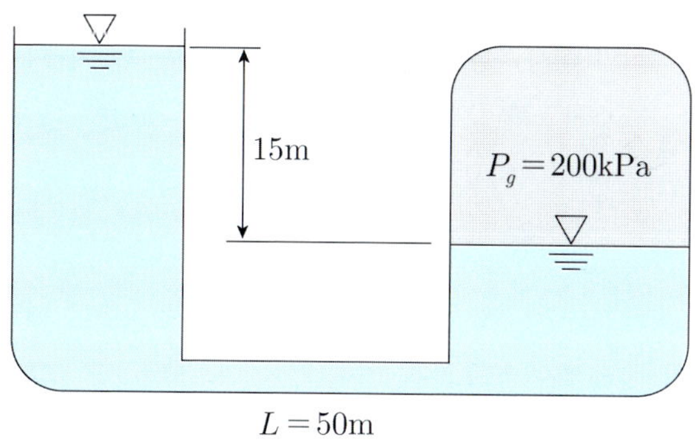

[문제 8.24]

25 안지름 15cm인 수평관에서 $0.06\text{m}^3/\text{s}$의 유량으로 물이 흐르고 있다. 관의 단위길이당 압력강하가 1kPa일 때 관의 마찰계수(λ)를 구하라.

26 관 속의 점성유체 흐름에서 관 마찰계수(f)에 대한 설명으로 옳은 것은? [공무원 임용시험]

① 완전 층류구역에서 f는 프루드수(Fr)와 레이놀즈수(Re)의 함수이다.
② 완전 층류구역에서 f는 단지 레이놀즈수(Re)만의 함수이다.
③ 완전 층류구역에서 f는 상대조도와 레이놀즈수(Re)의 함수이다.
④ 완전 난류구역에 있는 거친 관에서 f는 상대조도와 무관하다.

27 물이 직경 10cm, 길이 1km의 아연 도금된 관을 통해 2m/s의 유속으로 운반된다. 이때 발생하는 압력강하[kPa]는? (단, 마찰손실 계수는 0.02, 물의 밀도는 1,000kg/m^3, 중력가속도는 10m/s^2이다.) [공무원 임용시험]

① 0.4　② 4　③ 40　④ 400

28 길이가 400m이고 지름이 20cm인 관에 유량 31.4L/s로 물이 흐르고 있다. 관의 마찰손실 계수가 0.04일 때, 손실수두[m]는? [공무원 임용시험]

① 0.255　② 2.55　③ 4.08　④ 40.8

29 관로 A, B가 다음과 같을 때, B관로의 단위길이당 손실수두는 A관로의 몇 배인가? [공무원 임용시험]

> 관로 A는 지름이 50cm, 길이가 200m이고, 관로 B는 지름이 25cm, 길이가 100m이다. 두 관로의 마찰손실계수와 유속은 동일하다.

① 0.5　② 1.0　③ 1.5　④ 2.0

30 한 변의 길이가 2m인 정사각형 관로에 물이 가득 차서 흐르고 있다. 1km 떨어진 지점까지 40m^3/s의 물을 송수하고자 할 때 발생하는 손실수두[m]는? (단, 마찰손실계수 $f=0.02$, 중력가속도는 $g=10\text{m/s}^2$이고, 부차적 손실은 무시한다.) [공무원 임용시험]

① 20　② 25　③ 40　④ 50

31 수위차 10m인 두 저수지를 직경 0.1m, 길이 100m인 관로로 연결하였다. 관로 내 평균유속[m/s]은? (단, 마찰계수 f는 0.01, 중력가속도는 10m/s^2, 미소손실은 무시한다.) [공무원 임용시험]

① $\sqrt{10}$　② 4.0　③ $\sqrt{20}$　④ 5.0

32 저수지에 연결된 길이 300m, 직경 100mm인 수평관로의 끝단에서 물이 단면평균유속 2m/s로 자유 방류되고 있다. 저수지 수면과 관로 중앙선까지의 높이 차가 3.2m일 때, 저수지로부터 100m지점에 있는 관로에서 압력수두[m]는? (단, 에너지손실은 관로의 마찰손실만 고려하며, 중력가속도는 10m/s^2으로 한다.) [공무원 임용시험]

① 0　② 1　③ 2　④ 3

33 직선 원형관에서 유량이 Q이고 마찰손실계수(λ)가 일정할 때, 마찰손실수두(h_L)와 관경(D)과의 관계로 옳은 것은? [공무원 임용시험]

① $h_L \propto \dfrac{1}{D}$　② $h_L \propto \dfrac{1}{D^3}$　③ $h_L \propto \dfrac{1}{D^5}$　④ $h_L \propto D^5$

34 폭이 2m, 높이가 2m인 정사각형 관로에 물이 가득차서 연장 20m를 흐르는 동안에 물과 관로 벽 사이의 평균마찰 응력이 50kgf/m^2이었다면 이 구간에서의 손실수두에 가장 가까운 것은? (단, 유체의 단위중량은 $1{,}000\text{kgf/m}^3$이다.) [공무원 임용시험]

① 0.5m　② 1.0m　③ 2.0m　④ 4.0m

35 그림과 같이 단면이 일정한 관수로에 물이 가득 차 일정한 유량으로 흐르고 있다. (가) 지점과 (나) 지점에서 압력계로 측정한 압력이 10kPa, 9.5kPa이었을 때 (다)지점에 설치된 피에조관의 수위는? (단, 물의 단위중량은 10kN/m^3이다.) [공무원 임용시험]

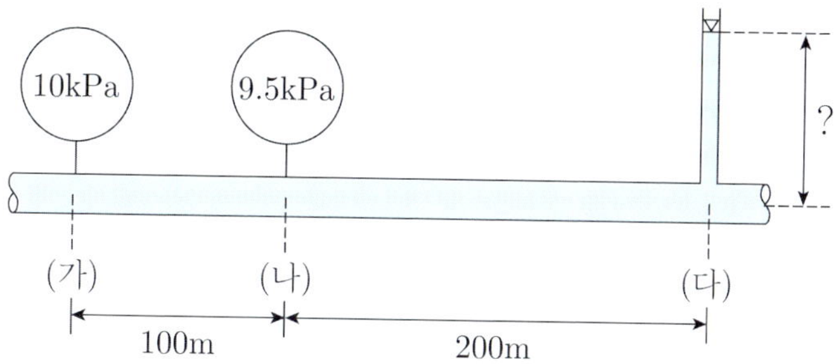

[문제 8.35]

① 0.85m　② 0.90m　③ 0.95m　④ 1.00m

36 저류지의 수심이 55m인 곳에 직경이 10cm이고 마찰 손실계수가 0.02인 50m 길이의 관이 수평으로 설치되어 있을 때, 관 끝부분에서의 유량[m^3/s]은? (단, 마찰손실만 고려하고 $g=10\text{m/s}^2$으로 가정한다.) [공무원 임용시험]

① 0.020π　② 0.025π　③ 0.030π　④ 0.035π

37 직경 2m인 원형관에서 만류로 물이 흐른다. 이 관로상 한 점에서 50m 연장을 흐르는 동안 생긴 손실수두를 측정하였더니 10m였다. 물과 관로의 벽 사이에 가해진 마찰응력[kgf/cm^2]은? (단, 물의 단위중량은 $1{,}000\text{kgf/m}^3$으로 가정한다.) [공무원 임용시험]

① 0.005　② 0.010　③ 0.020　④ 0.040

38 $0.12\text{m}^3/\text{s}$의 유량이 20cm 관경에서 40cm 관경으로 급확대되어 흐를 때 손실수두는 얼마인가? (단, 마찰손실은 없다고 가정하며, 중력가속도는 9m/s^2, $\pi=3$으로 가정한다.) [공무원 임용시험]

① 0.25m　② 0.50m　③ 1.00m　④ 2.00m

39 직선 원형관에서 유량(Q)과 마찰손실계수(λ)는 일정하지만, 관경(D)을 2배 크게 하였을 때, 마찰손실수두(h_L)는 관경을 크게 하지 않았을 때 마찰손실수두의 몇 배인가? [공무원 임용시험]

① $\dfrac{1}{2}$　② $\dfrac{1}{8}$　③ $\dfrac{1}{16}$　④ $\dfrac{1}{32}$

40 반지름이 10mm인 원형관에 흐르는 유체의 유속이 0.032m/s이다. Darch-Weisbach 식에서 마찰 손실계수는 얼마인가? (단, 유체의 동점성계수는 $1\times10^{-6}\text{m}^2/\text{s}$이다.) [공무원 임용시험]

① 0.05　② 0.1　③ 0.15　④ 0.2

41 150cm 직경을 가진 파이프 내에 유량 $10\text{m}^3/\text{s}$의 물이 흐른다. 1,000m 길이를 이동하는 동안 수두손실이 20m라면, 관마찰에 의해 손실되는 동력[kW]은 대략 얼마인가? [공무원 임용시험]

① 980kW　② 1,333kW　③ 1,960kW　④ 2,667kW

42 수면 차가 항상 20m인 수조에 지름 30cm, 길이 500m인 관이 연결되어 있다. 이때 입·출구부의 손실을 무시한다면 관내의 유속은 대략 얼마인가? (단, 관의 마찰손실계수 $f=0.03$, 중력가속도 $g=10\text{m}/\text{s}^2$이고, $\sqrt{2}\fallingdotseq1.4$, $\sqrt{3}\fallingdotseq1.7$, $\sqrt{5}\fallingdotseq2.2$이다.) [공무원 임용시험]

① 2.2m/s　② 2.8m/s　③ 3.4m/s　④ 4.4m/s

43 지름이 0.2cm인 유리관 속을 $0.6\text{cm}^3/\text{s}$로 물이 흐를 때 관의 길이 1.0m의 손실수두는 대략 얼마인가? (단, $\pi\fallingdotseq3$, 동점성 계수 $0.01\text{cm}^2/\text{s}$이다.) [공무원 임용시험]

① $h_L=11.6\text{cm}$　② $h_L=16.3\text{cm}$　③ $h_L=23.3\text{cm}$　④ $h_L=28.6\text{cm}$

44 직경이 25cm인 관로에서 관벽 마찰에 의한 손실수두가 속도수두와 같을 때 관의 길이는? (단, 마찰손실계수 $\lambda=0.025$) [공무원 임용시험]

① 10m　② 20m　③ 30m　④ 40m

45 20℃의 공기를 지름 500mm인 공업용 강관을 써서 $240\text{m}^3/\text{min}$로 수송할 때 100m당 압력강하를 수두로 표시하면 얼마인가? (단, 관마찰계수 $f=0.1\times10^{-3}$이다.) [공무원 임용시험]

① 323mm　② 423mm　③ 523mm　④ 623mm

46 그림과 같이 직경이 10cm에서 20cm로 단면이 급확대된 원형 관로에서 물이 수평방향으로 흐르고 있다. 단면 ①에서 유속과 압력이 각각 4.0m/s, $5\text{tf}/\text{m}^2$일 때, 단면 ②에서 압력은? (단, 단면 급확대에 따른 손실계수는 0.5, 중력가속도는 $10\text{m}/\text{s}^2$으로 가정하며, 마찰손실은 무시하고 단면 급확대에 따른 미소손실만 고려한다.) [공무원 임용시험]

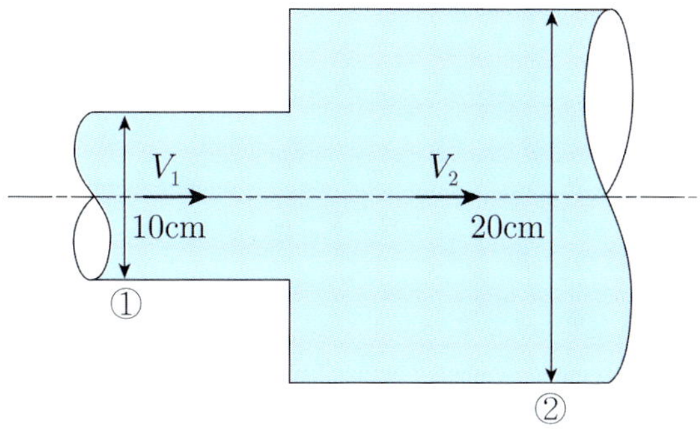

[문제 8.46]

① 4.15tf/m^2　② 4.35tf/m^2　③ 5.15tf/m^2　④ 5.35tf/m^2

† 중력가속도 $g = 10\text{m/s}^2$이므로 1tf=1000kgf=10,000N이고, ρ와 V의 단위가 각각 kg/m^3, m/s이면 ρV^2의 단위는 $\text{Pa} = \text{N/m}^2$이 된다. 이 문제의 급확대관에서 손실계수 $K = \left(1 - \dfrac{A_1}{A_2}\right)^2 = \left(1 - \dfrac{1}{4}\right)^2 = 0.5625$이지만 계산상 편의를 위해 0.5로 준 것같다.

47 원형관로의 내경이 64cm, 길이가 100m인 관수로에서 유속이 2m/s, 레이놀즈(Reynolds) 수가 1,000일 때, 관로 전체구간을 지나는 동안 발생되는 마찰손실수두[m]는? (단, 중력가속도는 10m/s^2로 가정한다) [지방공무원 7급(2022)]

① 1　② 2　③ 4　④ 8

48 관수로의 마찰손실계수(f)에 대한 설명으로 옳은 것은? [국가공무원 7급(2022)]

① 층류에서 유속의 제곱에 반비례한다.
② 층류에서 Reynolds 수에 반비례한다.
③ 난류에서 관 길이에 비례한다.
④ 난류에서 관 직경의 제곱에 비례한다.

49 두 저수지가 직경 30cm, 길이 300m, 마찰손실계수 0.01인 관으로 연결되어 있다. 유속 10m/s로 송수하고자 할 때 필요한 두 저수지 간의 최소 수면차[m]는? (단, 관의 유입, 유출 및 마찰손실만 고려하며, 관유입손실계수는 0.5, 관유출손실계수는 1, 중력가속도는 10m/s^2이다.) [국가공무원 7급(2022)]

① 12.5　② 50.0　③ 57.5　④ 77.5

연습문제 풀이 및 정답

연습문제 1

01 $[P] = \dfrac{[W]}{[t]} = \dfrac{[Fs]}{[t]} = \dfrac{(ML/T^2)L}{T} = ML^2T^{-3}$

02 $\dfrac{[E]}{[W]} = \dfrac{[Fs]}{[F]} = [s] = L$; 단위 중량당 에너지는 길이의 차원을 갖는다.

03 $[\rho] = \dfrac{[m]}{[V]} = \dfrac{M}{L^3} = \dfrac{FT^2/L}{L^3} = FT^2L^{-4}$

04 $\left[\dfrac{P}{\rho g}\right] = \dfrac{[P]}{[\rho g]} = \dfrac{M/LT^2}{(M/L^3)(L/T^2)} = L,\quad \left[\dfrac{V^2}{2g}\right] = \dfrac{[V^2]}{[g]} = \dfrac{(L/T)^2}{L/T^2} = L$

$[h] = L$이므로 각 항의 차원이 모두 길이의 차원을 갖는다. 따라서 차원의 관점에서 옳은 식이다.

† 식 $\dfrac{P}{\rho g} + \dfrac{V^2}{2g} + h = C$ 를 베르누이 방정식이라 한다.

05 좌변의 속도 차원은 $[v] = L/T$이다. 우변의 차원은

$\left[\dfrac{1}{gh^2}\right] = \dfrac{1}{[gh^2]} = \dfrac{1}{(L/T^2)L^2} = T^2/L^3$이므로 좌변의 차원과 일치하지 않는다. 따라서 주어진 식은 성립할 수 없는 식이다.

06 $[Fr] = \dfrac{[V]}{[\sqrt{gL}]} = \dfrac{L/T}{\sqrt{(L/T^2)L}} = \dfrac{L/T}{L/T} = 1$

Fr은 차원이 없는 무차원수(dimensionless number)이다.

07 $1\text{J} = 1\text{N} \cdot \text{m} = 10^5\,\text{dyne} \cdot 100\text{cm} = 10^7\,\text{erg}$

08 $1\dfrac{\text{g}}{\text{cm}^3} = 1 \times \dfrac{10^{-3}\text{kg}}{(10^{-2}\text{m})^3} = 10^3\dfrac{\text{kg}}{\text{m}^3}$

† 물의 밀도는 $1\text{g/cm}^3 = 1000\,\text{kg/m}^3$

09 $1\,\text{m}^3 = (10^2\,\text{cm})^3 = 10^6\text{cm}^3$

10 $10\,\text{kgf/cm}^2 = (10 \times 9.8\,\text{N})/(10^{-2}\text{m})^2 = 98 \times 10^4\,\text{N/m}^2 = 980\,\text{kPa}$

11 $100\,\text{km/h} = 100 \times 10^3\text{m}/3600\text{s} = 27.78\,\text{m/s}$

12 $V=\dfrac{Q}{A}=\dfrac{40\ell/s}{0.02m^2}=\dfrac{(40\times1000)cm^3/s}{0.02m^2}=\dfrac{(40\times1000)\times(10^{-2}m)^3/s}{0.02m^2}$

$=2\dfrac{m^3/s}{m^2}=2\,[m/s]$

13 $a=\sqrt{kRT}=\sqrt{1.4\times287\times250}=316.94\,[m/s]$

14 $T=\dfrac{PV}{mR}=\dfrac{500\times(4\times10^4\times10^{-6})}{0.2\times0.287}=348.43\,[K]=75.23[℃]$

15 $\rho=\dfrac{P}{RT}=\dfrac{300}{0.287\times290}=3.604[kg/m^3]$

16 $Re=\dfrac{VD}{\nu}=\dfrac{30\times0.2}{1.01\times10^{-6}}=5.94\times10^6$; 레이놀즈수는 무차원수이다.

17 동압 $P_v=\dfrac{\rho V^2}{2}=\dfrac{1.23\times\left(\dfrac{1.2\times1000}{60}\right)^2}{2}=246\,[Pa]$

18 $n=\dfrac{l}{d}=\dfrac{10cm}{0.1nm}=\dfrac{10\times10^{-2}m}{0.1\times10^{-9}m}=10^{1-2-(-10)}=10^9$ [개]

19 $W=5kN\times0.4mm=(5\times10^3N)\times(0.4\times10^{-3}m)=2N\cdot m=2\,[J]$

20 $V=\pi R^2t=\pi\cdot(2000\times10^5cm)^2\cdot(3000\times10^2cm)=3.8\times10^{22}cm^3$

21 CGS 단위로 환산하여 구한다. $g=10m/s^2=10\times100cm/s^2$, $\rho=1.0g/cm^3$,
$h=32mm=3.2cm$, $D=20mm=2cm$

$V=\sqrt{2gh}=\sqrt{2\times(10\times100)\times(3.2)}=80[cm/s]$

$\dot{m}=\rho AV=\rho\times\left(\dfrac{\pi}{4}D^2\right)\times V=1\times\dfrac{3}{4}\times(2)^2\times80=240[g/s]$

22 SI 단위 [kg, m, s]로 통일하여 계산한다. $cm^2=(10^{-2}m)^2=10^{-4}m^2$

$F=\rho QV\sin\theta=\rho(AV)V\sin\theta=\rho AV^2\sin\theta$

$=900\times(40\times10^{-4})\times(20)^2\times\sin30°=720[N]$

23 SI 단위 [kg, m, s]로 계산한다.

$F=\rho Q(V_2-V_1)=1000(8)(8-2)[N]=48{,}000\times\dfrac{1}{10{,}000}[tf]=4.8[tf]$

24 SI 단위로 계산한다. $Q = 40\text{L/s} = 40\times10^{-3}\text{m}^3/\text{s} = 0.04\text{m}^3/\text{s}$

$$\eta = \frac{\Delta PQ}{(\text{공급동력})} = \frac{(241.3\times10^3)(0.04)}{(11.93\times10^3)} = 0.81$$

25 $\left[\frac{\Delta P}{\rho}\right] = \frac{M/LT^2}{M/L^3} = \frac{L^2}{T^2}$; $[LV^2] = L(L/T)^2 = \frac{L^3}{T^2}$ $\therefore$ $[\alpha] = \frac{1}{L}$

† [8장]에서 $\alpha = \lambda/2D$ (D는 관지름, λ는 무차원 마찰계수)가 된다.

26 ○좌변: 속도의 차원 $[u(r)] = \frac{L}{T}$

○우변: $\left[\frac{\Delta P}{4\mu L}(R^2 - r^2)\right] = \left[\frac{1}{\mu}\right]\left(\frac{M/LT^2}{L}\right)(L^2) = \left[\frac{1}{\mu}\right]\left(\frac{M}{T^2}\right)$ $\therefore$ $[\mu] = \frac{M}{LT}$

27 [정답: ④]　　**28** [정답: ③]

29 [정답: ③]　$1\text{Å} = 10^{-10}\text{m} = 10^{-8}\text{cm} = 10^{-1}\text{nm}$

Å(옹스트롬, angstrom)은 광파 등의 파장을 나타낼 때 사용하는 길이의 단위이다. 옹스트롬은 광학 분야에서 주로 사용되지만 국제단위계(SI)의 단위는 아니다.

30 [정답: ②]　　**31** [정답: ③]　　**32** [정답: ②]

33 [정답: ④]　　**34** [정답: ④]　　**35** [정답: ①]

36 [정답: ②]　　**37** [정답: ①]　　**38** [정답: ④]

†동력의 단위: kgf • m/s

39 [정답: ④] 질량관성모멘트 $J = \int r^2 dm$으로 정의되며 SI 단위는 kg • m^2

40 [정답: ②] 에너지의 차원은 $MT^{-2}L^2$

41 [정답: ①] PS는 일률(일/시간)의 단위, J는 일의 단위

42 $P = \frac{F}{A} = \frac{150\times10^3\text{N}}{40\text{mm}\times50\text{mm}} = 75\frac{\text{N}}{\text{mm}^2} = 75\text{MPa}$

† $1\text{N/mm}^2 = 1\text{N}/(10^{-3}\text{m})^2 = 10^6\text{N/m}^2 = 10^6\text{Pa} = 1\text{MPa}$

43 $\Delta P = \gamma\Delta h = S\gamma_w\Delta h = 13.6(9.8\times10^3)(0.85)[\text{Pa}] = 113\times10^3[\text{Pa}]$

$$= 0.113\times10^6[\text{Pa}] = 0.113[\text{MPa}]$$

연습문제 2

01 ○밀도 $\rho = \frac{m}{V} = \frac{90}{0.1} = 900\,[\mathrm{kg/m^3}]$

○비중량 $\gamma = \rho g = 900 \times 9.8 = 8820\,[\mathrm{N/m^3}]$

○비중 $S = \frac{\gamma}{\gamma_w} = \frac{8820}{9800} = 0.9$

02 ○질량 $m = \rho V = 750(50 \times 10^{-3}) = 37.5\,[\mathrm{kg}]$

$1\mathrm{cm^3} = (10^{-2}\mathrm{m})^3 = 10^{-6}\mathrm{m^3}$

○무게 $W = mg = 37.5 \times 9.8 = 367.5\,[\mathrm{N}]$

03 질량 $m = \rho V = 700 \times \frac{\pi(0.5)^2}{4} \times 0.9 = 123.7\,[\mathrm{kg}]$

04 $F = \frac{\mu VA}{H}$에서 $\mu = \frac{FH}{VA} = \frac{800 \times 0.003}{4 \times 2} = 0.3\,[\mathrm{Pa \cdot s}]$

05 $\nu = \frac{\mu}{\rho} = \frac{0.05}{0.86 \times 1000} = 5.81 \times 10^{-5}\,[\mathrm{m^2/s}]$

06 $\mu = \rho\nu = (2 \times 10^3) \times (5 \times 10^{-4}) = 1\,[\mathrm{N \cdot s/m^2}]$

07 $\mu = \rho\nu = (0.9 \times 10^3) \times (1.8 \times 10^{-4}) = 0.162\,[\mathrm{Pa \cdot s}]$

08 $F = \frac{\mu VA}{t} = \frac{1.5 \times 0.3 \times (0.4 \times 0.4)}{0.002} = 36\,[\mathrm{N}]$

09 $\tau = \mu\frac{V}{H}$에서 $V = \frac{\tau H}{\mu} = \frac{30 \times 0.004}{0.02} = 6\,[\mathrm{m/s}]$

10 $\tau = \mu\frac{du}{dy} = \mu U\left[2\frac{1}{\delta} - 2\frac{y}{\delta^2}\right]$ $\therefore$ $y = 0$에서 $\tau_w = \frac{2\mu U}{\delta}$

11 판의 운동에 의한 마찰력은 평판의 위와 아래의 두 면에 작용한다.

$F = 2\left(\frac{\mu VA}{t}\right)$ $\therefore$ $\mu = \frac{Ft}{2VA} = \frac{t}{2V}\left(\frac{F}{A}\right) = \frac{0.04}{2(0.5)}(30) = 1.2\,[\mathrm{Pa \cdot s}]$

12 등속운동이므로 피스톤의 무게(W)와 마찰력(τA)이 평형을 이룬다.

$$W = \tau A = \mu \frac{V}{h} \times (\pi DL)$$

$$\therefore \ \mu = \frac{Wh}{\pi DVL} = \frac{20(0.1 \times 10^{-3})}{\pi(0.1)(0.15)(0.08)} = 0.531 \, [\mathrm{Pa \cdot s}]$$

13 경사각을 θ라 하면 $\sin\theta = \dfrac{5}{13}$이다. 경사면 방향의 힘 평형에 의해

$$W\sin\theta - \left(\mu \frac{V}{h}\right)A = 0$$

$$\therefore \ \mu = \frac{hW\sin\theta}{VA} = \frac{(0.1 \times 10^{-2})(100)\left(\dfrac{5}{13}\right)}{0.2(0.4)} = 0.48 \, [\mathrm{Pa \cdot s}]$$

14 윤활유 두께 $h = \dfrac{D_1 - D_2}{2} = \dfrac{100.2 - 100}{2} = 0.1 \, [\mathrm{mm}]$이다. 마찰력

$$F = \tau A = \mu \frac{V}{h}(\pi D_2 L) = (0.02)\frac{4}{0.1 \times 10^{-3}}(\pi \times 0.1 \times 0.2) = 50.3 \, [\mathrm{N}]$$

이므로, 동력 $P = FV = 50.3 \times 4 = 201.2 \, [\mathrm{W}]$

15 실린더 사이 간격 $h = R_2 - R_1 = 15.4 - 15 = 0.4 \, [\mathrm{cm}]$

$$\therefore \ \mu = \frac{Th}{2\pi R^3 \omega L} = \frac{4(0.4 \times 10^{-2})}{2\pi(0.15^3)(2\pi \times 30/60)(0.5)} = 0.48 \, [\mathrm{Pa \cdot s}]$$

16 (1) 실린더의 위와 아래 두 표면에 마찰력이 작용하고 틈 사이의 간격이 $h = 0.002\mathrm{m}$로 같으므로

$$T = 2 \times \frac{2\pi\mu R^3 \omega L}{h} = \frac{4\pi\mu R^3 (2\pi N/60)L}{h}$$

$$= \frac{4\pi(0.2)(0.15^3) \times 2\pi(30/60)(0.5)}{0.002} = 6.662 \, [\mathrm{N \cdot m}]$$

(2) $T = \dfrac{4\pi\mu R^3 \omega L}{h}$로부터

$$\mu = \frac{Th}{4\pi R^3 \omega L} = \frac{Th}{4\pi R^3 (2\pi N/60)L} = \frac{3(0.002)}{4\pi(0.15^3) \times 2\pi(20/60)(0.5)}$$

$$= 0.135 \, [\mathrm{Pa \cdot s}]$$

17 절대압력 $P_{abs} = P_{atm} + P_{gage} = 1.01 \times 100 \, \mathrm{kPa} + 1300 \, \mathrm{kPa} = 1401 \, \mathrm{kPa}$

† 일반적으로 압력계는 계기압력을 측정하고, 기압계는 절대압력을 측정하는 장비를 의미한다.

18 절대압력 $P_{abs} = P_{atm} - P_{vacuum} = 102 \, \mathrm{kPa} - 30 \, \mathrm{kPa} = 72 \, \mathrm{kPa}$

19 진공압력 $P_{vacuum} = 100 \times 0.4 = 40\,[\text{kPa}]$

$\therefore$ 절대압력 $P_{abs} = P_{atm} - P_{vacuum} = 100\,\text{kPa} - 40\,\text{kPa} = 60\,\text{kPa}$

20 (1) $T[°\text{F}] = \dfrac{9}{5}\,T[℃] + 32 = \dfrac{9}{5} \times 70 + 32 = 158\,[°\text{F}]$

(2) $T[°\text{F}] = \dfrac{9}{5} \times (-80) + 32 = -112\,[°\text{F}]$

21 $T\,[\text{K}] = T\,[℃] + 273.15 = 25 + 273.15 = 298.15\,[\text{K}]$

$T\,[\text{R}] = 1.8\,T\,[\text{K}] = 1.8 \times 298.15 = 536.67\,[\text{R}]$

22 $\Delta T\,[\text{R}] = \Delta T\,[°\text{F}] = 72\,[\text{R}]$

$\Delta T\,[\text{K}] = \Delta T\,[\text{R}]/1.8 = 72/1.8 = 40\,[\text{K}]$

$\Delta T\,[℃] = \Delta T\,[\text{K}] = 40\,[℃]$

23 체적 $V = 2 \times 3 \times 5 = 30\,[\text{m}^3]$, 절대온도 $T = 273.2 + 20 = 293.2\,[\text{K}]$이므로

공기의 질량 $m = \dfrac{PV}{RT} = \dfrac{(100\text{kPa}) \times (30\text{m}^3)}{(0.287\text{kJ/kg} \cdot \text{K}) \times (293.2\text{K})} = 35.7\,[\text{kg}]$

24 기체상수 $R = \dfrac{\overline{R}}{M} = \dfrac{8.314\,\text{kJ/kmol} \cdot \text{K}}{32\text{kg/kmol}} = 0.2598\,\text{kJ/kg} \cdot \text{K}$

절대온도 $T = 273.2 + 25 = 298.2\,[\text{K}]$

$\therefore$ 압력 $P = \dfrac{mRT}{V} = \dfrac{(10\text{kg}) \times (0.2598\text{kJ/kg} \cdot \text{K})(298.2\text{K})}{5\,\text{m}^3} = 154.9\,[\text{kPa}]$

25 체적이 일정하므로 $V = \dfrac{m_1 R T_1}{P_1} = \dfrac{m_2 R T_2}{P_2}$

$\therefore\ m_2 = \dfrac{P_2 T_1}{P_1 T_2} \times m_1 = \dfrac{200 \times 293.2}{150 \times 303.2} \times 10 = 12.89\,[\text{kg}]$

추가로 공급한 공기량은 $m_2 - m_1 = 12.89 - 10 = 2.89\,[\text{kg}]$

26 $E = -\dfrac{\Delta P}{\Delta V/V} = -\dfrac{52}{(0.0095 - 0.01)/0.01} = 1040\,[\text{MPa}]$

27 $\Delta P = -E \times \dfrac{\Delta V}{V} = -1.2 \times (-0.05) = 0.06\,[\text{GPa}] = 60\,[\text{MPa}]$

28 $a = \sqrt{\dfrac{E}{\rho}} = \sqrt{\dfrac{210 \times 10^9}{7800}} = 5189\,[\text{m/s}]$

29 $a = \sqrt{kRT} = \sqrt{1.667 \times 2080 \times (273.2 + 20)} = 1008\,[\text{m/s}]$

30 $a = \sqrt{kRT}$ 이므로 비열비와 온도가 같으면 음속은 $\sqrt{R}$ 에 비례한다.

$\therefore\ a = \sqrt{\dfrac{0.297}{0.287}} \times 340 = 345.87\,[\text{m/s}]$

31 $F = \sigma \times 2L$ 이므로 표면장력 $\sigma = \dfrac{F}{2L} = \dfrac{0.007}{2 \times 0.1} = 0.035\,[\text{N/m}]$

32 $\Delta P = \dfrac{2\sigma}{R} = \dfrac{2 \times 0.07}{0.01 \times 10^{-3}} = 14 \times 10^{3}\,[\text{Pa}] = 14\,[\text{kPa}]$

33 $\Delta P = P_i - P_a$ 이므로 물방울과 기포의 내부 압력을 각각 P_D, P_B라 하면

$$P_D = \frac{2\sigma}{R} + P_a = \frac{4\sigma}{D} + P_a = \frac{4 \times 0.07}{200 \times 10^{-6}} \times \frac{1}{1000} + 100\,[\text{kPa}] = 101.4\,[\text{kPa}]$$

$$P_B = \frac{4\sigma}{R} + P_a = \frac{8\sigma}{D} + P_a = \frac{8 \times 0.07}{200 \times 10^{-6}} \times \frac{1}{1000} + 100\,[\text{kPa}] = 102.8\,[\text{kPa}]$$

34 $D = \dfrac{4\sigma}{\Delta P} = \dfrac{4 \times 0.07}{140} = 2 \times 10^{-3}\,[\text{m}] = 2\,[\text{mm}]$

35 표면장력 $\sigma = \dfrac{\rho g D H}{4\cos\beta} = \dfrac{996 \times 9.81 \times (0.2 \times 10^{-3}) \times 0.15}{4 \times \cos 0°}$

$$= 73.28 \times 10^{-3}\,[\text{N/m}] = 0.073\,[\text{N/m}]$$

36 수은의 비중량 $\gamma = \gamma_w S = (9.8 \times 10^{3}) \times 13.6\,[\text{N/m}^3]$이다.

$\therefore\ H = \dfrac{4\sigma\cos\beta}{\gamma D} = \dfrac{4(0.47)(\cos 140°)}{(9.8 \times 13.6 \times 10^{3})(100 \times 10^{-6})} = -0.108\,[\text{m}]$

H의 부호가 음이므로 10.8cm 아래로 밀려 내려간다.

37 평판을 적시고 있는 액체의 길이를 L이라 하면 상승한 액체의 무게는 $W = \gamma V = \gamma(whL)$이고, 표면장력에 의한 수직 방향의 힘 $F = (2L\sigma)\cos\beta$ 이다. 따라서 h는 다음과 같이 구해진다.

$$\gamma whL = 2L\sigma\cos\beta \quad \therefore\ h = \frac{2\sigma\cos\beta}{\gamma w}$$

38 $F = L\sigma = (2 \times \pi D)\sigma = 2\pi \times 0.02 \times 0.07 = 8.796 \times 10^{-3}\,[\text{N}] = 879.6\,[\text{dyne}]$

39 $h = \dfrac{4\sigma\cos\beta}{\gamma D} = \dfrac{4 \times (30 \times 10^{-3}) \times \cos 10°}{(0.8 \times 9800) \times 0.002} = 7.54 \times 10^{-3}\,[\text{m}] = 7.54\,[\text{mm}]$

$$\text{dyne/cm} = 10^{-5}\text{N}/10^{-2}\text{m} = 10^{-3}\text{N/m}$$

40 $\sigma = \dfrac{\gamma h d}{4\cos\beta} = \dfrac{8500 \times 0.005 \times 0.002}{4 \times \cos 20°} = 0.0226[\text{N/m}]$

41 (1) $\nu = \dfrac{\mu}{\rho} = \dfrac{0.6 \times 10^{-3}}{800} = 7.5 \times 10^{-7}\ [\text{m}^2/\text{s}]$

(2) $\tau = \mu \dfrac{V}{H} = (0.6 \times 10^{-3}) \times \dfrac{0.4}{0.25 \times 10^{-3}} = 0.96[\text{N/m}^2] = 0.96[\text{Pa}]$

42 SI 단위 [kg, m, s, Pa]로 계산한다.

$$V = \frac{hW\sin\theta}{\mu A} = \frac{h(mg)\sin\theta}{\mu A} = \frac{(0.1 \times 10^{-3})(10 \times 9.8)\sin 20°}{0.38(0.1)} = 0.088\ [\text{m/s}]$$

43 [정답: ②] 점성계수 차원 $[ML^{-1}T^{-1}]$; 동점성계수 차원 $[L^2T^{-1}]$

44 [정답: ②] $\rho = S\rho_w = 0.9 \times 1000[\text{kg/m}^3]$

45 [정답: ③] MKS 단위로 환산한다.

$$\mu = \frac{FH}{VA} = \frac{5 \times (2 \times 10^{-3})}{10 \times 0.1} = 10^{-2}[\text{kg/m} \cdot \text{s}]$$

46 [정답: ④] CGS 단위로 전단응력을 구한다.

$$\tau = \mu \frac{V}{H} = 20 \times \frac{(3 \times 100)}{1} = 6000[\text{dyne/cm}^2]$$

$$= 6000 \times \frac{1}{980}[\text{gf/cm}^2] = 6.12[\text{gf/cm}^2]$$

여기에서 $1\text{gf} = 1\text{g} \times 980\text{cm/s}^2 = 980\text{dyne}$이므로 $1\text{dyne} = \dfrac{1}{980}\text{gf}$이다.

47 [정답: ②] 압축하였으므로 $\dfrac{\Delta V}{V} = -0.01$이다. $E = -\dfrac{\Delta P}{\Delta V/V}$로부터

$$\Delta P = -\frac{\Delta V}{V}E = 0.01 \times 0.2105 \times 10^5 = 0.2105 \times 10^3[\text{kgf/cm}^2]$$

48 [정답: ③] 운동량 $[mv] = MLT^{-1}$

49 [정답: ②] 점성계수 차원: $[ML^{-1}T^{-1}]$, $[FL^{-2}T]$

50 [정답: ①] 뉴턴의 점성법칙: $\tau = \mu \dfrac{du}{dy}$

51 [정답: ③] 이상유체는 비점성, 비압축성 유체이다.

52 [정답: ②] 물의 비중량 $\gamma_w = \rho_w g = 9800\mathrm{N/m^3} = 9.8\mathrm{kN/m^3}$

53 [정답: ④]

54 [정답: ①]

55 [정답: ②] 평판 $h = \dfrac{2\sigma\cos\beta}{\gamma w}$, 유리관 $h = \dfrac{4\sigma\cos\beta}{\gamma D}$; $w = D$

56 [정답: ④]

$$\Delta P = \frac{4\sigma}{D} = \frac{4\times 70}{(0.4\times 10^{-1})} = 7000\,\frac{\mathrm{dyne}}{\mathrm{cm^2}} = 7000\times\frac{10^{-5}\mathrm{N}}{10^{-4}\mathrm{m^2}} = 700\,\frac{\mathrm{N}}{\mathrm{m^2}}$$

57 [정답: ①] 부착력이 응집력보다 크면 세관 내의 액체는 위로 올라간다.

58 [정답: ①] 기체는 온도가 올라가면 점도가 올라간다.

59 [정답: ②] 점성계수의 단위는 $\mathrm{kg/m \cdot s}$

60 [정답: ①] 체적탄성계수 $E = -\dfrac{\Delta P}{\Delta V/V}$

61 [정답: ④] $W\sin\theta = \mu\dfrac{VA}{h}$

$$V = \frac{hW\sin\theta}{\mu A} = \frac{(0.2\times 10^{-2})(5)\sin 30°}{0.2(0.5)} = 0.05[\mathrm{m/s}]$$

62 [정답: ②] $\mu = \dfrac{FH}{VA} = \dfrac{1\times(20\times 10^{-3})}{5\times(1000\times 10^{-4})} = 0.04[\mathrm{N\cdot s/m^2}]$

63 [정답: ④] $S = \dfrac{\gamma}{\gamma_w} = \dfrac{W/V}{\gamma_w} = \dfrac{(2.72\times 10^3)/0.2}{10^3} = 13.6$

64 [정답: ②] 1tonf=1000kgf

$$\rho = \frac{m}{V} = \frac{W/g}{7} = \frac{8000/10}{7} = 114.29[\mathrm{kgf \cdot s^2/m^4}]$$

65 [정답: ②] $E = -\dfrac{\Delta P}{\Delta V/V}$

$$\Delta V = -\frac{\Delta P}{E} V = -\frac{(200-100)}{2000} \times 5 = -0.25[\text{cm}^3]$$

$$V = V_0 + \Delta V = 5 - 0.25 = 4.75[\text{cm}^3]$$

66 [정답: ②] $\mu = \dfrac{FH}{VA} = \dfrac{18 \times (1 \times 10^{-3})}{0.3 \times (2)} = 0.03[\text{Pa} \cdot \text{s}]$

67 [정답: ④]

68 [정답: ④] CGS 단위 [cm, gf]로 계산한다.
표면장력이 작용하는 테두리 길이는 $\pi D_1 + \pi D_2$이다.

유체 기둥의 무게 $W = \gamma V = \gamma \times \dfrac{\pi}{4}(D_2^2 - D_1^2)H$

표면장력 $F = \sigma(\pi D_1 + \pi D_2)\cos\beta = \pi\sigma(D_1 + D_2)\cos\beta$

$$W = F \quad \rightarrow \quad \gamma \times \frac{\pi}{4}(D_2^2 - D_1^2)H = \pi\sigma(D_1 + D_2)\cos\beta$$

$$\therefore \quad H = \frac{4\sigma\cos\beta}{\gamma(D_2 - D_1)} = \frac{4(0.075)\cos 0}{1(20-15)} = 0.06[\text{cm}]$$

69 [정답: ③] 벽돌 무게 $W = mg$; $\quad W\sin\theta - \left(\mu\dfrac{V}{h}\right)A = 0$

$$V = \frac{hW\sin\theta}{\mu A} = \frac{(0.2 \times 10^{-3})(10 \times 10)\sin 30°}{(0.4)(0.1)} = 0.25[\text{m/s}]$$

70 [정답: ④] 금속판 A의 위와 아래면 양쪽에 전단력이 작용한다.

$$F = \mu A\left(\frac{\Delta V_{AB}}{H_{AB}} + \frac{\Delta V_{AC}}{H_{AC}}\right) = 2\mu A\left(\frac{\Delta V}{H}\right)$$

$$= 2(0.2)(0.1 \times 0.1)\left[\frac{0.4 - (-0.2)}{0.1 \times 10^{-2}}\right] = 2.4[\text{N}]$$

71 [정답: ③] 앞 연습문제 결과 식 사용. [N, cm]로 통일하여 계산한다.

$$h_1 = \frac{4\sigma\cos\beta}{\gamma D} = \frac{4(0.1)\cos 0°}{0.01(0.1)} = 400[\text{cm}]$$

$$h_2 = \frac{2\sigma\cos\beta}{\gamma w} = \frac{2(0.1)\cos 0°}{0.01(0.05)} = 400[\text{cm}]$$

72 [정답: ①] 점성계수의 차원; $ML^{-1}T^{-1}$, $FL^{-2}T$

$$a + b + c + d + e + f = 1 - 1 - 1 + 1 - 2 + 1 = -1$$

73 [정답] ㉠: 뉴턴유체 ㉡: 점성계수

연습문제 3

01 (1) $P=\dfrac{mg}{A_1}=\dfrac{Mg}{A_2}$ $\quad\therefore\ M=\dfrac{A_2}{A_1}m=\left(\dfrac{D_2}{D_1}\right)^2 m=2^2\times 100=400\,[\mathrm{kg}]$

(2) ○ 계기압력 $P_{gage}=\dfrac{mg}{A_1}=\dfrac{4mg}{\pi D_1^2}=\dfrac{4\times 100\times 9.8}{\pi\times 0.1^2}=124.8\,[\mathrm{kPa}]$

○ 절대압력 $P_{abs}=P_{gage}+P_{atm}=124.8+100=224.8\,[\mathrm{kPa}]$

02 $F=(P-P_0)A=(200-100)\times\dfrac{\pi}{4}\times(0.2)^2=3.14\,[\mathrm{kN}]$

03 $F=PA=(P_0+\gamma h)A=(100+9.8\times 10)\times\dfrac{\pi\times(0.5)^2}{4}=38.88\,[\mathrm{kN}]$

04 (1) $F_p=PA=(\gamma h)A=(9.8\times 3)\times\dfrac{\pi}{4}\times(2)^2=92.36\,[\mathrm{kN}]$

(2) 힌지 점에 대한 모멘트 합은 0 ($\sum M_H=0$)에서

$$F\times D=F_p\times\frac{D}{2}\quad\therefore\ F=\frac{F_p}{2}=46.18\,[\mathrm{kN}]$$

† 수문에 작용하는 전압력은 수문의 중심(원의 중심)에 작용하는 하나의 힘으로 대체할 수 있다.

05 $P_B=P_A+\gamma_a\times 4=100000+(1.2\times 9.8)\times 4=100047.04\,[\mathrm{Pa}]$

$$P_C+(\gamma_a\times 3\mathrm{m})+(\gamma_w\times 1\mathrm{m})=P_B$$

$\therefore\ P_C=P_B-3\gamma_a-\gamma_w=100047.04-3\times(1.2\times 9.8)-9800=90211.76\,[\mathrm{Pa}]$

06 $P_{abs}=P_{atm}-P_{vac}=(13.6\times 9.8\times 0.75)-20=79.96\,[\mathrm{kPa}]$

07 $P=\gamma h=9.8\times 40=392\,[\mathrm{kPa}]$; 또는, $P=\dfrac{40}{10.33}\times 101.3=392\,[\mathrm{kPa}]$

08 $P=\gamma h=(13.6\times 9.8)(0.4)=53.3\,[\mathrm{kPa}]$; 또는, $P=\dfrac{400}{760}\times 101.3=53.3\,[\mathrm{kPa}]$

09 $P=\gamma h=(13.6\times 9.8)(0.74)=98.6\,[\mathrm{kPa}]$; 또는, $P=\dfrac{740}{760}\times 101.3=98.6\,[\mathrm{kPa}]$

10 $P=P_{air}+\gamma h=70+(0.9\times 9.8)\times 3=96.46\,[\mathrm{kPa}]$

11 온도분포를 $T = 290 - Cy$ $(C = 0.0065)$로 놓는다.

$P/\rho = RT$에서 $P/\rho g = RT/g$이므로 $\gamma = gP/RT$이다. 따라서

$$\frac{dP}{dy} = -\gamma = -\frac{gP}{RT} = -\frac{gP}{R(290 - Cy)}$$

이므로 변수를 분리하고 적분하여 압력을 구한다.

$$\int_0^y \frac{dP}{P} = -\frac{g}{R}\int_0^y \frac{dy}{290 - Cy} \quad \therefore \quad \ln\left[\frac{P(y)}{P_0}\right] = \frac{g}{CR}\ln\left[\frac{290 - Cy}{290}\right]$$

$$P(y) = P_0\left(\frac{290 - Cy}{290}\right)^{g/RC}$$

$$y = 10\,\text{km} = 10000\,\text{m}\text{일 때 압력}$$

$$P = 100 \times \left(\frac{290 - 0.0065 \times 10000}{290}\right)^{9.8/(287 \times 0.0065)} = 26.36\,[\text{kPa}]$$

† 표준 대기에서 10km 상공의 온도는 223.3K 이고 압력은 26.49kPa이다.

12 ○계기압력 $P_{gage} = \rho gh = 1260 \times 9.8 \times 0.2 = 2469.6\,[\text{Pa}] = 2.47\,[\text{kPa}]$

○절대압력 $P_{abs} = P_0 + P_{gage} = 100 + 2.47 = 102.47\,[\text{kPa}]$

13 대기압을 P_0라 하면 $P_x - 1.4 \times (0.9\gamma_w) = P_0 + 0.7 \times (13.6\gamma_w)$

$\therefore$ 계기압력 $P_x - P_0 = (1.4 \times 0.9 + 0.7 \times 13.6) \times 9.8 = 105.6\,[\text{kPa}]$

14 (1) $P_{air} = \gamma_{air} h = \rho_{air} gh = 1.23 \times 9.8 \times 2 = 24.108\,[\text{Pa}]$

(2) $P_{gage} = \gamma_{Hg} h = (13.6 \times 9.8) \times 2 = 266.56\,[\text{kPa}]$

† 공기 무게에 의한 압력 (1)은 아주 작으므로 무시할 수 있다.

15 오일의 비중을 S라 하면 오일과 물이 만나는 점과 같은 높이에서 압력은 같으므로

$P_{atm} + S\gamma_w \times 0.25 = P_{atm} + \gamma_w \times 0.2 \quad \therefore \quad S = 0.2/0.25 = 0.8$

16 액주계의 오른쪽에서 물기둥 높이는 $70 - (20 + 30) = 20\,[\text{cm}]$이다.

따라서 $P_A - 0.7\gamma_w + 0.2\gamma_{Hg} + 0.2\gamma_w = P_B$

$\therefore \quad P_B - P_A = -0.5\gamma_w + 0.2\gamma_{Hg} = (-0.5 + 0.2 \times 13.6) \times 9.8 = 21.756\,[\text{kPa}]$

17 대기압을 P_0라 하면 $P_0 + \gamma h = P_A - \gamma_w H$

$\therefore$ 계기압력 $P_A - P_0 = \gamma h + \gamma_w H = (13.6 \times 0.1 + 1 \times 0.2) \times 9.8 = 15.288\,[\text{kPa}]$

18 $P_0 = P_v + \gamma h = P_v + S\gamma_w h \quad \therefore \quad h = \dfrac{P_0 - P_v}{S\gamma_w} = \dfrac{100 - 80}{0.8 \times 9.8} = 2.55\,[\text{m}]$

19 압력계 절대압력을 P, 탱크 내 공기 압력을 P_{air}, 외부 대기압을 P_0로 하면

$$P = P_{air} + 2\gamma_w; \quad P_0 = P_{air} + 0.1\gamma_{Hg}$$

이므로 압력계에서 계기압력은 다음과 같다.

$$P - P_0 = 2\gamma_w - 0.1\gamma_{Hg} = (2 - 0.1 \times 13.6) \times 9.8 = 6.272\,[\mathrm{kPa}]$$

20 $P_A + \gamma_w \times (0.8\sin 30° + 0.2) = P_B + 0.2\gamma_{Hg}$

$\therefore \; P_A - P_B = (0.2 \times 13.6 - 0.8 \times \sin 30° - 0.2) \times 9.8 = 20.776\,[\mathrm{kPa}]$

점 B로부터 오른쪽 수은 표면까지의 물기둥에 의한 압력은 양쪽이 서로 같으므로 상쇄된다.

21 $F = \gamma h_c A = 9800 \times \dfrac{0.4}{2} \times (0.4 \times 0.3) = 235.2\,[\mathrm{N}]$

22 수문의 왼쪽과 오른쪽 면에 작용하는 압력 힘을 각각 F_1, F_2라 하면

$$F_1 = \gamma h_c A = 9.8 \times \frac{6}{2} \times (6 \times 2) = 352.8\,[\mathrm{kN}]\ (\rightarrow)$$

$$F_2 = \gamma h_c A = 9.8 \times \frac{4}{2} \times (4 \times 2) = 156.8\,[\mathrm{kN}]\ (\leftarrow)$$

$$\therefore \; F_{net} = F_1 - F_2 = 352.8 - 156.8 = 196\,[\mathrm{kN}]\ (\rightarrow)$$

23 $F = \gamma h_c A = 9.8 \times 1 \times \left(\dfrac{2}{\sin 60°} \times 4\right) = 90.53\,[\mathrm{kN}]$

24 $h_c = 3\mathrm{m}, \; y_c = \dfrac{h_c}{\sin 60°} = \dfrac{3}{\sin 60°} = 3.464\,[\mathrm{m}]$

$$\therefore \; F = \gamma h_c A = 9.8 \times 3 \times (\pi \times 1^2) = 92.36\,[\mathrm{kN}]$$

$$y_p = y_c + \frac{I_c}{y_c A} = y_c + \frac{\pi R^4/4}{y_c(\pi R^2)} = y_c + \frac{R^2}{4y_c} = 3.464 + \frac{1^2}{4 \times 3.464} = 3.536\,[\mathrm{m}]$$

$$\therefore \; h_p = y_p \sin 60° = 3.536 \times \sin 60° = 3.062\,[\mathrm{m}]$$

25 $h_c = 3 + 2\sin 30° = 4\,[\mathrm{m}], \quad y_c = \dfrac{3}{\sin 30°} + 2 = 8\,[\mathrm{m}]$

(1) $F = \gamma h_c A = 9.8 \times 4 \times (2 \times 4) = 313.6\,[\mathrm{kN}]$

(2) $y_p = y_c + \dfrac{I_c}{y_c A} = 8 + \dfrac{(2 \times 4^3)/12}{8 \times (2 \times 4)} = 8.17\,[\mathrm{m}]$

따라서 점 A로부터 전압력의 작용점까지의 거리는

$$l_p = y_p - 6 = 8.17 - 6 = 2.17\,[\mathrm{m}]$$

이므로 전압력의 점 A에 대한 모멘트는 다음과 같다.

$$M_A = F l_p = 313.6 \times 2.17 = 680.5\,[\mathrm{kN \cdot m}]$$

26 $F_1 = \gamma h_c A = 9.8 \times \dfrac{3}{2} \times (3 \times 5) = 220.5\,[\text{kN}]$

$$y_p = y_c + \frac{I_c}{y_c A} = 1.5 + \frac{(5 \times 3^3)/12}{1.5 \times (5 \times 3)} = 2\,[\text{m}]$$

† 높이 h의 직사각형 수문에서 전압력의 작용점은 바닥으로부터 $h/3$ 또는 수면으로부터 $2h/3$에 위치한다.

$$\therefore\ y_p = \frac{2}{3} \times 3 = 2\,[\text{m}]$$

$$F_2 = \gamma h A = 9.8 \times 3 \times (2 \times 5) = 294\,[\text{kN}]$$

점 A에 대한 모멘트 합은 0이라는 조건에서 $R \times 2 = F_1 \times (1+2) + F_2 \times 1$

$$\therefore\ R = \frac{1}{2} \times (220.5 \times 3 + 294 \times 1) = 477.75\,[\text{kN}]$$

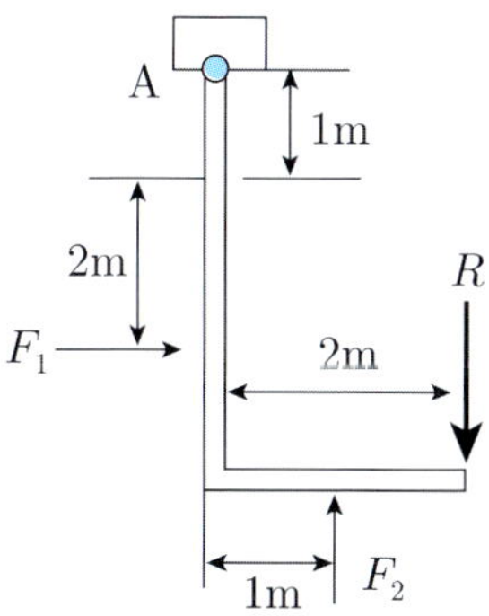

[문제-26]

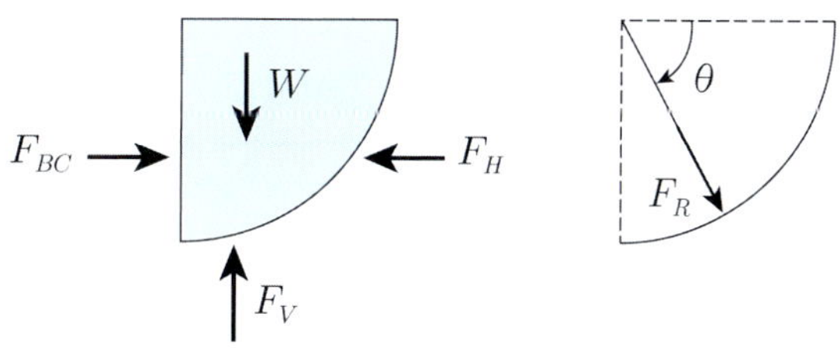

[문제-27]

27 $F_H = F_{BC} = \gamma h_c A = 9.8 \times \dfrac{0.7}{2} \times (0.7 \times 1) = 2.401\,[\text{kN}]$

$$F_V = W = \gamma V = 9.8 \times \frac{\pi (0.7)^2}{4} \times 1 = 3.771\,[\text{kN}]$$

$$F_R = \sqrt{(F_H)^2 + (F_V)^2} = \sqrt{2.401^2 + 3.771^2} = 4.47\,[\text{kN}]$$

$$\theta = \tan^{-1}\left(\frac{F_V}{F_H}\right) = \tan^{-1}\left(\frac{3.771}{2.401}\right) = 57.5°$$

† 곡면이 원호인 경우에는 합력이 원호의 중심을 지난다.

28 $F_H = F_{AC} = \gamma h_c A = 9.8 \times \dfrac{2}{2} \times (2 \times 10) = 196\,[\text{kN}]$

$$F_V = F_{BC} - W = \gamma \times \frac{\pi R^2}{4} \times L = 9.8 \times \frac{\pi (2)^2}{4} \times 10 = 307.9\,[\text{kN}]$$

$$F_R = \sqrt{(F_H)^2 + (F_V)^2} = \sqrt{196^2 + 307.9^2} = 365\,[\text{kN}]$$

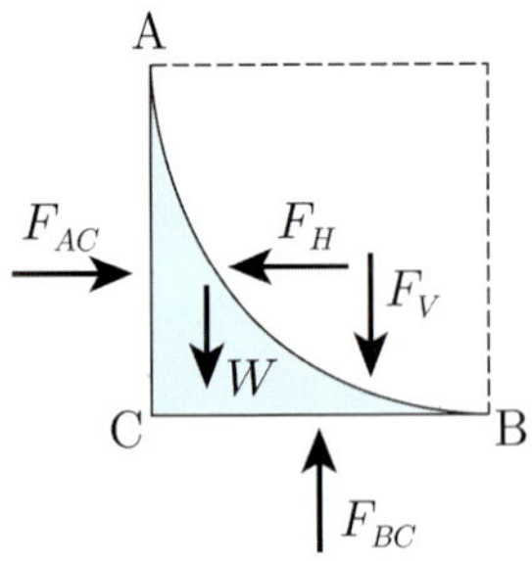

[문제-28]

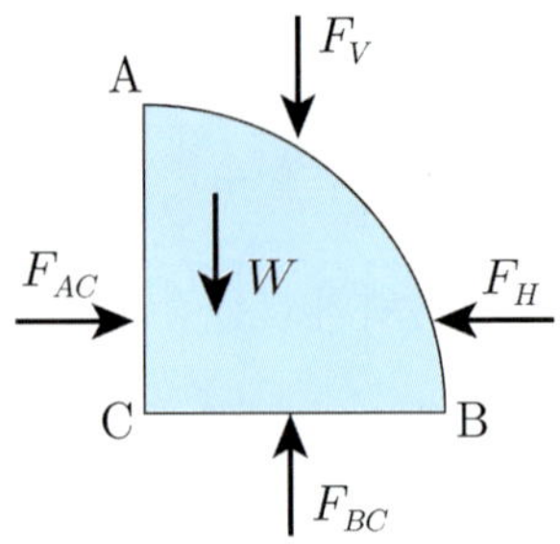

[문제-29]

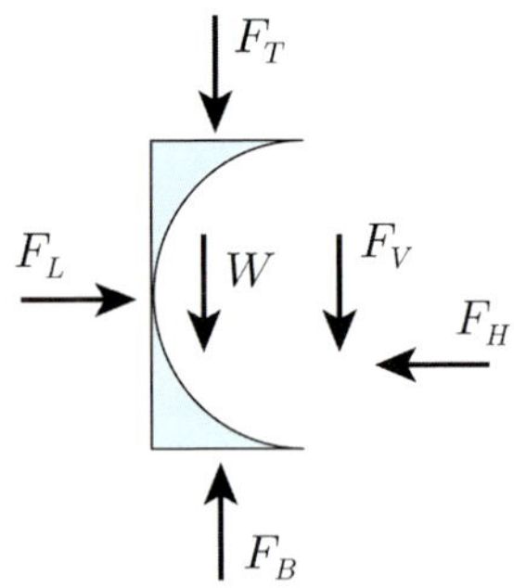

[문제-30]

29 $F_H = F_{AC} = \gamma h_c A = 9.8 \times (1.5 + \frac{2}{2}) \times (2 \times 3) = 147\,[\mathrm{kN}]$

$F_V = F_{BC} - W = 9.8 \times (1.5 + 2) \times (2 \times 3) - 9.8 \times \frac{\pi (2)^2}{4} \times 3 = 113.4\,[\mathrm{kN}]$

$F_R = \sqrt{(F_H)^2 + (F_V)^2} = \sqrt{147^2 + 113.4^2} = 185.7\,[\mathrm{kN}]$

30 왼쪽, 위, 아래 면에 작용하는 압력 힘과 유체의 무게는 다음과 같다.

$$F_L = \gamma h_c A = 9.8 \times \left(3 + \frac{4}{2}\right) \times (4 \times 10) = 1960\,[\mathrm{kN}]$$

$$F_T = \gamma h A = 9.8 \times 3 \times (2 \times 10) = 588\,[\mathrm{kN}]$$

$$F_B = \gamma h A = 9.8 \times (3 + 4) \times (2 \times 10) = 1372\,[\mathrm{kN}]$$

$$W = \gamma V = \gamma\left(2R \times R - \frac{\pi R^2}{2}\right)L = 9.8 \times \left[4 \times 2 - \frac{\pi (2)^2}{2}\right] \times 10 = 168\,[\mathrm{kN}]$$

힘의 평형으로부터

$$F_H = F_L = 1960\,[\mathrm{kN}];\ F_V = F_B - W - F_T = 1372 - 168 - 588 = 616\,[\mathrm{kN}]$$

전압력의 크기 $F_R = \sqrt{(F_H)^2 + (F_V)^2} = \sqrt{1960^2 + 616^2} = 2054\,[\mathrm{kN}]$

31 $T = F_B - W = \gamma_w \times \left(\frac{4\pi}{3} R^3\right) - W = 9.8 \times \left(\frac{4\pi}{3} \times 1^3\right) - 10 = 31.05\,[\mathrm{kN}]$

† 반지름 R인 구의 부피 $V = \frac{4\pi}{3} R^3$

32 비중계의 무게를 W라 하면 물과 액체 속에 잠긴 비중계의 부피는 각각 V, $V + Ah$이다. 물과 액체에서 비중계의 무게와 부력이 평형을 이루고 있으므로

$$W = \gamma_w V;\ W = \gamma (V + Ah) \quad \therefore\ S = \frac{\gamma}{\gamma_w} = \frac{V}{V + Ah}$$

33 $S = \frac{1}{1 - hA_0 / V_0} = \left(1 - 8 \times \frac{\pi \times 1^2}{4} \times \frac{1}{50}\right)^{-1} = 1.144$

34 $\theta = \tan^{-1}\left(\frac{a_x}{g}\right) = \tan^{-1}\left(\frac{4}{9.8}\right) = 22.2°$

35 물의 양은 일정하므로 탱크 내 빈 공간의 부피도 일정하다. 따라서 (a)의 공간 면적과 (b)의 공간 면적이 같다. 가속도는 다음과 같이 구해진다.

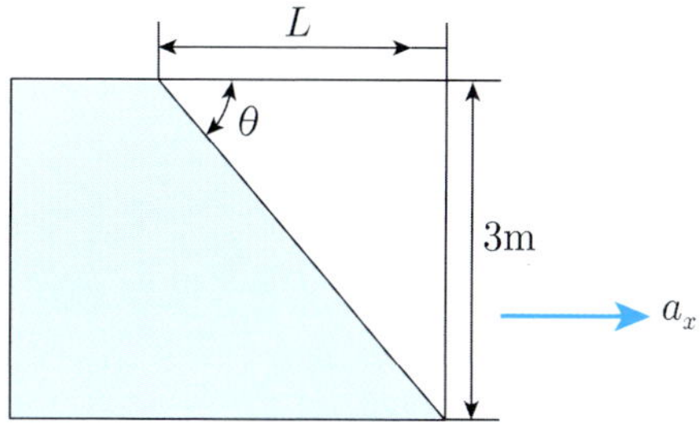

[문제-35]

$$1 \times 4 = \frac{1}{2} \times (3 \times L) \quad \therefore\ L = \frac{8}{3}$$

$$\tan\theta = \frac{3}{L} = \frac{9}{8} = \frac{a_x}{g} \quad \therefore\ a_x = \frac{9}{8}g = \frac{9}{8} \times 9.8 = 11.025\,[\text{m/s}^2]$$

36 $a_z = 4\text{m/s}^2;\ P = \rho(g + a_z)h = 10^3 \times (9.8 + 4) \times 2\,[\text{Pa}] = 27.6\,[\text{kPa}]$

컨테이너의 바닥 면적 $A = \frac{3\text{m}^3}{2\text{m}} = \frac{3}{2}\,\text{m}^2$이므로 전압력

$$F = PA = 27.6 \times \frac{3}{2} = 41.4\,[\text{kN}]$$

37 $a_z = -4\text{m/s}^2;\ P = \rho(g + a_z)h = 10^3 \times (9.8 - 4) \times 2\,[\text{Pa}] = 11.6\,[\text{kPa}]$

38 $H = \frac{\omega^2 R^2}{2g} = \frac{(2\pi N/60)^2 R^2}{2g}$

$$\therefore\ N = \frac{60}{2\pi R}\sqrt{2gH} = \frac{60}{2\pi(0.1)}\sqrt{2(9.8)(0.2)} = 189\,[\text{rpm}]$$

39 $R = \frac{60}{2\pi N}\sqrt{2gH} = \frac{60}{2\pi \times 120} \times \sqrt{2 \times 9.8 \times 0.1} = 0.1114\,[\text{m}] = 11.14\,[\text{cm}]$

40 (1) 이상기체 상태방정식으로부터 $\frac{P}{\rho} = RT,\quad \frac{P}{\rho g} = \frac{RT}{g} \quad \therefore\ \frac{P}{\gamma} = \frac{RT}{g}$

(2) $\frac{P}{\gamma^n} = C$에서 $P = C\gamma^n$이므로 $\frac{dP}{d\gamma} = nC\gamma^{n-1}$ …①

(1)에서 $P = \frac{\gamma RT}{g}$를 $\frac{P}{\gamma^n} = C$에 대입하면 $\frac{RT}{g\gamma^{n-1}} = C$이고 이 식에서 $\frac{dT}{d\gamma}$를 구하

면 $T = C\frac{g}{R}\gamma^{n-1}$; $\frac{dT}{d\gamma} = C\frac{g}{R}(n-1)\gamma^{n-2}$ …②

위 식에서 ②÷①을 하면 $\frac{dT}{dP} = \frac{g}{R}\frac{(n-1)}{n\gamma}$ …③

이 얻어진다. 끝으로 $\frac{dP}{dz} = -\gamma$에서 $dP = -\gamma dz$를 ③에 대입하면 다음과 같이 온도 체감률이 구해진다.

$$-\frac{dT}{dz} = \frac{g}{R}\frac{(n-1)}{n} \quad \cdots④$$

(3) 식 ④에서 $\alpha = -\frac{dT}{dz} = 0.0065\,\mathrm{K/m}$, $R = 286.8\,\mathrm{J/kg \cdot K}$를 대입하여 폴리트로픽 지수 n을 구한다.

$$\alpha = \frac{g}{R}\frac{(n-1)}{n} = \frac{g}{R}\left(1 - \frac{1}{n}\right);\ \frac{1}{n} = 1 - \frac{\alpha R}{g}$$

$$n = \frac{1}{1-\alpha R/g} = \frac{1}{1-0.0065(286.8/9.8)} = 1.235$$

따라서 $\frac{P}{\gamma^{1.235}} = C$이다.

41 수면으로부터 관찰창의 도심까지 거리 $y_c = 1.2 + \frac{1.6}{2} = 2\,[\mathrm{m}]$이므로 압력의 중심까지 수직거리는 다음과 같다. 관찰창의 반지름 $R = \frac{1.6}{2} = 0.8\,[\mathrm{m}]$이다.

$$y_p = y_c + \frac{I_c}{y_c A} = y_c + \frac{\pi R^4/4}{y_c \times \pi R^2} = y_c + \frac{R^2}{4y_c} = 2 + \frac{0.8^2}{4(2)} = 2 + 0.08 = 2.08\,[\mathrm{m}]$$

42 U자형 관의 단면적이 $0.1\mathrm{m}^2$이므로 관에서 기름의 높이는

$$H = \frac{V}{A} = \frac{0.05}{0.1} = 0.5\,[\mathrm{m}]$$

이다. 그림에서 두 지점 1, 2에서의 압력은 같으므로 h는 다음과 같다.

$$P_0 + \gamma H = P_0 + \gamma_w(H-h);\ H - h = \frac{\gamma}{\gamma_w}H$$

$$\therefore\ h = \left(1 - \frac{\gamma}{\gamma_w}\right)H = (1-0.8)\times 0.5 = 0.1\,[\mathrm{m}]$$

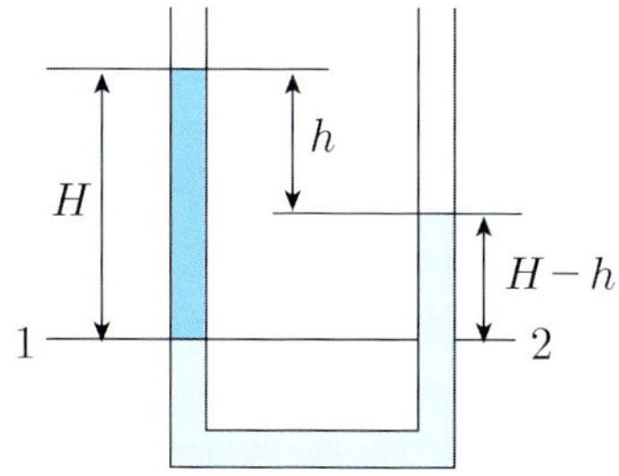

[문제-42]

43 ○ 물체 무게(W): $W=\gamma V=(S\gamma_w)V=(0.3\times 9.8)(3\times 3\times 5)=132.3\,[\mathrm{kN}]$

○ 부력(F_B): 방형물체가 담수에 잠기는 총 깊이를 $h\,[\mathrm{m}]$라 하면

$$F_B=\gamma_w(3\times 5\times h)=(9.8)(3\times 5\times h)=147h\,[\mathrm{kN}]$$

○ 여기에서 부력(F_B)은 물체의 무게(W)와 방형물체의 상부에 적재된 중량물의 무게 (W_L)의 합과 같으므로 다음과 같이 h가 구해진다.

$$F_B=W+W_L;\ 147h=132.3+88.2\quad \therefore\ h=\frac{220.5}{147}=1.5\,[\mathrm{m}]$$

† 중등교사 임용시험은 기사시험과는 달리 계산기를 사용하지 못하므로 먼저 계산기를 사용하지 않고 풀어보도록 한다.

44 (1) 보의 너비 $b=1\mathrm{m}$이고, P_1은 수직으로 서 있는 넓이 $H_1\times b$의 평면에 작용하는 전압력이다.

$$P_1=\gamma h_c A=\gamma\frac{H_1}{2}(H_1\times b)=9.8\frac{\mathrm{kN}}{\mathrm{m}^3}\times\frac{9}{2}\mathrm{m}\times(9\mathrm{m}\times 1\mathrm{m})=396.9\,\mathrm{kN}$$

수직으로 서 있는 높이 h의 직사각형 평판에 작용하는 압력의 작용점은 지면으로부터 $\frac{h}{3}$에 있다. $\therefore\ y_1=\frac{H_1}{3}=\frac{9\mathrm{m}}{3}=3\mathrm{m}$

(2) $P_2=\gamma h_c A=\gamma\frac{H_2}{2}(H_2\times b)=9.8\frac{\mathrm{kN}}{\mathrm{m}^3}\times\frac{3}{2}\mathrm{m}\times(3\mathrm{m}\times 1\mathrm{m})=44.1\,\mathrm{kN}$

$$y_2=\frac{H_2}{3}=\frac{3\mathrm{m}}{3}=1\mathrm{m}$$

(3) P_1은 오른쪽 방향(→)으로 작용하고 P_2는 왼쪽 방향(←)으로 작용하고 있으므로 보에는 $P=P_1-P_2=396.9-44.1\,[\mathrm{kN}]=352.8\,[\mathrm{kN}]$의 힘이 오른쪽 방향(→)으로 작용한다. 보의 바닥 지점에 대한 모멘트 평형 조건($\sum M=0$)을 적용하여 작용점의 위치(y)를 구한다.

$$Py=P_1y_1-P_2y_2$$

$$\therefore\ y=\frac{P_1y_1-P_2y_2}{P}=\frac{396.9(3)-44.1(1)}{352.8}\,[\mathrm{m}]=3.25\,[\mathrm{m}]$$

45 [정답: ③] $1\text{gf/cm}^3 = 1000\text{kgf/m}^3$; $F + W = F_B$

$$F = F_B - W = \gamma_w V - \gamma V = (\gamma_w - \gamma)V$$
$$= (1000-500)\times(0.8\times0.8\times10)[\text{kgf}] = 3.2\times1000[\text{kgf}] = 3.2[\text{ton}]$$

46 [정답: ④] 달걀의 무게 $W = \gamma V$, 부력 $F_B = \gamma_w \times 0.9V$. $W = F_B$이므로

$$\gamma V = \gamma_w \times 0.9V \quad \therefore \quad S = \frac{\gamma}{\gamma_w} = 0.9$$

47 [정답: ④] (부력) $= 6-3$[톤]$=3000$kgf

$$(\text{부력}) = \gamma_w V = \left(1000\frac{\text{kgf}}{\text{m}^3}\right)\times V = 3000\text{kgf} \quad \therefore \quad V = 3\text{m}^3$$

(물체의 무게) $= \gamma V = \gamma \times 3\text{m}^3 = 6$톤 $= 6000\text{kgf} \rightarrow \gamma = 2000\text{kgf/m}^3$

$$\therefore \quad S = \frac{\gamma}{\gamma_w} = \frac{2000}{1000} = 2$$

48 [정답: ③] $P = \rho(g+\alpha)h = 10^3(10+5)\times2[\text{N/m}^2] = 30[\text{kN/m}^2]$

49 [정답: ①] $P = \rho(g-\alpha)h = 10^3(9.8-4.9)\times1[\text{N/m}^2] = 4.9[\text{kN/m}^2]$

50 [정답: ④] $S_{\text{유체}} = \dfrac{\gamma_{\text{유체}}}{\gamma_{\text{물}}}$

51 [정답: ①] 정지 상태 유체에서는 전단응력이 존재하지 않는다.

52 [정답: ②] 부력$= \gamma_{\text{유체}} \times$(잠긴 부분 체적)

53 [정답: ④] 기름 바닥 면에서 압력이 같다. $(20-h)\rho_{\text{물}}\, g = 20\rho_{\text{기름}}\, g$

$$h = 20 - \frac{20\rho_{\text{기름}}}{\rho_{\text{물}}} = 20 - 20(0.8) = 4[\text{mm}]$$

54 [정답: ④] 액체 b 바닥 면에서 압력이 같다.

$$(10-3)\rho g = 10\rho_{\text{b}}\, g \quad \therefore \quad \rho_{\text{b}} = \frac{7}{10}\rho$$

55 [정답: ④] 바닥에서 위 5cm 점에서 좌우의 압력이 같다는 조건 적용.

$$(20-5)\gamma_w = (15-10)\gamma_w + (10-5)\gamma \quad \therefore \quad \gamma = 2\gamma_w$$

56 [정답: ②] 물체 무게 $\gamma V = 3[\text{kgf}]$, 부력 $\gamma_w V = 3-1 = 2[\text{kgf}]$

$\therefore\ S = \dfrac{\gamma}{\gamma_w} = \dfrac{3}{2}$

57 [정답: ④] $F = P_2 A_2 = (0.8\gamma_w \times 2 + \gamma_w \times 3)4 = 10(1.6 + 3)4 = 184[\mathrm{kN}]$

58 [정답: ②] (가)=(나)=(다) : 수위가 같으면 압력($p = \gamma h$)이 같다.

59 [정답: ④] 1tonf=1000kgf

$$P = \gamma h_c A = 1000 \times \frac{4}{2} \times (3 \times 4)[\mathrm{kgf}] = 24[\mathrm{tonf}]$$

60 [정답: ③] 물체 무게 W=50kgf, 부력 $F_B = \gamma_w V = 50 - 20 = 30[\mathrm{kgf}]$

$$\bigcirc\ \text{단위중량} = \frac{W}{V} = \frac{50}{30/1000} = 1667[\mathrm{kgf/m^3}]$$

61 [정답: ④] $P_g = P - P_a = P_a - P_a = 0$

62 [정답: ④] (부력)=(물체 무게); $\gamma_w(h \times 12 \times 3) = 54 \times 10^3$

$$h = \frac{54 \times 10^3}{\gamma_w \times (12 \times 3)} = \frac{54 \times 10^3}{10^3 \times (12 \times 3)} = 1.5[\mathrm{m}]$$

63 [정답: ④]

$$p = 0.8\gamma_w \times 2 + \gamma_w \times 1.5 = 10^3(0.8 \times 2 + 1.5) \times 10^{-4} = 0.31[\mathrm{kgf/cm^2}]$$

64 [정답: ③] $P_A + \gamma_1 h_1 = P_B + \gamma_3 h_3 + \gamma_2 h_2$

$$P_A - P_B = \gamma_3 h_3 + \gamma_2 h_2 - \gamma_1 h_1 = 1000(0.8 \times 0.3 + 10 \times 0.5 - 1 \times 0.25)$$
$$= 4{,}990[\mathrm{kgf/m^2}]$$

65 [정답: ③] 아래 방향(↓)을 $+z$로 잡았으므로 $dp = \gamma dz$.
아래로 내려갈수록 압력이 증가한다.

66 [정답: ③] 수평분력은 곡면을 투영한 수직면에 작용하는 힘과 같다.

67 [정답: ③] 직사각형 수문에서 작용점 위치는 아래에서 $\dfrac{1}{3}h$이다.

수면으로부터 $y_p = \dfrac{2}{3}h = \dfrac{2}{3} \times 3 = 2[\mathrm{m}]$

68 [정답: ④] 물의 비중량 $\gamma = 1$, $I_c = \pi R^4/4$

$$h_c = y_c = 1 + \frac{4}{2} = 3\,[\mathrm{m}],\ R = \frac{d}{2} = 2\,[\mathrm{m}]$$

$$P = \gamma h_c A = \gamma h_c \times \frac{\pi d^2}{4} = 1 \times 3 \times \frac{3(4)^2}{4} = 36\,[\mathrm{tonf}]$$

$$y_p = y_c + \frac{I_c}{y_c A} = 3 + \frac{(\pi \times 2^4)/4}{3(\pi \times 2^2)} = 3 + \frac{1}{3} = 3.33\,[\mathrm{m}]$$

69 [정답: ③] AB면에 작용하는 힘의 수직성분은 AB면 위의 유체 무게와 같다.

$$F_V = \gamma V_1 + \gamma V_2 = \gamma(1 \times 2 \times 1) + \gamma\left(\frac{\pi}{4} \times 1^2 \times 2\right) = \gamma\left(2 + \frac{\pi}{2}\right)$$

70 [정답: ③] 수평분력은 곡면을 투영한 수직면에 작용하는 힘과 같다.

$$F_H = \gamma h_c A = \gamma h_c(\pi R^2) = 10(3)(3 \times 1^2) = 90\,[\mathrm{kN}]$$

71 [정답: ②] 수문의 왼쪽(F_L)과 오른쪽(F_R) 면에 작용하는 압력 힘은 각각

$$F_L = \gamma h_{c,L} A = 2.5\gamma_w (h - 0.5)A;\quad F_R = \gamma_w h_{c,R} A = \gamma_w (5 - 0.5)A$$

이다. 수문 양쪽의 전수압 작용점은 모두 수문의 중심이라고 가정하면 O점에 대한 모멘트 평형으로부터

$$F_L \times 0.5 = F_R \times 0.5\ \rightarrow\ 2.5\gamma_w (h - 0.5)A = \gamma_w (5 - 0.5)A$$

$$2.5(h - 0.5) = (5 - 0.5)\ \therefore\ h = 2.3\,[\mathrm{m}]$$

72 [정답: ②] 수조가 연직 위 방향으로 등가속도 a의 운동을 할 때

$$\Delta p = \rho(g + a)h$$

73 [정답: ②] 수면으로부터 도심까지 거리 $y_c = 2 + \frac{2}{2} = 3\,[\mathrm{m}]$

$$h_c = y_c + \frac{I_c}{y_c A} = 3 + \frac{(1 \times 2^3)/12}{3(2 \times 1)} = 3 + \frac{1}{9} = 3.11\,[\mathrm{m}]$$

74 [정답: ①] $P = \rho(g - a)h + P_{atm} = \rho(9.8 - 9.8)h + P_{atm} = P_{atm}$

$$\therefore\ P_g = P - P_{atm} = 0$$

75 [정답: ②] 물에 의해 수문에 작용하는 힘은

$$F = \gamma h_c A = 1(2 + 1)(2 \times 2) = 12\,[\mathrm{tf}]$$

이고, 작용점은 수면으로부터

$$y_p = y_c + \frac{I_c}{y_c A} = 3 + \frac{2 \times 2^3/12}{3 \times (2 \times 2)} = 3 + \frac{1}{9}\,[\mathrm{m}]$$

에 있다. 블록 A에 가해지는 힘의 크기를 R이라 하고, 힌지에 대한 모멘트 평형조건을 적용하면

$$R\times 2 = F\times\left(3+\frac{1}{9}-2\right) \quad \therefore \quad R=\frac{1}{2}\times\frac{10}{9}\times 12=\frac{20}{3}=6.67[\mathrm{tf}]$$

76 [정답: ①] 수평분력은 AB면을 투영한 수직면($2\mathrm{m}\times 5\mathrm{m}$)에 작용하는 힘과 같고, 수직분력은 AB면 위에 있는 유체 무게와 같다.

$$F_H=\gamma h_c A = 10(3+1)(2\times 5)=400[\mathrm{kN}]$$

$$F_V=\gamma V_1+\gamma V_2=10(2\times 3\times 5)+10\left[\frac{1}{2}(2\times 2\times 5)\right]=400[\mathrm{kN}]$$

V_1은 사각형 단면, V_2는 삼각형 단면의 부피이다.

77 [정답: ②] 삼각형 높이$=5-2=3[\mathrm{m}]$

도심 위치 $h_c=2+\frac{1}{3}\times 3=3[\mathrm{m}]$, 면적 $A=\frac{1}{2}\times 3\times 2=3[\mathrm{m}^2]$

$$F=\gamma h_c A=(1.3\times 9.8)\times 3\times 3=114.66[\mathrm{kN}]$$

$$l_p=l_c+\frac{I_c}{l_c A}=3+\frac{(2\times 3^3)/36}{3\times 3}=3+\frac{1}{6}-\frac{19}{6}[\mathrm{m}]$$

삼각형에서 $I_x=\frac{bh^3}{36}$[표 3.1]

78 [정답: ④] 단면적 A_1의 피스톤에 작용하는 힘을 P라고 하면 레버의 힌지 C에 대한 모멘트 평형으로부터

$$P\times 3=F\times(27+3) \quad \therefore \quad P=10F=300[\mathrm{kgf}]$$

이고, 유압기 내에서 파스칼의 원리를 적용하면

$$p=\frac{P}{A_1}=\frac{W}{A_2} \quad \therefore \quad W=\frac{A_2}{A_1}P=\left(\frac{5}{2.5}\right)^2\times 300=1,200[\mathrm{kgf}]$$

79 [정답: ③]

80 [정답: ③] 물체의 총부피를 $V[\mathrm{m}^3]$로 하면

○물체 무게: $W=0.85\gamma_w V$

○부력: $F_B=1.15\gamma_w(V-3)$

$W=F_B$이므로 $0.85\gamma_w V=1.15\gamma_w(V-3)$

$$\therefore \quad V=\frac{1.15(3)}{1.15-0.85}=11.5[\mathrm{m}^3]$$

81 [정답: ①] 본문 예제

82 피스톤 A와 B의 단면적은 각각 $A_A = 10^{-2}\text{m}^2$, $A_B = 10^{-1}\text{m}^2$이고, 피스톤 B에 가해지는 힘 $F_B = 1{,}000\text{kN}$이다.

(1) 피스톤 A에 가해진 힘 $F_A[\text{kN}]$: 파스칼의 원리에 의해 피스톤 A와 B의 바닥에서의 압력은 같다.

$$P = \frac{F_A}{A_A} = \frac{F_B}{A_B}$$

$$\therefore\ F_A = \left(\frac{A_A}{A_B}\right)F_B = \left(\frac{10^{-2}\text{m}^2}{10^{-1}\text{m}^2}\right)\times 1000\text{kN} = 100[\text{kN}]$$

(2) 레버 C에 가하여야 하는 힘 $F_C[\text{kN}]$: D점에 대해 모멘트 평형원리를 적용하면

$$F_C \times (4l) = F_A \times (l)$$

$$\therefore\ F_C = \left(\frac{l}{4l}\right)\times F_A = \frac{1}{4}\times 100\text{kN} = 25[\text{kN}]$$

83 수문의 폭 $b = 1\text{m}$, 높이 $h = 2\text{m}$이고, 수면으로부터 수문의 도심까지 거리는

$$h_c = 8 + \frac{h}{2} = 8 + \frac{2}{2} = 9[\text{m}]$$

이다. 따라서 물의 비중량 $\gamma = 10[\text{kN/m}^3]$이므로 수문에 작용하는 전압력은

$$F = \gamma h_c A = \gamma h_c (bh) = 10(9)(1\times 2) = 180[\text{kN}]$$

이고, 작용점의 위치는 다음과 같다.

$$h_r = h_c + \frac{I_c}{h_c A} = h_c + \frac{\left(\frac{bh^3}{12}\right)}{h_c(bh)} = h_c + \frac{h^2}{12h_c} = 9 + \frac{2^2}{12(9)} = 9 + \frac{1}{27}\ (\text{m})$$

84 수문의 길이 $l = 2\text{m}$, 폭 $b = 2\text{m}$, 수로의 자유표면 높이 $h = 3\text{m}$이다.

(1) 수문에 작용하는 압력 $p[\text{N/m}^2]$: 자유표면으로부터 $h = 3\text{m}$ 아래 지점의 압력과 같으므로

$$p = \rho g h = 1000 \times 9.8 \times 3 = 29{,}400[\text{N/m}^2]$$

(2) 정수력 $F_h[\text{N}]$: 수평으로 놓여있는 수문에 작용하는 압력이 균일하므로

$$F_h = pA = pbl = 29{,}400 \times 2 \times 2 = 117{,}600[\text{N}]$$

(3) 수문이 열리지 않게 하기 위한 최소의 힘 $F[\text{N}]$: 힌지에 대한 모멘트 평형 $(\sum M_{\text{힌지}} = 0)$을 적용하면

$$F \times 2 - F_h \times 1 = 0$$

$$\therefore\ F = \frac{1}{2}F_h = \frac{1}{2}\times 117{,}600 = 58{,}800[\text{N}]$$

85 ○ 댐의 무게: $W = \gamma_c V_{\text{댐}} = 30(L)(9)(1) = 270L[\text{kN}]$

○ 물에 의한 전압력: $F_p = \gamma h_c A = 10(9/2)(9 \times 1) = 405[\mathrm{kN}]$

○ 전압력의 작용점: 지면(댐 바닥면)으로부터 $\dfrac{H}{3} = \dfrac{9}{3} = 3[\mathrm{m}]$

댐의 왼쪽 아래 모서리(C)를 중심으로 댐의 전도가 발생할 수 있다고 가정한다.

$$\sum M_C = 0 \ : \ W \times \frac{L}{2} - F_p \times 3 = 0 \quad \rightarrow \ 270L \times \frac{L}{2} - 405 \times 3 = 0$$

$$\therefore \ L = \sqrt{\frac{2}{270} \times 405 \times 3} = 3[\mathrm{m}]$$

86 [정답] ㉠: 5[cm] ㉡: 500[Pa]

A 피스톤의 이동거리 $L_A = 10[\mathrm{cm}]$, 단면적 $A_A = 20[\mathrm{cm}^2]$이고, B 피스톤의 단면적 $A_B = 40[\mathrm{cm}^2]$이다. B 피스톤의 상승 높이를 L_B라고 하면, A 피스톤이 밀어낸 유체의 부피가 B 피스톤을 밀어 올리는 유체의 부피와 같으므로

$$L_A A_A = L_B A_B$$

$$\therefore \ L_B = \left(\frac{A_A}{A_B}\right) L_A = \left(\frac{20}{40}\right) \times 10 = 5\,[\mathrm{cm}]$$

이다. A 피스톤의 내면에 작용하는 압력(P)은

$$P = \frac{F}{A} = \frac{1\mathrm{N}}{20\mathrm{cm}^2} = \frac{1\mathrm{N}}{20 \times (10^{-2}\mathrm{m})^2} = 500\frac{\mathrm{N}}{\mathrm{m}^2} = 500[\mathrm{Pa}]$$

이고, 파스칼의 원리에 의해 이것은 B 피스톤의 내면에 작용하는 압력과 같다.

87 (1) 탱크 내 위치 A에서 계기압력 P_A[kPa]: B에서 시작하여 다음 원리

$$P_L = P_U + \gamma h, \quad P_U = P_L - \gamma h$$

를 계속 적용하여 P_A를 구한다.

$$P_B + w_3(0.1) + w_2(0.2) - w_2(0.1) - w_1(0.2) = P_A$$

$$\therefore \ P_A = P_B + 0.1w_3 + 0.1w_2 - 0.2w_1$$

$$= 18 + 0.1(8) + 0.1(132) - 0.2(10) = 30[\mathrm{kPa}]$$

(2) 물에 의해 수문에 작용하는 힘 F[kN]: 수면으로부터 위치 A까지 수직 거리를 h_A라 하면

$$P_A = w_1 h_A$$

$$\therefore \ h_A = \frac{P_A}{w_1} = \frac{30}{10} = 3[\mathrm{m}]$$

이므로 수면으로부터 수문의 도심까지 수직 거리 h_c는

$$h_c = (h_A + 4) - l\sin 30° = (3+4) - 4\sin 30° = 5[\mathrm{m}]$$

이고, 힘 F는 다음과 같다.

$$F = \gamma h_c A = w_1 h_c (bl) = 10(5)(1 \times 4) = 200[\mathrm{kN}]$$

88 반지름 R인 구의 부피 $V = \dfrac{4\pi}{3}R^3$이다.

(1) 관측 장비에 작용하는 부력(F_B)

$$F_B = \gamma_w V = \gamma_w \times \frac{4\pi}{3}R^3 = 10 \times \frac{4(3)}{3} \times \left(\frac{1}{2}\right)^3 = 5[\text{kN}]$$

(2) 케이블에 걸리는 장력(T): 관측 장비의 무게 $W = 3\text{kN}$이다.

$$T = F_B - W = 5 - 3 = 2[\text{kN}]$$

89 목재 길이 $L = 1[\text{m}]$이다.

(1) 목재 바닥면에 물이 가하는 수직 합력 $F_V[\text{N}]$: 목재 바닥면에서 압력 $p = \rho g h$로 일정하다.

$$F_V = pA = \rho g h(bL) = 1000(10)(0.3)(0.4 \times 1) = 1200[\text{N}]$$

(2) 측면에 가하는 수평 합력 $F_H[\text{N}]$: 높이 h, 길이 L인 수직 평판에 작용하는 압력 힘이다.

$$F_H = \gamma h_C A = \rho g \times \frac{h}{2} \times (hL) = 1000(10)\left(\frac{0.3}{2}\right)(0.3 \times 1) = 450[\text{N}]$$

(3) 목재의 무게 $W[\text{N}]$: 힌지(O)에 대한 모멘트 평형조건($\sum M_O = 0$)을 적용한다.

$h - y_H = h - 2h/3 = h/3$이다.

$$W \times \frac{b}{2} - F_V \times \frac{b}{2} - F_H(h - y_H) = 0$$

$$W = F_V + \frac{2(h/3)F_H}{b} = 1200 + \frac{2(0.3)}{0.4(3)} \times 450 = 1425[\text{N}]$$

90 비중량 γ의 단위 $\text{kg/m}^2 \cdot \text{s}^2 = (\text{kg} \cdot \text{m/s}^2)/\text{m}^3 = \text{N/m}^3$이다.

(1) AB면에 수직하게 작용하는 힘 $F_1[\text{kN}]$: 높이 $h_1 = 0.6[\text{m}]$, 길이 $l = 2[\text{m}]$인 수직 평면에 작용하는 압력 힘이다.

$$F_1 = \gamma h_c A_R = \gamma \times \frac{h_1}{2} \times (h_1 l)$$

$$= 10{,}000\left(\frac{0.6}{2}\right)(0.6 \times 2)[\text{N}] = 3600[\text{N}] = 3.6[\text{kN}]$$

(2) 크레인에 작용하는 인장력 $F_2[\text{kN}]$: 상자 바닥면에 작용하는 힘은

$$F_b = \gamma h_1 A_L = \gamma h_1(bl)$$

$$= 10{,}000(0.6)(1.5 \times 2)[\text{N}] = 18000[\text{N}] = 18[\text{kN}]$$

이므로 연직방향 힘의 평형조건($\sum F_y = 0$)으로부터

$$F_b - W + F_2 = 0$$

$$F_2 = W - F_b = 20 - 18 = 2[\text{kN}]$$

연습문제 4

01 (1) $\overrightarrow{V} = A(\vec{i} - 2\vec{j}) \quad \therefore \ |\overrightarrow{V}| = A\sqrt{1^2 + (-2)^2} = \sqrt{5}A$

(2) $u = Ax = A \times (3) = 3A, \quad v = -Ay = -A \times (-3) = 3A$

$$\therefore \ \theta = \tan^{-1}\left(\frac{v}{u}\right) = \tan^{-1}\left(\frac{3A}{3A}\right) = \tan^{-1}1 = 45°$$

02 $\dfrac{dx}{u} = \dfrac{dy}{v}$ 이므로 $\dfrac{dx}{-2y} = \dfrac{dy}{-2x}$ 에서 $xdx = ydy$ 이다. 이 식을 적분하면

$$\int xdx = \int ydy; \quad \frac{1}{2}x^2 = \frac{1}{2}y^2 + C'$$

$\therefore$ 유선의 방정식은 $x^2 - y^2 = C$ (C는 상수)

03 $Re = \dfrac{VD}{\nu}$ 에서 $V = \dfrac{\nu Re}{D} = \dfrac{(3 \times 10^{-4}) \times 2000}{0.2} = 3\,[\mathrm{m/s}]$

04 $Re = \dfrac{VD}{\nu} = \dfrac{VD}{\mu/\rho} = \dfrac{\rho VD}{\mu} = \dfrac{1.2 \times 10 \times 0.6}{1.8 \times 10^{-5}} = 4 \times 10^5$

05 $t = \dfrac{s}{V} = \dfrac{s}{Ma} = \dfrac{450 \times 1000}{0.2 \times 340} \times \dfrac{1}{3600} = 1.838\,[\mathrm{hr}]$

06 $V = Ma = M\sqrt{kRT} = 1.5 \times \sqrt{1.4 \times 287 \times (273.2 - 30)} = 468.9\,[\mathrm{m/s}]$

07 (1) $Q = AV = \dfrac{\pi D^2}{4} \times V = \dfrac{\pi \times (0.2)^2}{4} \times 5 = 0.157\,[\mathrm{m^3/s}]$

(2) $\dot{m} = \rho AV = \rho Q = (0.8 \times 1000) \times 0.157 = 125.6\,[\mathrm{kg/s}]$

(3) $G = \gamma AV = \gamma Q = (0.8 \times 9800) \times 0.157 = 1230.9\,[\mathrm{N/s}]$

08 $\dot{m} = \rho AV = \dfrac{P}{RT} \times AV = \dfrac{P}{RT} \times \dfrac{\pi D^2}{4} \times V$

$$= \frac{150}{0.287 \times (273.2 + 20)} \times \frac{\pi \times (0.5)^2}{4} \times 10 = 3.5\,[\mathrm{kg/s}]$$

09 $V = \dfrac{G}{\gamma A} = \dfrac{G}{\rho g(\pi D^2/4)} = \dfrac{4G}{\pi D^2 \rho g}, \quad \nu = \dfrac{\mu}{\rho}$

$\therefore \ Re = \dfrac{VD}{\nu} = \dfrac{\rho VD}{\mu} = \dfrac{\rho D}{\mu} \times \dfrac{4G}{\pi D^2 \rho g} = \dfrac{4G}{\pi \mu g D}$

10 연속 방정식에서 $Q = A_1 V_1 = A_2 V_2$

$$V_2 = \frac{A_1}{A_2} V_1 = \left(\frac{D_1}{D_2}\right)^2 V_1 = \left(\frac{2}{3}\right)^2 V_1 = \frac{4V_1}{9} \qquad \therefore \ V_1 : V_2 = 9:4$$

11 $Q = A_1 V_1 = A_2 V_2$; $V_2 = \dfrac{A_1}{A_2} V_1 = \left(\dfrac{D_1}{D_2}\right)^2 V_1 = \left(\dfrac{5}{8}\right)^2 \times 8 = 3.125\,[\text{m/s}]$

$Q = A_1 V_1 = \dfrac{\pi (0.05)^2}{4} \times 8 = 0.0157\,[\text{m}^3/\text{s}]$

12 ○반지름 5cm 관: $V_1 = \dfrac{Q}{A_1} = \dfrac{Q}{\pi D_1^2/4} = \dfrac{0.01}{\pi \times 0.05^2/4} = 5.09\,[\text{m/s}]$

○반지름 15cm 관: $V_2 = \dfrac{Q/2}{A_2} = \dfrac{Q/2}{\pi D_2^2/4} = \dfrac{0.01/2}{\pi \times 0.15^2/4} = 0.283\,[\text{m/s}]$

13 $\dot{m} = \rho A V = \dfrac{P_{abs}}{RT} \times A V = \dfrac{P_{atm} + P_{gage}}{RT} \times \dfrac{\pi D^2}{4} \times V$

$$= \frac{40 + 100}{0.287 \times (273.2 + 20)} \times \frac{\pi \times (0.2)^2}{4} \times 50 = 2.613\,[\text{kg/s}]$$

† 이상기체 상태방정식 $Pv = RT$에서 압력은 절대압력이다.

14 (1) $\dfrac{\partial u}{\partial x} + \dfrac{\partial v}{\partial y} = 2 + 2 = 4$ (2) $\dfrac{\partial u}{\partial x} + \dfrac{\partial v}{\partial y} = 3 - 3 = 0$

(3) $\dfrac{\partial u}{\partial x} + \dfrac{\partial v}{\partial y} = 2 + 4 = 6$ (4) $\dfrac{\partial u}{\partial x} + \dfrac{\partial v}{\partial y} = 1 - 1 = 0$

∴ 연속 방정식 $\dfrac{\partial u}{\partial x} + \dfrac{\partial v}{\partial y} = 0$을 만족하는 것은 (2), (4)

15 $x = 1$, $y = 2$일 때 $u = \dfrac{\partial \Psi}{\partial y} = 2y = 4$, $v = -\dfrac{\partial \Psi}{\partial x} = -(-2x) = 2$

$|\vec{V}| = \sqrt{u^2 + v^2} = \sqrt{4^2 + 2^2} = 2\sqrt{5}$; $\theta = \tan^{-1}\left(\dfrac{v}{u}\right) = \tan^{-1}\left(\dfrac{2}{4}\right) = 26.6°$

16 $u = \dfrac{\partial \phi}{\partial x} = \dfrac{\partial}{\partial x}(y - 2x^2 + 2y^2) = 0 - 4x + 0 = -4x$

$v = \dfrac{\partial \phi}{\partial y} = \dfrac{\partial}{\partial y}(y - 2x^2 + 2y^2) = 1 - 0 + 4y = 1 + 4y$

17 ○위치수두 $z = 2\text{m}$

○압력수두 $\dfrac{P}{\gamma} = \dfrac{58.8}{9.8} = 6\,[\text{m}]$

○속도수두 $\dfrac{V^2}{2g} = \dfrac{49^2}{2 \times 9.8} = 122.5\,[\text{m}]$

○전 수두 $H = 2 + 6 + 122.5 = 130.5\,[\text{m}]$

18 베르누이 방정식 $\dfrac{P_1}{\gamma} + \dfrac{V_1^2}{2g} + z_1 = \dfrac{P_2}{\gamma} + \dfrac{V_2^2}{2g} + z_2$

$$V_2^2 = V_1^2 + \frac{2(P_1 - P_2)}{\rho} + 2g(z_1 - z_2)$$

$$= 6^2 + \frac{2 \times (120 - 110) \times 10^3}{1000} + 2 \times 9.8 \times (-2) = 16.8\,[\text{m}^2/\text{s}^2]$$

$V_2 = 4.1\,[\text{m/s}]$

19 $V_2 = \dfrac{A_1}{A_2} V_1 = \dfrac{50}{150} \times 9 = 3\,[\text{m/s}]$; 수평관이므로 $z_1 = z_2$

$$\frac{P_1}{\gamma} + \frac{V_1^2}{2g} + 0 = \frac{P_2}{\gamma} + \frac{V_2^2}{2g} + 0$$

$$P_2 = P_1 + \frac{\rho(V_1^2 - V_2^2)}{2} = 110 + \frac{1000 \times (9^2 - 3^2)}{2} \times \frac{1}{1000} = 146\,[\text{kPa}]$$

20 $D_2 = 2D_1$이므로 $V_2 = V_1/4 = 2\,[\text{m/s}]$; 수평관에서 $z_1 = z_2$

$$\frac{P_1}{\gamma} + \frac{V_1^2}{2g} + 0 = \frac{P_2}{\gamma} + \frac{V_2^2}{2g} + 0$$

$$P_2 - P_1 = \frac{\gamma(V_1^2 - V_2^2)}{2g} = \frac{\rho(V_1^2 - V_2^2)}{2} = \frac{1000 \times (8^2 - 2^2)}{2}\,[\text{Pa}] = 30\,[\text{kPa}]$$

21 지름이 일정하므로 점 2에서 유속 $V_2 = V_1 = 2\,\text{m/s}$.

베르누이 방정식 $\dfrac{P_1}{\gamma} + 0 + z_1 = \dfrac{P_2}{\gamma} + 0 + z_2$로부터 점 2에서 압력

$P_2 = P_1 + \gamma(z_1 - z_2) = 150 + 9 \times 2\,[\text{kPa}] = 168\,[\text{kPa}]$

22 $V_2 = \dfrac{A_1}{A_2} V_1 = \left(\dfrac{D_1}{D_2}\right)^2 V_1 = \left(\dfrac{10}{40}\right)^2 \times 8 = 0.5\,[\text{m/s}]$; 수평관 $z_1 = z_2$

$$\frac{P_1}{\gamma} + \frac{V_1^2}{2g} + 0 = \frac{P_2}{\gamma} + \frac{V_2^2}{2g} + 0$$

$$P_2 = P_1 + \frac{\rho(V_1^2 - V_2^2)}{2} = 150 + \frac{800 \times (8^2 - 0.5^2)}{2} \times \frac{1}{1000}\,[\text{kPa}] = 175.5\,[\text{kPa}]$$

23 수면(①)과 출구(②) 사이에 베르누이 방정식을 적용한다.

$$\frac{P_1}{\gamma}+\frac{V_1^2}{2g}+z_1=\frac{P_2}{\gamma}+\frac{V_2^2}{2g}+z_2$$

여기에서 $P_1=P_2=P_{atm}$, $V_1\approx 0$, $z_1-z_2=h$이므로

$$0+0+z_1=0+\frac{V_2^2}{2g}+z_2;\quad \frac{V_2^2}{2g}=z_1-z_2=h$$

$$V_2=\sqrt{2gh}=\sqrt{2\times 9.8\times 2}\,[\mathrm{m/s}]=6.26\,[\mathrm{m/s}]$$

$$Q=AV_2=\frac{\pi D^2}{4}\times V_2=\frac{\pi\times 0.1^2}{4}\times 6.26=0.0492\,[\mathrm{m^3/s}]$$

24 $V=\sqrt{2gh}=\sqrt{2\times 9.8\times 4}=8.85\,[\mathrm{m/s}]$

$$Q=AV=\frac{\pi D^2}{4}\times V=\frac{\pi\times 0.05^2}{4}\times 8.85=0.0174\,[\mathrm{m^3/s}]$$

† 이상유체는 비점성유체이므로 마찰손실이 없다.

25 베르누이 방정식 $\frac{P_1}{\gamma}+\frac{V_1^2}{2g}+z_1=\frac{P_2}{\gamma}+\frac{V_2^2}{2g}+z_2$에서 $V_1=0$, $z_1=z_2$.

$$\frac{P_1}{\gamma}+0+0=\frac{P_2}{\gamma}+\frac{V_2^2}{2g}+0$$

$$V_2=\sqrt{\frac{2(P_1-P_2)}{\rho}}=\sqrt{\frac{2(300-100)\times 10^3}{1.2}}\,[\mathrm{m/s}]=577.4\,[\mathrm{m/s}]$$

26 유속 $V_2=\dfrac{1}{\sqrt{1-(D_2/D_1)^4}}\sqrt{2gh\left(\dfrac{\gamma_s}{\gamma}-1\right)}$

$$=\frac{1}{\sqrt{1-(2/4)^4}}\times\sqrt{2(9.8)(0.04)(13.6-1)}\times 100=324.6\,[\mathrm{cm/s}]$$

유량 $Q=A_2V_2=\dfrac{\pi}{4}D_2^2\,V_2=\dfrac{\pi}{4}\times 2^2\times 324.6=1019.8\,[\mathrm{cm^3/s}]$

27 유속 $V_1=\dfrac{1}{\sqrt{(A_1/A_2)^2-1}}\sqrt{2g\left(\dfrac{P_1-P_2}{\gamma}\right)}=\dfrac{1}{\sqrt{(A_1/A_2)^2-1}}\sqrt{2gh}$

$$=\frac{1}{\sqrt{(8A_2/A_2)^2-1}}\times\sqrt{2\times 9.8\times 0.2}\times 100=24.94\,[\mathrm{cm/s}]$$

28 $V=\sqrt{2gh}=\sqrt{2\times 9.8\times 0.1}=1.4\,[\mathrm{m/s}]$

29 $V=\sqrt{\dfrac{2(P_2-P_1)}{\rho}}=\sqrt{\dfrac{2(80-20)\times 10^3}{1000}}\,[\mathrm{m/s}]=10.95\,[\mathrm{m/s}]$

30 (1) $V=\sqrt{2gh\left(\frac{\gamma_0}{\gamma}-1\right)}=\sqrt{2\times 9.8\times 0.2\times\left(\frac{9800}{11.8}-1\right)}=57.02[\mathrm{m/s}]$

† 기체의 비중량은 액체의 비중량에 비하여 아주 작으므로 피토관으로 기체의 유속을 측정할 때 다음 식을 사용하기도 한다.

$$V=\sqrt{2gh\left(\frac{\gamma_0}{\gamma_{gas}}\right)}=\sqrt{\frac{2gh\,\rho_0}{\rho_{gas}}}$$

이 식을 사용하면 유속은 다음과 같다.

$$V=\sqrt{\frac{2gh\gamma_0}{\gamma}}=\sqrt{\frac{2\times 9.8\times 0.2\times 9800}{11.8}}=57.06[\mathrm{m/s}]$$

(2) $V=\sqrt{2gh\left(\frac{\gamma_0}{\gamma}-1\right)}=\sqrt{2\times 9.8\times 0.2\times\left(\frac{132.8}{9.8}-1\right)}\ [\mathrm{m/s}]=7.01[\mathrm{m/s}]$

31 [본문 예제] 결과 식 사용

$$Q=A\,V_3=\frac{\pi D^2}{4}\sqrt{2g(h_1+h_3)}$$

$$=\frac{\pi(0.02)^2}{4}\sqrt{2(9.8)(0.2+0.25)}=9.33\times 10^{-4}[\mathrm{m^3/s}]$$

32 $Re=\frac{VD}{\nu}=\frac{10\times 1}{10^{-6}}=10^7>4000\quad\therefore$ 난류

33 그림은 생략됨; '$\frac{P}{\gamma}+\frac{V^2}{2g}+z=$ 일정' 인 베르누이 정리를 물어보는 문제

34 (1) $P_1-P_2=(\gamma-\gamma_w)H=(13.5-1)\times 1000\times 0.5=6250[\mathrm{kgf/m^2}]$

$$=6250\,\mathrm{kgf}/(10^2\mathrm{cm})^2=0.625[\mathrm{kgf/cm^2}]$$

(2) 베르누이 정리와 연속방정식을 적용하면 유량 Q가 $\sqrt{h}$에 비례한다는 것을 알 수 있다[예제]. $Q\propto\sqrt{h}\quad\therefore\ h\propto Q^2$

따라서 Q를 3배로 증가시키면 h는 9배가 되므로 액주계의 높이는 $0.5\times 9=4.5\,[\mathrm{m}]$가 된다.

35 탱크에서 흘러 나가는 물만큼 물을 공급해야 수위가 일정하게 유지된다.

$$Q=Av=\frac{\pi}{4}d^2\sqrt{2gh}=\frac{3}{4}\times 0.1^2\times\sqrt{2\times 10\times 3}=0.058\,[\mathrm{m^3/s}]$$

36 (1) 물의 표면 B와 C 사이에 베르누이 정리를 적용한다. B점의 속도는 0으로 가정한다.

$$\frac{P_1}{\gamma}+0+z_1=\frac{P_2}{\gamma}+\frac{v_2^2}{2g}+z_2$$

$$\frac{v_2^2}{2g} = \frac{P_1 - P_2}{\gamma} - (z_2 - z_1) = \frac{(1-0.2)\times 10^4}{1000} - 3 = 5\,[\mathrm{m}]$$

$$v_2 = \sqrt{2\times 10\times 5} = 10\,[\mathrm{m/s}]$$

(2) 유량 $Q = \frac{\pi}{4}d^2 v = \frac{3}{4}\times 0.1^2 \times 10 \times 60 = 4.5\,[\mathrm{m^3/min}]$

37 마찰 손실을 무시하고 두 점 1, 2 사이에 베르누이 방정식을 적용한다. 관은 수평으로 놓여 있으므로 $z_1 = z_2$이다.

$$\frac{P_1}{\gamma} + \frac{V_1^2}{2g} = \frac{P_2}{\gamma} + \frac{V_2^2}{2g} \quad \cdots ①$$

연속방정식에서 유량 $Q = A_1 V_1 = A_2 V_2$이고, $D_1 = 2D_2$이므로

$$\frac{\pi}{4}D_1^2 V_1 = \frac{\pi}{4}D_2^2 V_2$$

$$\therefore \; V_1 = \left(\frac{D_2}{D_1}\right)^2 V_2 = \left(\frac{D_2}{2D_2}\right)^2 V_2 = \frac{1}{4}V_2 \quad \cdots ②$$

식 ②를 식 ①에 대입하여 정리하면

$$\frac{P_1 - P_2}{\gamma} = \frac{V_2^2}{2g}\left[1 - \left(\frac{1}{4}\right)^2\right] = \frac{15V_2^2}{32g}$$

이므로 단면 2에서 속도는 다음과 같다.

$$V_2 = \sqrt{\frac{32g}{15}\frac{(P_1 - P_2)}{\gamma}} = \sqrt{\frac{32}{15}\frac{(P_1 - P_2)}{\rho}} = \sqrt{\frac{32}{15}\times\frac{30\times 1000}{1000}}$$

$$= 8\,[\mathrm{m/s}]$$

따라서 단면 1에서 유속은 $V_1 = \frac{1}{4}V_2 = \frac{1}{4}\times 8 = 2\,[\mathrm{m/s}]$이다.

38 배수관 단면적 $A = 0.25\mathrm{m}^2$, 유량 $Q = 0.5\mathrm{m}^3/\mathrm{s}$이므로 점 A에서 유속은 다음과 같다.

$$V_2 = \frac{Q}{A} = \frac{0.5}{0.25} = 2\,[\mathrm{m/s}]$$

물탱크 수면을 1, 점 A를 2로 하여 1과 2 사이에 베르누이 정리를 적용한다.

$$\frac{P_1}{\gamma} + \frac{V_1^2}{2g} + z_1 = \frac{P_2}{\gamma} + \frac{V_2^2}{2g} + z_2$$

탱크 단면적이 관 단면적보다 아주 클 때 수면의 하강 속도 $V_1 = 0$이며, 대기압을 무시하므로 $P_1 = 0$이고, $z_1 - z_2 = 30\,[\mathrm{m}]$이다.

$$0 + 0 + z_1 = \frac{P_2}{\gamma} + \frac{V_2^2}{2g} + z_2$$

$$\therefore\ P_2 = \gamma(z_1 - z_2) - \frac{\rho V_2^2}{2} = 9.8(1000)(30) - \frac{1000(2^2)}{2}[\mathrm{Pa}]$$
$$= 292 \times 10^3[\mathrm{Pa}] = 292[\mathrm{kPa}]$$

39 물탱크 수면과 배수관 출구 사이에 베르누이 정리를 적용하면 출구에서 유속은

$$V_2 = \sqrt{2gH} = \sqrt{2g \times 8} = 4\sqrt{g}\ [\mathrm{m/s}]$$

이다. 지름 D_x인 지점을 1, 지름 D_0인 지점을 2로 하면 $D_x = 2D_0$이므로 연속법칙에 의해 1에서 유속은 다음과 같다.

$$\frac{\pi}{4}D_x^2\,V_1 = \frac{\pi}{4}D_0^2\,V_2$$
$$V_1 = \left(\frac{D_0}{D_x}\right)^2 V_2 = \left(\frac{D_0}{2D_0}\right)^2 V_2 = \frac{1}{4}V_2 = \frac{1}{4}\times 4\sqrt{g} = \sqrt{g}\ [\mathrm{m/s}]$$

점 1과 2 사이에 베르누이 정리를 적용하면 $P_2 = 0,\ z_1 = z_2$이므로 다음과 같이 압력 P_1이 구해진다.

$$\frac{P_1}{\gamma} + \frac{V_1^2}{2g} + z_1 = \frac{P_2}{\gamma} + \frac{V_2^2}{2g} + z_2$$
$$\frac{P_1}{\gamma} + \frac{V_1^2}{2g} + 0 = 0 + \frac{V_2^2}{2g} + 0$$
$$\therefore\ P_1 = \frac{1}{2}\rho(V_2^2 - V_1^2) = \frac{1}{2}\rho\left[(4\sqrt{g})^2 - (\sqrt{g})^2\right] = \frac{15}{2}\rho g[\mathrm{Pa}]$$

40 그림과 같이 수평관에 설치된 피토관에서 정압관과 피토관의 수두 차($h = 2.5\,\mathrm{cm}$)는 유체의 속도수두($v^2/2g$)와 같다.

$$h = \frac{v^2}{2g} \qquad \therefore\ v = \sqrt{2gh} = \sqrt{2(9.8)(0.025)} = 0.7\ [\mathrm{m/s}]$$

41 [정답: ②]

42 [정답: ④] $\dfrac{\partial u}{\partial x} \neq 0,\ \dfrac{\partial u}{\partial t} \neq 0$

43 [정답: ③] 비압축성 유체의 2차원 흐름에서 연속방정식 $\dfrac{\partial u}{\partial x} + \dfrac{\partial v}{\partial y} = 0$

44 [정답: ③] 정상류 비압축성 유체에 대한 연속방정식 $\dfrac{\partial u}{\partial x} + \dfrac{\partial v}{\partial y} + \dfrac{\partial w}{\partial z} = 0$

45 [정답: ④] $u = \dfrac{\partial \Psi}{\partial y},\ v = -\dfrac{\partial \Psi}{\partial x}$로부터 Ψ를 구하면 $\Psi = x^2 + y^2 + C$

46 [정답: ④] 프루드수 $Fr = \dfrac{(\text{관성력})}{(\text{중력})}$

47 [정답: ①]

48 [정답: ②] 뉴턴운동법칙을 적용하여 Euler 방정식을 유도하고, 이 식을 적분하여 베르누이 방정식이 만들어진다.

49 [정답: ①] 비압축성 유체에 대해 Bernoulli 방정식이 적용된다.

50 [정답: ②] Euler의 운동방정식은 비점성 유체에 대한 방정식이다.

51 [정답: ②] 동일 유선상에서 성립한다.

52 [정답: ④] 피에조미터 수두 $\dfrac{P}{\gamma} + z$를 연결한 선을 수력구배선이라 한다.

53 [정답: ④] 높이 10m인 지점으로부터 낙하한 거리는 $v^2 - v_0^2 = 2gs$로부터

$$s = \frac{v^2 - v_0^2}{2g} = \frac{10^2 - 5^2}{2 \times 10} = 3.75\,[\mathrm{m}]$$

이므로 지면으로부터 10-3.75=6.25[m] 높이에 위치한다.

54 [정답: ④] 연속방정식으로부터 $\rho_A A_A V_A = \rho_B A_B V_B$

$$\therefore \quad V_B = \frac{\rho_A}{\rho_B} \times \frac{A_A}{A_B} \times V_A = \frac{\rho_A}{(\rho_A/2)} \times \frac{A_A}{(A_A/4)} \times 10 = 80\,[\mathrm{m/s}]$$

55 [정답: ①] 유적선: 입자가 이동한 경로를 추적하여 연결한 선.

56 [정답: ①] $\dfrac{v^2}{2g} = \dfrac{\Delta P}{\gamma}$

57 [정답: ②] $Re = \dfrac{VD}{\nu} \quad \therefore \quad V = \dfrac{\nu Re}{D} = \dfrac{0.01 \times 2300}{5} = 4.6\,[\mathrm{cm/s}]$

58 [정답: ③] 표면장력 $[\sigma] = F/L = (ML/T^2)/L = M/T^2$

59 [정답: ④]

60 [정답: ④] $Q = 60\mathrm{L/min} = 60 \times 10^{-3}\mathrm{m^3}/60\mathrm{s} = 10^{-3}\mathrm{m^3/s}$

$$Re = \frac{\rho VD}{\mu} = \frac{\rho(4Q/\pi D^2)D}{\mu} = \frac{4\rho Q}{\pi\mu D} = \frac{4 \times (0.9 \times 10^3) \times 10^{-3}}{\pi(5 \times 10^{-3} \times 9.8) \times 0.05} = 467.7$$

61 [정답: ④] $C_c = \dfrac{A_c}{A} = \dfrac{0.18}{0.3} = 0.6$, $C_v = \dfrac{C_d}{C_c} = \dfrac{0.54}{0.6} = 0.9$

$$v = C_v\sqrt{2gh} = 0.9\sqrt{2(10)(5)} = 9\,[\mathrm{m/s}]$$

62 [정답: ③] $C_c = \dfrac{A_c}{A} = \left(\dfrac{0.9}{1}\right)^2 = 0.81$, $C_d = C_v C_c = 0.9 \times 0.81 = 0.729$

63 [정답: ④] $Q_a = 420\mathrm{L/min} = 420 \times 10^{-3}\mathrm{m^3/60s} = 7 \times 10^{-3}\mathrm{m^3/s}$

$$Q_a = C_d A\sqrt{2gh} \quad \therefore \quad C_d = \frac{Q_a}{A\sqrt{2gh}} = \frac{7 \times 10^{-3}}{(10 \times 10^{-4}) \times \sqrt{2 \times 10 \times 5}} = 0.7$$

64 [정답: ①] $Q = C_c C_v A\sqrt{2gh} = 1 \times 1 \times 0.1\sqrt{2 \times 10 \times 5} = 1\,[\mathrm{m^3/s}]$

65 [정답: ③] $v = \sqrt{\dfrac{2\Delta P}{\rho}} = \sqrt{\dfrac{2 \times (5 \times 1000)}{1}} = 100\,[\mathrm{m/s}]$

66 [정답: ②] $h = \dfrac{v^2}{2g} = \dfrac{3^2}{2 \times 9.8} = 0.459\,[\mathrm{m}]$

67 [정답: ②] $H = \dfrac{v^2}{2g} = \dfrac{3^2}{2 \times 10} = 0.45\,[\mathrm{m}]$

68 [정답: ④] 직경 4cm인 노즐의 분사속도가 v일 때 직경 8cm인 곳의 유속은 $v/4$이다.

$$\frac{P}{\rho g} + \frac{(v/4)^2}{2g} = \frac{v^2}{2g} \quad \rightarrow \quad \frac{v^2}{2} \times \frac{15}{16} = \frac{P}{\rho}$$

$$\therefore \quad v = \sqrt{\frac{2 \times 16P}{15\rho}} = \sqrt{\frac{2 \times 16 \times (1.2 \times 10 \times 10^4)}{15 \times 10^3}} = 16\,[\mathrm{m/s}]$$

69 [정답: ①] 유속에 의한 동압은 $\dfrac{\rho_w V^2}{2}$이다.

$$\rho_w g\left(h_1 + \frac{D}{2}\right) + \frac{\rho_w V^2}{2} + \rho_w g h_2 = S\rho_w g h_3$$

$$\frac{V^2}{2} = g\left(Sh_3 - h_1 - h_2 - \frac{D}{2}\right) = g(11 \times 0.1 - 0.2 - 0.3 - 0.1) = 0.5g$$

$$V = \sqrt{2 \times 0.5g} = \sqrt{2 \times 0.5 \times 10} = \sqrt{10}\,[\mathrm{m/s}]$$

70 [정답: ①] $P_1 = 0.1\mathrm{kgf/cm^2} = 0.1 \times 10 \times 10^4\mathrm{N/m^2} = 10\mathrm{kN/m^2}$

$$V_2 = \left(\frac{D_1}{D_2}\right)^2 V_1 = \left(\frac{5}{10}\right)^2 \times 4 = 1\,[\mathrm{m/s}]$$

$$P_2 = P_1 + \frac{\rho}{2}(V_1^2 - V_2^2) + \rho g(z_1 - z_2)$$

$$= 10 + \frac{1000}{2}(4^2 - 1^2) \times \frac{1}{1000} - 1000 \times 10 \times 1 \times \frac{1}{1000}\,[\text{kN/m}^2]$$

$$= 7.5\,[\text{kN/m}^2]$$

71 [정답: ②] $v = \sqrt{2gh} = \sqrt{2 \times 10 \times 0.2} = 2\,[\text{m/s}]$

72 [정답: ②] 연속방정식으로부터

$V_1 h_1 = V_2 h_2 \rightarrow 2h_1 = 4h_2$

$\therefore\ h_1 = 2h_2$ ①

수면의 두 점 사이에 베르누이 방정식을 적용하면

$$\frac{V_1^2}{2g} + h_1 = \frac{V_2^2}{2g} + h_2$$

$$\therefore\ h_1 - h_2 = \frac{1}{2g}(V_2^2 - V_1^2) = \frac{1}{2(10)} \times (4^2 - 2^2) = 0.6 \qquad ②$$

①, ②로부터 $h_2 = 0.6\,[\text{m}],\ h_1 = 1.2\,[\text{m}]$

73 [정답: ④] $Q = h_1 u_1 = h_2 u_2 = 4 \rightarrow u_1 = 2\,[\text{m/s}],\ u_2 = \frac{4}{h_2}\,[\text{m/s}]$

수면의 두 점에 베르누이 방정식 적용. $P_1 = P_2 = P_{atm}$

$$\frac{u_1^2}{2g} + h_1 = \frac{u_2^2}{2g} + (h_2 + \delta)$$

편의상 $h_2 = x$로 놓고 주어진 수치를 대입한다. 양변에 $2g = 2 \times 8 = 16$을 곱한다.

$$2^2 + (16) \times 2 = \left(\frac{4}{x}\right)^2 + (16)(x + 0.25)$$

$$36 = \frac{16}{x^2} + 16x + 4 \rightarrow x^3 - 2x^2 + 1 = 0 \rightarrow (x-1)(x^2 - x - 1) = 0$$

$$\therefore\ h_2 = x = 1,\ \frac{1+\sqrt{5}}{2}\,[\text{m}]$$

74 [정답: ④] 1지점 압력수두 $\frac{P_1}{\gamma} = \frac{P_{atm}}{\gamma} - \frac{h}{2}$ 이고, 2지점 유속 $v_2 = \sqrt{2gh}$ 이다. 1지점과 2지점 사이에 베르누이방정식을 적용하면

$$\left(\frac{P_{atm}}{\gamma} - \frac{h}{2}\right) + \frac{v_1^2}{2g} = \frac{P_{atm}}{\gamma} + \frac{v_2^2}{2g} \rightarrow v_1^2 = v_2^2 + gh = 2gh + gh = 3gh$$

$$\therefore\ v_1 = \sqrt{3gh}$$

연속방정식으로부터

$$\frac{\pi d_1^2}{4}\times v_1 = \frac{\pi d_2^2}{4}\times v_2 \quad \rightarrow \quad \left(\frac{d_2}{d_1}\right)^2 = \frac{v_1}{v_2} = \frac{\sqrt{3gh}}{\sqrt{2gh}} = \sqrt{\frac{3}{2}}$$

$$\therefore \left(\frac{d_2}{d_1}\right)^4 = \frac{3}{2}$$

75 [정답: ②] [본문 예제] 결과 식 $\Delta t = \frac{A}{a}\sqrt{\frac{2}{g}}(\sqrt{h_1} - \sqrt{h_2})$ 사용

$$\sqrt{h_1} - \sqrt{h_2} = \Delta t \times \frac{a}{A} \times \frac{\sqrt{g}}{\sqrt{2}} = 56 \times \frac{0.0025}{1} \times \frac{\sqrt{9}}{1.4} = 0.3$$

$$\therefore h_2 = (\sqrt{h_1} - 0.3)^2 = (\sqrt{2} - 0.3)^2 = (1.4 - 0.3)^2 = 1.21\,[\mathrm{m}]$$

76 [정답: ①] $Re = \frac{VD}{\nu} = \frac{(4Q/\pi D^2)D}{\nu} = \frac{4Q}{\pi\nu D}$

77 [정답: ④] [본문 예제] 결과 식 사용: 예제의 식을 유도해 볼 것

$$V_2 = \sqrt{\frac{2gh_1^2}{h_1 + h_2}} = \sqrt{\frac{2\times 9\times 6^2}{6+2}} = 9\,[\mathrm{m/s}]$$

78 [정답: ④] $y_1 = 12\,[\mathrm{m}]$, $y_2 = 4\,[\mathrm{m}]$

$$V_2 = \sqrt{\frac{2gy_1^2}{y_1 + y_2}} = \sqrt{\frac{2(10)(12)^2}{12+4}} = 6\sqrt{5}\,[\mathrm{m/s}]$$

$$q = y_2 V_2 = 4\times 6\sqrt{5} = 24\sqrt{5}\,[\mathrm{m^3/s \cdot m}]$$

79 [정답: ④] $V_B = (50/25)^2 V_A = 4V_A$

$$\frac{P_A}{\gamma} + \frac{V_A^2}{2g} + z_A = \frac{P_B}{\gamma} + \frac{V_B^2}{2g} + z_B \quad (z_A = z_B)$$

$$\frac{P_A}{\gamma} - \frac{P_B}{\gamma} = \frac{1}{2g}(V_B^2 - V_A^2) = \frac{V_A^2}{2g}\times(4^2 - 1) = \frac{15V_A^2}{2g}$$

$$h = \frac{15V_A^2}{2g} \quad \therefore V_A = \sqrt{\frac{2gh}{15}}$$

80 [정답: ②] $V = \frac{Q}{A} = \frac{Q}{\pi D^2/4} = \frac{4Q}{\pi D^2} = \frac{4(3.14)}{3.14(1)^2} = 4\,[\mathrm{m/s}]$

81 [정답: ④] $u = \frac{\partial\Psi}{\partial y}$, $v = -\frac{\partial\Psi}{\partial x}$로부터 Ψ를 구하면

$$\Psi = -\frac{k}{2}x^2 - \frac{k}{2}y^2 + C$$

유선은 '$\Psi =$ 일정'이므로 $x^2 + y^2 =$ (상수)의 관계식이 얻어진다.

82 [정답: ②] $Q = A_A V_A = A_B V_B$로부터 $V_B = 3V_A = 15\text{m/s}$

$$\frac{P_A}{\gamma} + \frac{V_A^2}{2g} = \frac{P_B}{\gamma} + \frac{V_B^2}{2g}$$

$$P_A - P_B = \frac{\gamma(V_B^2 - V_A^2)}{2g} = \frac{10(15^2 - 5^2)}{2(10)} = 100[\text{kN/m}^2]$$

83 탱크 수면을 0, 작은 파이프 출구를 2와 3으로 하고 0과 2, 0과 3 사이에 베르누이 정리를 적용하여 유속 V_2와 V_3을 구하고 유량을 구한다. $V_0 = 0$, $P_0 = P_2 = P_3 = 0$, $z_0 = 7$ m, $z_2 = 7 - 3 = 4[\text{m}]$, $z_3 = 0$이다.

$$V_2 = \sqrt{2g(z_0 - z_2)} = \sqrt{2(9.8)(7-4)}[\text{m/s}] = 7.67[\text{m/s}]$$

$$V_3 = \sqrt{2g(z_0 - z_3)} = \sqrt{2(9.8)(7-0)}[\text{m/s}] = 11.7[\text{m/s}]$$

$$Q = Q_2 + Q_3 = \left(\frac{\pi D_2^2}{4}\right)V_2 + \left(\frac{\pi D_3^2}{4}\right)V_3$$

$$= \left(\frac{\pi \times 0.03^2}{4}\right)(7.67) + \left(\frac{\pi \times 0.02^2}{4}\right)(11.7)[\text{m}^3/\text{s}] = 9.10 \times 10^{-3}[\text{m}^3/\text{s}]$$

$$V_1 = \frac{Q}{A_1} = \frac{4Q}{\pi D_1^2} = \frac{4(9.1 \times 10^{-3})}{\pi(0.05)^2}[\text{m/s}] = 4.63[\text{m/s}]$$

0과 1 사이에 베르누이 정리를 적용하여 P_1을 구한다.

$$\frac{P_1}{\gamma} + \frac{V_1^2}{2g} + 0 = 0 + 0 + 7\text{m}$$

$$P_2 = 9800\left(7 - \frac{4.63^2}{2 \times 9.8}\right)[\text{Pa}] = 57,882[\text{Pa}] = 57.9[\text{kPa}]$$

84 [본문 예제] 결과 식 사용. 예제를 풀어 볼 것.

$$V_2 = \sqrt{2g(h + SH)} = \sqrt{2(9.8)[5 + 0.5(10)]} = 14[\text{m/s}]$$

85 (가), (나) 지점을 각각 1, 2점이라 하고, 두 지점을 흐르는 유량이 같다는 연속법칙을 이용하여 해를 구한다.

(1) 밀도가 일정할 때 유량 $Q = A_1 u_1 = A_2 u_2$이므로

$$\left(\frac{\pi}{4}D_1^2\right)u_1 = \left(\frac{\pi}{4}D_2^2\right)u_2$$

$$\therefore\ u_2 = \left(\frac{D_1}{D_2}\right)^2 u_1 = \left(\frac{10}{5}\right)^2 \times 5 = 20\ (\text{m/s})$$

주어진 조건에서 $u_1 = 5\mathrm{cm/s}$, $D_1 = 10\mathrm{cm}$, $D_2 = 5\mathrm{cm}$이다.

(2) CGS 단위계로 통일하여 레이놀즈수(Re)를 구한다.

물의 동점성계수를 $\nu[\mathrm{cm^2/s}]$라 하면

$$Re_1 = \frac{u_1 D_1}{\nu} = \frac{5\times 10}{\nu} = \frac{50}{\nu}; \quad Re_2 = \frac{u_2 D_2}{\nu} = \frac{20\times 5}{\nu} = \frac{100}{\nu}$$

$$\therefore \ Re_2 = 2\,Re_1$$

(나) 위치에서의 레이놀즈수(Re_2)는 (가) 위치에서의 레이놀즈수(Re_1)의 2배이다.

86 단면 1과 2의 중심점에 대해 베르누이 정리를 적용한다.

$$\frac{P_1}{\gamma} + \frac{V_1^2}{2g} + z_1 = \frac{P_2}{\gamma} + \frac{V_2^2}{2g} + z_2 \qquad \cdots ①$$

여기에서 $z_1 = z_2$이고, 위치 1에서의 속도를 무시하면($V_1 = 0$)

$$\frac{V_2^2}{2g} = \frac{P_1 - P_2}{\gamma} \qquad \therefore \ V_2 = \sqrt{\frac{2(P_1 - P_2)}{\rho}} \qquad \cdots ②$$

이다. 마노미터에서 수두 차이 $h = 32\mathrm{mm}$일 때 압력차는

$$P_1 - P_2 = \rho g h \qquad \cdots ③$$

이고, 식 ③을 ②에 대입하면 다음과 같이 유속 V_2가 구해진다.

$$V_2 = \sqrt{\frac{2(P_1 - P_2)}{\rho}} = \sqrt{\frac{2\rho g h}{\rho}} = \sqrt{2gh}$$

$$= \sqrt{2\times(10\times 100)\times(3.2)} = 80[\mathrm{cm/s}]$$

위치 2에서의 안지름 $D_2 = 20\mathrm{mm} = 2\mathrm{cm}$이므로 질량유량 $\dot{m}[\mathrm{g/s}]$은 다음과 같다.

$$\dot{m} = \rho A_2 V_2 = \rho \times \frac{\pi}{4} D_2^2 \times V_2$$

$$= 1 \times \frac{3}{4} \times (2)^2 \times 80 = 240[\mathrm{g/s}]$$

87 점 ①과 점 ②에 대해 베르누이 정리를 적용한다.

$$\frac{P_1}{\gamma} + \frac{V_1^2}{2g} + z_1 = \frac{P_2}{\gamma} + \frac{V_2^2}{2g} + z_2$$

여기에서

$$z_1 - z_2 = 4.9\mathrm{m}, \ V_1 = 0, \ P_1 = P_2 = P_{atm}$$

이므로 점 ②에서 액체 비료의 배출 속도 $V_2[\mathrm{m/s}]$는

$$\frac{P_{atm}}{\gamma} + 0 + z_1 = \frac{P_{atm}}{\gamma} + \frac{V_2^2}{2g} + z_2$$

$$\frac{V_2^2}{2g} = z_1 - z_2$$

$$\therefore \quad V_2 = \sqrt{2g(z_1 - z_2)} = \sqrt{2(9.8)(4.9)} = 9.8[\text{m/s}]$$

이고, 유량 $Q[\text{m}^3/\text{s}]$은 다음과 같다.

$$Q = A_2 V_2 = 0.1(9.8) = 0.98[\text{m}^3/\text{s}]$$

88 (1) 연속법칙 적용

$$Q = V_A A_A = V_B A_B \quad \rightarrow \quad V_A\left(\frac{\pi D_A^2}{4}\right) = V_B\left(\frac{\pi D_B^2}{4}\right)$$

$$\therefore \quad V_B = V_A\left(\frac{D_A}{D_B}\right)^2 = 10 \times \left(\frac{100}{50}\right)^2[\text{m/s}] = 40[\text{m/s}]$$

(2) 공기 밀도가 제시되지 않았으므로 공기 무게를 무시한다. 이때 경사 마노미터에서

$$P_A - P_B = \rho_f g L\sin\theta = 9{,}000(10)(0.02)\sin 30°[\text{Pa}] = 900[\text{Pa}]$$

† 공기 밀도(ρ_a)가 주어지면 $P_A + \rho_a g L\sin\theta = P_B + \rho_f g L\sin\theta$

89 수면과 노즐 출구를 각각 1, 2로 하여 두 지점 사이에 베르누이정리를 적용한다.

$$\frac{P_1}{\gamma} + \frac{V_1^2}{2g} + z_1 = \frac{P_2}{\gamma} + \frac{V_2^2}{2g} + z_2$$

주어진 조건에서 $V_1 = 0$, $z_1 - z_2 = h$를 대입하여 V_2를 구하면

$$\frac{V_2^2}{2g} = \frac{1}{\gamma}(P_1 - P_2) + 0 + (z_1 - z_2) = \frac{1}{\gamma}(P_1 - P_2) + h$$

$$\therefore V_2 = \sqrt{\frac{2(P_1 - P_2)}{\rho} + 2gh}$$

$$= \sqrt{\frac{2(108 - 100) \times 10^3}{1000} + 2(10)(1)} = \sqrt{16 + 20} = 6[\text{m/s}]$$

이고, 체적유량 Q는 다음과 같다.

$$Q = A_2 V_2 = 0.01(6) = 0.06[\text{m}^3/\text{s}]$$

90 주어진 조건에서 $V_A = 0$이고 A와 B점에서 압력은 대기압으로 같다.

(1) 노즐 B에서 유출되는 물의 속도 $V_B[\text{m/s}]$: A와 B점 사이에 베르누이 정리를 적용한다.

$$\frac{P_A}{\gamma} + \frac{V_A^2}{2g} + z_A = \frac{P_B}{\gamma} + \frac{V_B^2}{2g} + z_B$$

$$0 + 0 + z_A = 0 + \frac{V_B^2}{2g} + z_B$$

$$V_B = \sqrt{2g(z_A - z_B)} = \sqrt{2g(h_2 + h_3)} = \sqrt{2(10)(2+3)}[\text{m/s}] = 10[\text{m/s}]$$

(2) C점에서 속도 $V_C[\text{m/s}]$: B와 C점 사이에 연속법칙을 적용한다.

$$Q = V_B A_B = V_C A_C \rightarrow V_B\left(\frac{\pi d_2^2}{4}\right) = V_C\left(\frac{\pi d_1^2}{4}\right)$$

$$V_C = \left(\frac{d_2}{d_1}\right)^2 V_B = \left(\frac{0.05}{0.1}\right)^2 (10)[\text{m/s}] = 2.5[\text{m/s}]$$

연습문제 5

01 ○유속 $V = \frac{Q}{A} = \frac{4Q}{\pi D^2} = \frac{4 \times (0.7/60)}{\pi \times 0.08^2} = 2.321[\text{m/s}] \quad (1\text{L} = 10^{-3}\text{m}^3)$

○속도수두 $\frac{V^2}{2g} = \frac{2.321^2}{2 \times 9.8} = 0.275[\text{m}]$

○압력수두 $\frac{P}{\gamma} = \frac{104}{9.8} = 10.612[\text{m}]$

○전 수두 $H = \frac{P}{\gamma} + \frac{V^2}{2g} + z = 10.612 + 0.275 + 2 = 12.887[\text{m}]$

02 단위중량당 에너지=전 수두; $H = \frac{P}{\gamma} + \frac{V^2}{2g} + z$

$$20 = \frac{104}{0.8 \times 9.8} + \frac{V^2}{2 \times 9.8} + 1 \quad \therefore \ V = 10.6[\text{m/s}]$$

$$Q = AV = \frac{\pi}{4} D^2 V = \frac{\pi}{4} \times 0.14^2 \times 10.6 = 0.163[\text{m}^3/\text{s}]$$

03 ○제트의 유속 $V = \frac{Q}{A} = \frac{4Q}{\pi D^2} = \frac{4 \times 0.2}{\pi \times 0.1^2} = 25.46[\text{m/s}]$

○제트의 수두 $H = \frac{V^2}{2g} = \frac{25.46^2}{2 \times 9.8} = 33.07[\text{m}]$

○제트의 동력 $L = \frac{\gamma QH}{102} = \frac{10^3 \times 0.2 \times 33.07}{102} = 64.84[\text{kW}]$

또는, $E = \frac{1}{2}\dot{m} V^2 = \frac{1}{2}(\rho Q) V^2 = \frac{1}{2}(10^3 \times 0.2) \times 25.46^2[\text{W}] = 64.82[\text{kW}]$

04 손실 (h_L)이 있을 때 에너지 방정식; $\frac{P_1}{\gamma} + \frac{V_1^2}{2g} + z_1 = \frac{P_2}{\gamma} + \frac{V_2^2}{2g} + z_2 + h_L$

$$0 + 0 + z_1 = 0 + \frac{V_2^2}{2g} + z_2 + h_L; \ \frac{V_2^2}{2g} = (z_1 - z_2) - h_L = h - h_L$$

$$V_2 = \sqrt{2g(h - h_L)} = \sqrt{2 \times 9.8 \times (2 - 0.5)}[\text{m/s}] = 5.422[\text{m/s}]$$

$$Q = AV_2 = \frac{\pi D^2}{4} \times V_2 = \frac{\pi \times 0.1^2}{4} \times 5.422[\text{m}^3/\text{s}] = 0.04258[\text{m}^3/\text{s}]$$

05 상류와 하류의 두 지점 1, 2 사이에 에너지 방정식을 적용한다. 관 지름이 일정하므로 유속이 일정하다.

$$\frac{P_1}{\gamma}+\frac{V_1^2}{2g}+z_1=\frac{P_2}{\gamma}+\frac{V_2^2}{2g}+z_2+h_L$$

$$\frac{P_1}{\gamma}+0+0=\frac{P_2}{\gamma}+0+0+h_L$$

$$\therefore\ h_L=\frac{P_1-P_2}{\gamma}=\frac{140-120}{9.8}=2.04\,[\mathrm{m}]$$

06 지면과 2층을 각각 1, 2로 하여 에너지 방정식을 적용한다.

$$\frac{P_1}{\gamma}+\frac{V_1^2}{2g}+z_1=\frac{P_2}{\gamma}+\frac{V_2^2}{2g}+z_2+h_L$$

$$V_2=\left(\frac{D_1}{D_2}\right)^2V_1=\left(\frac{10}{8}\right)^2\times 12=18.75\,[\mathrm{m/s}]$$

$$P_2=P_1+\frac{\rho(V_1^2-V_2^2)}{2}+\gamma(z_1-z_2)-\gamma h_L$$

$$=200+\frac{10^3(12^2-18.75^2)}{2}\times\frac{1}{1000}-9.8(5)-9.8(0.4)\,[\mathrm{kPa}]$$

$$=43.3\,[\mathrm{kPa}]$$

07 수면과 노즐 출구를 각각 1, 2로 표시하고 에너지방정식을 적용한다.

$$\frac{P_1}{\gamma}+\frac{V_1^2}{2g}+z_1=\frac{P_2}{\gamma}+\frac{V_2^2}{2g}+z_2+h_L$$

출구 유속 $V_2=\dfrac{Q}{A}=\dfrac{4Q}{\pi D^2}=\dfrac{4(0.01)}{\pi(0.04^2)}=7.958\,[\mathrm{m/s}]$

$$0+0+h=0+\frac{7.958^2}{2(9.8)}+0+14\quad\therefore\ h=17.23\,[\mathrm{m}]$$

08 동력 $L_{PS}=\dfrac{\gamma QH}{75}=\dfrac{10^3(2)(12)}{75}=320\,[\mathrm{PS}]$

09 수면과 출구를 각각 1, 2로 표시하고 에너지방정식을 적용한다.

$$\frac{P_1}{\gamma}+\frac{V_1^2}{2g}+z_1+H_p=\frac{P_2}{\gamma}+\frac{V_2^2}{2g}+z_2+h_L$$

출구 유속 $V_2=\dfrac{Q}{A_2}=\dfrac{4Q}{\pi D_2^2}=\dfrac{4(4/60)}{\pi(0.1^2)}=8.49\,[\mathrm{m/s}]$

$$0+0+0+H_p=0+\frac{8.49^2}{2(9.8)}+2+3;\ H_p=8.68\,[\mathrm{m}]$$

$$\therefore\ L_p=\frac{\gamma QH_p}{102}=\frac{10^3(4/60)(8.68)}{102}=5.67[\text{kW}]$$

10 수면과 노즐 출구를 각각 1, 2로 표시하고 에너지 방정식을 적용한다.

$$\frac{P_1}{\gamma}+\frac{V_1^2}{2g}+z_1+H_p=\frac{P_2}{\gamma}+\frac{V_2^2}{2g}+z_2+h_L$$

$$0+0+0+H_p=0+\frac{40^2}{2(9.8)}+0.7+2$$

$H_p=84.33\,[\text{m}]$; $Q=\frac{\pi}{4}D_j^2\,V_j=\frac{\pi}{4}\times0.05^2\times40=7.854\times10^{-2}\,[\text{m}^3/\text{s}]$

$\gamma=S\gamma_w=1.025\times10^3\,[\text{kgf/m}^3]$

$$\therefore\ L_{pa}=\frac{\gamma QH_p}{75\eta_p}=\frac{(1.025\times10^3)(7.854\times10^{-2})(84.33)}{75(0.7)}=129.3[\text{PS}]$$

11 송풍기가 공급해야 할 동력 $L=\Delta PQ$

$$L=\Delta PQ=(800-100)\frac{\text{kN}}{\text{m}^2}\times0.2\frac{\text{m}^3}{\text{s}}=140\frac{\text{kN}\cdot\text{m}}{\text{s}}=140\,[\text{kW}]$$

12 댐의 수면을 1, 배출구를 2로 하여 점 1과 2 사이에 에너지 방정식 적용.

$$\frac{P_1}{\gamma}+\frac{V_1^2}{2g}+z_1=\frac{P_2}{\gamma}+\frac{V_2^2}{2g}+z_2+H_t+h_L$$

$$V_2=\frac{Q}{A}=\frac{4Q}{\pi D^2}=\frac{4\times20}{\pi\times2^2}=6.366\,(\text{m/s})$$

$$0+0+300=0+\frac{6.366^2}{2\times9.8}+50+H_t+0\qquad\therefore\ H_t=247.9[\text{m}]$$

따라서 터빈이 받는 동력은 다음과 같다.

$$L_t=\frac{\gamma QH_t}{102}\,[\text{kW}]=\frac{10^3\times20\times247.9}{102}\,[\text{kW}]=48{,}608[\text{kW}]=48.6\,[\text{MW}]$$

13 터빈 출력 $L_{ta}=\eta L_t=\eta(\gamma QH_t)$ $\therefore\ H_t=\frac{L_{ta}}{\eta\gamma Q}=\frac{400}{0.85(9.8)(0.7)}=68.6[\text{m}]$

14 터빈 입구와 출구를 각각 1, 2로 하여 점 1과 2 사이에서 에너지 방정식을 적용한다.

$$\frac{P_1}{\gamma}+\frac{V_1^2}{2g}+z_1=\frac{P_2}{\gamma}+\frac{V_2^2}{2g}+z_2+H_t+h_L$$

$$V_1=\frac{4Q}{\pi D_1^2}=\frac{4\times0.2}{\pi\times0.3^2}=2.83[\text{m/s}];\ V_2=\frac{4Q}{\pi D_2^2}=\frac{4\times0.2}{\pi\times0.7^2}=0.52\,[\text{m/s}]$$

$$h_L=0,\ z_1-z_2=1.2\,[\text{m}]$$

$P_1 = 140\text{kPa},\ P_2 = -30\text{kPa}$ (진공압력 30kPa은 −30kPa을 의미한다.)

$$H_t = \frac{P_1 - P_2}{\gamma} + \frac{V_1^2 - V_2^2}{2g} + (z_1 - z_2) - h_L$$

$$= \frac{140-(-30)}{9.8} + \frac{2.83^2 - 0.52^2}{2\times 9.8} + 1.2 - 0 = 18.94[\text{m}]$$

터빈이 받는 동력 $L_t = \frac{\gamma Q H_t}{102} = \frac{10^3 \times 0.2 \times 18.94}{102} = 37.14[\text{kW}]$

15 탱크 수면을 1, 출구를 2로 하여 에너지 방정식을 적용한다.

$$\frac{P_1}{\gamma} + \frac{V_1^2}{2g} + z_1 + H_p = \frac{P_2}{\gamma} + \frac{V_2^2}{2g} + z_2 + h_L$$

$$0 + 0 + z_1 + H_p = 0 + \frac{V_2^2}{2g} + z_2 + h_L$$

$$H_p = \frac{V_2^2}{2g} - (z_1 - z_2) + h_L = \frac{3^2}{2(9.8)} - 3 + 28 = 25.46[\text{m}]$$

$$L_{pa} = \frac{\gamma Q H_p}{\eta} = \frac{\gamma(\pi D^2/4)V_2 H_p}{\eta} = \frac{9.8(\pi)(0.05)^2(3)(25.46)}{0.7(4)}[\text{kW}] = 2.10[\text{kW}]$$

16 수동력 $L_w = \gamma_w Q H = \gamma_w Q(H_a + H_L) = 9.8(0.05)(25+5) = 14.7[\text{kW}]$

$$\eta_p = \frac{L_w}{L_s} = \frac{14.7}{20} = 0.735$$

17 손실수두가 $0(H = H_a + H_L = H_a)$일 때 최대 유량이 된다.

$$L_w = \gamma_w Q_{\max} H_a = \eta_p L_s$$

$$\therefore\ Q_{\max} = \frac{\eta_p L_s}{\gamma H_a} = \frac{0.8(40\times 75)}{1000(15)} = 0.16[\text{m}^3/\text{s}] = 160[\text{L/s}]$$

† 물의 비중량 $\gamma_w = 1000\text{kgf/m}^3$, $1\text{PS} = 75\text{kgf}\cdot\text{m/s}$

18 호수 수면을 1, 2로 하여 에너지 방정식을 적용한다.

$$\frac{P_1}{\gamma} + \frac{V_1^2}{2g} + z_1 + H_p = \frac{P_2}{\gamma} + \frac{V_2^2}{2g} + z_2 + h_L$$

$$0 + 0 + z_1 + H_p = 0 + 0 + z_2 + h_L$$

$$H_p = (z_2 - z_1) + h_L = 9 + 4.5 = 13.5[\text{m}]$$

$$L_w = \gamma Q H_p$$

$$\therefore\ Q = \frac{L_w}{\gamma H_p} = \frac{7.5}{9.8(13.5)} = 0.0567[\text{m}^3/\text{s}] = 56.7[\text{L/s}]$$

19 저수지 수면을 1, 터빈 출구를 2로 하여 에너지 방정식을 적용한다. 터빈의 최대 동력은 $V_2 = 0$, $h_L = 0$일 때 얻어진다. $500\text{kL/s} = 500\text{m}^3/\text{s}$이다.

$$\frac{P_1}{\gamma} + \frac{V_1^2}{2g} + z_1 = \frac{P_2}{\gamma} + \frac{V_2^2}{2g} + z_2 + H_t + h_L$$

$$0 + 0 + z_1 = 0 + 0 + z_2 + H_{t,\max} + 0$$

$$H_{t,\max} = z_1 - z_2 = 180[\text{m}]$$

$$L_{t,\max} = \gamma Q H_{t,\max} = 9.8(500)(180)[\text{kW}] = 8.82 \times 10^5[\text{kW}] = 882[\text{MW}]$$

20 탱크 수면을 1, 관 출구를 2로 하여 에너지 방정식을 적용한다.

$$\frac{P_1}{\gamma} + \frac{V_1^2}{2g} + z_1 = \frac{P_2}{\gamma} + \frac{V_2^2}{2g} + z_2 + h_L$$

$$0 + 0 + z_1 = 0 + \frac{V_2^2}{2g} + z_2 + h_L$$

$$V_2 = \sqrt{2g[(z_1 - z_2) - h_L]} = \sqrt{2(9.8)(3 - 1.5)} = 5.42[\text{m/s}]$$

21 탱크 수면을 1, 물 제트 최고점을 2로 하여 에너지 방정식을 적용한다. 제트의 최고점에서 유속 $V_2 = 0$이다.

$$\frac{P_1}{\gamma} + \frac{V_1^2}{2g} + z_1 + H_p = \frac{P_2}{\gamma} + \frac{V_2^2}{2g} + z_2$$

$$0 + 0 + z_1 + H_p = 0 + 0 + z_2$$

$$H_p = z_2 - z_1 = 27 - 20 = 7[\text{m}]$$

$$\Delta P = \gamma H_p = 9.8(7) = 68.6[\text{kPa}]$$

22 위와 아래 호수 수면을 각각 1, 2로 하여 에너지 방정식 적용. $z_1 - z_2 = 15\text{m}$

$$\frac{P_1}{\gamma} + \frac{V_1^2}{2g} + z_1 = \frac{P_2}{\gamma} + \frac{V_2^2}{2g} + z_2 + h_L$$

$$0 + 0 + z_1 = 0 + 0 + z_2 + h_L$$

$$h_L = z_1 - z_2 = 15[\text{m}]$$

$$Q = 300\text{L/min} = 300 \times 10^{-3}\text{m}^3/(60\text{s})$$

$$\frac{P_2}{\gamma} + \frac{V_2^2}{2g} + z_2 + H_P = \frac{P_1}{\gamma} + \frac{V_1^2}{2g} + z_1 + h_L$$

$$0 + 0 + z_2 + H_P = 0 + 0 + z_1 + h_L$$

$$H_P = (z_1 - z_2) + h_L = 15 + 15 = 30[\text{m}]$$

$$L_p = \gamma Q H_p = 9.8(0.3/60)(30)[\text{kW}] = 1.47[\text{kW}]$$

23 [정답: ①] $\gamma = 1000\text{kgf/m}^3$, $1\text{kgf/cm}^2 = 10^4\text{kgf/m}^2$, $1\text{PS} = 75\text{kgf} \cdot \text{m/s}$

관경이 일정하므로 $V_1 = V_2$

$$H_p = \frac{1}{\gamma}(p_2 - p_1) + (z_2 - z_1) = \frac{1}{1000}(2.7 - 1.2) \times 10^4 + (30 - 15) = 30[\text{m}]$$

$$L_p = \gamma Q H_p = 1000(1)(30) = 30{,}000[\text{kgf} \cdot \text{m/s}]$$

$$= 30{,}000 \times \frac{1}{75}[\text{PS}] = 400[\text{PS}]$$

24 [정답: ②] 양정고는 실양정 H_a이다. $\gamma_w = 9.8\text{kN/m}^3$

$$H_p = H_a + H_L = 140 + 10 = 150[\text{m}]$$

$$L_{pa} = \frac{\gamma_w Q H_p}{\eta} = \frac{9.8(0.06)(150)}{0.98} = 90[\text{kW}]$$

25 [정답: ④] 수위차는 실양정 H_a이다. $\gamma_w = 9.8\text{kN/m}^3$

$$H_p = H_a + H_L = 90 + 10 = 100[\text{m}]$$

$$L_{pa} = \frac{\gamma_w Q H_p}{\eta} = \frac{9.8 \times 10 \times 100}{0.9} = 10{,}889[\text{kW}]$$

26 [정답: ①] 수면이 일정하게 유지된다고 가정하면 두 수면 사이 손실 수두는

$$h_L = 35 - 25 = 10[\text{m}]$$

에너지 방정식에서 $z_1 + H_p = h_L + z_2$

$$\therefore\ H_p = h_L + (z_2 - z_1) = 10 + 10 = 20[\text{m}]$$

$$L_p = \gamma Q H_p = 10(0.2)(20) = 40[\text{kW}]$$

27 [정답: ②] 실양정 $H_a = 230 - 50 = 180[\text{m}]$

$$H_p = 180 + 20 = 200[\text{m}]$$

$$\eta = \frac{\gamma_w Q H_p}{L_{pa}} \quad \therefore\ Q = \frac{L_{pa}\eta}{\gamma_w H_p} = \frac{20{,}000(0.49)}{9.8(200)} = 5[\text{m}^3/\text{s}]$$

28 [정답: ②] $V_1 = \dfrac{4Q}{\pi D_1^2} = \dfrac{4(0.06)}{3(0.1)^2} = 8[\text{m/s}]$, $V_2 = \dfrac{1}{4}V_1 = 2[\text{m/s}]$

$$p_2 = p_1 + \frac{\rho}{2}(V_1^2 - V_2^2) + \rho g[(z_1 - z_2) - h_L]$$

$$= 500 + \frac{0.8 \times 10^3}{2} \times (8^2 - 2^2) \times \frac{1}{10^3} + 0.8 \times 10^3(10)[(7.5 - 3.5) - 3] \times \frac{1}{10^3}$$

$$= 532[\text{kPa}]$$

29 [정답: ④] 단면적이 일정한 관로이므로 $V_1 = V_2$

$$H_p = \frac{1}{\gamma}(p_2 - p_1) + (z_2 - z_1) + h_L$$
$$= \frac{1}{10}(300 - 100) + (40 - 30) + 5 = 35\,[\mathrm{m}]$$
$$L_p = \gamma Q H_p = 10(1)(35) = 350\,[\mathrm{kN \cdot m/s}] = 350\,[\mathrm{kW}] = 0.35\,[\mathrm{MW}]$$

30 [정답: ③] $1000\mathrm{kgf/m^3} = 1000 \times 10\mathrm{N/m^3}$, 댐 수면은 일정하다고 가정한다.

$$H_t = (z_1 - z_2) - \alpha_2 \frac{V_2^2}{2g} - h_L$$
$$= 120 - 1.5 \times \frac{2^2}{2(10)} - 25 = 94.7\,[\mathrm{m}]$$
$$L_t = \gamma Q H_t = (1000 \times 10)(40)(94.7) = 378.8 \times 10^5\,[\mathrm{W}] = 37.88\,[\mathrm{MW}]$$

중력가속도 $g = 10.0\mathrm{m/s^2}$로 주어졌으므로 물의 비중량 $\gamma_w = 10\mathrm{kN/m^3}$이라는데 주의한다. $g = 9.8\mathrm{m/s^2}$일 때 $\gamma_w = 9.8\mathrm{kN/m^3}$이다.

31 [정답: ①] $L_t = \eta\gamma Q(H - H_L) = 0.5(10)(3)(100 - 10) = 1{,}350\,[\mathrm{kW}]$

32 [정답: ②] 손실수두 $h_L = \dfrac{V^2}{2g}$; 에너지 방정식 적용

$$10 = \frac{V^2}{2g} + h_L = \frac{V^2}{2g} + \frac{V^2}{2g} = \frac{V^2}{g}$$
$$\therefore\ V = \sqrt{10g} = \sqrt{10(10)} = 10\,[\mathrm{m/s}]$$
$$Q = AV = \frac{\pi D^2}{4}V = \frac{\pi(0.2)^2}{4} \times 10 = 0.1\pi\,[\mathrm{m^3/s}]$$

33 [정답: ④] $L_s = \dfrac{\gamma Q H}{\eta} = \dfrac{\rho g Q H}{\eta} = \dfrac{1000(10)(0.1)(25)}{0.8} = 31{,}250\,[\mathrm{N \cdot m/s}]$

34 수력 터빈이 이론상 얻을 수 있는 최대 수두 $H_{t,\max} = 20\,[\mathrm{m}]$이므로 터빈이 얻을 수 있는 최대 동력은 다음과 같다. 질량유량 $\dot{m} = 1{,}000\mathrm{kg/s}$이다.

$$L_{t,\max} = \dot{m} g H_{t,\max} = 1000(10)(20)\,[\mathrm{W}] = 200\,[\mathrm{kW}]$$

† 펌프(터빈) 동력 $L = \gamma Q H = \dot{m} g H$ ($\gamma = \rho g$, $\dot{m} = \rho Q$)

35 비중량 γ의 단위 $\mathrm{kg/m^2 \cdot s^2} = (\mathrm{kg \cdot m/s^2})/\mathrm{m^3} = \mathrm{N/m^3}$

(1) 손실수두의 원인: 마찰력

(2) 수차의 동력 $P\,[\mathrm{kW}]$

$$P = \gamma Q H_e = 10{,}000(5)(10)\,[\mathrm{W}] = 500 \times 10^3\,[\mathrm{W}] = 500\,[\mathrm{kW}]$$

36 저수지 수면과 터빈 출구를 각각 1, 2로 하고 에너지 방정식을 적용한다.

$$\frac{P_1}{\gamma}+\alpha_1\frac{V_1^2}{2g}+z_1=\frac{P_2}{\gamma}+\alpha_2\frac{V_2^2}{2g}+z_2+H_t+h_L$$

$P_1=P_2=P_{atm}$, $V_1=0$, $V_2=2\,[\mathrm{m/s}]$, $\alpha_2=1.06$, $z_1-z_2=100\,[\mathrm{m}]$, $h_L=20\,[\mathrm{m}]$

$$0+0+z_1=0+\alpha_2\frac{V_2^2}{2g}+z_2+H_t+h_L$$

$$H_t=(z_1-z_2)-h_L-\alpha_2\frac{V_2^2}{2g}=100-20-1.06\times\frac{2^2}{2(9.8)}\,[\mathrm{m}]=79.8\,[\mathrm{m}]$$

$$L_t=\gamma QH_t=(9.8\times10^3)(30)(79.8)\,[\mathrm{W}]=23.5\times10^6\,[\mathrm{W}]=23.5\,[\mathrm{MW}]$$

37 지점 1, 2 사이에서 에너지 방정식을 적용한다.

$$\frac{P_1}{\gamma}+\alpha_1\frac{V_1^2}{2g}+z_1+H_p=\frac{P_2}{\gamma}+\alpha_2\frac{V_2^2}{2g}+z_2+h_L$$

$P_1=101.3\mathrm{kPa}$, $V_1=0$, $P_2=70\mathrm{kPa}$, $V_2=\dfrac{4Q}{\pi D_2^2}=\dfrac{4(0.04)}{\pi(0.08)^2}=7.96\,[\mathrm{m/s}]$

$\alpha_2=1.07$, $z_2-z_1=h=6\,[\mathrm{m}]$, $h_L=24\,[\mathrm{m}]$

$$H_p=\frac{P_2-P_1}{\gamma}+\alpha_2\frac{V_2^2}{2g}+(z_2-z_1)+h_L$$

$$=\frac{(70-101.3)\times1000}{9800}+1.07\frac{(7.96)^2}{2(9.8)}+6+24=30.3\,[\mathrm{m}]$$

$$L_{pa}=\frac{\gamma QH_p}{\eta_p}=\frac{9800(0.04)(30.3)}{0.8}=14.8\times10^3\,[\mathrm{W}]=14.8\,[\mathrm{kW}]$$

38 $mgh=mc\Delta T \rightarrow \Delta T=\dfrac{gh}{c}=\dfrac{9.8(210)}{4200}=0.49\,[℃]$

39 지점 1, 2에서 총 수두를 구한다. 관의 안지름이 일정하므로 $V_1=V_2=V$이다.

$$h_{t1}=\frac{P_1}{\gamma}+\frac{V^2}{2g}+z_1,\quad h_{t2}=\frac{P_2}{\gamma}+\frac{V^2}{2g}+z_2$$

$$h_{t1}-h_{t2}=\frac{P_1-P_2}{\gamma}+\frac{V^2-V^2}{2g}-(z_2-z_1)=\frac{147\times1000}{9800}-5=10\,[\mathrm{m}]$$

따라서 지점 1과 2 사이에서 발생하는 손실수두[m]는

$h_L=h_{t1}-h_{t2}=10\mathrm{m}$

이고, $h_{t1}>h_{t2}$이므로 유체는 지점 1에서 2로 흘러간다.

다음과 같이 에너지 보존방정식을 적용하여 손실수두를 구해도 된다. 유체가 지점 1에서 2로 흘러간다고 하면

$$\frac{P_1}{\gamma}+\frac{V_1^2}{2g}+z_1=\frac{P_2}{\gamma}+\frac{V_2^2}{2g}+z_2+h_L$$

이다. 만일 유체가 지점 2에서 1로 흘러간다고 가정하면

$$\frac{P_2}{\gamma}+\frac{V_2^2}{2g}+z_2=\frac{P_1}{\gamma}+\frac{V_1^2}{2g}+z_1+h_L$$

이고, 이때는 손실수두 $h_L<0$가 되어 물리적으로 타당하지 않다.

40 손실수두를 극복할 수 있는 동력을 펌프가 공급해야 한다. $1\text{L}=10^{-3}\text{m}^3$

$$Q=\frac{(10^6\times 159)\times 10^{-3}}{24\times 3600}\,[\text{m}^3/\text{s}]=1.84[\text{m}^3/\text{s}]$$

$$L=\gamma Q h_L=(0.9\times 9.8)(1.84)(16\times 13)[\text{kW}]=3380[\text{kW}]$$

41 두 저수지의 수면 1, 2 사이에 에너지 방정식을 적용한다.

$$\frac{P_1}{\gamma}+\frac{V_1^2}{2g}+z_1=\frac{P_2}{\gamma}+\frac{V_2^2}{2g}+z_2+h_L$$

$$P_1=P_2=P_{atm},\ V_1=V_2=0,\ h_L=17\left(\frac{V^2}{2g}\right),\ V=\frac{4Q}{\pi d^2}=\frac{4(0.032)}{\pi(0.08)^2}=6.37[\text{m/s}]$$

$$0+0+z_1=0+0+z_2+17\left(\frac{V^2}{2g}\right)$$

$$z_1=z_2+17\left(\frac{V^2}{2g}\right)=50+17\left(\frac{6.37^2}{2\times 9.8}\right)=85.2[\text{m}]$$

42 $V_1=\frac{4Q}{\pi D_1^2}=\frac{4(57/3600)}{\pi(0.09)^2}=2.49[\text{m/s}],\ V_2=\frac{4Q}{\pi D_2^2}=\frac{4(57/3600)}{\pi(0.03)^2}=22.4[\text{m/s}]$

$$\frac{P_1}{\gamma}+\frac{V_1^2}{2g}+z_1+H_p=\frac{P_2}{\gamma}+\frac{V_2^2}{2g}+z_2\ \ (z_1=z_2)$$

$$H_p=\frac{P_2-P_1}{\gamma}+\frac{V_2^2-V_1^2}{2g}=\frac{(400-120)\times 1000}{9800}+\frac{22.4^2-2.49^2}{2(9.8)}=53.9[\text{m}]$$

$$L_p=\gamma Q H_p=(9.8)(57/3600)(53.9)[\text{kW}]=8.36[\text{kW}]$$

43 아래와 위 저수조 수면을 각각 1, 2로 하고 에너지 방정식을 적용한다.

$$\frac{P_1}{\gamma}+\frac{V_1^2}{2g}+z_1+H_p=\frac{P_2}{\gamma}+\frac{V_2^2}{2g}+z_2+h_L;\quad h_L=27\left(\frac{V^2}{2g}\right)$$

$$P_1=P_2=P_{atm},\ V_1=V_2=0,\ V=\frac{4Q}{\pi D^2}=\frac{4(6/60)}{\pi(0.15)^2}=5.66[\text{m/s}]$$

$$0+0+z_1+H_p=0+0+z_2+27\left(\frac{V^2}{2g}\right)$$

$$H_p = (z_2 - z_1) + 27\left(\frac{V^2}{2g}\right) = (50-20) + 27\left(\frac{5.66^2}{2\times 9.8}\right) = 74.1\,[\mathrm{m}]$$

$$L_{pa} = \frac{\gamma Q H_p}{\eta_p} = \frac{1000(6/60)(74.1)}{0.8} \times \frac{1}{75}[\mathrm{PS}] = 123.5[\mathrm{PS}]$$

연습문제 6

01 $[\rho Q V] = \frac{M}{L^3} \times \frac{L^3}{T} \times \frac{L}{T} = M \times \frac{L}{T^2} = MLT^{-2} = F$

$\rho Q V$는 힘을 나타낸다는 것을 확인한다.

02 $A_1 = A_2 = \frac{\pi}{4}D^2 = \frac{\pi}{4} \times 0.4^2 = 0.126[\mathrm{m}^2]$

$Q = \frac{\pi}{4}D^2 V = \frac{\pi}{4} \times 0.4^2 \times 20 = 2.513\,[\mathrm{m}^3/\mathrm{s}]$

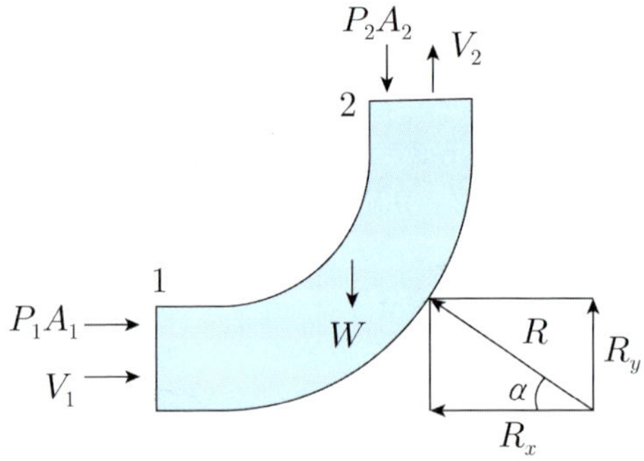

[문제-2]

$$\sum F_x = \rho Q(V_{2x} - V_{1x}):\ P_1A_1 - R_x = \rho Q(0 - V_1)$$

$$R_x = P_1A_1 + \rho Q V_1 = 120(0.126) + 10^3(2.513)(20) \times \frac{1}{1000} = 65.3[\mathrm{kN}]$$

$$\sum F_y = \rho Q(V_{2y} - V_{1y}):\ -P_2A_2 - W + R_y = \rho Q(V_2 - 0)$$

$$R_y = P_2A_2 + W + \rho Q V_2$$

$$= 80(0.126) + 3 + 10^3(2.513)(20) \times \frac{1}{1000} = 63.3[\mathrm{kN}]$$

$$R = \sqrt{R_x^2 + R_y^2} = \sqrt{65.38^2 + 63.34^2} = 91.03[\mathrm{kN}]$$

$$\alpha = \tan^{-1}\left(\frac{R_y}{R_x}\right) = \tan^{-1}\left(\frac{63.34}{65.38}\right) = 44.09°$$

03 유량 $Q=0.2\text{m}^3/\text{s}$이고 지름이 일정하므로 단면 1과 2에서의 유속의 크기

$$V_1 = V_2 = \frac{Q}{A} = \frac{4Q}{\pi D^2} = \frac{4\times 0.2}{\pi \times 0.07^2} = 51.97\,[\text{m/s}]$$

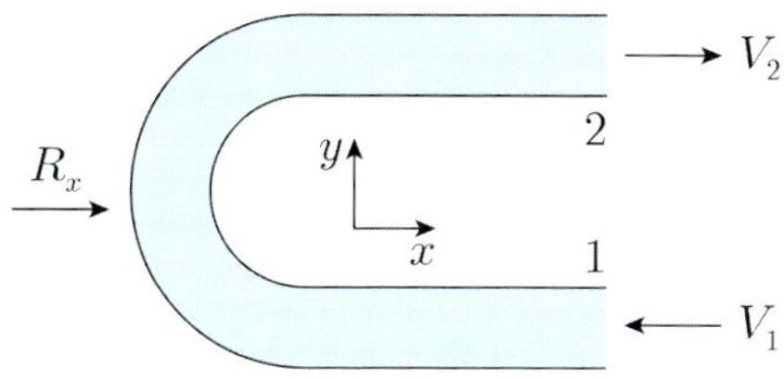

[문제-3]

오른쪽 방향을 $+x$로 잡으면 $\overrightarrow{V_1}=-V_1\vec{i}$, $\overrightarrow{V_2}=V_2\vec{i}$, $\overrightarrow{R_x}=R_x\vec{i}$이므로 압력과 무게를 무시하고 x 방향에 대한 운동량 방정식을 적용하면 다음과 같이 R_x가 구해진다.

$$\sum F_x = \rho Q(V_{2x}-V_{1x});\; R_x = \rho Q[V_2-(-V_1)]$$

$$\therefore\; R_x = \rho Q(V_2+V_1) = 10^3(0.2)(51.97+51.97) = 20790\,[\text{N}] = 20.79\,[\text{kN}]$$

관은 왼쪽(←)으로 20.79 [kN]의 힘을 받는다.

04 $F=\rho QV\sin\theta = \rho(AV)V\sin\theta = 10^3\left(\dfrac{\pi}{4}\times 0.05^2\right)(40^2)\sin 60°\,[\text{N}]$

$$= 2721\,[\text{N}] = 2.72\,[\text{kN}]$$

05 $F=\rho QV\sin\theta = \rho\left(\dfrac{\pi}{4}D^2V\right)V\sin\theta = 10^3\times\dfrac{\pi}{4}(0.03)^2(50^2)\sin 30° = 883.6\,[\text{N}]$

분류에 의한 충격력을 구할 때는 일반적으로 압력과 중력에 의한 체적력(무게)의 영향을 무시한다.

06 $F=2\rho QV\sin\dfrac{\theta}{2} = 2\times 10^3\times 0.06\times 50\times\sin\dfrac{60°}{2} = 3000\,[\text{N}]$

07 $F=\rho QV\sin\theta = \dfrac{\gamma}{g}QV\sin\theta = \dfrac{G}{g}V\sin\theta = \dfrac{300}{9.8}\times 40\times\sin 60° = 1060.4\,[\text{N}]$

08 입구와 출구의 유속을 성분으로 나타내면 다음과 같다.

$$\overrightarrow{V_1} = V(\cos\alpha\,\vec{i}+\sin\alpha\,\vec{j}),\quad \overrightarrow{V_2} = V(-\cos\beta\,\vec{i}+\sin\beta\,\vec{j})$$

x방향에 대한 운동량 방정식을 적용하여 수평 성분 R_x를 구한다.

$$\sum F_x = \rho Q(V_{2x}-V_{1x});\; -R_x = \rho Q(-V\cos\beta - V\cos\alpha)$$

$$\therefore\; R_x = \rho QV(\cos\alpha+\cos\beta) = 10^3(0.02)(30)(\cos 30°+\cos 45°) = 943.9\,[\text{N}]$$

y방향에 대한 운동량 방정식을 적용하면 수직 성분 R_y가 구해진다.

$$\sum F_x = \rho Q(V_{2y}-V_{1y});\; R_y = \rho Q(V\sin\beta - V\sin\alpha)$$

$$\therefore\; R_y = \rho QV(\sin\beta-\sin\alpha) = 10^3(0.02)(30)(\sin 45°-\sin 30°) = 124.3\,[\text{N}]$$

09 물체의 무게와 분류에 의한 충격력이 같을 때 정적 평형을 이룬다.

$$W = \rho Q V;\quad mg = \rho\left(\frac{\pi}{4}D^2 V\right)V$$

$$\therefore\ D = \sqrt{\frac{4mg}{\pi\rho V^2}} = \sqrt{\frac{4\times20\times9.8}{\pi\times1000\times10^2}} = 0.05[\mathrm{m}] = 5[\mathrm{cm}]$$

10 (1) 날개가 분류와 같은 방향으로 이동하면 상대속도 $V_r = V-u$이다.

$$R_x = \rho A(V-u)^2(1-\cos\theta) = \rho\times\frac{\pi}{4}D^2(V-u)^2(1-\cos\theta)$$

$$= 10^3\times\frac{\pi}{4}\times0.04^2\times(70-30)^2(1-\cos45°) = 588.9[\mathrm{N}]$$

$$R_y = \rho A(V-u)^2\sin\theta = \rho\times\frac{\pi}{4}D^2(V-u)^2\sin\theta$$

$$= 10^3\times\frac{\pi}{4}\times0.04^2\times(70-30)^2\sin45° = 1421.7[\mathrm{N}]$$

날개에 작용하는 힘 $R = \sqrt{R_x^2+R_y^2} = \sqrt{588.9^2+1421.7^2} = 1538.8[\mathrm{N}]$

(2) 날개가 반대 방향으로 이동하면 상대속도 $V_r = V+u$이다.

$$R_x = \rho\times\frac{\pi}{4}D^2(V+u)^2(1-\cos\theta)$$

$$= 10^3\times\frac{\pi}{4}\times0.04^2\times(70+30)^2(1-\cos45°) = 3680.6[\mathrm{N}]$$

$$R_y = \rho\times\frac{\pi}{4}D^2(V+u)^2\sin\theta$$

$$= 10^3\times\frac{\pi}{4}\times0.04^2\times(70+30)^2\sin45° = 8885.8[\mathrm{N}]$$

날개에 작용하는 힘 $R = \sqrt{R_x^2+R_y^2} = \sqrt{3680.6^2+8885.8^2} = 9617.9[\mathrm{N}]$

날개를 이동시키기 위해 필요한 동력 $L = R_x u = 3.68\times30 = 110.4[\mathrm{kW}]$

11 분류의 단면적 $A = \frac{Q}{V} = \frac{0.08}{40} = 0.002[\mathrm{m}^2]$

판이 받는 충격력 $R = \rho A(V-u)^2 = 1000\times0.002\times(40-20)^2 = 800[\mathrm{N}]$

12 동력 $L = Fv = (1000\mathrm{N})\times(20\mathrm{m/s}) = 20000[\mathrm{W}] = \frac{20000}{736}[\mathrm{PS}] = 27.2[\mathrm{PS}]$

13 Q, V, θ가 일정할 때 동력

$$L = \rho Q u(V-u)(1-\cos\theta) = \rho Q y(1-\cos\theta)$$

은 u의 2차 함수이다. 여기에서

$$y = u(V-u) = -u^2 + Vu = -\left(u-\frac{V}{2}\right)^2 + \frac{V^2}{4}$$

이므로 $u=\dfrac{V}{2}$일 때 최대값 $y_{\max}=\dfrac{V^2}{4}$이다. 따라서 최대 동력은 다음과 같다.

$$L_{\max}=\rho Q y_{\max}(1-\cos\theta)=\frac{1}{4}\rho Q V^2(1-\cos\theta)$$

14 입구와 출구에서의 분류의 상대속도는 모두 $V-u$이고, 출구에서 나오는 유량의 합은 유입되는 유량과 같다. 따라서

$$\sum\vec{F}=\sum(\rho Q\vec{V})_{out}-\sum(\rho Q\vec{V})_{in}$$

을 적용하면 곡면판에 작용하는 충격력은 다음과 같이 계산된다.

$$R=\rho A(V-u)^2(1-\cos180°)=\rho\frac{\pi}{4}D^2(V-u)^2\times2$$

$$=10^3\times\frac{\pi}{4}\times0.05^2\times(40-10)^2\times2=3534.3\,[\mathrm{N}]$$

15 해석 방법은 6.5절과 같다.

○단면 1, 2에서 유속(4장 [예제])과 유량

$$V_1=\sqrt{\frac{2gh_2^2}{h_1+h_2}}=\sqrt{\frac{2\times9.8\times2^2}{3+2}}=3.96\,[\mathrm{m/s}]$$

$$V_2=\sqrt{\frac{2gh_1^2}{h_1+h_2}}=\sqrt{\frac{2\times9.8\times3^2}{3+2}}=5.94\,[\mathrm{m/s}]$$

$$Q=bh_1V_1=4(3)(3.96)=47.5\,[\mathrm{m^3/s}]$$

○유체가 받는 힘

$$R_x=\frac{1}{2}\gamma b(h_1^2-h_2^2)-\rho Q(V_2-V_1)$$

$$=\frac{1}{2}(9.8)(4)(3^2-2^2)-1000(47.5)(5.94-3.96)\times\frac{1}{1000}=3.95\,[\mathrm{kN}](\leftarrow)$$

작용 반작용 원칙에 따라 수문은 오른쪽(→)으로 3.95kN의 힘을 받는다.

16 ○단면 1, 2에서 유속과 유량

$$V_1=\sqrt{\frac{2gh_2^2}{h_1+h_2}}=\sqrt{\frac{2\times9.8\times3^2}{7+3}}=4.2\,[\mathrm{m/s}]$$

$$V_2=\sqrt{\frac{2gh_1^2}{h_1+h_2}}=\sqrt{\frac{2\times9.8\times7^2}{7+3}}=9.8\,[\mathrm{m/s}]$$

$$Q=bh_1V_1=3(7)(4.2)=88.2\,[\mathrm{m^3/s}]$$

○유체가 받는 힘

$$F_x=\frac{1}{2}\gamma b(h_1^2-h_2^2)-\rho Q(V_2-V_1)$$

$$=\frac{1}{2}(9.8)(3)(7^2-3^2)-10^3(88.2)(9.8-4.2)\times\frac{1}{1000}=94.1\,[\mathrm{kN}](\leftarrow)$$

유체가 받는 힘이 왼쪽방향이므로 둑은 오른쪽(→)으로 94.1kN의 힘을 받는다.

17 수문에 작용하는 힘의 x성분을 F_x라 하면 x방향 운동량 방정식으로부터

$$F_x = \frac{1}{2}\gamma b(h_1^2 - h_2^2) - \rho Q(V_2 - V_1)$$

단위폭당 유량을 q라 하면 $Q = bq$, $V_1 = \dfrac{q}{h_1}$, $V_2 = \dfrac{q}{h_2}$이므로

$$F_x = \frac{1}{2}\gamma b(h_1^2 - h_2^2) - \rho b q^2\left(\frac{1}{h_2} - \frac{1}{h_1}\right)$$
$$= \frac{1}{2}(9.8)(4)(6^2 - 3^2) - 1000(4)(24^2)\left(\frac{1}{3} - \frac{1}{6}\right)\times\frac{1}{1000} = 145.2\,[\mathrm{kN}]$$

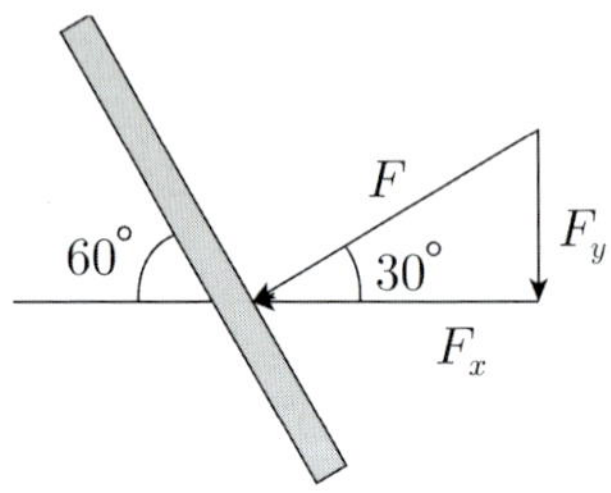

[문제-17]

수문에 작용하는 접선방향 힘은 0이므로 수문이 받는 합력의 크기는

$$F = \frac{F_x}{\cos 30°} = 167.6\,[\mathrm{kN}]$$

이고, 힘의 수직 성분은 다음과 같다.

$$F_y = F_x \tan 30° = 83.8\,[\mathrm{kN}]$$

† 수문의 하류에서 소용돌이가 일어나므로 손실이 발생한다. 따라서 상류와 하류 지점 사이에 베르누이 방정식이 성립하지 않는다.

18 $F = \dot{m}V \quad \therefore \quad \dot{m} = \dfrac{F}{V} = \dfrac{40\times 1000}{500} = 80\,[\mathrm{kg/s}]$

19 (1) $V_2 = \dfrac{Q}{A} = \dfrac{4Q}{\pi D^2} = \dfrac{4\times(10\times 10^{-3})}{\pi\times 0.04^2} = 7.96\,[\mathrm{m/s}]$

$$T = 4\rho Q(r_2V_2 - r_1V_1) = 4\rho Q(r_2V_2 - 0) \quad (\leftarrow r_1 = 0)$$
$$= 4\times 1000\times(10\times 10^{-3})\times(0.3\times 7.96) = 95.5\,[\mathrm{N\cdot m}]$$

(2) $T = 4\rho Q(r_2V_2) = 4\rho Q r_2(W_2 - r_2\omega)$

$$= 4(1000)(10\times 10^{-3})(0.3)\left(7.96 - 0.3\times\frac{2\pi\times 100}{60}\right) = 57.8\,[\mathrm{N\cdot m}]$$

(3) $T = 4\rho Q r_2(W_2 - r_2\omega)$

$$\omega = \frac{1}{r_2}\left(W_2 - \frac{T}{4\rho Q r_2}\right)$$
$$= \frac{1}{0.3}\left[7.96 - \frac{40}{4(1000)(10\times 10^{-3})(0.3)}\right] = 15.4\,[\mathrm{rad/s}]$$

(4) $\omega = \frac{W_2}{r_2} = \frac{7.96}{0.3} = 26.5[\text{rad/s}]$

20 연속방정식에 의해 출구 유속은

$$V_2 = \frac{Q/2}{A} = \frac{1000 \times 10^{-6}/2}{40 \times 10^{-6}} = 12.5[\text{m/s}]$$

이므로 접선방향 속도성분은

$$V_{t2} = V_2 \sin\theta = 12.5 \times \sin 30° = 6.25\,[\text{m/s}]$$

이고, 토크는 다음과 같다.

$$T = \rho Q(r_2 V_{t2} - r_1 V_{t1})$$
$$= 1000(1000 \times 10^{-6})(0.2 \times 6.25 - 0) = 1.25[\text{N} \cdot \text{m}]$$

각 노즐을 통하여 $Q/2$씩 분사되므로

$$T = \rho\frac{Q}{2}(r_2 V_{t2} - r_1 V_{t1}) + \rho\frac{Q}{2}(r_2 V_{t2} - r_1 V_{t1}) = \rho Q(r_2 V_{t2} - r_1 V_{t1})$$

21 날개의 선속도 $u = r\omega$, 날개각 $\theta = 90°$이므로 날개가 분류로부터 얻는 동력은 다음과 같다.

$$L = \rho Q u(V - u)(1 - \cos\theta)$$
$$= \rho\left(\frac{\pi}{4}D^2 V\right)(r\omega)(V - r\omega)(1 - \cos 90°)$$
$$= 10^3\left(\frac{\pi}{4} \times 0.06^2 \times 40\right)(0.5 \times 10)(40 - 0.5 \times 10)$$
$$= 19,792[\text{W}] = 19.8[\text{kW}]$$

22 유속 $V = \frac{Q}{A} = \frac{4Q}{\pi D^2} = \frac{4 \times 0.4}{\pi(0.1)^2} = 50.93[\text{m/s}]$

날개의 선속도

$$u = r\omega = r \times \frac{2\pi N}{60} = 0.6 \times \frac{2\pi \times 240}{60} = 15.08[\text{m/s}]$$

이고, 날개가 분류로부터 얻는 동력은 다음과 같다.

$$L = \rho Q u(V - u) = 10^3(0.4)(15.08)(50.93 - 15.08)[\text{W}]$$
$$= 216,247[\text{W}] = 216.2[\text{kW}]$$

23 ○토크 $T = \rho Q(r_2 V_{t2} - r_1 V_{t1}) = 1000(0.12)(0.2 \times 10 - 0.1 \times 2) = 216[\text{N} \cdot \text{m}]$

○동력 $L = T\omega = T \times \frac{2\pi N}{60} = 216 \times \frac{2\pi \times 800}{60} = 18,096[\text{W}] = 18.1[\text{kW}]$

24 [풀이 과정은 본문 참조] 이 문제는 그림이 잘못되었다. 주어진 그림과 같이 원형 제트가 벽에 부딪히면 유체가 사방으로(방사선 모양으로) 퍼져 나간다. 호스에서 뿜어져 나오는 물을 벽을 향해 쏘아보면 벽에 부딪힌 물이 어떤 모양으로 퍼지는지 쉽게 알 수 있을 것이다. 2차원 평면 제트일 때 아래와 위로 나가는 유량을 구할 수 있다.

$$F=\rho QV\sin\theta,\ \ Q_1=\frac{Q}{2}(1+\cos\theta),\ \ Q_2=\frac{Q}{2}(1-\cos\theta)$$

25 x방향 유속 $V_{1x}=V_{2x}=0$이고, 압력힘도 0이므로 x성분 힘 $R_x=0$이다.

$$\sum F_x=\rho Q(V_{2x}-V_{1x})=0:\ R_x=0$$
$$V_{1y}=V,\ V_{2y}=-V$$
$$\sum F_y=\rho Q(V_{2y}-V_{1y}):\ P_1A+P_2A-R_y=\rho Q[-V-(V)]$$
$$R_y=(P_1+P_2)A+2\rho QV=(P_1+P_2)A+2\rho(AV)V$$
$$=[(210+165)\times10^3](0.009)+2(1000)(0.009)(15)^2[\text{N}]=7425[\text{N}]$$

26 (1) $F=\rho QV\sin30°=\rho(AV)V\sin30°$

$$=1.2\left(\frac{\pi\times0.03^2}{4}\right)(40)^2\sin30°=0.679[\text{N}]$$

(2) $F=\rho Q_r V_r\sin30°=\rho A(V-u)^2\sin30°$

$$=1.2\left(\frac{\pi\times0.03^2}{4}\right)(40-10)^2\sin30°=0.382[\text{N}]$$

27 $V=\dfrac{4Q}{\pi D^2};\ \sum F_x=\rho Q(V_{2x}-V_{1x})$

$$-F=\rho Q(V\cos60°-V)=\rho QV(\cos60°-1)=\frac{4\rho Q^2}{\pi D^2}(\cos60°-1)$$

$$Q=\sqrt{\frac{\pi D^2F}{4\rho(1-\cos60°)}}=\sqrt{\frac{\pi(0.15)^2(22)}{4(1.2)(1-\cos60°)}}=0.805[\text{m}^3/\text{s}]$$

28 $Q=\dfrac{\pi D^2}{4}V;\ \sum F_y=\rho Q(V_{2y}-V_{1y})$

$$-F-mg=\rho Q(V\cos30°-V)=\rho QV(\cos30°-1)=\frac{\rho\pi D^2V^2}{4}(\cos30°-1)$$

$$m=\frac{\rho\pi D^2V^2}{4g}(1-\cos30°)-\frac{F}{g}$$

$$=\frac{1.2\pi(0.1)^2(30)^2}{4(9.8)}(1-\cos30°)-\frac{0.1}{9.8}=0.106[\text{kg}]$$

29 노즐에서 분사된 물에 의해 180° 날개가 받는 충격력은

$$F_1 = 2\rho QV = 2\rho(A_0 V)V = 2\rho A_0 V^2$$

이고, 이 힘은 $\phi 40$의 피스톤에 그대로 전달된다. 실린더 내에서 기름의 무게에 의한 압력을 무시하고 실린더 내의 압력이 모두 같다고 가정하면(파스칼의 원리) $\phi 20$의 실린더가 받는 힘은 다음과 같이 구해진다.

$$p = \frac{F_2}{A_2} = \frac{F_1}{A_1}$$

$$\therefore \ F_2 = \frac{A_2}{A_1}F_1 = \left(\frac{D_2}{D_1}\right)^2 F_1 = \left(\frac{20}{40}\right)^2 \times 2\rho A_0 V^2 = \frac{1}{2}\rho A_0 V^2$$

이때 레버에서 힌지에 대해 모멘트 평형을 적용하면 F_A는 다음과 같다.

$$100 \times F_A = 50 \times F_2 \quad \therefore \ F_A = \frac{1}{2}F_2 = \frac{1}{4}\rho A_0 V^2$$

30 평판이 노즐에서 분사된 물에 의해 받는 충격력은

$$F_1 = \rho QV = \rho(AV)V = \rho AV^2$$

이고, 이 힘은 수조에서 $D_2 = \phi 200 = 200\text{mm}$의 측면이 받는 압력 힘

$$F_2 = \gamma h_c A_2 = \gamma HA_2$$

와 평형을 이루고 있으므로 H는 다음과 같이 계산된다.

$$F_2 = F_1; \ \gamma HA_2 = \rho AV^2$$

$$\therefore \ H = \frac{\rho AV^2}{\gamma A_2} = \frac{AV^2}{g(\pi D^2/4)} = \frac{4AV^2}{\pi g D^2} = \frac{4(0.01)(10^2)}{\pi(9.8)(0.2^2)} = 3.25\,[\text{m}]$$

31 반력 $R=$(충격력)+(물 무게): 반력=저울 눈금 값

$$v = \sqrt{2gh} = \sqrt{2(10)(1.8)} = 6\,[\text{m/s}]$$

$$R = \rho Qv + mg = 0.2(6) + [1.2 + 3(0.2)](10) = 19.2\,[\text{N}]$$

32 출구에서 물 제트 속도

$$V_2 = \frac{Q/2}{A} = \frac{Q/2}{\pi d^2/4} = \frac{2Q}{\pi d^2} = \frac{2(15\times 10^{-3})}{\pi(0.012)^2}\,[\text{m/s}] = 66.31\,[\text{m/s}]$$

중앙으로부터 왼쪽과 오른쪽 제트 출구까지 거리를 각각 $r_{2,L}$, $r_{2,R}$로 하면 스프링클러를 고정하는 데 필요한 토크는 다음과 같다.

$$T = \rho(Q/2)(r_{2,L}V_{t2}) + \rho(Q/2)(r_{2,R}V_{t2}) = \rho(Q/2)(r_{2,L} + r_{2,R})V_{t2}$$

$$= 10^3\left(\frac{15}{2}\times 10^{-3}\right)(0.75 + 0.35)(66.31\cos 45°)\,[\text{N}\cdot\text{m}] = 386.8\,[\text{N}\cdot\text{m}]$$

33 [정답: ①] 1tf=1000kgf=9800N, 물의 밀도 $\rho = 1000\text{kg/m}^3$

$$R_x = \rho A(V-u)^2(1-\cos\theta) = \rho \frac{\pi d^2}{4}(V-u)^2(1-\cos\theta)$$

$$= 10^3 \times \frac{\pi(0.1)^2}{4} \times (20-10)^2 \times (1-\cos 60°) \times \frac{1}{9800} = 0.04[\text{tf}]$$

Note $F = \rho QV$에서 ρ, Q, V의 단위가 SI 단위 [kg/m^3, m^3/s, m/s]일 때 F의 단위가 [N]이 된다는 것에 주의한다.

34 [정답: ①] $Q = \dfrac{2Q_1}{1+\cos\theta} = \dfrac{2\times 0.06}{1+\cos 60°} = 0.08[\text{m}^3/\text{s}]$

35 [정답: ①] 실제 유체는 점성이 있고 이로 인해 실제 유동은 단면에서 유속이 균일하지 않다. 이를 보정하기 위해 운동에너지 수정계수와 운동량 수정계수를 도입한다.

36 [정답: ②] $F = \rho QV = \rho(AV)V = \rho AV^2$

$$= 10^3 \times \frac{\pi}{4} \times (0.04)^2 \times 40^2 = 2.01 \times 10^3[\text{N}] = 2.01[\text{kN}]$$

37 [정답: ④] $\dfrac{V^2}{2g} = \dfrac{P}{\rho g} \rightarrow V = \sqrt{\dfrac{2P}{\rho}}$

$$F = \rho QV = \rho\left(\frac{\pi d^2}{4}V\right)V = \rho\frac{\pi d^2}{4}V^2 = \rho\frac{\pi d^2}{4} \times \frac{2P}{\rho} = \frac{\pi d^2}{4} \times 2P$$

$$= \frac{(3\times 2^2)}{4} \times 2 \times 7.23 = 43.38[\text{kgf}]$$

d의 단위가 cm이고 압력의 단위가 kgf/cm^2이므로 F의 단위는 kgf가 된다.

38 [정답: ①] $1\text{cm}^2 = 10^{-4}\text{m}^2$

$$R_x = \rho A(V-u)^2(1-\cos\theta) = 1000(4\times 10^{-4})(8-3)^2(1-\cos 120°) = 15[\text{N}]$$

39 [정답: ③] $1\text{L} = 10^{-3}\text{m}^3$

$$F = \rho QV = 1000 \times (200 \times 10^{-3}) \times 30 = 6000[\text{N}]$$

$$= 6000 \times \frac{1}{9.8}[\text{kgf}] = 612[\text{kgf}]$$

40 [정답: ②] $F_R = \rho QV = \dot{m}V = 10 \times 10 = 100[\text{N}]$

41 [정답: ③] 출구 유속 $V = \sqrt{2gh} = \sqrt{2\times 10\times 5} = 10[\text{m/s}]$

$$F = \rho QV = \rho(AV)V = \rho AV^2 = 1000 \times 0.1 \times 10^2 = 10 \times 10^3[\text{N}] = 10[\text{kN}]$$

42 [정답: ①] $F=\rho QV=\rho(AV)V=\rho AV^2$

$$V=\sqrt{\frac{F}{\rho A}}=\sqrt{\frac{4F}{\rho(\pi d^2)}}=\sqrt{\frac{4(30)}{1000(3\times 0.02^2)}}=10[\text{m/s}]$$

43 [정답: ③] $Q=AV=(bh)V=10hV$로부터 $V_1=8[\text{m/s}]$, $V_2=4[\text{m/s}]$

$$R=\frac{1}{2}\gamma b(h_1^2-h_2^2)-\rho Q(V_2-V_1)$$

$$=\frac{1}{2}(10)(10)(1^2-2^2)-1000(80)(4-8)\times\frac{1}{1000}=170[\text{kN}]$$

44 [정답: ①] $g=10\text{m/s}^2$이므로 1t=1000kgf=10,000N

$$F=\rho QV=1000(0.1)(3)=300[\text{N}]=300\times\frac{1}{10000}[\text{t}]=0.03[\text{t}]$$

45 [정답: ②] $F_A=\rho QV$, $F_B=2\rho QV$

46 [정답: ①] $g=10\text{m/s}^2$이므로 1tf=10,000N. $y_1=4[\text{m}]$, $y_2=1[\text{m}]$

$$V_1=\sqrt{\frac{2gy_2^2}{y_1+y_2}}=\sqrt{\frac{2(10)(1)^2}{4+1}}=2[\text{m/s}],\quad V_2=4V_1=8[\text{m/s}]$$

$$q=y_1V_1=8[\text{m}^3/\text{s/m}]$$

$$F_x=\frac{1}{2}\gamma(h_1^2-h_2^2)-\rho q(V_2-V_1)$$

$$=\frac{1}{2}(1)(4^2-1^2)-1000(8)(8-2)\times\frac{1}{10,000}=2.7[\text{tf/m}]$$

47 [정답: ②] 대기압은 무시한다. 물의 밀도 $\rho=1000\,\text{kg/m}^3$

○ 연속방정식: $V_2=\left(\frac{0.2}{0.1}\right)^2V_1=4V_1$

○ 베르누이 방정식: $\frac{P_1}{\gamma}+\frac{V_1^2}{2g}=\frac{V_2^2}{2g}$; $\frac{P_1}{\gamma}+\frac{V_1^2}{2g}=\frac{(4V_1)^2}{2g}$

$$V_1=\sqrt{\frac{2g}{15}\times\frac{P_1}{\gamma}}=\sqrt{\frac{2(10)}{15}\times\frac{30}{10}}=2[\text{m/s}]$$

$$V_2=4V_1=8[\text{m/s}]$$

○ 유량: $Q=\frac{\pi D_1^2}{4}V_1=\frac{\pi(0.2)^2}{4}(2)=0.02\pi[\text{m}^3/\text{s}]$

○ 운동량 방정식: $P_1\times\frac{\pi D_1^2}{4}-F_x=\rho Q(V_2-V_1)$

$$F_x = P_1 \times \frac{\pi D_1^2}{4} - \rho Q(V_2 - V_1)$$

$$= 30 \times \frac{\pi(0.2)^2}{4} - 1000(0.02\pi)(8-2) \times \frac{1}{1000} = 0.18\pi[\text{kN}]$$

48 수조 A의 수면과 토출구의 고도 차 $h = 0.8\text{m}$이다.

(1) 토출구에서 유출되는 순간에 물의 유속

$$V = \sqrt{2gh} = \sqrt{2(10)(0.8)} = 4[\text{m/s}]$$

(2) 토출구에서 유출되는 물에 의한 힘

$$F = \rho Q V = \rho(SV)V = \rho S V^2 = 1000(0.1)(4)^2 = 1600[\text{N}]$$

49 (1) ② 지점에서 유속 V_2: 연속법칙을 적용한다. 유량 $Q = AV$

$$Q_1 + Q_2 = Q_3;\ A_1V_1 + A_2V_2 = A_3V_3$$

$$\therefore\ V_2 = \left(\frac{A_3}{A_2}\right)V_3 - \left(\frac{A_1}{A_2}\right)V_1 = \left(\frac{0.1}{0.04}\right)(10) - \left(\frac{0.04}{0.04}\right)(5) = 20[\text{m/s}]$$

(2) ④ 지점에 충돌한 물이 평판에 미치는 힘의 반력 F

$$F = \rho Q_3V_3 = \rho(A_3V_3)V_3 = \rho A_3V_3^2 = 1000(0.1)(10)^2 = 10{,}000[\text{N}]$$

연습문제 7

01 $\left[\frac{\pi D^4 \Delta P}{128\mu L}\right] = \frac{L^4(FL^{-2})}{(FL^{-2}T)L} = \frac{L^3}{T}$는 체적유량 Q의 차원과 같다.

02 $Re_c = \frac{V_c D}{\nu};\ V_c = \frac{\nu Re_c}{D} = \frac{(1.01\times10^{-6})(2100)}{0.02} = 0.106[\text{m/s}] = 10.6[\text{cm/s}]$

03 $\sum F = 0$ 이므로 $P\left(\frac{\pi}{4}D^2\right) - (P - \Delta P)\left(\frac{\pi}{4}D^2\right) - \tau(\pi DL) = 0$

$$\therefore\ \tau = \frac{D}{4} \times \frac{\Delta P}{L} = \frac{0.4}{4} \times 2000 = 200[\text{Pa}]$$

04 $Q = \frac{\pi D^4 \Delta P}{128\mu L} = \frac{\pi \times 0.2^4 \times 100}{128 \times 0.3 \times 10} = 1.31 \times 10^{-3}[\text{m}^3/\text{s}]$

[검사] $V = \frac{4Q}{\pi D^2} = \frac{4 \times (1.31 \times 10^{-3})}{\pi \times 0.2^2} = 0.042[\text{m/s}]$

$$Re = \frac{\rho VD}{\mu} = \frac{850 \times 0.042 \times 0.2}{0.3} = 23.8 < 2100\ (\text{층류})$$

05 $V = \dfrac{4Q}{\pi D^2} = \dfrac{4 \times (4 \times 10^{-3})}{\pi \times 0.1^2} = 0.509[\mathrm{m/s}]$

$$Re = \frac{\rho VD}{\mu} = \frac{(0.9 \times 1000) \times 0.509 \times 0.1}{0.1} = 458.1 < 2100 \ (\text{층류})$$

$$\Delta P = \frac{128\mu LQ}{\pi D^4} = \frac{128 \times 0.1 \times 400 \times (4 \times 10^{-3})}{\pi \times (0.1)^4} = 65,190[\mathrm{Pa}] = 65.19[\mathrm{kPa}]$$

06 평균속도 $V = \dfrac{Q}{A} = \dfrac{4Q}{\pi D^2} = \dfrac{4 \times 0.01}{\pi \times 0.1^2} = 1.273[\mathrm{m/s}]$

$$Re = \frac{VD}{\nu} = \frac{1.273 \times 0.1}{3 \times 10^{-4}} = 424 < 2100 \ (\text{층류})$$

층류유동에서 관 중심에서의 유속이 최대 속도이고 이것은 평균유속의 2배이므로 $V_c = 2V = 2 \times 1.273 = 2.546[\mathrm{m/s}]$이다.

07 $Q = \displaystyle\int u\,dA = \int_0^{2R/3} U_c\left(1 - \frac{r^2}{R^2}\right)(2\pi r dr) = 2\pi U_c \int_0^{2R/3}\left(r - \frac{r^3}{R^2}\right)dr$

$$= 2\pi U_c\left[\frac{r^2}{2} - \frac{r^4}{4R^2}\right]_0^{2R/3} = 2\pi R^2 U_c\left[\frac{1}{2}\left(\frac{2}{3}\right)^2 \quad \frac{1}{4}\left(\frac{2}{3}\right)^4\right] - \frac{28}{81}\pi R^2 U_c$$

전단응력 $\tau = -\mu\dfrac{du}{dr} = 2\mu U_c\left(\dfrac{r}{R^2}\right)$이므로 $r = \dfrac{2R}{3}$일 때 $\tau = \dfrac{4\mu U_c}{3R}$

08 $u(r) = u_{\max}\left(1 - \dfrac{r^2}{R^2}\right)$이고, 평균속도 $\overline{V} = \dfrac{1}{2}u_{\max}$이므로

$$u_{\max}\left(1 - \frac{r^2}{R^2}\right) = \frac{1}{2}u_{\max} \quad \rightarrow \quad \frac{r^2}{R^2} = \frac{1}{2} \quad \therefore\ r = \frac{R}{\sqrt{2}}$$

09 $\left[\dfrac{h^3 \Delta P}{12\mu L}\right] = \dfrac{L^3(FL^{-2})}{(FL^{-2}T)L} = \dfrac{L^2}{T}$이다. 이것은 단위길이당 체적유량의 차원 $\dfrac{L^3}{T} \times \dfrac{1}{L}$과 같다.

10 $\overline{V} = \dfrac{2}{3}u_{\max}$이므로 $u_{\max} = \dfrac{3}{2}\overline{V} = \dfrac{3}{2} \times 10 = 15[\mathrm{cm/s}]$

11 지면에 수직한 방향의 폭을 b로 놓고 수평방향으로 힘의 평형조건을 적용

$$P(bh) - (P - \Delta P)(bh) - 2\tau_w(bL) = 0$$

$$h\Delta P - 2\tau_w L = 0 \quad \therefore\ \tau_w = \frac{h\Delta P}{2L}$$

12 $Re = \dfrac{\rho \overline{V} h}{\mu}$에서 $\overline{V} = \dfrac{\mu Re}{\rho h}$이므로

$$\Delta P = \frac{12\mu \overline{V} L}{h^2} = \frac{12\mu L}{h^2} \times \frac{\mu Re}{\rho h} = \frac{12\mu^2 L Re}{\rho h^3}$$

13 [문제 12]의 식을 이용한다. $\mu = \rho\nu$ 이므로

$$\Delta P = \frac{12\mu^2 L Re}{\rho h^3} = \frac{12\rho\nu^2 L Re}{h^3} = \frac{12(1000)(1.0\times 10^{-6})^2(10)(1000)}{0.01^3} = 120[\text{Pa}]$$

14 $l/\text{s} \cdot \text{cm} = 10^3\text{cm}^3/\text{s} \cdot \text{cm} = 10^3 \times 10^{-4}\text{m}^2/\text{s} = 0.1\text{m}^2/\text{s}$이므로

$q = 2l/\text{s} \cdot \text{cm} = 0.2\text{m}^2/\text{s}$이고 $4\text{poise} = 0.4\text{Pa} \cdot \text{s}$이다.

$$Re = \frac{\rho Vh}{\mu} = \frac{\rho q}{\mu} = \frac{800\times 0.2}{0.4} = 400 < 1500 \ (\text{층류})$$

층류이므로 $q = \dfrac{h^3 \Delta P}{12\mu L}$로부터 압력강하 ΔP를 구한다.

$$\Delta P = \frac{12\mu Lq}{h^3} = \frac{12\times 0.4\times 10\times (0.2)}{0.1^3} = 9600[\text{Pa}] = 9.6[\text{kPa}]$$

15 (1) 펌프동력 $L_p = \Delta P Q = \dfrac{128\mu LQ}{\pi D^4} \times Q = \dfrac{128\mu L}{\pi D^4} \times \left(\dfrac{\pi D^2 V}{4}\right) = 8\pi\mu L V^2$

(2) $Re = \dfrac{\rho VD}{\mu} = \dfrac{840\times 1\times 0.1}{0.4} = 210 < 2100$ (층류)이므로 (1)의 식을 이용하여 펌프동력을 구한다.

$$L_p = 8\pi\mu L V^2 = 8\pi \times 0.4\times 10\times 1^2 = 100.5[\text{W}]$$

16 (1) $u_{\max} = -\dfrac{R^2}{4\mu}\dfrac{dP}{dx} = \dfrac{R^2}{4\mu}\dfrac{\Delta P}{L} = \dfrac{(0.1)^2}{4\times(0.5)} \times \dfrac{400}{20} = 0.1\ [\text{m/s}]$

(2) $\overline{V} = \dfrac{1}{2}u_{\max} = \dfrac{1}{2}\times 0.1 = 0.05\ [\text{m/s}]$

(3) $Q = A\overline{V} = \pi R^2 \overline{V} = \pi(0.1)^2 \times 0.05 = 1.57\times 10^{-3}\ [\text{m}^3/\text{s}] = 1.57[\text{L/s}]$

17 $u(r) = u_{\max}\left(1 - \dfrac{r^2}{R^2}\right)$이고, $u = \dfrac{5}{9}u_{\max}$이므로

$$u_{\max}\left(1 - \frac{r^2}{R^2}\right) = \frac{5}{9}u_{\max} \ \rightarrow \ 1 - \frac{r^2}{R^2} = \frac{5}{9} \quad \therefore\ r = \frac{2R}{3}$$

18 층류유동에서 최대 유속($u_{\max}$)은 관 중심 유속(U_c)과 같다. 따라서 평균속도는

$$\overline{V} = \frac{1}{2}u_{\max} = \frac{1}{2}U_c = \frac{1}{2}\times 4 = 2[\text{cm/s}]$$

이므로 유량은 다음과 같다.

$$Q = A\overline{V} = \left(\frac{\pi}{4}D^2\right)\overline{V} = \left(\frac{\pi}{4}\times 3^2\right)\times 2 = 14.1\,[\mathrm{cm^3/s}]$$

19 질량유량 $\dot{m} = \rho Q = \rho(AV) = \rho\left(\frac{\pi D^2}{4}V\right)$이므로 $V = \frac{4\dot{m}}{\rho\pi D^2}$이다.

$$\therefore\ Re = \frac{\rho VD}{\mu} = \frac{\rho D}{\mu}\times\frac{4\dot{m}}{\rho\pi D^2} = \frac{4\dot{m}}{\pi\mu D}$$

20 체적유량 $Q = AV$로부터 $V = \frac{Q}{A} = \frac{4Q}{\pi D^2}$이다.

$$\therefore\ Re = \frac{VD}{\nu} = \frac{D}{\nu}\times\frac{4Q}{\pi D^2} = \frac{4Q}{\pi\nu D}$$

21 $\tau_{D/4} = 2\mu U_c\left(\frac{r}{R^2}\right)_{r=D/4} = 2\mu U_c\left[\frac{D/4}{(D/2)^2}\right] = \frac{2\mu U_c}{D}$

22 SI 단위 [kg, m, s, N]으로 계산한다.

$Q = 20\mathrm{cm^3/s} = 20(10^{-2}\mathrm{m})^3/\mathrm{s} = 2\times 10^{-5}\mathrm{m^3/s},\ D = 2\mathrm{cm} = 0.02\mathrm{m}$

$V = \frac{4Q}{\pi D^2} = \frac{4(2\times 10^{-5})}{\pi(0.02)^2} = 0.0637\,[\mathrm{m/s}]$

$Re = \frac{\rho VD}{\mu} = \frac{900(0.0637)(0.02)}{0.4} = 2.87 < 2100$ (층류)

$\Delta P = \frac{128\mu LQ}{\pi D^4} = \frac{128(0.4)(10)(2\times 10^{-5})}{\pi(0.02)^4} = 20{,}400\,[\mathrm{Pa}] = 2.04\,[\mathrm{kPa}]$

23 $u_{\max} = 2\,[\mathrm{m/s}];\ \overline{V} = \frac{1}{2}u_{\max} = 1\,[\mathrm{m/s}]$

$Q = \frac{\pi R^2}{2}u_{\max} = \frac{\pi(0.02)^2}{2}\times 2 = 1.257\times 10^{-3}\,[\mathrm{m^3/s}] = 1257\,[\mathrm{L/s}]$

24 축방향 힘의 평형: $(\pi DL)\tau_w = \Delta P\times\frac{\pi D^2}{4}$

$\tau_w = \Delta P\times\frac{D}{4L} = (4000\mathrm{Pa})\left(\frac{2.5}{4\times 500}\right) = 5\,[\mathrm{Pa}] = 5\,[\mathrm{N/m^2}]$

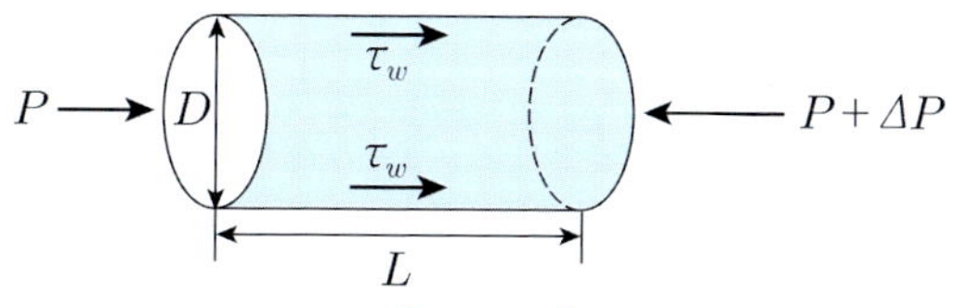

[문제-24]

25 반지름 $R = D/2 = 5\text{cm}$; $r = R - 1.2 = 5 - 1.2 = 3.8[\text{cm}]$에서 $u = 0.8\text{m/s}$

$$u(r) = u_{\max}\left(1 - \frac{r^2}{R^2}\right);\ 0.8 = u_{\max}\left[1 - \left(\frac{3.8}{5}\right)^2\right] \quad \therefore\ u_{\max} = 1.894[\text{m/s}]$$

$$Q = \frac{\pi R^2}{2}u_{\max} = \frac{\pi(0.05)^2}{2}(1.894) = 7.44 \times 10^{-3}[\text{m}^3/\text{s}] = 7.44[\text{L/s}]$$

26 중심선에 대하여 대칭인 속도분포이므로 한쪽 영역($0 \le y \le H$)만 고려한다. 중심선으로부터 거리 y에 있는 높이 dy, 지면에 수직인 방향의 폭이 b인 미소 면적요소를 고려하면 요소의 면적 $dA = bdy$이고, 전체 단면적 $A = bH$이다. 평균속도 V_m, 운동에너지 수정계수 α, 운동량 수정계수 β는 다음과 같이 구해진다.

$$V_m = \frac{1}{A}\int u\,dA = \frac{1}{bH}\int_0^H U_c\left(1 - \frac{y^2}{H^2}\right)bdy$$

$$= \frac{U_c}{H}\int_0^H\left(1 - \frac{y^2}{H^2}\right)dy = \frac{U_c}{H}\left[y - \frac{1}{H^2} \times \frac{y^3}{3}\right]_0^H = \frac{U_c}{H}\left[H - \frac{H}{3}\right] = \frac{2U_c}{3}$$

$$\alpha = \frac{1}{A}\int\left(\frac{u}{V_m}\right)^3 dA = \frac{1}{bH}\int_0^H k^3\left(1 - \frac{y^2}{H^2}\right)^3 bdy \quad \left(k = \frac{3}{2}\right)$$

$$= \frac{k^3}{H}\int_0^H\left(1 - \frac{y^2}{H^2}\right)^3 dy = \frac{k^3}{H}\left(1 - 1 + \frac{3}{5} - \frac{1}{7}\right)H = \frac{16}{35}k^3 = \frac{54}{35} = 1.54$$

$$\beta = \frac{1}{A}\int\left(\frac{u}{V_m}\right)^2 dA = \frac{1}{bH}\int_0^H k^2\left(1 - \frac{y^2}{H^2}\right)^2 bdy \quad \left(k = \frac{3}{2}\right)$$

$$= \frac{k^2}{H}\int_0^H\left(1 - \frac{y^2}{H^2}\right)^2 dy = \frac{k^2}{H}\left(1 - \frac{2}{3} + \frac{1}{5}\right)H = \frac{8}{15}k^2 = \frac{6}{5} = 1.2$$

† $(1 - ay^2)^3 = 1 - 3ay^2 + 3a^2y^4 - a^3y^6$, $(1 - ay^2)^2 = 1 - 2ay^2 + a^2y^4$,

$$\int y^n dy = \frac{1}{n+1}y^{n+1} + C$$

이상에서 구한 α, β의 값은, 엄밀한 속도수두는 평균속도 V로써 계산한 $V^2/2g$보다 54% 크고, 운동량유속은 ρQV보다 20% 크다는 것을 보여주고 있다. 따라서 실제 문제에 있어서 에너지 방정식과 운동량 방정식을 적용할 때 이들의 영향을 염두에 두어야 한다는 것을 알 수 있다.

27 벽면으로부터 거리 y에 있는 높이 dy, 지면에 수직인 방향의 폭이 b인 미소 면적요소를 고려한다. 요소의 면적 $dA = bdy$이고, 전체 단면적 $A = bH$이다.

$$V_m = \frac{1}{A}\int v\,dA = \frac{1}{bH}\int_0^H V_c\left(\frac{y}{H}\right)^{1/7} bdy = \frac{V_c}{HH^{1/7}}\int_0^H y^{1/7}dy$$

$$= \frac{V_c}{HH^{1/7}}\left[\frac{7}{8}y^{8/7}\right]_0^H = \frac{7}{8}V_c$$

$$\alpha = \frac{1}{A}\int\left(\frac{v}{V_m}\right)^3 dA = \frac{1}{bH}\int_0^H k^3\left(\frac{y}{H}\right)^{3/7} bdy \qquad (k=\frac{8}{7})$$

$$= \frac{k^3}{HH^{3/7}}\int_0^H y^{3/7}dy = \frac{k^3}{HH^{3/7}}\left[\frac{7}{10}y^{10/7}\right]_0^H = \frac{7}{10}k^3 = \frac{256}{245} \approx 1.045$$

$$\beta = \frac{1}{A}\int\left(\frac{v}{V_m}\right)^2 dA = \frac{1}{bH}\int_0^H k^2\left(\frac{y}{H}\right)^{2/7} bdy \qquad (k=\frac{8}{7})$$

$$= \frac{k^2}{HH^{2/7}}\int_0^H y^{2/7}dy = \frac{k^2}{HH^{2/7}}\left[\frac{7}{9}y^{9/7}\right]_0^H = \frac{7}{9}k^2 = \frac{64}{63} \approx 1.02$$

† $\int y^{n/m}dy = \frac{m}{m+n}y^{(m+n)/m} + C$ (C는 적분상수)

28 [정답: ④] $Q = \frac{\pi D^4 \Delta P}{128\mu L}$

29 [정답: ③] $Q = \frac{\pi D^2 V}{4}$ 이므로 Q가 일정하면 $V \propto \frac{1}{D^2}$

30 [정답: ①] 관 중심으로부터 $r = \frac{20}{2} - 5 = 5[\text{cm}]$

길이 방향으로 힘의 평형을 고려한다.

$$\Delta P \times \pi r^2 = \tau(2\pi r \times L)$$

$$\therefore \ \Delta P = 2\tau \times \frac{L}{r} = 2(0.002) \times \frac{50}{0.05} = 4[\text{kgf/cm}^2]$$

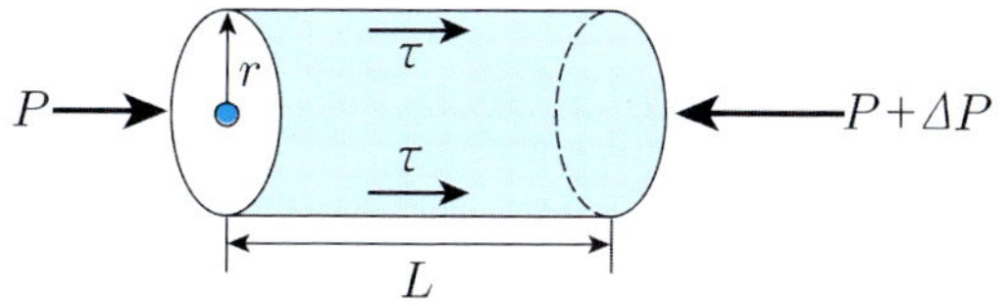

[문제-30] 전단응력과 압력강하

31 [정답: ②] 물의 밀도 $\rho = 1\text{g/cm}^3 = 1000\text{kg/m}^3$

$$Re = \frac{\rho VD}{\mu} \ \rightarrow \ \frac{\mu}{D} = \frac{\rho V}{Re}$$

$$\tau_w = \frac{4\mu U_c}{D} = \frac{8\mu V}{D} = 8V \times \frac{\rho V}{Re} = 8 \times 1 \times \frac{1000 \times 1}{500} = 16[\text{N/m}^2]$$

32 [정답: ②] 관 중심으로부터 거리를 r로 하면 $V = ar + b = -15r + 2[\text{m/s}]$

$$Q = \int_0^{0.1} V(2\pi r dr) = 2\pi\int_0^{0.1}(-15r^2 + 2r)dr$$

$$= 2\pi\left[-5r^3 + r^2\right]_0^{0.1} = 2\pi(-0.005 + 0.01) = 0.01\pi[\text{m}^3/\text{s}] = 0.0314[\text{m}^3/\text{s}]$$

33 [정답: ②] 반지름 r에 $dA=(2\pi r)dr$인 면적요소를 잡는다.

$$Q=\int_0^R u(2\pi r)dr=2\pi U_C\int_0^R\left(r-\frac{r^2}{R}\right)dr=2\pi U_C\left(\frac{R^2}{2}-\frac{R^2}{3}\right)=\frac{1}{3}\pi U_C R^2$$

34 [정답: ③]

$$Q=\int udA=\int_0^R u_c\left(1-\frac{r^3}{R^3}\right)(2\pi r dr)=2\pi u_c\left(\frac{R^2}{2}-\frac{R^2}{5}\right)=\frac{3}{5}\pi u_c R^2$$

35 [정답: ③] $1\text{m}^3=10^6\text{cm}^3=10^3\text{L}$; 평균속도 $\overline{V}=U_C/2$

$$U_C=\sqrt{2gH}=\sqrt{2(10)(0.2)}=2[\text{m/s}]$$

$$Q=\frac{\pi}{4}d^2\,\overline{V}=\frac{\pi}{4}d^2\times\frac{U_C}{2}=\frac{3.14}{4}(0.4)^2\times\frac{2}{2}=0.1256[\text{m}^3/\text{s}]=125.6[\text{L/s}]$$

36 [정답: ③] $Q=\dfrac{\pi d^4\Delta p}{128\mu L}$

37 유체의 표면(1)과 관 출구(2) 사이에 에너지 방정식을 적용한다.

$$\frac{P_1}{\gamma}+\frac{V_1^2}{2g}+z_1=\frac{P_2}{\gamma}+\frac{V_2^2}{2g}+z_2+h_L \quad \cdots①$$

$$P_1=P_2=P_{atm},\ V_1=0,\ V_2=\frac{Q}{A}=\frac{4Q}{\pi D^2}=\frac{4(1/3600)}{\pi(0.013)^2}=2.09[\text{m/s}]$$

$$\frac{P_{atm}}{\gamma}+0+z_1=\frac{P_{atm}}{\gamma}+\frac{V_2^2}{2g}+z_2+h_L$$

$$h_L=(z_1-z_2)-\frac{V_2^2}{2g}=3-\frac{2.09^2}{2(9.8)}=2.78[\text{m}]$$

층류유동으로 가정하면 유량은

$$Q=\frac{\pi D^4\gamma h_L}{128\mu L}=\frac{\pi D^4(\rho g)h_L}{128\mu L}=\frac{\pi D^4(g)h_L}{128(\mu/\rho)L} \quad \cdots②$$

이다. 식 ②로부터 유체의 동점성계수는 다음과 같다.

$$\nu=\frac{\mu}{\rho}=\frac{\pi D^4 gh_L}{128QL}=\frac{\pi(0.013)^4(9.8)(2.78)}{128(1/3600)(2)}=3.44\times10^{-5}[\text{m}^2/\text{s}]$$

$$Re=\frac{VD}{\nu}=\frac{2.09(0.013)}{3.44\times10^{-5}}=790<2300 \text{ (층류 조건 만족)}$$

38 층류유동으로 가정하면 $Q=\dfrac{\pi D^4\Delta P}{128\mu L}$이고 이 식으로부터

$$\mu=\frac{\pi D^4}{128Q}\times\left(\frac{\Delta P}{L}\right)=\frac{\pi(0.005)^4}{128(19.7\times10^{-6})}\times(375\times10^3)=0.292[\text{kg/m}\cdot\text{s}]$$

$$Re = \frac{\rho VD}{\mu} = \frac{\rho(4Q/\pi D^2)D}{\mu} = \frac{4\rho Q}{\pi\mu D} = \frac{4(900)(19.7\times10^{-6})}{\pi(0.292)(0.005)} = 15.5 < 2300$$

층류 조건을 만족한다.

39 층류유동 $Q = \dfrac{\pi D^4 \Delta P}{128\mu L}$. 여기에서 μ, L, ΔP가 같으므로 $Q = kD^4$(k는 상수)

$$k = \frac{Q_1}{D_1^4} = \frac{Q_2}{D_2^4} \rightarrow \frac{Q_2}{Q_1} = \left(\frac{D_2}{D_1}\right)^4$$

$$\therefore\ D_2 = D_1\left(\frac{Q_2}{Q_1}\right)^{1/4} = 30\left(\frac{Q_2}{3Q_2}\right)^{1/4} = 30\left(\frac{1}{3}\right)^{1/4} = 22.8[\text{mm}]$$

40 왼쪽과 오른쪽 탱크의 수면 위 두 점을 각각 1, 2로 하고 에너지 방정식을 적용한다.

$$\frac{P_1}{\gamma} + \frac{V_1^2}{2g} + z_1 = \frac{P_2}{\gamma} + \frac{V_2^2}{2g} + z_2 + h_L$$

$$P_1 = P_2 = P_{atm},\ V_1 = V_2 = 0$$

$$h_L = (z_1 - z_2) = h = 0.3[\text{m}]$$

$$Q = \frac{\pi D^4 \gamma h_L}{128\mu L} = \frac{\pi D^4(\rho g)h_L}{128\mu L}$$

$$= \frac{\pi(0.004)^4(1000\times9.8)(0.3)}{128(0.001)(3.5)}\times3600 = 0.019[\text{m}^3/\text{h}]$$

$$Re = \frac{\rho VD}{\mu} = \frac{\rho(4Q/\pi D^2)D}{\mu} = \frac{4\rho Q}{\pi\mu D} = \frac{4(1000)(0.019/3600)}{\pi(0.001)(0.004)} = 1680 < 2300$$

층류 조건을 만족한다.

41 $Re = \dfrac{4\rho Q}{\pi\mu D} = 500 < 2300$이므로 층류이다. kg, m, s로 계산한다. $h_L = 0.3[\text{m}]$

$$Q = \frac{\pi\mu D\,Re}{4\rho} = \frac{\pi(0.001)D(500)}{4(1000)} = 3.93\times10^{-4}D \qquad \cdots ①$$

$$Q = \frac{\pi D^4(\rho g)h_L}{128\mu L} = \frac{\pi D^4(1000\times9.8)(0.3)}{128(0.001)(3.5)} = 20{,}600D^4 \qquad \cdots ②$$

식 ①, ②로부터 $Q = 3.93\times10^{-4}D = 20{,}600D^4$

$$D = \left(\frac{3.93\times10^{-4}}{20{,}600}\right)^{1/3} = 2.67\times10^{-3}[\text{m}] = 2.67[\text{mm}]$$

$$Q = 3.93\times10^{-4}(2.67\times10^{-3}) = 1.05\times10^{-6}[\text{m}^3/\text{s}]$$

42 바늘 출구를 1, 피스톤과 유체의 접촉면을 2로 하고 에너지 방정식을 적용한다.

$$\frac{P_2}{\gamma} + \frac{V_2^2}{2g} + z_2 = \frac{P_1}{\gamma} + \frac{V_1^2}{2g} + z_1 + h_{L1} + h_{L2}$$

$$z_1 = z_2,\ h_{L2} = 0,\ V_2 = 0,\ V_1 = \frac{Q}{A_1} = \frac{4Q}{\pi D_1^2} = \frac{4(0.15\times 10^{-6})}{\pi(0.25\times 10^{-3})^2} = 3.06[\mathrm{m/s}]$$

$$\frac{P_2}{\gamma} + 0 + 0 = \frac{P_1}{\gamma} + \frac{V_1^2}{2g} + 0 + h_{L1} \quad \cdots ①$$

$$Re = \frac{\rho V_1 D_1}{\mu} = \frac{900(3.06)(0.25\times 10^{-3})}{0.002} = 344\ (\text{층류})$$

층류유동에서 $h_{L1} = \dfrac{32\mu L_1 V_1}{\gamma D_1^2} = \dfrac{32\mu L_1 V_1}{\rho g D_1^2}$를 ①에 대입

$$\frac{P_2 - P_1}{\gamma} = \frac{V_1^2}{2g} + h_{L1} = \frac{(3.06)^2}{2(9.8)} + \frac{32(0.002)(1.5\times 10^{-2})(3.06)}{900(9.8)(0.25\times 10^{-3})^2} = 5.81[\mathrm{m}]$$

$$F = (P_2 - P_1)A_2 = \gamma(5.81)\frac{\pi D_2^2}{4} = 900(9.8)(5.81)\times\frac{\pi(0.01)^2}{4} = 4.02[\mathrm{N}]$$

연습문제 8

01 $V = \dfrac{Q}{A} = \dfrac{4Q}{\pi D^2} = \dfrac{4\times 0.04}{\pi\times 0.2^2} = 1.273[\mathrm{m/s}]$

$$h_L = \lambda\frac{L}{D}\frac{V^2}{2g} = 0.03\times\frac{100}{0.2}\times\frac{1.273^2}{2\times 9.8} = 1.24[\mathrm{m}]$$

02 레이놀즈수와 상대조도를 구한 후 Moody 선도로부터 관 마찰계수를 구한다.

$$Re = \frac{VD}{\nu} = \frac{3.33\times 0.075}{1.0\times 10^{-6}} = 2.5\times 10^5\ (\text{난류});\quad \frac{\epsilon}{D} = \frac{0.15}{75} = 0.002$$

Moody 선도에서 $Re = 2.5\times 10^5$, $\dfrac{\epsilon}{D} = 0.002$에서의 λ를 찾으면 $\lambda = 0.024$이다. Darcy-Weisbach 방정식으로부터 마찰손실수두 h_L을 구하면 다음과 같다.

$$h_L = \lambda\frac{L}{D}\frac{V^2}{2g} = 0.024\times\frac{10\times 3.33^2}{0.075\times 2\times 9.8} = 1.81[\mathrm{m}]$$

03 $V = \dfrac{4Q}{\pi D^2} = \dfrac{4\times(5/60)}{\pi\times 0.2^2} = 2.65[\mathrm{m/s}]$

$$\Delta P = \lambda\frac{L}{D}\frac{\rho V^2}{2} = 0.03\times\frac{300}{0.2}\times\frac{(0.9\times 1000)\times 2.65^2}{2}\times\frac{1}{1000} = 123[\mathrm{kPa}]$$

04 $Re = \dfrac{\rho VD}{\mu} = \dfrac{(0.9\times 1000)\times 0.8\times 0.5}{0.4} = 900 < 2100\ (\text{층류})$

$$\Delta P=\frac{64}{Re}\frac{L}{D}\frac{\rho V^2}{2}=\frac{64}{900}\times\frac{3000}{0.5}\times\frac{1000\times 0.8^2}{2}\times\frac{1}{1000}=137[\text{kPa}]$$

05 $V=\frac{4Q}{\pi D^2}=\frac{4\times 0.02}{\pi\times 0.2^2}=0.637[\text{m/s}]$

$Re=\frac{\rho VD}{\mu}=\frac{850\times 0.637\times 0.2}{4\times 10^{-3}}=2.7\times 10^4$ (난류)

Blasius 공식으로부터 $\lambda=\frac{0.316}{Re^{1/4}}=\frac{0.316}{(2.7\times 10^4)^{1/4}}=0.0247$

Darcy-Weisbach 방정식으로부터

$$h_L=\lambda\frac{L}{D}\frac{V^2}{2g}=0.0247\times\frac{300}{0.2}\times\frac{0.637^2}{2\times 9.8}=0.767\,[\text{m}]$$

06 (a) $D_H=\frac{4A}{P}=\frac{4\times ab}{2(a+b)}=\frac{2ab}{a+b}$

(b) $D_H=\frac{4A}{P}=\frac{4\times\frac{1}{2}h^2\sin 60°}{3h}=\frac{h}{\sqrt{3}}$

07 $Q=AV=(4b)V$; $b=\frac{Q}{4V}=\frac{24}{4(3)}=2[\text{m}]$

$R_H=\frac{A}{P}=\frac{4b}{4+2b}=\frac{4(2)}{4+2(2)}=1[\text{m}]$

08 이 문제는 곧바로 해를 구할 수 없고 시행착오에 의한 반복계산을 통하여 해를 구할 수 있다. 마찰 손실 관계식에서

$h_L=\lambda\frac{L}{D}\frac{V^2}{2g}$; $10=\lambda\times\frac{50}{0.075}\times\frac{V^2}{2\times 9.8}$ $\therefore$ $V=\sqrt{0.294/\lambda}$ [m/s] $\cdots$①

이고 마찰계수 식에서 $\frac{\epsilon}{D}=\frac{0.045}{75}=6\times 10^{-4}$; $Re=\frac{VD}{\nu}=\frac{0.075V}{10^{-6}}$

$$\lambda=0.0055\left[1+\left(20000\frac{\epsilon}{D}+\frac{10^6}{Re}\right)^{1/3}\right]=0.0055\left[1+\left(12+\frac{1}{0.075V}\right)^{1/3}\right]\cdots②$$

이다. 먼저 ①에서 $\lambda=0.03$으로 가정하고 유속을 구하면

$$V=\sqrt{0.294/0.03}=3.13[\text{m/s}]$$

인데 이것을 ②에 대입하면 $\lambda=0.0055\left[1+\left(12+\frac{1}{0.075\times 3.13}\right)^{1/3}\right]=0.0194$로 가정한 값과 다르다. 따라서 다시 위의 과정을 반복한다.

$$V=\sqrt{0.294/0.0194}=3.89[\text{m/s}]$$

$$\lambda = 0.0055\left[1+\left(12+\frac{1}{0.075\times 3.89}\right)^{1/3}\right] = 0.0192$$

$$V = \sqrt{0.294/0.0192} = 3.91\,[\text{m/s}]$$

$$\lambda = 0.0055\left[1+\left(12+\frac{1}{0.075\times 3.91}\right)^{1/3}\right] = 0.0192$$

여기에서 $\lambda = 0.0192$로 가정한 것과 일치하므로 유속 $V = 3.91\,[\text{m/s}]$이고, 유량 $Q = \frac{\pi}{4}D^2 V = \frac{\pi}{4}\times 0.075^2 \times 3.91 = 0.0173\,[\text{m}^3/\text{s}]$이다.

† Moody의 관계식을 이용하여 이상에서 구한 유량은 정밀한 선도를 읽어서 구한 값 $Q = 0.0174\,[\text{m}^3/\text{s}]$와 거의 일치한다.

09 면적비 $\frac{A_1}{A_2} = \left(\frac{D_1}{D_2}\right)^2 = \left(\frac{1}{2}\right)^2 = \frac{1}{4}$이므로 손실계수

$$K = \left(1-\frac{A_1}{A_2}\right)^2 = \left(1-\frac{1}{4}\right)^2 = \frac{9}{16}$$

(1) $h_L = K\frac{V_1^2}{2g} = \frac{9}{16}\times\frac{3^2}{2\times 9.8} = 0.258\,[\text{m}]$

(2) 연속법칙에서 $V_1 = \frac{A_2}{A_1}V_2 = \left(\frac{D_2}{D_1}\right)^2 V_2 = 4\times 3 = 12\,[\text{m/s}]$

$$h_L = K\frac{V_1^2}{2g} = \frac{9}{16}\times\frac{12^2}{2\times 9.8} = 4.13\,[\text{m}]$$

10 $V_1 = \frac{4Q}{\pi D^2} = \frac{4(200\times 10^{-3}/60)}{\pi\times 0.03^2} = 4.72\,[\text{m/s}]$; $h_L = \frac{V_1^2}{2g} = \frac{4.72^2}{2(9.8)} = 1.14\,[\text{m}]$

11 $V_1 = \frac{Q}{A_1} = \frac{0.2}{100\times 10^{-4}} = 20\,[\text{m/s}]$

$$h_L = \left(1-\frac{A_1}{A_2}\right)^2\frac{V_1^2}{2g} = \left(1-\frac{100}{500}\right)^2\times\frac{20^2}{2\times 9.8} = 13.1\,[\text{m}]$$

12 $\frac{A_2}{A_1} = 0.5$일 때 $K = 0.24$이다[표 8.2].

(1) $h_L = K\frac{V_2^2}{2g} = K\frac{1}{2g}\left(\frac{A_1}{A_2}V_1\right)^2 = 0.24\times\frac{1}{2\times 9.8}\times\left(\frac{10}{0.5}\right)^2 = 4.9\,[\text{m}]$

(2) $h_L = K\frac{V_2^2}{2g} = 0.24\times\frac{10^2}{2\times 9.8} = 1.2\,[\text{m}]$

13 $\dfrac{A_2}{A_1}=0$인 경우 $K=0.5$이므로 $h_L = K\dfrac{V_2^2}{2g} = 0.5\times\dfrac{10^2}{2\times 9.8} = 2.55\,[\mathrm{m}]$

14 $V_2 = \dfrac{4Q}{\pi D_2^2} = \dfrac{4\times 0.04}{\pi\times 0.06^2} = 14.1\,[\mathrm{m/s}]\,;\ \dfrac{A_2}{A_1} = \left(\dfrac{D_2}{D_1}\right)^2 = \left(\dfrac{6}{13.4}\right)^2 = 0.2$

이므로 [표 8.2]에서 손실계수 $K=0.41$이다. 따라서 단면적의 축소로 인한 압력손실은 다음과 같다.

$$\Delta P_L = K\frac{\rho V_2^2}{2} = 0.41\times\frac{1000\times 14.1^2}{2}\times\frac{1}{1000} = 40.8\,[\mathrm{kPa}]$$

15 원의 반지름을 R, 정사각형의 한 변의 길이를 a라 하면 면적이 같으므로

$$\pi R^2 = a^2 \quad \therefore \quad a = \sqrt{\pi}\,R$$

이다. 원과 정사각형의 수력직경을 각각 D_1, D_2라 하면

$$D_1 = \frac{4A}{P} = \frac{4\times(\pi R^2)}{2\pi R} = 2R\,;\quad D_2 = \frac{4A}{P} = \frac{4\times(a^2)}{4a} = a$$

이다. 따라서

$$D_2 - D_1 = a - 2R = \sqrt{\pi}\,R - 2R = (\sqrt{\pi}-2)R = (\sqrt{\pi}-\sqrt{4}\,)R < 0$$

이므로 $D_2 < D_1$이다. 즉, 원의 수력직경이 정사각형보다 크다.

16 전체 손실은 관 길이에서의 주손실과 탱크 입구에서의 부차적 손실의 합이고, 탱크입구에서의 손실계수 $K=1$이다.

$$V = \frac{4Q}{\pi D^2} = \frac{4\times 0.08}{\pi\times 0.2^2} = 2.55\,[\mathrm{m/s}]$$

$$h_L = \lambda\frac{L}{D}\frac{V^2}{2g} + K\frac{V^2}{2g} = \left(\lambda\frac{L}{D}+K\right)\frac{V^2}{2g} = \left(0.03\times\frac{30}{0.2}+1\right)\times\frac{2.55^2}{2(9.8)} = 1.82\,[\mathrm{m}]$$

17 손실은 관 입구, 관 길이, 관 출구의 세 곳에서 일어난다. 입구에서의 손실계수 $K=0.5$, 출구에서의 손실계수 $K=1$이다.

$$h_L = \left(0.5+\lambda\frac{L}{D}+1\right)\frac{V^2}{2g} = \left(0.5+0.03\times\frac{30}{0.2}+1\right)\times\frac{4^2}{2\times 9.8} = 4.9\,[\mathrm{m}]$$

18 관 길이, 관 입구, 굽어진 곳 두 군데, 밸브, 관 출구의 6 곳에서 일어나는 전 손실수두는 다음과 같다.

$$H_L = \left(\lambda\frac{L}{D}+0.5+1.5+1.5+0.8+1\right)\frac{V^2}{2g}$$

$$= \left(0.02\times\frac{15}{0.05}+0.5+1.5+1.5+0.8+1\right)\frac{V^2}{2g} = 11.3\times\frac{V^2}{2g}$$

대기와 접하고 있는 물탱크의 수면과 출구로부터 약간 떨어진 지점 사이에 에너지 방정식을 적용하면 손실수두의 총합은 수면과 관 유출구와의 고도 차이와 같게 된다. 따라서 유속과 유량은 다음과 같다.

$$H_L = (z_1 - z_2);\quad 11.3 \times \frac{V^2}{2g} = 10 \quad \therefore \quad V = \sqrt{\frac{2 \times 9.8 \times 10}{11.3}} = 4.16\,[\mathrm{m/s}]$$

$$Q = AV = \frac{\pi}{4} D^2 V = \frac{\pi}{4} \times 0.05^2 \times 4.16 = 8.17 \times 10^{-3}\,[\mathrm{m^3/s}] = 8.17\,[\mathrm{L/s}]$$

19 1번 관 입구, 길이, 급 확대, 2번 관 길이, 출구에서 일어나는 전 손실수두는 다음과 같다.

$$H_L = \left(0.5 + \lambda_1 \frac{L_1}{D_1}\right)\frac{V_1^2}{2g} + \frac{(V_1 - V_2)^2}{2g} + \left(\lambda_2 \frac{L_2}{D_2} + 1\right)\frac{V_2^2}{2g}$$

$$= \left(0.5 + 0.03 \times \frac{15}{0.04}\right)\frac{V_1^2}{2g} + \frac{(V_1 - V_2)^2}{2g} + \left(0.02 \times \frac{10}{0.08} + 1\right)\frac{V_2^2}{2g}$$

$$= 11.75\frac{V_1^2}{2g} + \frac{(V_1 - V_2)^2}{2g} + 3.5\frac{V_2^2}{2g}$$

여기에서 연속방정식에 의해 $V_1 = \left(\frac{D_2}{D_1}\right)^2 V_2 = 4V_2$이므로

$$H_L = 11.75\frac{(4V_2)^2}{2g} + \frac{(4V_2 - V_2)^2}{2g} + 3.5\frac{V_2^2}{2g} = 200.5\frac{V_2^2}{2g}$$

이다. 두 탱크의 수면 사이에 에너지 방정식을 적용하면 손실수두의 총합은 두 탱크 수면의 고도 차이와 같게 된다. 따라서 유속과 유량은 다음과 같다.

$$H_L = (z_1 - z_2);\ 200.5 \times \frac{V_2}{2g} = 3 \quad \therefore \quad V_2 = \sqrt{\frac{2 \times 9.8 \times 3}{200.5}} = 0.542\,[\mathrm{m/s}]$$

$$Q = A_2 V_2 = \frac{\pi}{4} D_2^2 V_2 = \frac{\pi}{4}(0.08^2)(0.542) = 2.72 \times 10^{-3}\,[\mathrm{m^3/s}] = 2.72\,[\mathrm{L/s}]$$

20 물기둥 아래 부분과 탱크 수면을 각각 1, 2로 하여 두 지점 사이에 에너지 방정식을 적용한다.

$$\frac{P_1}{\gamma} + \frac{V_1^2}{2g} + z_1 = \frac{P_2}{\gamma} + \frac{V_2^2}{2g} + z_2 + h_L \qquad \cdots ①$$

여기에서 $\frac{P_1}{\gamma} = h,\ V_1 = 4.5\mathrm{m/s},\ z_1 = 0,\ P_2 = 0,\ V_2 = 0,\ z_2 = 3\mathrm{m}$

$$h_L = \left(\lambda\frac{L}{D} + K\right)\frac{V_1^2}{2g} \ :\ \lambda = 0.03,\ K = 1,\ L = 4\mathrm{m},\ D = 5\mathrm{cm} = 0.05\mathrm{m}$$

를 식 ①에 대입하면

$$h + \frac{V_1^2}{2g} + 0 = 0 + 0 + z_2 + \left(\lambda\frac{L}{D} + 1\right)\frac{V_1^2}{2g}$$

$$h = z_2 + \left(\lambda\frac{L}{D}\right)\frac{V_1^2}{2g} = 3 + \left(0.03 \times \frac{4}{0.05}\right)\frac{4.5^2}{2(9.8)} = 5.48\,[\mathrm{m}]$$

21 $V = \dfrac{Q}{A} = \dfrac{4Q}{\pi D^2} = \dfrac{4(0.1)}{\pi(0.2)^2} = 3.18[\text{m/s}]$

$$H_p = \Delta z + h_L = \Delta z + \lambda\frac{L}{D}\frac{V^2}{2g} = 50 + 0.023\left(\frac{600}{0.2}\right)\frac{(3.18)^2}{2(9.8)}[\text{m}] = 85.6[\text{m}]$$

$$L_{pa} = \frac{\gamma Q H_p}{\eta} = \frac{1000(0.1)(85.6)}{0.8} \times \frac{1}{75}[\text{PS}] = 143[\text{PS}]$$

여기에서 $\gamma = 1000\text{kgf/m}^3$, $1\text{PS} = 75\text{kgf} \cdot \text{m/s}$

22 유량 $Q = 9\text{m}^3/\text{h} = 9\text{m}^3/3600\text{s} = 2.5\times10^{-3}\text{m}^3/\text{s}$

$$V_1 = \frac{4Q}{\pi D_1^2} = \frac{4(2.5\times10^{-3})}{\pi(0.06)^2} = 0.884[\text{m/s}]$$

$$V_2 = \frac{4Q}{\pi D_2^2} = \frac{4(2.5\times10^{-3})}{\pi(0.04)^2} = 1.99[\text{m/s}]$$

호수 수면과 관 출구 사이에 에너지 방정식 적용

$$z_1 = \frac{V_2^2}{2g} + z_2 + H_t + \left(\lambda\frac{L_1}{D_1}\frac{V_1^2}{2g} + \lambda\frac{L_2}{D_2}\frac{V_2^2}{2g}\right)$$

$$H_t = (z_1 - z_2) - \lambda\frac{L_1}{D_1}\frac{V_1^2}{2g} - \left(1 + \lambda\frac{L_2}{D_2}\right)\frac{V_2^2}{2g}$$

$$= 20 - 0.0232\left(\frac{10}{0.06}\right)\frac{0.884^2}{2(9.8)} - \left(1 + 0.0232\times\frac{30}{0.04}\right)\frac{1.99^2}{2(9.8)} = 16.1[\text{m}]$$

$$L_t = \gamma Q H_t = 9800(2.5\times10^{-3})(16.1) = 394[\text{W}]$$

여기에서 $\gamma = 9800\text{N/m}^3$, $1\text{W} = 1\text{N} \cdot \text{m/s}$

23 탱크 맨 위 기름 표면(1)과 관 출구(2) 사이에 에너지 방정식을 적용한다.

$$\frac{P_1}{\gamma} + \frac{V_1^2}{2g} + z_1 = \frac{P_2}{\gamma} + \frac{V_2^2}{2g} + z_2 + h_L$$

$$0 + 0 + z_1 = 0 + \frac{V_2^2}{2g} + z_2 + \lambda\frac{L}{D}\frac{V_2^2}{2g}$$

$$z_1 - z_2 = \frac{V_2^2}{2g} + \lambda\frac{L}{D}\frac{V_2^2}{2g} \qquad \cdots①$$

층류로 가정하면 $\lambda = \dfrac{64}{Re} = \dfrac{64\mu}{\rho V_2 D}$이고 $z_1 - z_2 = 1 + 0.8 = 1.8[\text{m}]$이다. 이 값들을 식 ①에 대입하여 V_2를 구한다. 편의상 $V_2 = x$로 놓는다.

$$1.8 = \frac{V_2^2}{2g} + \left(\frac{64\mu}{\rho V_2 D}\right)\frac{L}{D}\frac{V_2^2}{2g} = \frac{V_2^2}{2g} + \left(\frac{64\mu}{\rho}\right)\frac{L}{D^2}\frac{V_2}{2g}$$

$$1.8 = \frac{x^2}{2(9.8)} + \left(\frac{64 \times 0.104}{870}\right)\frac{0.8}{(0.04)^2}\frac{x}{2(9.8)}$$

$$x^2 + 3.83x - 35.3 = 0; \quad x = \frac{-3.83 + \sqrt{3.83^2 + 4(35.3)}}{2} = 4.33$$

즉, 유출속도 $V_2 = 4.33[\mathrm{m/s}]$이고 유량은 다음과 같다.

$$Q = \frac{\pi D_2^2}{4} V_2 = \frac{\pi(0.04)^2}{4} \times 4.33 = 5.44 \times 10^{-3}[\mathrm{m^3/s}] = 19.6[\mathrm{m^3/h}]$$

$$Re = \frac{\rho V_2 D}{\mu} = \frac{870(4.33)(0.04)}{0.104} = 1449 < 2100$$ 이므로 층류조건을 만족한다.

24 저수지와 탱크 수면을 각각 1, 2로 하고 에너지방정식을 적용한다. 물이 오른쪽으로 흐른다고 가정한다.

$$\frac{P_1}{\gamma} + \frac{V_1^2}{2g} + z_1 = \frac{P_2}{\gamma} + \frac{V_2^2}{2g} + z_2 + h_L$$

$$0 + 0 + z_1 = 0 + \frac{P_2}{\gamma} + z_2 + h_L$$

$$h_L = (z_1 - z_2) - \frac{P_2}{\gamma} = 15 - \frac{200}{9.8} = -5.41[\mathrm{m}]$$

$h_L < 0$이므로 물은 왼쪽으로(탱크에서 저수지로) 흐른다. 수평관에서 유속을 V라 하면

$$|h_L| = \lambda \frac{L}{D}\frac{V^2}{2g}; \quad V = \sqrt{\frac{2gD}{\lambda L}|h_L|} = \sqrt{\frac{2(9.8)(0.06)}{0.0205(50)} \times 5.41} = 2.49$$

[m/s]

$$Q = \frac{\pi D^2}{4} V = \frac{\pi(0.06)^2}{4} \times 2.49 = 7.04 \times 10^{-3}[\mathrm{m^3/s}] = 25.3[\mathrm{m^3/h}]$$

25 $V = \frac{4Q}{\pi D^2} = \frac{4(0.06)}{\pi(0.15)^2} = 3.40[\mathrm{m/s}]$; 압력강하 $\Delta P = \lambda \frac{L}{D}\frac{\rho V^2}{2}$ 로부터

$$\lambda = \frac{\Delta P}{L}\left(\frac{2D}{\rho V^2}\right) = 1000\left(\frac{2 \times 0.15}{1000 \times 3.4^2}\right) = 0.026$$

26 [정답: ②] 완전 층류구역 $f = \frac{64}{Re}$

27 [정답: ④] 물의 비중량 $\gamma = \rho g = 1000 \times 10 = 10^4 \mathrm{N/m^3} = 10 \mathrm{kN/m^3}$

$$\Delta P = \gamma h_L = \gamma \times \lambda \frac{L}{D}\frac{V^2}{2g} = 10(0.02)\left(\frac{1000}{0.1}\right)\left(\frac{2^2}{2 \times 10}\right) = 400[\mathrm{kPa}]$$

28 [정답: ③] $1\mathrm{L} = 1000\mathrm{cm^3}$

$$V = \frac{4Q}{\pi D^2} = \frac{4 \times (31.4 \times 1000)}{3.14 \times 20^2}[\text{cm/s}] = 100[\text{cm/s}] = 1[\text{m/s}]$$

$$h_L = \lambda \frac{L}{D}\frac{V^2}{2g} = 0.04\left(\frac{400}{0.2}\right)\left(\frac{1^2}{2 \times 9.8}\right)[\text{m}] = 4.08[\text{m}]$$

29 [정답: ④] $h_L = \lambda \frac{L}{D}\frac{V^2}{2g}$ 로부터 단위 길이당 손실수두 $\frac{h_L}{L} = \lambda \frac{1}{D}\frac{V^2}{2g}$ 이고, λ와 V가 동일하므로 이 값은 $1/D$에 비례한다.

30 [정답: ④] $V = \frac{Q}{A} = \frac{40}{2 \times 2} = 10[\text{m/s}]$, $D_H = \frac{4A}{P} = \frac{4a^2}{4a} = a = 2[\text{m}]$

$$h_L = f\frac{L}{D_H}\frac{V^2}{2g} = 0.02\left(\frac{1000}{2}\right) \times \frac{10^2}{2(10)} = 50[\text{m}]$$

31 [정답: ③] $h_L = f\frac{L}{D}\frac{V^2}{2g}$ 로부터

$$V = \sqrt{\frac{2gDh_L}{fL}} = \sqrt{\frac{2(10)(0.1)(10)}{0.01(100)}} = \sqrt{20}[\text{m/s}]$$

32 [정답: ③] 저수지 수면은 정지해 있고, 저수지 수면과 자유 방류되고 있는 곳의 압력은 모두 대기압이라고 가정한다. 관직경이 일정하므로 $V = 2\text{m/s}$로 일정하다. 에너지방정식으로부터 전체 길이 300m에 대한 손실 수두를 구하면

$$3.2 = h_L + \frac{V^2}{2g} \quad \therefore \quad h_L = 3.2 - \frac{2^2}{2(10)} = 3[\text{m}]$$

이므로 길이 100m에서 손실 수두는 $h_{L,1} = 1[\text{m}]$이다. 저수지 수면과 저수지로부터 100m 지점 사이에 에너지 방정식을 적용한다.

$$3.2 = \frac{P}{\gamma} + \frac{V^2}{2g} + h_{L,1} = \frac{P}{\gamma} + \frac{2^2}{2(10)} + 1$$

$$\therefore \quad \frac{P}{\gamma} = 3.2 - \frac{2^2}{2(10)} - 1 = 2[\text{m}]$$

이 문제의 압력수두는 $(P - P_{atm})/\gamma$이다. 따라서 대기압의 압력수두는 0이라고 해야 하므로 이 문제는 논란의 여지가 있다.

33 [정답: ③] $Q = \frac{\pi D^2 V}{4}$ 이므로 Q가 일정하면 $V \propto \frac{1}{D^2}$, $h_L = \lambda \frac{L}{D}\frac{V^2}{2g} \propto \frac{1}{D^5}$

34 [정답: ②] 길이 방향으로 힘의 평형을 고려한다. 마찰력이 작용하는 면이 4개이다.

$$\Delta P \times a^2 = 4(\tau_w \times aL) \rightarrow \Delta P = \frac{4\tau_w L}{a} = \frac{4 \times 50 \times 20}{2} = 2000[\text{kgf/m}^2]$$

$$\therefore \quad h_L = \frac{\Delta P}{\gamma} = \frac{2000}{1000} = 2[\text{m}]$$

평균마찰 응력은 벽면에서 전단응력을 나타낸다.

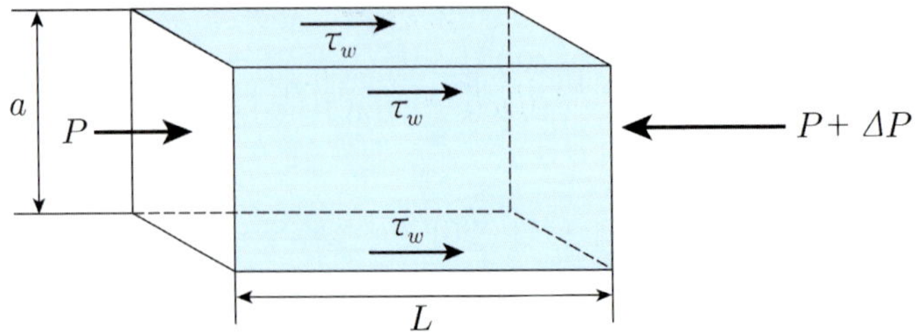

[문제-34] 벽 마찰응력과 압력강하

35 [정답: ①] 길이 100m에서 $10-9.5=0.5$[kPa]의 압력강하가 있으므로 (다)에서 압력은 $P_{(다)}=10-3\times0.5=8.5$[kPa]이다. 따라서 (다)지점에 설치된 피에조관의 수위는 다음과 같다.

$$h_{(다)}=\frac{P_{(다)}}{\gamma}=\frac{8.5}{10}=0.85[\text{m}]$$

36 [정답: ②] 저류지 수면과 관 끝부분 사이에 에너지 방정식 적용

$$z_1=\frac{V^2}{2g}+\lambda\frac{L}{D}\frac{V^2}{2g}+z_2 \rightarrow \frac{V^2}{2g}=\frac{z_1-z_2}{1+\lambda L/D}$$

$$\therefore\ V=\sqrt{\frac{2g(z_1-z_2)}{1+\lambda L/D}}=\sqrt{\frac{2(10)(55)}{1+0.02(50)/0.1}}=10[\text{m/s}]$$

$$Q=\frac{\pi D^2}{4}V=\frac{\pi(0.1)^2}{4}\times10=0.025\pi[\text{m}^3/\text{s}]$$

37 [정답: ②] $\Delta P=\gamma h_L=1000\times10=10000[\text{kgf/m}^2]$, $R=\frac{D}{2}=1[\text{m}]$

$$\Delta P\times\pi R^2=\tau_w\times(2\pi R\times L)$$

$$\therefore\ \tau_w=\frac{\Delta PR}{2L}=\frac{10000(1)}{2(50)}=100[\text{kgf/m}^2]=0.01[\text{kgf/cm}^2]$$

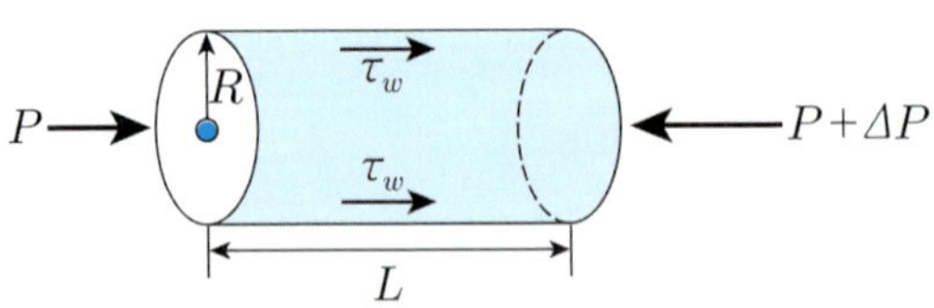

[문제-37] 벽 마찰응력과 압력강하

38 [정답: ②] $V_1=\frac{4Q}{\pi d^2}=\frac{4\times0.12}{3\times(0.2)^2}=4[\text{m/s}]$, $V_2=\frac{1}{4}V_1=1[\text{m/s}]$

$$h_L=\frac{(V_1-V_2)^2}{2g}=\frac{(4-1)^2}{2(9)}=0.5[\text{m}]$$

39 [정답: ④] $h_L = \lambda \frac{L}{D}\frac{V^2}{2g}$, $Q = \frac{\pi D^2 V}{4}$이므로 Q가 일정할 때 $h_L \propto \frac{1}{D^5}$

40 [정답: ②] $Re = \frac{VD}{\nu} = \frac{0.032 \times (20 \times 10^{-3})}{1 \times 10^{-6}} = 640 < 2000$ (층류)

$$\lambda = \frac{64}{Re} = \frac{64}{640} = 0.1$$

41 [정답: ③] $H_L = \gamma Q h_L = 9.8 \times 10 \times 20 = 1960[\mathrm{kW}]$

42 [정답: ②] $\Delta h = z_1 - z_2 = 20[\mathrm{m}]$

$$z_1 = \frac{V^2}{2g} + f\frac{L}{D}\frac{V^2}{2g} + z_2 \rightarrow \frac{V^2}{2g} = \frac{\Delta h}{1 + fL/D}$$

$$V = \sqrt{\frac{2g\Delta h}{1 + fL/D}} = \sqrt{\frac{2(10)(20)}{1 + 0.03(500)/0.3}} = 2.8[\mathrm{m/s}]$$

43 [정답: ②] CGS 단위로 계산한다.

$$V = \frac{4Q}{\pi d^2} = \frac{4(0.6)}{3(0.2)^2} = 20[\mathrm{cm/s}],\ g = 980\mathrm{cm/s^2}$$

$$Re = \frac{Vd}{\nu} = \frac{20(0.2)}{0.01} = 400 < 2000(\text{층류}) \quad \therefore\ \lambda = \frac{64}{Re} = \frac{64}{400} = 0.16$$

$$h_L = \lambda\frac{L}{D}\frac{V^2}{2g} = 0.16 \times \frac{100}{0.2} \times \frac{20^2}{2(980)} = 16.3[\mathrm{cm}]$$

44 [정답: ①] $h_L = \lambda\frac{L}{D}\frac{V^2}{2g} = \frac{V^2}{2g}$ $\quad \therefore\ L = \frac{D}{\lambda} = \frac{0.25}{0.025} = 10[\mathrm{m}]$

45 [정답: ②] $V = \frac{4Q}{\pi D^2} = \frac{4 \times (240/60)}{\pi \times (0.5)^2} = 20.37[\mathrm{m/s}]$

$$h_L = f\frac{L}{D} \times \frac{V^2}{2g} = (0.1 \times 10^{-3}) \times \frac{100}{0.5} \times \frac{(20.37)^2}{2(9.8)} = 0.423[\mathrm{m}] = 423[\mathrm{mm}]$$

46 [정답: ④] $g = 10\mathrm{m/s^2}$이므로 $1\mathrm{tf} = 1000\mathrm{kgf} = 10{,}000\mathrm{N}$, $\rho = 1000\mathrm{kg/m^3}$

$$V_1 = 4\mathrm{m/s},\ V_2 = 1\mathrm{m/s},\ h_L = K\frac{V_1^2}{2g} = 0.5\frac{V_1^2}{2g}$$

$$\frac{P_1}{\rho g} + \frac{V_1^2}{2g} = \frac{P_2}{\rho g} + \frac{V_2^2}{2g} + h_L$$

$$P_2 = P_1 + \frac{\rho}{2}(V_1^2 - V_2^2) - \rho g K \frac{V_1^2}{2g}$$

$$= 5 + \frac{1000}{2}(4^2 - 1^2) \times \frac{1}{10000} - 1000(0.5)\frac{4^2}{2} \times \frac{1}{10000}\,[\mathrm{tf/m^2}]$$

$$= 5.35\,[\mathrm{tf/m^2}]$$

47 [정답: ②] $Re = 1000 < 2100$이므로 층류이고 마찰계수 $\lambda = \dfrac{64}{Re}$

$$h_L = \lambda \frac{L}{D}\frac{V^2}{2g} = \frac{64}{Re}\frac{L}{D}\frac{V^2}{2g} = \frac{64}{1000}\left(\frac{100}{0.64}\right)\frac{2^2}{2(10)} = 2\,[\mathrm{m}]$$

48 [정답: ②] 층류에서 $f = \dfrac{64}{Re}$

49 [정답: ③] 두 저수지 간의 최소 수면차는 손실수두 종합과 같다.

$$H = \left(\lambda\frac{L}{D} + K_{유입} + K_{유출}\right)\frac{V^2}{2g} = \left(0.01\frac{300}{0.3} + 0.5 + 1\right)\frac{10^2}{2(10)} = 57.5\,[\mathrm{m}]$$

참고문헌

[1] 고형종 외 공역, Young 외 공저, 쉽게 배우는 유체역학, 홍릉과학 출판사, 2010.
[2] 교육과학기술부, 유체기기, (주) 두산, 2009.
[3] 박영무 외 공역, G. J. Van Wylen 외 공저, 공업열역학, 희중당, 1995.
[4] 박운진 외 공역, Y. A. Cengel, J. M. Cimbala 공저, 유체역학, 한국맥그로힐(주), 2009, 2018.
[5] 부정숙 외 공역, P. M. Gerhart 외 공저, 유체역학, 반도출판사, 1993.
[6] 서상호 외 공역, R.W. Fox 외 공저, 유체역학, 텍스트북스, 2009.
[7] 유주식, 5급 공무원 기술직 시험 유체역학 문제연습, 교육과학사, 2018.
[8] 유주식, 기계공학 핵심역학, 경문사, 2023.
[9] 유주식, 쉽게 배우는 기계공학 개론, 교육과학사, 2020.
[10] 윤순현 외 공역, B. R. Munson 외 공저, 유체역학, 교보문고, 2010.
[11] 이종춘 외 공역, Iriving Granet, P.E. 저, 유체역학, 사이텍 미디어, 1998.
[12] 이택식, 유정열 공역, R. L. Street 외 공저, 유체역학, 범한서적, 1997.
[13] 조강래 외 공역, F. M. White 저, 유체역학, 한국맥그로힐(주), 2017.
[14] D. Halliday, R. Resnick & J. Walker, Fundamentals of Physics, John Willey & Sons, Inc., 1993.
[15] M. Potter & D. Wiggert, Fluid Mechanics, Schaum's Outlines, Mcgraw Hill, 2008.
[16] R. V. Giles & J. B. Evett, Fluid Mechanics and Hydraulics, Schaum's Outlines, Mcgraw Hill, 1994.
[17] 사이버 국가고시센터(www.gosi.go.kr)
[18] 서울시 인터넷 원서접수센터(gosi.seoul.go.kr)
[19] 서울특별시 인재개발원(hrd.seoul.go.kr)
[20] 한국교육과정평가원(www.kice.re.kr)

그리스 문자

순서	대문자	소문자	명칭	
1	A	α	alpha	알파
2	B	β	beta	베타
3	Γ	γ	gamma	감마
4	Δ	δ	delta	델타
5	E	ϵ	epsilon	엡실론
6	Z	ζ	zeta	제타
7	H	η	eta	이타(에타)
8	Θ	θ	theta	씨타(쎄타)
9	I	ι	iota	요타
10	K	κ	kappa	카파
11	Λ	λ	lambda	람다
12	M	μ	mu	뮤
13	N	ν	nu	누
14	Ξ	ξ	xi	크시(크사이)
15	O	o	omicron	오미크론
16	Π	π	pi	파이
17	P	ρ	rho	로
18	Σ	σ	sigma	시그마
19	T	τ	tau	타우
20	Y	υ	upsilon	입실론
21	Φ	ϕ	phi	파이
22	X	χ	chi	카이
23	Ψ	ψ	psi	프사이
24	Ω	ω	omega	오메가

단위 변환

- 길이: 1mm = 0.0394inch ; 1m = 3.281ft ; 1km = 0.622mile ; 1mile = 5280ft
  1inch = 2.54cm ; 1ft = 12inch = 0.3048m ; 1yard = 0.9144m
- 면적: $1m^2 = 10.76ft^2$; $1mm^2 = 0.00155inch^2$
- 체적: $1m^3 = 10^3L = 35.31ft^3$; $1L = 10^3cm^3 = 10^{-3}m^3$
- 질량: 1kg = 0.0685slug ; 1slug = 14.59kg ; 1ton = 1t = 1000kg
- 중력가속도: $g = 9.80665m/s^2 = 32.174ft/s^2$
- 힘: $1N = 10^5dyne$; 1N = 0.2248lb ; 1kgf = 9.80665N ; 1lb = 4.448N
  1tonf = 1tf = 1000kgf
- 점성계수: $1Pa \cdot s = 1N \cdot s/m^2 = 10poise = 0.02089lb \cdot s/ft^2$
  $1poise = 1P = 1g/cm \cdot s = 1dyne \cdot s/cm^2 = 0.1kg/m \cdot s$
  $1poise = 1P = 0.1N \cdot s/m^2 = 0.1Pa \cdot s = 100cP$
- 동점성계수: $1m^2/s = 10^4 stoke = 10.76ft^2/s$
  $1stoke = 1St = 1cm^2/s = 10^{-4}m^2/s = 100cSt$
- 밀도: $1kg/m^3 = 0.00194 slug/ft^3$
- 에너지: $1J = 1N \cdot m = 0.7375ft \cdot lb$; $1J = 10^7erg$; 1cal = 4.1860J(exactly)
- 유량: $1m^3/s = 10^6cm^3/s = 1000L/s = 35.31ft^3/s$; $1L/s = 10^{-3}m^3/s$
- 동력: $1W = 1J/s = 0.7375ft \cdot lb/s$; $1kW = 1.341hp = 737.5ft \cdot lb/s$
  $1PS = 75kgf \cdot m/s = 735.5W$; 1hp = 746W ; $1hp = 550lb \cdot ft/s$
- 압력: $1bar = 10^5Pa = 100kPa = 0.987atm$; $1kN/m^2 = 1kPa = 0.145psi$
  $1mmH_2O = 9.807Pa$; 1mmHg = 0.0394inchHg = 133.3Pa
  1atm = 760mmHg = 101.325kPa = 1.01325bar = 14.70psi
- 비열, 기체상수: $1J/kg \cdot K = 5.98ft \cdot lb/slug \cdot R$
- 비체적: $1m^3/kg = 515.5ft^3/slug$
- 비중량: $1N/m^3 = 0.006365lb/ft^3$
- 온도차(ΔT): 1℃ = 1K = 1.8℉ = 1.8R
- 속도: 1m/s = 3.281ft/s = 3.60km/h = 2.28mile/h ; 1knot = 0.5155m/s

[ℓ = L = liter = 1000cc = $1000cm^3$; ft = foot ; lb = pound force ; psi = $lb/inch^2$]

찾아보기

ㅋ

ㅌ

ㅍ

ㅎ

기타

알기 쉬운 핵심기초 유체역학

지은이 유주식
펴낸이 조경희
펴낸곳 경문사
펴낸날 2024년 3월 4일 1판 1쇄
등 록 1979년 11월 9일 제1979-000023호
주 소 04057, 서울특별시 마포구 와우산로 174
전 화 (02)332-2004 팩스 (02)336-5193
이메일 kyungmoon@kyungmoon.com

값 28,000원

ISBN 979-11-6073-640-3